BAUTECHNIK
GRUNDSTUFE

Herausgegeben von
Bärbel Hollatz

Cornelsen

Dieses Buch wurde herausgegeben von *Bärbel Hollatz*, Wismar

erarbeitet von
Günter Billigen, Kaiserslautern (Lernfeld 2)
Gerhard Büchner, Dresden (Lernfeld 6.3)
Gerd Focke, Berlin (G 4)
Bärbel Hollatz, Wismar (Lernfelder 3; 6.1; 6.2; 6.4; 6.5 und G 2; G 3; G5)
Hans-Heinrich Mett und *Stefan Schuhr*, Lübeck (Lernfeld 4)
Falk Seifert, Stendal (Lernfeld 1)
Dr. Klaus Zander, Leipzig (Lernfeld 5)
Klaus Zick, Berlin (G 1)
Uwe P. Zimmer, Welver (G 6; G 7)

in Zusammenarbeit mit
Rolf-Dieter Crott, Aachen
Manfred Rimpler, Berlin
Horst Trilling, Nettetal-Hinsbeck
Dr. Ulrich Wöhnl, Osnabrück
Achim Wünsche, Klipphausen

Erklärung der Symbole

Praxistipp: Ausführungsregeln bzw. Hinweise zur Vermeidung möglicher Ausführungsfehler

Regeln zur Arbeitssicherheit auf der Baustelle, Hinweis auf Gefahrenquellen

Umweltschutz während der Bautätigkeit

→ **G1** Verweis auf Abschnitte im Grundlagenteil

Redaktion: *Annette Lindner-Focke*
Umschlaggestaltung: *Knut Waisznor*
Technische Umsetzung: *Arnold & Domnick, Verlagsproduktion – alle Medien*
Layout: *Jutta Artz*
Grafiken nach Vorlagen der Autoren: *Hartmut Henschel*

www.cornelsen.de

4. Auflage, 3. Druck 2015

Alle Drucke dieser Auflage sind inhaltlich unverändert
und können im Unterricht nebeneinander verwendet werden.

Druck: Mohn Media Mohndruck, Gütersloh

ISBN 978-3-464-43021-7

Vorwort

Das vorliegende Buch „Bautechnik – Grundstufe“ ermöglicht die Gestaltung eines handlungs- und projektorientierten Unterrichts. Der Aufbau des Buches folgt exakt den vorgegebenen Lernfeldern aus dem Rahmenlehrplan. Dabei sind in der vorliegenden Auflage die aktuellen Normen berücksichtigt worden, die in den letzten Jahren infolge der europäischen Harmonisierung sehr zahlreich erschienen sind. Die Umsetzung verlangt von den Facharbeitern des Hochbaus, des Ausbaus und des Tiefbaus ein hohes Maß an Fachwissen und selbstständigem, verantwortungsbewusstem Handeln. Das schließt die Mitverantwortung für andere Gewerke ein. Mit den von uns errichteten Bauwerken stehen wir in der Öffentlichkeit der Gesellschaft, für jeden sichtbar.

Fachwissen behält man nur, wenn man es anwendet. Mit diesem Buch lernen Sie durch eigenes praktisches Handeln. Die Autoren möchten erreichen, dass Sie nicht Fakten auswendig pauken, sondern Konstruktionen und Arbeitsprozesse gedanklich durchdringen und verstehen. Daher nimmt in der „Bautechnik – Grundstufe“ die Arbeit am Projekt einen erheblichen Raum ein.
Sie bauen gedanklich ein kleines Ferienhaus. Am Beispiel dieses Ferienhauses wird die Vielzahl der Aufgaben in der Bautechnik deutlich. Von der Gründung eines Gebäudes über das Mauern der Wände, das Betonieren eines Sturzes, das Herstellen einer Holzkonstruktion und den Ausbau (Putz, Estrich, Fliesen) bis hin zur Deckung des Daches müssen alle damit zusammenhängenden Probleme gelöst werden.

Das Projekt des jeweiligen Lernfeldes besteht aus einer Vielzahl von Lernaufgaben. Deren Bearbeitung können Sie in kleinen Gruppen vornehmen, sodass gemeinsam Fachwissen erarbeitet wird. Die notwendigen Informationen finden Sie in den vorhergehenden Buchabschnitten. Für Berechnungen gibt es immer Beispiele im Fachtext. Das Stichwortverzeichnis am Ende des Buches erleichtert das Auffinden.
Die Ergebnisse der Projektarbeit können Sie zu Papier bringen, der gesamten Klasse vorstellen und diskutieren. So können andere Schüler von Ihrem erarbeiteten Wissen profitieren. Sie lernen dadurch bestimmte Handlungsschemas und können diese auf die jeweiligen Probleme anwenden.

Die Inhalte dieser Auflage wurden auf den aktuellen Stand der Vorschriften gebracht, schwerpunktmäßig die Lagermattenbezeichnungen, die Bodenarten, die Einarbeitung der EnEV 2009, die Gerüste.

Die Autoren hoffen, Ihnen mit dem vorliegenden Berufsschul-Lehrbuch ein weiteres Mittel in die Hand zu geben, das wie die praktische Arbeit auch die Freude am zukünftigen Beruf fördert und Neugier weckt auf die vielfältigen Arbeitsaufgaben und Veränderungen in der Bauwirtschaft. Diese sind nur gemeinsam von Planern und Ausführenden zur Zufriedenheit des Bauherrn zu lösen.

Die Autoren, Berlin im August 2009

Inhaltsverzeichnis

Lernfeld 1 Einrichten einer Baustelle 7

Lernfeld 2 Erschließen und Gründen eines Bauwerkes 21

Lernfeld 3 Mauern eines einschaligen Baukörpers 57

Lernfeld 4 Herstellen eines Stahlbetonbauteils 113

Lernfeld 5 Herstellen einer Holzkonstruktion 171

Lernfeld 6 Beschichten und Bekleiden eines Bauteils 207

Lernfeldübergreifende Grundlagen

G1 Bauzeichnungen 266

G2 Statik 286

G3 Bauphysik 295

G4 Vermessungsarbeiten 314

G5 Mathematik 321

G6 Arbeitssicherheit / Ergonomie 327

G7 Gerüste 333

Stichwortverzeichnis 339

Bildnachweis 344

Lernfeld 1 Einrichten einer Baustelle

1.1 Das Berufsfeld Bautechnik 8

1.2 Bauen nach gesetzlichen Grundlagen 10
1.2.1 Baugesetze, Bauordnungen, VOB 10
1.2.2 Normen und Richtlinien 11

1.3 Planen eines Bauvorhabens 12

1.4 Die Baustelleneinrichtung 15
1.4.1 Der Baustelleneinrichtungsplan 15
1.4.2 Sicherung von Baustellen 16
1.4.3 Beräumungs- und Abbrucharbeiten 16

1.5 Arbeitssicherheit auf Baustellen 17

1.6 Umweltschutzgerechtes Verhalten auf Baustellen 18

1.7 Projektarbeit „Ferienhaus“ 19

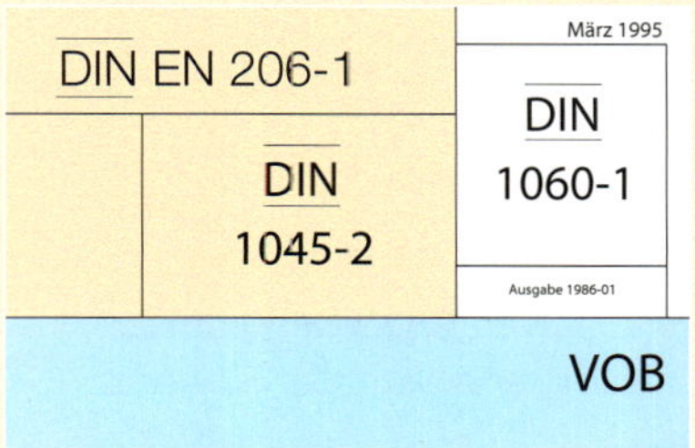

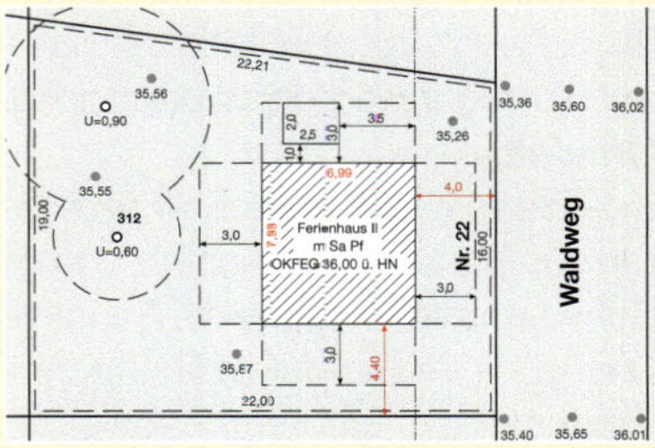

1.1 Das Berufsfeld Bautechnik

Allgemeine Baubeschreibung für das Projekt „Ferienhaus"
Das Ferienhaus ist ein Massivhaus mit einem steil geneigten Dach. Die Bauausführung erfolgt in konventioneller, handwerksgerechter Bauweise, nach den allgemein anerkannten Regeln der Technik und den geltenden DIN-Vorschriften. …

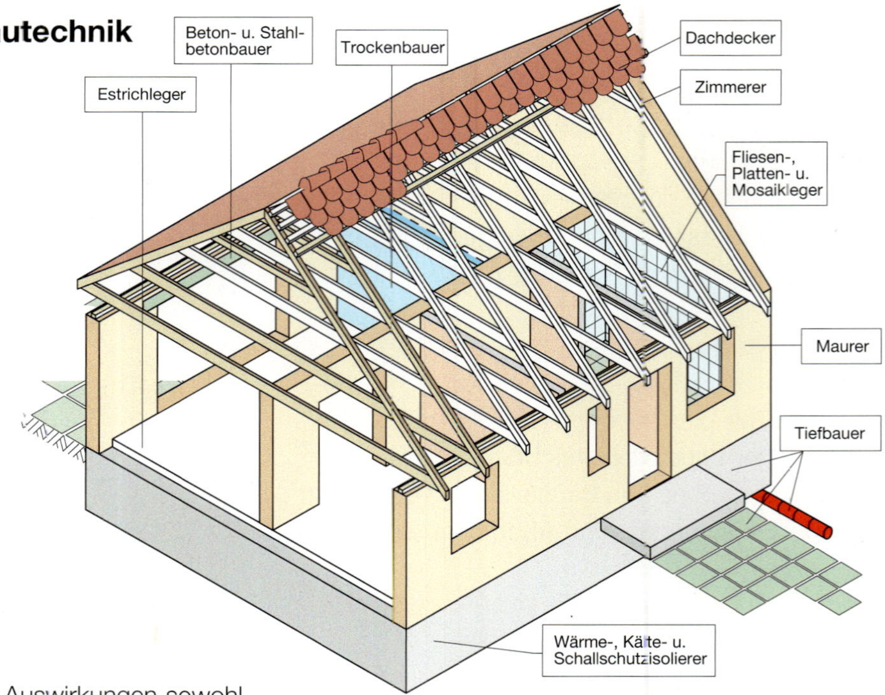

Ein Bauwerk entsteht durch das Zusammenwirken aller Gewerke

Jegliche Art von Bautätigkeit hat Auswirkungen sowohl auf die gegenwärtige als auch auf die zukünftige **gebaute Umwelt**.

Das Berufsfeld Bautechnik umfasst Regeln und Verfahren zur Planung und Ausführung von baulichen Anlagen. Schwerpunkt ist dabei die Baustellenorganisation.

Die Arbeit im Berufsfeld Bautechnik ändert sich ständig. Technologien, Baustoffe sowie Maschinen und Geräte werden weiterentwickelt und es werden neue Vorschriften erlassen, die zur Anwendung kommen.

Für die **Qualität der Bauausführung** sind handwerkliches Geschick und Fachwissen, Teamfähigkeit und Handlungskompetenz aller Beteiligten sehr wichtig.

Ein Bauwerk ist ein komplexes System aus unterschiedlichen Bauteilen, Baustoffen und technischen Anlagen. Durch das richtige Zusammenwirken wird das „Funktionieren" gesichert.

Wie kann zusammengearbeitet werden?

Jeder auf einer Baustelle Beschäftigte muss die Bauaufgabe (das Bauziel) kennen.

Für ein gutes Zusammenwirken aller Baubeteiligten ist es notwendig,

- Kenntnis über den Bauablauf und den Einsatz der unterschiedlichen Gewerke zu haben,
- Verständnis für die Arbeit der angrenzenden Gewerke aufzubringen,
- Rücksicht zu nehmen und
- Sicherheit für sich und andere zu gewährleisten.

Berufsfeld Bautechnik Bauausführung

- **Tiefbau**
  - alle baulichen Maßnahmen unter der Erdoberfläche und die Errichtung von Verkehrswegen
  - Tunnel, Kanäle, Ver- und Entsorgungsanlagen, Straßen, Wege
- **Hochbau**
  - **Rohbau**
    - Errichten von Bauwerken aller Art, überwiegend über der Erdoberfläche
    - Wohn- und Geschäftsbauten, Produktionshallen, Schulen, Krankenhäuser usw.
  - **Ausbau**
    - alle Arbeiten des Innenausbaus von Gebäuden
    - Putzarbeiten, Estricharbeiten, Fliesenarbeiten, Trockenbau, Haustechnik

! Nur durch eine reibungslose Zusammenarbeit aller Fachkräfte auf der Baustelle wird Qualitätsarbeit erreicht.

Das Bauen unterscheidet sich grundsätzlich von jeder anderen industriellen Produktion u. a. dadurch, dass die Arbeitsplätze immer wieder neu an einem anderen Arbeitsort (Baustelle) eingerichtet werden müssen.

Welche Organisationsformen hat das Berufsfeld Bautechnik?

❑ **Fachverbände**

In der Bundesrepublik Deutschland sind die Unternehmen der Bauindustrie in 35 Mitgliedsverbänden organisiert. Diese haben sich freiwillig im **Hauptverband der Deutschen Bauindustrie (HDB)** zusammengeschlossen. Er zählt zu den einflussreichsten Interessenverbänden auf Bundesebene. Seine Arbeit wird u. a. schwerpunktmäßig geprägt durch

- eine zukunftsweisende industrielle Forschung (z. B. Weiterentwicklung von Baustoffen, Verbesserung von Maschinen und Geräten),
- das Lösen von Umweltschutzaufgaben (z. B. Entwicklung recycelbarer Baustoffe).

Die **Bundesvereinigung der Deutschen Arbeitgeberverbände (BDA)** verfolgt die sozialpolitischen Interessen der angeschlossenen Fachverbände.

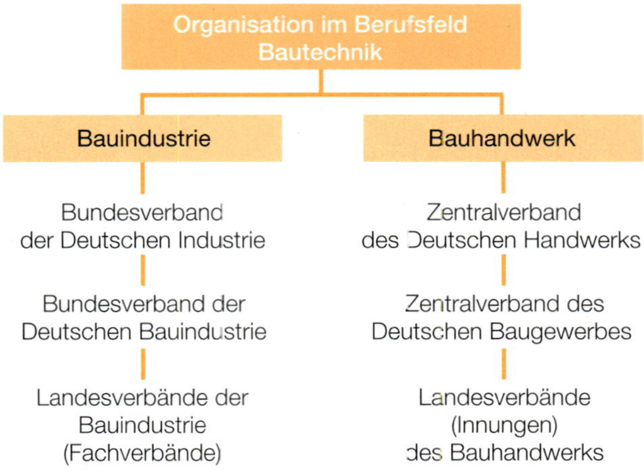

❑ **Gewerkschaftliche Organisationen**

Die Industrie-Gewerkschaft **IG Bauen-Agrar-Umwelt** verhandelt gemeinsam mit den Arbeitgeberverbänden über Tarifabschlüsse. Gewerkschaftliche Organisationen sind die Interessenvertretung für alle Arbeitnehmer im Baugewerbe.

Die **Bauberufsgenossenschaften** haben sich u. a. zur Aufgabe gemacht,

- Arbeitsunfällen und Berufskrankheiten vorzubeugen bzw. diese verhüten zu helfen,
- Folgen von Arbeitsunfällen und Berufskrankheiten zu mildern,
- im unverschuldeten Schadensfall eine finanzielle Unterstützung zu leisten.

Die Arbeit umfasst schwerpunktmäßig

- Unfallverhütung:
  Durch den Erlass von Unfallverhütungsvorschriften und die Überwachung ihrer Einhaltung sollen Unfälle verhütet werden (→ **G 6**).
- Rehabilitation:
  Durch Maßnahmen zur Arbeits- und Berufsförderung, Heilbehandlung und Berufshilfe soll die Erwerbsfähigkeit wieder hergestellt werden.
- Finanzielle Sicherung:
  Durch Leistungen an den Verletzten, ggf. seine Angehörigen bzw. Hinterbliebenen soll eine finanzielle Absicherung erreicht werden.

Für den Unfallschutz gibt es allgemein gültige Bestimmungen, die grundsätzlich eingehalten werden müssen. Diese sind in **Unfallverhütungsvorschriften (UVV)** der Bauberufsgenossenschaft in Form von Richtlinien und Merkblättern zusammengestellt.

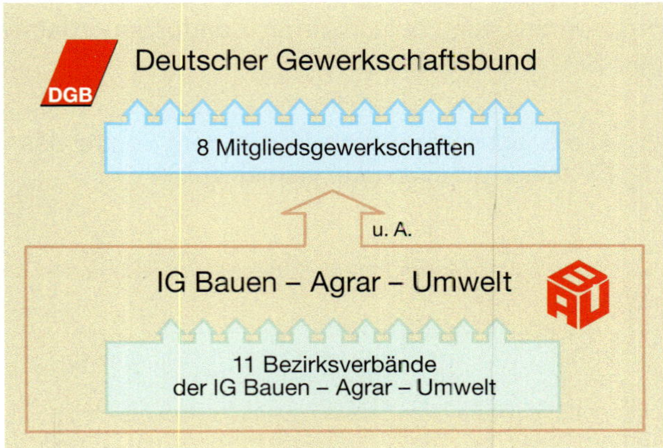

Häufige Ursachen für Unfälle auf der Baustelle

- herabfallende Steine
- herumliegendes Werkzeug oder Baumaterialien
- unsachgemäßes Lagern von Baustoffen
- Nichteinhalten von Sicherheitsabständen
- Heben schwerer Lasten ohne Hebezeuge

1.2 Bauen nach gesetzlichen Grundlagen

Für das Bauen gibt es Gesetze, Ordnungen und Vorschriften. Sie regeln Rechte und Pflichten sowohl für die Planung als auch für die Ausführung baulicher Maßnahmen.

1.2.1 Baugesetze, Bauordnungen, VOB

Allgemeine Regeln für das Bauen sind in Grundlagengesetzen, z. B. im **Baugesetzbuch (BauGB)** der Bundesrepublik Deutschland, festgeschrieben.
Es ist die Grundlage für die städtebauliche Planung.

Die einzelnen Bundesländer regeln entsprechend ihrer regionalen Besonderheiten die Bautätigkeit, z. B. Genehmigungsverfahren, Befugnisse in **Landesbauordnungen**. Sie haben Gesetzeskraft.

! Alle Baugesetze dienen sowohl dem Schutz des Einzelnen als auch dem Gemeinwohl.

Aus der Musterbauordnung der Bundesrepublik Deutschland:
„§ 3 Allgemeine Anforderungen
(1) Anlagen sind so anzuordnen, zu errichten, zu ändern und instand zu halten, dass die öffentliche Sicherheit und Ordnung, insbesondere Leben, Gesundheit und die natürlichen Lebensgrundlagen nicht gefährdet werden. Sie werden von der obersten Baubehörde durch Veröffentlichung bekannt gemacht."

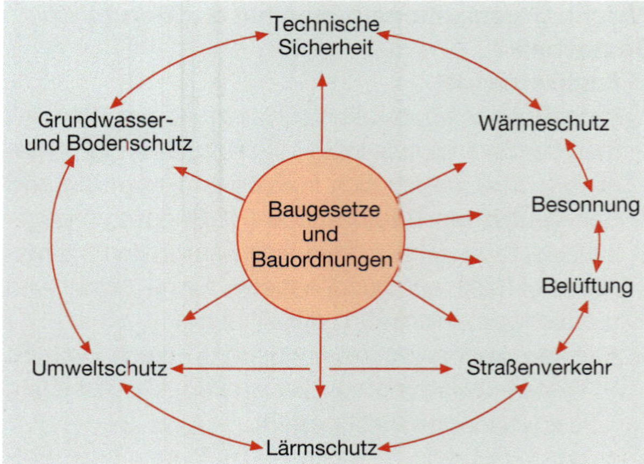

Zuständigkeiten im öffentlichen Baurecht

Die für das Bauen gültigen Gesetze und Regeln reichen bis zu Festlegungen zur Vergabe von Bauleistungen bzw. den Vertragsbeziehungen beim Ausführen von Bauarbeiten, der Vergabe- und Vertragsordnung für Bauleistungen – **VOB**.

Die **Vergabe- und Vertragsordnung für Bauleistungen (VOB) Teil C** regelt die „Allgemeinen Technischen Vertragsbedingungen für Bauleistungen (ATV)". Sie enthalten die Ausführungsnormen für die verschiedenen Gewerke, z. B. Erdarbeiten, Maurerarbeiten. Darüber hinaus sind die Baustoffanforderungen und die Arbeitsverfahren festgelegt und es werden Hinweise zur Leistungsbeschreibung gegeben. Die Abrechnung der erbrachten Bauleistungen erfolgt nach VOB.

VOB Teil A DIN 1960	VOB Teil B DIN 1961	VOB Teil C ab DIN 18340
Allgemeine Bestimmungen für die **Vergabe** von Bauleistungen	Allgemeine Vertragsbedingungen für die **Ausführung** von Bauleistungen	Allgemeine technische Vertragsbedingungen für Bauleistungen (ATV)
Verfahrensablauf von der Ausschreibung bis zum Vertrag	Alle gültigen Bestimmungen für den Bauantrag	Normen- und Leistungsbereichsfestlegungen, Abrechnungsgrundlage
Kein Bestandteil des Bauvertrages	Bestandteil des Bauvertrages	

Leistungsbeschreibung

Eine Bauleistung muss, bevor sie ausgeführt wird, erst einmal beschrieben, danach ausgeschrieben und schließlich dann vergeben werden.

Leistungsbeschreibung: Projekt „Ferienhaus"
… Erdarbeiten: Oberboden abtragen 59,5 m²
Nicht brauchbaren Oberboden über tragfähigen Bodenschichten in unterschiedlicher Stärke lösen und seitlich lagern …

Die Leistungsbeschreibung enthält neben
- Angaben zur Baustelle,
- Angaben zur Ausführung,
- Einzelangaben zu Nebenleistungen und besonderen Leistungen,
- Abrechnungseinheiten

auch ein **Leistungsverzeichnis**. Es dient der übersichtlichen Abrechnung von Bau-Teilleistungen (→ Lernfeld 3.3.3). Das Leistungsverzeichnis wird vom Architekten nach Abschluss der Planung erstellt.
Nebenleistungen sind Leistungen, die auch ohne Erwähnung im Vertrag zur Vertragsleistung gehören. Besondere Leistungen dagegen sind Leistungen, die gesondert bezahlt werden müssen.

Leistungsverzeichnis, Auszug

Projekt: Ferienhaus, Waldweg 22

Ordnungszahl (Pos.-Nr.)	Menge	Einheit	Einheitspreis in €	Gesamtpreis in €
		Baustelleneinrichtung, Pauschalposition		
01.	1,000		1.560,00	1.560,00

Einrichten, Vorhalten über die gesamte Bauzeit sowie Räumen der Baustelle, mit folgenden in den Pauschalpreis einzurechnenden Leistungen
- Freimachen des Geländes
- Herrichten der erforderlichen Lager- und Arbeitsplätze
- Gerätekosten
- Material-Vorhaltekosten
- Lohnkosten
- Personalkosten
- Alle sonstigen Kosten, die der Auftragnehmer zur ordnungsgemäßen Durchführung der Bauaufgabe zu erbringenden hat
- Bauzeittoilette liefern und für die gesamte Bauzeit aller Gewerke (ca. 3 Monate) vorhalten

1.2.2 Normen und Richtlinien

Was sind eingeführte technische Regeln?

Die eingeführten technischen Regeln sind in Normen (DIN-Normen) sowie in Richtlinien der Fachverbände definiert. Die Normung wird in Deutschland durch das Deutsche Institut für Normung e.V. **(DIN)** wahrgenommen. Die DIN-Normen dienen der Selbstverwaltung des öffentlichen Lebens. DIN-Normen werden von Fachleuten erarbeitet. Vor ihrer endgültigen Festlegung sind die Normen zu veröffentlichen und die Einsprüche zu verhandeln. Um die Normen an den aktuellen Stand der Technik anzupassen, werden sie regelmäßig überprüft.
Die Weiterentwicklung des Europäischen Binnenmarktes ermöglicht die wissenschaftliche und technische Zusammenarbeit zwischen den Mitgliedsstaaten. Das setzt ein weitgehendes Angleichen der Normen voraus. Die notwendige Übereinstimmung herzustellen, ist Aufgabe der Europäischen Normenorganisation CEN (Komitee für Europäische Normung). Das Ziel der CEN-Tätigkeit ist es, die nationalen Normen durch europäische zu ersetzen.

Nebenleistungen und besondere Leistungen nach VOB

Nebenleistungen	Besondere Leistungen
Entsorgung oder Sicherung der Baustelle einschließlich der Geräte	Entsorgung von Schadstoffen
Betreiben der Baustelleneinrichtung	Entsorgung von Schadstoffen, Beaufsichtigung der Leistungen und Sicherungsmaßnahmen anderer Unternehmer
erforderliche Vermessungsarbeiten für die Bauausführung und Abrechnung	Sicherung gegen Hochwasser, Grundwasser, Witterungsschäden
Schutz- und Sicherheitsmaßnahmen	Versicherungsleistungen zu Gunsten des Auftraggebers
Beleuchten, Heizen, Reinigung der Sozialräume	Bauzäune, Schutzgerüste, Beleuchtungen sowie Verkehrsumleitungen

Normen

Planungsnormen	Stoffnormen	Ausführungsnormen
z. B.	z. B.	z. B.
Maßordnung	Zemente	Wärmeschutz
Lastannahmen	Baukalke	Schallschutz
Toleranzen	Werkmörtel	Bauwerksabdichtungen

Aus der Musterbauordnung der Bundesrepublik Deutschland:
„§ 3 Allgemeine Anforderungen
(3) …die durch öffentliche Bekanntmachung als Technische Baubestimmungen eingeführten technischen Regeln sind zu beachten …“

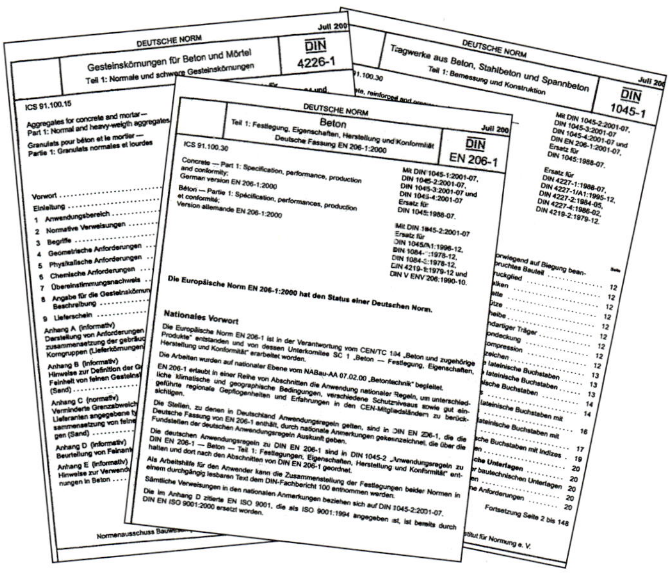

1.3 Planen eines Bauvorhabens

Unter dem Begriff „Bauvorhaben“ versteht man die einzelnen zeitlichen und technischen Abschnitte des Baues, beginnend mit der Vergabe der Bauleistung, über Arbeitsvorbereitung, Baustelleneinrichtung, Ausführen der Bauleistung bis hin zur Abrechnung.

Bevor eine Bauleistung von einem Bauunternehmer übernommen und ausgeführt werden kann, sind umfangreiche Vorplanungen erforderlich.
Für das Vorbereiten und das Errichten eines Bauwerkes sind viele Informations- und Verständigungsmittel notwendig, z. B.

- Bebauungsplan (M 1 : 2000 bis 1 : 10000)
- Lageplan (M 1 : 500, M 1 : 200)
- Entwürfe (Vorentwurf, Entwurf – M 1 : 100)
- Berechnungen
- Ausführungszeichnungen (M 1 : 50 bis 1 : 5).

Wie wird ein Bauvorhaben geplant?
Der Bauherr hat ein Baugrundstück, welches im **Bebauungsplan** auch als solches ausgewiesen ist, erworben. Er beauftragt einen oder mehrere Architekten, seine Wünsche im **Vorentwurf** (→ **G1**) zusammenzufassen und ein Preisangebot zu unterbreiten.

Im Vorentwurf werden berücksichtigt, die

- Lage und Größe des Grundstücks,
- Nutzungsart,
- Größe und äußere Gestalt des Bauwerks,
- Finanzierung,
- örtlichen Vorgaben der Kommunen (z. B. Bebauungsplan),
- jeweilige Landesbauordnung.

Der Bauherr entscheidet sich für einen Vorentwurf und es wird ein Bauantrag gestellt. Für einen Bauantrag bei der zuständigen Behörde sind ausführliche Planungsunterlagen notwendig:

- die **Entwurfszeichnungen** mit Ansichten, Schnitten (→ **G1**),
- die **Baubeschreibung** zu dem Objekt. Darin werden die vorgesehenen Baustoffe und Materialien, die zum Einsatz kommen, genannt.

Zusammen mit der Statik (→ **G2**), den Energieeinsparungsnachweis (→ **G3**) und allen Berechnungen des umbauten Raumes, einer Berechnung der Wohnfläche und der Entwässerungszeichnung (→ Abschnitt 2.3) wird ein **Bauantrag** gestellt. Nach Überprüfung der Planungsunterlagen wird die Baugenehmigung erteilt.

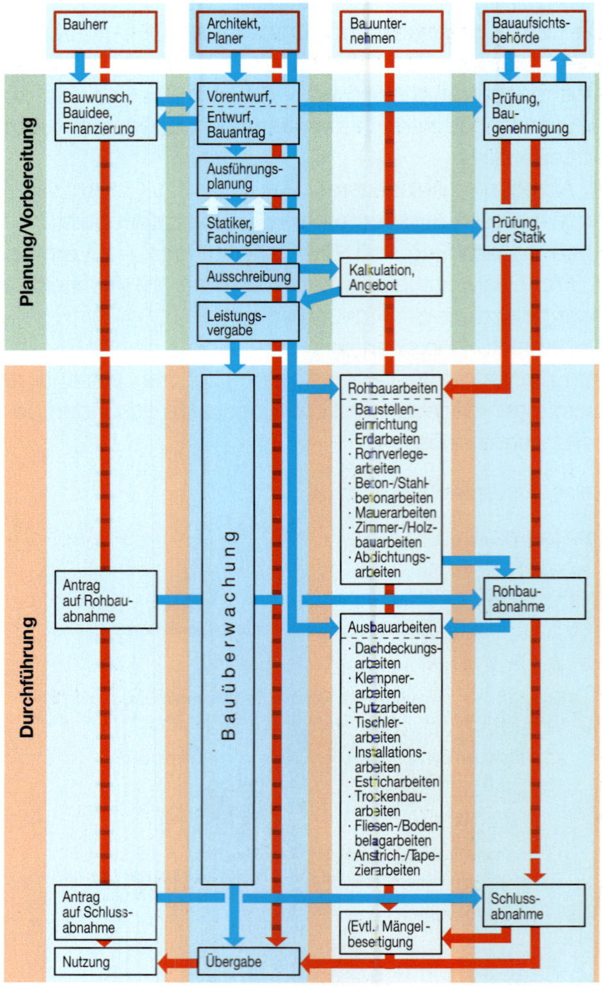

Planen, Durchführen und Kontrollieren eines Bauvorhabens

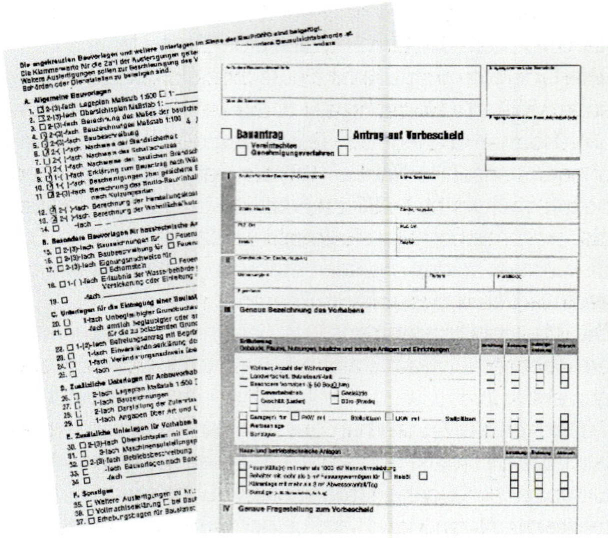

Beispiel eines Bauantrages, Auszug

Der **Bebauungsplan** (M 1 : 1000 oder 1 : 5000) enthält alle rechtsverbindlichen Festlegungen hinsichtlich der städtebaulichen Ordnung und Vorschriften eines Bebauungsgebietes innerhalb einer Kommunalverwaltung. Das können sein

- Art und Maß der baulichen Nutzung (Bebauungsgrenze),
- öffentliche Flächen,
- Freiflächen,
- Giebelrichtung,
- Dachform, Dachneigung,
- Grenzabstände,
- Verkehrswege,
- Umweltschutzanlagen,
- Grundstücksparzellen.

Der **Lageplan** (M 1 : 500) kennzeichnet unter Angabe der Himmelsrichtung

- die Lage des Baugrundstückes zu den Nachbargrundstücken und Straßen,
- die Baufluchtlinien,
- den genauen Umriss des geplanten Gebäudes mit den erforderlichen Maßen und Abständen,
- die Höhenlage,
- alle Grenz- und Gebäudeabstände,
- Zufahrtswege,
- Ver- und Entsorgungsleitungen.

Der Verlauf und die Art der Abwasserleitungen ist dargestellt (z. B. Regen-, Schmutz- oder Mischwasserleitung).

Die **Entwurfszeichnungen** (M 1 : 100) zeigen z. B. alle Geschosse im Grundriss, das Haus als Schnittzeichnung, alle vier Ansichten des Hauses, die Dicke der Wände, die Lage der Schornsteine, die Art der Dachkonstruktion (→ **G1**) und die Möblierung der Räume.
Die **Bauzeichnung** enthält die Grundrisse aller Geschosse, Quer- und Längsschnitte mit allen erforderlichen Maßangaben (→ **G1**). Für den Bauantrag werden die Zeichnungen i. d. R. im M 1 : 100, als Baustellenzeichnung (Werkpläne) im M 1 : 50 oder als Detailzeichnung 1 : 25 bis 1 : 5 angefertigt (→ Abschnitt 3.4.3).

Welche Planungsunterlagen werden auf der Baustelle gebraucht?

Die Arbeiten auf der Baustelle müssen organisiert und geplant werden.
Dazu dient der **Bauzeitenplan** (Ablaufplan). Für einen reibungslosen Ablauf ist es wichtig, die Materialbereitstellung zu sichern, die Anzahl der Arbeitskräfte festzulegen, die notwendigen Maschinen (z. B. Kran) und Gerüste einzuplanen.

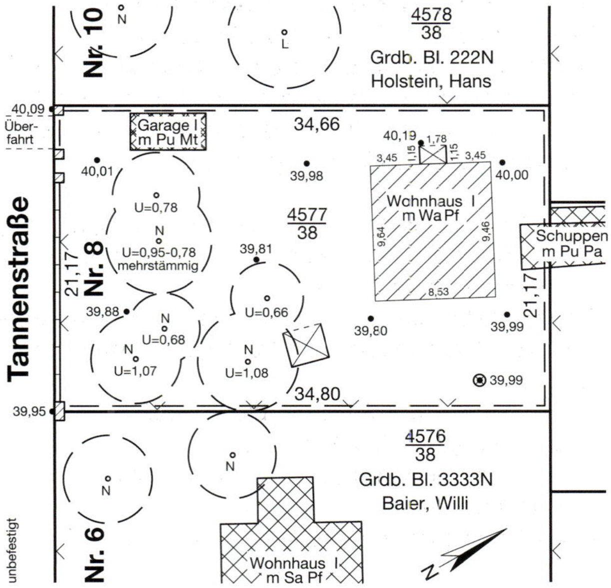

Legende – Beispiel

	m	Massivbau
	Ho	Holzbau
geplantes Gebäude	Mt	Metallbau
vorhandenes Gebäude	Fl	Flachdach
Schaltkasten	Ma	Mansarddach
Schieber	Pu	Pultdach
Schachtdeckel	Sa	Satteldach
Mauerpfeiler mit Mauer	Wa	Walmdach
Stützmauer	D	Dachraum
Zaunzeichen	L	Laubbaum
Hauseingangspfeil	N	Nadelbaum
Telefonzelle	Pa	Pappe
● ..,.. Höhe in m über NN	Pf	Pfannen
● (.....) interpolierte Höhe	Sch	Schiefer

Auszug aus einem Lageplan mit Legende

Das Baugrundstück – die Vorbereitungsarbeiten haben begonnen.

Der Bauzeitenplan (Ablaufmuster)

Bei der Bauplanung wird die theoretisch benötigte Bauzeit ermittelt und der Bauzeitenplan aufgestellt. Dafür müssen insbesondere bekannt sein:

- Beginn und Endtermin der Baustelle
- Leistungsumfang (Menge) der einzelnen Arbeiten
- Ausführungsart (z. B. Decke aus Fertigteilen oder als Ortbeton)

Die zu erbringenden Bauleistungen werden den Projektunterlagen (i. Allg. Ausführungszeichnungen, Leistungsverzeichnis) entnommen.
Alle Leistungen werden in Einzelleistungen zerlegt und zeitlich in eine Reihenfolge gebracht. Je nach Größe des Bauvorhabens können unterschiedliche Einzelleistungen auch parallel ablaufen, z. B. das Ausheben der Fundamentgräben und das Verlegen der Grundleitung, das Decken des Daches und der Einbau der Fenster.

Der Bauzeitenplan wird meist als **Balkenplan** (Balkendiagramm) gezeichnet.

Regeln für das Aufstellen eines Bauzeitenplans (Ablaufmusters)
Die Reihenfolge der Arbeiten muss in jedem Falle so gewählt werden, dass

- ❑ für jede Arbeit die notwendigen Vorleistungen erbracht sind,
- ❑ einmal erbrachte Leistungen durch Folgearbeiten nicht wieder zerstört werden,
- ❑ ein möglichst kontinuierliches Arbeiten auf der Baustelle möglich wird.

Stunden je AP	:	Stunden/ Arbeitstag	=	Tagewerk
190 h		**8 h**		**23,75**

Tagewerk	:	Anzahl der Arbeitskr.	=	Zeitraum in Tagen
≈24 h		**8**		**3**

Rechenschema und Beispiel zur Bestimmung der Zeit im Ablaufmuster
AP Arbeitspaket

Objekt: **Landhaus** **Ablaufmuster**

NR.	STD.	ARBEITSPAKET	ARB. AK	TAG AT
00			AK	AT
01	55	Baustelle einrichten	2	4
02	90	Erdarbeiten Aushub	2/4	1/2
03	14	Entwässerungsarbeiten	2	1
04	67	Bt. u. Stb.-Sohlplatte	3/5	1/1
05	192	Mauerarb. – Kellerwände	5	5
06	7	Mauerarb. – Senkr. Isol.	1	1
07	38	Bt. u. Stb. Fertigdecke KG	5	1
08	11	Erdarbeiten – Verfüllen	1	2
09	131	Mauerarbeiten – Innen EG	4/5	3/1
10	40	Bt. u. Stb. Fertigdecke EG	5	1
11	99	Mauerarbeiten – Innen DG	5	3
12	334	Mauerarbeiten Verblendarbeiten	5	8
13	45	Mauerarbeiten – Restarbeiten	2	3
14	91	Zimmererarbeiten – SUB 001	4	3
15	208	Dachdeckerarb. – SUB 002	5	5
15A	30	Klempnerarbeiten	2	2
16	180	Tischlerarbeiten	4	4+2
16A	120/96	Sanitär: Roh-/ Feininst.	4/2	4/2
16B	180/20	Heizung: Roh-/ Feininst.	4/2	6/2
16C	75/28	Elektro: Roh-/ Feininst.	3/2	3/2
17	253	Putzarbeiten	6	5
17A	30	Trockenbauarbeiten – DG	2	2
17B	39	Estricharbeiten	3	2
17C	95	Fliesenarbeiten	4	3
18	135	Malerarbeiten – SUB 003	4	4
19	54	Bodenbelagsarbeiten	2	3
19A	65	Gebäudereinigungsarb.	4	2
20	25	Baustelle abräumen	2	2

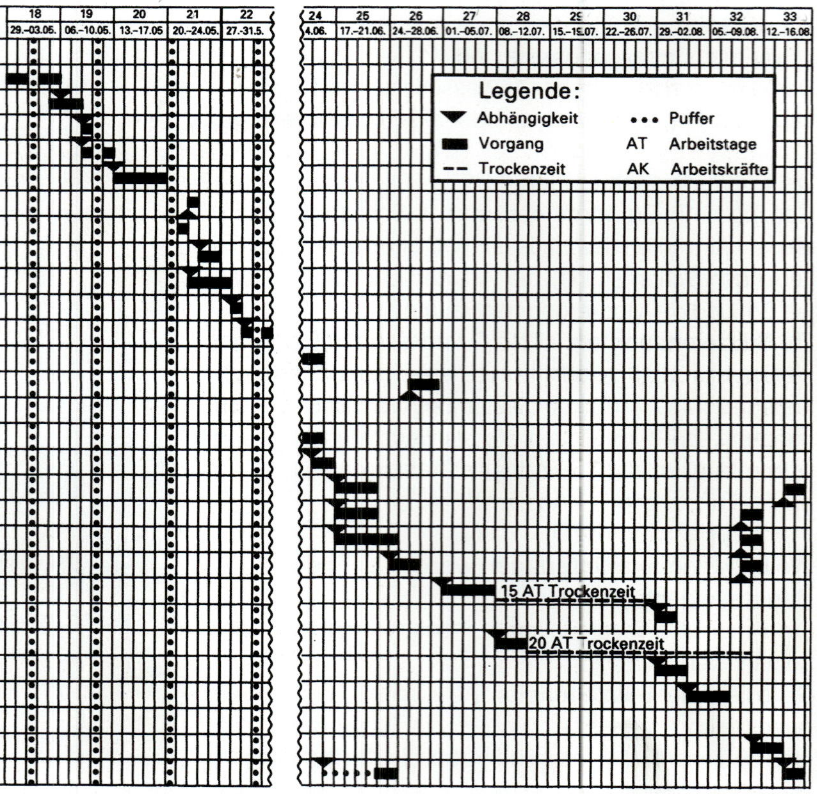

Beispiel eines Bauzeitenplanes (Ablaufmuster) für den Bau eines Einfamilienhauses – Auszug

1.4 Die Baustelleneinrichtung

1.4.1 Der Baustelleneinrichtungsplan

Das Einrichten der Baustelle gehört zu den vorbereitenden Arbeiten für die eigentliche Bautätigkeit. Die örtlichen Bedingungen sind für jedes Bauvorhaben unterschiedlich. Deshalb ist die Baustelleneinrichtung den Gegebenheiten anzupassen.

Die Baustelleneinrichtung ist u. a. abhängig von
- den Standortbedingungen,
- der Art und Größe des Bauvorhabens,
- der Bauzeit,
- der Jahreszeit, in der gebaut wird.

Zur Baustelleneinrichtung gehören:
- nur während der Bauzeit benötigte Wege und Straßen
- Absperr- und Sicherheitseinrichtungen
- Lagerplätze für Material und Bauelemente
- Baustellenbeleuchtung
- Unterkünfte und Toiletten/Waschräume
- Anschlüsse für Strom, Wasser

Die einzelnen Elemente der Baustelleneinrichtung werden in einem Lageplan skizziert. Grundlage dafür ist der vom Vermessungsbüro erstellte Amtliche Lageplan mit Projekteintrag (Bestandteil des Bauantrags). Aus ihm sind die Straßenverhältnisse und die An- und Abfahrtswege zu ersehen.
Der Baustelleneinrichtungsplan wird mit Symbolen und im Regelfall im Maßstab 1 : 200 oder 1 : 500 gezeichnet.

Die Art und Größe eines Bauvorhabens bestimmt die Ausstattung der Baustelle, z. B. mit Kranen, Unterkünften, Lagerflächen.

Beim Erarbeiten eines Baustelleneinrichtungsplans muss der Arbeits- bzw. Schwenkbereich des Baukrans besonders beachtet werden. In diesem Bereich müssen liegen
- das komplett zu erstellende Bauwerk,
- die Lagerflächen für Baumaterialien,
- der Biegeplatz,
- die Entladezone für Transporte,
- der Abfallcontainer.

Außerhalb des Kran-Schwenkbereiches sollten nach Möglichkeit angeordnet werden:
- Unterkünfte, Magazin
- Sanitäreinrichtungen
- Parkflächen
- Versorgungseinrichtungen
- Lagerfläche für den Oberboden

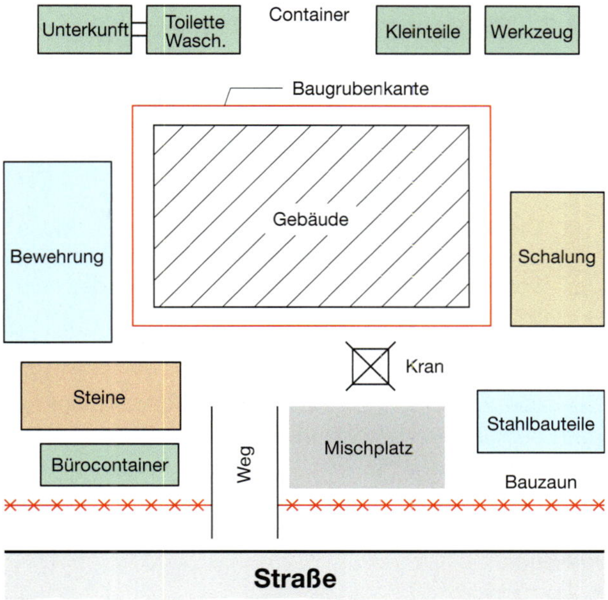

Schema einer Baustelleneinrichtung (Lageplan)

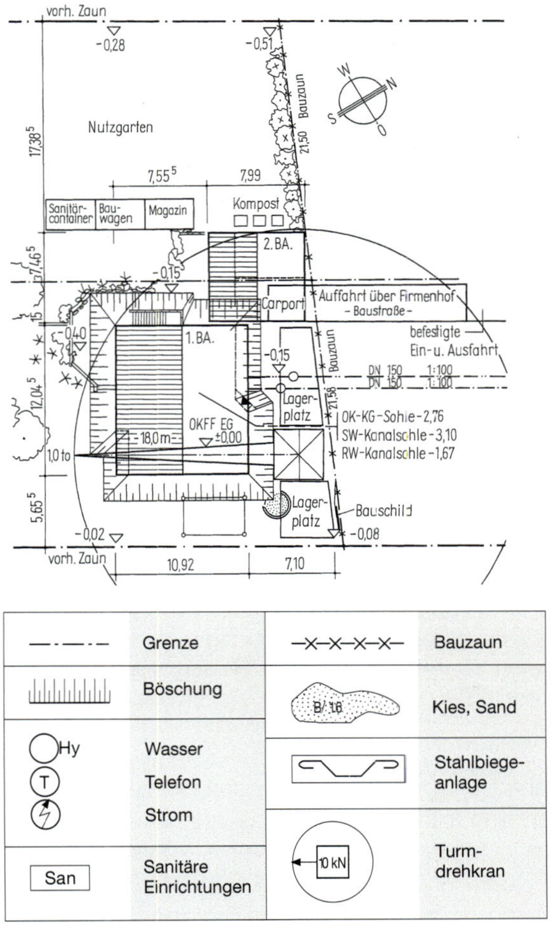

Baustelleneinrichtungsplan – Beispiel

1.4.2 Sicherung von Baustellen

Jede neue Baustelle in bewohnten Gebieten oder auf Verkehrswegen ist eine Gefahrenquelle für die Menschen. Deshalb sind Baustellen bei Tag und bei Nacht deutlich zu kennzeichnen und zu sichern.

> **!** Die Kennzeichnung der Gefahrenstellen muss einfach und klar erkennbar sein. Baustellen sind vor unbefugtem Zutritt so abzusperren, dass sie nicht zugänglich sind!

Optische Absperrungen müssen so aufgestellt werden, dass der Gefahrenbereich deutlich abgegrenzt wird. Dazu werden eingesetzt:

- Absperrbänder
- Warnbänder
- Kegel
- Warnbaken

Das Aufstellen zusätzlicher **Verkehrszeichen zum Kennzeichnen** von Baustellen an öffentlichen Straßen und Wegen sowie **zum Sperren** wird von den zuständigen Ämtern angewiesen.

1.4.3 Beräumungs- und Abbrucharbeiten

Vor Beginn der Baustelleneinrichtung und der Bauarbeiten muss das Baugelände von Hindernissen frei gemacht (geräumt) werden. Bewuchs in Form von Bäumen wird wenn möglich erhalten und während der Bauarbeiten durch Holzverschalungen geschützt. Eine Rodung ist oftmals unvermeidlich.

Allgemeine Regeln für das Beräumen von Baugrundstücken

❑ Sind noch vorhandene Gebäude oder Gebäudeteile abzubrechen, muss ein Fachbetrieb beauftragt werden. Bei Abbrucharbeiten müssen besondere Sicherheitsvorschriften eingehalten werden.

> **!** Es muss stets eine Abbruchgenehmigung und eine Genehmigung zum Roden von Bäumen vorliegen.

❑ Erdbedeckte Kabel und Leitungen müssen in Zusammenhang mit den Versorgungsunternehmen ermittelt oder aufgespürt werden (Elektro-, Wasser-, Abwasser-, Gas- und Telefonleitungen). Sie sind zu sichern bzw. durch die entsprechende Betreiberfirma fachgerecht stillzulegen.

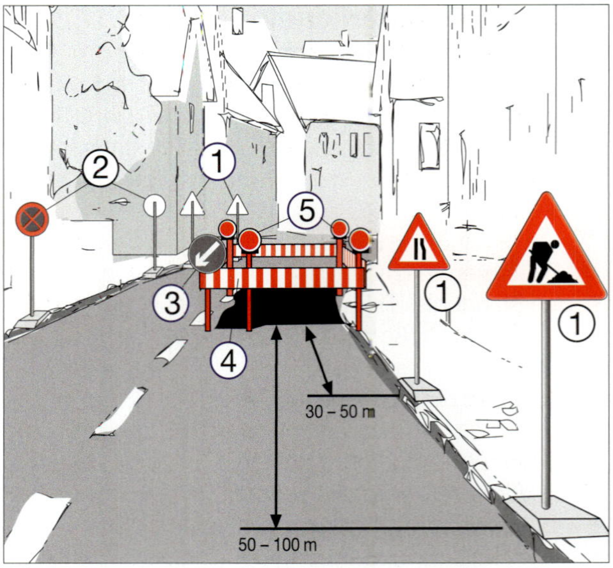

Baustellensicherung auf der Straße
① Gefahrenzeichen; ② Vorschriftzeichen; ③ Richtungszeichen; ④ Absperrschranke; ⑤ Warnleuchten

Abbruchmethoden und Anwendungsbereiche, Auswahl

Abbruch-methoden	Geräte	Anwendungsbereiche
Abtragen	Handwerkzeuge aller Art	erschütterungsfreie vorsichtige Abbrüche
Abgreifen	mechanische Greifer, Zangen	optimale Platz- und Zustandsverhältnisse erforderlich
Einschlagen	stählerne Fallbirne	universell einsetzbar, einfaches und wirkungsvolles Verfahren
Eindrücken	hydraulisches Gerät	höchster Abbruchpunkt muss mit dem Gerät erreichbar sein
Demontieren	Handwerkzeuge aller Art, auch Schweißbrenner	vorwiegend bei Stahlkonstruktionen
Sprengen	Sprengladung	bei schwierigen Objekten
Betonsägen	Diamant-Sägescheibe	erschütterungsarme Abbruchmethoden
Thermisches Trennen	Brenngeräte (ca. 2000 °C)	

Deckenöffnungen, Deckenkanten und nicht benutzte Abwurfschächte mit **Absturzsicherungen** versehen! Als Absturzsicherung kommen in Frage: Seitenschutz, Absperrung, Abdeckung, Fanggerüste, Fangnetze.
Wenn diese Maßnahmen nicht möglich bzw. unzweckmäßig sind, müssen Sicherheitsgeschirre angelegt werden. Es darf niemals ungesichert auf Mauerkronen o. Ä. gearbeitet werden.

1.5 Arbeitssicherheit auf Baustellen

Maßnahmen zur Arbeitssicherheit sind ständiger Bestandteil aller Abschnitte des Bauens (Vorbereitung, Einrichten und Betreiben der Baustellen). Sie sind darauf gerichtet, Unfälle und damit körperliche Schäden zu vermeiden (→ **G 6**).

> **!** Jeder Mitarbeiter ist für sein Aufgabengebiet verantwortlich. Er hat dafür zu sorgen, dass die Sicherheitsvorschriften eingehalten und andere Mitarbeiter vor Schaden bewahrt werden.

Auf der Baustelle muss z. B. durch
- technisch einwandfreie Maschinen und Geräte,
- das angemessene Verhalten der Arbeitnehmer,
- das Einhalten von Sicherheitsabständen,
- das Tragen von Schutzkleidung

die Sicherheit gewährleistet sowie die Gesundheit aller erhalten werden (→ **G 6**).

> **!** Ordnung und Sicherheit an jedem Arbeitsplatz sowie Rücksichtnahme auf andere sind Voraussetzungen für unfallfreies Arbeiten.

Vorschriften für den Unfallschutz sind in Gesetzen,
- Sozialgesetzbuch,
- Gewerbeordnung,
- Reichsversicherungsordnung,

und im **berufsgenossenschaftlichen Regelwerk** Unfallverhütungsvorschriften **(UVV)** der Bau-Berufsgenossenschaft und der Tiefbau-Berufsgenossenschaft festgelegt. Der Unternehmer ist verpflichtet, diese Unterlagen an geeigneter Stelle zur **Einsichtnahme** für alle Arbeitnehmer **auszulegen**. Alle im Betrieb tätigen Mitarbeiter sind vor Antritt ihrer Beschäftigung und danach mindestens einmal im Jahr zu den für sie zutreffenden Vorschriften zu unterweisen. Für die Erste Hilfe sind verbindliche Festlegungen getroffen worden. Baustellen sind mit einer Mindestausrüstung für die Erste Hilfe auszustatten.

Sicherheitsfarbe/ Bedeutung	Beispiele
(rot) Halt; Verbot	Haltezeichen; Verbotszeichen (auch zur Kennzeichnung von Geräten und Material zur Feuerbekämpfung)
(gelb) Vorsicht Gefahr	Hinweis auf Gefahr z. B. Explosion, chemische Wirkungen (auch zur Kennzeichnung von Schwellen, Hindernissen, Einschränkungen im Durchgang)
(grün) ohne Gefahr Erste Hilfe	Rettungswege, Notausgänge
(blau) Gebote	Verpflichtung zum Tragen einer persönlichen Schutzausrüstung

Erste-Hilfe-Einrichtungen auf Baustellen

Erforderl. Personal und Material:	bei einer Beschäftigtenanzahl:								
	bis 10	bis 20	21	30	40	51	101	301	501
Meldeeinrichtungen (Telefon, Funk)	●	●	●	●	●	●	●	●	●
Aushang „Erste Hilfe"	●	●	●	●	●	●	●	●	●
Krankentrage			●	●	●	●	●	●	●
Sanitätsraum						●	●	●	●
Verbandkasten C* (klein) – DIN 13157	1								
Verbandkasten E* (groß) – DIN 13169		1	1	1	1	2	3	7	11
Ersthelfer	1	1	2	3	4	5	10	30	50
Betriebssanitäter									●
Verbandbuch	●	●	●	●	●	●	●	●	●
Rettungsgeräte und -transportmittel	bei schwer zugänglichen Arbeitsplätzen (z. B. im Tunnelbau, bei Druckluftarbeiten, in tiefen Baugruben u. Ä.)								

*) Nach Benutzung unbedingt wieder aufzufüllen!

Zeichen für „Geprüfte Sicherheit"

Warnzeichen

Warnung vor feuergefährlichen Stoffen

Warnung vor gefährlicher elektrischer Spannung

Warnung vor einer Gefahrenstelle

Gebotszeichen

Augenschutz tragen

Schutzhelm tragen

Gehörschutz tragen

Verbotszeichen

Rauchen verboten

Feuer, offenes Licht und Rauchen verboten

Verbot, mit Wasser zu löschen

Rettungszeichen

Hinweis auf „Erste Hilfe"

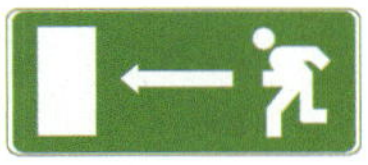
Rettungsweg (Richtungsangabe)

1.6 Umweltschutzgerechtes Verhalten auf Baustellen

Während der Bautätigkeit kann es zu erheblichen Umweltschäden kommen, wenn sich nicht alle am Bau Beteiligten bei ihrer Arbeit angemessen verhalten.

Besonderer Schutz gilt

- dem Boden,
- dem Grund- und Oberflächenwasser,
- den Bäumen und Sträuchern (Anpflanzungen).

Aus den möglichen Schäden sind folgende Regeln für umweltgerechtes Verhalten auf der Baustelle abzuleiten:

- ❏ Mutterboden muss gesondert gewonnen und gelagert werden.
- ❏ Bäume und Sträucher sind während der gesamten Bauzeit vor Beschädigungen zu schützen.
- ❏ Boden- und Grundwasserverschmutzungen durch Öle oder Chemikalien sind unbedingt zu vermeiden.
- ❏ Abfälle, Verpackungen und Bauschutt sind nach Materialart (Glas, Stahl, Kunststoffe, Papier und Pappe, Steine, Bodenaushub usw.) getrennt zu erfassen und einem Baustoffrecycling zuzuführen.
- ❏ Lärmbelästigungen durch den Einsatz nicht schallgedämmter Maschinen und Geräte sind zu vermeiden.
- ❏ Staubbelästigungen, z. B. bei Sanierungsarbeiten, sind durch geeignete Abdeckungen oder Absauganlagen gering zu halten.

UVV	Allgemeine Vorschriften
UVV	Bauarbeiten
VOB, Teil A	Allgemeine Vertragsbedingungen für die Vergabe von Bauleistungen
VOB, Teil B	Allgemeine Vertragsbedingungen für die Ausführung von Bauleistungen
VOB, Teil C	Allgemeine Technische Vertragsbedingungen für Bauleistungen
Baustellenverordnung – BaustellV	
DIN 1356-1	Bauzeichnungen

Bei Bauarbeiten ist der Stamm eines jeden Baumes zu schützen. Die Bohlen dürfen nicht an den Stamm genagelt werden.

Durch Bauschuttrutschen können Staub- und Lärmbelästigung der Menschen eingeschränkt werden.

Testen Sie sich selbst!

1. Welche Interessenvertretungen gibt es für Arbeitnehmer im Berufsfeld Bautechnik?
2. Wozu dienen Normen und Vorschriften für die Bautätigkeit?
3. Gestalten Sie ein Poster mit den Teilschritten zur Planung eines Bauvorhabens. Planen Sie den Bau einer Garage.
4. Welche Grundsätze sind beim Einrichten einer Baustelle zu beachten?
5. Beschreiben Sie die nebenstehende abgebildete Baustelle. Welche Unfallgefahren bestehen hier?

1.7 Projektarbeit „Ferienhaus“

Problemstellung: Auf dem Baugrundstück Waldweg 22 soll ein Ferienhaus gebaut werden. Entsprechend der Baubeschreibung soll das Haus in Mauerwerk (→ Abschnitt 3.2), nicht unterkellert, mit Satteldach errichtet werden. Das Gebäude erhält Streifenfundamente und eine Bodenplatte aus Beton. Das Mauerwerk wird beidseitig verputzt. Die Decke ist eine Holzbalkendecke in Verbindung mit dem Kehlbalkendach. Die Dachdeckung besteht aus Dachziegeln.

Arbeitsschritte:

1. Entwerfen eines Bauzeitenplans (Ablaufmuster)
2. Sicherung der Baustelle
3. Erstellen eines Baustelleneinrichtungsplans

Aufgaben

1. Zeichnen Sie den Lageplan für das Grundstück „Waldweg 22“ im Maßstab 1 : 200.
2. Ermitteln Sie die Grundstücksfläche in m^2.
3. Erarbeiten Sie ein grobes Ablaufmuster (ohne Zeiten) für die Reihenfolge der Gewerke.

Ausführungshilfen:

- Beachten Sie die Regeln für das Zeichnen (→ **G1**).
- Flächenermittlung (→ Formeln und Tab. für das Bauhandwerk)
- Schreiben Sie alle Gewerke auf, die zum Errichten des Ferienhauses erforderlich sind.
- Ordnen Sie die Gewerke zeitlich grob zueinander (→ Abschnitt 1.3, Bauzeitenplan).
- Stellen Sie die Gewerke und ihre Reihenfolge auf einem A4-Zeichenblatt dar. Beachten Sie: Putzarbeiten können erst erfolgen, wenn der Tischler die Fenster eingesetzt hat.

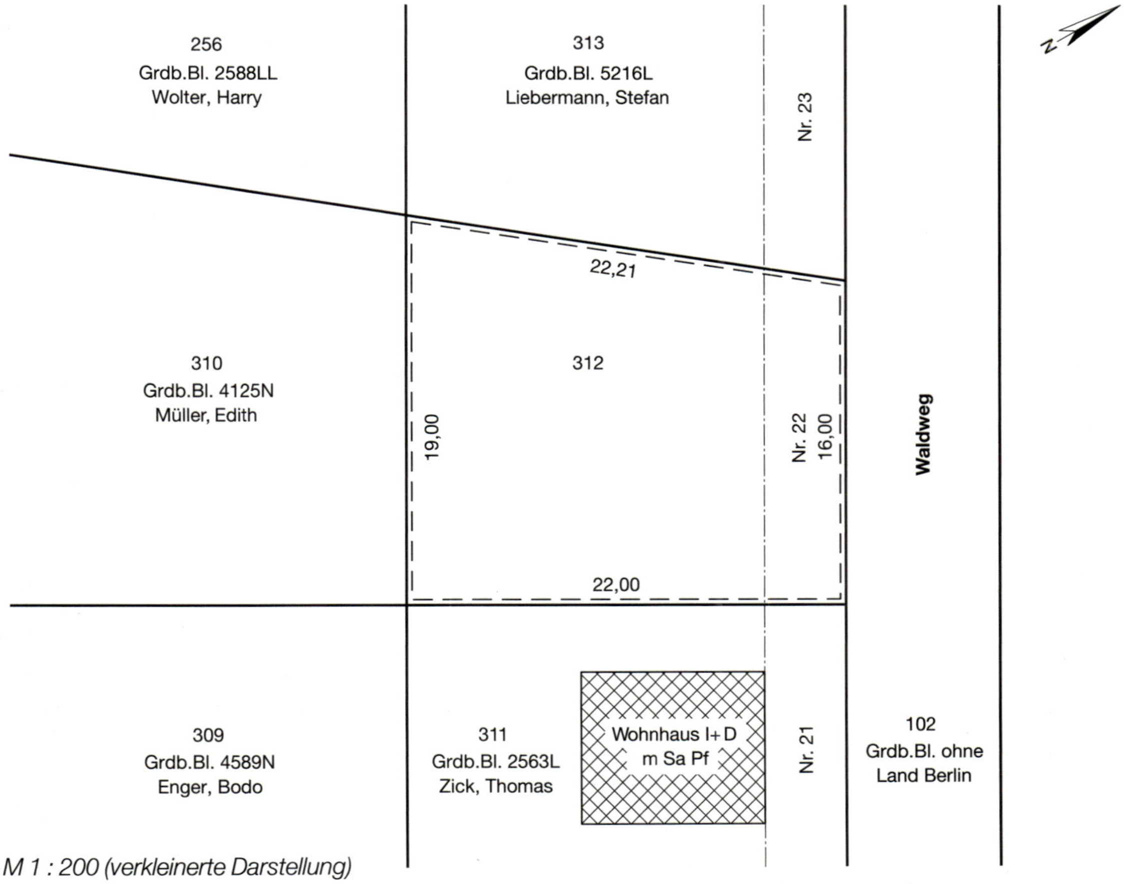

M 1 : 200 (verkleinerte Darstellung)

Problemstellung: Planen der Baustelleneinrichtung für das Grundstück Waldweg 22 unter Berücksichtigung der Lage des Grundstücks zur Straße (Zufahrtsweg), der Lage und Größe des Bauwerks, der Standortbedingungen.

Aufgaben

4. Erfassen Sie die notwendigen Bestandteile der Baustelleneinrichtungen in einer Liste.
5. Zeichnen Sie die Baustelleneinrichtung in den Lageplan ein.
6. Wählen Sie den günstigsten Standpunkt für den Mobilkran zum Aufstellen der Dachkonstruktion.

Ausführungshilfen:

- Skizzieren Sie das Grundstück, den Waldweg und das Ferienhaus im Maßstab M 1 : 200 (→ **G 1**).
- Bestimmen Sie die notwendige Baustelleneinrichtung (Liste). Nehmen Sie dafür die erforderlichen Gewerke zu Hilfe (→ Seite 8, Zeichnung „Ferienhaus").
- Legen Sie den Zufahrtsweg zur Baustelle fest!
- Skizzieren Sie als Schema die erforderliche Baustelleneinrichtung in die Grundstücksskizze (→ Seite 15).
- Planen Sie Platz für einen kleinen Mischplatz ein.
- Beim Baustelleneinrichtungsplan bleibt das Gerätehaus unberücksichtigt, da der Bau zu einem späteren Zeitpunkt erfolgt.

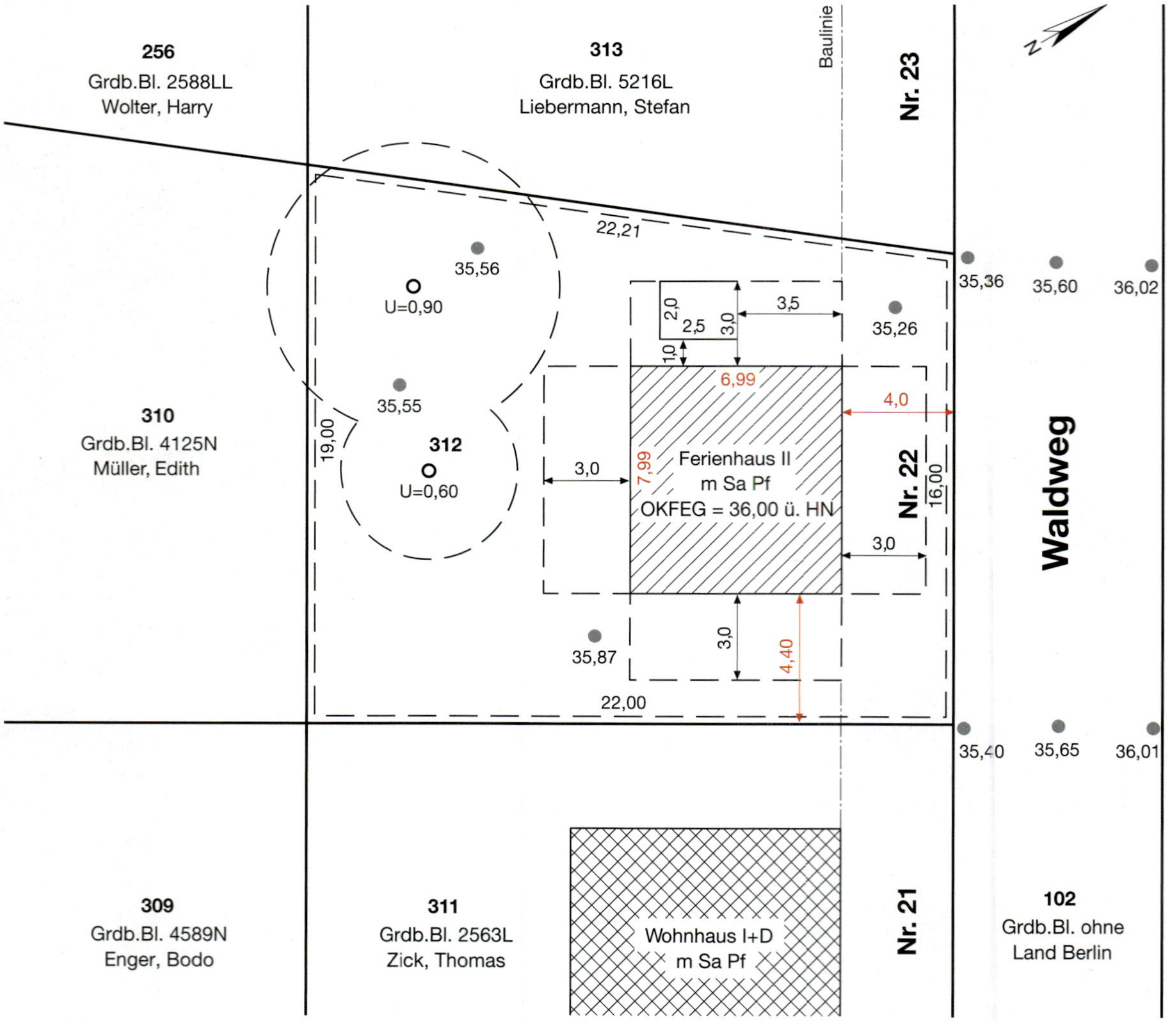

Lageplan M 1 : 200 (verkleinerte Darstellung) 3,0 Abstandsflächen nach Fertigstellung des Gebäudes

Lernfeld 2 Erschließen und Gründen eines Bauwerkes

2.1 Planen einer Baugrube 22
2.1.1 Der Baugrund 22
2.1.2 Abstecken eines Gebäudes 25

2.2 Ausheben von Baugruben und Gräben 27
2.2.1 Sicherung von Baugruben und Gräben 27
2.2.2 Wasser im Baugrund 30
2.2.3 Ermitteln der Aushubmengen 31
2.2.4 Herstellen von Baugruben und Gräben 33

2.3 Entwässerungsarbeiten 34
2.3.1 Entwässerungssysteme 34
2.3.2 Rohre für Abwasserleitungen 35
2.3.3 Planen von Abwasserleitungen 36
2.3.4 Gefälleermittlung 39
2.3.5 Verlegen einer Entwässerungsleitung 40

2.4 Planen und Herstellen von Gründungen 41
2.4.1 Anforderungen und Aufgaben 41
2.4.2 Gründungsarten 42
2.4.3 Planen eines Streifenfundamentes 43
2.4.4 Herstellen eines Streifenfundamentes 45

2.5 Planen und Herstellen von Verkehrsflächen 47
2.5.1 Anforderungen und Aufgaben 47
2.5.2 Wahl der Baustoffe für einen Hauszugang 48
2.5.3 Planen eines Hauszugangs 50
2.5.4 Herstellen eines Hauszugangs 52

2.6 Projektarbeit „Ferienhaus" 53
2.6.1 Erschließungsarbeiten 53
2.6.2 Verlegen der Haus- und Grundstücksentwässerung 54
2.6.3 Gründungsarbeiten 55
2.6.4 Wege- und Pflasterarbeiten 56

2.1 Planen der Baugrube

Bauwerke werden auf bzw. in Baugrund gebaut. Die Eigenschaften des Baugrunds haben einen wesentlichen Einfluss auf die Standsicherheit und Gebrauchstauglichkeit (DIN 1054) des Bauwerkes oder Bauteils. Es kann durch einwirkende Lasten (→ **G 2**) kippen, gleiten, sich neigen oder ungleichmäßig setzen.

2.1.1 Der Baugrund

Der Baugrund, auf dem ein Bauwerk errichtet werden soll, kann natürlich gewachsener, geschütteter oder künstlich hergestellter Boden oder Felsen sein. Um die Eignung eines Baugrunds beurteilen zu können, muss sich der Planer u. a. Antworten auf folgende Fragen einholen.

- Welche Bodenart liegt vor?
- Ist der Boden/Fels ausreichend tragfähig?
- Welche Lasten werden vom Bauwerk auf den Baugrund abgeleitet?
- Welche Probleme können im Zusammenhang mit Wasser im Boden auftreten?
- Wie kann der Bodenaushub erfolgen?

Baugrunduntersuchungen

Um einfache Bauwerke standsicher errichten zu können, muss z. B. die Tragfähigkeit des Bodens überprüft werden. Der Planer erhält die Informationen durch Baugrunduntersuchungen, z. B. durch

- Einsicht in Baugrundkarten ⇒ indirektes Verfahren,
- Sondierungen ⇒ indirektes Verfahren,
- Bohrungen ⇒ direktes Verfahren,
- Anlegen von Schürfgruben ⇒ direktes Verfahren.

Jede Baumaßnahme wird in eine Geotechnische Kategorie (GK) eingestuft.

GK 1	Einfache Bauwerke bei einfachen, übersichtlichen Baugrundverhältnissen
GK 2	Bauwerke oder Baugrundverhältnisse mit mittlerem Schwierigkeitsgrad
GK 3	Bauwerke oder Baugrundverhältnisse mit hohem Schwierigkeitsgrad

Bei bekannten Bodenverhältnissen oder GK1 werden die preiswerten indirekten Verfahren angewandt, ab GK2 sind direkte Erkundungsverfahren durchzuführen.

Bodenklassen

Die sieben Bodenklassen unterscheiden Boden und Fels nach ihrer Gewinnbarkeit bei Erdarbeiten (Lösen, Laden, Fördern, Verdichten).

Die Schiefstellung des Turmes ist eine Folge von Setzungen im Baugrund.

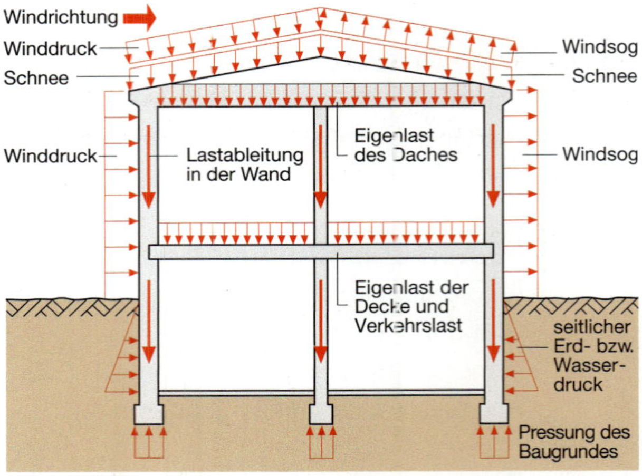

Die Lasten des Bauwerkes, die in den Baugrund abgeleitet werden, belasten den Baugrund.

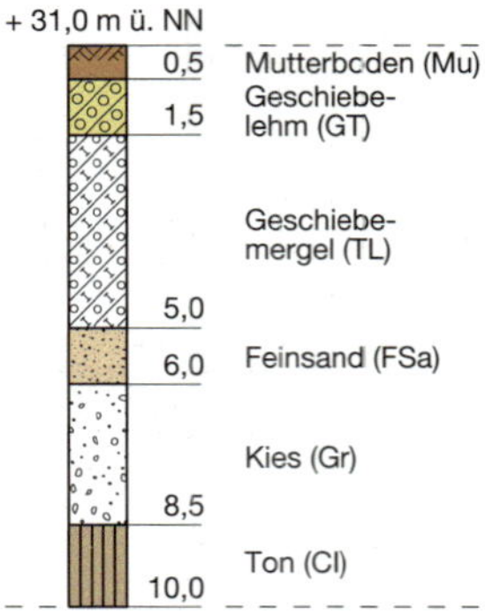

Bohrprofil

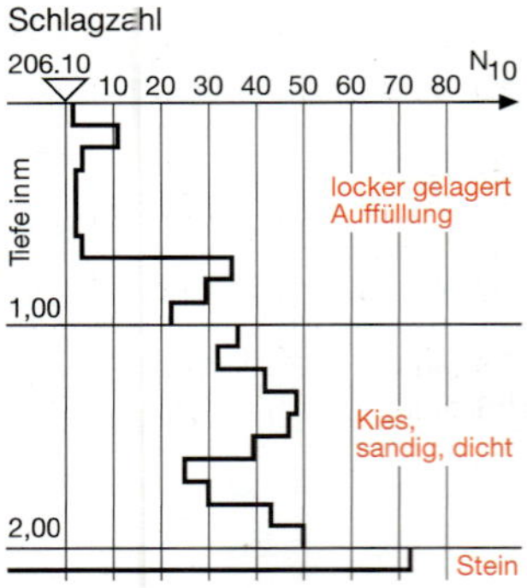

Rammsondierung

! Zu wenig durchgeführte Baugrunduntersuchungen oder falsche Ergebnisse führen fast immer zu stark erhöhten Gründungskosten und längeren Bauzeiten.

Bodenarten

Man unterscheidet grundsätzlich **zwischen organischen Böden** (Torf, Humus) und **anorganischen Böden** (Mineralböden).

Als Baugrund eignen sich nur Mineralböden. Die Bodenarten werden nach ihrer Korngröße unterschieden. Sie wird im Labor in Sieb- und Schlämmanalysen festgestellt.

Reine Bodenarten bestehen aus einem Korngrößenbereich. Sie werden nach diesem benannt, z. B.: **Feinsand**, **Grobkies** oder **Ton**. Da die meisten Böden ein Gemisch verschiedener Korngrößenbereiche sind, erfolgt die Benennung nach der am stärksten vertretenen Bodenart oder nach bestimmten Eigenschaften der feinkörnigen Anteile, z. B.: **Kies, sandig-Grsa**.

Tragverhalten von Böden

Die Tragfähigkeit des Bodens ist sehr entscheidend für die Eignung als Baugrund. Sie bestimmt die Gründungsform und die Gründungstiefe.

Unterscheidung der Bodenarten (Mineralböden) nach Korngrößennach DIN EN ISO 14688-1

Bodenart	Kurzzeichen	Korngröße in mm	Kennzeichnung
Ton	**Cl**	< 0,002	
Schluff Feinschluff Mittelschluff Grobschluff	**Si** FSi MSi CSi	≥ 0,002…0,06	
Sand Feinsand Mittelsand Grobsand	**Sa** FSa MSa CSa	> 0,06…2,00	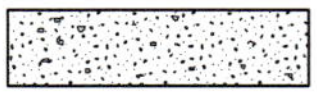
Kies Feinkies Mittelkies Grobkies	**Gr** FGr MGr CGr	> 2,0…63	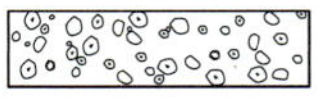
Steine **Blöcke**	**Co** **Bo**	> 63	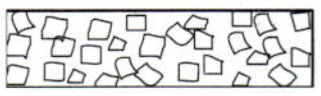

Versuch 1

Je zwei bindige und nichtbindige Bodenarten werden in gleich große Gefäße gegeben. Belasten Sie die Proben mit jeweils einem Mauerstein.
Beobachten Sie das unterschiedliche Tragverhalten nach Wasserzugabe.

Boden- und Felsklassen nach DIN 18 300 und ZTVE-STB

Klasse	Bezeichnung und Beschreibung	Böschungswinkel/ Ladegeräte
1	**Oberboden** (Mutterboden) – oberste Schicht des Bodens mit Humus und Lebewesen	**45°** Planierraupe Schaufellader
2	**Fließende Bodenarten** – flüssig bis breiig (hoher Wassergehalt), geben das Wasser schwer ab	**max. 45°** Bagger mit Greifer
3	**Leicht lösbare Bodenarten** – nichtbindige bis schwachbindige Sande, Kiese und Kies-Sand-Gemische, Steinanteil: höchstens 30 % mit Korngrößen > 63 mm	**45°** Schaufellader Laderaupe Bagger
4	**Mittelschwer lösbare Bodenarten** – Gemische aus Sand, Kies, Schluff und Ton mit mehr als 15 % der Korngröße < 0,06 mm – bindige Bodenarten, leicht bis mittelplastisch, weich bis halbfest, Steinanteil: maximal 30 % mit Korngrößen > 63 mm bis zu 0,01 m³ Rauminhalt	**60°** Laderaupe Bagger
5	**Schwer lösbare Bodenarten** – wie Klasse 3 und 4, Steinanteil: > 30 % und Korngrößen > 63 mm bis zu 0,1 m³ Rauminhalt – nichtbindige und bindige Bodenarten, Steinanteil < 30 % von über 0,01 m³ bis 0,1 m³ Rauminhalt – ausgeprägt plastische Tone, je nach Wassergehalt weich bis halbfest	**60°** starke Laderaupe Bagger
6	**Leicht lösbarer Fels und vergleichbare Bodenarten** – Felsarten mit innerem mineralischen Zusammenhalt, stark klüftig, brüchig, schiefrig bzw. verwittert; Bodenarten der Klassen 4 und 5 mit fester Konsistenz – nichtbindige und bindige Böden mit einem Steinanteil > 30 % und einer Größe von über 0,01 m³ … 0,1 m³ Rauminhalt	**60°** Bagger
7	**Schwer lösbarer Fels** – wie Klasse 6, jedoch wenig klüftig bzw. verwittert – Steine von über 0,1 m³ Rauminhalt	**80°** Kompressor- bzw. Aufbruchhammer Sprengungen

Tragverhalten von Böden

Bodenart	Tragverhalten
Fels	• beste Tragfähigkeit
Nichtbindige Böden Kiese, Sand	• gute Tragfähigkeit • Tragfähigkeit abhängig von innerer Reibung der Körner • keine Volumenveränderung bei Wasseraufnahme und kein Tragfähigkeitsverlust • schnelle und gleichmäßige Setzung
Bindige Böden Lehm, Ton, Schluff	• Tragfähigkeit abhängig vom Wassergehalt • setzt sich langsam und über längere Zeit
Geschüttete Böden Verschiedene Bodenarten	• Tragfähigkeit ist abhängig vom Verdichtungsgrad • Prüfung unbedingt notwendig

Mechanische Beanspruchungen des Baugrunds

Der Baugrund wird durch die Eigen- und Verkehrslasten aus dem Bauwerk beansprucht. Diese Kräfte werden meist als Druckkräfte über das Fundament in den Baugrund abgeleitet. Es entstehen Druckspannungen (Sohlnormalspannungen) an der Sohle des Fundamentes. Sie müssen gleichmäßig auf den Baugrund verteilt werden.
Bei einer mittigen Belastung des Fundamentes kann angenommen werden, dass sich die Belastung gleichmäßig über die Sohlfuge verteilt.

$$\sigma_S = \frac{F}{A_F}$$

σ_S Sohlnormalspannung
F Belastung aus dem Bauwerk einschließlich der Fundamenteigenlast
A_F Fläche der Fundamentsohle

Bei einfachen Fällen wird auf Tabellenwerte zurückgegriffen.

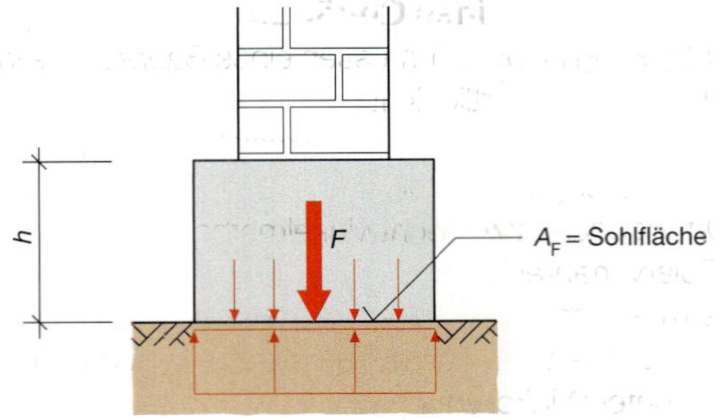

Druckspannung an der Sohlfläche eines mittig belasteten Fundamentes

Frostempfindlichkeit des Baugrunds

Sie ist abhängig von seiner Korngrößenverteilung, dem Hohlraumgehalt und der Wasserdurchlässigkeit.
Man unterscheidet Böden nach der Frostempfindlichkeit in:

- nicht frostempfindlich (**F1**): nichtbindige Böden wie Sand und Kiese
- gering bis mittel frostempfindlich (**F2**): Gemische aus Kies, Sand, Schluff
- sehr frostempfindlich (**F3**): bindige Böden

Die Bodenarten zeigen ein unterschiedliches Frostverhalten. In nichtbindigen Böden steigt das Wasser in den großen Kapillaren nur wenige cm in die Höhe.
Bindige Böden enthalten viele kleine Kapillaren. Wenn dieser Boden an der Oberfläche gefriert, wird weiterhin in den frostfreien Schichten Wasser bis an die Frostgrenze herangeführt. Es kommt zur Eislinsenbildung. Dadurch kann das Bauwerk hochgedrückt werden. Beim Auftauen wird der feste Boden von oben her weich und wenig tragfähig.

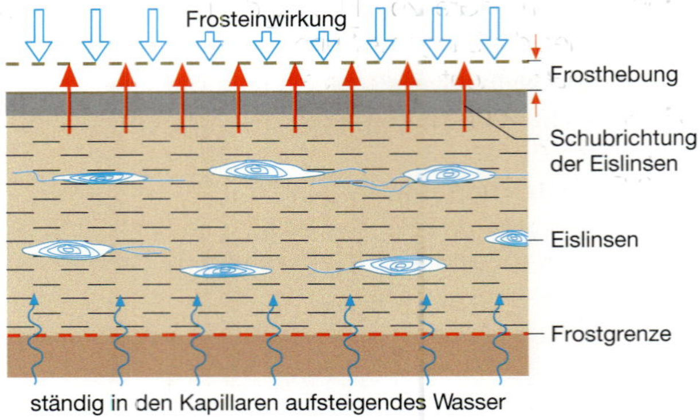

Der Boden wird infolge der Eislinsenbildung im Baugrund angehoben.

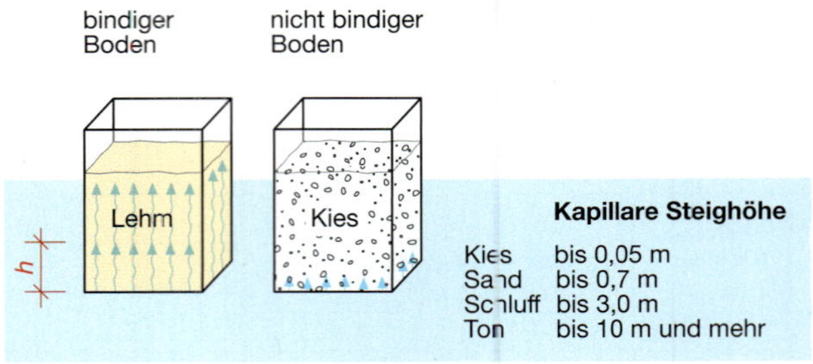

Bodenart – Kapillarität

Wasser im Baugrund

Wasser kommt im Baugrund als Oberflächenwasser, Sickerwasser, Kapillarwasser vor.

Das im Baugrund vorhandene Wasser beeinflusst

- bei bindigen Böden die Konsistenz und Tragfähigkeit,
- die Form und die Herstellung der Baugrube,
- erforderliche Maßnahmen zur Bauwerksabdichtung (→ **G 3** und Abschnitt 3.4.3).

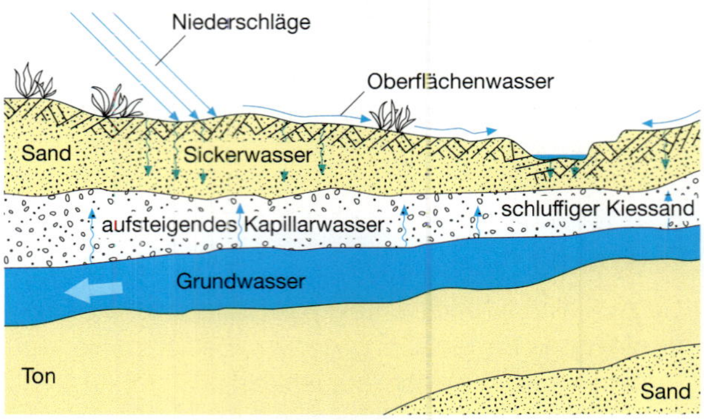

Wasser im Baugrund – Beispiel für mögliche Durchfeuchtung

2.1.2 Abstecken eines Gebäudes

Eine Absteckung ist das Einmessen eines Bauprojekts in das Baugrundstück (Örtlichkeit).

Für kleinere Bauvorhaben wird dies meist vom Polier mit Hilfskräften durchgeführt. Für

- die Orthogonal- bzw. Rechtwinkelmethode und
- das Polarverfahren

sind vermessungstechnische Grundkenntnisse über Längen-, Höhen- und Richtungsmessung und das Abstecken rechter Winkel erforderlich (→ **G4**).

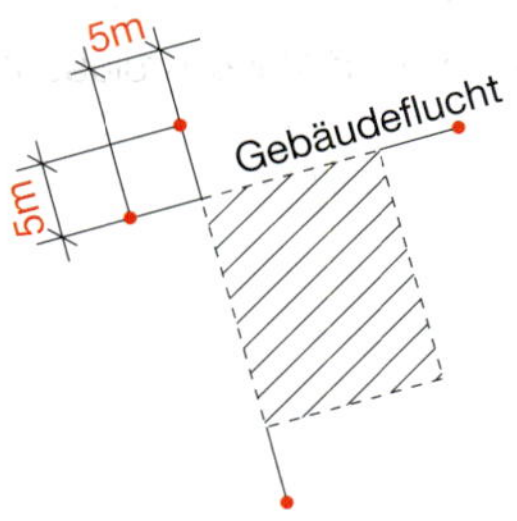

Sicherung von Bauwerksbegrenzungspunkten vor Beginn der Ausschachtarbeiten

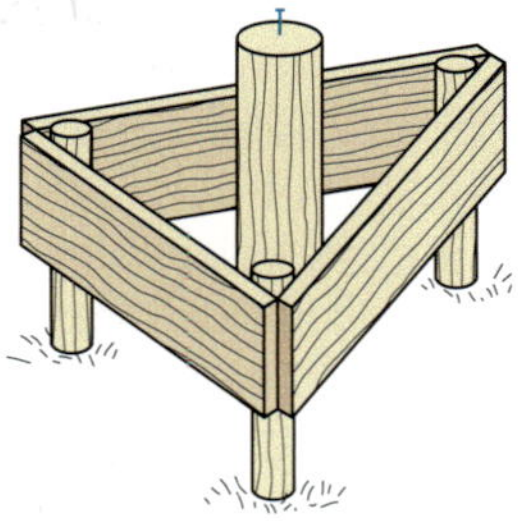

Gesicherter Pfahl mit Nagel

Orthogonale Absteckung – Arbeitsschritte

- ❑ Markieren der Grenzpunkte *A* und *B* mit Fluchtstangen
- ❑ Abtragen der Längen $\overline{A1}$ und $\overline{A2}$ mit einem Rollbandmaß ($\overline{AB}$ als Kontrolle messen!)
- ❑ Mit einem Doppelwinkelprisma und Lot in Punkt *1* und Punkt 2 den rechten Winkel mit den Längen $\overline{1P_1}$ und $\overline{2P_2}$ abtragen.
- ❑ Punkte P_1 und P_2 mit einem Pfahl mit Nagel markieren, P_1 und P_2 verbinden.
- ❑ Auf der Strecke $\overline{P_1P_2}$ werden mit einem Doppelwinkelprisma mit Lot die Strecken $\overline{P_1P_3}$ und $\overline{P_2P_4}$ rechtwinklig abgetragen.
- ❑ Punkte P_3 und P_4 mit Pfahl und Nagel vermarken.
- ❑ Zur Kontrolle der Rechtwinkligkeit sind die Diagonalen $\overline{P_1P_4}$ und $\overline{P_2P_3}$ zu messen (→ Lehrsatz des Pythagoras) sowie die Strecken $\overline{AP_1}$ und $\overline{P_2B}$. Damit wird auch die Lagerichtigkeit kontrolliert.

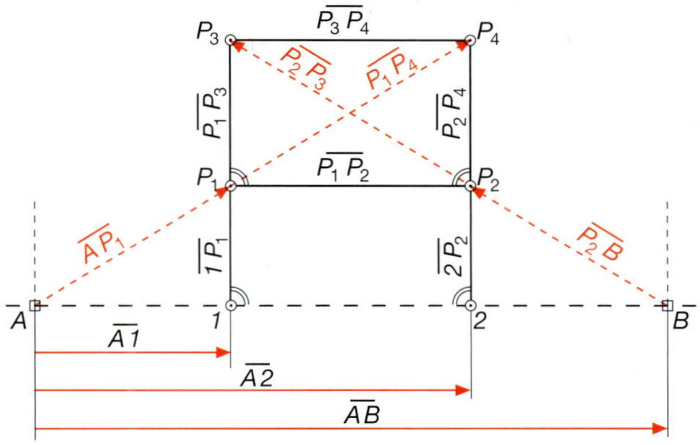

Messungsaufbau für eine orthogonale Absteckung

Polare Absteckung – Arbeitsschritte

- ❑ Aufstellen des Theodolithes auf Punkt *B*. Einstellen der Nullrichtung nach Punkt *A* auf dem Horizontalkreis
- ❑ Einstellen des Winkels zum jeweiligen Eckpunkt des Gebäudes am Horizontalkreis
- ❑ Abtragen der Streckenlängen mit dem Bandmaß
- ❑ Vermarken der Eckpunkte durch einen Pfahl mit Nagel.
- ❑ Zur Kontrolle der Rechtwinkligkeit der Absteckung werden die Diagonalen gemessen (Pythagoras-Probe).
- ❑ Die Lagerichtigkeit des Bauwerks ist durch Kontrollmessungen nachzuweisen. Dazu werden Kontrollstrecken zu den Punkten *A* und *B* gemessen.
- ❑ Weitere Kontrollmessungen sind erforderlich, um die Abstände zur Grenze und zur Baulinie nachzuweisen. Die Maße sollten in einer Absteckskizze dargestellt werden.

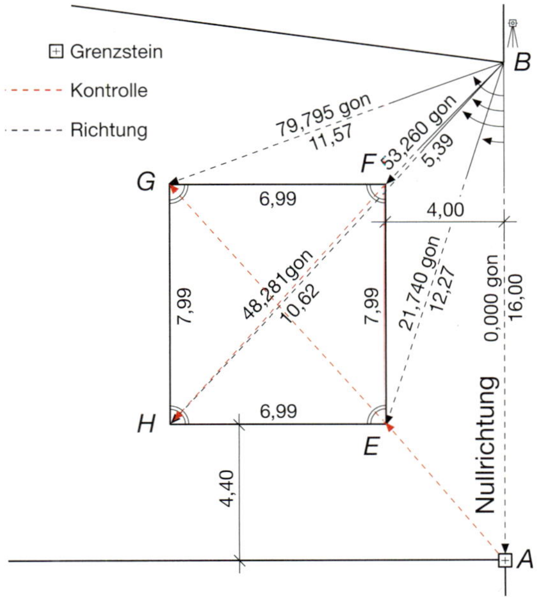

Polare Absteckung eines Gebäudes (Ecken des Bauwerkes)
Angabe: Richtungen (Winkel) in gon; Längen (Strecken) in m

! Die abgesteckten Punkte sind zu sichern, da diese durch Schachtarbeiten verlorengehen.

Errichten von Schnurgerüsten

Eine Möglichkeit, die Eckpunkte im Baugrubenbereich zu sichern, bietet das Schnurgerüst.

- Es wird aus Kanthölzern und Brettern gebaut. Die waagerechten Bretter (Waagbretter) bilden einen rechten Winkel und verlaufen parallel zu den geplanten Gebäudeseiten.
- Die Höhe des geplanten Erdgeschossfußbodens (OKFEG – Oberkante Fertigfußboden Erdgeschoss) ist am Mittelpfosten des Schnurgerüstes zu markieren. Diese Höhe wird in den Ausführungszeichnungen (→ **G 1**) angegeben.
- Der Abstand des Schnurgerüstes vom geplanten Bauwerk ergibt sich aus der Baugrubentiefe, der Böschungsneigung und der Arbeitsraumbreite (→ **G 7**).
- Die Achsen des Bauwerks sind dabei mit Nägeln oder Kerben auf den Waagbrettern zu kennzeichnen.
- Dem Aufstellen der Schnurgerüste folgen die Ausschachtarbeiten. Die Schnurgerüste dürfen dabei nicht beschädigt werden.
- Nach den Erdarbeiten und der höhenmäßigen Kontrolle des Gründungsplanums erfolgt das Spannen der Fluchtschnüre. Sie sollten nicht durchhängen! Die Kreuzungspunkte sind gleichzeitig die Gebäudeeckpunkte. Sie werden auf die Gründungssohle abgelotet und dort markiert.

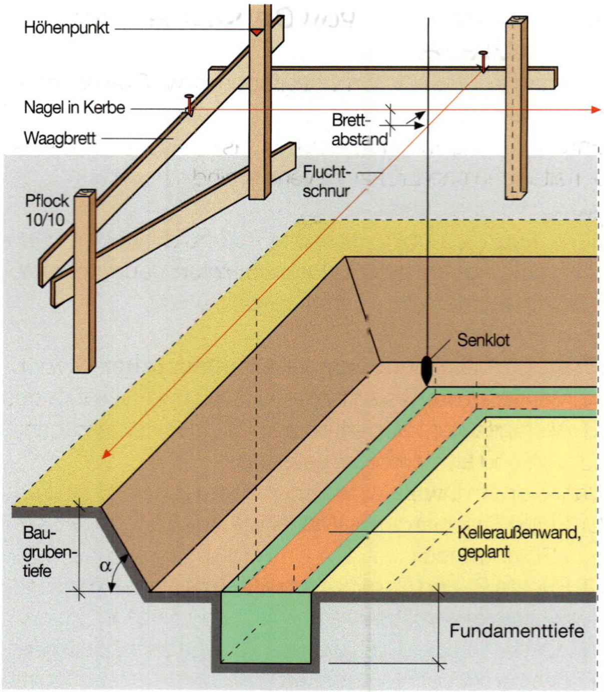

Übertragen der Mauerfluchten auf die Fundamente

DIN 1054	Baugrund, Sicherheitsnachweise im Erd- und Grundbau
DIN 18196	Erd- und Grundbau, Bodenklassifikationen
DIN EN ISO 14688	Geotechnische Erkundung und Untersuchung, Bodenklassifikation
DIN 18300	Erd- und Grundbau, Bodenklassifikation für bautechnische Zwecke

Testen Sie sich selbst!

1. Warum ist die exakte Bestimmung des Baugrundes wichtig?
2. Nennen Sie die häufigsten bindigen und nichtbindigen Bodenarten!
3. Woran sind bindige und nichtbindige Bodenarten zu erkennen?
4. Welche Bodenarten sind in Ihrer näheren Umgebung vorhanden? Machen Sie Aussagen zur Tragfähigkeit.
5. Im Frühjahr findet man mehr Steine auf einem Feld als im Herbst. Was könnte die Ursache dafür sein? Kann diese Ursache auch Auswirkungen auf ein Bauwerk im Baugrund haben?
6. Eine Baugrube hat sich mit Wasser gefüllt. Nennen Sie mögliche Ursachen!
7. Für das Abstecken eines Gebäudes ist die Rechtwinkligkeit und die Lagerichtigkeit von entscheidender Bedeutung.
   Nennen Sie mögliche Folgen, wenn diese Kriterien nicht erfüllt werden.
8. Welche Punkte (Abmessungen) müssen bekannt sein, um ein Gebäude einzumessen?
9. Welche Aufgaben hat ein Schnurgerüst?

2.2 Ausheben von Baugruben und Gräben

Vor dem Ausheben von Baugruben bzw. Gräben ist zu klären, ob auf dem Baugrundstück Versorgungs- und Entwässerungsleitungen (z. B. Gas-, Wasser-, Abwasserleitungen und Erdkabel) verlegt sind.

Bäume und Büsche sind vor möglichen Beschädigungen während der gesamten Bautätigkeit zu schützen.

Nach dem Beräumen des Geländes und der Grobabsteckung erfolgt das Abtragen und separate Lagern des nicht tragfähigen Oberbodens, der aus Vegetationsschicht und Mutterboden besteht.
Damit ein Bauwerk standsicher ist, wird es auf einen Gründungskörper gestellt, der die Lasten in den tragfähigen Baugrund ableitet. Durch das Ausheben einer **Baugrube** werden die tiefer liegenden tragfähigen Schichten des Baugrunds freigelegt. Die notwendigen **Erdarbeiten** werden vorwiegend **maschinell** ausgeführt. Dabei kommen meist Bagger, Laderaupen oder Mehrzweckmaschinen in verschiedenster Kombination zum Einsatz.

Vor dem maschinellen Einsatz muss die Lage von Leitungen im Baugrubenbereich geklärt sein. In der Nähe von Leitungen darf nur von Hand gearbeitet werden.

Häufigste Unfallursache bei Erdarbeiten sind das Beschädigen von Leitungen durch Maschineneinsatz und das Überschätzen der Standfestigkeit des Bodens.

Die Standfestigkeit des Bodens ist abhängig von
- der Bodenart,
- vorhandenen Auflasten (z. B. aus Verkehr, Gerät, Aushub, vorhandene Bebauung),
- möglichen Erschütterungen,
- den Grundwasserverhältnissen.

2.2.1 Sicherung von Baugruben und Gräben

Baugruben- und Grabenwände sind vor dem Einstürzen zu sichern. Bei geringen Aushubtiefen, günstigen Boden- und ausreichenden Platzverhältnissen ist das Anlegen von Böschungen zur Sicherung oftmals wirtschaftlicher als der Verbau.

Geböschte Baugruben und Gräben

Die **Böschungsneigung** ist von der Bodenklasse abhängig. Bei der Bemessung von Baugruben und Gräben sind

Maschinen für Erdarbeiten – Auswahl

Dieser Leitungsgraben wurde mit der Hand geschachtet – die Baumwurzeln sind unverletzt.

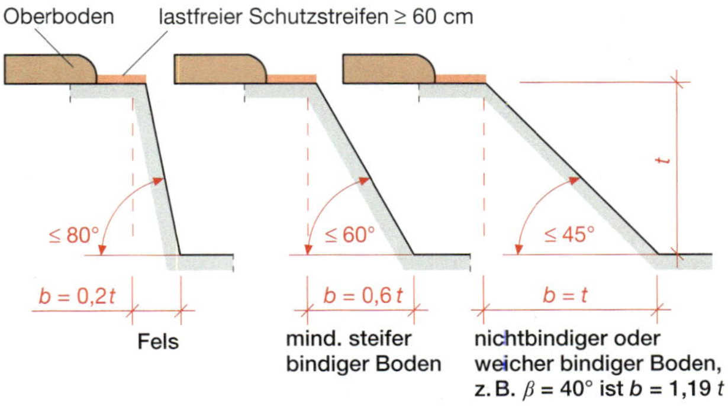

Zulässige Böschungswinkel bis zu einer Baugrubentiefe von 5,00 m
t Baugrubentiefe

stets die erforderlichen **Arbeitsräume** (≥ 50 cm zum Bauwerk) und ein **lastfreier Schutzstreifen** ≥ 60 cm an den Rändern zu berücksichtigen. Der Schutzstreifen darf weder befahren noch zum Lagern von Bodenaushub, Baustoffen oder Geräten genutzt werden. Bei einer Baugruben-/Grabentiefe > 2,00 m ist ein dreiteiliger Seitenschutz am oberen Baugrubenrand oder eine Absperrung in ≥ 2,00 m Entfernung erforderlich.
Darüber hinaus müssen Baufahrzeuge einen Abstand zur Böschungskante einhalten:

- bis 12 t mind. 1,00 m und
- 12 t bis 40 t ≥ 2,00 m.

> **!** Baugruben und Gräben sind so anzulegen, dass die Böschungen oder Baugrubenwände unter allen Witterungsbedingungen standsicher sind und das Betreten/Befahren der Baugrube bzw. des Grabens gefahrlos erfolgen kann.

Verbaute Baugruben und Gräben

Kann auf Grund beengter Platzverhältnisse oder wegen schwieriger Bodenverhältnisse keine Böschung angelegt werden, muss die freigelegte Baugrubenwand verbaut werden. **Der Verbau** ist eine aus Balken, Bohlen und Stahlträgern bestehende Wandkonstruktion. Er nimmt den seitlichen waagerecht gerichteten Erddruck auf.
Der Verbau muss

- die gesamte Wandhöhe einschließlich 5 cm Überstand abstützen,
- vollflächig anliegen und dicht sein,
- gemäß den statischen Berechnungen ausgeführt sein und die DIN 4124 (Normverbau) erfüllen,
- am oberen Rand einen 60 cm breiten lastfreien Schutzstreifen erhalten.

Grabenverbau

Gräben für den Rohrleitungsbau, die tiefer als 1,25 m sind, können maschinell auf die volle Tiefe ausgehoben und anschließend verbaut werden.

Waagerechter Grabenverbau – beim waagerechten Verbau wird die Baugrubenwand durch waagerechte Bohlen (Holzbohlen, Kanaldielen) und senkrecht angeordnete Brusthölzer und Steifen (Stahlspindeln) zur gegenüberliegenden Wand abgestützt. Der Einsatz des waagerechten Verbaus ist bei nichtstandfesten Böden eingeschränkt, es besteht die Gefahr des Nachrutschens beim Verbauen. Die große Anzahl von Steifen schränkt den Arbeitsraum ein.

Senkrechter Verbau – Er kann auch bei weniger standfesten Böden angewendet werden. Vor Beginn des Aushubs oder mit dem Aushub fortschreitend werden Holz-

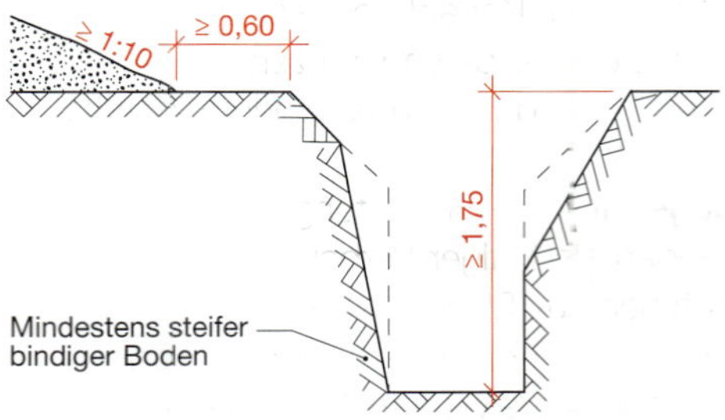

Nicht verbaute Baugruben und Gräben – Abmessungen

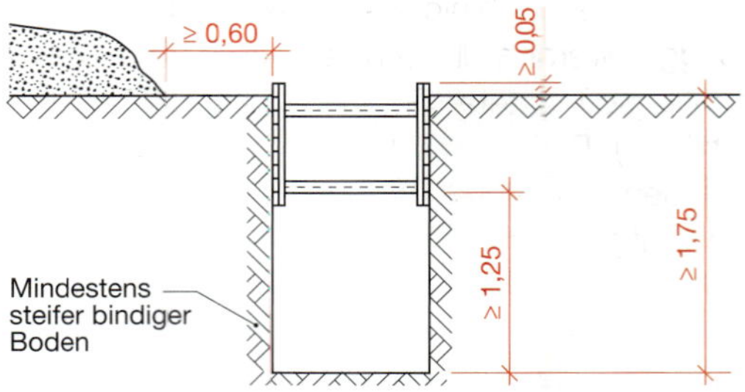

Teilweise verbauter Graben

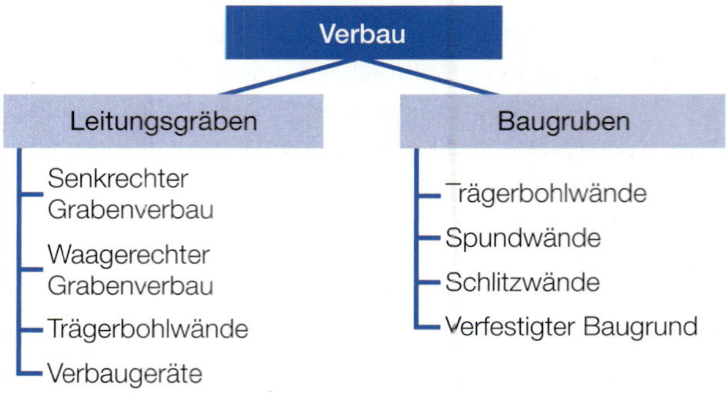

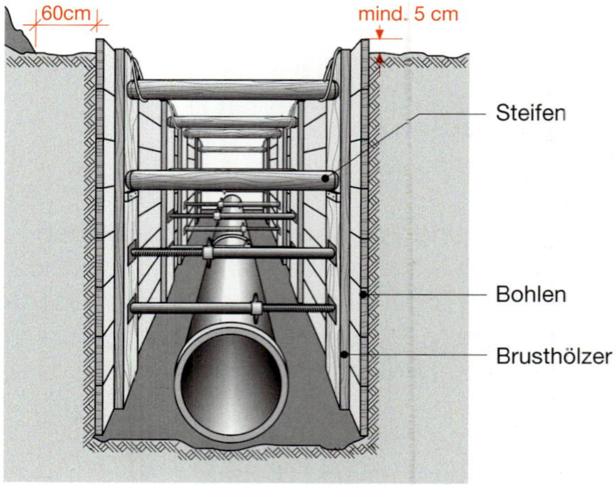

Waagerechter Verbau – Einsatz bis max. 5,00 m Baugrubentiefe

bohlen oder stählerne Kanaldielen senkrecht in den Boden gerammt, die die Erdwand stützen.
Die **Aussteifung** wird durch waagerechte Gurthölzer oder Stahlspindeln erreicht.
Grabenverbaugeräte sind Einrichtungen zur Sicherung von Grabenwänden als fertiger Verbau eines Grabenteilstücks. Sie bestehen aus Plattenpaaren, die meist mittig- oder randgestützt sind. Zwischen Platten und Streben angeordnete Verbindungsteile werden Aufrichter genannt.
Beim Einsatz von Grabenverbaugeräten ist die Gebrauchsanleitung des Herstellers zu beachten. Der Abstand der Platten darf sich nie nach unten verringern.
Mit dem Bagger werden die Grabenverbaugeräte in einen zuvor ausgeschachteten Grabenabschnitt eingestellt (Einstellverfahren). Das Eindrücken der Verbaugeräte im Wechsel mit dem Bodenaushub nennt man Absenkverfahren – die häufigste und ökonomischste Verbauart.

Grundregeln für den Bau von Gräben

- Die **Sohlen** der Baugruben und Leitungsgräben dürfen weder aufgelockert werden noch durch Tagwasser aufweichen. Rohrleitungen werden bei aufgelockerter oder aufgeweichter Grabensohle durch die Auflast des Verfüllbodens aus ihrer planmäßigen Lage nach unten gedrückt. Das führt zu einer Veränderung des Gefälles.
- Aufgelockerter oder wieder verfüllter Boden muss an der Sohle verdichtet werden, damit die ursprüngliche Tragfähigkeit wieder hergestellt wird. Dazu dient auch das Auffüllen der Gründungssohle mit „Magerbeton" (erdfeuchter Beton C 8/10).

Für Leitungs- und Kanalgräben sind lichte Grabenbreiten mit Rücksicht auf die Sicherheit der Beschäftigten und auf eine einwandfreie Bauausführung einzuhalten.

Leitungsgräben werden unterschieden in
- mit betretbarem Arbeitsraum und
- nicht betretbarem Arbeitsraum.

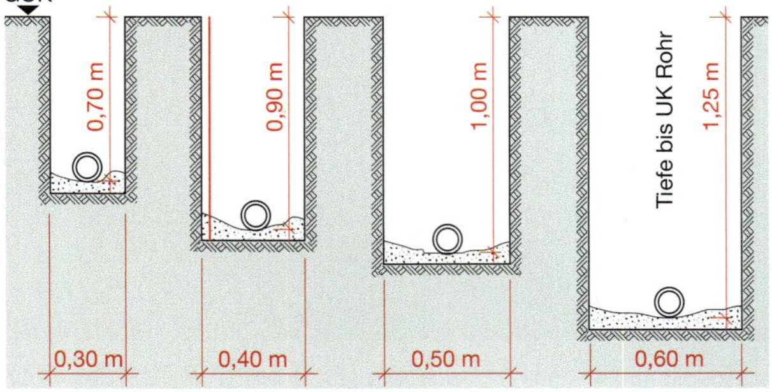

Lichte Mindestbreiten für Gräben mit nicht betretbarem Arbeitsraum

Grabenverbau mit Verbaugeräten

Mindestgrabenbreite in Abhängigkeit von der Grabenbreite nach DIN EN 1610 für Abwasserleitungen und -kanäle

Grabentiefe in m	**Mindestgrabenbreite** in m
< 1,00	keine Mindestgrabenbreite vorgegeben
≥ 1,00 ≤ 1,75	0,80
≥ 1,75 ≤ 4,00	0,90
> 4,00	1,00

Mindestgrabenbreite in Abhängigkeit von Nenndurchmesser und Grabensicherung nach DIN EN 1610 für Abwasserleitungen und -kanäle

DN in mm	Mindestgrabenbreite (OD + *x*) in m		
	verbauter Graben	unverbauter Gräben $\beta > 60°$	unverbauter Gräben $\beta \leq 60°$
≤ 225	OD + 0,40	OD + 0,40	
> 225 bis ≤ 350	OD + 0,50	OD + 0,50	OD + 0,40
> 350 bis ≤ 700	OD + 0,70	OD + 0,70	OD + 0,40
> 700 bis ≤ 1200	OD + 0,85	OD + 0,85	OD + 0,40
> 1200	OD + 1,00	OD + 1,00	OD + 0,40

OD-Außendurchmesser der Leitung

Mindestgrabenbreite in Abhängigkeit von Grabentiefe und Grabensicherung nach DIN 4124 – übrige Leitungen

Art und Tiefe des Grabens	Lichte Mindestbreite *b* in m
geböscht oder teilweise verbaut ≤ 1,75 m	0,60
verbaut ≤ 1,75 m	0,70
verbaut > 1,75 … 4,00 m	0,80
verbaut > 4,00 m	1,00

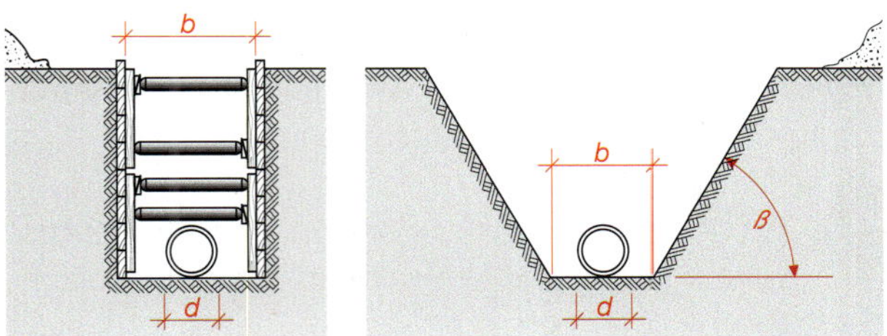

2.2.2 Wasser im Baugrund

Wasser kommt im Baugrund als Oberflächenwasser, Sickerwasser, Kapillarwasser und Grundwasser vor.
Das im Baugrund vorhandene Wasser beeinflusst
- bei bindigen Böden die Konsistenz und die Tragfähigkeit,
- erforderliche Maßnahmen zur Bauwerksabdichtung,
- die Form und die Herstellung der Baugrube.

Warum muss die Baugrube trocken bleiben?

- Durch das Eindringen von Wasser oder starker Niederschläge wird der Baugrund und/oder der Hangbereich am Böschungsfuß aufgeweicht.
- Wasser behindert die Arbeiten am Bauwerk oder an den Leitungen.
- Unbefestigte Böschungen können ausgespült oder unterspült werden. Es besteht Abrutschgefahr.
- Stehende Baugrubenwände können einstürzen.

Deshalb ist es erforderlich,
- anfallendes Wasser von der Baugrube fern zu halten,
- das Eindringen von Wasser zu verhindern
- sowie vorhandenes bzw. eingedrungenes Wasser umgehend aus der Baugrube oder dem Grabenbereich zu entfernen.

Wasserhaltung von Baugruben – bedeutet das Ableiten des zufließenden Wassers während der gesamten Bauzeit. Mögliche Wasserhaltungsarten sind
- die offene Wasserhaltung und
- die geschlossene Wasserhaltung.

Die **offene Wasserhaltung** wird vor allem bei
- bindigen Böden,
- Bauvorhaben mit kleineren Baugruben und
- geringem Wasseranfall angewendet.

Das Grund- und Oberflächenwasser wird am tiefsten Punkt der Baugrube gesammelt und abgepumpt (z. B. Pumpensumpf).

Die **geschlossene Wasserhaltung** ist bei nichtbindigen Böden und Feinsanden erforderlich. Das Wasser wird dem Baugrund über ein Rohrsystem entzogen und abgeleitet. Wird dem Boden viel Wasser entzogen, kann das zu einer großflächigen Grundwasserabsenkung führen.

Die Grundwasserabsperrung verhindert durch wasserdichte Baugrubensohlen und -wände, dass das Grundwasser in die Baugrube gelangen kann.

Grundwasserabsenkungen können negative Auswirkungen auf die Umwelt und Bauwerkssetzungen haben.

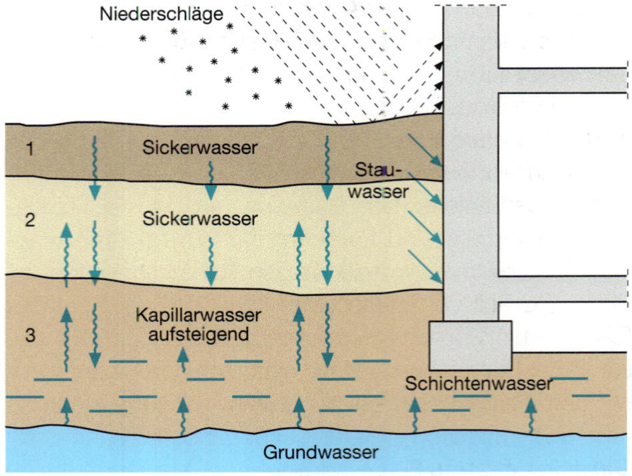

Wasser im Baugrund – Belastung des Baugrunds und des Bauwerks
1 Oberboden; *2* nichtbindiger Boden – das Wasser versickert schnell; *3* bindiger Boden – das Wasser versickert langsam

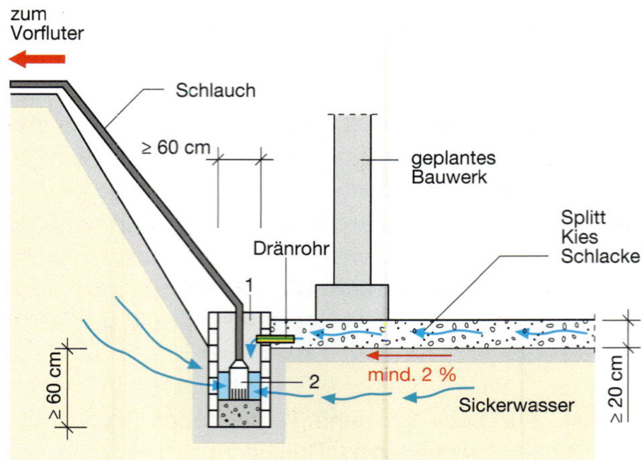

Offene Wasserhaltung mit Pumpensumpf
1 Pumpensumpf; *2* Tauchpumpe

Geschlossene Wasserhaltung – die Saugrohre werden in der Böschung verlegt, miteinander über ein Leitungssystem verbunden und das Wasser wird mittels Pumpen abgeleitet.

2.2.3 Ermitteln der Aushubmengen

Wodurch wird die Größe der Baugrube bestimmt?

Die Grundrissabmessungen sind abhängig von

- dem Grundriss des zu errichtenden Bauwerkes,
- der Breite der Schalkonstruktion,
- der Arbeitsraumbreite,
- der Aushubtiefe,
- den erforderlichen Böschungswinkeln.

Das Aufmaß und die Abrechnung von Erdarbeiten wird nach VOB Teil C vorgenommen. Dazu ist es notwendig, Flächen und Volumen zu ermitteln. Die genauen Abmessungen werden den Ausführungszeichnungen entnommen oder vor Ort gemessen (→ **G 4**).

Berechnung des Bodenaushubs

Das **Abtragen des Oberbodens** (ca. 30 cm) von der Oberfläche des Erdreiches (Geländeoberkante) ist eine gesonderte Abrechnungsposition.

Die Berechnung der **Aushubtiefe *t*** bis zur Sohle der Baugrube bzw. des Grabens beginnt erst nach dem Oberbodenabtrag.

- ❑ Beim Bemessen der Sohle ist die Breite von Schalungen und die erforderliche Arbeitsraumbreite b_A mit in Rechnung zu stellen.
- ❑ Böschungswinkel für abgeböschte Baugruben und Gräben → Abschnitt 2.2.1
- ❑ Die Abrechnung erfolgt nach Raummaß (Volumen).
- ❑ Die Mengen werden im Abtrag oder Auftrag ermittelt; d. h., es wird vom Volumen des gewachsenen Bodens ausgegangen. Die Auflockerung des Bodens wird beim Aushub nicht berücksichtigt, jedoch bei der Berechnung der Transporteinheiten.
- ❑ Beim Verfüllen wird das Raummaß der Baukörper und der Leitungen mit einem äußeren Querschnitt von mehr als 0,1 m² abgezogen.

Abrechnung eines Leitungsgrabens

Die Berechnung der Hauptabmessungen,

- Tiefe des Leitungsgrabens,
- Böschungswinkel und
- Verbaukonstruktion,

erfolgt wie bei der Abrechnung für Baugruben.

Die Breite der Grabensohle bei Leitungsgräben ist abhängig vom äußeren Rohrdurchmesser *d* und dem entsprechenden Arbeitsraum (→ Abschnitt 2.2.1).

Das Volumen des Aushubs errechnet sich wie folgt:

$$V = A_{\text{Grabenquerschnitt}} \cdot l_{\text{Graben}}$$

$$A = b_{\text{Graben}} \cdot t_{\text{Graben}} \quad \text{in m}^2$$

Abrechnung einer Baugrube

Wenn die Sohlfläche der Baugrube und die Geländeoberfläche annähernd waagerecht und eben sind, wird das Volumen der Baugrube wie folgt errechnet:

1. Möglichkeit:

$$V = \frac{t}{6}(A_{\text{Oberfl.}} + A_{\text{Sohle}} + 4\,A_M) \quad \text{in m}^3$$

$$A_{\text{Oberfl.}} = l \cdot b \quad \text{in m}^2$$

$$A_{\text{Sohle}} = l_1 \cdot b_1 \quad \text{in m}^2$$

$$A_M = \frac{l + l_1}{2} \cdot \frac{b + b_1}{2} \quad \text{in m}^2$$

2. Möglichkeit (Näherungsformel):

$$V = \frac{A_{\text{Oberfl.}} + A_{\text{Sohle}}}{2} \cdot t \quad \text{in m}^3$$

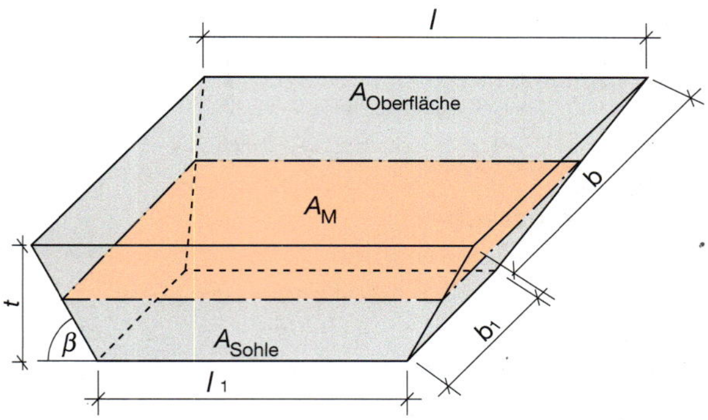

Abgeböschte Baugrube – Ermittlung des Aushubs

$A_{\text{Oberfl.}}$ Baugrubenoberfläche; A_{Sohle} Fläche der Baugrubensohle; A_M gemittelte Fläche der Baugrube; t Baugrubentiefe; l Länge der Baugrubenoberfläche; l_1 Länge der Baugrubensohle; b Breite der Baugrubenoberfläche; b_1 Breite der Baugrubensohle

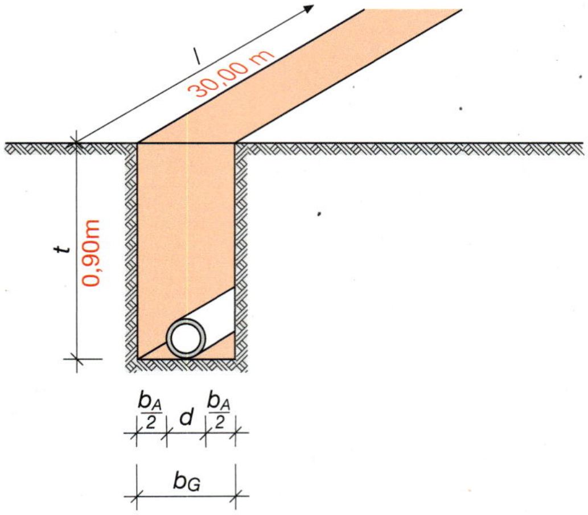

Leitungsgraben – Ermittlung des Aushubs

b_G Breite des Grabens; b_A Arbeitsraumbreite; l Länge des Grabens; t Tiefe des Grabens; d äußerer Rohrdurchmesser

Beispiel 1

Ein Gebäude mit Kellerwänden aus Stahlbeton auf Streifenfundamenten aus Beton soll in der Bodenklasse 3 errichtet werden. Die Schalungsdicke von 15 cm entspricht dem Fundamentüberstand.
Die Ausschachtung erfolgt bis zur Sohle des Fundamentes. Der Oberboden ist 0,30 cm dick abgetragen.
Wie viel m^3 Erdaushub können in Rechnung gestellt werden?

1. Höhen berechnen

$t = \text{Höhe}_{\text{Geländeoberkante}} - \text{Höhe}_{\text{Baugrubensohle}}$

$t = 91{,}70\,\text{m ü. NN} - 89{,}10\,\text{m ü. NN}$

$t = 2{,}60\,\text{m}$

2. Längen berechnen

$b_{Bö} = t \cdot 1{,}19 = 2{,}60\,\text{m} \cdot 1{,}19 = 3{,}09\,\text{m}$
(bei 40°: $t \cdot 1{,}19$)

$l_1 = 10{,}00\,\text{m} + 2\,(0{,}15\,\text{m} + 0{,}50\,\text{m}) = 11{,}30\,\text{m}$

$b_1 = 8{,}50\,\text{m} + 2\,(0{,}15\,\text{m} + 0{,}50\,\text{m}) = 9{,}80\,\text{m}$

$l = 11{,}30\,\text{m} + 2 \cdot 3{,}09\,\text{m} = 17{,}48\,\text{m}$

$b = 9{,}80\,\text{m} + 2 \cdot 3{,}09\,\text{m} = 15{,}98\,\text{m}$

3. Flächen berechnen

$A_{Sohle} = 11{,}30\,\text{m} \cdot 9{,}80\,\text{m} = 110{,}74\,\text{m}^2$

$A_{Oberfläche} = 17{,}48\,\text{m} \cdot 15{,}98\,\text{m} = 279{,}33\,\text{m}^2$

$$A_M = \frac{17{,}48\,\text{m} + 11{,}30\,\text{m}}{2} \cdot \frac{15{,}98\,\text{m} + 9{,}80\,\text{m}}{2}$$

$A_M = 14{,}39\,\text{m} \cdot 12{,}89\,\text{m} = 185{,}49\,\text{m}^2$

4. Volumen berechnen

$$V_{Aushub} = \frac{2{,}60\,\text{m}}{6} \cdot (110{,}74\,\text{m}^2 + 279{,}33\,\text{m}^2 + 4 \cdot 185{,}49\,\text{m}^2)$$

$V_{Aushub} = 0{,}433\,\text{m} \cdot 1132{,}03\,\text{m}^2 = \underline{\underline{490{,}546\,\text{m}^3}}$

Der Erdaushub, der in Rechnung gestellt werden kann, beträgt 490,6 m^3.

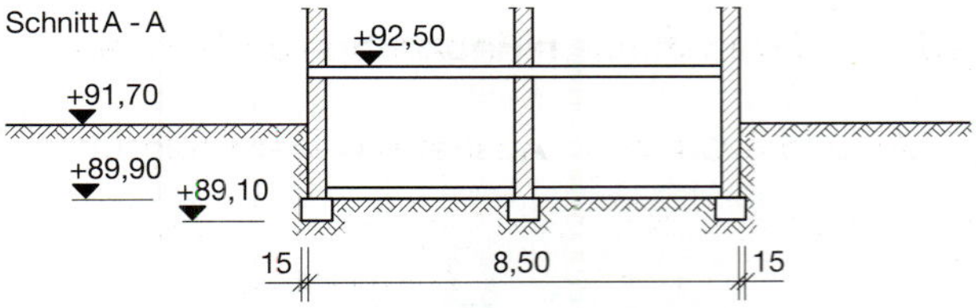

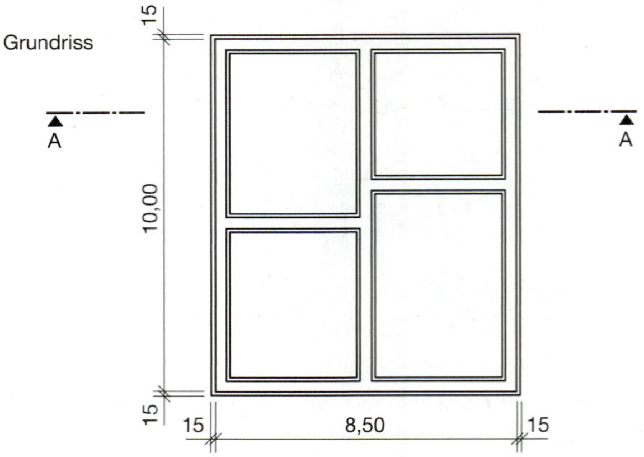

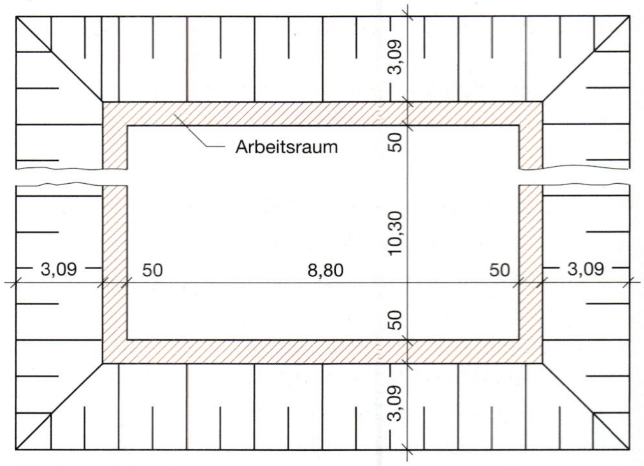

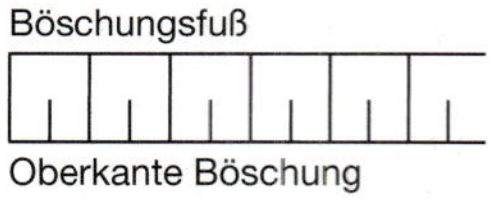

Grundriss einer Baugrube für ein Gebäude aus Mauerwerk – nach Schnitt und Grundriss des Bauwerks

Beispiel 2

In einem 2,20 m tiefen, maschinell verbauten Graben mit Umsteifung (je 15 cm) wird eine Abwasserleitung DN 300 (→ Abschnitt 2.3.3) mit einem äußeren Rohrdurchmesser *d* von 36 cm verlegt. Die Grabenlänge beträgt 34,50 m.
Berechnen Sie den Aushub.

1. Berechnen der Grabenbreite b_G

b → Tabellen S. 29 $\quad$ b lichte Mindestbreite

$b = \text{OD} + 0{,}50\,\text{m}$

$= 0{,}36\,\text{m} + 0{,}50\,\text{m} = 0{,}86\,\text{m}$

Mindestbreite bei 2,20 m Grabentiefe

$\underline{b = 0{,}90\,\text{m}}$

$b_{Graben} = b + b_{Verbau}$

$= 0{,}90\,\text{m} + 2 \cdot 0{,}15\,\text{m} = \underline{1{,}20\,\text{m}}$

2. Berechnen des Volumens

$V = A_{Grabenquerschnitt} \cdot l_{Graben}$

$V = 1{,}20\,\text{m} \cdot 2{,}20\,\text{m} \cdot 34{,}50\,\text{m} = \underline{\underline{91{,}08\,\text{m}^3}}$

Die Aushubmenge für den Graben beträgt 91,08 m^3.

2.2.4 Herstellen von Baugruben und Gräben

Arbeitsablauf beim Ausheben einer Baugrube

Abstecken der Baugrube nach dem Absteckplan (Einmessen von Höhe und Lage)
⬇
Schnurgerüst entsprechend der Absteckung bauen
⬇
Umrisse der Baugrube markieren (mit Kalk)
⬇
Ausheben der Baugrube mit Maschinen und Abtransport des Aushubs mit LKW
⬇
Nach Erreichen der Baugrubentiefe wird die Baugrubensohle geebnet und verdichtet.

- Die Aushubtiefe ist während der Aushubarbeiten ständig zu kontrollieren.
- Während des Aushebens und Abtransports des Bodens dürfen die Schnurgerüste nicht beschädigt oder verschoben werden.
- Bei der Gefahr der Durchfeuchtung der Baugrube ist eine Wasserhaltung je nach Bodenart vorzusehen.

Arbeitsablauf beim Ausheben und Verfüllen von Leitungsgräben

Abstecken der Grabenflucht mit Fluchtstangen, Markieren der Grabenflucht
⬇
Ausheben des Grabens mit Maschinen bzw. von Hand bei vorhandenen Leitungen
⬇
Sichern der Grabenwände durch Abböschen oder Verbauen
⬇
Lagern bzw. Abtransport des Aushubs
⬇
Verlegen der Leitung
⬇
Lagenweises Verfüllen und Verdichten des Leitungsgrabens (vorhandener Verbau wird stückweise rückgebaut)
⬇
Herstellen der Oberfläche

DIN 18 303	VOB, Teil C – Verbauarbeiten
DIN 18 305	VOB, Teil C – Wasserhaltung
DIN 4124	Böschungen, Verbau, Arbeitsraumbreiten
DIN EN 1610	Verlegung und Prüfung von Abwasserleitungen und - kanälen

Ausheben der Baugrube

Teilweiser Verbau eines Leitungsgrabens im innerstädtischen Bereich – ***UVV nicht eingehalten!***

Verbauter Leitungsgraben – Einsatz von Verbaugeräten

Testen Sie sich selbst!

1. Erklären Sie die Begriffe
   Schutzstreifen,
   Arbeitsraum.
   Fertigen Sie eine Skizze dazu an und tragen Sie die Mindestabmessungen ein!
2. Nennen Sie die zulässigen Böschungsneigungen der entsprechenden Bodenklassen.
3. Begründen Sie die Notwendigkeit einer offenen Wasserhaltung. Nennen Sie Vor- und Nachteile!

2.3 Entwässerungsarbeiten

Wasser ist ein wertvoller Rohstoff, der nicht unbegrenzt zur Verfügung steht. Um die natürlichen Wasservorräte zu schonen, sind gebrauchte Wässer wieder aufzubereiten und dem natürlichen Kreislauf des Wassers zuzuführen.

Planen einer Entwässerung

Um die Ausführung und die erforderlichen Materialien planen zu können, müssen folgende Fragen beantwortet werden:

- Welche Nutzungsart hat das Gebäude (z. B. Industriebau, Haushalt, Brückenbauwerk)?
- Wie viel Abwasser fällt zur Entsorgung an?
- Welches örtliches Entwässerungssystem ist vorhanden?
- Wie wird das Abwasser zum Entwässerungssystem geleitet (Entfernung)?
- Wo sind die Sammelstellen im Gebäude und auf dem Grundstück?

2.3.1 Entwässerungssysteme

> **! Alle auf einem bebauten Grundstück anfallenden Abwasserarten sind hygienisch und wirtschaftlich abzuleiten.**

Abwasserarten werden je nach Art und Umfang der Verunreinigung oder dem Ort der Verschmutzung unterschieden in:

- Schmutzwasser – verbrauchtes, verschmutztes Wasser aus Haushalten, Industrie und Landwirtschaft
- Niederschlagswasser – Regen- oder Tauwasser als Oberflächenwasser
- Sickerwasser – als Dränwasser

Die verschiedenen Abwasserarten werden über Grundleitungen in das örtliche Abwassernetz eingeleitet.

Das **Trennsystem** ermöglicht durch zwei getrennte Leitungssysteme, dass das Niederschlagswasser über ein Leitungssystem direkt in den Vorfluter, das Regenwassersammelbecken, Flüsse oder Seen geleitet werden kann. Es erfolgt keine zusätzliche Verschmutzung.

Alle anderen verunreinigten Wässer (Schmutzwasser und Dränwasser) werden in einem zweiten System unverdünnt der Kläranlage zugeleitet. Das bedeutet eine geringere mengenmäßige Belastung der Anlage als beim Mischsystem.

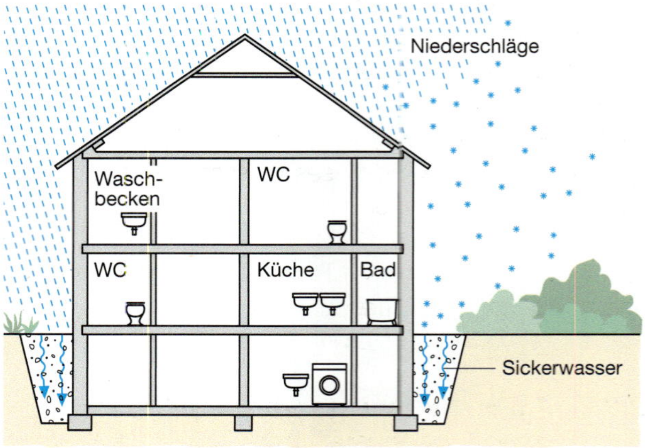

An einem Grundstück anfallende Abwässer

Entwässerungssysteme

Trennsystem	Mischsystem
Ableiten der Abwässer in **zwei getrennten** Leitungen	Ableiten der Abwässer in **einer** Sammelleitung
Niederschlagswasser zum Vorfluter	alle Abwässer in die Kläranlage
alle anderen Abwässer zur Kläranlage	

> **! Alle Abwässer sind so zu sammeln und abzuleiten, dass sie keine Gefahr für Menschen, Tiere und Pflanzen darstellen.**

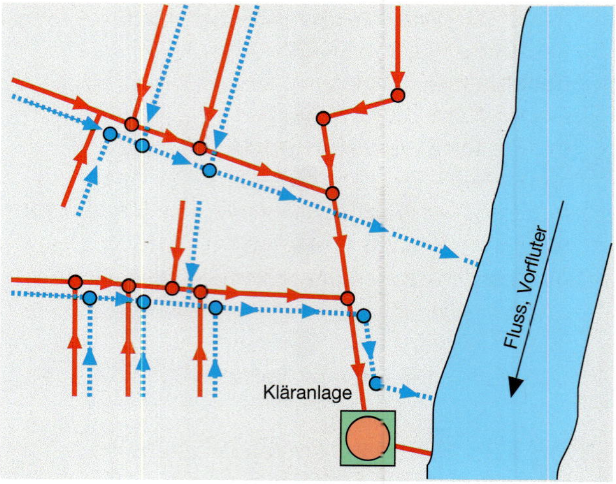

Ableitung der anfallenden Abwässer im Trennsystem Prinzipdarstellung

Schmutzwasserleitung (rote Linie)
Regenwasserleitung (blaue gestrichelte Linie)

Beim **Mischsystem** werden Schmutzwasser und geringer verschmutztes Niederschlagswasser in **einer Sammelleitung** gesammelt und abgeleitet.
Die gesamten Wassermengen werden in der Kläranlage mechanisch, chemisch-physikalisch und bakteriologisch gereinigt. Danach kann dieses Wasser, für die Natur unschädlich, dem Vorfluter zugeführt werden.
Nachteilig ist dabei, dass die Rohrdurchmesser der Abwasserleitungen und die Kläranlagen größer bemessen sein müssen als beim Trennsystem. Dies führt zu höheren Kosten bei der Wasseraufbereitung.

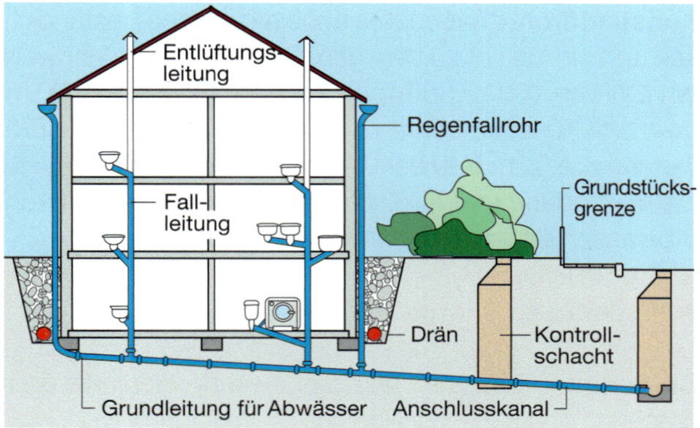

Ableitung der anfallenden Abwässer im Mischsystem; Einleitung in die örtliche Kanalisation

2.3.2 Rohre für Abwasserleitungen

Rohrleitungen für Abwasserleitungen sind überwiegend aus Steinzeug, Beton, Kunststoff oder Faserzement. Sie unterscheiden sich hinsichtlich ihrer Eigenschaften, Verarbeitung, Rohrverbindung und ihrem Preis.
Der Innendurchmesser der Rohre wird mit Nennweite DN bezeichnet.

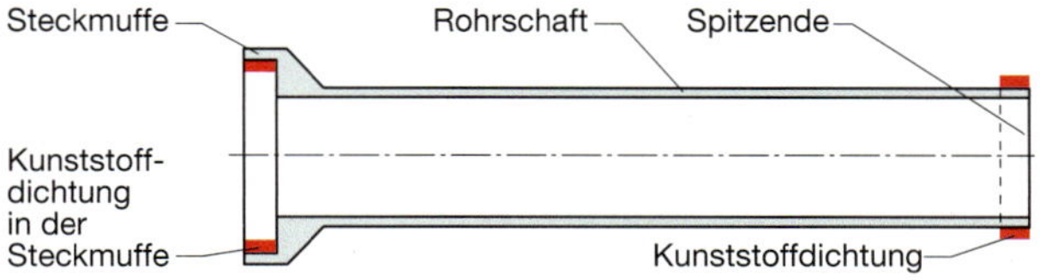

Bezeichnung der Teile eines Steinzeugrohres

Steinzeugrohre und **-formstücke** bestehen aus bis zur Sinterung gebrannten Tonen oder tonhaltigen Massen. Eine Glasur bewirkt eine dichte und glatte Oberfläche. Sie erhöht den Widerstand gegen aggressive Wässer und mechanische Belastungen. Entsprechend ihrer Belastbarkeit werden sie eingeteilt in **Normallastreihe FN** oder **Hochlastreihe FH**. Das Sortiment umfasst:

- gerade Rohre
- Formstücke: Abzweige, Bögen, Übergangsstücke

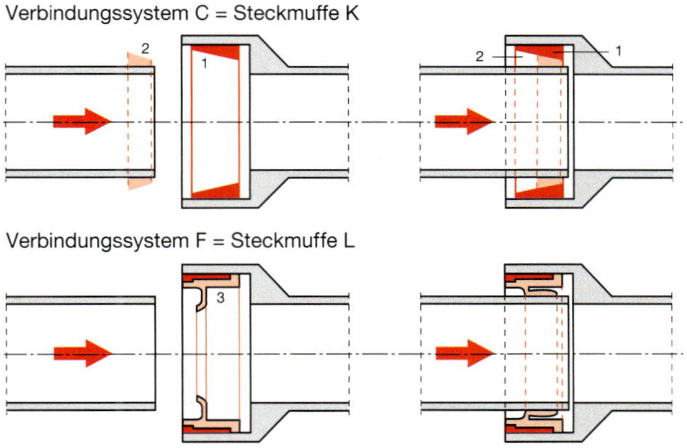

Verbindungen von Steinzeugrohren
1 härterer Kunststoffstreifen in der Steckmuffe; *2* weicherer Kunststoffstreifen auf dem Spitzende; *3* Lippendichtung

Steinzeugrohre werden durch **Muffen** dicht miteinander verbunden. Die Verbindung der Rohre miteinander wird durch das Zusammenpressen von elastischen Formteilen dicht. Übliche Systeme sind:

- **Steckmuffe K** (Verbindungssystem C): Nennweiten ≥ 200 mm
- **Steckmuffe L** (Verbindungssystem F): Nennweiten ≥ 200 mm; elastische Lippendichtung

Bei der Bestellung von Rohren und Formstücken sind immer die Nennweite, die Tragfähigkeitsklasse und das Verbindungssystem anzugeben.

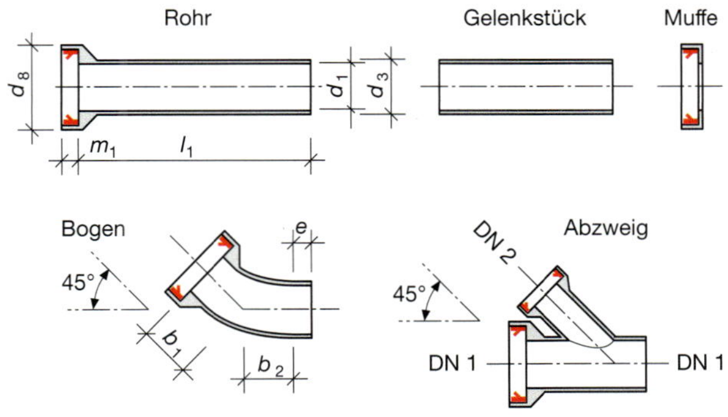

Rohre und Formstücke aus Steinzeug, Verbindungssystem F = Steckmuffe L (Auswahl)

Abmessungen von Steinzeugrohren mit Steckmuffe L = Verbindungssystem F (Auswahl)

Nennweite DN	Rohr in mm		Muffe in mm		Baulänge l_1 in m
	d_1	d_3	d_8	m_1	
100	96	131	200	70	1,00; 1,25
125	122	159	230	70	1,00; 1,25
150	146	186	260	75	1,00; 1,25; 1,50
200	195	242	330	85	1,00; 1,50; 2,00

Kunststoffrohre haben eine hohe chemische Beständigkeit und sind leicht zu verlegen. Sie werden in Nennweiten (DN von 100 … 500 mm) und Rohrlängen bis 5,00 m geliefert. Kunststoffrohre (z. B. aus PVC, PE, PP, GFK) werden u. a. zum Bau der Grundleitung eingesetzt.
Die Verbindung und Abdichtung von drucklosen Rohren (Abwasser) erfolgt mit
- Steckmuffe,
- Klebemuffe.

Kunststoffrohre richtig gelagert

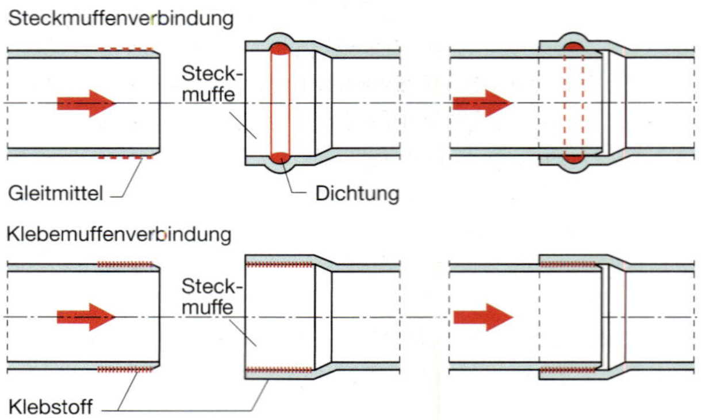

Einfache Verbindungsarten von Kunststoffrohren

Betonrohre (bewehrt und unbewehrt) sind weniger bruchempfindlich und billiger als Steinzeugrohre.
Bei aggressiven Wässern muss eine Schutzschicht aufgebracht werden. Sie werden z. B. für den Bau von Grundleitungen und Kanälen verwendet.
Querschnitte: kreisrund oder eiförmig, auch mit Fuß
Nennweiten: DN 100 … 1800 mm
Verbindungen: Muffen oder Falz. Die Dichtungsprofile sind überwiegend vom Hersteller in den Rohren befestigt. Sie können aber auch mit einem Rollring abgedichtet werden.

2.3.3 Planen von Abwasserleitungen

Zur Bauausführung fertigt der Planer einen Entwässerungsplan an.
Der Entwässerungsplan muss u. a. enthalten:
- Entwässerungsart (Misch- oder Trennsystem)
- Gefälleangaben, Fließrichtung
- Rohrleitungsart, Nennweiten der Rohre
- Formstücke
- Werkstoffwechsel
- Kontrollöffnungen, Schächte
- Lage der Dränleitung

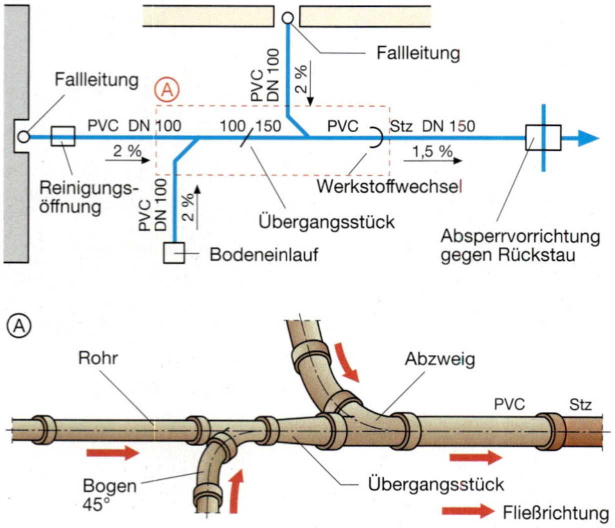

Entwässerungsplan – Ausschnitt

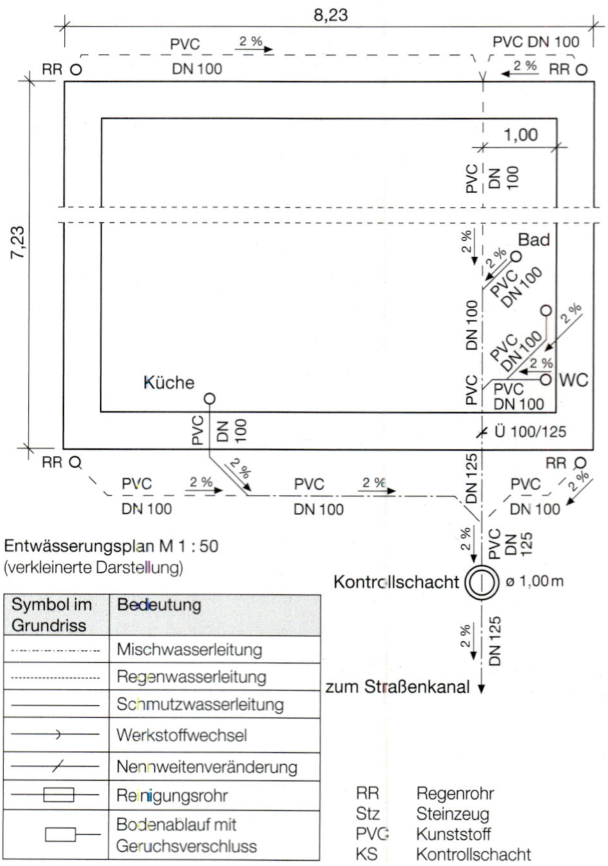

Entwässerungsplan M 1 : 50
(verkleinerte Darstellung)

Symbol im Grundriss	Bedeutung
	Mischwasserleitung
	Regenwasserleitung
	Schmutzwasserleitung
	Werkstoffwechsel
	Nennweitenveränderung
	Reinigungsrohr
	Bodenablauf mit Geruchsverschluss

RR	Regenrohr
Stz	Steinzeug
PVC	Kunststoff
KS	Kontrollschacht

Grundleitungen und Anschluss zum Straßenkanal
Der Facharbeiter, der die Grundleitungen (unter dem Kellerfußboden) und Leitungen bis zum Anschluss an den Straßenkanal verlegt, wählt die unterschiedlichen Rohre entsprechend dem Entwässerungsplan aus.

Ausführungsregeln

❑ Mindestgefälle: Ist vom Planer unbedingt anzugeben.
  - Grund- und Sammelleitungen für Schmutzwasser 0,5 %
  - Grundleitungen für Regenwasser außerhalb des Gebäudes bis DN 200 0,5 %, ab DN 250 1 : DN

❑ Abwasserleitungen sind zwischen den einzelnen Kontrollöffnungen (Schächten) mit gleich bleibendem Gefälle von max. 5 % zur Fließrichtung zu verlegen.

❑ Grundleitungen werden i. d. R. mit einer Mindestnennweite DN 100 eingebaut, Hausanschlusskanäle mit DN 150.

❑ In Fließrichtung darf sich die Nennweite nur vergrößern, sonst besteht Staugefahr.

❑ Die **Verlegerichtung** der Rohre erfolgt generell vom tiefer gelegenen zum höher gelegenen Kontroll- bzw. Reinigungsschacht.

❑ Die Rohrmuffen liegen entgegengesetzt der Fließrichtung.

❑ Für Übergänge innerhalb der Leitungen und vor der Anordnung des Abzweigs sind Formstücke einzubauen.

❑ Von der geraden Linienführung abweichende **Richtungsänderungen** sind stets durch Bogen im Winkel von 15°, 30° und 45° auszuführen.

❑ Die **Leitungszusammenführung** erfolgt mit Abzweigstücken unter 45° zur Fließrichtung.

❑ Während des Verlegens sind die Rohrschäfte satt in Kies- oder Steinsand so zu betten, dass die Rohrmuffen allseitig frei zugängig sind. Verlegte Abschnitte sind vor dem Verfüllen seitlich gegen Verschieben zu stabilisieren.

❑ Vor dem Verfüllen sind die Leitungen auf Dichtheit zu prüfen.

❑ Der Anschluss der Grundleitung zum Fallrohr ist mit zwei 45°-Formteilen auszuführen.

Um Wartungs- und Reinigungsarbeiten an den Grundleitungen ausführen zu können, werden Reinigungsöffnungen und Kontrollschächte vorgesehen.

Reinigungsöffnungen dienen der Kontrolle der Funktionstüchtigkeit und Sauberhaltung der Leitungen.
Sie liegen
- vor und nach unzugänglichen Leitungsteilen,
- vor dem Übergang der Fallleitung in die Grundleitung,
- in Grundleitungen nach höchstens 40,00 m.

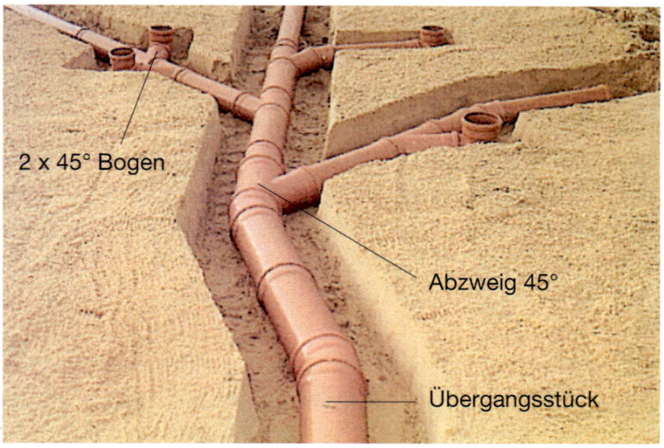

Verlegte Grundleitung unter der Sohlplatte

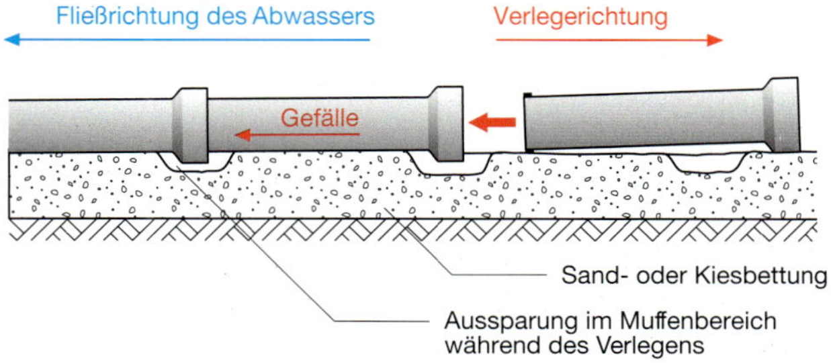

Verlegen der Steinzeugrohre

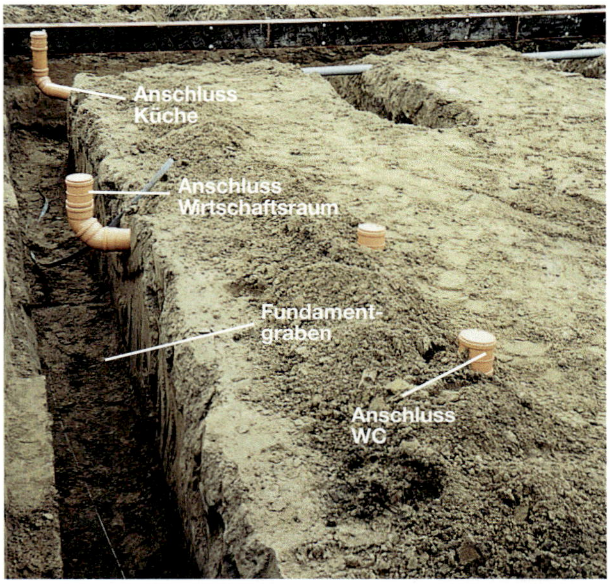

Nach dem Verlegen der Grundleitung werden die Gräben verfüllt und die Gründungsarbeiten können beginnen.

> **!** Reinigungsöffnungen in Grundleitungen, die nicht im Fußbodenbereich liegen, müssen durch Schächte zugänglich sein.

Schächte zur Kontrolle (Revision) der Grundleitungen sind bei jeder Richtungs-, Gefälle- oder Querschnittsänderung erforderlich. Schächte werden auf Einzelfundamenten standfest und frostfrei gegründet.
Heute werden bevorzugt Fertigteilschächte mit angebrachten Dichtungen verwendet. Vom Kontrollschacht auf dem Grundstück führt die Entwässerungsleitung über den Anschlusskanal zum Straßenkanal.

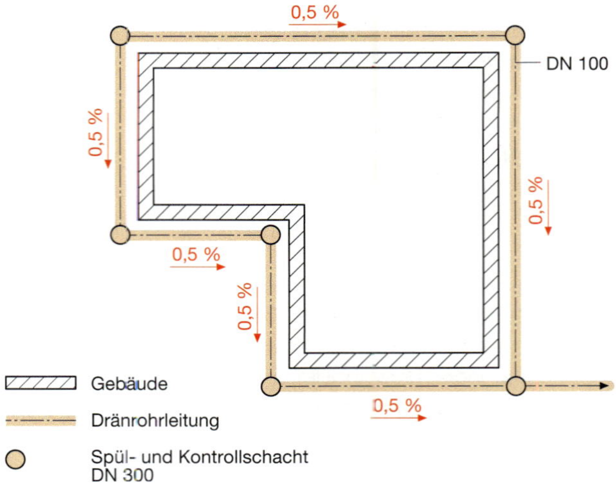

Beispiel einer Dränanlage gemäß DIN 4095

Dränleitung

Alle unter der Erdoberfläche liegenden Bauteile werden durch anfallende Feuchtigkeit gefährdet (→ **G3**). Schutz vor dem aufgestauten Wasser bietet eine Dränleitung. Sie besteht aus: Rohrleitung, Filterschicht, Sickerschicht.

Die **Dränrohre** haben die Aufgabe, das Wasser von außen aufzunehmen und dann abzuleiten. Der Leitungsstrang kann hergestellt werden aus

- Tonrohren,
- gelochten Steinzeugrohren,
- Beton-Filterrohren oder
- gelochten bzw. geschlitzten Kunststoffrohren.

Darüber hinaus wurden komplette Dränsysteme (z. B. Optidrän) entwickelt.

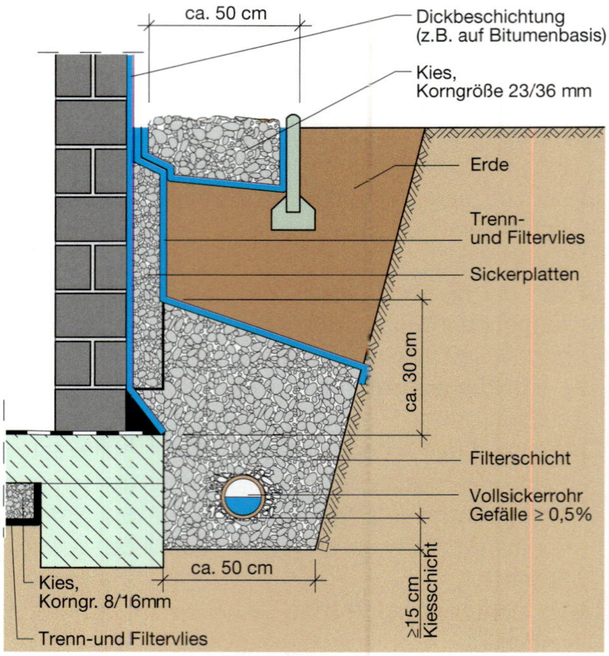

Lage der Dränleitung – Schnitt

Verlegehinweise zu Dränleitungen

- ❑ Dränleitungen werden an der Unterkante der Fundamente verlegt. Der höchste Punkt muss unter der Fundamentoberkante liegen.
- ❑ Gefälle von 0,5 % bis 2,0 %

Die Dränleitung muss mit einem **Filter** umgeben sein, der das Wasser hindurchlässt, aber das Zuschlämmen mit Feinteilen verhindert. Der Filter besteht aus Feinkies und Sand mit einer abgestuften Körnung bzw. Geotextilien (Vlies) aus Kunststoff oder Naturfasern. Ist die Sandschicht zwischen Filterschicht und einem bindigen Boden eingebaut, so wird sie bodenstabiler Filter genannt.
Eine weitere Möglichkeit, das Zuschlämmen der Dränleitung zu verhindern, bietet der Einbau von Spül- oder Putzschächten an den Gebäudeecken.

In der **Sickerschicht** wird das anfallende Wasser aufgenommen und nach unten zum Dränrohr abgeleitet.

- ❑ Die Sickerschicht über den Dränrohren besteht aus einer ca. 30 cm dicken Schüttung aus Grobkies.
- ❑ Über der Sickerschicht werden Dränelemente (gestapelte Sickersteine, porige Hartschaumplatten oder Bitumenwellpappen) oder eine Auffüllung mit nichtbindigem Boden eingebracht.
- ❑ Bis zur Geländeoberkante wird mit nichtbindigem Boden aufgefüllt.

Unter den Rohren empfiehlt es sich, eine Schicht aus Magerbeton einzubringen, damit auf Dauer das verlegte Gefälle eingehalten wird.

! Von den mit Gefälle verlegten Dränrohren fließt das Wasser in einen Vorfluter oder in die Hausentwässerung.

2.3.4 Gefälleermittlung

Abwasserleitungen werden überwiegend als Freispiegelleitungen hergestellt. Das Abwasser (Schmutzwasser und Regenwasser) fließt im freien Gefälle. Der Rohrquerschnitt wird häufig nicht ausgefüllt. Das Gefälle muss so gewählt werden, dass

- die Fließgeschwindigkeit ausreichend groß ist und die festen Bestandteile des Abwassers (Fäkalien, Abfälle u. a.) sich nicht ablagern;
- die Fließgeschwindigkeit nicht zu groß ist, damit die Rohrwandungen nicht durch das fließende Wasser abgeschliffen werden.

Der Planer berechnet für die anfallenden Schmutz- und Regenwassermengen in Abhängigkeit vom Gefälle die Nennweite.

Das Gefälle wird angegeben durch

- das Zahlenverhältnis 1 : n; $\frac{1}{n}$ oder
- in Prozent %.

Beispiel 1

Eine Grundleitung von 12,20 m Länge soll entsprechend der Planungsunterlagen das Abwasser im Gefälle 1 : 50 ableiten.
Wie groß ist der Höhenunterschied für die Rohrsohle zwischen dem höchsten und dem niedrigsten Punkt der Leitung?

gegeben: Länge l = 12,20 m; Gefälle 1 : 50
gesucht: Höhenunterschied h
Lösung:

$$h = \frac{l}{n} = \frac{12{,}20\,\text{m}}{50} = \frac{1220\,\text{cm}}{50} = \underline{\underline{24{,}40\,\text{cm}}}$$

Auf die Leitungslänge von 12,00 m beträgt der Höhenunterschied 24,40 cm.

Beispiel 2

Eine Grundleitung hat von der Revisionsöffnung bis zum entferntesten Fallrohr eine Länge von 12,40 m. Das Gefälle soll 2,5 % betragen. Welcher Höhenunterschied muss überwunden werden?

gegeben: l = 12,40 m; p = 2,5 %
gesucht: Höhenunterschied h in cm
Lösung:

$$h = \frac{p\,\% \cdot l}{100\,\%}$$

$$h = \frac{2{,}5\,\% \cdot 12{,}40\,\text{m}}{100\,\%} = 0{,}31\,\text{m} = \underline{31{,}0\,\text{cm}}$$

Die Grundleitung muss vom tiefsten Punkt bis zum Übergang zur Fallleitung mit einem Höhenunterschied von 31,0 cm verlegt werden.

Grundleitungen für Schmutzwasser - Beispiele

Gefälle cm/m	max. zulässiger Schmutzwasserabfuss bei DN 100	DN 125	DN 150
0,50	1,8 l/s	2,8 l/s	5,4 l/s
1,00	2,5 l/s	4,1 l/s	7,7 l/s
1,50	3,1 l/s	5,0 l/s	9,4 l/s
2,00	3,5 l/s	5,7 l/s	10,9 l/s

Bsp.: 7 Wohneinheiten – Schmutzwasserabfluss 3,29 l/s
Gefälle 0,5 % → DN 150; 1,0 % → DN 125; Gefälle 2,0 % → DN 100

Angabe als Zahlenverhältnis		Angabe in Prozent	
$\frac{1}{n} = \frac{h}{l}$ 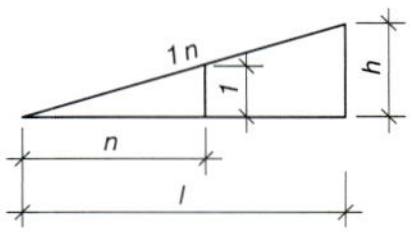		$\frac{p\,\%}{100\,\%} = \frac{h}{l}$ 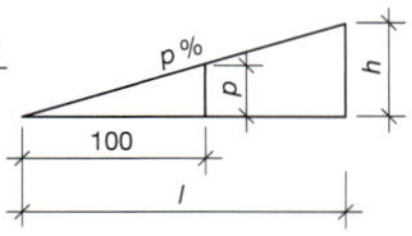	
Gesucht:		Gesucht:	
Senkrechte Höhe h	$h = \frac{l}{n}$	Senkrechte Höhe h	$h = \frac{p\,\% \cdot l}{100\,\%}$
Zahlenverhältnis 1 : n	$n = \frac{l}{h}$	Prozent p%	$p\,\% = \frac{100\,\% \cdot h}{l}$
Waagerechte Länge l	$l = h \cdot n$	Waagerechte Länge l	$l = \frac{100\,\% \cdot h}{p\,\%}$

Der Höhenunterschied zwischen dem höchsten und dem niedrigsten Punkt der Leitung ist zu berechnen, das Gefälle über die gesamte Leitungslänge zu überprüfen.

Beim Verlegen überprüft man das Gefälle mit einer Setzlatte und einer Wasserwaage. Eine andere Möglichkeit ist der Einsatz eines Baulasers. Dazu wird das Gerät am tiefsten Punkt aufgestellt. Man visiert den höchsten Punkt der Leitung an und die Rohre werden immer im gleichen Abstand zum Laserstrahl verlegt.

Arbeiten mit der Setzlatte

- ❑ Ein Gefälle von 2,5 % sind auf einer Länge von 3,00 m ein Höhenunterschied von 7,5 cm.
- ❑ An das Ende der Setzlatte wird eine Leiste von 7,5 cm Länge befestigt.
- ❑ Die Latte wird waagerecht (Wasserwaage) über dem Rohrscheitel aufgehalten. Das Holzstück am Ende der Latte bezeichnet die genaue Sohlenhöhe für das Gefälle von 2,5 %.

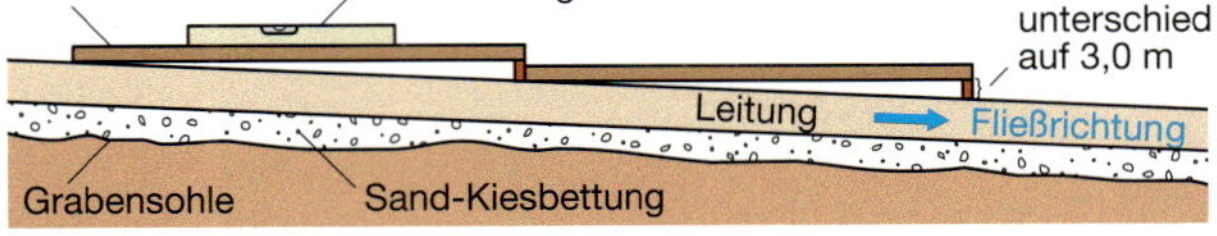

Kontrolle des Gefälles für die Grundleitung, Arbeiten mit Setzlatte und Wasserwaage

2.3.5 Verlegen einer Entwässerungsleitung

Arbeitsablauf

Höhenmäßiges Bestimmen des Schachteinlaufs

⬇

Festlegen der Lage der Grundleitung durch Markieren

⬇

Aushub des Erdreiches für die Grundleitung (Sohle mit annäherndem Gefälle der Grundleitung)

⬇

Sandbett als Rohrauflager entsprechend den Gefälleangaben einfüllen

⬇

Verlegen der Rohre, am tiefsten Punkt beginnen, Muffen entgegen der Fließrichtung

⬇

Rohre fest zusammenschieben

⬇

Gleichmäßiges Gefälle kontrollieren, Dichtheit der Rohrleitung prüfen

⬇

Leitungen einbetten, lagenweise verfüllen und verdichten

DIN 4095	Baugrund; Dränung zum Schutz baulicher Anlagen
DIN 1986	Entwässerungsanlagen für Gebäude und Grundstücke

Zusammensetzen der Dränrohre

Dränleitungen sind allseitig mit einer mind. 15 cm dicken Kiespackung zu umgeben (Körnung 8/16).

Testen Sie sich selbst!

1. Erläutern Sie die Vor- und Nachteile des Mischsystems.
2. Nennen Sie mögliche Materialien für die Entwässerungsleitung eines Einfamilienhauses.
3. Vergleichen Sie Vor- und Nachteile von Kunststoffrohren und Steinzeugrohren.
4. Nennen Sie Rohrarten, Nennweiten und Formstücke der Entwässerungsleitung auf Seite 36.
5. Begründen Sie, warum das Gefälle bei Regenwasserleitungen und Schmutzwasserleitungen unterschiedlich ist.
6. Um ein Gebäude wurde eine Dränleitung verlegt. Der Raum zwischen Fundament und anstehendem Boden wurde mit bindigem Boden verfüllt. Warum ist die Wirkungsweise des Dräns stark eingeschränkt?
7. Warum sollte das Gefälle immer gleichmäßig sein?
8. In die dargestellte Entwässerungsskizze haben sich mehrere Fehler eingeschlichen. Nennen Sie alle Regelverstöße!

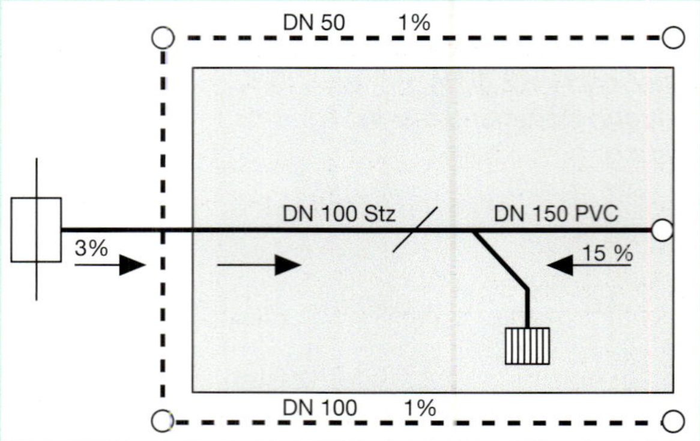

2.4 Planen und Herstellen von Gründungen

Alle Lasten eines Bauwerks werden über das Grundbauwerk auf den Baugrund übertragen. Die zulässigen Belastungen in den Bauteilen wie Wänden oder Stützen z. B. aus Beton oder Stahl sind größer als diejenigen der Böden. Deshalb müssen die Lasten aus den Wänden und Stützen auf größere Flächen abgetragen werden.

Planen einer Bauwerksgründung

Von der Qualität der Gründung wird die Dauerhaftigkeit und Standfestigkeit eines Bauwerk entscheidend beeinflusst. Das Planen der Gründungsart und deren Ausführung erfolgt unter Berücksichtigung folgender Fragen:

- Welcher Baugrund liegt an?
- Welche Art und Größe von Lasten müssen in den Baugrund abgeleitet werden?
- Welche Baustoffe sollen zum Einsatz kommen?

2.4.1 Anforderungen und Aufgaben

! Alle Bauwerkslasten müssen sicher und gleichmäßig über die Gründungskonstruktion auf den tragfähigen Baugrund übertragen werden.

Gründungskonstruktionen schaffen die Verbindung zwischen Bauwerk und Baugrund. Durch die Belastung werden die Bodenschichten zusammengepresst und es kommt zu **Setzungen**. Sie sollten jedoch nicht mehr als 1 bis 2 cm betragen und für alle Bauwerksteile **gleichmäßig** erfolgen. Ungleichmäßige Setzungen (Gebrauchstauglichkeit) können z. B. zu Rissbildungen im Mauerwerk oder zur Schiefstellung des Bauwerks führen.

! Die Lastaufnahme und -verteilung im Baugrund muss so erfolgen, dass es zu keinen größeren bzw. ungleichmäßigen Setzungen kommt.

Eine sichere Lastübertragung ist aber nur möglich, wenn die auftreffenden Sohlspannungen die zulässige Bodenpressung nicht übersteigen.

Jede Bodenart besitzt nur eine bestimmte Tragfähigkeit (→ Abschnitt 2.1.1), die **zulässige Bodenpressung** $\sigma_{zul.}$ in kN/m².

Die zulässige Bodenpressung ist u. a. abhängig von

- den Bodenarten unter Gründungssohle,
- der Einbindetiefe.

! Alle Bauwerksteile müssen auf tragfähigen Bodenschichten stehen.

Gründungsarbeiten – Streifenfundamente und Sohlplatte

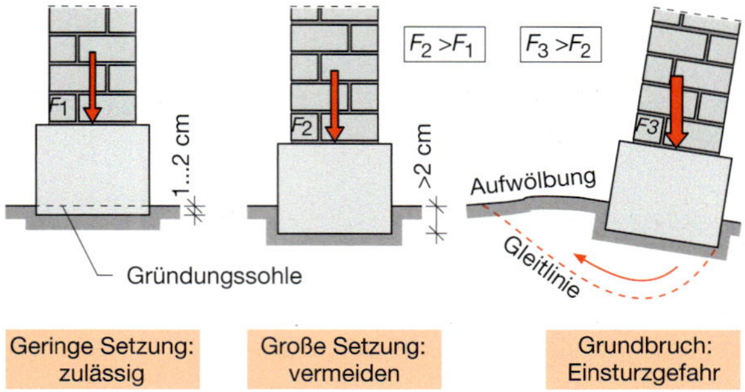

Tragfähigkeit des Baugrunds – Setzungen eines mittig belasteten Fundamentes

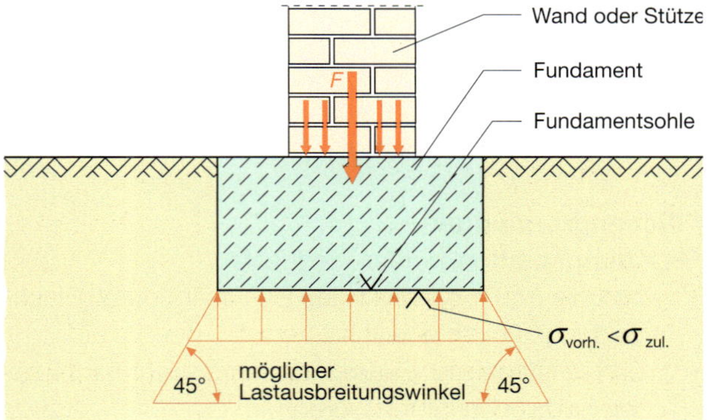

Entstehung der Bodenpressung $\sigma_{vorh.}$ unter der Fundamentsohle

Zulässige Bodenpressungen in kN/m²

Bodenart	Zulässige Bodenpressung $\sigma_{zul.}$
Bindige Böden	90 … 400 kN/m²
Gemischtkörnige Böden	150 … 500 kN/m²
Nichtbindige Böden (je nach Setzungsempfindlichkeit des Bauwerkes)	200 … 700 kN/m²
Fels	1000 … 4000 kN/m²

Die Gründung muss **frostfrei** erfolgen. Es muss so tief gegründet werden, dass sich unter der Sohlfläche keine Eislinsen mehr bilden können (Vermeidung von Frosthebungen). Das bedeutet, dass die Gründungssohle mindestens 0,80 m unter Geländeoberkante eingebaut wird. Davon darf bei Bauwerken mit geringerer Bedeutung, z. B. Einzelgaragen, Schuppen, Gartenmauern u. Ä., abgewichen werden.

2.4.2 Gründungsarten

Die anfallenden Bauwerkslasten und die Tragfähigkeit des Baugrunds bedingen die Gründungsart.

Flachgründungen

Einzelfundamente sind Fundamente für Stützen, Schornsteine, Türme oder Pfeiler. Sie sind auch erforderlich unter großen fest stehenden Maschinen (Pressen) oder unter Heizungskesseln.
Hergestellt werden sie aus unbewehrtem Beton oder aus Stahlbeton (→ Abschnitt 4.2).

Einzelfundament unter Stützen

Streifenfundamente werden vor allem durch Mauern und Wände belastet. Sie werden überwiegend aus unbewehrtem Beton hergestellt.

- Wenn **unbewehrte Streifenfundamente** zu flach ausgeführt werden, können sie an der Unterseite reißen.
- **Bewehrte Streifenfundamente** werden bei zu erwartenden ungleichmäßigen Setzungen gebaut. Die Bewehrung erhöht die Steifigkeit des Fundamentes (→ Abschnitt 4.2).

Streifenfundamente werden bevorzugt im Wohnungsbau angewendet. Sie lassen sich je nach Bodenart ohne Schalungsaufwand herstellen.

Streifenfundamente – eingeschalt und betoniert

Flächengründungen

Gründungsplatten werden eingesetzt,

- wenn die Standfestigkeit des Bauwerks durch Flachgründungen nicht gewährleistet ist,
- wenn anstehende Baugrundarten zu unterschiedlichen Setzungen führen würden.

Gründungsplatten (Plattengründungen) sind immer bewehrt. Auf das Planum legt man ein Vlies, um das Vermischen des Betons mit der Dränschicht (z. B. Schotter) zu vermeiden. Möglich ist auch das Betonieren auf eine Sauberkeitsschicht. Eine Schalung ist nur an den Rändern notwendig.
Der Fußbodenaufbau kann direkt auf die Fundamentplatte aufgebracht werden.

Flächengründung – eingeschalte und bewehrte Plattengründung für Reihenhäuser

Bei der Wahl der Fundamentart ist der Arbeitsaufwand zu berücksichtigen.

Tiefgründungen
Tiefgründungen sichern die Standfestigkeit eines Bauwerkes auch bei nichttragfähigen Bodenschichten. Sie erfordern einen sehr hohen Arbeits- und Kostenaufwand (Bohren, Rammen, Verpressen).
Tiefgründungen müssen gebaut werden, wenn
- sich unter der geplanten Gründungssohle kein tragfähiger Baugrund befindet und ein Bodenaustausch auf Grund der erforderlichen Schichtdicke wirtschaftlich nicht vertretbar ist,
- Bodenverbesserungsmaßnahmen (Verdichten, Bodenaustausch, Injektionen usw.) nicht den gewünschten Erfolg bringen würden,
- der tragfähige Baugrund erst in einer großen Tiefe ansteht.

Tiefgründung – Bohren der bewehrten Pfähle

2.4.3 Planen eines Streifenfundamentes
Zum Planen eines Fundamentes gehören einerseits das Erstellen eines Fundamentplanes (Abmessungen), andererseits die erforderlichen Baustoffe und der Materialbedarf.
Wie werden die Abmessungen eines Fundamentes berechnet? Die Abmessungen eines Streifenfundamentes sind abhängig von
- der Eigenlast des Fundamentes,
- Lasten aus dem Bauwerk (→ Abschnitt 2.1.1),
- der Bodenart bzw. zulässigem Sohldruck (→ Abschnitt 2.1.1),
- der Einbindetiefe *t*,
- der Fundamenthöhe *h*,
- der Fundamentlänge *l*.

Die vorhandene Bodenpressung unter einem Streifenfundament bezieht sich auf 1,00 m Länge.

Nachweis der Tragfähigkeit bei mittiger Belastung

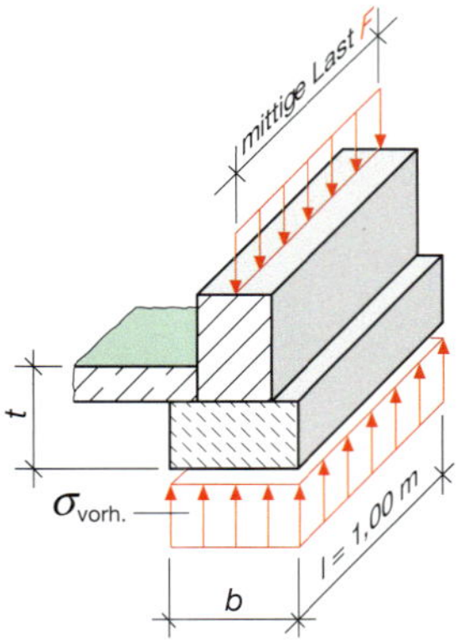

$$\sigma_{\text{vorh.}} = \frac{F}{A} \leq \sigma_{\text{zul.}}$$

Ermittlung des vorhandenen Sohldrucks
F mittige Last (Gebäudelast);
A Fläche der Fundamentsohle;
$\sigma_{\text{vorh.}}$ vorhandene Bodenpressung;
t Einbindetiefe;
b Fundamentbreite

Beispiel 1

Die Streifenfundamente einer Innenwand übertragen 75 kN auf einer Länge von 1,00 m. Berechnen Sie die erforderliche Fundamentbreite, wenn bei einem nichtbindigen Boden der zulässige Sohldruck $\sigma_{\text{zul.}}$ = 200 kN/m² beträgt und das Fundament eine Einbindetiefe von 0,50 m hat.

gegeben: $F = 75\,\text{kN}$; $\sigma_{\text{zul.}} = 200\,\text{kN/m}^2$; $t = 0{,}50\,\text{m}$
gesucht: Fundamentbreite *b*

Lösung: $A_{\text{erf.}} = \frac{F}{\sigma_{\text{zul.}}}$; $b_{\text{erf.}} = \frac{F}{\sigma_{\text{zul.}} \cdot l}$

$$b_{\text{erf.}} = \frac{75\,\text{kN}}{200\,\text{kN/m}^2 \cdot 1{,}00\,\text{m}} = \underline{\underline{0{,}375\,\text{m}}}$$

Für die erforderliche Fundamentbreite von 37,5 cm wird das Konstruktionsmaß von 40 cm gewählt.

Zulässiger Sohldruck für Streifenfundamente in kN/m² für nichtbindige und schwachbindige Böden

		setzungsempfindliche Bauwerke					setzungs-unempflindliche Bauwerke			
Kleinste Breite *b* des Fundamentes in m		0,5	1,0	1,5	2,0	3,0	0,5	1,0	1,5	2,0
Kleinste Einbindetiefe *t* in m	0,5	200	300	330	280	220	200	300	400	500
	1,0	270	370	360	310	240	270	370	470	570
	1,5	340	440	390	340	260	340	440	540	640
	2,0	400	500	420	360	280	400	500	600	700

Weitere Werte $\sigma_{\text{zul.}}$ → *Formeln und Tabellen für das Bauhandwerk*

Beispiel 2

Ein Streifenfundament ist 0,50 m breit und bindet 1,00 m in nichtbindigen Boden ein. Überprüfen Sie, ob bei einer Belastung von 130 kN/m der Baugrund die Belastung aufnehmen kann.

gegeben: Bodenpressung $\sigma_{zul.}$ = 270 kN/m²
Fundamentbreite b = 0,50 m
Einbindetiefe t = 1,00 m

gesucht: $\sigma_{vorh.}$

Lösung:

$$\sigma_{vorh.} = \frac{F_{vorh.}}{A_{vorh.}} = \frac{130\ \text{kN}}{0{,}50\ \text{m} \cdot 1{,}00\ \text{m}} = 260\ \text{kN/m}^2$$

Der Baugrund kann die Last aufnehmen, denn $\sigma_{zul.} = 270\ \text{kN/m}^2 > \sigma_{vorh.} = 260\ \text{kN/m}^2$.

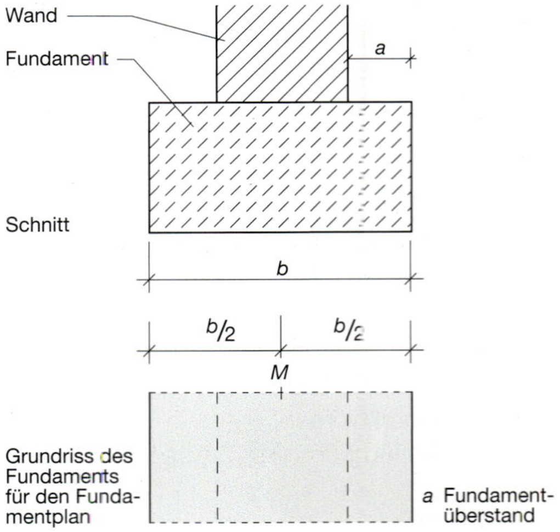

Welche Informationen sind im Fundamentplan enthalten?

Der Fundamentplan dient zur lagemäßigen Bestimmung der Fundamente. Er enthält Angaben zu

- Grundriss des Untergeschosses (gestrichelte Linie),
- Abmessungen der Fundamente in Länge, Breite und Höhe,
- Baustoffangaben zu Fundamenten,
- Durchstoßpunkten für Grundleitungen,
- Lage der aufgehenden Wände, bezogen auf die Fundamentfläche,
- Höhenlagen,
- Schnitte.

Hinweise für das Anfertigen eines Fundamentplans

- ❑ Der Untergeschossgrundriss (Kellergeschoss bzw. Erdgeschoss) wird maßstäblich mit gestrichelten Linien gezeichnet.
- ❑ Beachten Sie: die Außenwände stehen mittig auf den Fundamenten!
- ❑ Die Mitte der Außenwand wird mit einer schmalen Linie festgelegt.
- ❑ Von der Mitte wird jeweils die halbe Fundamentbreite nach links und rechts abgetragen.
- ❑ Das Streifenfundament wird parallel zur Wand gezeichnet.

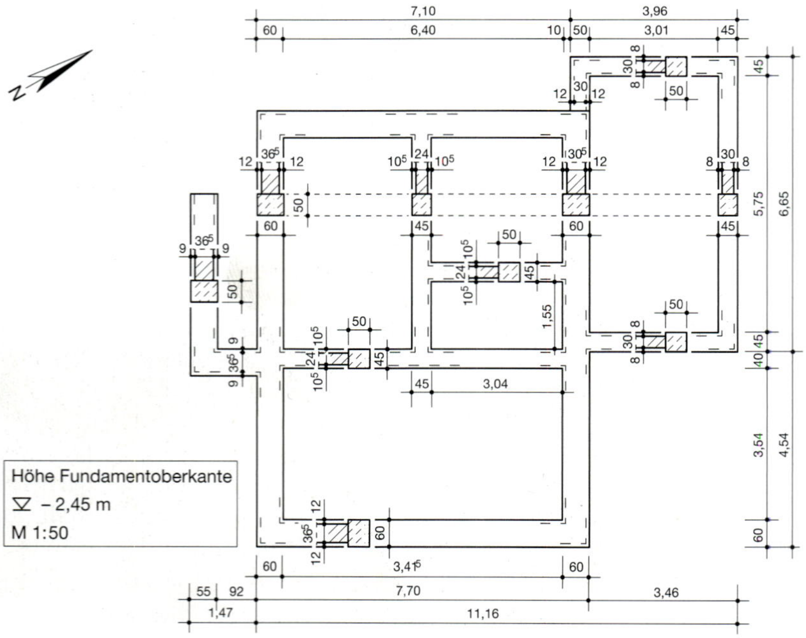

Fundamentplan für ein Einfamilienhaus M 1 : 50, verkleinerte Druckdarstellung

2.4.4 Herstellen eines Streifenfundamentes

In standfestem Boden kann das Streifenfundament direkt im Baugrund errichtet werden. Dazu wird in der Baugrubensohle ein Fundamentgraben mit senkrechten Wänden ausgehoben.

Ausführungsregeln

- ❑ Die Fundamentsohle muss waagerecht und eben sein.
- ❑ Die Grabenwände dürfen sich nach unten hin nicht verjüngen.
- ❑ Der Beton (C8/10 oder C12/15) ist **lagenweise** einzubringen und zu verdichten.
- ❑ Bei wenig standfesten Böden erhält das Fundament seine Form durch Schalungen (→ Abschnitt 4.2).
- ❑ Bei bindigem Baugrund muss etwa 5 cm tiefer ausgeschachtet werden, da auf den Baugrund eine kapillarbrechende Schicht (etwa 5 cm dick) aufgebracht werden muss. Dadurch wird ein Aufschwimmen des Fundamentes verhindert.

Nach Abschluss der **Feinschachtung** und der Herstellung des notwendigen **Feinplanums** wird die Fundamentsohle verdichtet. Die richtige Lage und Sohlhöhe der Fundamente ist durch nochmalige Kontrollmessungen zu prüfen.

Werden Fundamente bewehrt, muss eine Sauberkeitsschicht (mindestens 5 cm dicke Betonschicht) aufgebracht werden. Sie macht die Fundamentsohle begehbar und verhindert ein Aufweichen durch Niederschläge. Abstandhalter für die Bewehrung finden auf der Sauberkeitsschicht festen Halt.

Beim Einbringen des Betons ist darauf zu achten, dass die Fundamentgräben nicht beschädigt werden.

Aussparungen für Hausanschlüsse sind einzumessen und entsprechende Formschalungen anzuordnen.

Nach ausreichender Verfestigung des Fundamentbetons ist es zweckmäßig, die **Fluchten der aufgehenden Wände** sowie die **Eckpunkte** der Wandkonstruktionen usw. aus der Ebene der gespannten Fluchtschnuren im Bereich der Schnurböcke auf die Fundamentebene zu übertragen (Abloten).

Das Markieren erfolgt durch Einschlagen von Stahlnägeln in die Fundamentoberfläche bzw. Farbmarkierungen. Anschließend werden die Maße überprüft und die Diagonalen verglichen.

DIN 1054	Baugrund; Sicherheitsnachweise
DIN 4018	Baugrund; Berechnung des Sohldruckes unter Flächengründungen

Arbeitsablauf

Verlauf der Fundamentgräben auf der Baugrubensohle markieren

⬇

Höhen entsprechend Fundamentplan abtragen

⬇

Ausheben der Fundamentgräben (Tiefe ist gleich Fundamenthöhe) bzw. Aufstellen und Abstützen der Schalung

⬇

Einbringen und Verdichten des Betons

⬇

Oberfläche des Fundamentes glätten

⬇

Abtragen der Lage des aufgehenden Mauerwerkes

Streifenfundament, lagenweise betoniert

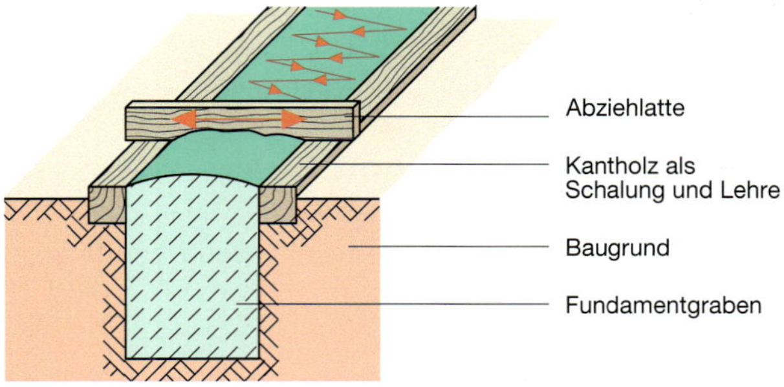

Glätten der Fundamentoberfläche

Vorbereitungen für das Aufbringen der Sohlplatte

Testen Sie sich selbst!

1. Welche Aufgaben haben Fundamente?
2. Welche Lasten wirken auf das Fundament des „Ferienhauses“?
3. Welche Arten von Gründungen werden unterschieden?
4. Nennen Sie die Kennzeichen von Flach-, Flächen- und Tiefgründungen.
5. Nennen Sie Anwendungsbeispiele für Einzel-, Streifen- und Flächenfundamente.
6. Warum müssen Fundamente frostfrei gegründet werden?
7. Begründen Sie, warum die Gründungssohle waagerecht sein muss und auch nicht aufgelockert sein darf.
8. Beschreiben Sie das Herstellen eines Streifenfundamentes für eine Garage.
9. Welche Sohlpressung entsteht unter einem Streifenfundament mit einer Sohlbreite von 60 cm und 80 cm Höhe, wenn die Betonrohdichte 2,4 t/m^3 und die Auflast 135 kN beträgt?
   Vergleichen Sie die ermittelte Sohlpressung mit der zulässigen Sohlpressung für bindigen und nichtbindigen Boden bei einer Einbindetiefe von 50 cm (1,00 m).
10. Zeichnen und bemaßen Sie den Fundamentplan für die dargestellte Garage im Maßstab M 1 : 50.
11. Ein rechteckiges Einzelfundament aus Stahlbeton mit den Abmessungen
    $l = 90$ cm; $b = 70$ cm; $h = 1{,}20$ m
    und einer Rohdichte 2,65 t/m^3 soll auf bindigem Boden mit einer Einbindetiefe von 1,00 m gegründet werden und eine Auflast von 240 kN übertragen.
    a) Berechnen Sie die vorhandene Sohlpressung und überprüfen Sie, ob das Einzelfundament die Gesamtlast übertragen kann bzw. eine Fundamentvergrößerung erforderlich wird.
    b) Welche Abmessungen erhält ein Fundament mit gleicher
    Belastung und Einbindetiefe, wenn nichtbindiger Boden anstehen würde.

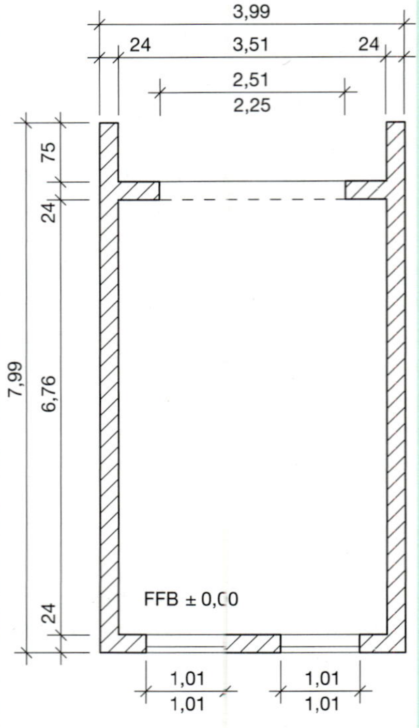

Garage Grundriss M 1:50

Zu Aufgabe 10
Streifenfundament, unbewehrt
Fundamentbreite $b = 50$ cm
Fundamenthöhe $h = 80$ cm

2.5 Planen und Herstellen von Verkehrsflächen

Verkehrsflächen sind alle privaten und öffentlichen Straßen, Wege und Plätze. Sie sichern den Zugang zu Gebäuden und die Transportmöglichkeiten von Personen und Gütern. Bei der Planung einer Verkehrsfläche sind folgende Fragen zu stellen:

- Was soll transportiert werden?
- Womit wird die Verkehrsfläche belastet?
- Liegt die Fläche im privaten oder öffentlichen bebauten Raum?
- Welche Linienführung ist erforderlich?
- Wie passt sich die Verkehrsfläche gestalterisch in die Umgebung ein?
- Welche Nutzungsdauer wird angestrebt?

2.5.1 Anforderungen und Aufgaben

Verkehrsflächen werden beansprucht durch

- Lasten aus Fahrzeugen und deren Ladung,
- Witterungsbedingungen (z. B. Frost-Tau-Wechsel),
- Häufigkeit der Beanspruchung (z. B. Abrieb).

Verkehrsflächen sind so zu planen und auszuführen, dass sie während der gesamten Nutzungsdauer folgende Anforderungen erfüllen:

- Tragfähigkeit (max. Bauklasse III)
- Frostbeständigkeit
- Wasser ableitend
- Ebenheit und Griffigkeit
- optische Gestaltung (Linienführung)

Aus den Belastungen der Verkehrsfläche ergibt sich der konstruktive Aufbau – das **Schichtenpaket**.

Untergrund – ist der natürlich gewachsene Boden, das Gelände.
Unterbau – ist die fest verdichtete Aufschüttung auf dem Untergrund. Untergrund und Unterbau müssen tragfähig sein.
Oberbau – besteht aus einer oder mehreren Tragschichten einschließlich der Frostschutzschicht und der Decke.
Tragschichten – leiten alle Lasten der Decke auf den Untergrund bzw. Unterbau ab.
Decke – sie bildet den oberen Abschluss des Schichtenaufbaus.

Je nach Nutzungsbestimmung werden die Baustoffe für die Decke ausgewählt. Dabei werden fertigungstechnische Aspekte berücksichtigt. Beispielsweise werden Straßen überwiegend mit einer Decke aus Asphalt oder Beton hergestellt (Einsatz von Fertigern), kleinere und untergeordnete Verkehrsflächen werden häufig gepflastert.

Platzgestaltung durch gepflasterte Verkehrsflächen

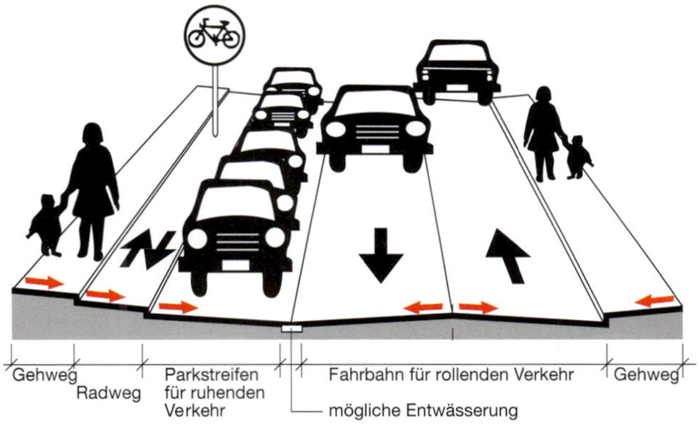

Funktionsbezogene Teile einer Straße

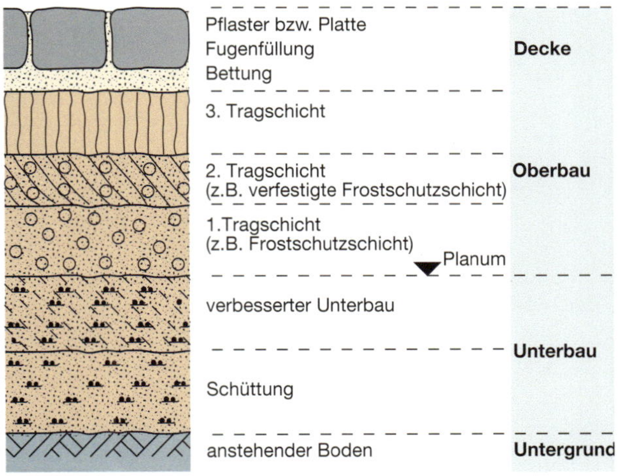

Aufbau einer Befestigung mit Pflaster oder Platten

2.5.2 Wahl der Baustoffe für einen Hauszugang

Für einen Hauszugang wird aus wirtschaftlichen und gestalterischen Gründen ein Pflaster- oder Plattenbelag gewählt. Er kann aus Naturstein, Klinkern oder Beton bestehen.

Das Pflastern mit Natursteinen erfordert umfangreiche fachliche Kenntnisse und handwerkliche Fertigkeiten (Ausbildungsberuf Pflasterer/Straßenbauer).

! Der Pflasterbelag wird nach konstruktiven, optischen Kriterien und regional gebräuchlichen Materialien ausgewählt.

Betonsteinpflaster

Zur Befestigung kommunaler Verkehrsflächen, z. B. Wohn- und Anliegerstraßen, Busstandflächen, Bahnsteigen, Parkflächen und Rastplätzen, Fußgängerzonen, Geh- und Radwegen, werden häufig Betonsteine bzw. Betonverbundsteine eingesetzt.

- **Betonsteine** – sie sind nicht genormt und werden in einer großen Formenvielfalt hergestellt, z. B. als Quadrat-, Rechteck- und Sechseckpflasterstein.
  Durch das Einfärben der Steine werden die gestalterischen Möglichkeiten noch erweitert.
- **Verbundsteine** – sind künstliche Pflastersteine, mit denen durch gleich bleibende enge Fugen eine starke Verzahnung erreicht wird.
  Sie sind nicht genormt, jedoch ist ihre Druckfestigkeit mindestens 60 N/mm^2. Damit bei Kurven nicht so viele Steine geschnitten oder gebrochen werden müssen, gibt es spezielle Kurvensätze (Formsteine).

Hauszugang mit Ziegelpflaster – sehr harmonische optische Gestaltung

Eine Kombination aus befahrbarem Pflaster und Rasen erhält man durch begrünbare Pflasterbeläge (Rasenpflastersteine). Neben der Begrünung soll die Versickerung des Oberflächenwassers gewährleistet sein.

Alle Betonsteine können von Hand oder maschinell verlegt werden.

Betonsteinpflaster – Verlegebeispiele, Schichtdicken

Betonsteinpflaster	Verlegebeispiele (keine genormten Abmessungen)	Schichtdicken in mm
Betonsteine	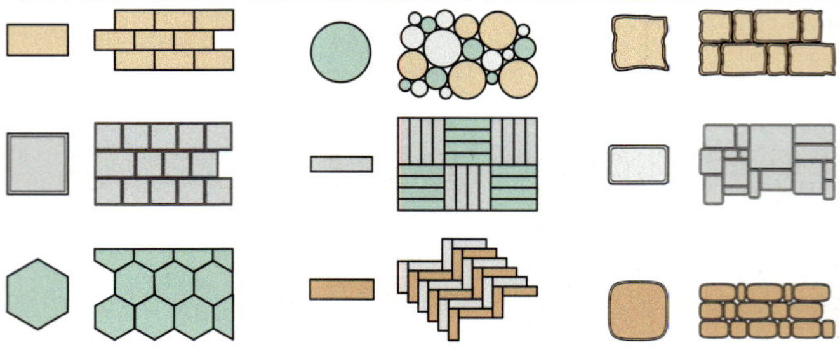	• für Geh- und Radwege: $d = 6 \ldots 8$ cm • für Anliegerstraßen, befahrbare Wohnwege, Fußgängerzonen $d = 8$ cm • für stärker beanspruchte Straßen (Sammelstraßen, Industriestraßen), Fußgängerzonen mit Ladeverkehr $d = 12$ cm
Betonverbundsteine	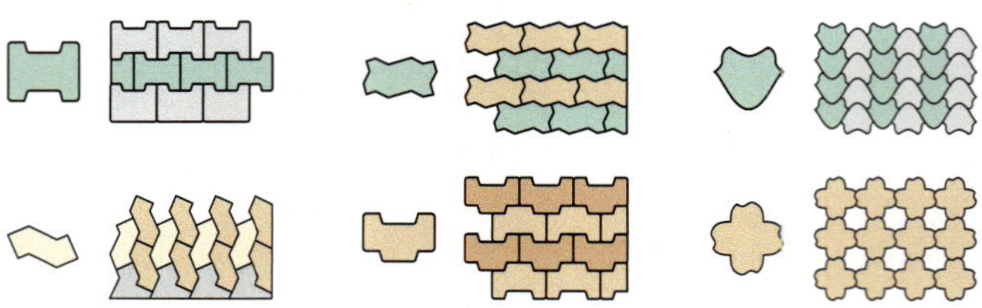	• für Geh- und Radwege: $d = 8$ cm • für Anliegerstraßen, Fußgängerzonen mit Ladeverkehr, Industriestraßen: $d = 10$ cm

Plattenbeläge

Gehwegplatten aus Beton sind die am häufigsten verwendeten Plattenbeläge. Sie sind 50/25/6.
Bei Modernisierungsmaßnahmen werden die einschichtig, grauen Gehwegplatten durch mehrschichtige Platten mit den unterschiedlichsten Oberflächen ersetzt. Die sandgestrahlte oder geschliffene Oberfläche erinnert an Natursteinplatten. Alle Plattenbeläge werden in ein 3 bis 5 cm dickes kornabgestuftes Baustoffgemisch 0/5 oder in ein Spezialmörtelbett verlegt.
Großformatige Platten (l > 600 mm) werden aus ökonomischen oder gestalterischen Gründen eingesetzt.

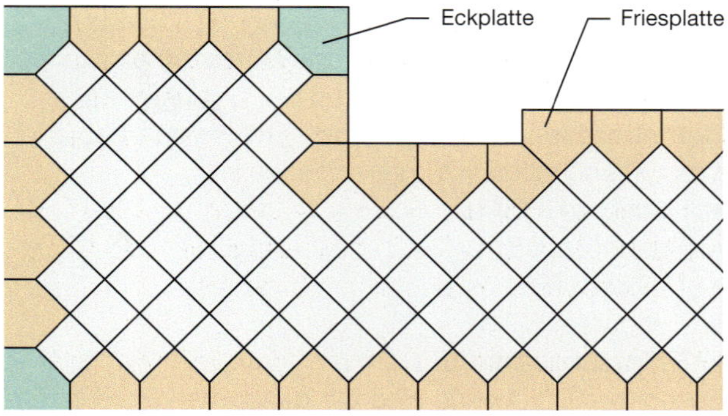

Gehwegplatten im Diagonalverband

Pflasterklinker

Beläge aus Pflasterklinkern können z. B. zum Befestigen von

- Fußgängerzonen mit schwerem Ladeverkehr,
- Sammel- und Anliegerstraßen,
- Busverkehrsflächen,
- Geh- und Radwegen

verwendet werden.
Die Pflasterklinker besitzen eine Mindestdruckfestigkeit von 80 N/mm². Sie sind frost- und tausalzbeständig. Sie werden in sehr unterschiedlichen Maßen und Formen hergestellt.

Abmessungen von Pflasterklinker, Auswahl

Form	Abmessungen l/b in mm		Bedarf in m²	
	Verlegeart E	Verlegeart F	E	F
rechteckig	200/100 d = 45 … 71	240/115 d = 45 … 80	50	33
	240/118 d = 45 … 80	220/105 d = 45 … 80	35	39
quadratisch	118/118 d = 40 … 71	--	72	--
	200/200 d = 40 … 71	--	25	--
Mosaik	60/60 d = 40 … 71	--	278	--

Ähnlich wie Betonverbundpflaster werden die Klinker meist auf einem abgezogenen Sandbett mit mindestens 2,5 % Gefälle verlegt. Das ungebundene Sandbett ist verdichtet, mind. 4 cm dick (gebundenes Mörtelbett ≥ 3 cm). Die Formenvielfalt ermöglicht sehr viele Gestaltungsmöglichkeiten (→ Betonsteinpflaster).

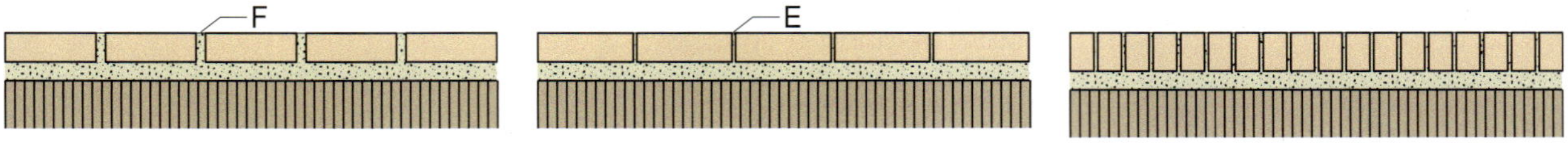

F Flach verlegt mit breiter Fuge (8 bis 10 mm) Für weniger belastete Flächen
E Flach verlegt mit enger Fuge (ca. 3 mm)
Hochkant verlegt

Verlegearten von Pflasterklinkern

Verlegebeispiele

Randbefestigungen

Verkehrsflächen werden meist mit **Bordsteinen** aus Beton oder Natursteinen eingefasst.

Betonbordsteine sind genormt. Sie werden bezüglich ihrer Querschnittsform unterschieden in

- Hochbord (HB)
- Rundbord (RB)
- Tiefbord (TB)
- Flachbord (FB)
- Einfassungsstein (EF)

Besondere Bordsteine sind die genormten Bordrinnensteine (BR) und Muldensteine (MU).

Die Bordsteine werden in Beton (C8/10 oder C12/15) gesetzt, je nach Belastung wird eine Rückenstütze ausgeformt (→ Hochbord). Durch das Setzen der Bordsteine ist die Verkehrsfläche in Form und Höhe festgelegt.

Randbefestigung mit Hochbord

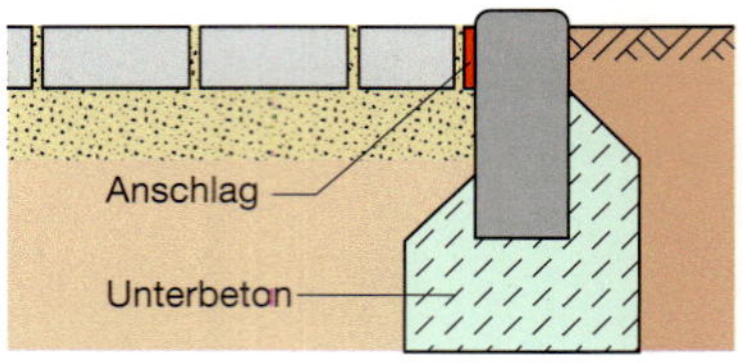

Randbestigung mit EF-Steinen

2.5.3 Planen eines Hauszugangs

Bei der Planung eines Hauszugangs müssen folgende Angaben bekannt sein:

- Lage des Hauszugangs
- Länge und Breite der Pflasterfläche
- Pflasterbelag und Materialbedarf
- Bodenart
- Schichtenpaket

Hauszugänge mit Klinkerbelag – Steinauswahl

Hauszugang	Gefälle in %	Pflasterdicke in cm	Ausführung
Gehweg, nicht befahrbar	≥ 2,5	6 … 8	• Einzelpflaster • Verlegeart F oder E
Gehweg, befahrbar	≥ 2,5	≥ 8	• Verbundpflaster • Verlegeart E

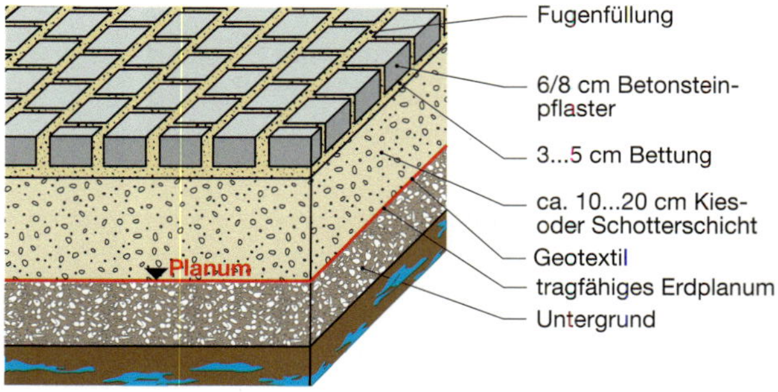

Oberbau für Gartenwege – Beispiel

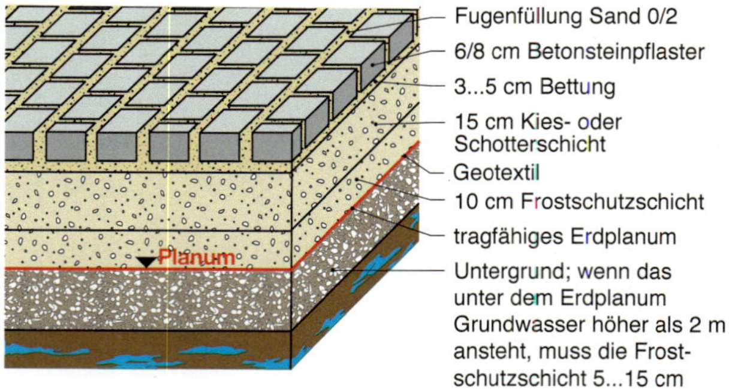

Oberbau für Rad- und Gehwege – Beispiel

Betonsteinpflaster – Beispiel

Verlegearten (Verbände)	
Läuferverband 	Fischgrät- oder Keperverband 
Diagonalverband 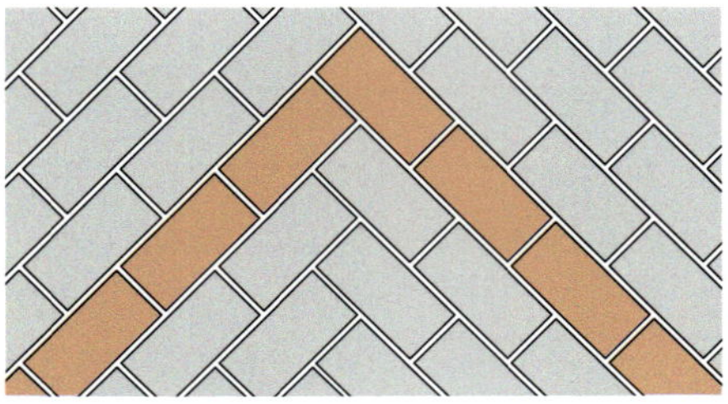	Fischgrätverband mit Bischofsmütze 

Mengen und Materialbedarf

Um das notwendige Material für die Pflasterarbeiten rechtzeitig bestellen zu können, muss bekannt sein:

- Größe der Pflasterfläche
- Steinart und -größe
- Verlegeart

Beispiel

Materialbedarf für Verbundsteinpflaster

Eine 6,0 m lange und 3,0 m breite Garagenzufahrt soll mit HBI-Steinen befestigt werden.

gegeben: $A_{Gesamt} = 6{,}0\,m \cdot 3{,}0\,m = 18\,m^2$

gesucht: Anzahl der Randsteine, Endsteine, Normalsteine

Lösung:
(Richtwerte für den Steinbedarf → nebenstehende Tabelle)

Randsteine: $2 \cdot 6{,}0\,m \cdot 5\,Stück/m = 60\,Steine$
$60\,Stück : 37\,Stück/m^2 = 1{,}62\,m^2$

Endsteine: $2 \cdot 3{,}0\,m \cdot 4{,}5\,Stück/m = 27\,Steine$
$27\,Stück : 51\,Stück/m^2 = 0{,}53\,m^2$

Normalsteine:
$A_{Gesamt} - A_{Randsteine} - A_{Endsteine} = A_{Normalsteine}$
$18{,}0\,m^2 - 1{,}62\,m^2 - 0{,}53\,m^2 = 15{,}85\,m^2$
$15{,}85\,m^2 \cdot 45\,Stück/m^2 = \underline{\underline{714\,Steine}}$

Steinbedarf in Abhängigkeit von der Steinart

Betonsteinarten	Abmessungen in cm	Bedarf in Stück/m²	Anzahl in Stück/m
	16 × 24 × 14 10 × 20 × 8 16 × 16 × 14 10 × 10 × 8	24 48 36 95	4,0 4,7 6,0 9,5
Verbundstein 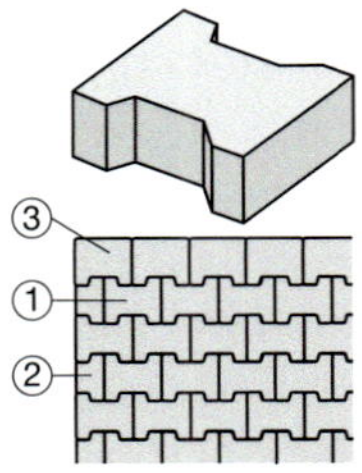	① Normalstein ② Halbstein ③ Anfänger	36 70 40	– 3,5 5
HBI-Stein 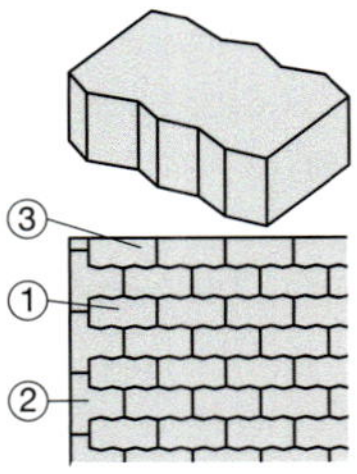	① Normalstein ② Randstein ③ Endstein	45 37 51	– 5 4,5

2.5.4 Herstellen eines Hauszugangs

Ausführungsregeln für Pflasterarbeiten

- ❏ Der Untergrund muss tragfähig sein und darf nicht weich oder breiig sein.
- ❏ Die Tragschichten sollten standfest, Wasser durchlässig sein und ein Gefälle (2,5 %) haben.
- ❏ Geotextil für Filterstabilität
- ❏ Das Bettungsmaterial:
  - Sand 0/4 oder
  - Splitt 0/4 oder
  - Brechsand-Splitt-Gemisch 0/5
- ❏ Das Bettungsmaterial ist auf eine Dicke von 3 … 5 cm zu verdichten, darf nicht in Tragschicht einrieseln.
- ❏ Das Gefälle der Oberfläche der Bettung ist gleich dem Gefälle der Pflasterdeckenoberfläche.
- ❏ Die Bettung darf nach dem Abziehen nicht mehr betreten oder befahren werden.
- ❏ Steine im gleichmäßigen Verband mit ausreichender Fugenbreite (3 … 5mm) verlegen
- ❏ Die Verlegerichtung ist vom fertigen Pflaster aus nach vorn (in Blickrichtung).
- ❏ Alle Fugen sind mit dem gleichen Material wie die Bettung zu verfüllen.
- ❏ Verdichten der sauberen Pflasterfläche mittels Rüttelplatte, von den Rändern zur Mitte
- ❏ Offene Fugen wieder einsanden, ggfs. mit Wasserzugabe

Herstellen eines befahrbaren Pflasterbelages

- Bodenaushub (nach Absteckarbeiten) von Hand oder mit Mehrzweckmaschine auf der gesamten Pflasterfläche einschließlich der Randbefestigung bis zur erforderlichen Tiefe
- Rohplanum mit Walze verdichten
- Versetzen von Randeinfassungen (Bordsteinen) in Beton C12/15, steif, ca. 15 … 20 cm dick
- Ausrichten der Bordsteine an der Fluchtschnur
- Einbringen von Splitt, Schotter oder Kiessand in korngestufter Zusammensetzung als **Unterbau**. Die Unterbaudicke ist abhängig der späteren Belastung, der Untergrundbeschaffenheit und der erforderlichen Dicke der Frostschutzschicht.
- Vollständiges **Verdichten** des eingebrachten nichtbindigen Bodens. Bei Schottertragschichten wird die Filterstabilität der Tragschicht durch Geotextilien zwischen Tragschicht und Bettung sichergestellt.
- Einbauhöhe der Tragschichtoberfläche:
  Oberkante Bordstein – (Pflasterdicke + Überstand + Bettung – Verdichtungsmaß)
  (fertige Bettungsdicke 4 cm = 5 cm Sand bzw. 4,5 cm Splitt einbringen und verdichten auf Solldicke)
- Loses Auftragen von kornabgestuftem Kiessand als **Pflasterbett** auf dem Unterbau. Dicke in verdichtetem Zustand: ca. 3 … 5 cm
- Herstellen des **Feinplanums** durch profilgemäßes Abziehen mit einer Lehre
- **Aufteilen und Verlegen** der Steine vom Pflasterbett aus nach vorne. Die einzuplanende Überhöhung (vor dem Abrammen) und die Fugenbreite der Steine richtet sich nach der Größe der Pflastersteine.
- **Abrammen** der Pflastersteine auf die geplante Höhe mittels Handramme bzw. Verdichtungsgeräten
- **Verfugen** des Pflasters durch mehrmaliges Einkehren und Einschlämmen von Feinsand

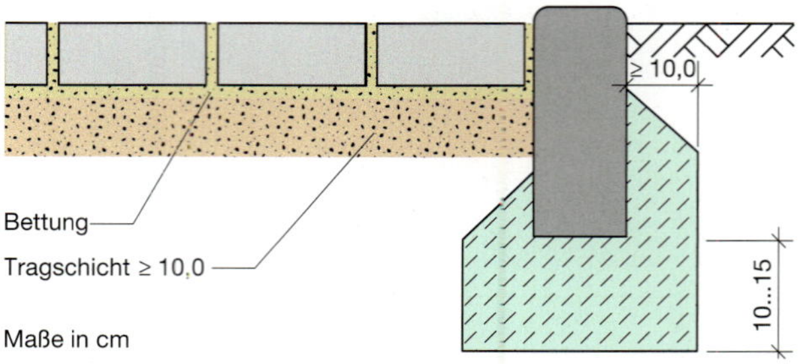

Bordsteine werden in Unterbeton gesetzt.

Verdichtungsarbeiten

Testen Sie sich selbst!

1. Nennen Sie mögliche Belagsarten für die unterschiedlichen Verkehrsflächen.
2. Welcher Unterschied besteht zwischen Betonsteinpflaster und Verbundsteinpflaster?
3. Warum soll Pflaster im Verbund verlegt werden?
4. Beschreiben Sie das Herstellen eines Pflasterbelags für eine Garagenzufahrt.
5. Berechnen Sie den Steinbedarf für eine 4,0 m breite und 8,0 m lange Garagenzufahrt. Sie soll mit Doppel-T-Steinen hergestellt werden.

2.6 Projektarbeit „Ferienhaus“

Problemstellung: Die Baustelle für das Ferienhaus ist eingerichtet. Das Haus soll entsprechend den Planungsunterlagen auf Streifenfundamenten gegründet werden. Ein Keller ist nicht geplant. Das Grundstück mit dem Ferienhaus ist an das örtliche Abwassernetz anzuschließen. Der Hauszugang ist zu pflastern.

Arbeitsschritte:

1. Erschließungsarbeiten
2. Verlegen der Haus- und Grundstücksentwässerung
3. Gründungsarbeiten
4. Pflastern des Hauszugangs

Der Facharbeiter führt die Erschließungs- und Gründungsarbeiten nach den Angaben des Planers aus. Die sorgfältige und fachgerechte Ausführung dieser Arbeiten ist entscheidend für eine lange Nutzungsdauer des Bauwerkes.
Er hat zu gewährleisten, dass die Vorgaben eingehalten und die Arbeiten sorgfältig ausgeführt werden.

2.6.1 Erschließungsarbeiten

Aufgaben

1. Im dargestellten Absteckplan M 1 : 200 sind das Grundstück und das Gebäude eingemessen. Zeichnen Sie den Absteckplan im Maßstab 1:100 (auf DIN A3) und erarbeiten Sie sich die Arbeitsschritte einer orthogonalen Absteckung (Rechtwinkelverfahren) → **G 4**.
2. Der Baugrund hat die Bodenklasse 4. Welche Maschinen und Geräte sind zum Abtragen des Oberbodens und zum Ausheben des Grabens für die Entwässerungsleitung erforderlich?
3. Berechnen Sie Fläche und Volumen des Oberbodenabtrags.

Ausführungshilfen:

- Wenden Sie die Kenntnisse über die polare Absteckung zum Messungsaufbau der orthogonalen Absteckung an: Arbeit mit dem Prisma, Fluchten, Arbeit mit dem Bandmaß (→ **G 4**).
- Satz des Pythagoras für rechnerische Kontrolle
- Wählen Sie entsprechend der Bodenklasse die Maschinen und Geräte. Der Oberboden wird in der Größe der Grundfläche des Gebäudes zuzüglich eines etwa 1,0 m breiten Arbeitsraumes abgetragen. Berechnen Sie die Fläche in m^2 und das Volumen in m^3 des Oberbodenabtrags.
- Abtrag des Oberbodens, ca.30 cm (→ Seite 31)

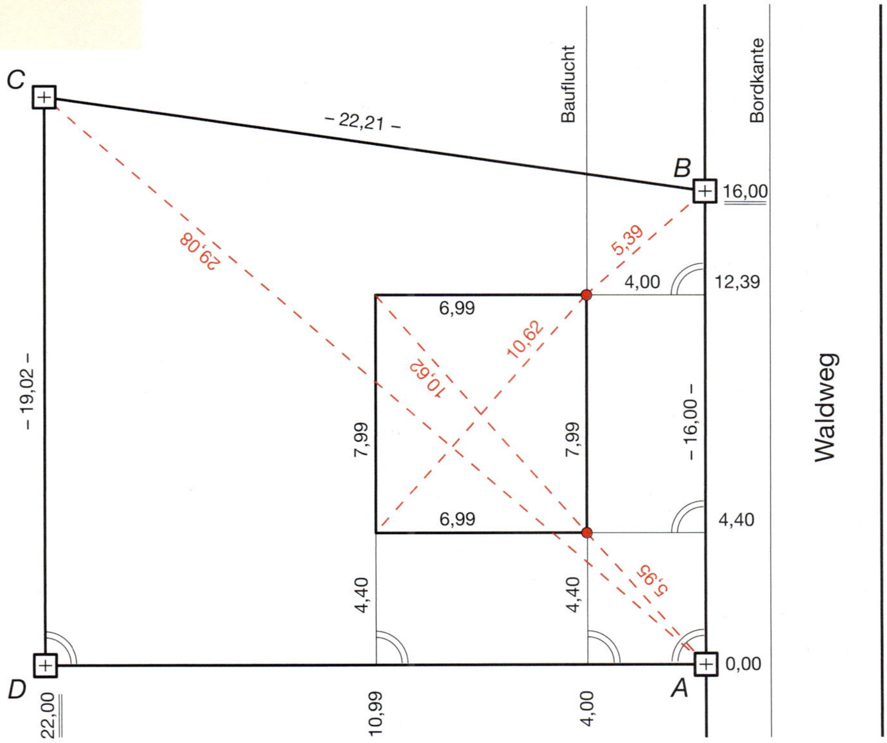

Absteckplan einer orthogonalen Absteckung (verkleinerte Darstellung) M 1 : 200

-------- Kontrollen

2.6.2 Verlegen der Haus- und Grundstücksentwässerung

Problemstellung: Das Ferienhaus erhält eine Grundleitung und eine Dränanlage, um das anfallende Abwasser in den Straßenkanal abzuleiten. Die Entwässerung erfolgt im Mischwassersystem.

Aufgaben

1. Zeichnen Sie den verkleinert dargestellten Entwässerungsplan mit Bemaßung und Beschriftung im Maßstab M 1 : 50 auf A4, Querformat (→ **G 1**).
2. Erstellen Sie einen Entwässerungsplan für ein Trennsystem.
3. Ermitteln Sie den Bedarf an geraden Rohren (in m) und Formstücken (Art und Anzahl) und stellen Sie dies in einer Tabelle dar!
4. Erfragen Sie bei einem örtlichen Baustoffhändler die Preise für PVC-Rohre und ermitteln Sie die Materialkosten.
5. Skizzieren Sie eine Drainplanung.

Ausführungshilfen:

- Ermitteln Sie die Gesamtlänge der Leitungen überschlägig in m. Unterscheiden Sie dabei nach Material und Nennweite.
- Bestimmen Sie die gerundete Länge der geraden Rohre (Das Gefälle bleibt unberücksichtigt.).
- Entscheiden Sie über Anzahl und Art der notwendigen Formstücke (→ Seite 35).
- Prospekte von Baustoffhändlern oder Baumärkten beschaffen

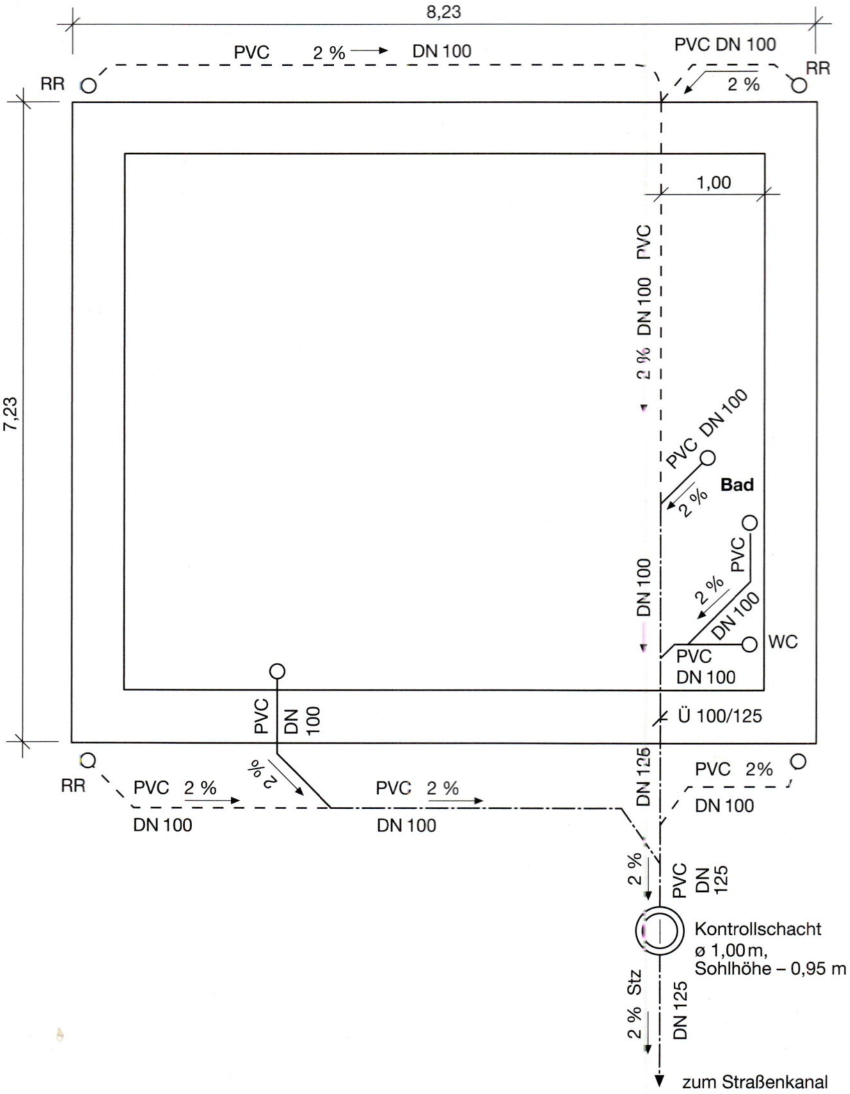

Entwässerungsplan
(verkleinerte Darstellung)
M 1 : 50
RR Regenrohr

2.6.3 Gründungsarbeiten

Problemstellung: Für das Ferienhaus wurde ein Fundamentplan gezeichnet. Unter den tragenden Außenwänden sind Streifenfundamente aus unbewehrtem Beton herzustellen. Die Bodenplatte (Stahlbeton) des Bauwerks liegt auf den Streifenfundamenten auf. Der Baugrund ist ein gemischtkörniger, steifer Boden. Die Last *F* (Summe der Bauwerkslasten) beträgt 94 kN.

Aufgaben

1. Zeichnen Sie für das Ferienhaus den Fundamentplan in Grundriss und Schnitt (A-A) im Maßstab M 1 : 50.
2. Berechnen Sie die Gesamtlänge der Streifenfundamente.
3. Überprüfen Sie, ob die zulässige Bodenpressung $\sigma_{zul.}$ nicht überschritten wird (→ Seite 41).

Ausführungshilfen:

- Zeichnen Sie den Gebäudegrundriss im M 1 : 50 auf A4, Hochformat.
- Streifenfundamente sind mittig unter den Wänden angeordnet (*a* = 11,75 cm).
- Fertigen Sie eine Schnittskizze (ca. M 1:10) unter Berücksichtigung folgender Angaben an:
  - Streifenfundament *h* = 1,00 m; *b* = 60 cm
  - Bodenplatte *d* = 20 cm
  - kapillarbrechende Schicht aus Splitt 11/32, *d* = 15,0 cm auf Trennlage (PE-Noppenbahn) unter der Bodenplatte
  - Höhen: Oberkante Bodenplatte: – 12,5
    Geländeoberkante (GOK): – 12,5
    Fundamentsohle: – 1,325
- gemischtkörniger Boden von steifer Konsistenz
- Zulässige Bodenpressung $\sigma_{zul.}$ = 180 kN/m² bei Streifenfundamenten (*b* = 0,60 m und Einbindetiefe 1,00 m)

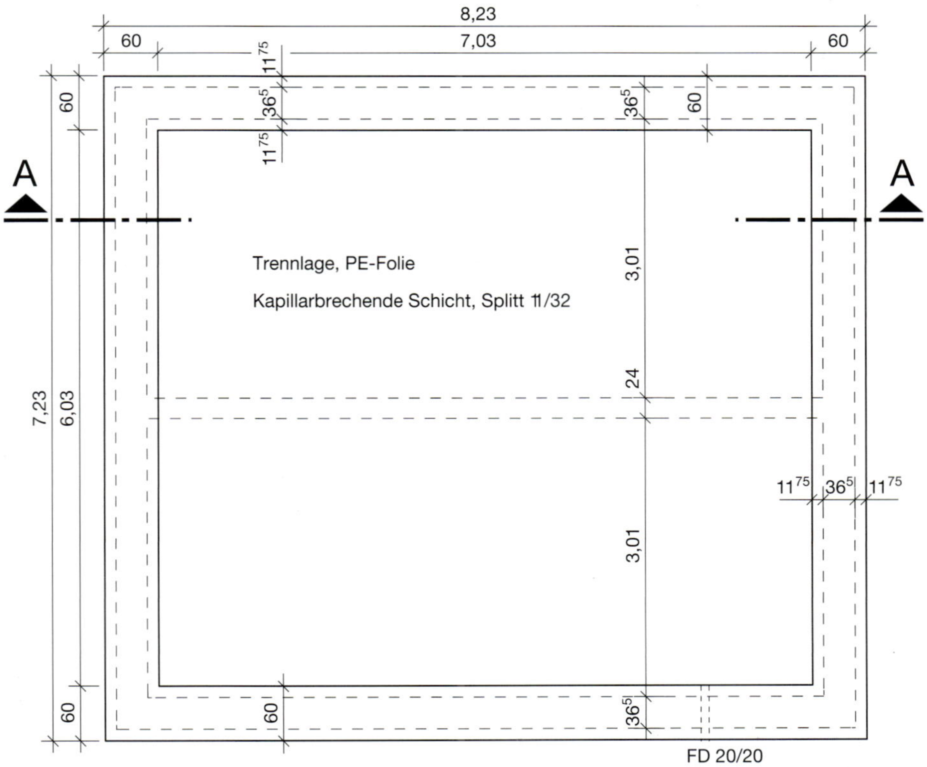

Fundamentplan (verkleinerte Darstellung)
M 1 : 100

2.6.4 Wege- und Pflasterarbeiten

Problemstellung: Für das Ferienhaus soll ein bei allen Witterungsbedingungen sicher begehbarer Hauszugang hergestellt werden. Aus kosten- und fertigungstechnischen Gründen wird ein Belag aus Betonsteinen oder Klinkern verlegt. Der 2,00 m x 4,00 m große Zugang soll seitlich von Rasensteinen eingefasst werden.

Aufgaben

- Listen Sie für die Baumaßnahme die notwendigen Geräte und Maschinen auf.
- Berechnen Sie die Höhen in cm für die Eckpunkte des Belages.
- Beschreiben Sie den Arbeitsablauf bei der Herstellung eines gepflasterten Weges.
- Skizzieren Sie das Schichtenpaket.
- Wählen Sie eine Verbandsart.
- Berechnen Sie den Materialbedarf für die gewählte Variante.
- Zeichnen Sie einen Verlegeplan für den Hauszugang im Maßstab 1:20.
- Beschreiben Sie Baustellensicherungsmaßnahmen bei einer stark befahrenen Straße.

Ausführungshilfen:

- Legen Sie die Belastung (begehbar oder befahrbar) fest und wählen Sie das notwendige Schichtenpaket, Gefälle mind. 2,5 %.
- Wählen Sie eine Belagsart (Betonsteine oder Pflasterklinker), einen Verband bzw. die Verlegeart.
- Schichtenpakete für Rad- und Gehwege auf tragfähigem Erdplanum:
  - 10,0 cm Frostschutzschicht gebrochene Körnung 22/56
  - 15,0 cm Schottertragschicht 11/45
  - 4,0 cm Bettung, Splitt-Brechsand-Gemisch 0/5
  - Betonsteinpflaster $h = 6{,}0$ cm
- Weiteres Informationsmaterial zum Materialbedarf → Prospekte der Hersteller

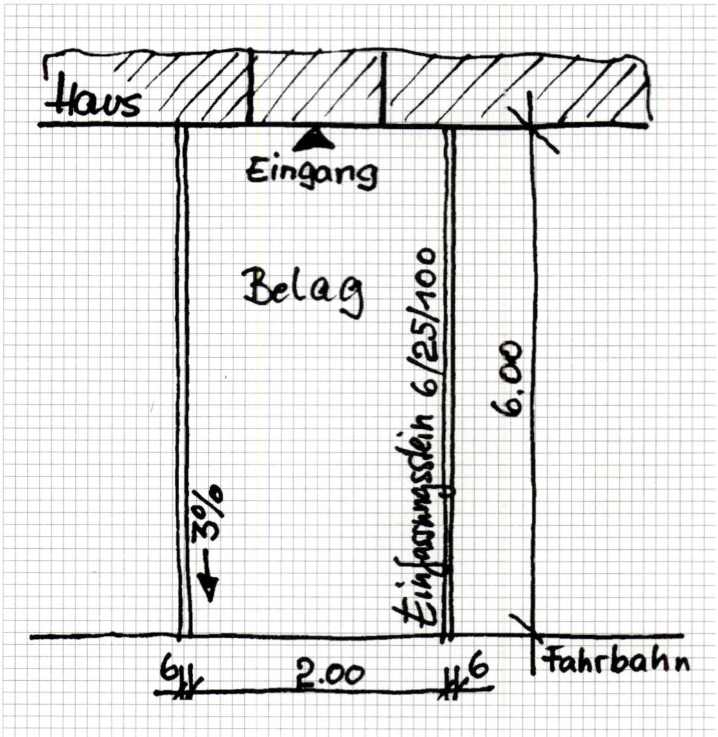

Hauszugang – Skizze ca. M 1 : 50

Lernfeld 3 Mauern eines einschaligen Baukörpers

3.1 Planen einer Wand aus Mauerwerk 58
3.1.1 Anforderungen an Wände 58
3.1.2 Mauerordnung im Mauerwerksbau 60
3.1.3 Mauerverbände für einschalige Wände 62

3.2 Wahl der Baustoffe 75
3.2.1 Künstliche Mauersteine 75
3.2.2 Baukalk 82
3.2.3 Mauermörtel 84
3.2.4 Abdichtungen 88

3.3 Vorbereiten der Maurerarbeiten 90
3.3.1 Werkzeug und Maschinen 90
3.3.2 Bockgerüst 91
3.3.3 Stein- und Mörtelbedarf 91

3.4 Mauern einer Wand 96
3.4.1 Ausführungszeichnungen 96
3.4.2 Arbeitsregeln 98
3.4.3 Arbeitsablauf beim Mauern einer Wand 99
3.4.4 Schutz von frischem Mauerwerk 102

3.5 Projektarbeit „Ferienhaus“ 103
3.5.1 Bauricht- und Baunennmaße 104
3.5.2 Baustoffe 106
3.5.3 Verbände mit Verlegeplan 106
3.5.4 Skizzieren des Sockeldetails 109
3.5.5 Mauern der Wände 109
3.5.6 Mengen- und Materialbedarf 110
3.5.7 Variante für die Außenwand 112

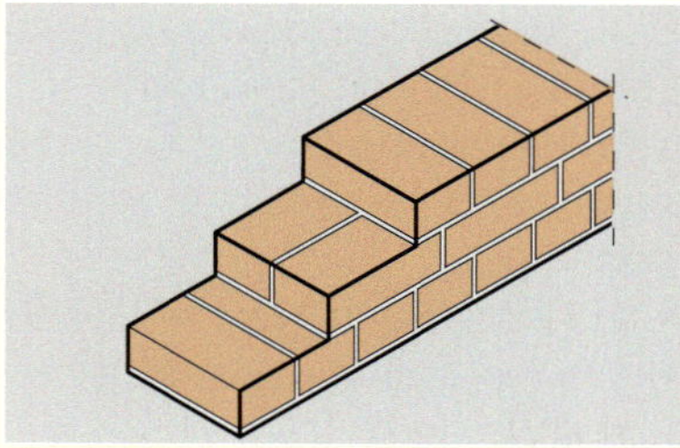

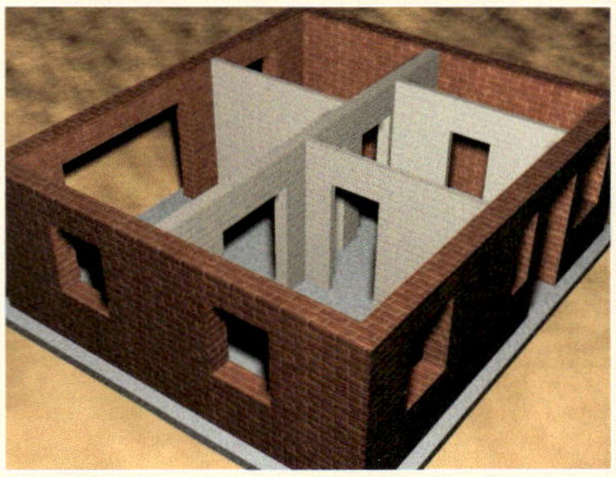

3.1 Planen einer Wand aus Mauerwerk

Bevor der Maurer mit dem Errichten einer Wand beginnen kann, muss der Planer mit seinen Entwurfs- und Ausführungszeichnungen alle Abmessungen, Baustoffe und Detailausbildungen festlegen.

Um Materialien und Schichtenaufbauten einer Wand festlegen zu können, muss er sich folgende Fragen beantworten:

- In welche Räume soll ein Gebäude unterteilt werden?
- Welche Lasten muss die jeweilige Wand aufnehmen und ableiten?
- Welchen Wärmedämmwert soll die Wand erreichen?
- Muss die Wand Schall dämmen und wenn ja wie stark?
- Wie stark wird die Wand durch Witterung, vor allem Schlagregen, beansprucht?
- Muss die Wand das Überschlagen von Feuer auf angrenzende Gebäude verhindern?
- Hat die Wand bei einem Brand einen Fluchtweg im Gebäude zu sichern?

Entscheidend für die Lebensdauer eines Gebäudes ist richtig ausgeführtes Mauerwerk.

3.1.1 Anforderungen an Wände

Die Anforderungen an Wände steigen mit dem zunehmenden Bedürfnis der Bewohner nach Behaglichkeit, Ruhe und Komfort.

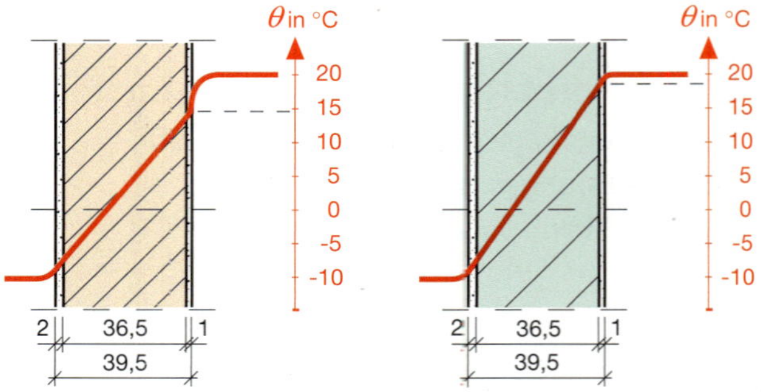

traditionelles Mauerwerk wärmedämmende Steine

Hohe Oberflächentemperaturen auf der Wandinnenseite sichern ein behagliches Raumklima.

! Wände sind scheibenförmige, flächige Bauteile.

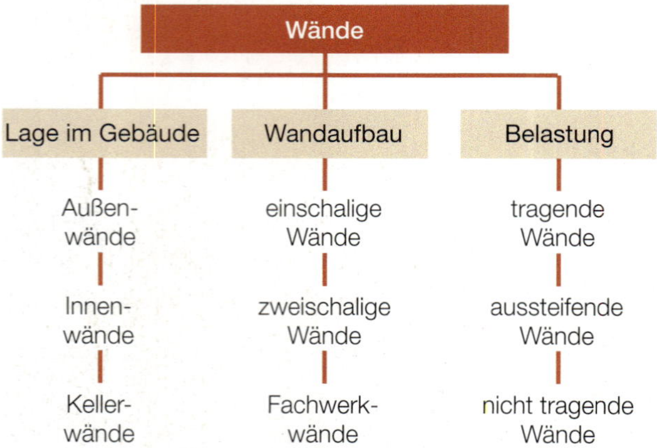

Tragende Wände – sind Wände, die mehr als ihre Eigenlast aus einem Geschoss zu tragen haben. Sie werden durch die Lasten aus Decken, darüber liegenden Wänden und Dach sowie den Lasten aus der Nutzung auf Druck beansprucht.

Außenwände müssen zusätzlich Windkräfte aufnehmen. Kelleraußenwände werden durch den seitlichen Erddruck stark belastet.

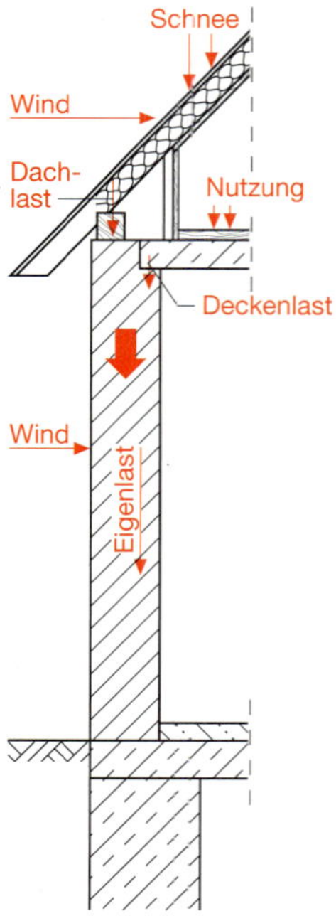

Lasten auf eine tragende Wand

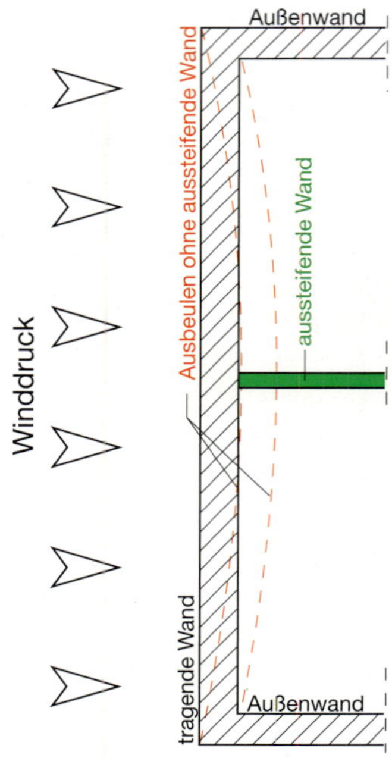

Aufgabe einer aussteifenden Wand

Aussteifende Wände – sichern die Stabilität eines Gebäudes. Sie verhindern, dass tragende Wände ausknicken, ausbeulen oder umkippen.

Nicht tragende Wände – haben eine raumabschließende Funktion. Sie müssen evtl. Wärme- und Schallschutzanforderungen erfüllen. Oftmals können sie mit einer geringen Wandstärke und leichten Materialien ausgeführt werden.

> **!** Tragende und aussteifende Wände bilden zusammen mit den Decken das Traggerüst eines Gebäudes.

Eine Brandwand bei einem Holzskelettbau verhindert eine schnelle Ausbreitung des Feuers.

Brandwände – bilden Scheiben quer zur Gebäudelängsachse. Sie teilen ein Gebäude in Abschnitte und verhindern eine Ausbreitung des Feuers.
Im Falle eines Brandes behalten sie ihre Standfestigkeit und sichern den Fluchtweg. Brandschutztüren sind einzubauen.

Wärmeschutz (→ **G 3**): Außenwände müssen eine ausreichende Wärmedämmung besitzen. Ein guter Wärmeschutz sichert ein behagliches Raumklima und einen geringen Energieverbrauch zur Beheizung.
Die heutigen Anforderungen an den Wärmeschutz werden erreicht durch die Verwendung wärmedämmender Steine (geringe Rohdichte) bzw. durch die Anordnung von Dämmschichten.

Mit einer außenliegenden Dämmung wird ein guter Wärmeschutz erreicht.

Sicherheit gegen Niederschlag: Niederschläge dürfen eine Außenwand nicht durchfeuchten. Nur trockene Wände haben die geplanten Wärmedämmeigenschaften. Besonders beansprucht wird eine Wand durch Schlagregen. Regenwasser wird durch den starken Wind auf die Fassade gedrückt. Die äußerste Schicht der Außenwand muss dieser Beanspruchung dauerhaft standhalten.
Verwendete Materialien, z. B. ein Putz, sollen wenig Wasser aufnehmen und das aufgenommene Wasser schnell wieder abgeben.

Schallschutz (→ **G 3**): Eine Wand muss den Bewohner vor Lärm schützen. Das gilt sowohl für Geräusche von außen als auch für den Lärm aus benachbarten Wohnungen oder anderen Nutzungseinheiten.
Eine Wand muss daher Schallwellen dämmen bzw. dämpfen. Für eine gute Schalldämmung muss eine Wand eine große Masse besitzen oder aus mehreren Schalen bestehen.

Zweischalige Haustrennwand – der Schallschutz bestimmt den Wandaufbau und das Material.

3.1.2 Maßordnung im Mauerwerksbau

Im Vorentwurf plant der Architekt in Handskizzen und groben Maßstäben (1 : 200 bis 1 : 500) die Gestaltung und die Raumstruktur des Gebäudes.

In der weiteren Planungsphase entsteht daraus der Entwurf im Maßstab 1 : 100. Dieser ist Bestandteil des Bauantrages.

Für Gebäude im Mauerwerksbau richtet sich der Architekt nach der Maßordnung im Hochbau (DIN 4172).

Diese legt für den Mauerwerksbau als Richtmaß den Achtelmeter (= 1 am) fest:

100 cm : 8 = **12,5 cm** = **1 am**

Die 12,5 cm (auch **Kopfmaß** genannt) werden gebildet durch die Breite eines normalformatigen Steins zuzüglich einer Stoßfuge:

11,5 cm + 1,0 cm = 12,5 cm

Für ein verbandsgerechtes Mauerwerk plant der Architekt mittels der **Baurichtmaße** das zu mauernde Gebäude und die einzelnen Bauteile (z. B. Mauerwerk zwischen 2 Fenstern) als ein Vielfaches von 12,5 cm.

Die **Baunennmaße** sind die Ausführungsmaße, die der Architekt in den Ausführungszeichnungen bzw. Werkplänen angibt. Sie sind die zu mauernden Maße.

Die Steinformate sind auf den Achtelmeter bzw. das Kopfmaß ausgerichtet. Das gilt auch für die Steinhöhe. Sind die Baunennmaße gut geplant, so braucht der Maurer wenig Steine zu teilen.

! Das Baunennmaß wird aus dem Baurichtmaß gebildet. Entscheidend ist dabei die Anzahl der Fugen.

- Das Außenmaß hat 1 Fuge weniger als Anzahl der Köpfe.
- Das Öffnungsmaß hat 1 Fuge mehr als Anzahl der Köpfe.
- Das Vorsprungsmaß hat so viele Fugen wie Köpfe.

Bei der Teilung eines Steins wird von der Steinlänge (24 cm) ausgegangen. Auch die Teilmaße lassen sich bei Berücksichtigung der Fuge in Baurichtmaße ausdrücken:

1 Steinlänge: 24,0 cm + 1,0 cm = 25,0 cm = 2 am

$\frac{1}{2}$ Steinlänge: 11,5 cm + 1,0 cm = 12,5 cm = 1 am

$\frac{1}{4}$ Steinlänge: 5,25 cm + 1,0 cm = 6,25 cm = $\frac{1}{2}$ am

$\frac{3}{4}$ Steinlänge: 17,75 cm + 1,0 cm = 18,75 cm = $1\frac{1}{2}$ am

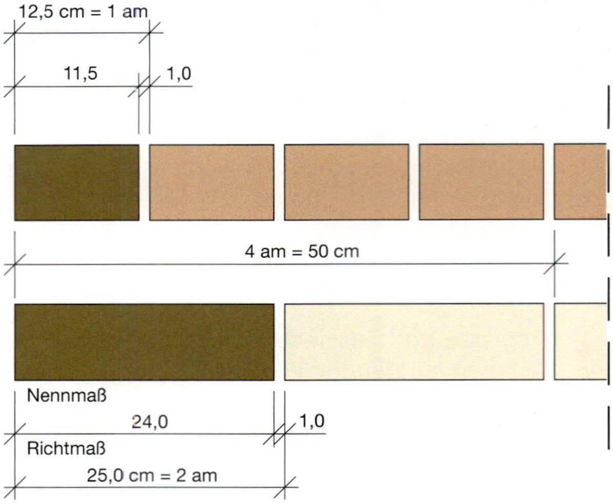

Steingrößen sind auf Baurichtmaße abgestimmt

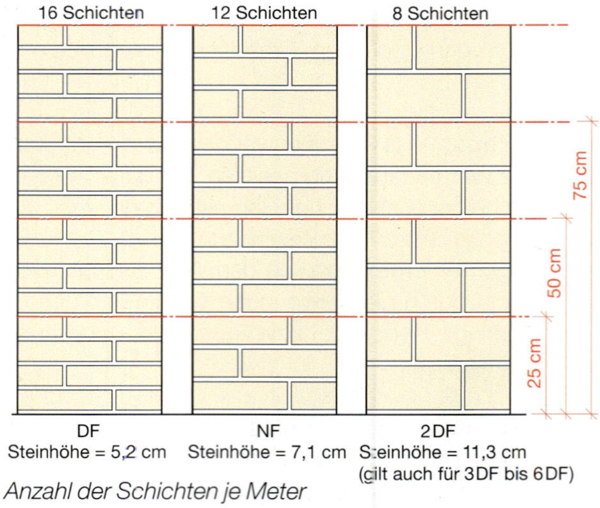

Anzahl der Schichten je Meter

	Baurichtmaß	Baunennmaß
Außenmaß, Pfeilermaß, Wanddicke (A)	$x \cdot 12{,}5\,\text{cm}$	$A = x \cdot 12{,}5\,\text{cm} - 1{,}0\,\text{cm}$
Öffnungsmaß (Fenster, Tür, lichte Raumweite, Schacht) (Ö)	$x \cdot 12{,}5\,\text{cm}$	$\ddot{O} = x \cdot 12{,}5\,\text{cm} + 1{,}0\,\text{cm}$
Vorsprungsmaß, Anbaumaß (V)	$x \cdot 12{,}5\,\text{cm}$	$V = x \cdot 12{,}5\,\text{cm}$

DIN 4172 Maßordnung im Hochbau

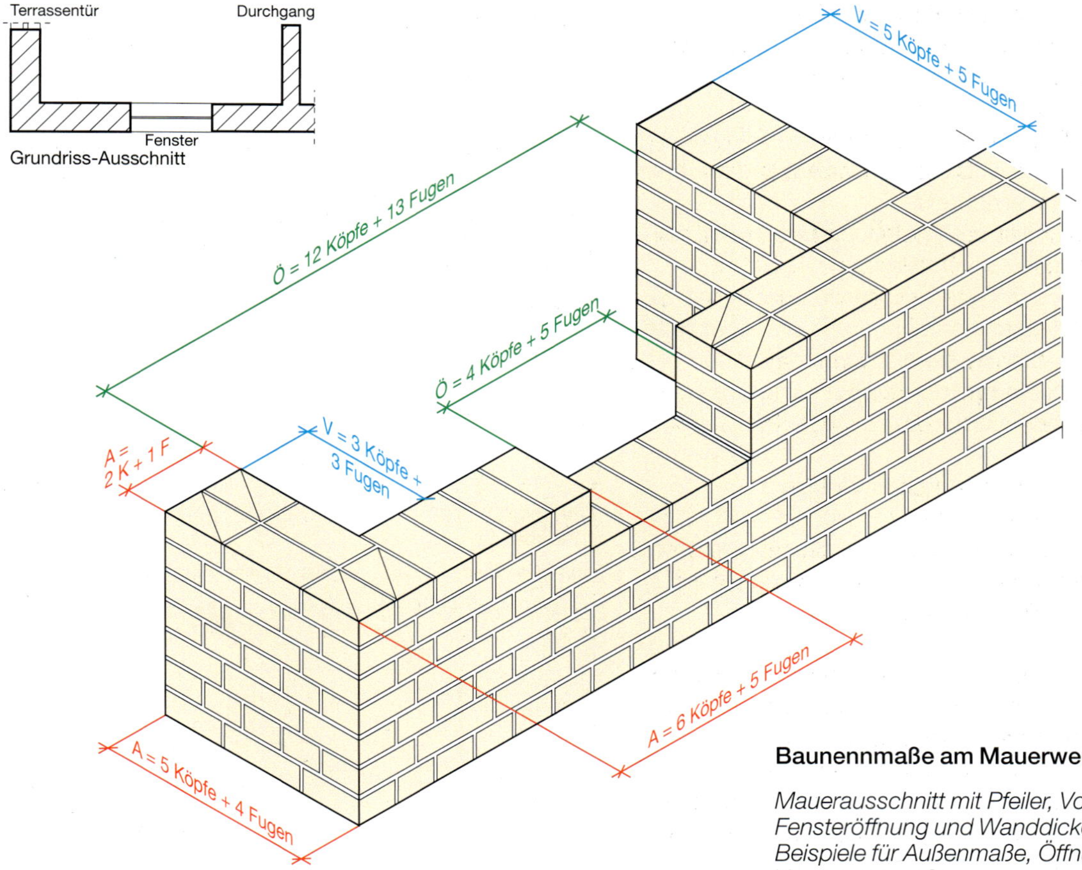

Baunennmaße am Mauerwerk

Mauerausschnitt mit Pfeiler, Vorsprüngen, Fensteröffnung und Wanddicken
Beispiele für Außenmaße, Öffnungsmaße und Vorsprungsmaße

Testen Sie sich selbst!

1. Bilden Sie aus den in der Zeichnung dargestellten Baurichtmaßen Baunennmaße.
2. Nennen Sie den Unterschied zwischen Baurichtmaß und Baunennmaß!
3. Wie groß ist das Baurichtmaß für eine 36,5 cm dicke Wand?
4. Eine Fensteröffnung hat eine Breite von 1,75 m als Baurichtmaß. Wie groß ist das Baunennmaß?
5. Eine Außenwand ist 2,75 m hoch. Wie viele Schichten sind aus NF-Steinen und wie viele aus 2 DF-Steinen zu mauern?

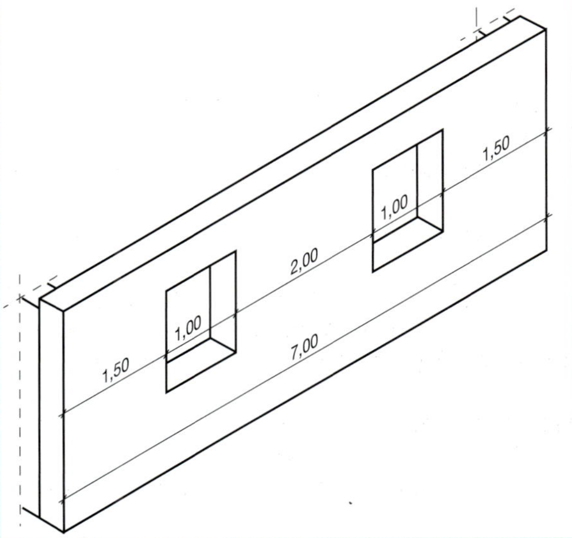

3.1.3 Mauerverbände für einschalige Wände

Der Architekt legt den Verband in der Regel nicht fest. Er gibt nur die Steinformate und die Steinart vor. Der Maurer muss sich überlegen:

In welchem Verband wird die jeweilige Wand mit den gelieferten Steinen errichtet?

Der Mauerverband wird bestimmt durch die Art und Weise der Anordnung der Mauersteine.

Der Verband sichert die Trag- und Nutzungsfähigkeit der Wand. Die sichere Lastübertragung und die dauerhafte Verbindung der Steine sind die wichtigsten Aufgaben. Die Tragfähigkeit wird bestimmt durch die Druckfestigkeit der Steine und des Mauermörtels.

Welche Verbandsregeln sind beim Mauern zu beachten?

Der Mauermörtel verbindet die Steine miteinander. Unter Beachtung der Mauerwerksmaße (→ Abschnitt 3.1.2) haben die Fugen folgende Dicken:

- die Lagerfuge ca. 1,2 cm
- die Stoßfuge ca. 1,0 cm

Grundregeln:

- ❑ Die Stoß- und Längsfugen übereinanderliegender Schichten müssen versetzt angeordnet sein. Das gilt sowohl für die Ansicht, als auch im Wandinnern.
- ❑ Dieser **Versatz** wird durch das Mindest-Überbindemaß (*ü*) bestimmt:
  $ü \geq 4{,}5\,cm$
  $ü \geq 0{,}4\,h$ (*h* Steinhöhe).

Der größere der beiden Werte ist maßgebend. Das Überbindemaß von 4,5 cm gilt für klein- und mittelformatige Steine bis 11,3 cm Steinhöhe.

Für die Ausführung gilt der Grundsatz: Schichten um einen $\frac{1}{4}$-Stein gegeneinander versetzt ergeben eine sicheren Verband bei klein- und mittelformatigen Steinen ($ü = 5{,}25\,cm > 4{,}5\,cm$).

Der Versatz der Schichten gegeneinander sorgt für eine **Verzahnung des Mauerwerks**. Dadurch ist eine sichere senkrechte Lastabtragung möglich. Übereinanderliegende Mauerwerksfugen führen bei Belastung zu einer Zerstörung des Bauteils.

Horizontal wirkende Kräfte werden durch die Lagerfuge aufgenommen.

Die Reibungskräfte können nur dann wirksam werden, wenn ein guter Haftverbund zwischen Mörtel und Steinschicht vorhanden ist.

Steinformate: NF, 2 DF und 3 DF

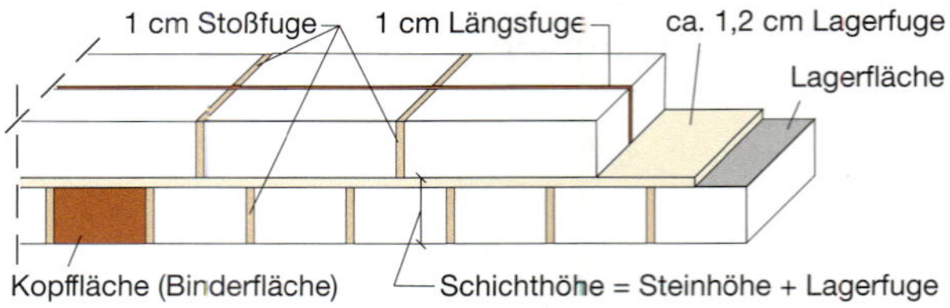

Bezeichnung der Fugen und Flächen am Mauerwerk

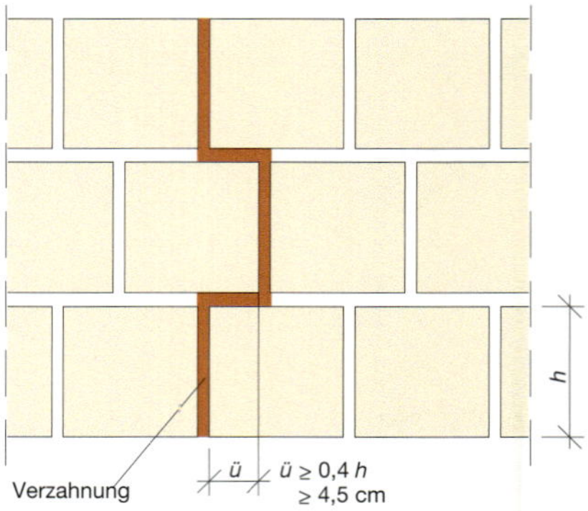

Überbindemaß ü am Beispiel eines Binderverbands aus 2 DF-Steinen

Mindestüberbindemaße für übliche Steinhöhen

Format (→ Abschn. 3.2.1)	Steinhöhe in cm	Mindest-überbindemaß in cm
DF	5,2	4,5
NF	7,1	4,5
2 DF, 3 DF, 4 DF, 5 DF, 6 DF	11,3	4,5
4 DF, 8 DF und größer	23,8	9,5

Der Fugenverlauf beeinflusst die Lastverteilung.

Ein Verband besteht aus verschiedenen Steinschichten. Sie werden nach der Lage der Steine bezeichnet:

- **Läuferschicht:** In der Ansicht ist die Längsseite des Steines zu sehen.
- **Binderschicht:** In der Ansicht ist der Kopf des Steines zu sehen.
- **Rollschicht:** Der Kopf des Steines steht in der Ansicht hochkant. Diese Schicht findet Verwendung für Mauerabdeckungen oder Schmuckschichten.
- **Grenadierschicht:** Die Längsseite des Steines steht hochkant. Eine übliche Schicht für die Herstellung von Stürzen über Fenster- und Türöffnungen.

Für die Herstellung von Verbänden werden **Teilsteine** benötigt. Kleinformatige Steine können mit dem Maurerhammer geschlagen werden. Dazu muss der Stein rissefrei sein. Üblich ist heute das Sägen auf der Baustelle.

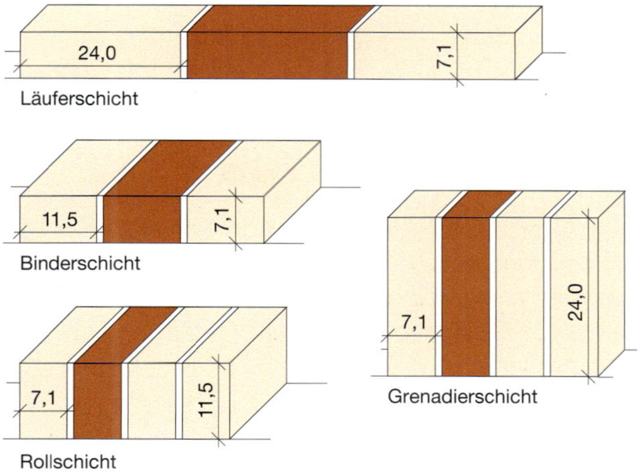

Steinschichten

In welchen Verbandsarten kann eine Wand gemauert werden?

Die Wahl der Verbandsart wird bestimmt durch

- die herzustellende Mauerwerksdicke,
- das verwendete Steinformat,
- die Gestaltung einer Wand (wenn sie unverputzt bleiben soll).

Traditionelle Wandstärken sind 11,5 cm ($\frac{1}{2}$-Stein), 24,0 cm (1-Stein) und 36,5 cm ($1\frac{1}{2}$-Stein).

Mögliche Wanddicken für Wandarten

Wandstärke	Anwendung für ...
11,5 cm	nicht tragende, tragende und aussteifende Innenwände
17,5 cm	tragende und aussteifende Innenwände
24,0 cm	tragende Innen- und Außenwände
30,0 cm	einschalige Außen- und Kellerwände
36,5 cm	einschalige Außen- und Kellerwände

Die grundlegenden Verbände sind

- Läuferverband,
- Binderverband,
- Blockverband,
- Kreuzverband.

Die zu mauernde Wanddicke und das verwendete Steinformat bestimmen den Verband.

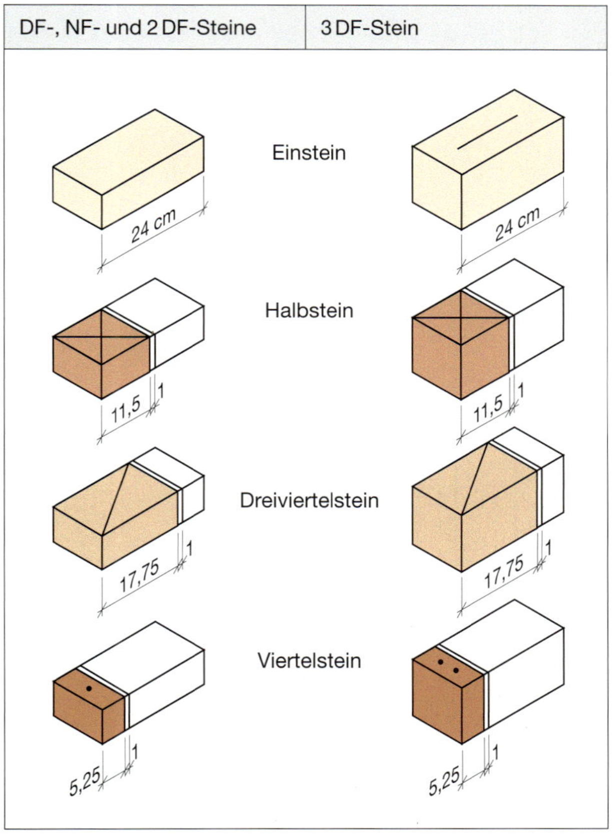

Teilsteine

Verbände für übliche Wanddicken

Wanddicke / Verband	11,5 cm ($\frac{1}{2}$-Stein)	17,5 cm	24,0 cm (1-Stein)	30,0 cm	36,5 cm ($1\frac{1}{2}$-Stein)
Läuferverband	X	X (3 DF)	X (5 DF)	–	–
Binderverband	–	–	X	X (5 DF)	X (6 DF)
Blockverband	–	–	X	–	X
Kreuzverband	–	–	X	–	X

Läuferverband

> **!** Der Läuferverband wird nur mit längs liegenden Steinen (Läufern) gemauert.
> Die Steinbreite bestimmt die Wanddicke.

Die Läuferschichten müssen für die Bildung eines Verbandes gegeneinander versetzt werden.
Das wird erreicht, indem in jeder 2. Schicht mit einem Teilstein ($\frac{1}{2}$-Stein) begonnen wird.

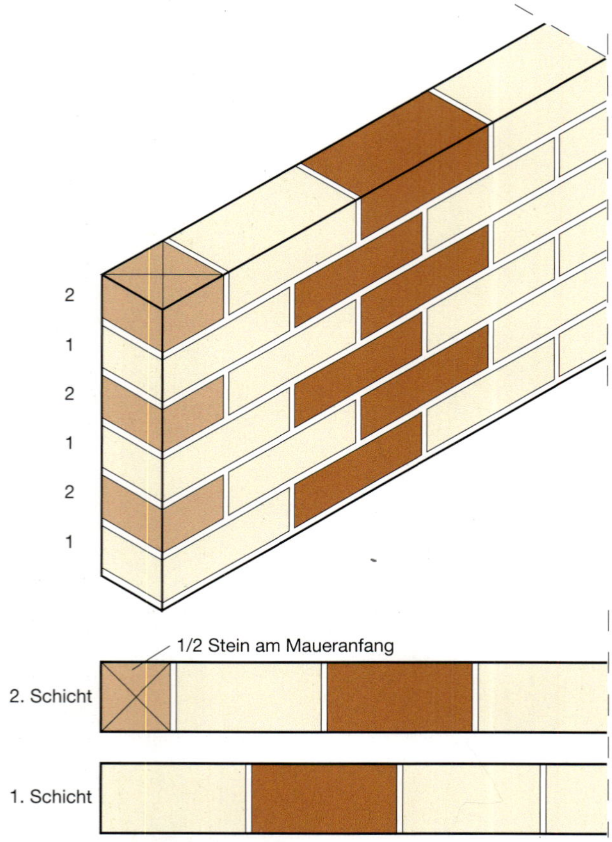

Läuferverband für 11⁵er Mauerwerk (NF-Format)

Binderverband

> **!** Der Binderverband wird mit quer zur Wandrichtung liegenden Steinen gemauert.
> Die Steinlänge bestimmt die Wanddicke.

Bei kleinformatigen Steinen ist das erforderliche Überbindemaß $\frac{1}{4}$-Stein = 5,25 cm. Der Maurer beginnt in jeder 2. Schicht mit zwei Läufern aus $\frac{3}{4}$-Steinen. Dadurch entsteht am Mauerende eine sichere Verbindung.
Die Mindest-Wanddicke ist beim Binderverband 24 cm (1-Steinlänge). Die Verzahnung der Steine untereinander ist durch das kleine Überbindemaß und die vielen Stoßfugen nicht optimal.

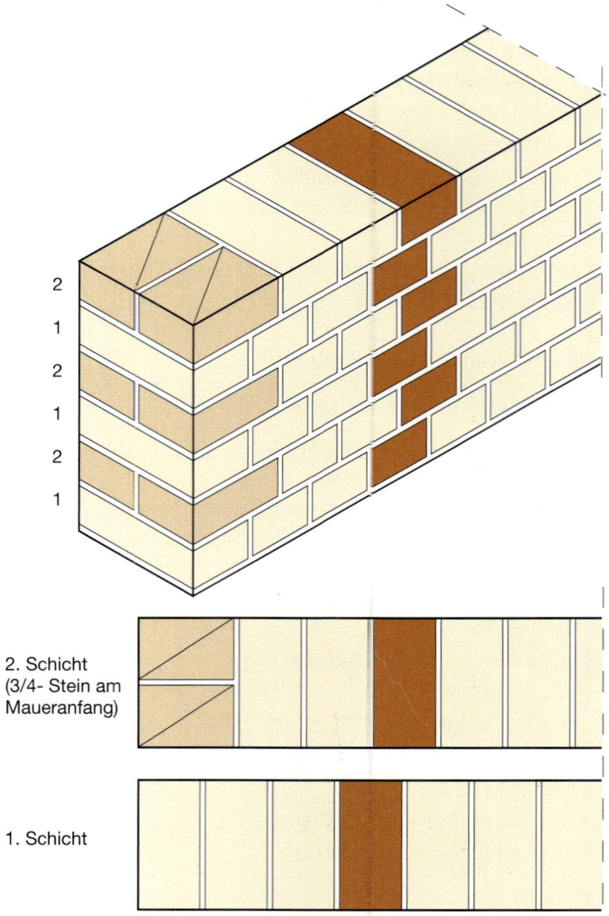

Binderverband für 24er Mauerwerk (NF-Format)

Blockverband

! Beim Blockverband wechseln sich Läufer- und Binderschichten ab. Die Wanddicke beträgt mindestens 24 cm (1-steindick).

Durch das Abwechseln von Läufer- und Binderschichten wird eine sehr gute Verzahnung der Steine erreicht. Läufer und Binder liegen jeweils übereinander und ergeben das charakteristische Bild eines Blockverbands. Der Verband wird erreicht, indem in den Läuferschichten mit $\frac{3}{4}$-Steinen begonnen wird.

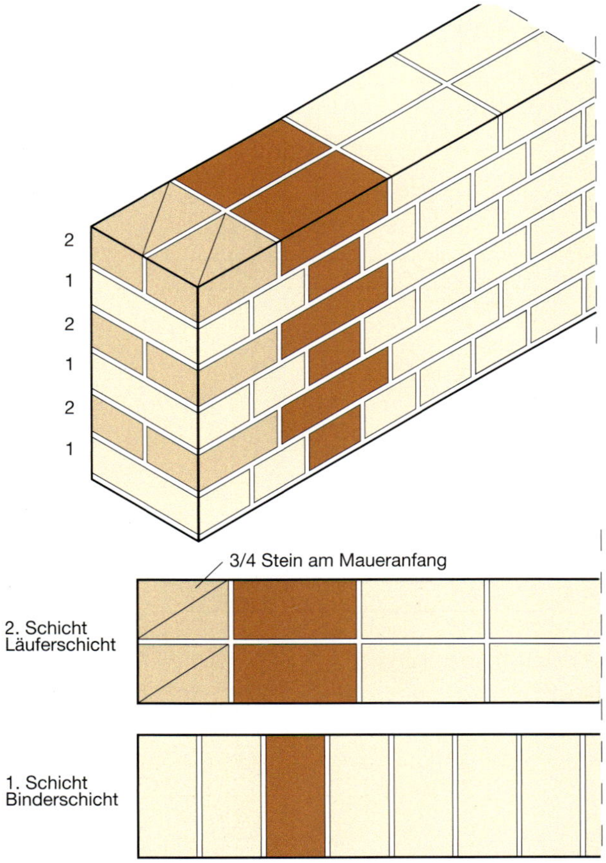

Blockverband für 24er Mauerwerk (NF-Format)

Kreuzverband

! Beim Kreuzverband sind ebenfalls abwechselnd Läufer- und Binderschichten angeordnet. Die Fugen in jeder 2. Läuferschicht sind nochmals um einen $\frac{1}{2}$-Stein versetzt.

Auch beim Kreuzverband ist eine sehr gute Verzahnung der Steine vorhanden. Die Läuferschichten sind nicht mehr übereinander. Durch 1 Läufer und 2 Binder entsteht in der Ansicht ein **Kreuz**. Der Versatz der 2. Läuferschicht bei einer 1-steindicken Wand wird durch das Vermauern eines Binders nach den $\frac{3}{4}$-Steinen erreicht. Damit ergeben sich beim Kreuzverband 4 Mauerschichten, wobei die Binderschichten gleich sind.

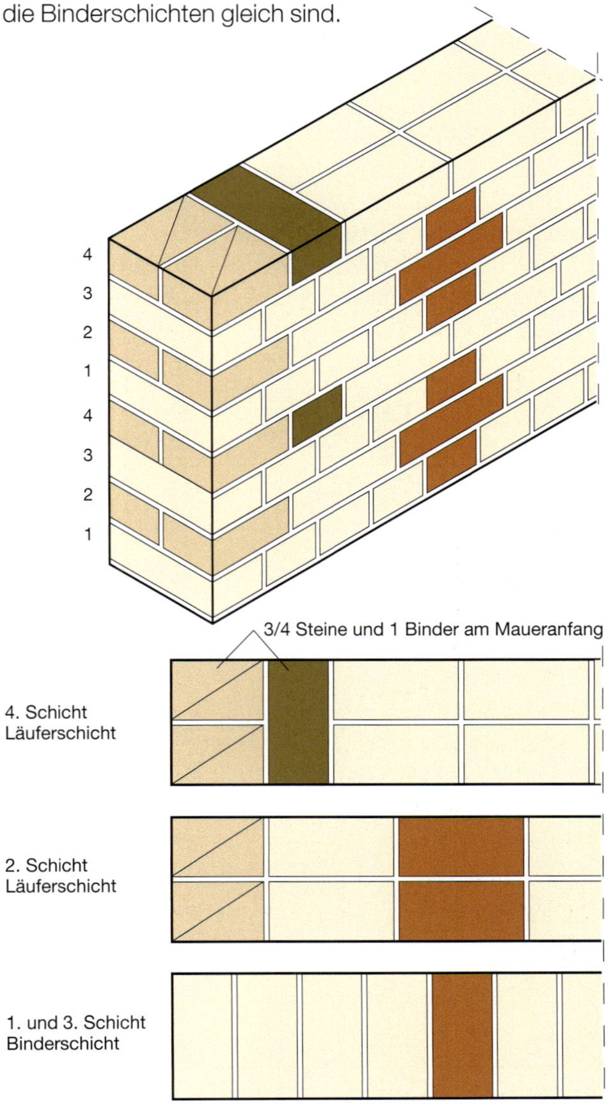

Kreuzverband für 24er Mauerwerk (NF-Format)

In welchen Verbänden können Wände bestimmter Dicke gemauert werden?

Im Folgenden werden für übliche Wandstärken **Regelverbände** angegeben. Diese zeigen für einen jeweils gleichen Wandausschnitt:

- ein Wandende
- ein Wandmittelstück
- eine rechtwinklig einbindende Wand (Mauerstoß)
- eine rechtwinklige Wandecke

In den Beispielen werden Steine der Formate NF, 2 DF bis 6 DF verwendet (klein- und mittelformatige Steine). Das betrifft vor allem die Steinarten Ziegel und Kalksandstein.

11,5 cm dickes Mauerwerk

- ❑ Wände dieser Stärke werden nur im Läuferverband aus NF- und 2 DF-Steinen gemauert.
- ❑ Der Läuferverband wird i. d. R. als **mittiger Verband** ausgeführt, d. h., die 2. Läuferschicht springt um einen $\frac{1}{2}$-Stein (*ü* = 11,5 cm).
- ❑ Ist die 2. Läuferschicht nur um einen $\frac{1}{4}$-Stein versetzt (*ü* = 5,25 cm), so wird dieser Läuferverband als **schleppender Verband** bezeichnet.
- ❑ Möglichkeiten für die Länge eines Mauerendes:
  - gerade am-Zahl (ein gerades Vielfaches von 12,5 cm als Baurichtmaß)
  - ungerade am-Zahl

Mittiger Verband
Die Schichten sind um einen $\frac{1}{2}$-Stein versetzt.

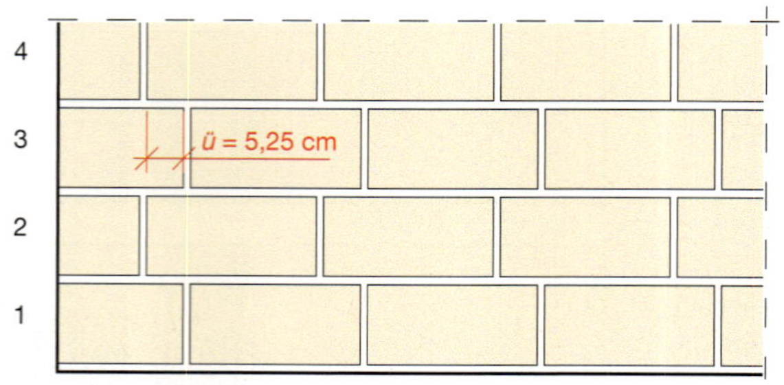

Schleppender Verband
Die Schichten sind um einen $\frac{1}{4}$-Stein versetzt.

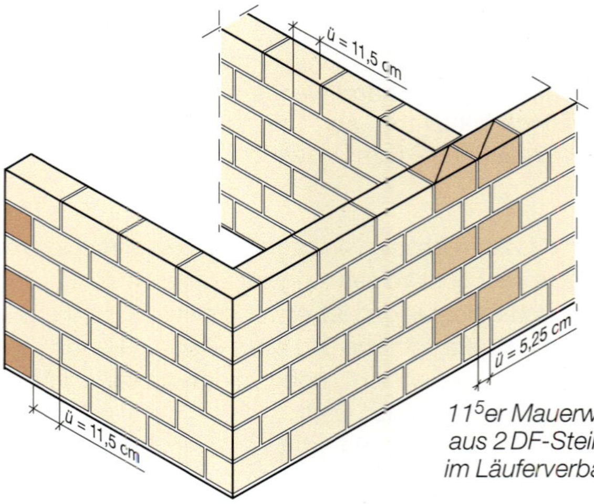

11^{5}er Mauerwerk aus 2 DF-Steinen im Läuferverband

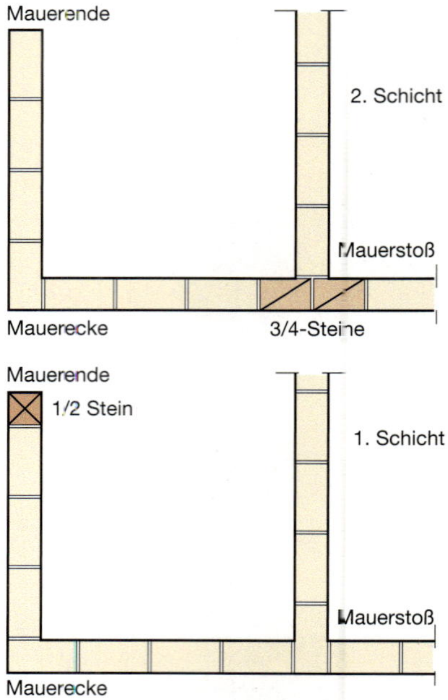

Mindest-Überbindemaß bei 2 DF-Steinen = 4,5 cm (Steinhöhe 11,3 cm); vorhanden: ü = 11,5 cm bzw. 5,25 cm → Bedingung erfüllt!

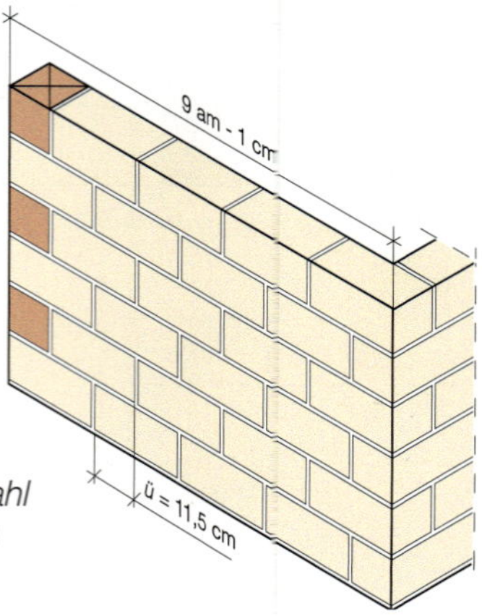

Mauerlänge mit ungerader am-Zahl aus 2 DF-Steinen

17,5 cm dickes Mauerwerk

❑ Das Mauern einer 17,5 cm dicken Wand erfolgt ebenfalls im Läuferverband, jedoch mit 3 DF-Steinen (24,0 cm x 17,5 cm x 11,3 cm).
Es gelten die vorher genannten Regeln.

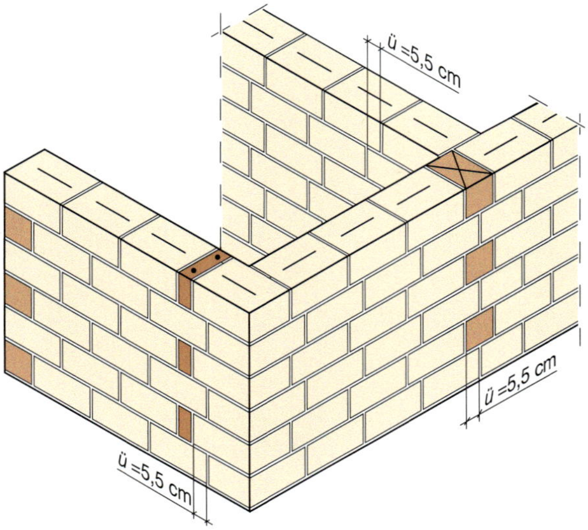

17^5er Mauerwerk aus 3 DF-Steinen (Isometrie) im Läuferverband

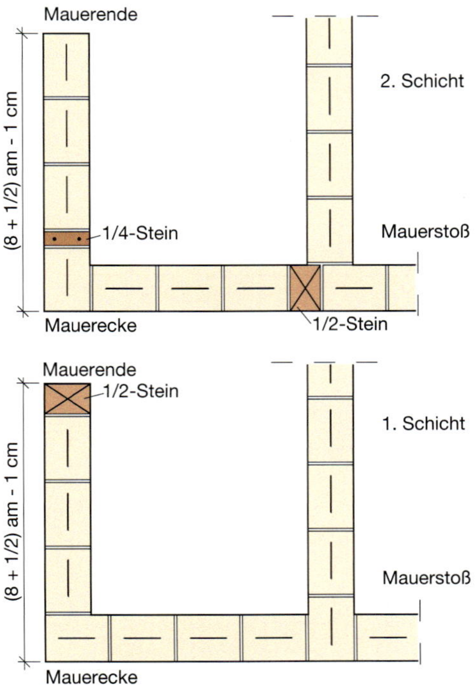

Mindest-Überbindemaß bei 3 DF-Steinen = 4,5 cm (Steinhöhe 11,3 cm); vorhanden: ü = 5,5 cm → Bedingung erfüllt!

24,0 cm dickes Mauerwerk

❑ Traditionell wird 24,0 cm dickes Mauerwerk aus kleinformatigen Steinen (NF und 2 DF) im Block- oder Kreuzverband hergestellt.

- Binder- und Läuferschichten wechseln sich entsprechend dem Verband ab. Die 1. Schicht beginnt als Binderschicht. Die Läuferschichten laufen immer durch. Sie haben „Vorfahrt" vor den Binderschichten. Die Binderschichten stoßen stumpf gegen.
- Im Verband aus 2 DF-Steinen können in den Läuferschichten die beiden $\frac{3}{4}$-Steine durch einen 3 DF-Stein ersetzt werden. Das spart Sägearbeit bzw. das Teilen mit dem Mauerhammer.

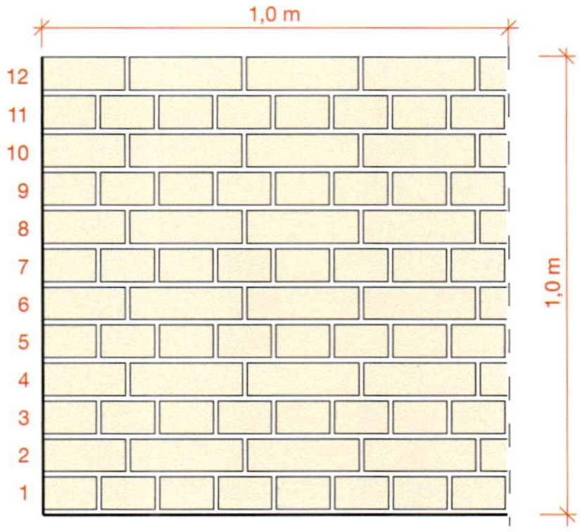

Blockverband (Ansicht), NF-Steine; 96 Stück/m²

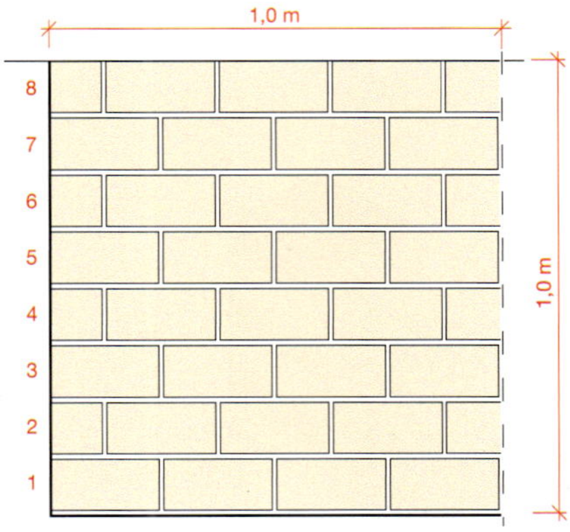

Binderverband (Ansicht), 4 DF-Steine; 32 Stück/m²

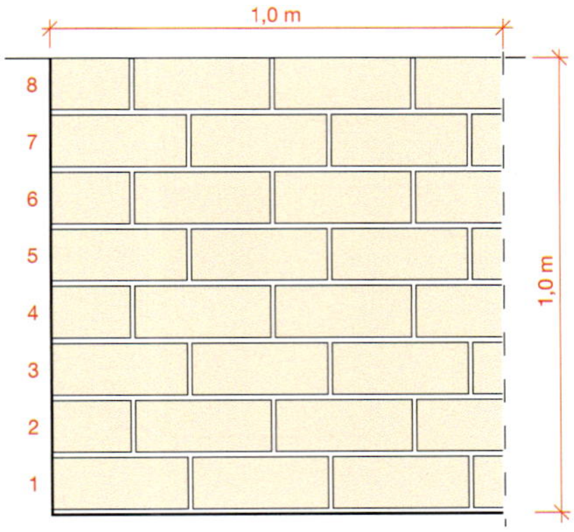

Läuferverband (Ansicht), 5 DF-Steine; 26 Stück/m²

❑ Bei Mauerlängen mit einem Baurichtmaß von $(x \cdot \text{am} + \frac{1}{2} \cdot \text{am})$ wird ein **umgeworfener Verband** gemauert. Hierbei endet die Binderschicht mit zwei $\frac{3}{4}$-Steinen.
Die Läuferschicht endet bei gerader am-Zahl mit einem Binder, bei ungerader am-Zahl mit zwei Bindern.

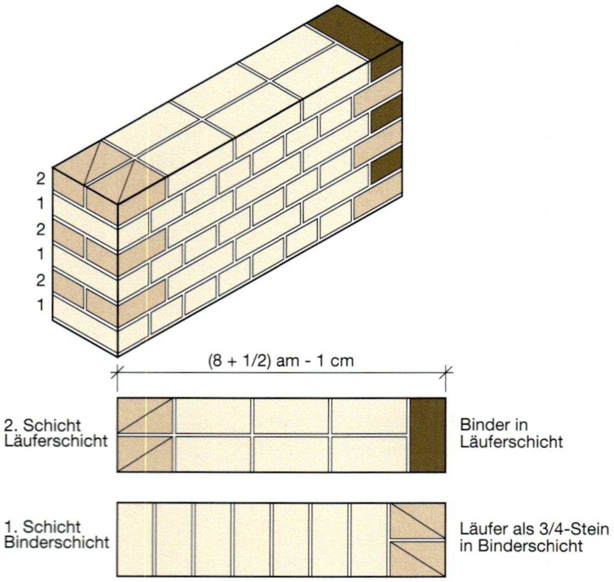

Umgeworfener Verband für ein 24er Mauerwerk mit NF-Steinen; (gerade Zahl + $\frac{1}{2}$) am

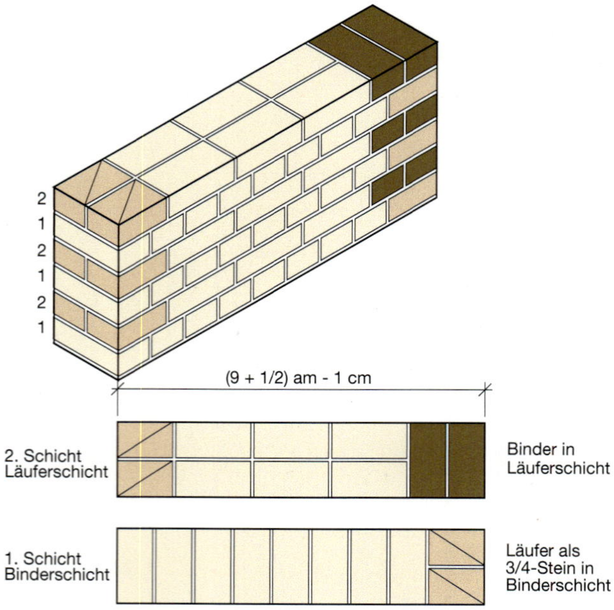

Umgeworfener Verband für ein 24er Mauerwerk mit NF-Steinen; (ungerade Zahl + $\frac{1}{2}$) am

❑ Das Einbinden von Wänden (Mauerstoß) kann über eine Verzahnung erfolgen. Die einbindende Wand wird entweder gleichzeitig mit der Längswand hochgemauert oder die verbindenden Steine ragen aus der Längswand heraus. Der Verbund wird beim Hochmauern der einbindenden Wand hergestellt.

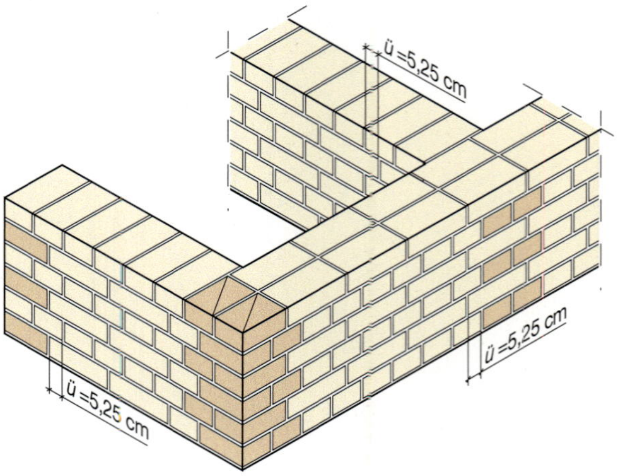

24er Mauerwerk aus NF-Steinen (Isometrie) im Blockverband

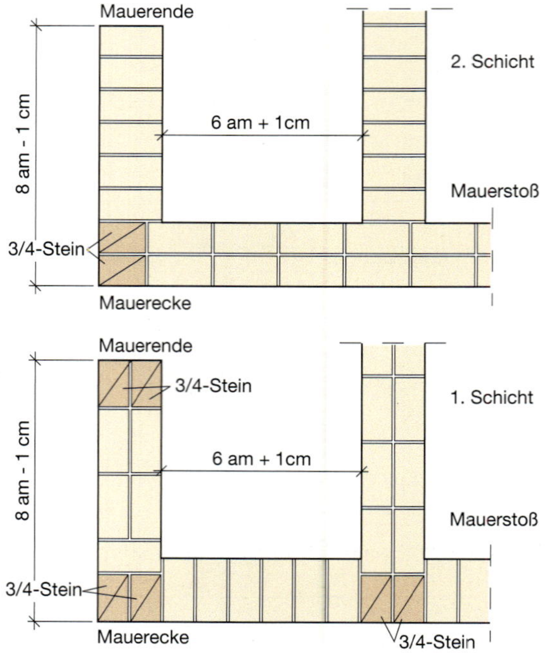

Mindest-Überbindemaß bei NF-Steinen = 4,5 cm (Steinhöhe 7,1 cm); vorhanden: ü = 5,25 cm → Bedingung erfüllt!

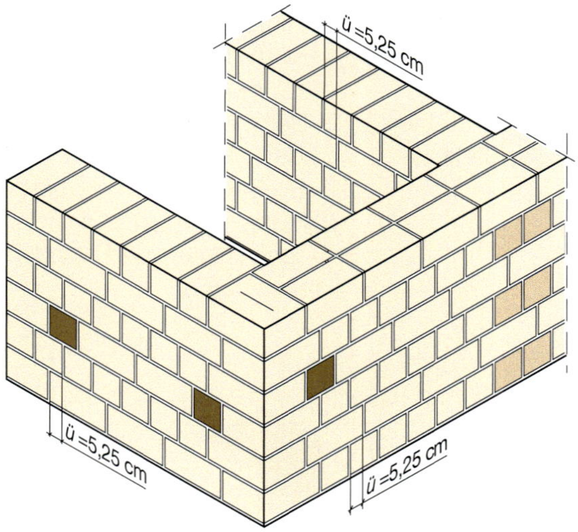

24er Mauerwerk aus 2 DF- und 3 DF-Steinen (Isometrie) im Kreuzverband

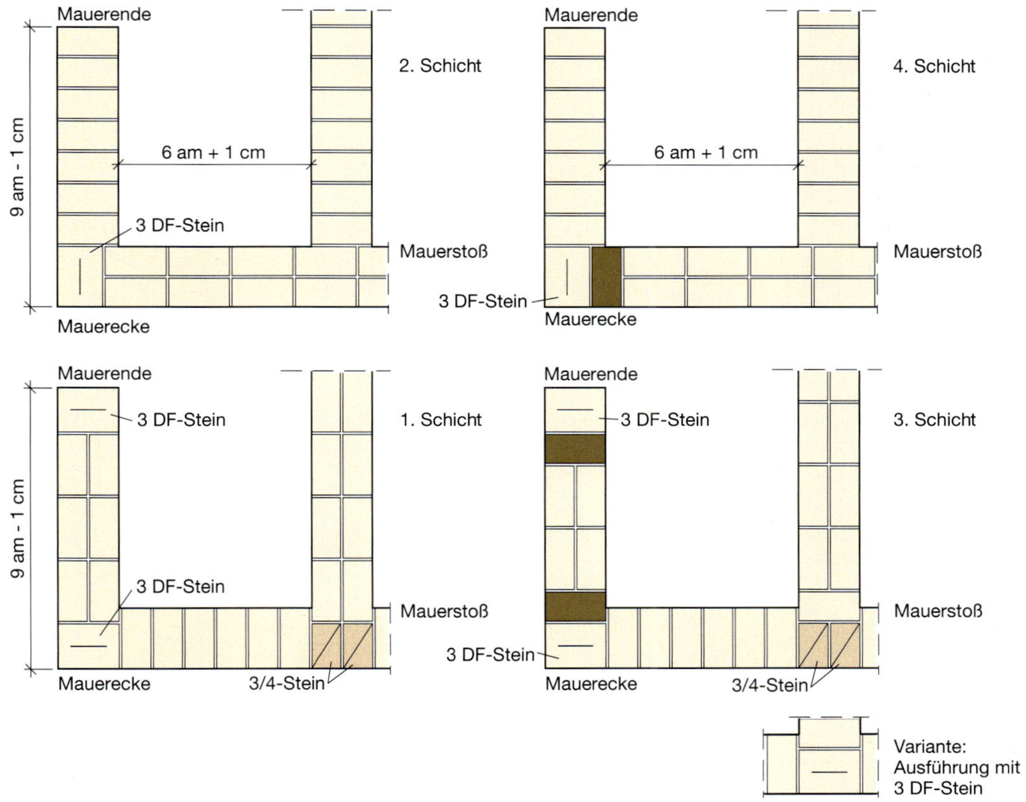

Mindest-Überbindemaß bei 2 DF-Steinen = 4,5 cm (Steinhöhe 11,3 cm); vorhanden: ü = 5,25 cm → Bedingung erfüllt!

- Mit mittelformatigen Steinen (3 DF und 4 DF) ist das schnelle Errichten einer 24 cm dicken Wand auch im Binderverband möglich. Die Anzahl der zu vermauernden Steine wird verringert.
  Durch die Kombination mit kleinformatigen Steinen, z. B. 2 DF, kann der Arbeitsaufwand für das Sägen verringert werden.

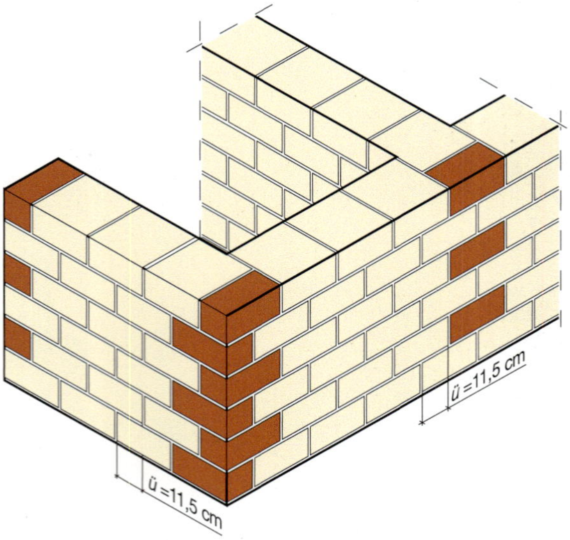

24er Mauerwerk aus 4 DF-Steinen (Isometrie) im Binderverband

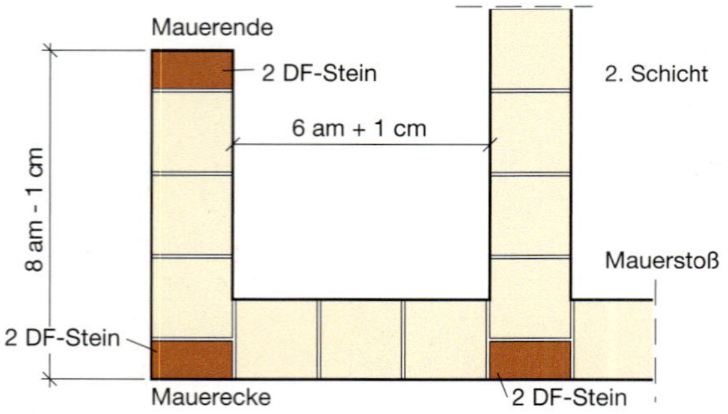

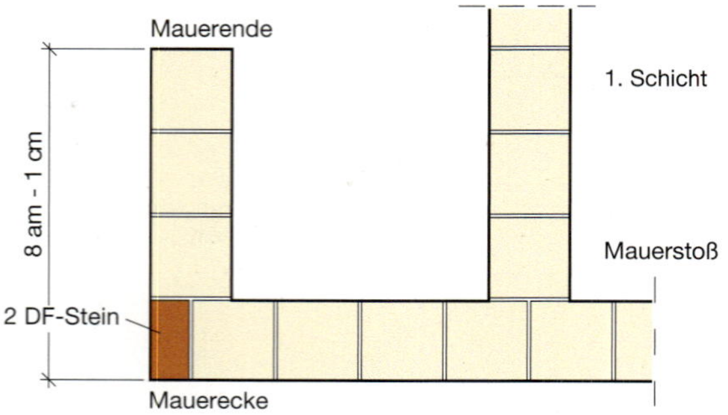

Mindest-Überbindemaß bei 4 DF-Steinen = 4,5 cm (Steinhöhe 11,3 cm); vorhanden: ü = 11,5 cm → Bedingung erfüllt!

- Mit 5 DF-Steinen kann ein 24er Mauerwerk auch im Läuferverband gemauert werden. Entscheidend hierfür ist das Gewicht der Steine. Eine gute Verarbeitbarkeit muss ermöglicht werden.
- Der Mauerstoß kann auch hergestellt werden durch die Verwendung von Flachstahlankern **(Stumpfstoß)**. Ein Edelstahl-Flachanker wird in der Lagerfuge vom Mörtel umschlossen und stellt so die Verbindung zwischen den beiden Wandscheiben her.

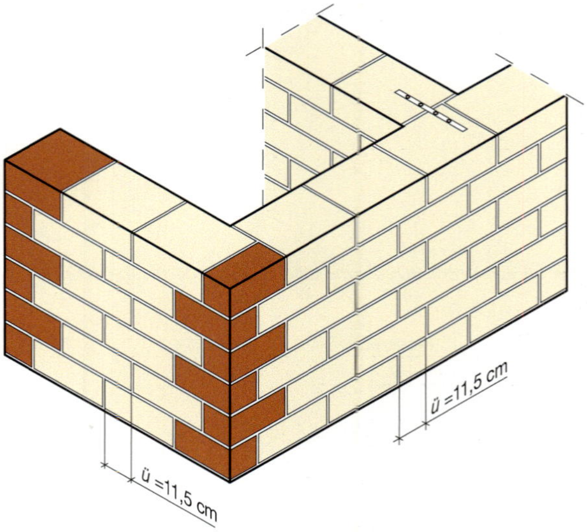

24er Mauerwerk aus 5 DF-Steinen (Isometrie) im Läuferverband, Wandanschluss in Stumpfstoßtechnik mit Flachstahlankern

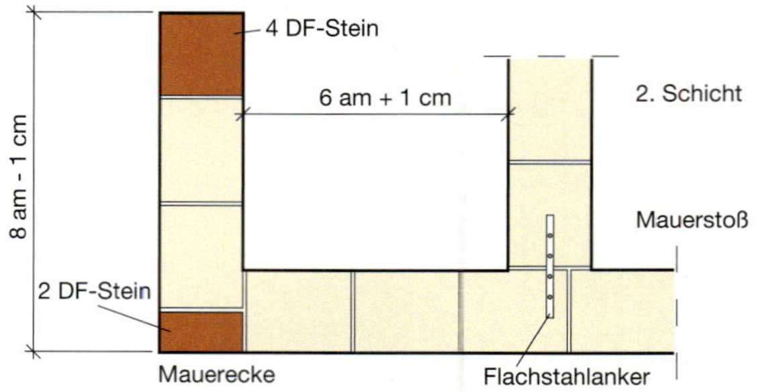

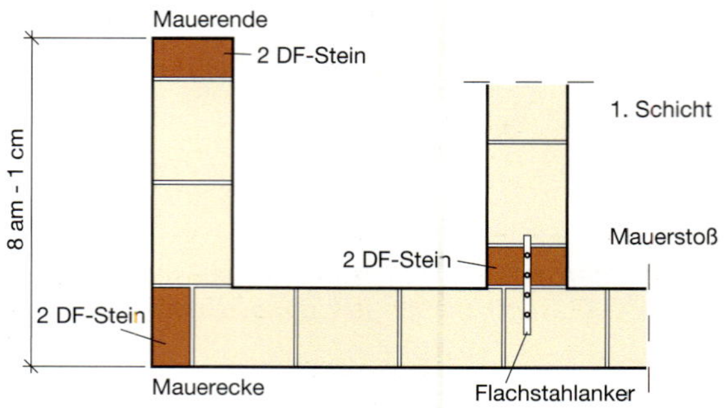

Mindest-Überbindemaß bei 5 DF-Steinen = 4,5 cm (Steinhöhe 11,3 cm); vorhanden: ü = 11,5 cm → Bedingung erfüllt!

30,0 cm dickes Mauerwerk

❏ Unter der Verwendung von 2 DF- und 3 DF-Steinen kann ein 30,0 cm dickes Mauerwerk im **Läuferverband** erstellt werden.

- Alle Schichten bestehen nur aus Läufern, wobei die Steinformate sich abwechseln. So ist im Wandinnern das Überbindemaß *ü* ≥ 4,5 cm eingehalten.
- Der Läuferverband kann sowohl als mittiger Verband als auch als schleppender Verband (→ 11⁵er Mauerwerk) ausgeführt werden.

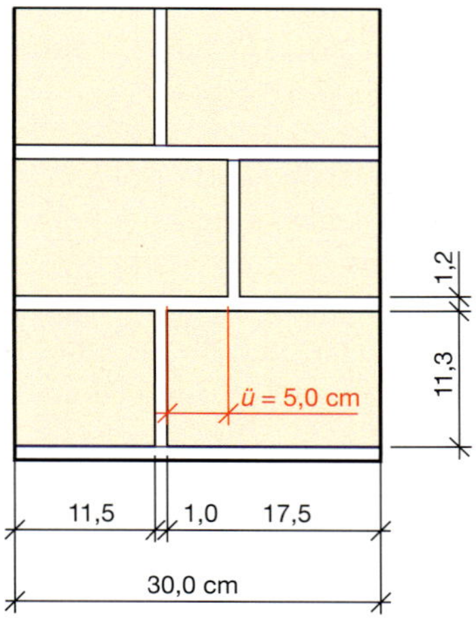

Überbindemaß im Wandinnern einer 30 cm dicken Wand (2 DF- und 3 DF-Steine)

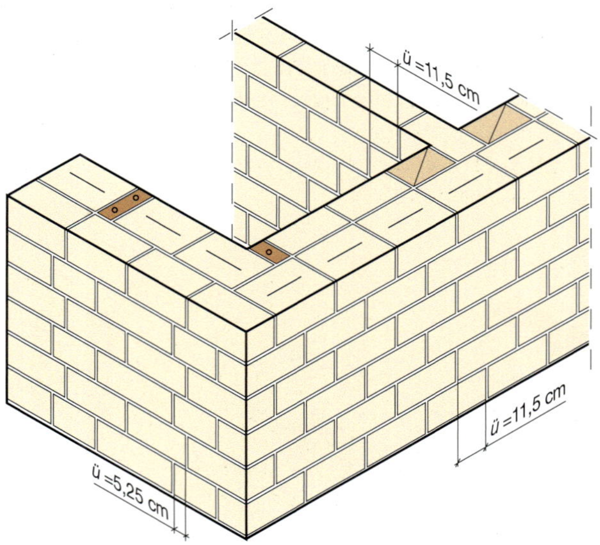

30er Mauerwerk aus 2 DF- und 3 DF- Steinen (Isometrie) im Läuferverband; einbindende Wand (11,5 cm dick) aus 2 DF-Steinen mit Verzahnung

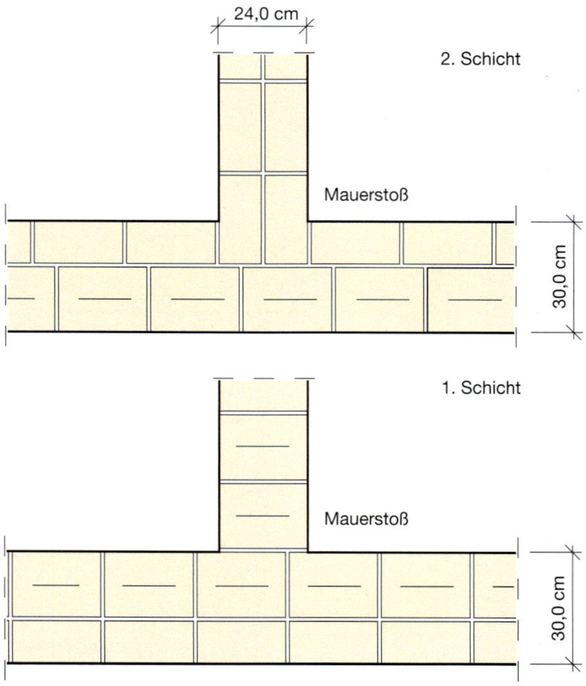

Einbindende Wand (24 cm dick) aus 2 DF- und 3 DF-Steinen mit Verzahnung

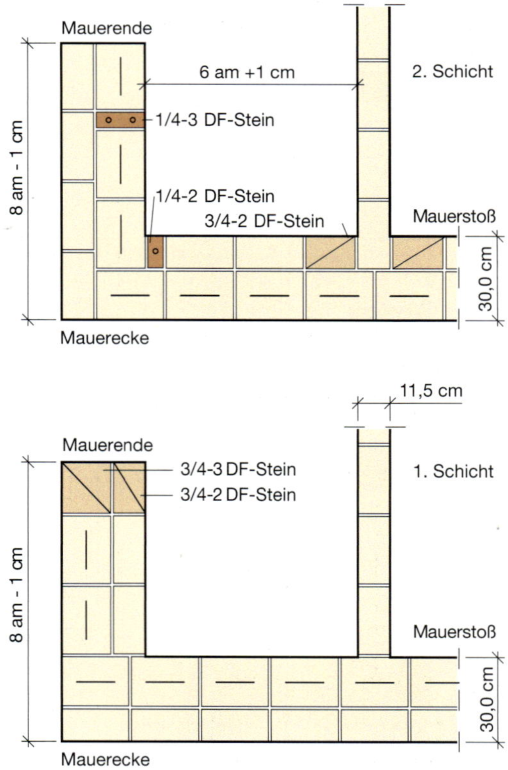

Mindest-Überbindemaß bei 2 DF- und 3 DF-Steinen = 4,5 cm (Steinhöhe 11,3 cm); vorhanden: ü = 11,5 cm → Bedingung erfüllt!

- Werden 5 DF-Steine für ein 30er Mauerwerk verwendet, so ist ein einfacher Binderverband möglich.
  Für diesen Verband sind $\frac{1}{2}$- und $\frac{3}{4}$-Teilsteine von 5 DF-Steinen auf das erforderliche Maß zu sägen.

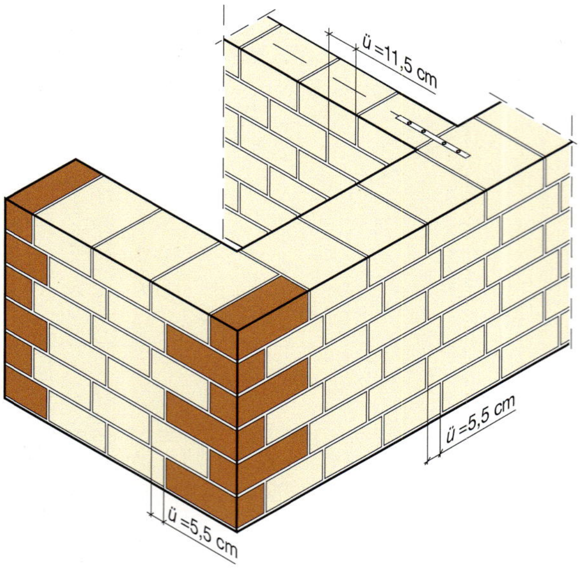

30er Mauerwerk aus 5 DF- Steinen (Isometrie) im Binderverband; einbindende Wand (17,5 cm dick) mit 3 DF-Steinen in Stumpfstoßtechnik

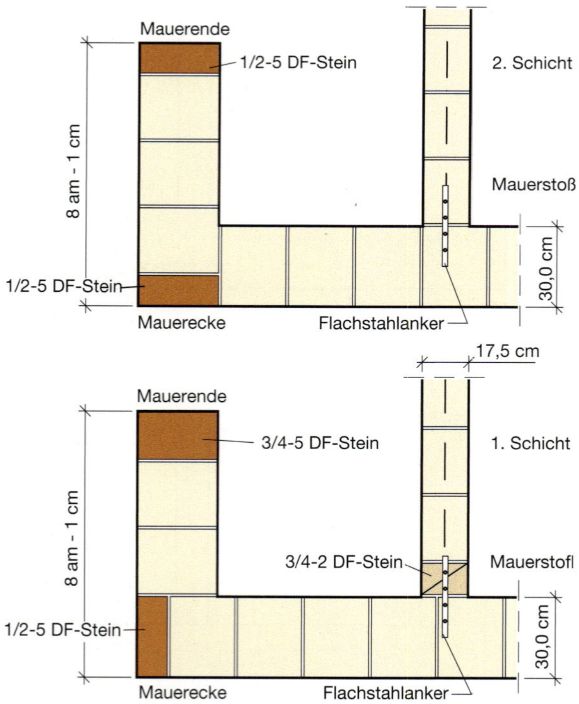

Mindest-Überbindemaß bei 5 DF-Steinen = 4,5 cm (Steinhöhe 11,3 cm); vorhanden: ü = 5,5 cm bzw. 11,5 cm → Bedingung erfüllt!

36,5 cm dickes Mauerwerk

- Ein $1\frac{1}{2}$-steindickes Mauerwerk wird mit kleinformatigen Steinen im Block- oder Kreuzverband gemauert.
  - Infolge der Steinlänge von 24,0 cm setzt sich bei dieser Wanddicke eine Schicht immer aus Bindern und Läufern zusammen:
    24,0 cm + 1,0 cm + 11,5 cm = 36,5 cm
    Es sind keine reinen Binder- und Läuferschichten mehr vorhanden wie beim 24,0 cm dicken Mauerwerk.
  - Durch den Wechsel der Binder und Läufer in der jeweiligen Schicht ergibt sich ein ausreichendes Überbindemaß im Wandinnern (11,5 cm).
  - An den Wandenden und -ecken kommen $\frac{3}{4}$-Steine zum Einsatz, die das entsprechende Überbindemaß zwischen den Schichten sichern.
    Zwei $\frac{3}{4}$-Steine des Formates 2 DF können durch einen 3 DF-Stein ersetzt werden.
  - Die Schicht, in der die Läufer auf der Außenseite sichtbar sind, beginnt mit drei $\frac{3}{4}$-Steinen. Diese Schicht bindet durch.
  - Für den Blockverband gibt es zwei Schichten, für den Kreuzverband entsprechend den Regeln (→ Kreuzverband) 4 Schichten, die sich abwechseln.
  - Beim Mauern ist unbedingt darauf zu achten, dass nie Stoßfuge über Stoßfuge liegt. Verhindert wird dies durch die $\frac{3}{4}$-Steine.

Überbindemaß im Wandinnern einer 36,5 cm dicken Wand (NF-Steine)

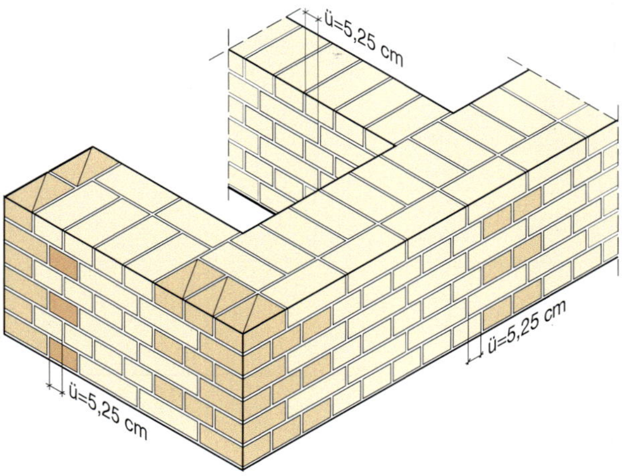

36^5er Mauerwerk aus NF-Steinen (Isometrie) im Blockverband; einbindende Wand (24 cm dick) aus NF-Steinen mit Verzahnung

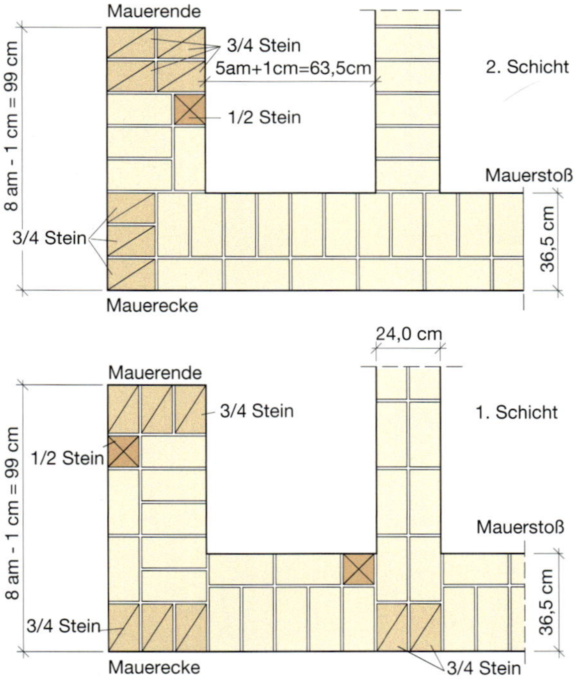

Mindest-Überbindemaß bei NF-Steinen = 4,5 cm (Steinhöhe 7,1 cm); vorhanden: ü = 5,25 cm → Bedingung erfüllt!

Mindest-Überbindemaß bei 4 DF- und 2 DF-Steinen = 4,5 cm (Steinhöhe 11,3 cm); vorhanden: ü = 5,25 cm bzw. 11,5 cm → Bedingung erfüllt!

❑ Gemischtformatiges Mauerwerk ist mit 2 DF- und 4 DF-Steinen möglich.
- Für die erforderliche Verzahnung werden $\frac{3}{4}$-2 DF-Steine und 3 DF-Steine verwendet. Das Aussehen erinnert an einen Läuferverband.
- In den jeweiligen Schichten wechseln 4 DF- und 2 DF-Steine die Seiten. Das Überbindemaß im Wandinnern beträgt dadurch 11,5 cm.
- Bei der Verwendung mittelformatiger Steine bietet sich für den Mauerstoß ein Stumpfstoß mittels Flachstahlanker an.

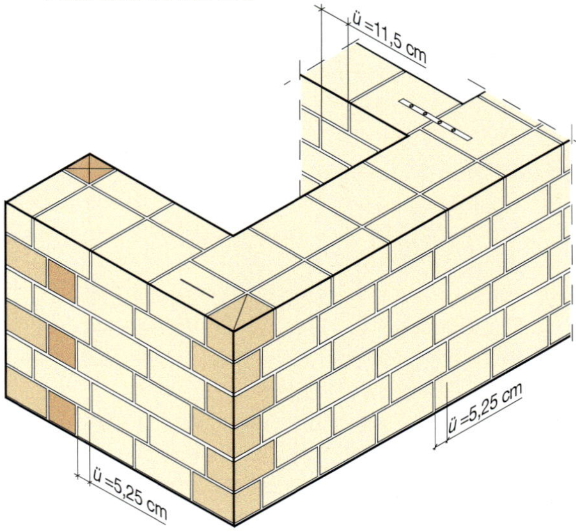

36^5er Mauerwerk aus 4 DF- und 2 DF- Steinen (Isometrie); einbindende Wand 24 cm dick aus 4 DF-Steinen in Stumpfstoßtechnik

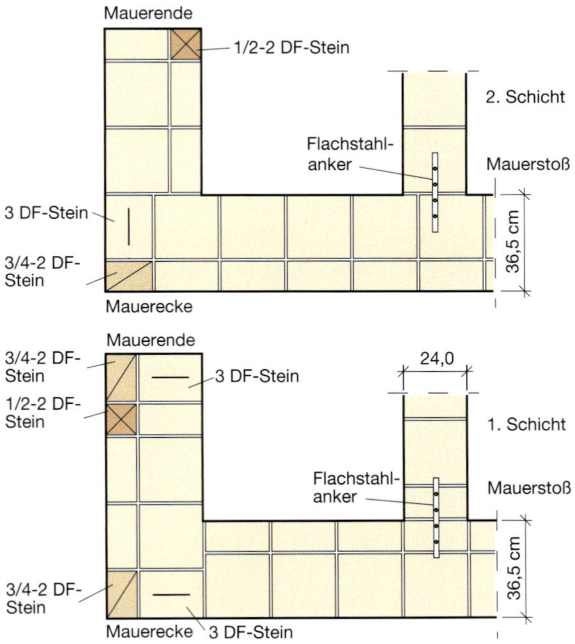

Testen Sie sich selbst!

1. Nennen Sie die durchschnittliche Dicke von Lager- und Stoßfugen!
2. Warum ist die Einhaltung des Überbindemaßes für eine Wand aus Mauerwerk so wichtig?
3. Welchen Versatz mauern Sie mit kleinformatigen Steinen?
4. Welche Grundverbände kennen Sie?
5. Erläutern Sie den Unterschied zwischen dem Block- und Kreuzverband!
6. Aus welchen Steinformaten und in welchem Verband mauern Sie eine 17,5 cm dicke Wand?
7. Warum wird 24,0 cm dickes Mauerwerk heute oftmals mit mittelformatigen Steinen gemauert?
8. Wie können Sie die Einbindung einer Innenwand in eine Außenwand ausführen?
9. Nennen Sie ein wesentliches Unterscheidungsmerkmal zwischen einem 24er Mauerwerk und einem 36,5er Mauerwerk hinsichtlich der Steinanordnung je Schicht!
10. Für einen Wandstreifen mit 0,99 m Länge und einer Wanddicke von 30 cm ist ein Verband zu wählen. Skizzieren Sie die Schichten unter Verwendung von 2 DF- und 3 DF-Steinen!
11. Skizzieren Sie für die vorgegebene Wandeinbindung die Schichten für NF-Steine! Die 24 cm dicke Außenwand soll einen Blockverband erhalten. Die Innenwand ist 11,5 cm dick.
12. Skizzieren Sie für die vorgegebene Gebäudeecke die Schichten für einen Kreuzverband aus 2 DF-Steinen! Geben Sie das Überbindemaß an!
13. Im Bild ist der Verband einer 24 cm dicken Wand dargestellt. Um welchen Verband handelt es sich?
14. Welchen Verband zeigt die Aufnahme dieser 24,0 cm dicken Wand aus 3 DF-Steinen?

Zu Aufgabe 11

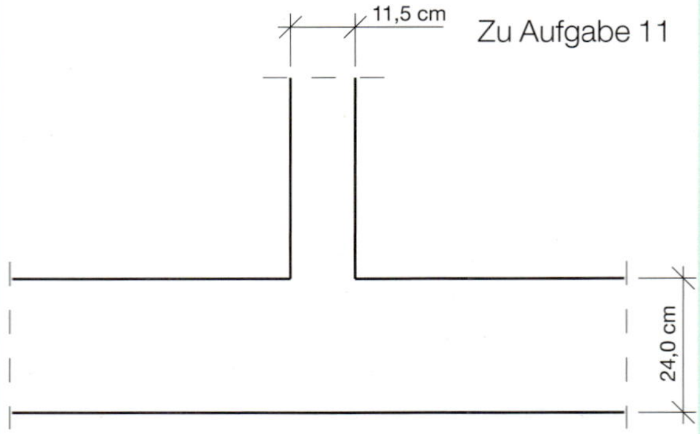

Zu Aufgabe 12

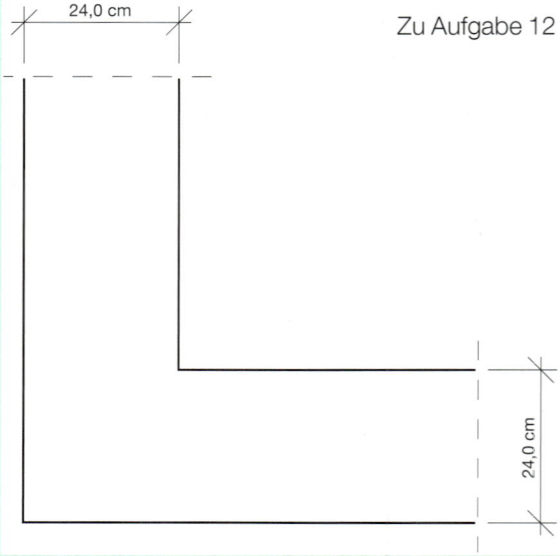

DIN 1053, Teil 1 Mauerwerk, Berechnung und Ausführung

24 cm dicke Wand – Frage 13

24,0 cm dicke Wand – Frage 14

3.2 Wahl der Baustoffe

3.2.1 Künstliche Mauersteine

Das Mauern mit Steinen begann geschichtlich mit der Verwendung von Naturmaterialien, die in der Umgebung aufzufinden waren. Natursteine, z. B. Sandstein, wurden behauen und zu Wänden zusammengesetzt.
Bei Vorhandensein von Lehm wurde dieser zu Steinen geformt, luftgetrocknet und vermauert. Der älteste künstliche Baustoff ist gebrannter Ton (Ziegel).
Schon 3500 v. Chr. wurden in Ägypten Bauwerke aus Ziegeln errichtet. Die Verbreitung des Bauens mit Ziegeln war stark abhängig von den Rohstoffvorkommen in der Region. Im deutschsprachigen Raum wurde das Herstellen von künstlichen Ziegeln durch die Römer und Griechen eingeführt. Wahre Kunstwerke mit Ziegeln brachte z. B. die Backsteingotik hervor.

Mauerwerk aus künstlichen Steinen – Zeitzeuge handwerklicher Baukunst

Wie werden Steine bestellt?

Die korrekte Bezeichnung eines Steines ist erforderlich, um den Stein entsprechend der geplanten Eigenschaften genau zu bestellen.
Die vermauerten Steine bestimmen die Eigenschaften der Wand wesentlich. Jede Steinart wird durch ein Kurzzeichen definiert.
Folgende Daten sind zu kontrollieren:

- die Steinart
- die Druckfestigkeitsklasse
- die Rohdichteklasse
- das Format und evtl. die Wanddicke

Steine werden i. d. R. paketiert auf die Baustelle geliefert. Die Verpackung bzw. ein Beipackzettel müssen o. g. Angaben sowie den Hersteller enthalten.
Steine erhalten bei der Fertigung eine Farbmarkierung für die Festigkeitsklasse.

Ein Vergleich der gelieferten Steine auf der Baustelle mit der Ausführungsplanung ist durch die Kurzbezeichnung leicht möglich.

Technische Daten von Steinen	Eigenschaften von Wänden
• Maße • Lochbild • Rohdichte • Festigkeit • Wasseraufnahme • Wasserdampfwiderstand • Brandverhalten	• Zeitaufwand zum Errichten • Tragfähigkeit • Dämmfähigkeit • Wasseraufnahme • Frostbeständigkeit • Brandschutz • Austrocknungsverhalten

Welche Steinformate können vermauert werden?

Das Steinformat gibt die Steinabmessungen an. Die Grundformate sind DF (Dünnformat) und NF (Normalformat). Es werden folgende Gruppen unterschieden

- Kleinformat – DF, NF und 2 DF
- Mittelformat – 3 DF bis 6 DF
- Großformat – 8 DF bis 20 DF.

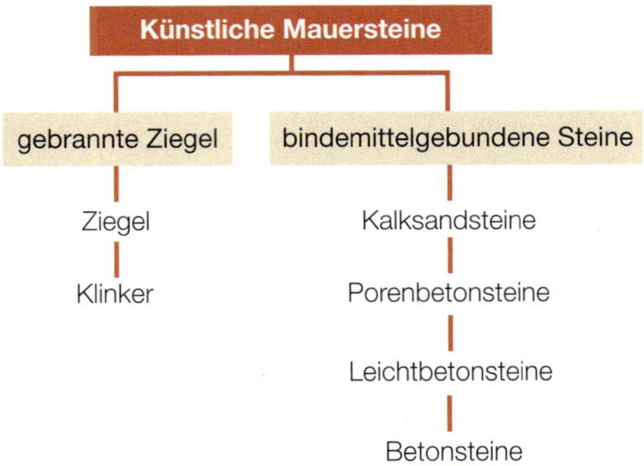

Zusätzlich wird oftmals die Wanddicke angegeben, die mit den Steinen hergestellt werden soll. Die Abmessungen für Porenbetonsteine weichen von den Formaten ab.

Ziegel

Ziegel, bestehend aus Ton, Lehm bzw. tonigen Massen und evtl. Zusatzstoffen, werden bei 800 bis 1100 °C gebrannt. Sie erhalten dadurch ihre Festigkeit.

Die Dichte lässt sich recht gut am Klang eines Ziegels erkennen. Je heller der Klang, umso größer ist die Rohdichte.

Als **Vollziegel (Mz)** werden ungelochte bzw. gelochte Ziegel bezeichnet, deren Lochquerschnitt maximal 15 % der Lagerfläche beträgt.

Hochlochziegel (HLz) haben einen Lochquerschnitt von 15 bis 50 % der Lagerfläche. Je nach den Einzellochquerschnitten wird unterschieden in

- Lochung A ≤ 2,5 cm^2,
- Lochung B ≤ 6 cm^2,
- Lochung C ≤ 16 cm^2.

Hochlochziegel haben durch die Anordnung von Löchern und damit von Lufträumen eine geringere Ziegelrohdichte und demzufolge einen besseren Dämmwert. Je nach Größe haben Lochziegel Grifflöcher, die die Verarbeitung erleichtern.

Wärmedämmziegel (WDz) und Hochlochziegel (HLzW) entstanden in dem Bestreben, die Wärmedämmeigenschaften von Mauerwerk zu verbessern. Das Ausgangsgemisch enthält Poren bildende Stoffe (z. B. Sägespäne), die während des Brennprozesses verbrennen und Hohlräume in der Ziegelscherbe hinterlassen. Durch diese zusätzlich zu den geformten Hohlräumen im Ziegel entstandenen Poren wird eine geringere Rohdichte erreicht. Sie beträgt höchstens 1,0 kg/dm^3.

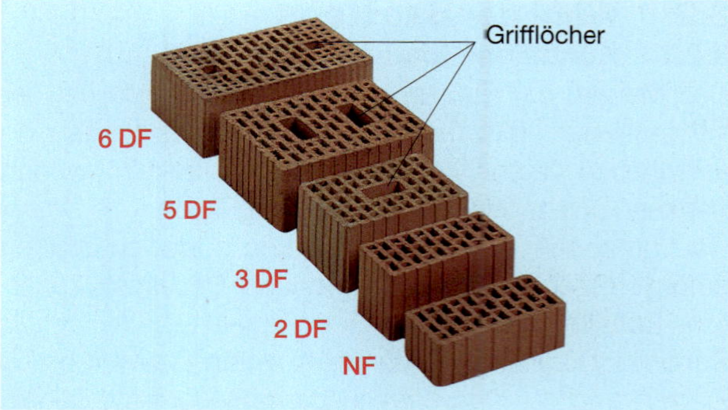

Hochlochziegel – Klein- und Mittelformate

Ziegel: Druckfestigkeitsklasse und deren Kennzeichnung

Druckfestigkeitsklasse	Farbe
4	blau
6	rot
8	*)
10	*)
12	ohne
20	gelb
28	braun

*) Keine Farbkennzeichnung; Kennzeichnung erfolgt durch Aufstempeln der Druckfestigkeitsklasse in schwarzer Farbe

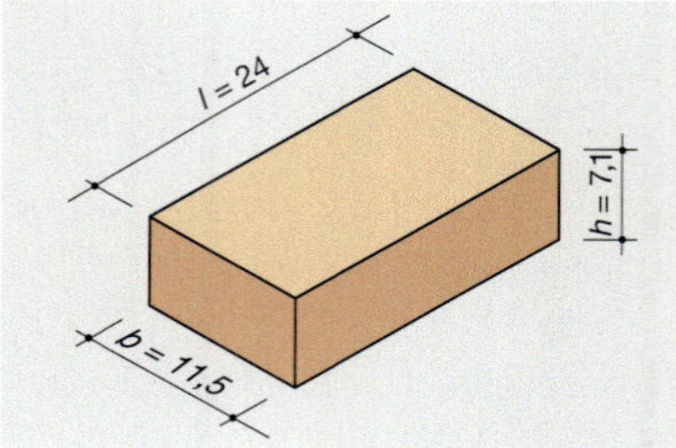

Vollziegel Mz – Format NF, Maße in cm

Ziegel: Arten, Rohdichte- und Festigkeitsklassen, Formate (Auswahl)

Ziegelart	Kurzzeichen	Druckfestigkeitsklasse in N/mm²	Rohdichteklasse in kg/dm³	Format	Abmessungen Länge in cm	Breite in cm	Höhe in cm
Vollziegel	MZ			DF	24,0	11,5	5,2
		12	1,6	NF	24,0	11,5	7,1
		20	1,8	2 DF	24,0	11,5	11,3
		28	2,0	3 DF	24,0	17,5	11,3
				5 DF	30,0	24,0	11,3
Vollklinker	KMz	28	1,8	DF	24,0	11,5	5,2
		36	2,0	NF	24,0	11,5	7,1
		60	2,2	2 DF	24,0	11,5	11,3
Hochloch-Ziegel	HLzB	12	1,2	NF	24,0	11,5	7,1
		20	1,4	2DF	24,0	11,5	11,3
			1,6	3 DF	24,0	17,5	11,3
			1,8	5 DF	30,0	24,0	11,3
Hochloch- und Wärmedämmziegel			0,65	2 DF	24,0	11,5	11,3
	HLzW	6	0,75	5 DF	30,0	24,0	11,3
		8	0,8	6 DF	24,0	36,5	11,3
	WDz	10	0,9	10 DF [1]	30,0	24,0	23,8
		12		16 DF [1]	24,0	49,0	23,8

[1] Plansteine mit Verzahnung

Klinker (KMz) sind Ziegel, deren Oberfläche gesintert ist. Bei Brenntemperaturen von 1000 bis 1500° C beginnt die Steinoberfläche zu schmelzen (Sinterung) und es entsteht eine glasartige Struktur. Sie haben eine hohe Rohdichte und sehr hohe Festigkeit. Ihre Wasseraufnahmefähigkeit ist sehr gering. Sie sind dadurch frostbeständig.

Ziegel-Sonderelemente

Zur Herstellung einer homogenen Wand (Verwendung von gleichen Materialien) gibt es eine Reihe Sonderziegel bzw. -elemente. Diese erleichtern die Herstellung auf der Baustelle bzw. vermeiden Wärmebrücken.

- Ziegelstürze sind vorgefertigte Stürze, die nur versetzt werden müssen. Eine Sturz-Herstellung vor Ort erübrigt sich (→ Abschnitt 3.4.2).
- U-Schalen für Stürze werden in unterschiedlichsten Größen angeboten. Sie dienen als verlorene Schalung zur Herstellung eines Stahlbetonbalkens .

Ziegel können wieder verwendet werden. Bei entsprechend sorgfältiger Rückgewinnung können sie wieder vermauert werden. Ziegelbruch wird in der Ziegelherstellung der Ausgangsmischung als Zusatzstoff zugegeben. Ziegelsplitt wird im Straßen- und Wegebau verwendet.

Kalksandsteine

Kalksandsteine (KS) werden aus Kalk und kieselsäurehaltigen Zuschlägen hergestellt und unter Dampfdruck (160 bis 220 °C) gehärtet. Das so entstehende Materialgefüge ist sehr dicht.

Kalksandsteine haben eine hohe Rohdichte. Hohlräume im Stein (Löcher) verringern das Steingewicht und erhöhen die Wärmedämmfähigkeit. Der Lochanteil ist nicht so hoch wie beim Hochlochziegel. Der Wärmedämmwert ist schlechter. Infolge der hohen Rohdichte besitzen sie eine gute Tragfähigkeit und eine gute Schalldämmung. Kalksandsteine weisen eine gute Maß- und Formgenauigkeit auf. Im Kantenbereich können Kalksandsteine leicht abplatzen.

KS-Vollsteine (KS) haben eine Steinhöhe bis 113 mm. Der mögliche Lochanteil darf maximal 15% der Lagerfläche betragen.

KS-Lochsteine (KSL) sind fünfseitig geschlossene Mauersteine mit einer Steinhöhe von ≤ 11,3 cm. Die obere geschlossene Lagerfläche wird nur von Grifföffnungen durchbrochen. Der Lochquerschnitt beträgt mehr als 15 % der Lagerfläche des Steins. Griffhilfen sind bei Steinen vom Format ≥ 2 DF vorhanden, um das Vermauern zu erleichtern.

Bezeichnung der Steine – Beispiel:

Ziegel DIN V 105 - HLzB 20 - 1,6 - 5DF (240)

Format 5DF für Wanddicke 24 cm
Rohdichteklasse 1,6
Steinfestigkeitsklasse 20
Hochlochziegel mit Lochung B
Ziegel nach DIN V 105

U-Schalen: einfache Ausführung und mit zusätzlicher Wärmedämmung

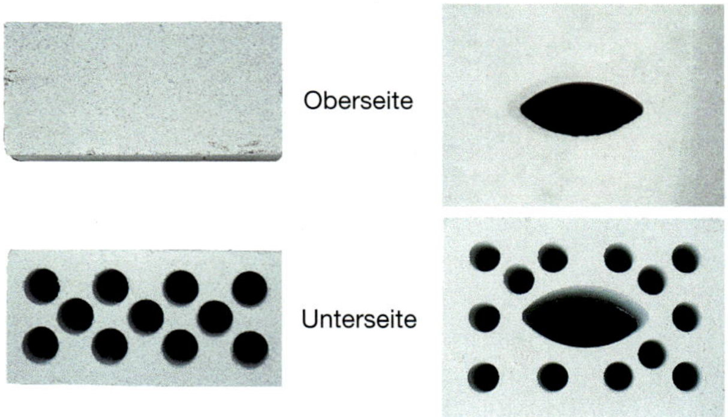

Kalksand-Lochsteine: 2 DF und 3 DF

Kalksandsteine: Druckfestigkeitsklasse und deren Kennzeichnung

Druckfestigkeitsklasse	Farbe
4	blau
6	rot
8	rot
12	ohne
20	gelb
28	braun
36	violett
48	2 schwarze Streifen
60	3 schwarze Streifen

Steinart	Kurzzeichen	Druckfestigkeitsklasse in N/mm²	Rohdichteklasse in kg/dm³	Format	Abmessungen Länge in cm	Breite in cm	Höhe in cm
KS-Vollsteine	KS	12 20 28	1,8 2,0	DF NF 2 DF 3 DF 4 DF 5 DF	24,0 24,0 24,0 24,0 24,0 30,0	11,5 11,5 11,5 17,5 11,5 24,0	5,2 7,1 11,3 11,3 23,8 11,3
KS-Lochsteine	KS L	12 20	1,2 1,4 1,6	2 DF 3 DF 4 DF	24,0 24,0 24,0	11,5 17,5 11,5	11,3 11,3 23.8
KS-Blocksteine	KS-R	12 20	1,2 1,4 1,6	4 DF 10 DF 12 DF	24,8 24,8 24,8	24,0 30,0 36,5	11,3 23.8 23.8
KS-Hohlblocksteine	KS L-R	12 20	1,2 1,4 1,6	5 DF 6 DF 10 DF [1)] 12 DF [1)]	24,8 24,8 24,8 24,8	30,0 36,5 30,0 36,5	11,3 11,3 24,9 24,9

Kalksandsteine: Arten, Rohdichte- und Festigkeitsklassen, Formate (Auswahl)

[1)] Steine als Plansteine, Lagerfuge mit Dünnbettmörtel

KS-Blocksteine (KS-R) und **KS-Hohlblocksteine (KS L-R)** sind, abgesehen von den durchgehenden Grifföffnungen, fünfseitig geschlossene Mauersteine.
Bei den Hohlblocksteinen übersteigt der Lochanteil der Lagerfläche 15 %. Bei den Blocksteinen liegt er darunter. Die Steinhöhe ist größer als 123 mm (großformatige Steine).
KS-Block- und Hohlblocksteine werden mit Nut-Feder-System (Kurzzeichen **R**) sowie Griffhilfen von der Industrie angeboten.
Alle Steine mit Nut und Feder können auch als Plansteine bestellt und vermauert werden (Kurzzeichen **P**).

Bezeichnung der Steine – Beispiel:

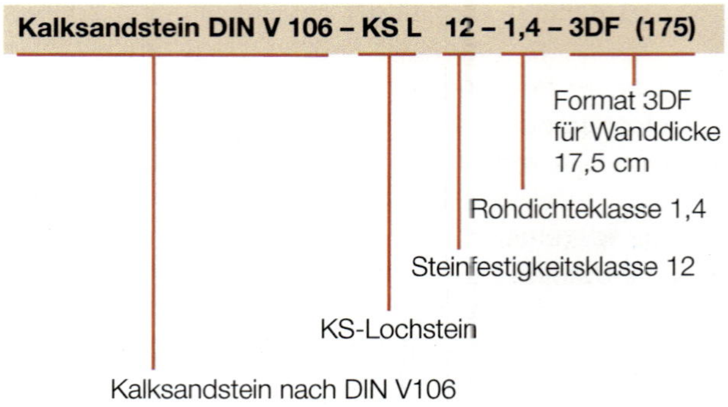

Kalksandsteinmauerwerk ist recyclingfähig. Zerkleinert kann es dem Herstellungsprozess von Kalksandsteinen erneut zugeführt werden.

KS-Sonderelemente

Für eine Kalksandsteinwand gibt es vorgefertigte Teile, die einen gleichen Putzgrund ermöglichen.
Sonderelemente sorgen auf der Baustelle für einen schnellen Baufortschritt.

- KS-Flachstürze werden verwendet für das Überdecken von Tür- und Fensteröffnungen. Sie werden als Fertigteil verlegt.
- KS-Fertigteilstürze mit einer Höhe > 125 mm sind bis zu einer Länge von 2 m lieferbar.
- KS-U-Schalen werden auf der Baustelle verwendet z. B. für die Herstellung von Stürzen oder Ringankern vor Ort.

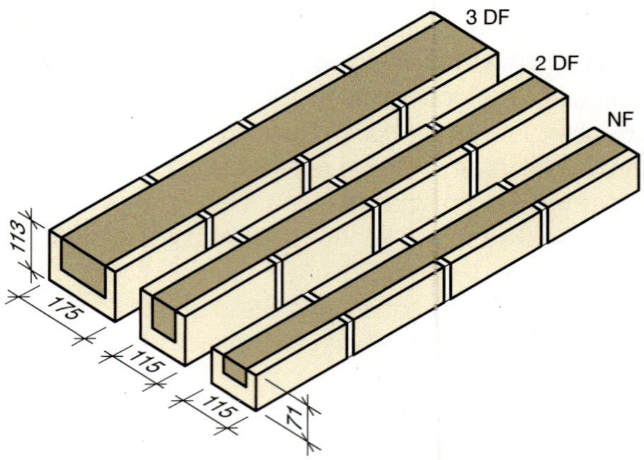

KS-Flachstürze

Porenbeton

Porenbeton (früher Gasbeton genannt) ist ein Leichtbeton, bestehend aus fein gemahlenem Sand und Zement bzw. Kalk. Durch das Zugeben von Aluminiumpulver während der Herstellung entstehen Gase, die einen Porenanteil von bis zu 80 % erzeugen. Die Poren sind sehr klein und gleichmäßig. Die Steine werden bei ca. 190 °C dampfgehärtet. Der Materialeinsatz ist für Porenbetonsteine durch den großen Porenanteil gering. Aus 1 m^3 Ausgangsmaterial entstehen ca. 5 m^3 Porenbeton. Durch den hohen Porenanteil besitzen die Steine eine geringe Rohdichte und damit sehr gute wärmedämmende Eigenschaften. Trotz der geringen Rohdichte sind die Festigkeitseigenschaften so gut, dass sie für tragende Wände bei kleineren Gebäuden eingesetzt werden können.

Porenbetonsteine können ohne großen Aufwand gesägt, gebohrt und genagelt werden. Das erübrigt eine Herstellung von kleinformatigen Steinen. Bei der Lagerung auf der Baustelle sind Porenbetonsteine unbedingt vor Niederschlägen zu schützen.

Porenbeton-Plansteine **(PP)** sind Vollsteine mit Griffhilfen oder Hantierlöchern. Die Stirnseiten können als Nut und Feder ausgebildet sein. Die Steinhöhe beträgt maximal 24,9 cm. Ist die Steinhöhe größer als 24,9 cm und die Länge größer als 49,9 cm, so werden die Vollsteine Porenbeton-Planelemente **(PPE)** genannt. Porenbetonsteine werden grundsätzlich mit Dünnbettmörtel vermauert.

Porenbeton-Sonderelemente

- Porenbeton-Fertigteilstürze sind bewehrte Porenbetonbauteile.
- U-Schalen können eingesetzt werden für die Herstellung von Stürzen auf der Baustelle sowie für die Herstellung von Ringankern.

Es werden Wärmebrücken vermieden. Ein einheitlicher Putzgrund ist vorhanden.

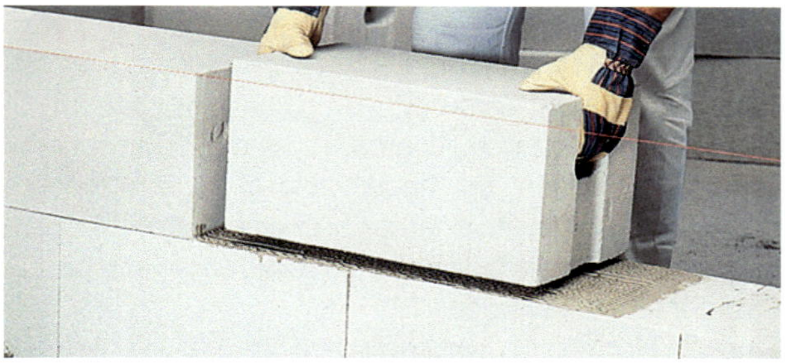

Porenbeton-Plansteine mit Nut und Feder sowie Grifftaschen

Porenbeton-Fertigteilsturz

Bezeichnung der Steine – Beispiel

Porenbeton-Planstein
DIN V 4165 – PP 2 – 0,40 – 499 × 300 × 249

Abmessungen
Rohdichteklasse 0,4
Steinfestigkeitsklasse 2
Porenbeton-Planstein
Porenbeton-Plansteine nach DIN V 4165

Druckfestigkeitsklasse	Farbe
2	grün
4	blau
6	rot
8	ohne

Porenbetonsteine: Druckfestigkeitsklasse und deren Kennzeichnung

Steinart	Kurzzeichen	Druckfestigkeitsklasse in N/mm^2	Rohdichteklasse in kg/dm^3	Abmessungen in cm
Porenbeton-Plansteine	PP	 2 4 6	0,35 0,45 0,55 0,6 0,7	Länge: 49,9; 62,4 Breite: 17,5; 20,0; 24,0; 25,0; 30,0; 36,5 Höhe: 12,4; 17,5; 24,9; 36,5
Porenbeton-Planelemente	PPE	2 4 6	0,4 0,6 0,7	Länge: 49,9; 59,9; 74,9 Breite: 11,5; 24,0; 30,0 Höhe: 49,8; 59,9; 62,3

Porenbetonsteine: Arten, Rohdichte- und Festigkeitsklassen, Abmessungen (Auswahl)

Leichtbetonsteine

Die Steine bestehen aus Leichtzuschlägen und einem Bindemittel (i. d. R. Zement).

Als Zuschläge können Blähton, Bims oder Blähschiefer verwendet werden. Sie haben eine geringe Rohdichte durch den großen Porenanteil und eine gute Festigkeit. Es kann eine gefügedichte oder eine haufwerksporige Struktur erreicht werden.

Sind die Hohlräume zwischen den Zuschlagkörnern mit Zementleim voll ausgefüllt, handelt es sich um eine **gefügedichte** Struktur

Bei der **haufwerksporigen** Struktur wird nur so viel Zementleim mit dem Zuschlag gemischt, dass die Zuschlagkörner aneinander kleben. Dazwischen verbleiben noch Lufträume, zusätzlich zu den Luftporen im Leichtzuschlag. Dadurch wird eine geringe Rohdichte erreicht, die Voraussetzung für einen guten Wärmeschutz ist. Der Zementleim sorgt für ein tragfähiges Gerüst im Stein.

Die Zuschlagsart bestimmt ganz wesentlich die erreichbaren Festigkeitsklassen. Die Anordnung von zusätzlichen Luftkammern verringert die Übertragung von Wärme, z. B. bei einer Außenwand.

Hergestellt werden **Vollsteine (V)** ohne Kammern mit einer Steinhöhe bis 11,3 cm und **Vollblöcke (Vbl)** mit einer Steinhöhe von 23,8 cm.

Vollblöcke können zur Verbesserung der wärmedämmenden Eigenschaften zusätzlich 2 bis 7 Schlitzreihen **(Vbl S)** erhalten.

Hohlblöcke (Hbl) sind großformatige fünfseitig geschlossene Mauersteine. Sie besitzen Luftkammern senkrecht zur Lagerfläche.

Die Stirnseiten der Steine sind mit Nuten **(N)** versehen bzw. mit Nut und Federausbildung **(N+F)**. Vollblöcke mit besonderen Wärmedämmeigenschaften erhalten das Kurzzeichen **SW**.

Blähton-Systemblock mit runder Nut und Feder

Bezeichnung der Steine – Beispiel

Vollstein
DIN V 18152 – V 6 – 1,2 – 3 DF

Format 3DF
Rohdichteklasse 1,2
Steinfestigkeitsklasse 6
Vollstein
Leichtbetonstein nach DIN V 18152

Leichtbetonsteine:
Druckfestigkeitsklasse und deren Kennzeichnung

Druckfestigkeitsklasse	Farbe	Anzahl der Nuten
2	grün	–
4	blau	1
6	rot	2
8	ohne	–
12	schwarz	3

Leichtbetonsteine: Arten, Rohdichte- und Festigkeitsklassen, Formate (Auswahl)

Steinart	Kurzzeichen	Druckfestigkeitsklasse in N/mm²	Rohdichteklasse in kg/dm³	Format	Abmessungen		
					Länge in cm	Breite in cm	Höhe in cm
Vollsteine	V			NF	24,0	11,5	7,1
		6; 8	1,2	2 DF	24,0	11,5	11,3
		12	1,4	3 DF	24,0	17,5	11,3
		20	1,8	5 DF	30,0	24,0	11,3
		2	0,4	8 DF	24,7	24,0	23,8
Vollblöcke	Vbl	4	0,5	10 DF	24,7	30,0	23,8
Vollblöcke mit			0,6	12 DF	24,7	36,5	23,8
Schlitzen	Vbl S		0,8	16 DF	24,7	49,0	23,8
Hohlblöcke	Hbl	2	0,4	8 DF	24,7	24,0	23,8
		4	0,6	12 DF	37,2	24,0	23,8

Als Zuschlag sind verschiedene Gesteinskörnungen verwendbar. Für wärmedämmende Steine werden vorrangig Naturbims und/oder Blähton verwendet. Blähglas ist ein Zuschlag, der in den letzten Jahren ebenfalls zum Einsatz kommt.
Zusätzlich zu den o.g. Angaben ist die Kennzeichnung der Form erforderlich, indem die Anzahl der Hohlkammerreihen (**K**) über die Steinbreite angegeben wird.

Leichtbeton-Sonderelemente

Das Sortiment der Leichtbetonsteine wird ebenfalls durch Fertigteilstürze sowie U-Schalen ergänzt.

- **Fertigteilstürze** haben an der Unterseite eine Farbkennzeichnung für den richtigen Einbau.
- **U-Schalen** sind für die Herstellung auf der Baustelle vielfältig einsetzbar (z.B. Stürze, Ringanker, Schächte)

Für die Herstellung von Leichtbeton ist ein geringer Primärenergieeinsatz erforderlich.
Das Herstellen von Blähton erfordert viel Energie (ca. 1100 °C), ähnlich den Brennprozessen für die Ziegel-, Kalk- und Zementherstellung.

Betonsteine

Mauersteine aus Normalbeton werden vorwiegend im Tief- und Gewerbebau verwendet. Infolge ihrer hohen Rohdichte sind sie hoch belastbar, die Dämmeigenschaften sind jedoch unzureichend. Außerdem erschwert das hohe Gewicht ein rationelles Verarbeiten.
Durch die Anordnung von Luftkammern wird das Stückgewicht zwar verringert, aber die schlechten Dämmeigenschaften werden nicht wesentlich verbessert.
Betonsteine können mit den verschiedensten Oberflächen hergestellt werden. Daher können sie für Sichtmauerwerk (z.B. Innenwände) verwendet werden.
Die Betonsteine bestehen aus Zement und Betonzuschlag (Kies, Sand).

Betonsteine gibt es als **Vollsteine (Vn)** und **Vollblöcke (Vbn)** mit einer Steinhöhe bis zu 23,8 cm und einer Rohdichte von 1,4 bis 2,4 kg/dm^3.
Vormauersteine (Vm) sind mit vielen verschiedenen Oberflächenstrukturen herstellbar und eignen sich für dekoratives Sichtmauerwerk. Sie weisen gegenüber den Vollsteinen eine nachgewiesene Frostbeständigkeit auf.
Hohlblöcke (Hbn) sind fünfseitig geschlossene Mauersteine aus Beton mit Kammern. Die Rohdichte liegt zwischen 0,8 und 2,0 kg/dm^3.

Die Bezeichnung der Betonsteine erfolgt analog zu den bisher genannten Kriterien.

Beispiele aus dem Sortiment von Leichtbetonsteinen aus Bimsstein

Betonhohlblöcke als Fundamentstein mit Ortbeton verfüllt

3.2.2 Baukalk

Baukalk ist ein wichtiges Bindemittel für Putz- und Mauermörtel (→ Abschn. 3.2.3).

In Steinbrüchen wird Kalkstein abgebaut. Durch Sieben oder Waschen wird der Kalkstein von Verunreinigungen befreit. Daraus entsteht durch das Brennen bei Temperaturen von 1000 bis 1200 °C Baukalk.

Neben dem Kalkstein ($CaCO_3$) können in den natürlichen Kalksteinvorkommen noch Dolomit und Ton vorhanden sein. Diese beeinflussen die Eigenschaften der Baukalke. Es entstehen Luftkalke und hydraulische Kalke.

Luftkalk

Bei Luftkalken liegt der Tongehalt im natürlichen Kalkstein unter 5 %.

Der Kalkkreislauf beinhaltet die Prozesse Brennen, Löschen und Erhärten. Am Anfang und am Ende steht das gleiche Produkt – **Kalkstein** ($CaCO_3$).

Das Löschen des **Branntkalkes** findet heute kaum noch auf der Baustelle statt. Im Herstellungswerk wird der Branntkalk trocken gelöscht, d.h., es wird nur so viel Wasser zugegeben, wie der Kalk zur Bildung des Kalkhydrates benötigt. Dabei entstehen Temperaturen bis 100 °C und es vergrößert sich auch das Volumen.

Auf die Baustelle wird das **Kalkhydratpulver** geliefert.

Für das Erhärten benötigt der Luftkalk Kohlendioxid aus der Luft (daher die Bezeichnung Luftkalk) und Wasser aus der Mörtelmischung.

> **!** Das überschüssige Wasser nach der Kalksteinbildung muss verdunsten.
> Das Mauerwerk muss austrocknen.

Die Luftkalke werden entsprechend ihrer Massenanteile an Calcium- und Magnesiumoxid in Weißkalk und Dolomitkalk unterteilt.

Hydraulische Kalke

Die natürlichen hydraulischen Kalke **(NHL)** werden aus tonhaltigem Kalkstein hergestellt. Die tonigen Bestandteile bewirken infolge des Brennprozesses, dass es beim Erhärtungsprozess zur Hydratation kommt.

Zwei Prozesse führen während der Erhärtungsphase zur Kalksteinbildung:

- die Aufnahme von CO_2 und Wasser in den ersten Tagen,
- danach die Hydratbildung (Aufnahme von Wasser).

Die Kalke erhärten auch unter Wasser. Die Druckfestigkeit der hydraulischen Kalke ist höher als die der Luftkalke.

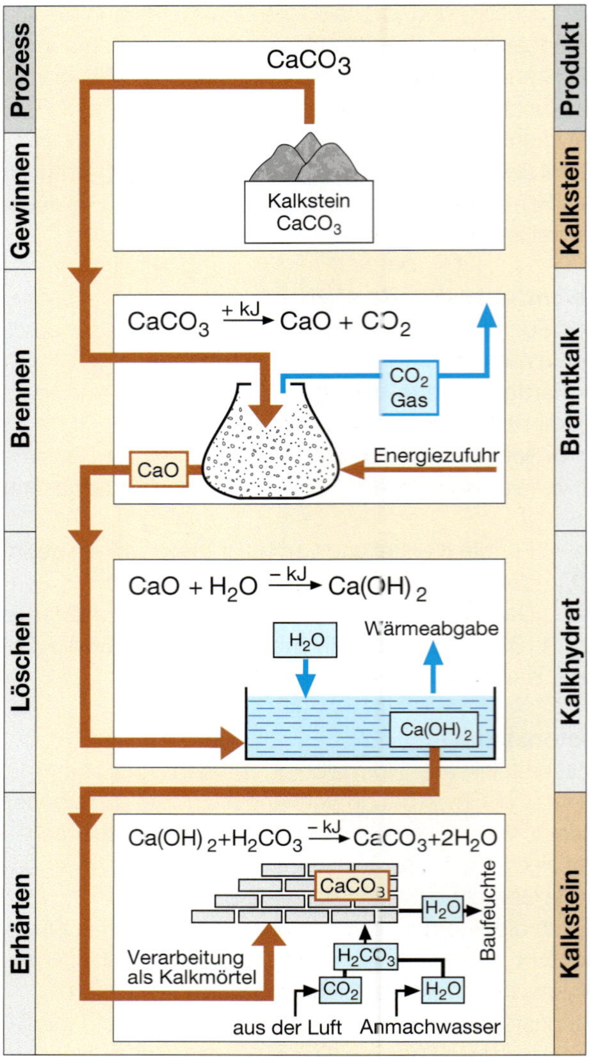

Baukalkarten nach DIN EN 459

Baukalkarten	Kurzzeichen	Sackaufdruck
Weißkalk 90	CL 90	
Weißkalk 80	CL 80	
Weißkalk 70	CL 70	
Dolomitkalk 85	DL 85	
Dolomitkalk 80	DL 80	
Hydraulischer Kalk 2	HL 2	1 schwarzer Streifen
Hydraulischer Kalk 3,5	HL 3,5	2 schwarze Streifen
Hydraulischer Kalk 5	HL 5	3 schwarze Streifen

Dem natürlichen hydraulischen Kalk können auch bis zu 20 % geeignete puzzolanische oder hydraulische Stoffe zugegeben werden. Sie werden mit **„NHL-Z"** bezeichnet. Solch ein Stoff kann z. B. Trass sein.
Die technisch hergestellten Kalke **(HL)** bestehen vorwiegend aus Calciumhydroxid, Calciumsilikaten und Calciumaluminaten.

In welchen Lieferformen ist Baukalk erhältlich?
Baukalk wird als **Kalkhydrat (gelöschter Kalk S)** im Handel angeboten. Eine direkte Weiterverarbeitung zu Mörtel ist möglich. Bei Kontakt mit Wasser kommt es nur noch zu einer geringen Wärmeabgabe.
Ungelöschter Kalk (Q) muss auf der Baustelle eingesumpft werden. Es entsteht ein Kalkhydratteig.
Auch der angemischte Mörtel muss noch eine bestimmte Zeit liegen, damit die Volumenvergrößerungen der Kalkteilchen abgeschlossen sind. Der ungelöschte Kalk kann als **Feinkalk** oder **Stückkalk** geliefert werden.

Bei dem Einsumpfen von Weißfeinkalk ist Vorsicht geboten – Spritzer und Verbrennungen sind möglich! Es sind unbedingt die Anweisungen auf den Liefersäcken zu befolgen!

Handelsformen von Baukalk	
• Kalkhydrat:	gelöschter Kalk in Pulverform (häufigste Handelsform)
• Feinkalk:	gebrannter Kalk in Pulverform (ungelöscht)
• Kalkteig:	Aufschlämmung von gelöschtem Kalk (ohne große Bedeutung)
• Stückkalk:	gebrannter Kalk in Stücken (ohne große Bedeutung)

Mögliche Gefahren beim Umgang mit Kalk:
- Gefahrenbezeichnung:
  Xi reizend
- Einstufung:
  R 38 reizt die Haut
  R 41 Gefahr ernster Augenschäden
- Zusätzliche Gefahrenhinweise:
  Bei längerem Hautkontakt können ernste Hautschäden hervorgerufen werden. Im Kontakt mit Feuchtigkeit wirkt Kalk wie eine Lauge – alkalische Reaktion. Diese Lauge wirkt haut- und schleimhautreizend.

Hydraulischer Kalk – Druckfestigkeit und Bedingungen zur Erhärtung

Baukalkart	Druckfestigkeit in N/mm² nach		Benötigt ... Tage Erhärtung an der Luft
	7 Tagen	28 Tagen	
HL 2; NHL 2	–	2 bis 7	7
HL 3,5; NHL 3,5	≥ 1,5	3,5 bis 10	5
HL5; NHL 5	≥ 2	5 bis 15	1 bis 3

Handelsübliche Verpackung von Baukalk

Bezeichnung der Baukalke – Beispiel

Weißkalk DIN EN 459-1 – CL 70 – S

- Weißkalk DIN EN 459-1: Kalkart
- CL 70: Kurzzeichen
- S: Gelöschter Kalk

Erste-Hilfe-Maßnahmen:
- Nach Einatmen Arzt konsultieren
- Nach Hautkontakt betroffene Hautpartien mit viel Wasser abwaschen, ggf. Arzt konsultieren
- Nach Augenkontakt Augen sofort gründlich mit viel Wasser abspülen und Arzt konsultieren
- Nach Verschlucken kein Erbrechen einleiten, Mund mit Wasser spülen und reichlich Wasser in kleinen Schlucken trinken.

3.2.3 Mauermörtel

Der Mauermörtel verbindet die Mauersteine zu einem Bauteil, z. B. einer Wand. Mauermörtel

- verbindet die Steine zu einem festen Gefüge, damit es Lasten aufnehmen und übertragen kann,
- verschließt die Fugen zwischen den Steinen,
- gleicht geringfügige Unebenheiten und Maßabweichungen der Steine aus.

! Mauermörtel ist ein Gemisch aus Bindemitteln, Zuschlag und Wasser.

Beim **Normalmörtel** besteht der Zuschlag aus **Sand** bis 4 mm Korngröße. Er darf keine Verunreinigungen (z. B. Humus, Laub, Lehm o. Ä.) enthalten. **Wasser** ist zum Mischen des Mörtels erforderlich. Es macht den Mörtel verarbeitbar. Das Bindemittel benötigt Wasser zur Erhärtung (Abbindeprozess). Wasser darf keine für den Mörtel schädlichen Stoffe (z. B. Salze) enthalten.

Als **Bindemittel** werden für Mauermörtel verwendet:

- Baukalk (→ Abschnitt 3.2.2)
- Zement (→ Abschnitt 4.1.1)
- Putz- und Mauerbinder; **MC**-Binder (**M** = masonry = Mauerwerk; **C** = cement). Sie bestehen aus Zement und Gesteinsmehl.

Die unterschiedlichen Bindemittel haben einen wesentlichen Einfluss auf die Eigenschaften der Mörtel:

- **Kalkmörtel** (Luftkalk) ist sehr geschmeidig und lässt sich gut verarbeiten. Die Festigkeit ist gering. Ein Luftkalkmörtel hat eine lange Erhärtungsdauer, da er CO_2 aus der Luft aufnehmen muss und für diese Zeit auch Feuchtigkeit benötigt.
- **Kalk-Zement-Mörtel** erhärtet schneller und besitzt größere Festigkeiten. Der Kalkanteil verbessert die Verarbeitbarkeit.
- Ein reiner **Zementmörtel** besitzt im erhärteten Zustand sehr hohe Festigkeiten. Er schwindet aber stark.

Mauergefüge aus Kalksandstein und Mörtel

Kellenfertiger Mauermörtel

Übersicht der Arten von Mauermörtel

Mörtelarten	Normalmörtel (NM oder G)*	Leichtmörtel (LM oder L)*	Dünnbettmörtel (DM oder T)*
Trockenrohdichte	$\rho_d \geq 1{,}5\,kg/dm^3$	$\rho_d < 1{,}5\,kg/dm^3$	$\rho_d \geq 1{,}5\,kg/dm^3$
Zuschlag	Sand bis 4 mm	Blähton, Blähschiefer, Perlite	Sand bis 1 mm
Verwendung für Mauerwerk aus ...	klein- und mittelformatigen Steinen	großformatigen Steinen mit wärmedämmenden Eigenschaften	Plansteinen
Lieferung als ...	Baustellenmörtel, Werkmörtel	Werkmörtel	Werkmörtel

* Kurzzeichen nach DIN 1053 und Euronorm

Normalmörtel wird überwiegend für Mauerarbeiten aus klein- und mittelformatigen Steinen verwendet. Die beiden anderen Mörtelarten werden in den Lernfeldern der Fachstufen ausführlich dargestellt.
Nach dem Ort seiner Herstellung werden Mörtel unterteilt in Werkmörtel und Baustellenmörtel.

Werkmörtel haben auf Grund der optimalen Herstellungsbedingungen gleich bleibende Eigenschaften.
Die Bestandteile werden nach Masse abgemessen und gemischt. Durch Zusätze und Zusatzmittel können bestimmte Eigenschaften beeinflusst werden.
Ein Werkmörtel kann z. B. 8 Stunden lang verarbeitbar sein. Das Wasserrückhaltevermögen des Mörtels kann für stark saugende Steine, z. B. Kalksandstein, verbessert werden.
Werk-Vormörtel besteht aus Zuschlägen und Kalk. Entsprechend der Herstellerangaben müssen auf der Baustelle noch Zement und Wasser zugegeben und gemischt werden.
Werk-Trockenmörtel (Lieferung in Säcken oder im Silo) ist ein fertiges Trockengemisch, dem nur noch Wasser zugegeben werden muss. Säcke sind auf der Baustelle trocken zu lagern und durch Abdecken mit Folie vor schneller CO_2-Aufnahme zu schützen.
Werk-Frischmörtel ist sofort verarbeitbar und wird i. d. R. vom Mischwerk mittels Fahrmischern geliefert. Das ist sehr wirtschaftlich bei großen Mengen.

! Werk-Trockenmörtel und Werk-Frischmörtel dürfen auf der Baustelle keinerlei Zusätze oder Zuschläge erhalten.

Baustellenmörtel werden vor Ort mittels Freifallmischer (→ Lernfeld 4.4.6) hergestellt.

- Das Mischen von Hand erfolgt nur für kleine Mengen. Bindemittel und Sand werden entsprechend dem Mischungsverhältnis (→ Tabelle) in Raumteilen zugegeben.
- Das Abmessen erfolgt durch Messbehälter. Es ist unbedingt auf eine gleichmäßige Füllung zu achten. Am Mischer muss eine entsprechende Mischeranweisung angebracht sein.
- Das Anmachwasser wird nach Augenmaß zugegeben bis der Mörtel „kellengerecht“ ist.

Als Bindemittel für Baustellenmörtel kommen vorwiegend Kalkhydrat und Portlandzement zum Einsatz.

Geschützt vor Witterungseinflüssen – Trockenmörtel im Silo

Werk-Frischmörtel wird auf die Baustelle geliefert

Gegenüberstellung von Mörtelgruppen und Mörtelklassen

Mörtelgruppen nach DIN 1053 und DIN V 18580	**Mörtelklassen** nach DIN EN 998-2	**Fugendruckfestigkeit** in N/mm²
MG I	M1	–
MG II	M2,5	2,5
MG IIa	M5	5,0
MG III	M10	10,0
MG IIIa	M20	20,0

Normalmörtel – Baustellenmörtel
Mischungsverhältnisse in Raumteilen (RT) nach DIN V 18580

Mörtelgruppe	Kalkteig	Kalkhydrat	Hydraulischer Kalk (HL 2)	Hydraulischer Kalk (HL 5), MC-Binder	Druckfestigkeit	Eigenschaften und Verwendung
MG I Kalkmörtel	1 RT Kalk + 4 RT Sand	1 RT Kalk + 3 RT Sand	1 RT Kalk + 3 RT Sand	1 RT Kalk + 4,5 RT Sand	Wände in kleinen Gebäuden mit Wanddicken ≥ 24 cm	• gute Verarbeitbarkeit • lange Erhärtungszeit • geringe Festigkeit
MG II Kalk-Zement-Mörtel	1,5 RT Kalk + 1 RT Zement + 8 RT Sand	2 RT Kalk + 1 RT Zement + 8 RT Sand	2 RT Kalk + 1 RT Zement + 8 RT Sand	1 RT Kalk + 3 RT Sand	Druckfestigkeit ≥ 2,5 N/mm²; für alle Bauteile	• gute Verarbeitbarkeit • kurze Erhärtungszeit • gute Festigkeit
MG IIa Kalk-Zement-Mörtel	–	1 RT Kalk + 1 RT Zement + 6 RT Sand	–	2 RT Kalk + 1 RT Zement + 8 RT Sand	Druckfestigkeit ≥ 5 N/mm²; für alle Bauteile	
MG III Zementmörtel	1 RT Zement + 4 RT Sand				Druckfestigkeit ≥ 10 N/mm² für hoch belastete Bauteile (Pfeiler, Gewölbe), außer Vormauerschale	• hohe Festigkeit • starkes Schwinden

Die Werte für Sand gelten für den lagerfeuchten Zustand

Die Einhaltung des Mischungsverhältnisses bestimmt wesentlich die Qualität des Mörtels:

- **Zu viel Bindemittel** ergibt einen sehr fetten Mörtel. Dieser schwindet stark und neigt zur Rissbildung.
- **Zu wenig Bindemittel** ergibt einen mageren Mörtel. Die Festigkeit ist gering.
  Der erhärtete Mörtel sandet leicht ab.
- **Zu viel Wasser** lässt den Mörtel fließen. Eine gute Verarbeitung ist nicht möglich. Geplante Schichtdicken können nicht eingehalten werden.
- **Zu wenig Wasser** verhindert, dass Mörtel gut am Stein haftet. Das Bindemittel hat nicht genügend Wasser zum Abbinden zur Verfügung.
  Der Mörtel hat eine geringe Festigkeit.

Werden verschiedene Mörtelgruppen auf der Baustelle verwendet, so ist sicherzustellen, dass keine Verwechslung möglich ist. Die Verwendung verschiedener Mörtel sollte eher die Ausnahme sein.

Wie kann die Mörtelausbeute berechnet werden?
Wird einer Trockenmischung aus Sand und Bindemittel das Wasser zugegeben, so verringert sich das Volumen der plastischen Mörtelmischung. Das Wasser ermöglicht eine dichtere Lagerung der Sandkörnchen und der Bindemittelteilchen.

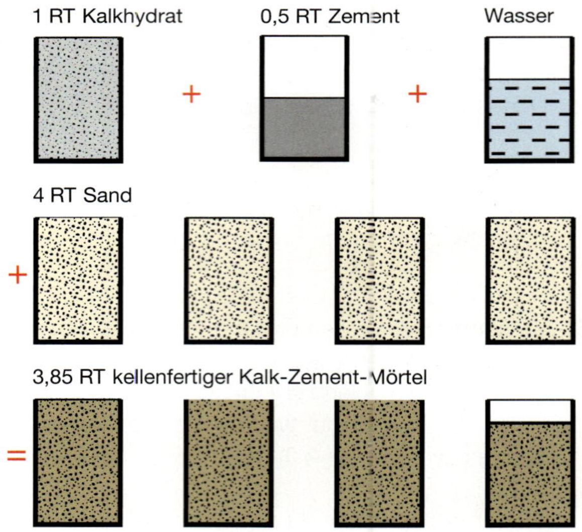

Die **Mörtelausbeute (MA)** an Frischmörtel ist geringer als die Menge des Trockenmörtels.
Das ist unbedingt zu beachten, wenn eine bestimmte Menge Frischmörtel hergestellt werden soll.

$$\text{Mörtelausbeute in \%} = \frac{\text{Volumen des kellenartigen Mörtels}}{\text{Volumen Bindemittel + Volumen Sand}} \cdot 100$$

Bei der Verwendung von baustellenfeuchtem Sand kann mit einer Mörtelausbeute (MA) von 70 bis 80 % gerechnet werden.

$$\textit{Mörtelfaktor} = \frac{\textit{Volumen Bindemittel + Volumen Sand}}{\textit{Volumen des kellenartigen Mörtels}}$$

Der Mörtelfaktor beträgt im Allgemeinen etwa 1,4.

! Ein Sack Werk-Trockenmörtel mit 40 kg Inhalt ergibt ca. 26 ℓ Frischmörtel, ein 25 kg Sack ergibt ca. 15 ℓ Frischmörtel.

Schüttdichte und Volumen von Bindemitteln

Bindemittel	Schüttdichte in kg/dm³	Gewicht je Sack in kg	Volumen von 1 Sack in ℓ
Weißfeinkalk	0,4	25 40	1) 2)
Weißkalk-hydrat	0,5	20 25	40 50
Hydrauli-scher Kalk	0,8		
Zement	1,2	25	21

1) 25 kg Weißfeinkalk ergeben nach 12 Stunden Einsumpfdauer mindestens 65 ℓ geschmeidigen Kalkteig.
2) 40 kg Weißfeinkalk ergeben nach 12 Stunden Einsumpfdauer mindestens 105 ℓ geschmeidigen Kalkteig.

Beispiel 1

Es sollen 200 ℓ Frischmörtel der M2,5 aus Werk-Trockenmörtel hergestellt werden.
Wie viel Werk-Trockenmörtel ist für die Mischung bereitzustellen?

Lösung:

$$\frac{\textit{erforderlicher Frischmörtel}}{\textit{ℓ Frischmörtel pro Sack}} = \frac{200\,ℓ}{26\,ℓ/\text{Sack}} = 7{,}7\ \text{Sack}$$

Es müssen 8 Sack Trockenmörtel mit einem Sackgewicht von je 40 kg angemischt werden.

$$\frac{\textit{erforderlicher Frischmörtel}}{\textit{ℓ Frischmörtel pro Sack}} = \frac{200\,ℓ}{15\,ℓ/\text{Sack}} = 13{,}3\ \text{Sack}$$

Es sind 14 Sack Trockenmörtel mit einem Sackgewicht von 25 kg anzumischen.

Beispiel 2

Wie viel Liter kellenfertigen Mörtel der Mörtelgruppe MG II erhält man aus 2 Sack (je 25 kg) Luftkalk als Kalkhydrat?

gegeben: Mischungsverhältnis
$2\ RT_{Kalkhydrat} : 1\ RT_{Zement} : 8\ RT_{Sand}$
2 Sack Kalkhydrat (je 25 kg)

gesucht: $V_{Mörtel} = ?$

Lösung:

- 1 Sack Weißkalkhydrat zu 25 kg enthält 50 ℓ
  $V_{Kalk} = 2 \cdot 50\,ℓ = 100\,ℓ \mathrel{\hat{=}} 2\ RT$
- erforderlicher Zement:
  $V_{Zement} = 1\ RT \mathrel{\hat{=}} \underline{50\,ℓ}$
  $(50\,ℓ \cdot 1{,}2\ kg/dm^3 = 60\ kg\ \text{Zement})$
- erforderlicher Sand:
  $V_{Sand} = 8\ RT \mathrel{\hat{=}} 8 \cdot 50\,ℓ = \underline{400\,ℓ}$
- Volumen des kellenfertigen Mörtels:
  $V_{Mörtel} = MA \cdot (V_{Kalk} + V_{Zement} + V_{Sand})$
  MA angenommen mit 70 % (MA = 0,7)
  $V_{Mörtel} = 0{,}7 \cdot (100 + 50 + 400)\,ℓ$
  $V_{Mörtel} = \underline{385\,ℓ}$

Ergebnis:
Aus 2 Sack Weißkalkhydrat (je 25 kg) können 385 ℓ kellenfertiger Mörtel der Mörtelgruppe II hergestellt werden.

3.2.4 Abdichtungen

Mauerwerk ist vor Feuchtigkeit aus dem Erdreich bzw. vor Niederschlagswasser zu schützen. Ist Wasser lange im Mauerwerk vorhanden, so kann dies zur Zerstörung führen. Frost-Tau-Wechsel können einen feuchten Stein schnell sprengen. Die gemauerte Wand hat nicht mehr ihre geplanten Eigenschaften.

Daher sind in **erdanliegenden Bereichen** immer Abdichtungen auszuführen (→ **G 3**).

Abhängig von der Beanspruchung sind bahnenförmige Abdichtungen und Spachtelmassen bzw. Dichtungsschlämmen einsetzbar.

Der/die Architekt/in legt in der Ausführungsplanung die Art der Abdichtung und deren Ausführung fest. Zu der bisher üblichen Gruppe der Bitumenbahnen kommen verstärkt Kunststoffe zum Einsatz.

Zur **Abdichtung gegen aufsteigende Feuchtigkeit** wird eine waagerechte Sperrschicht zwischen zwei Steinschichten bzw. zwischen Betonplatte und Steinschicht verlegt. Dafür eignen sich Bahnen. Bahnen müssen sich an den Stößen überlappen. Eine durchgehende Sperrschicht wird so ausgebildet.

Wo sind senkrechte Abdichtungen anzuordnen?

- Kelleraußenwände sind gegen Feuchtigkeit aus dem Erdreich zu schützen.
- Der Sockelbereich von Außenwänden ist gegen Spritzwasser abzudichten.

Für diese Abdichtungen eignen sich neben Bahnen, die mühsam geklebt werden müssen, auch Spachtelmassen und Dickbeschichtungen.

Bahnenförmige Abdichtungen (Auswahl)

Bezeichnung	Kurzzeichen
Glasvlies-Bitumendachbahn	V 13
Bitumen-Dachdichtungsbahn mit Glasgewebeeinlage	G 200 DD
Bitumen-Schweißbahn mit Glasvlieseinlage	V 60 S4
Kaltselbstklebende Bitumen-dichtungsbahn	KSK
Kunststoff-Dichtungsbahnen	
Polyvinylchlorid weich, bitumenverträglich (Dicke ≥ 1,2 mm)	PVC-P-BV-1,2
Elastomer (Dicke ≥ 1,2 mm)	EPDM-1,2
Ethylen-Copolymerisat-Bitumen (Dicke ≥ 1,2 mm)	ECB-T1-1,2

Nichtbahnenförmige Abdichtungen bei Bodenfeuchtigkeit und nichtstauendem Sickerwasser (Auswahl)

Abdichtungsstoff	Ausführungsbeispiel
Kunststoffmodifizierte Bitumendickbeschichtung (KMB)	1 kalter Voranstrich 2 Schichten Spachtelmasse Trockenrohdichte ≥ 3 mm
Zementgebundene, flexible Dichtungsschlämmen	mindestens 2 Lagen mit einer Gesamtdicke von 2 bis 5 mm Trockenschichtdicke ≤ 3 mm

Auf zementären Dichtungsschlämmen lässt sich im Sockelbereich gut ein Putz aufbringen. Beim Spachteln bzw. Streichen sind unbedingt die Hersteller-Richtlinien zu beachten. Mindestschichtdicken sind an jeder Stelle einzuhalten.

Bitumenbahn als Sperrschicht gegen aufsteigende Feuchtigkeit

Zementgebundene Dichtungsschlämme als Abdichtung im Sockelbereich

Testen Sie sich selbst!

1. Welche Steinformate gehören in die Gruppe der kleinformatigen Steine?
2. Wie kann auf der Baustelle die Qualität eines Ziegels geprüft werden?
3. Nennen Sie bindemittelgebundene Steine!
4. Welche Steinarten verbergen sich hinter den Kurzzeichen HLz und KSL?
5. Welche Eigenschaft wird bei Hochlochziegeln durch die Anordnung von Luftkammern verbessert gegenüber Vollziegeln?
6. Für welche Bauteile werden U-Schalen benötigt?
7. Nennen Sie wesentliche Eigenschaften eines Porenbetonsteins!
8. Erläutern Sie die Bezeichnungen folgender Steine:
   DIN 105 – Mz 20 – 1,8 – 2 DF
   DIN 106 – KS-R 12 – 1,2 – 4 DF (240)!
9. Welche Aufgabe hat Kalk in einem Mauermörtel?
10. Nennen Sie den Unterschied zwischen Luftkalk und hydraulischem Kalk!
11. Worauf ist bei der Verwendung von ungelöschtem Kalk auf der Baustelle zu achten?
12. Was ist unter einem Kalkhydrat zu verstehen?
13. Warum benötigt Kalk Luft zur Erhärtung?
14. Welche Aufgaben hat ein Mauermörtel?
15. Was sind Werk-Trockenmörtel? Welche Vorteile haben sie gegenüber Baustellenmörtel?
16. Mit welchen Raumteilen an Zement, Kalkhydrat und Sand mischen Sie einen Kalkzementmörtel der Mörtelgruppe II?
17. Erläutern Sie den Begriff Mörtelausbeute!
18. Wie viel ℓ kellenfertiger Mörtel (Frischmörtel) sind aus 10 Sack Trockenmörtel mit einem Sackgewicht von 40 kg herstellbar?
19. Auf der Baustelle werden 300 ℓ kellenfertiger Mörtel der Mörtelgruppe II benötigt. Welche Mengen an Kalkhydrat, Zement und Sand in Raumteilen müssen bereitgestellt werden?
20. Welche Materialien können Sie für eine Abdichtung zwischen Steinschichten einsetzen?
21. Worauf ist bei der Ausführung von Abdichtungen aus Dichtungsschlämmen zu achten?

Hier wurde das Mauerwerk durch die Feuchtigkeit fast vollständig zerstört.

Wodurch kann dieser Schaden entstanden sein?

DIN V 105	Mauerziegel
DIN V 106	Kalksandsteine
DIN V 4165	Porenbetonsteine
DIN V 18151	Hohlblöcke aus Leichtbeton
DIN V 18152	Vollsteine und Vollblöcke aus Leichtbeton
DIN V 18153	Mauersteine aus Beton (Normalbeton)
DIN EN 459	Baukalk
DIN EN 998	Festlegungen für Mörtel im Mauerwerksbau
DIN V 18580	Werkmörtel mit besonderen Eigenschaften
DIN 1053	Mauerwerk, Berechnung und Ausführung
DIN 18195	Bauwerksabdichtungen

3.3 Vorbereiten der Maurerarbeiten

Bevor mit dem eigentlichen Mauern begonnen werden kann, müssen die erforderlichen Werkzeuge und Maschinen vor Ort sein.
Ein zügiger Bauablauf ist nur möglich, wenn die richtigen Baustoffe in ausreichender Menge vorhanden sind.

3.3.1 Werkzeug und Maschinen

Der Mischer für das Mischen des Mauermörtels ist i. Allg. ein Freifallmischer (→ Abschnitt 4.4.6). Zum Vermauern von klein- und mittelformatigen Steinen sind Maurerkellen erforderlich.
Die **Dreieckskelle** hat einen sehr günstigen Schwerpunkt und beansprucht das Handgelenk wenig.
Die **Viereckskelle** ermöglicht ein gutes Verteilen des Mörtels.

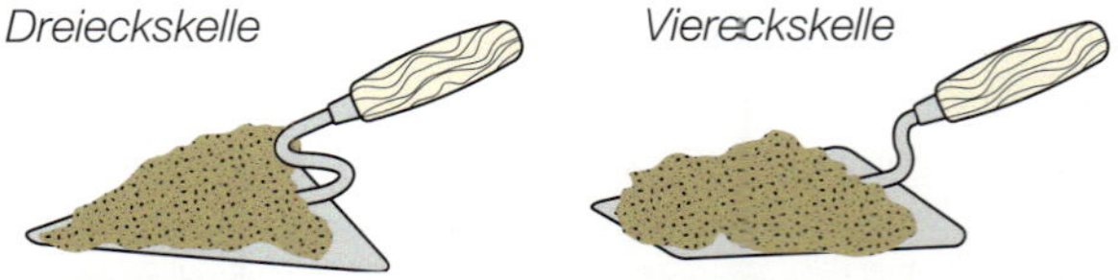

Für mittelformatige Steine (z. B. eine 24,0 cm dicke Wand aus 4 DF- oder 5 DF-Steinen) kann der Einsatz eines Mörtelschlittens den Bauablauf beschleunigen.
Der **Mörtelschlitten** wird auf der Wand entlanggezogen und stellt eine entsprechend eingestellte Lagerfugendicke (z. B. 1,2 cm) her. Mörtel wird mit der Schaufel eingefüllt.
Der Mörtelschlitten ist vorwiegend für das Mauern mit großformatigen Steinen entwickelt worden.

Arbeiten mit dem Mörtelschlitten

Zum Zusägen von Teilsteinen auf der Baustelle werden je nach Steinart eine **Kreissäge**, eine **Elektro-Handsäge** oder eine **Bandsäge** benötigt.

Passsteinherstellung mit der Steinsäge

Beim Umgang mit Maschinen sind die Arbeitsschutzbestimmungen unbedingt zu beachten (→ G 6).
Bei einer Baustellenkreissäge sind die Sägeblätter zu kontrollieren. Sie dürfen nicht rissig oder verformt sein. Die Schutzhaube des Sägeblattes muss richtig angebracht und eingestellt sein. Vor dem Wechseln der Sägeblätter ist die Stromzufuhr zu unterbrechen.

Für die Erstellung eines flucht- und lotgerechten Mauerwerks ist eine **Wasserwaage** unbedingt erforderlich.
Eine **Fluchtschnur** von Ecke zu Ecke gespannt ermöglicht das Mauern in der Flucht. **Die Schlauchwaage** kann das waagerechte Einrichten erleichtern.
Das Einhalten der Schichtenhöhen wird durch die **Schichtmesslatte** erleichtert.
Möglich sind auch **Ecklehren**. Diese werden lot- und fluchtgerecht eingemessen. Die Schichten können dann durchgemauert werden. Ein vorheriges Hochmauern der Ecken entfällt.

Schichtmesslatten erleichtern das Einhalten genauer Höhen.

3.3.2 Bockgerüst

Zum schnellen und kraftsparenden Mauern ist ein Gerüst ab einer Höhe von ca. 1,50 m unbedingt erforderlich. Bei Arbeiten in geringer Höhe (bis 4 m) ist ein Bockgerüst sehr sinnvoll (→ **G 7**).

Ein Bockgerüst besteht aus den Gerüstböcken (z. B. aus Stahl, in der Höhe verstellbar), dem Gerüstbelag und dem Seitenschutz (ab 2,00 m Belaghöhe).

Die Gerüstböcke dürfen nur auf einer sicheren Unterlage aufgestellt werden. Es können stählerne Gerüstböcke verwendet werden, die i. d. R. in der Höhe verstellbar sind. Gerüste aus Holz müssen zimmermannsmäßig hergestellt werden.
Der **Abstand der Böcke** ist abhängig von der Breite und Dicke des Belages (Bretter bzw. Bohlen). Der Abstand der Gerüstböcke soll nicht mehr als 3 m betragen. Dabei sind aber Bohlen (dicker als 4 cm) als Gerüstbelag zu verwenden. Diese dürfen über die letzten Gerüstböcke maximal 30 cm herausragen. Es besteht sonst die Gefahr des Umschlagens der Bohlen bei Belastung.

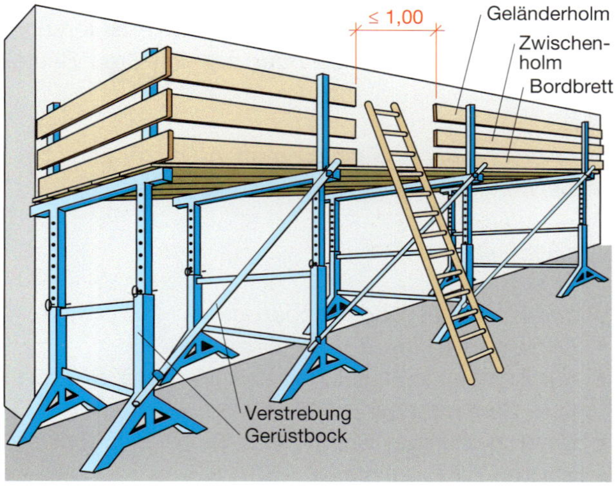

Bockgerüst – Bezeichnungen und Bauteile

Brett/Bohle	Maximaler Abstand der Gerüstböcke bei		
Breite	Brettern 3,0 cm dick	Bohlen 4,0 cm dick	Bohlen 5,0 cm dick
20 cm	0,75 m	1,50 m	2,00 m
28 cm	1,00 m	2,00 m	3,00 m

3.3.3 Stein- und Mörtelbedarf

Bevor die eigentlichen Maurerarbeiten beginnen können, ist der Materialbedarf zu ermitteln und dementsprechend das Material zu bestellen.

Nach der Ausführungsplanung erstellt der Planer ein Leistungsverzeichnis (→ Lernfeld 1), in dem alle Arbeiten aufgelistet sind. Die darin aufgeführten Mengen werden anhand der Pläne berechnet.
Der Bauunternehmer kann nach diesem Leistungsverzeichnis für seine Arbeiten einen Preis kalkulieren.
Für die Abrechnung der geleisteten Maurerarbeiten ist die Mengen- bzw. Massenermittlung mittels **Zeichnung bzw. Aufmaß** erforderlich. Wie das Aufmaß zu erfolgen hat, ist in der DIN 18330 geregelt. Diese ist Bestandteil der Vergabe- und Vertragsordnung für Bauleistungen (VOB) (→ Lernfeld 1).
Die Mengenermittlung im Leistungsverzeichnis (LV) beinhaltet

- die **Volumenberechnung** eines Bauteils oder
- die **Flächenberechnung** von Wänden und Öffnungen oder
- die **Längen** von gemauerten Pfeilern.

Für die Ermittlung ist es erforderlich, alle Wandöffnungen genau zu erfassen, da durch sie der Arbeitsaufwand steigen kann. Es müssen Steine geteilt und Leibungen lotrecht hochgezogen werden. Durchlaufende Schichten werden unterbrochen.

Steine und Mörtel müssen zum Arbeitsbeginn ausreichend auf der Baustelle sein.

Baustopp! Wurde nicht genügend Material bestellt?

Die Abmessungen zur Bestimmung der Fläche bzw. Länge werden entweder den Ausführungszeichnungen entnommen oder am erstellten Bauteil gemessen.

Die Abrechnung im **Flächenmaß *A*** (in m^2) erfolgt bei Mauerwerk getrennt nach Bauart und Maßen.

$A = \ell \cdot h$ in m^2

Vom Flächenmaß werden abgezogen
- Öffnungen ($b \cdot h$) > 2,50 m^2 Einzelgröße,
- durchbindende Bauteile mit einer Einzelgröße > 2,5 m^2 (z. B. Deckenplatten).
- Unterbrechungen durch Bauteile (z. B. Fachwerk, Stützen) mit Einzelbreiten > 30 cm.

Die Höhe des Mauerwerks von Innenwänden wird von Oberseite Rohdecke bis Unterseite Rohdecke gemessen. Stürze und Rolladenkästen werden übermessen und mit ihren Maßen gesondert berechnet.

Bei Wandkreuzungen, -einbindungen und Wandecken wird nicht doppelt gemessen. Die dickere Wand wird als durchgehend gerechnet. Bei gleichen Wanddicken wird nur eine als durchgehend gerechnet.

Tür- und Fensterpfeiler sind gesondert zu berechnen, wenn folgende 2 Bedingungen erfüllt sind:
- sie müssen schmaler als 50 cm sein **und**
- die beiderseits dieser Pfeiler liegenden Öffnungen müssen jede für sich > 2,5 m^2 sein.

Ist eine Bedingung nicht erfüllt, so gilt der Pfeiler als normales Wandmauerwerk.

Nach dem **Längenmaß** (in m) können folgende Bauteile abgerechnet werden:
- gemauerte und vorgefertigte Stürze
- Pfeiler
- Sohlbänke und Gesimse
- Rollschichten, Mauerabdeckungen
- gemauerte Stufen u. Ä.

Sie werden mit ihrer größten Länge berechnet.

Nach Stück (Anzahl) sind u. a. abzurechnen:
- das Herstellen von Öffnungen und Durchbrüchen
- vorgefertigte Stürze und Sohlbänke.

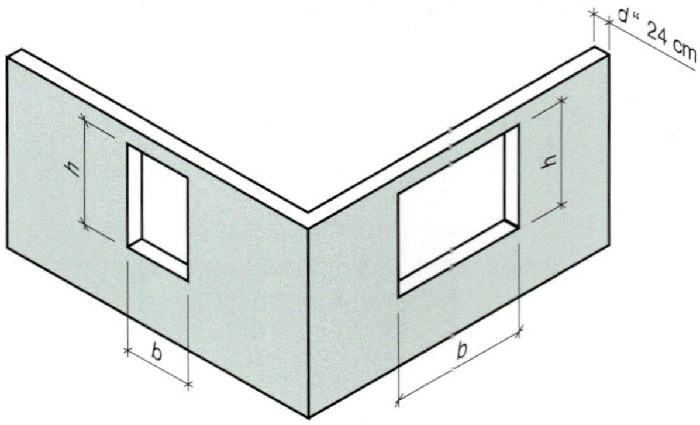

Abzug von Öffnungen bei Abrechnung nach dem Flächenmaß:

kein Abzug: $b \cdot h \leq 2{,}50\ m^2$

Abzug: $b \cdot h > 2{,}50\ m^2$

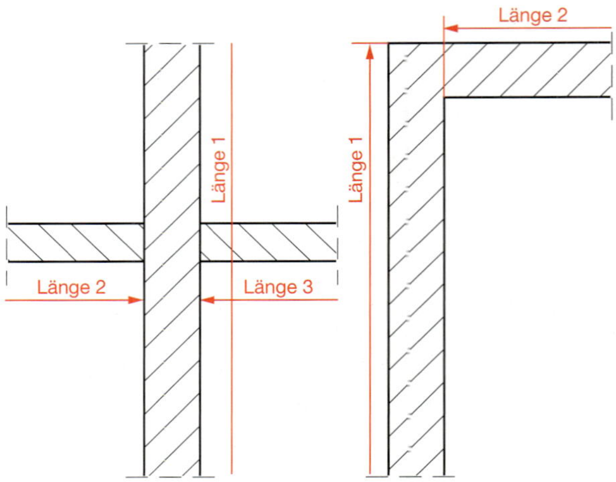

Wandkreuzung *Wanddecke*

Beim Aufmaß sind die Öffnungsgrößen zu beachten!

Mengenermittlung für Leistungsbeschreibung bzw. Abrechnung

Beispiel 1

Mengenermittlung einer 24 cm dicken Innenwand beim Projekt „Ferienhaus“ für Kalkulation und Abrechnung. Abrechnung nach dem Flächenmaß in m²:

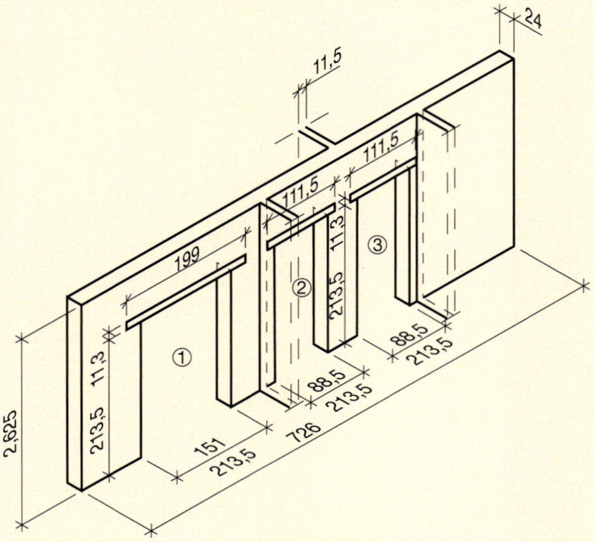

Öffnungen:

Durchgang ①: A_{Du} = 1,51 m · 2,135 m = 3,22 m²
Fläche > 2,5 m² ⇒ Abzug!

Tür ②: $A_{Tür}$ = 0,885 m · 2,135 m = 1,89 m²
Fläche < 2,5 m² ⇒ kein Abzug!

Tür ③: $A_{Tür}$ = 0,885 m · 2,135 m = 1,89 m²
Fläche < 2,5 m² ⇒ kein Abzug!

Über den Türöffnungen liegen Fertigteilstürze, die durch die ganze Wand durchbinden.
Diese werden für die Abrechnung von Mauerwerk übermessen.

Abrechenbare Fläche:
A_{Wand} = 7,26 m · 2,625 m – 3,22 m² = **15,84 m²**
Sturz – Durchgang ①: 1 Stück KS-Flachsturz
11,3 cm hoch, 24 cm breit, 1,99 m lang
Sturz – Tür ② und ③: 2 Stück KS-Flachstürze
11,3 cm hoch, 24 cm breit, 1,115 m lang

> Beispieltext aus der Leistungsbeschreibung:
> Mauerwerk nach DIN 1053 der Innenwand,
> Mauerwerksdicke 24 cm,
> Höhe bis 3 m, 15,84 m²
> bestehend aus KSL 12 – 1,4 – 2 DF (240) mit MG II

Beispiel 2

Mengenermittlung einer 36,5 cm dicken Außenwand, südost, beim Projekt „Ferienhaus“ für Kalkulation und Abrechnung.

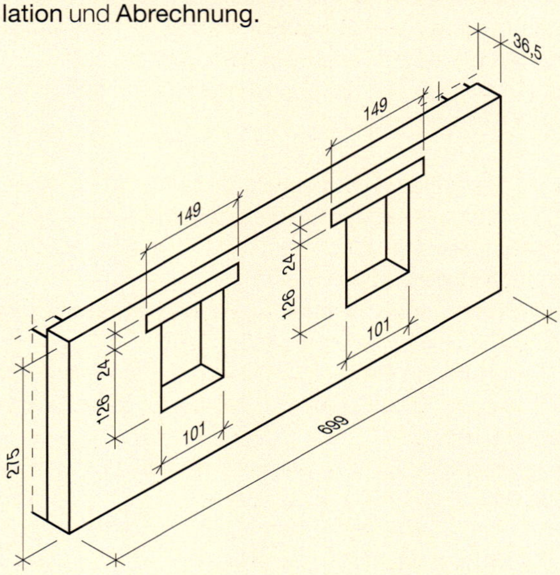

Öffnungen:

Fenster: $A_{Fenster}$ = 1,01 m · 1,26 m = 1,27 m²
Einzelgröße < 2,5 m² ⇒ kein Abzug!

Über den Fensteröffnungen liegen Stürze, die mittels U-Schalen hergestellt werden. Diese werden gleichfalls übermessen.
Abrechenbare Fläche:
A_{Wand} = 6,99 m · 2,75 m = **19,22 m²**
2 Stürze, 1,49 m lang, 24 cm hoch mittels U-Schalen mit werkseitiger Dämmung für eine Wanddicke von 36,5 cm herstellen.

> Beispieltext aus der Leistungsbeschreibung:
> Leichthochlochziegel-Mauerwerk nach DIN 1053 der einschaligen Außenwand
> Mauerwerksdicke 36,5 cm
> Höhe bis zu 3 m, 19,22 m² herzustellen
> bestehend aus Blockziegeln HLzW 10 – 0,9 – 6DF (365)
> mit Leichtmörtel LM 21; Stoßfuge unvermörtelt, verzahnt

Bei der Abrechnung der Außenlängswände ist zu beachten, dass die Ecken bei der oben berechneten Wand berücksichtigt wurden. Diese 36,5 cm sind von der Länge der anderen Wände dann abzuziehen.

Wie wird der Stein- und Mörtelbedarf ermittelt?

Der Stein- und Mörtelbedarf wird berechnet aus dem Volumen.

Der Stein- und Mörtelbedarf ist abhängig von

- dem Bauteil (z. B. Wand, Pfeiler),
- dem zu verwendenden Steinformat (2 DF oder 4 DF),
- der Art der Steine (Vollsteine oder Lochsteine),
- der Art der Stoß- und Lagerfugen (1,0 cm Stoßfuge oder Knirschverlegung).

Beeinflusst wird der Bedarf auch durch die Arbeitsweise der Maurer und die Ordnung auf der Baustelle:

- richtige Lagerung der Steine
- nur Mörtelmenge mischen, die auch verbraucht wird

Der **theoretische Bedarf** geht von den theoretisch verbrauchten Mengen (Steine und Mörtel) für das Errichten eines Bauteils aus.

Der **praktische Bedarf** berücksichtigt die unvermeidlichen Verluste an Stein und Mörtel.

Die Verluste unterliegen groben Schätzungen und können im Einzelfall stark abweichen.

Die Verluste an Steinen können mit 3 % angenommen werden.

Für Lochsteine ist der Mörtelbedarf um 10 % gegenüber dem Mörtelbedarf für Vollsteine zu erhöhen. Der Mörtelverlust bei Vollsteinen wird mit ca. 15 % angenommen.

Bei einem Mauerwerk mit Knirschverlegung (mörtelfreie Stoßfugen) ist der Mörtelbedarf ca. 25 % geringer als bei 1,0 cm dicken Mörtelstoßfugen.

Der unter Zuhilfenahme der Tabellen „Praktischer Stein- und Mörtelbedarf" ermittelte kellenfertige Mörtel ist der benötigte Frischmörtel. Ist diese Menge bekannt, so kann der Bedarf an Trockenmörtel bzw. die Menge an Mörtelbestandteilen (Kalk, Zement und Sand) errechnet werden (→ Abschnitt 3.2.3). So ist eine richtige Materialbestellung möglich.

Beispiel 3

Praktischer Stein- und Mörtelbedarf einer 24 cm dicken Wandfläche mit einer Fläche von 1 m², zu mauern mit Kalksandsteinen 2DF:

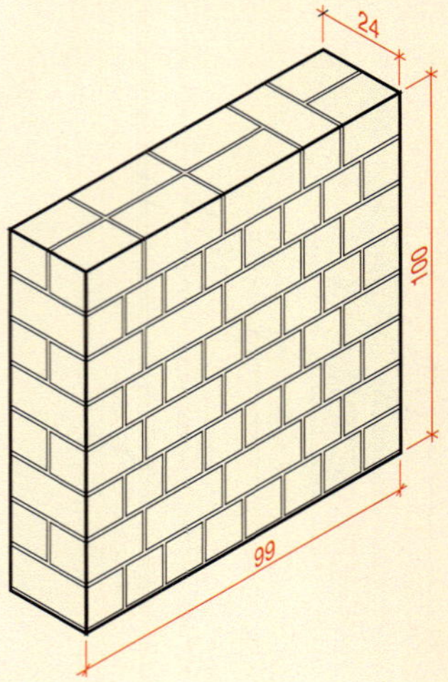

→ Tabelle „je 1 m² Wandfläche"
benötigt werden:
66 Steine 2DF und
47 ℓ kellenfertiger Mörtel

Beispiel 4

Praktischer Stein- und Mörtelbedarf einer 24 cm dicken Wandfläche mit einer Fläche von 1 m², zu mauern mit Kalksandsteinen 4DF mit Verzahnung (trockene Stoßfuge)

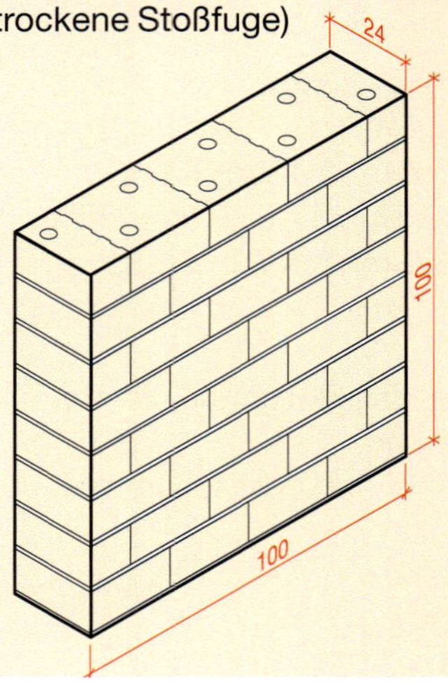

→ Tabelle „je 1 m² Wandfläche"
benötigt werden:
33 Steine 4DF und
14 ℓ kellenfertiger Mörtel

*Praktischer Stein- und Mörtelbedarf je **1 m³** Wandmauerwerk*

Wanddicke in cm	Steinformat (ℓ · b · h) in cm	Anzahl der Steine	kellenfertiger Mörtel für Vollsteine in ℓ	kellenfertiger Mörtel für HLz in ℓ	kellenfertiger Mörtel für KSL in ℓ
30,0	2DF + 3DF	110–2DF 110–3DF	186	215	205
	5DF (30 · 24 · 11,3)	110	152	185	167
36,5	NF (24 · 11,5 · 7,1)	407	261	320	287
	2DF (24 · 11,5 · 11,3)	271	207	240	228
	6DF (36,5 · 24 · 11,3)	90	188	180	207

*Praktischer Stein- und Mörtelbedarf je **1 m²** Wandmauerwerk*

Wanddicke in cm	Steinformat (ℓ · b · h) in cm	Anzahl der Steine	kellenfertiger Mörtel für Vollsteine in ℓ	kellenfertiger Mörtel für HLz in ℓ	kellenfertiger Mörtel für KSL in ℓ
11,5	NF (24 · 11,5 · 7,1) 2 DF (24 · 11,5 · 11,3)	50 33	24 18	30 20	27 20
17,5	3 DF (24 · 17,5 · 11,3)	33	27	30	30
24,0	NF (24 · 11,5 · 7,1) 2 DF (24 · 11,5 · 11,3) 3 DF (24 · 17,5 · 11,3) 4 DF (24 · 24 · 11,3) KS mit Nut und Feder 4 DF 5 DF (30 · 24 · 11,3) 6 DF (36,5 · 24 · 11,3)	100 66 45 33 33 27 22	60 47 40 37 14 35 34	70 55 50 – – 40 40	66 52 44 41 20 39 38
30,0	2 DF + 3 DF 5 DF (30 · 24 · 11,3) KS mit Nut und Feder 5 DF	33 – 3 DF 33 – 2 DF 32 32	56 46 –	65 55 –	62 52 25
36,5	NF (24 · 11,5 · 7,1) 2 DF (24 · 11,5 · 11,3) 6 DF (36,5 · 24 · 11,3)	149 99 32	96 76 60	112 90 65	106 84 66

Beispiel 5

Außenwand, südost, 36,5 cm dick,
Projekt „Ferienhaus“

Skizze und Abmessungen → Seite 93, Beispiel 2

Praktischer Stein- und Mörtelbedarf:
Die Außenwand soll aus Hochlochziegeln in 6DF gemauert werden. Die zu mauernde Wandfläche ist zu ermitteln:

$$A_{Mauerwerk} = A_{Wand} - A_{Öffnungen} - A_{Sturz}$$
$$= 19{,}22\,m^2 - 2 \cdot 1{,}27\,m^2 - 2 \cdot 0{,}24\,m \cdot 1{,}49\,m$$
$$\underline{= 15{,}96\,m^2}$$

Der Stein- und Mörtelbedarf unter Verwendung der obenstehenden Tabelle:

32 Steine/m² · 15,96 m² = 511 Steine

65 ℓ Mörtel/m² · 15,96 m² = 1038 ℓ Mörtel

Für die Errichtung der 36,5 cm dicken Außenwand werden 511 Leichthochlochziegel vom Format 6 DF und 1038 ℓ kellenfertiger Mörtel benötigt.

Testen Sie sich selbst!

1. Welches Werkzeug wird für das Mauern einer Wand benötigt?
2. Bis zu welcher Wandhöhe wird ein Bockgerüst aufgestellt?
3. Wenn Sie eine Wand nach dem Flächenmaß abrechnen, welche Flächen ziehen Sie dann ab?
4. Welche Bauteile werden nach dem Längenmaß abgerechnet?
5. Warum sind die Berechnungen der Flächen oder Rauminhalte von gemauerten Wänden erforderlich?
6. Nennen Sie 3 Kriterien, die den Stein- und Mörtelbedarf beeinflussen!
7. Wie groß ist der Stein- und Mörtelbedarf für eine 17,5 cm dicke Wand? Die Wand soll mit 3 DF-Hochlochziegeln gemauert werden und hat eine Fläche von 5 m².
8. Eine 30 cm dicke Wand soll aus Kalksand-Lochsteinen gemauert werden. Der Rauminhalt beträgt 1,5 m³.
   Ermitteln Sie den Stein- und Mörtelbedarf für 2 DF- und 3 DF-Steine?

DIN 4420	Arbeits- und Schutzgerüste
DIN 18330	VOB – Teil C – Mauerarbeiten
DIN 18299	VOB Verdingungsordnung für Bauleistungen – Teil C: Allgemeine Technische Vertragsbedingungen für Bauleistungen (ATV); Allgemeine Regelungen für Bauarbeiten jeder Art

3.4 Mauern einer Wand

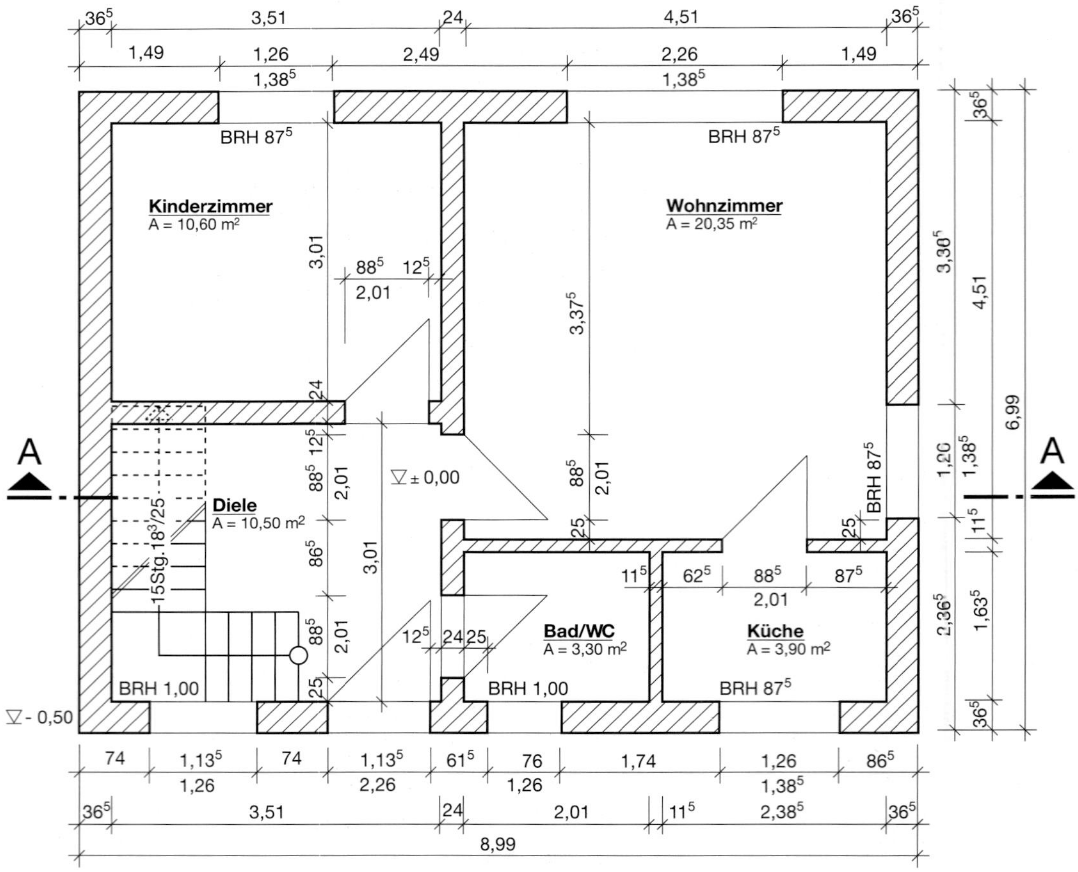

Grundriss M 1 : 50 (verkleinerte Darstellung)

Sind die Fundamente fertig gestellt, so erhält das Gebäude i. Allg. eine Bodenplatte aus Stahlbeton. Damit hat der Maurer eine sehr gute Arbeitsebene. Die vorhandenen Schnurgerüste mit den Markierungen (Nagel oder Kerbe) zeigen die Außenmaße der Fundamente.
Anhand der Ausführungszeichnungen (z. B. Fundamentplan) kann die Lage des Mauerwerks zur Fundamentkante bestimmt werden.

3.4.1 Ausführungszeichnungen

Die Ausführungszeichnungen (Werkzeichnungen) im M 1 : 50 ermöglichen dem Maurer ein genaues Erstellen des Rohbaukörpers.
In den Grundrissen müssen festgelegt sein:

- die Wanddicken
- die Steinmaterialien und die Mörtelgruppe
- Maueröffnungen und Stürze
- Decken- und Wanddurchbrüche
- Rohbau- und Fußbodenhöhen

Im Schnitt müssen vom Planer angegeben sein:

- alle Höhen (z. B. Oberkante Rohdecke, Oberkante Fertigfußboden, Unterkante Decke, Oberkante Gelände, Oberkante Dach)
- Lage und Material der Abdichtungen
- Art und Lage von Dämmungen
- Ringanker
- Dachkonstruktion einschließlich Dachaufbau

Für die Bauausführung auf der Baustelle sind von wichtigen Details Zeichnungen in einem größeren Maßstab vom Planer anzufertigen. Möglich, je nach Größe des Details, sind die Maßstäbe 1 : 1, 1 : 2, 1 5 und 1 : 10.

In den Detailzeichnungen werden Sachverhalte dargestellt, die in den Ausführungszeichnungen (Werkplänen) im M 1: 50 nicht deutlich genug erkennbar sind.
In diesen Detailzeichnungen werden angegeben:

- Art der einzubauenden Baustoffe
- Lage und Abmessungen der Materialien

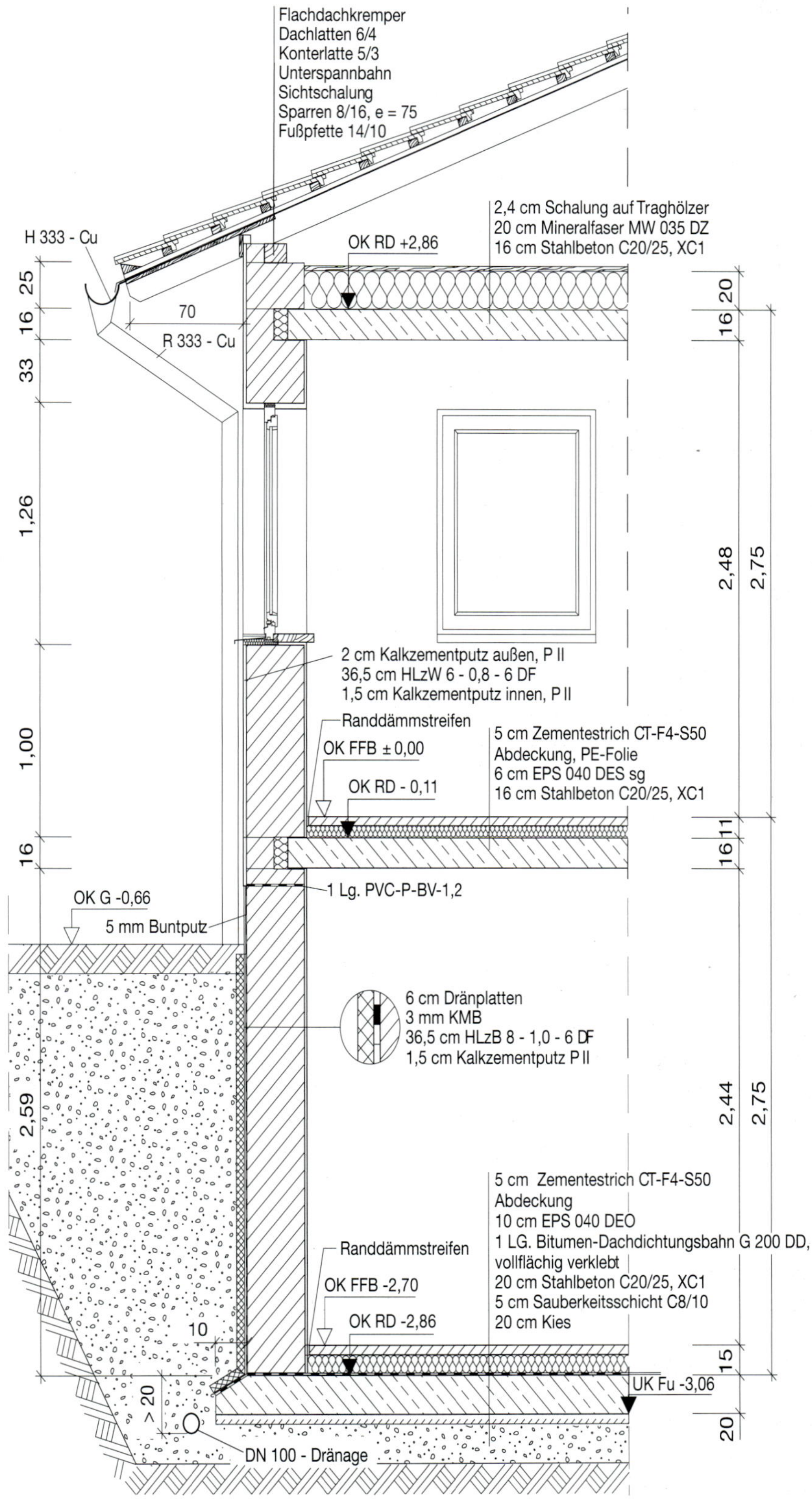

Fassadenschnitt M 1 : 20 (verkleinerte Darstellung)

3.4.2 Arbeitsregeln

Steine lassen sich gut vermauern, wenn sie nicht zu schwer sind und gut gegriffen werden können.

Einhandsteine können mit einer Hand gegriffen und vermauert werden. Greift der Maurer über die ganze Steinbreite, so darf der Stein nicht schwerer als 6 kg sein. Besitzt der Stein ein Griffloch für die Hand bzw. Grifflöcher für die Finger, so darf der Stein ein Gewicht bis 7,5 kg haben.

Zweihandsteine dürfen ein maximales Gewicht von 25 kg haben. Diese Steine (z. B. KS-R) besitzen Daumen-Grifflöcher oder Grifftaschen an den Stoßfugenseiten. Die Grifftaschen sind günstiger, da der Stein in den Fingern hängt. Der Transport ist einfacher.

Steine mit einem höheren Gewicht (das betrifft nur großformatige Steine) dürfen nur mit Versetzgeräten vermauert werden. Die Steine werden i. Allg. auf Paletten auf die Baustelle geliefert und sind oftmals in Folie verpackt. Damit ist gleichzeitig ein Feuchteschutz für die Lagerung auf der Baustelle gegeben.

Gewichte von Mauersteinen (Auswahl)

Steinart	Format	Steingewicht in kg/Stück
Vollziegel	NF 2DF 3DF 5DF	3,1 ... 3,9 5,6 ... 6,2 7,6 ... 9,5 13 ... 16
Hochlochziegel	NF 2DF 3DF 5DF	1,8 ... 3,0 2,5 ... 3,6 3,8 ... 5,6 6,5 ... 10
KS-Vollsteine	NF 2DF 3DF 4DF 6DF	ca. 3,5 ca. 5,3 ca. 8,1 ca. 12,5 ca. 19,0
KS-Lochsteine	2DF 3DF 6DF	ca. 4,7 ca. 6,8 ca. 14,3

Werden stark saugende Steine zum Mauern verwendet, so ist der Stein vorzunässen oder es ist ein Mörtel mit einem verbesserten Wasserrückhaltevermögen zu verwenden. Dadurch wird verhindert, dass dem Mörtel sehr schnell Wasser entzogen wird.

Die **Lagerfuge** sichert eine ausreichende Haftreibung zwischen den Steinen. Eine sichere Kraftübertragung ist nur möglich, wenn der Mörtel auf die Lagerfläche der Schicht vollflächig ca. 1,2 cm dick aufgebracht wird.

Einhandsteine mit Griffloch

Zweihandsteine mit Daumenlöchern

Lieferung von Kalksandsteinen in Paletten

Er wird entweder mit der Kelle aufgetragen oder mit dem Mörtelschlitten aufgezogen.
Längsfugen sind mit Mörtel satt zu verfüllen.
Die **Stoßfuge** wird bei kleinformatigen Steinen mit 1 cm Dicke ausgeführt. Der Mörtel wird über dem Mörtelkübel aufgetragen und der Stein wird dann auf die Lagerfuge gesetzt. Ein Klopfen mit dem Kellenstiel auf den Stein verbessert die satte Verlegung. Der austretende Mörtel wird mit der Kelle abgestrichen.
Bei mittel- und vor allem großformatigen Steinen ist eine „**Knirschverlegung**" möglich. Der Abstand der Steine ist dabei kleiner als 5 mm.
Die Abmessungen dieser Steine sind ebenfalls nach dem Baurichtmaß (Achtelmeter = 12,5 cm) ausgerichtet.
Die Steine für die Knirschvermauerung sind etwas länger als für normale Stoßfugen.
Die Stirnflächen der Steine können mit einer **Mörteltasche** ausgebildet sein. Diese wird nach der Knirschverlegung mit Mörtel verfüllt.
Steine mit einer **Nut-Feder-Verbindung** ermöglichen eine verzahnte Stoßfuge ohne Mörtel. Dies ist möglich, da die Stoßfuge nur unwesentlich an der Lastübertragung beteiligt ist. Die Steine werden so dicht aneinander verlegt, wie es die herstellungsbedingten Unebenheiten erlauben.

3.4.3 Arbeitsablauf beim Mauern einer Wand

Abstecken der Gebäudeaußenkanten
↓
Verlegen der Abdichtungsbahn auf einer Mörtelschicht
↓
teilweises Hochmauern der Ecken bzw. Wandenden mit Abtreppungen (Steine mittels Wasserwaage lotrecht und waagerecht setzen)
↓
Fluchtschnur nach der 1. Schicht von Ecke zu Ecke spannen, sodass sie die Oberkante für die Steinlage bildet
↓
Schicht von Ecke zu Ecke an der Fluchtschnur entlangmauern. Höhe und seitlichen Abstand von der Fluchtschnur einhalten
↓
nach Beendigung der Schicht Fluchtschnur neu spannen, nächste Schicht mauern
↓
Ecken bzw. Wandenden lotrecht höher ziehen – Wiederholung der Schritte

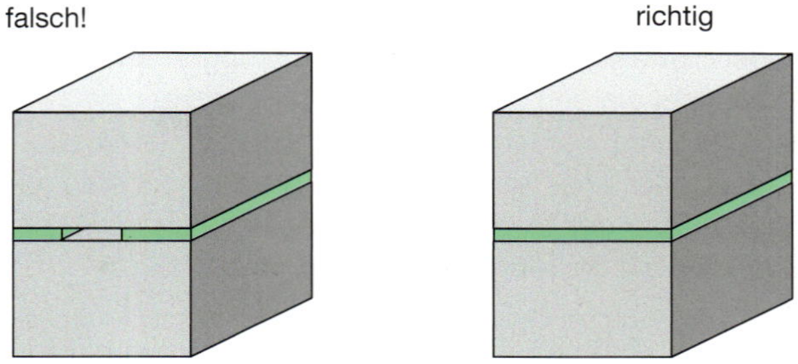

Lagerfugen

Auftragen des Mörtels auf den Stein

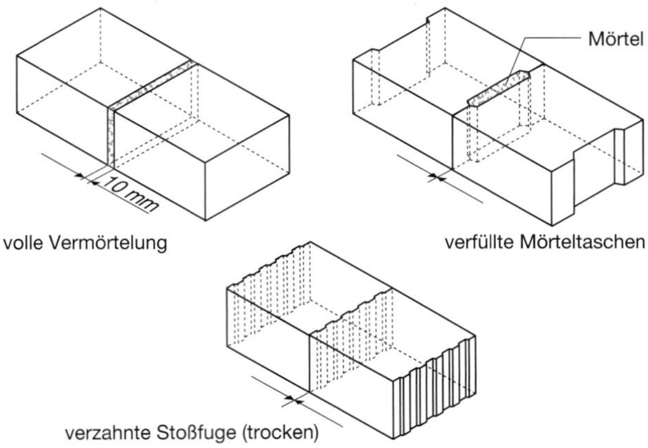

Varianten der Ausbildung von Stoßfugen

Die Außenecken des Wandmauerwerks können auf die Bodenplatte entsprechend der Ausführungsplanung aufgezeichnet werden oder es kann ein Schnurgerüst dafür neu gespannt werden. Danach ist mittels eines Nivelliergerätes oder einer Schlauchwaage die am höchsten gelegene Ecke der Bodenplatte zu bestimmen. In dieser Ecke wird mit der Mörtelschicht begonnen.

Vorhandene Unebenheiten oder Höhenunterschiede sind mit der ersten Mörtelschicht auszugleichen.

Sind die Ecksteine gesetzt, kann die Flutschnur gespannt werden.

Der erste Stein wird auf die am höchsten gelegene Ecke gesetzt.

Wie wird die Abdichtung gegen aufsteigende Feuchtigkeit ausgeführt?

Grundsätzlich ist bei allen Gebäuden das Aufsteigen von Feuchtigkeit aus dem Erdreich in die Baukonstruktion bzw. in die Räume dauerhaft zu verhindern. Das wird erreicht durch die Anordnung einer Abdichtung. Am einfachsten geschieht dies durch das Verlegen von Abdichtungsbahnen auf der Bodenplatte. Diese horizontale Abdichtung wird in 2 Arbeitsschritten hergestellt:

1. Der Maurer verlegt unter der ersten Mauerschicht eine Abdichtungsbahn im Mörtelbett. Die Bahn ragt seitlich jeweils ca. 15 cm über das Mauerwerk hinaus.
2. Der Estrichleger verlegt vor der Herstellung des Fußbodens vollflächig Abdichtungsbahnen auf der Fußbodenfläche und verklebt bzw. verschweißt diese mit der aus der Wand herausragenden Abdichtungsbahn.

Abdichtungsbahn unter der ersten Mörtelschicht

Wie wird der Sockel einer Wand ausgeführt?

Der Sockelbereich ist die Wandfläche von OK Gelände bis 30 cm über Geländeoberkante. Er wird durch rückprallende Niederschläge **(Spritzwasser)** stark beansprucht. Um Bauschäden zu vermeiden, ist eine sorgfältige Ausführung der Abdichtungen erforderlich. Wie und mit welchen Materialien diese Abdichtung auszuführen ist, legt der Planer in der Detailplanung fest (→ nachfolgendes Beispiel).

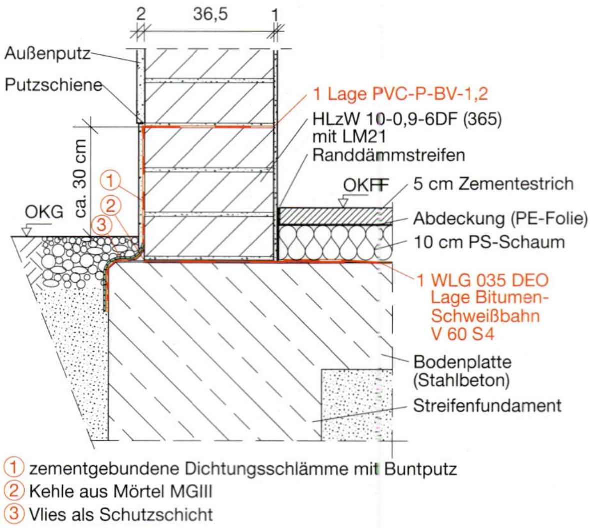

Sockeldetail

Erläuterung zum dargestellten Sockeldetail:

- Die Bitumen-Dachdichtungsbahn auf der Bodenplatte verhindert das Aufsteigen von Feuchtigkeit in die Schichten des Fußbodens. Sie kann **vollflächig** auf die Bodenplatte geklebt werden. Die Bahnen unter der Wand und unter dem Fußboden müssen sich mindestens 10 cm überlappen. Die Bahn sollte um die Fundamentkante geführt werden, um ein sicheres Verkleben mit der Dichtungsschlämme zu erreichen.

- Die PVC-Bahn (1,2 mm dick) oberhalb des Sockelbereichs wird in einer Lagerfuge verlegt und wirkt als horizontale Abdichtung in der Wand. Falls Wasser im Sockelbereich in das Mauerwerk eindringt, ist ein Aufsteigen dieser Feuchtigkeit in der Wand nicht möglich.
- Im Sockelbereich wird auf das Mauerwerk eine flexible, zementgebundene Dichtungsschlämme bis 30 cm über Oberkante Gelände aufgestrichen. Die vom Hersteller angegebene Trockenschichtdicke ist dabei unbedingt zu erreichen. Auf der Schlämme lässt sich sehr gut ein Sockelputz, z. B. ein Buntsteinputz (POrg), auftragen. Die **Kehle** ist mit einem Radius von ca. 4 cm mit Mörtel oder Schlämme auszuführen. Möglich sind auch Dämmstoffkeile. Darauf wird die Dichtungsschlämme auf Trägergewebe von der Vertikalen in die Horizontale geführt. Die Kehle verhindert ein Abreißen der Abdichtung in diesem Bereich, wenn Bauteile sich unterschiedlich bewegen. Die Schlämme wird mindestens 10 cm auf die Stirnfläche der Bodenplatte gezogen.

Schutz gegen Spritzwasser durch eine Dichtungsschlämme

> **!** Vor dem Beginn des Hochmauerns der Ecken muss der Maurer wissen, in welchem Verband er mauern will. Dieser bestimmt die Endsteine an den Ecken.

Fenstersturz aus U-Schalen mit Montageunterstützung

Wie werden Öffnungen für Fenster und Türen hergestellt?

Sind **Öffnungen** in der Wand herzustellen, so muss die darunter zu mauernde Schichtenanzahl bekannt sein.
Für die Öffnungsleibungen gelten die gleichen Regeln wie für Wandenden. Sie sind lotrecht hochzumauern, damit die Einbauteile (z. B. Fenster und Türen) passen.

Der **Fenstersturz** muss die Öffnung überdecken und die darüber liegenden Lasten in die Wand ableiten.
Dies kann ein **Fertigteilsturz** sein, aber auch ein Stahlbetonbalken (Herstellung auf der Baustelle → Lernfeld 4).
Der Fertigteilsturz wird wie die Steine in einem Mörtelbett verlegt. Anschließend können die Schichten über die gesamte Wandlänge wie oben beschrieben durchgemauert werden.

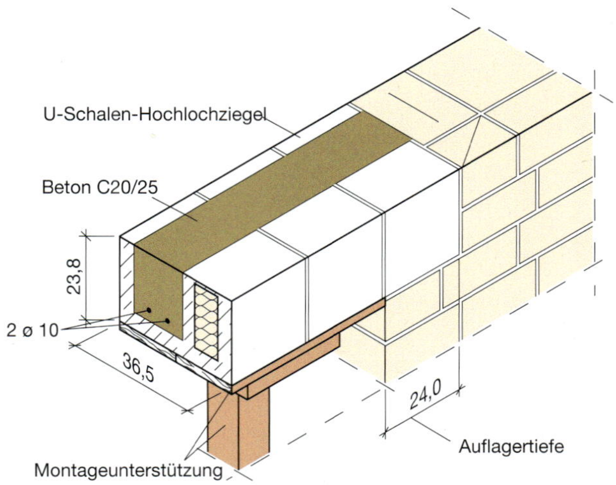

Sturzdetail

Erläuterungen zum dargestellten Sturzdetail:

Auf eine Montageunterstützung (→ Abschnitt 4.2) werden U-Schalen aus Hochlochziegeln verlegt. Die hier dargestellten Schalen haben eine zusätzliche Dämmung zur Vermeidung von Wärmebrücken, da Stahlbeton schlechte Wärmedämmeigenschaften hat.

Danach werden 2 Stähle BSt 500 S mit einem Durchmesser von je 10 mm auf Abstandhalter verlegt und der Beton C20/25, XC1 eingebracht.
Die Auflagertiefe des Trägers beträgt 24 cm. Der Sturz hat die Höhe von 2 Mauerschichten. Danach wird entsprechend dem Verband durchgemauert.

3.4.4 Schutz von frischem Mauerwerk

Frisches Mauerwerk ist der Witterung ausgesetzt.

- Viel Sonnenschein und Wind lassen den Mörtel zu schnell austrocknen. Ein Abdecken mit Folie kann dies verhindern, ein Nachnässen kann erforderlich sein.
- Bei starkem Regen sind die Lagerflächen der Mauer bzw. die Brüstungsbereiche abzudecken und so vor einem Durchnässen zu schützen. Auswaschungen des Mörtels, Ausblühungen und evtl. Schwindrisse werden so vermieden.

! Feuchtigkeit, die während des Bauprozesses in die Wände gelangt, muss i.d.R. während der ersten beiden Jahre der Nutzung langsam wieder austrocknen.

- Feingliedrige Bauteile (Pfeiler, Schornsteine) sind bei zu erwartendem Frost mit wärmedämmenden Matten abzudecken.
- Bei Außentemperaturen unter + 5 °C sollte nicht mehr gemauert werden, außer der Mörtel bzw. die Steine haben eine Temperatur darüber.
- Frisches Mauerwerk muss zum Schutz vor Niederschlag und Frost abgedeckt werden.

Testen Sie sich selbst!

1. Was ist beim Vermauern von stark saugenden Steinen zu beachten?
2. Erläutern Sie die Knirschverlegung!
3. Warum spannt sich der Maurer eine Fluchtschnur zum Mauern der Schichten?
4. Welche Aufgabe hat eine Abdichtungsbahn unter der ersten Mauerschicht?
5. Welches Material können Sie für eine waagerechte Abdichtung verwenden?
6. Warum ist die sorgfältige Ausführung des Sockeldetails durch den Maurer so wichtig?
7. Wie werden Öffnungen hergestellt?

Frisch errichtetes Mauerwerk muss vor extremen Witterungseinflüssen geschützt werden.

Schutz vor Schlagregen, zu schneller Austrocknung und vor Frost

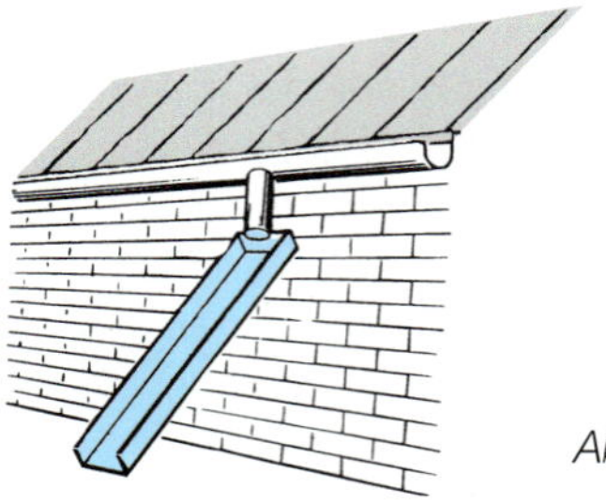

Ableitung des Regenwassers

DIN 1053, Teil 1	Mauerwerk, Berechnung und Ausführung
DIN 18330	Mauerarbeiten

3.5 Projektarbeit „Ferienhaus“

Problemstellung: Errichten des einschaligen Wandmauerwerks einschließlich aller Öffnungen.

Die Wände des Ferienhauses sind aus künstlichen, klein- bzw. mittelformatigen Steinen (→ Abschnitt 3.2) zu mauern. Sie werden als einschalige Wände mit beidseitigem Putz (→ Abschnitt 6.1) ausgeführt.

Arbeitsschritte:

1. Planen der Mauerwerksmaße
2. Materialauswahl treffen
3. Verbände für Wandarten auswählen
4. Planen des Sockeldetails
5. Beschreiben des Arbeitsablaufs
6. Mengen- und Materialberechnung
7. Variante für die Außenwand

Der Maurer errichtet die Wände mit allen Tür- und Fensteröffnungen. Bei den Höhenangaben in den Bauzeichnungen muss er berücksichtigen, dass der Fußbodenaufbau auf die Bodenplatte raumweise eingebracht wird. Die Türöffnungen müssen daher so hoch sein, dass das eigentliche Türmaß erreicht wird, wenn der Fußboden eingebaut ist. Gleiches gilt für die Brüstungshöhen unter den Fenstern. Der Maurer muss die nach ihm folgenden Gewerke beachten. Das Ferienhaus soll ein Satteldach mit einer Holzbalkendecke erhalten. Die Giebeldreiecke werden erst hochgemauert, wenn der Zimmermann den Dachstuhl aufgestellt hat.

Aufgaben

- Welche Wände sind im Ferienhaus tragende Wände?
- Welche Innenwände können nicht tragend sein?

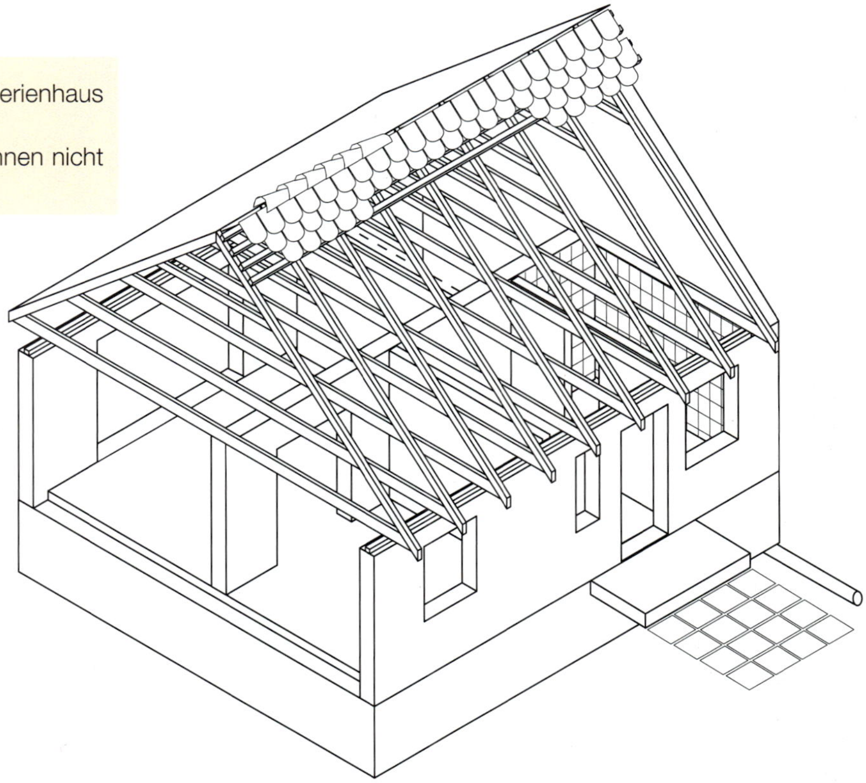

Ausführungshilfen:

- Skizzieren Sie das Ferienhaus mit der Raumaufteilung; Skizze nicht maßstäblich; Blattformat: A4, hochkant!
- Markieren Sie die tragenden und nichttragenden Wände mit unterschiedlichen Farben!
- Wählen Sie unter Zuhilfenahme der Tabelle S. 63 Wanddicken aus!

3.5.1 Bauricht- und Baunennmaße

Problemstellung: Ausgehend von dem zur Verfügung stehenden Grundstück, den Bestimmungen aus dem Bebauungsplan und den Wünschen des Bauherrn entwickelt der Architekt einen Vorentwurf als Handskizze:

- die Raumaufteilung und die Raumgröße wird entworfen,
- die Lage und Größe der Fenster und Türen werden festgelegt.

Im Mauerwerksbau sind diese Maße ein Vielfaches des Achtelmeters (am = 12,5 cm) – das Baurichtmaß.

Aufgabe 1

Im vorliegenden Vorentwurf ist der Grundriss auf einem Raster (12,5 cm x 12,5 cm = 1 am x 1 am) skizziert. Einige Baurichtmaße sind angegeben, andere Baurichtmaße sind als ein Vielfaches von am angegeben. *Beispiel:* 8 · am = ?

- Ermitteln Sie die Baurichtmaße in cm.

Ausführungshilfen:

- Auf dem Arbeitsblatt ist Ihnen das am-Raster einschließlich Gebäudeecken und Innenwänden vorgegeben.
- Vervollständigen Sie die Skizze.
- Errechnen Sie aus den am-Angaben die Baurichtmaße in cm.
- Tragen Sie alle Baurichtmaße vollständig ein.

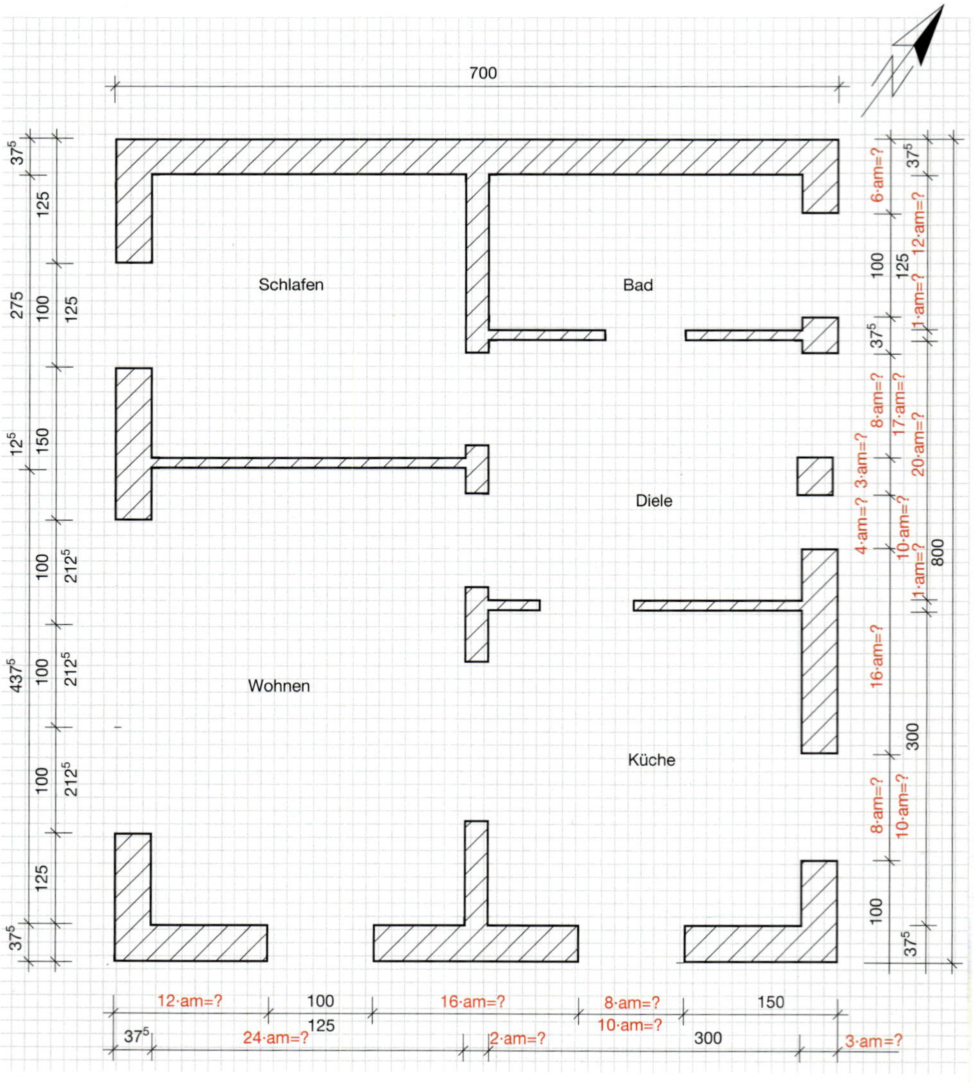

Projekt „Ferienhaus" Vorentwurf – Baurichtmaße Maße in cm

Problemstellung: Die Baurichtmaße sind Planungsmaße. Der Maurer auf der Baustelle benötigt für seine Arbeit jedoch die Baunennmaße (→ Seiten 60 und 62).

Aufgabe 2

- Bestimmen Sie aus den festgelegten Baurichtmaßen die Baunennmaße der
  - Außenmaße, Pfeilermaße, Wanddicken,
  - Öffnungsmaße,
  - Vorsprungsmaße,
  - Anbaumaße.
- Berechnen Sie die Wohnflächen der einzelnen Räume!

Ausführungshilfen:

- Zeichnen Sie den Grundriss im Maßstab 1 : 50 (1 m = 2 cm); Blattformat: A 4, hochkant (→ **G 1**).
- Tragen Sie alle Maße unter einem Meter in „cm“ und alle Maße ≥ 1 m in „m“ ein.
- Ihre ersten Schritte können Sie anhand der schon eingetragenen Nennmaße kontrollieren.
- Tragen Sie die Wohnfläche in die Räume ein (unter der geplanten Nutzung).

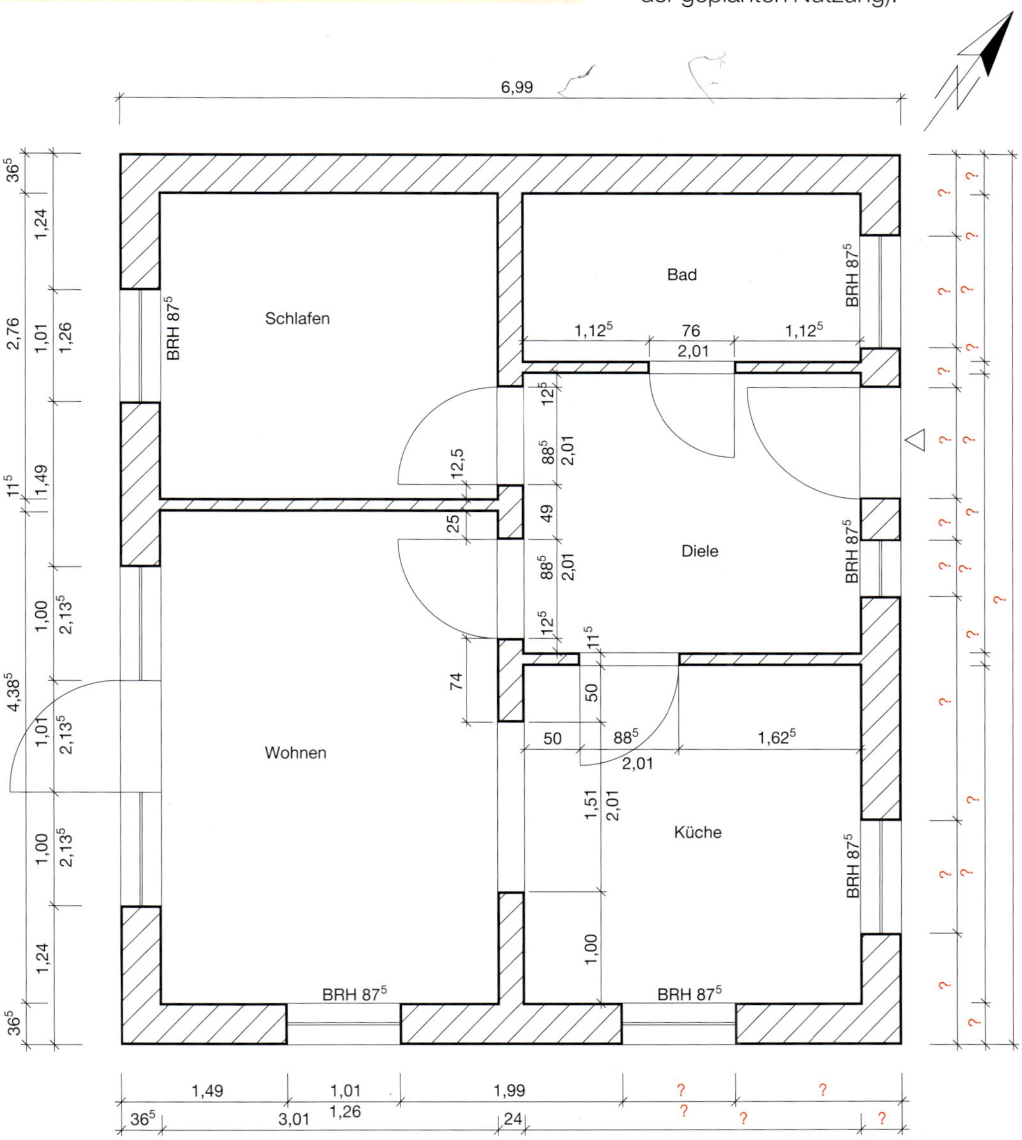

Projekt „Ferienhaus“ Grundriss – Nennmaß; M 1 : 50, verkleinerte Darstellung; Maße in cm, m

3.5.2 Baustoffe

Problemstellung: Bei der Verwendung von klein- und mittelformatigen Steinen (Steinhöhe bis 11,3 cm) beschränkt sich die mögliche Auswahl auf

- Ziegel und
- Kalksandstein.

Außenwände müssen gute Wämedämmeigenschaften besitzen.

Aufgabe 1

- Vergleichen Sie die Rohdichten von Ziegeln und Kalksandsteinen (→ Seiten 76 und 78).
- Bewerten Sie die Wärmedämmeigenschaften und schlagen Sie eine Steinart für die Außenwand vor.
- Fertigen Sie dazu eine Übersicht in Tabellenform an.

Ausführungshilfen:

- Beachten Sie: Je geringer die Rohdichte, umso besser die Wärmedämmung.
- Informieren Sie sich in **G 3**.1.1 über bauphysikalische Anforderungen (→ Seiten 297 bis 299).
- Stellen Sie in der Übersicht Steinart, Rohdichte und Format gegenüber.

Problemstellung: Für Innenwände wird eine Verwendung von Kalksandsteinen vorgeschlagen. Sie haben eine gute Tragfähigkeit sowie gute Schallschutzeigenschaften infolge ihrer hohen Rohdichte.
Beide Steinarten werden mit Normalmörtel vermauert.

Aufgabe 2

- Welche Mörtelgruppen wählen Sie?
- In welchem Mischungsverhältnis sind Kalkhydrat, Zement und Sand auf der Baustelle zu mischen?

Ausführungshilfen:

- Benutzen Sie die Tabelle „Mischungsverhältnisse" (→ Seiten 84 und 86)

3.5.3 Verbände mit Verlegeplan

Verbände (→ Abschnitt 3.1.3) werden festgelegt in Abhängigkeit von

- der Wanddicke,
- den Steinformaten.

Der Mauerwerkskörper des Ferienhauses besteht aus Wänden unterschiedlicher Dicke und verschiedener Steinarten (→ Grundriss, Seite 105).

Innenwand – 11,5 cm

Problemstellung: Im Ferienhaus sind 3 Wände mit einer Wanddicke von 11,5 cm Dicke geplant (→ Grundriss mit Nennmaßen).
Es werden Kalksandsteine vermauert.

Aufgabe 1

- Wählen Sie mögliche Steinformate aus!
- Wie viele Schichten je Meter Wandhöhe sind von den möglichen Formaten erforderlich?

Die Innenwand zwischen Diele und Küche hat eine Höhe von 2,625 m (→ Isometrie, Seite 110).

- Wie viele Schichten müssen Sie mit 2 DF-Steinen mauern?

Ausführungshilfen:

- Benutzen Sie die Tabelle „Kalksandsteine" (→ Seite 78).
- Nennen Sie zwei mögliche Steinformate!
- Berechnen Sie für die Steinhöhe die Schichtenhöhe → Seite 62).
- Ermitteln Sie die Anzahl der Schichten für 1 m (→ Seite 60).
- Ermitteln Sie die Anzahl der Schichten für die Wandhöhe von 2,625 m.

Aufgabe 2

- Skizzieren Sie für den Wandabschnitt mit der Länge von 162,5 cm die 1. und 2. Schicht eines möglichen Verbandes!
- Der Wandanschluss soll mittels Stumpfstoßtechnik erfolgen. Wählen Sie einen Verband.
- Wie groß ist das Überbindemaß? Tragen Sie es in die Skizze ein.

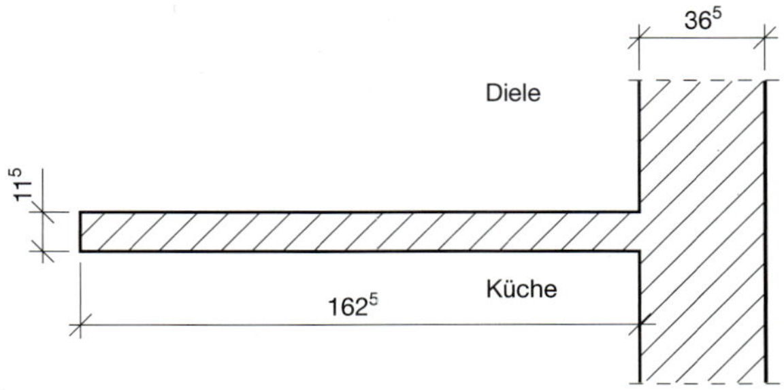

Ausführungshilfen:

- Skizzieren Sie die Umrisse des Wandabschnitts für die 2. Schicht im M 1 : 10 (1 m = 10 cm)
  Blattformat: A 4, hochkant (obere Blatthälfte) (→ **G1**).
- Wiederholen Sie die Skizze für die 1. Schicht (untere Blatthälfte).
- Zeichnen Sie Steine und Fugen in die erste Schicht! Beginnen Sie mit einem ganzen Stein (→ Seite 66).
- Entsprechend dem gewählten Verband zeichnen Sie Steine und Fugen in die 2. Schicht.
- Bestimmen Sie rechnerisch das Überbindemaß. Überprüfen Sie dies anhand Ihrer Skizze.

Innenwand – 24 cm

Problemstellung: Die durchgehende Längswand ist als tragende Wand (Decke) 24 cm dick. Der dargestellte Abschnitt befindet sich zwischen Schlafzimmer und Bad.

Aufgabe 3

- Skizzieren Sie einen Verlegeplan für die jeweiligen Schichten. Der Mauerstoß zur Außenwand wird wiederum als Stumpfstoß ausgeführt. Der Mauerstoß der einbindenden 11,5 cm dicken Wand soll mit einer Verzahnung ausgeführt werden.
  Variante 1: Mauern Sie mit einem kleinformatigen Kalksandstein im Kreuzverband.
  Variante 2: Wählen Sie einen mittelformatigen Stein!
- Zeichnen Sie 6 Schichten in der Ansicht!

Ausführungshilfen:

- Legen Sie den Maßstab (→ **G1**) für die Skizze selbst fest (wahre Länge 175 cm + 36,5 cm = 211,5 cm); Blattformat: A 4, hochkant.
- Zeichnen Sie die Umrisse für die Schichten (Variante 1 für 4 Schichten, Variante 2 für 2 Schichten)! Benennen Sie die Schichten.
- Mittelformatige Steine (→ Seiten 75 und 78)
- Zeichnen Sie die Steine in die Schichten (→ Seiten 67 bis 70).
- Achten Sie auf die richtige Darstellung der Teilsteine (→ Seiten 67 bis 70).
- Kontrollieren Sie das Überbindemaß.
- Zeichnen Sie im Maßstab 1 : 10 die Ansichten der beiden Varianten. Schraffieren Sie das typische Bild für einen Kreuzverband.

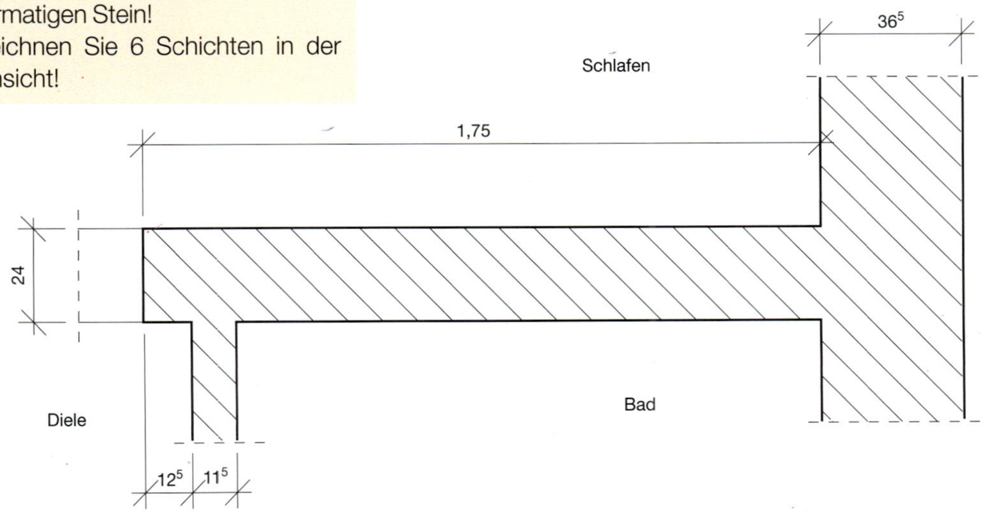

Außenwand

Problemstellung: Die Außenwand ist in einer Wanddicke von 36,5 cm mit Leichthochlochziegeln zu mauern. Lieferbare Steinformate: 2 DF, 5 DF und 6 DF

Aufgabe 4

- Welche Formate können für diese Wanddicke gewählt werden? Begründen Sie Ihre Entscheidung.

Ausführungshilfen:

- Tabelle „Ziegel" (→ Seite 76) Vergleichen Sie dabei die Steingrößen, Verbandsregeln und die Maße der Außenwand.
- Benennen Sie die möglichen Formate.
- Berücksichtigen Sie Aspekte der Verarbeitungszeit bzw. des Bautempos.

Problemstellung: Der skizzierte und vermaßte Wandstreifen ist ein Pfeiler zwischen zwei Fenstern der Außenwand. Er wird mit 2 DF-HLz gemauert.

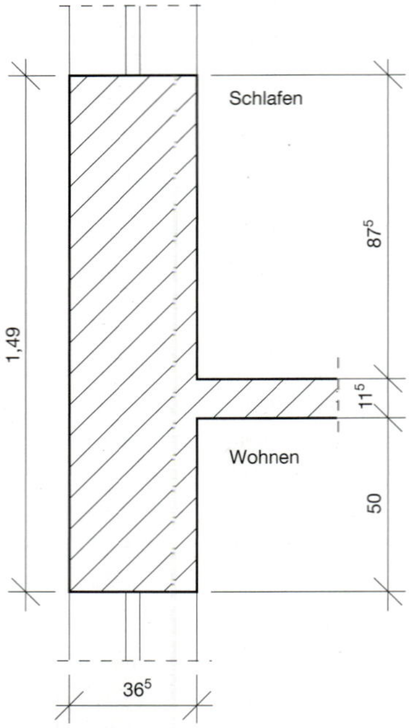

Aufgabe 5

- Für den dargestellten Mauerteil ist der Verlegeplan zu skizzieren! Der Mauerstoß der 11,5 cm dicken Kalksandsteinwand wird als Stumpfstoß mit Flachstahlankern ausgebildet.
- Wählen Sie einen geeigneten Verband für 6 DF-Steine (→ Seiten 72, 73).

Ausführungshilfen:

- Skizzieren Sie die Umrisse des Pfeilers im Maßstab 1 : 10. Blattformat: A4, hochkant (→ **G 1**).
- Wiederholen Sie diesen Schritt für jede Schicht.
- Zeichnen Sie die Steine und Fugen maßstäblich in die Umrisse ein.
- Überprüfen Sie das Überbindemaß.

Problemstellung: Es ist ein Verlegeplan für den dargestellten Außenwandabschnitt des Ferienhauses mit Ecke, Mauerstoß und Fensteröffnung zu erarbeiten.

Aufgabe 6

- Skizzieren Sie die Verlegepläne für diesen Mauerwerksabschnitt. Die Innenwand (24 cm dick) wird mittels Stumpfstoßtechnik angeschlossen.

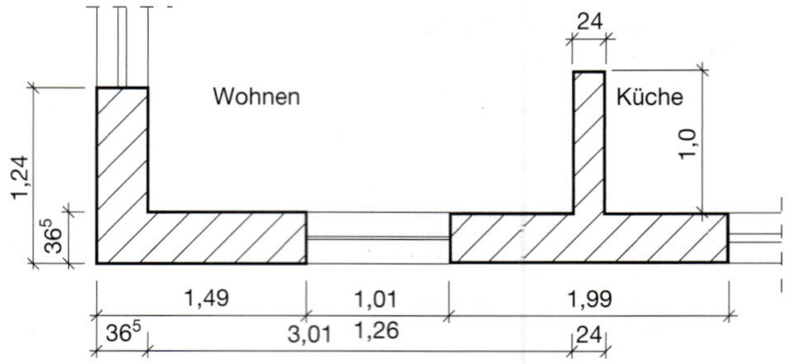

Ausführungshilfen:

- Zeichnen Sie die Wandumrisse zweimal untereinander im Maßstab 1 : 20 (1 m = 5 cm)! Blattformat: A4, Querformat.
- Skizzieren Sie die 1. und 2. Schicht für einen Blockverband (→ Seiten 72, 73).
- Achten Sie auf die Darstellung der Teilsteine.
- Kontrollieren Sie das Überbindemaß.

3.5.4 Skizzieren des Sockeldetails

Problemstellung: Detailzeichnungen zeigen, wie bestimmte Teilbereiche eines Bauteils auszuführen sind → Ausführungszeichnungen **G 1**. Sie stellen immer den geplanten Endzustand des Bauteils dar.

Alle ausführenden Gewerke werden bei der Detailzeichnung berücksichtigt.
Der Sockelbereich eines Bauwerkes wird besonders beansprucht. Durch Fehler in der Bauausführung können folgenschwere Bauschäden entstehen.

Beachten Sie bitte folgende Anforderungen, die der Sockel erfüllen muss:

- Das Aufsteigen von Feuchtigkeit aus dem Erdreich in die Wand und in den Fußboden muss verhindert werden.
- Der Bereich, in dem Spritzwasser oberhalb des Geländes gegen die Wand spritzt, beträgt ca. 30 cm.
- Der Sockelbereich darf nicht durchfeuchten.
- Wasser darf aus dem Sockelbereich nicht in der Außenwand aufsteigen.
- Der Sockelbereich hebt sich auch gestalterisch immer von der übrigen geputzen Außenwandfläche ab.

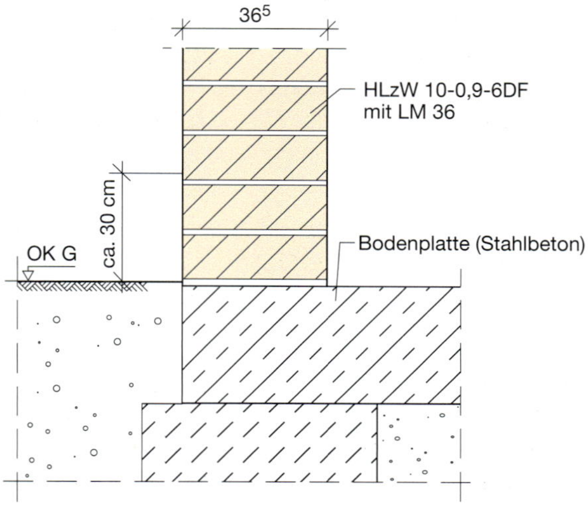

Aufgaben

- Fertigen Sie eine vollständige Ausführungszeichnung des Sockeldetails entsprechend der Skizze an!
- Benennen Sie die Materialien, die Sie verwenden wollen, und begründen Sie Ihre Entscheidung!

Ausführungshilfen:

- Zeichnen Sie im Maßstab 1 : 10; Blattformat: A4, hochkant.
- Legen Sie die Art der Abdichtungen fest und tragen Sie diese mit der Schraffur in die Zeichnung ein (→ Seite 88).
- Zeichnen Sie die Putzschichten ein (→ Praxistipp, Seite 209).
- Schraffieren Sie die Schichten (→ **G 1**, Seite 280).
- Beschriften Sie die Zeichnung.

3.5.5 Mauern der Wände

Problemstellung: Für die fachgerechte Ausführung von Maurerarbeiten ist eine gründliche Arbeitsplanung notwendig (→ Seite 98 bis 102).

Aufgaben

- Erarbeiten Sie ein Ablaufschema für das Mauern des Ferienhauses mit einzelnen Arbeitsschritten.
- Entwickeln Sie den Arbeitsablauf als Poster.
- Welche Werkzeuge und Maschinen werden benötigt?

Ausführungshilfen:

- Welche Arbeiten sind vor dem Setzen des ersten Steins zu leisten?
- Wo setzen Sie die ersten Steine?
- Wann werden Abdichtungen eingesetzt?
- Wie mauern Sie lot- und fluchtgerechte Wände?
- Wie werden Öffnungen hergestellt?
- Notieren Sie alle Werkzeuge und Maschinen, die Sie zum Mauern benötigen.

3.5.6 Mengen- und Materialbedarf

Problemstellung: Bevor mit dem Mauern begonnen werden kann, muss das Material in ausreichender Menge auf der Baustelle vorhanden sein. Um das Material ermitteln zu können, benötigt man das Volumen bzw. die Fläche des zu mauernden Körpers.

Grundsätze der Volumen- bzw. Flächenberechnung zur Materialermittlung:

- Berechnen des Volumens (in m^3) bzw. der Fläche (in m^2) der Wand einschließlich aller Öffnungen.
- Öffnungen und Stürze in m^3 bzw. m^2 berechnen und vom Volumen bzw. der Fläche abziehen.
- Beachten Sie, dass Wandbereiche , z. B. Ecken, nicht doppelt berechnet werden.

Dargestellt sind der Grundriss des Ferienhauses und eine Isometrie des Mauerwerkskörpers

- Längen und Breiten der Wände bzw. die Größen der Wandöffnungen sind dem Grundriss zu entnehmen.
- Die Wandhöhen sind in der Isometrie ersichtlich.

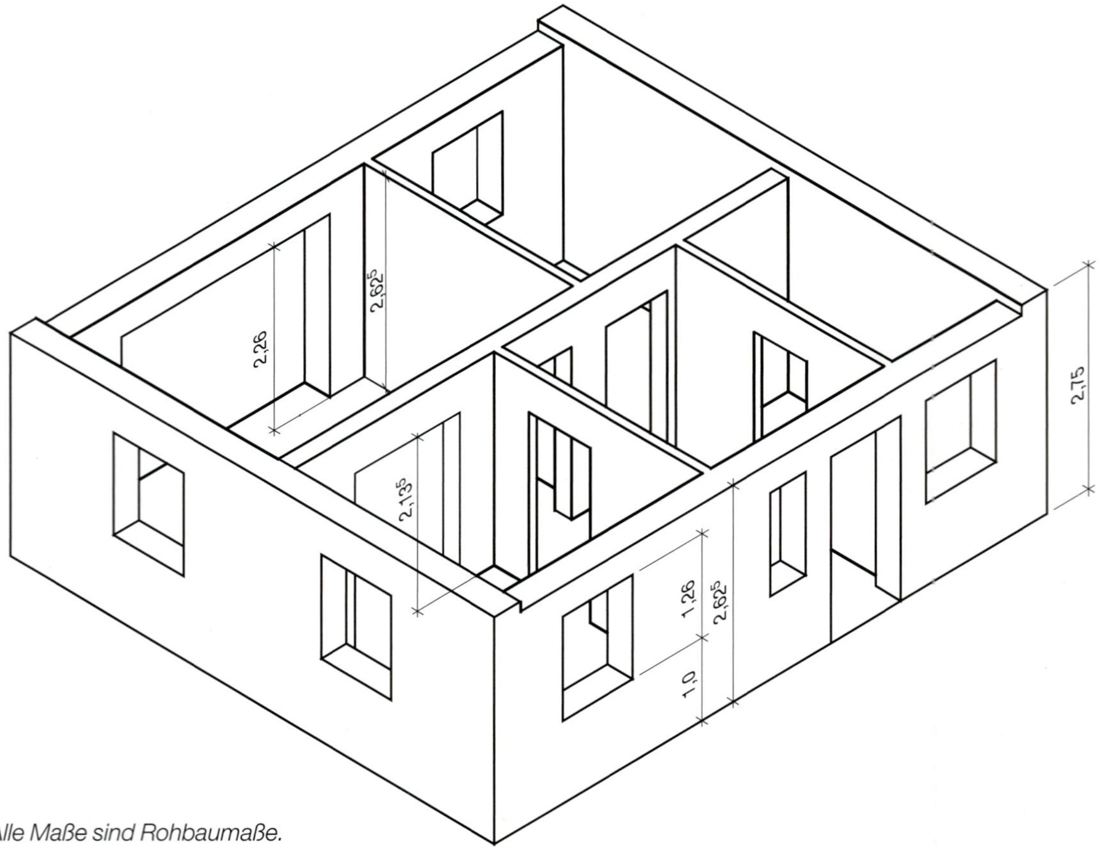

Alle Maße sind Rohbaumaße.

Aufgabe 1

- Berechnen Sie die Menge der Außenwand nach Nordwest (gelb im Grundriss).
- Ermitteln Sie weiterhin für diese Wand den Materialbedarf an
  - Hochlochziegeln (6DF) und
  - kellenfertigem Mörtel.

Ausführungshilfen:

- Verfahren Sie nach o. g. Grundregeln.
- Benutzen Sie zum Vergleich das Beispiel 5 Außenwand auf Seiten 93 und 95.
- Skizzieren Sie sich die zu berechnende Wand in der Ansicht und bemaßen Sie diese.
- Für die Materialbestimmung benutzen Sie die Tabelle „Praktischer Stein- und Mörtelbedarf" (→ Seite 94).

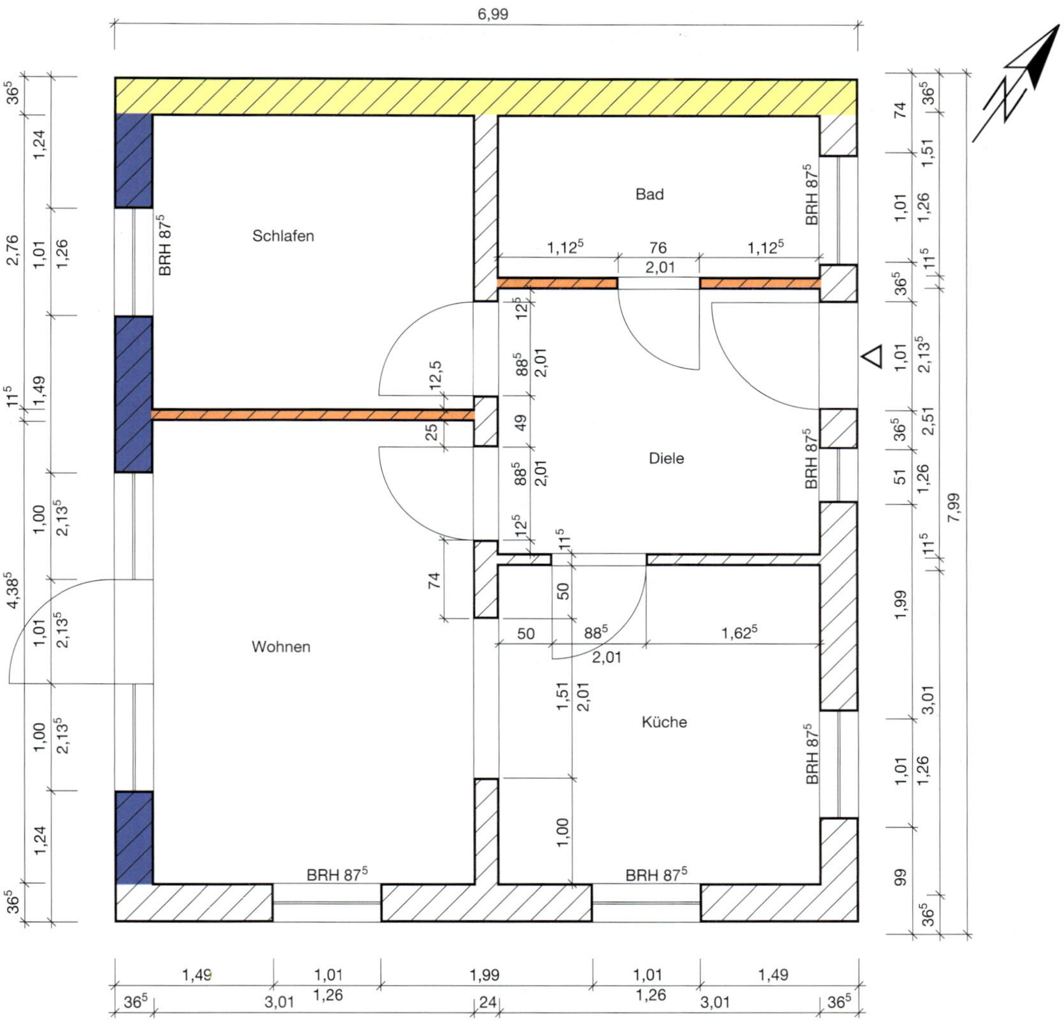

Projekt „Ferienhaus“ Grundriss M 1 : 50, verkleinerte Darstellung, Höhen beziehen sich auf OKFF

Aufgabe 2

- Führen Sie die zur Materialbestellung erforderlichen Mengenberechnungen für die Außenwand nach Südwest (blau im Grundriss) durch. Sowohl Fenster als auch Terrassentür erhalten jeweils einen Fertigteilsturz (Höhe 24 cm, Auflagertiefe auf der Wand 24 cm).
- Wie viel Sack Trockenmörtel (40 kg Sack) werden benötigt, um die erforderliche Mörtelausbeute zu erhalten?

Ausführungshilfen:

- Skizzieren Sie sich die zu berechnende Wand in der Ansicht und bemaßen Sie diese.
- Berechnen Sie das Gesamtvolumen der Wand.
- Berechnen Sie das Volumen der Öffnungen.
- Berechnen Sie das Volumen der Stürze.
- Ziehen Sie die Öffnungen bzw. Stürze von dem Gesamtvolumen ab! Sie erhalten das Mauerwerksvolumen.
- Für den Stein- und Mörtelbedarf benutzen Sie die Tabelle „Praktischer Stein- und Mörtelbedarf“ (→ Seite 94).
- Die Berechnung der Sackanzahl an Trockenmörtel erfolgt analog den Berechnungen auf Seite 87.

Aufgabe 3

- Ermitteln Sie für die Innenwand zwischen Schlaf- und Wohnraum (rot im Grundriss) den Bedarf an Kalksand-Lochsteinen und Normalmörtel!
- Wie viel Sack Trockenmörtel benötigen Sie zum Mauern dieser Innenwand?

Ausführungshilfen:

- Berechnen Sie den Flächeninhalt der Innenwand!
- Die Wandhöhe entnehmen Sie der Isometrie.
- Für den Stein- und Mörtelbedarf benutzen Sie die Tabelle „Praktischer Stein- und Mörtelbedarf" (→ Seite 95).
- Die Berechnung der Sackanzahl an Trockenmörtel erfolgt analog den Beispielrechnungen (→ Seite 87).

Aufgabe 4

Berechnen Sie den Stein- und Mörtelbedarf der Innenwand (11,5 cm dick) zwischen Bad und Diele (rot). Der Fertigteilsturz ist 11,3 cm hoch und liegt an jeder Seite 11,5 cm tief auf der Wand auf.

Ausführungshilfen:

- Skizzieren Sie sich die Innenwand in der Ansicht und bemaßen Sie diese.
- Berechnen Sie die Fläche der Wand.
- Berechnen Sie die Türöffnungen.
- Berechnen Sie die Fläche des Sturzes.
- Vergleichen Sie mit dem Beispiel 5 (→ Seiten 93, 95).
- Für den Stein- und Mörtelbedarf benutzen Sie die Tabelle „Praktischer Stein- und Mörtelbedarf" (→ Seite 95).

3.5.7 Variante für die Außenwand

Problemstellung: Die Wärmedämmeigenschaften der Außenwand aus Hochlochziegeln 6 DF sind nicht gut. Eine Verbesserung ist z. B. möglich durch eine zusätzliche Dämmschicht auf der Außenseite.

Das Wärmedämmverbundsystem (WDVS) soll den winterlichen Wärmeschutz (→ **G 3** 1.1) der einschaligen Außenwand verbessern. Dafür sind EPS-Hartschaumplatten, Mineralfaserplatten oder Korkplatten einsetzbar. Sie werden verputzt.

Vorteile

- Die Dämmschicht hat sehr gute dämmende Eigenschaften. Der Wärmedurchgangskoeffizient wird erheblich verringert.
- Die Mauerschale liegt auf der warmen Seite und hat zusätzliche wärmespeichernde Eigenschaften.
- Die Dicke der Mauerschale kann auf die statisch notwendige Dicke verringert werden.

Lösungsvorschlag

Für das Ferienhaus wird auf ein 24 cm dickes Mauerwerk (HLz B 12 - 0,9 - 5 DF) eine 10 cm dicke EPS-Schaum-Dämmung aufgebracht.

Schichtenaufbau und Wärmedurchgangskoeffizienten (Berechnung → **G 3** 1.1):

Schicht	*d* in cm	λ in W/(m · K)	*R* in m² · K/W
Übergang innen	–	–	0,13
Kalkzementputz	1,5	1,0	0,015
HLzB	24,0	0,39	0,615
EPS-Schaum	10,0	0,035	2,857
Kalkzementputz	2,0	1,0	0,020
Übergang außen	–	–	0,04
			Summe *R* = 3,678
Wärmedurchgangskoeffizient: *U* = 1/3,678 = **0,27 W/(m² · K)**			

Der Wärmedurchgangskoeffizient *U* = 0,27 W/(m² · K) ist gut. Er liegt unter dem Richtwert der EnEV von 0,28 W/(m² · K) (→ **G 3** 1.1).

Die 36^5er Wand aus kleinformatigen HLz hat einen Wärmedurchgangskoeffizienten von 0,88 W/(m² · K). Das Anbringen der Dämmplatten und das Putzen gehören zu den Putzarbeiten.
Eine andere Möglichkeit wäre das Mauern mit großformatigen Wärmedämmsteinen.

Lernfeld 4 Herstellen eines Stahlbetonbauteils

4.1 Planen eines Stahlbetonbauteils 114

4.2 Einschalen eines Stahlbetonbauteils 116

4.2.1 Anforderungen an die Schalung 116
4.2.2 Schalungsarten 116
4.2.3 Bestandteile der Schalung 117
4.2.4 Vorbereiten der Schalungsarbeiten 120
4.2.5 Arbeitsablauf beim Herstellen einer Balkenschalung 124

4.3 Bewehren eines Stahlbetonbauteils 126

4.3.1 Trag- und Verformungsverhalten eines Stahlbetonbalkens 126
4.3.2 Planen der Bewehrung für einen Stahlbetonbalken 129
4.3.3 Betonstahl 131
4.3.4 Vorbereiten der Bewehrungsarbeiten 133
4.3.5 Herstellen der Bewehrung 138

4.4 Betonieren eines Stahlbetonbauteils 141

4.4.1 Betonarten und deren Eigenschaften 141
4.4.2 Betonbestandteile 142
4.4.3 Eigenschaften des Frischbetons 150
4.4.4 Eigenschaften des Festbetons 152
4.4.5 Vorbereiten der Betonierarbeiten 154
4.4.6 Herstellen des Betons 157

4.5 Projektarbeit „Ferienhaus" 164

4.5.1 Planen des Balkens über der Terrassentür 165
4.5.2 Planen der Balkenschalung 166
4.5.3 Planen und Herstellen der Balkenbewehrung 167
4.5.4 Betonrezeptur und Mengenberechnung für die Stahlbetonbalken 169
4.5.5 Mengenberechnungen für Streifenfundamente und Sohlplatte 170

4.1 Planen eines Stahlbetonbauteils

Beton – ein historischer Baustoff

Beton ist keine Erfindung der heutigen Zeit. Er hat eine lange Geschichte. Bereits im Römischen Reich wurden Bruchstücke von Steinen, Kiesel und Sand in einen Grobmörtel eingebunden. Es entstand ein betonähnlicher Baustoff. Man fertigte daraus Hafenmauern, Fundamente, Abwasserkanäle, aber auch berühmte Bauwerke wie das römische Kolosseum, die Caracalla-Thermen oder das Pantheon.

Da dessen Aussehen und Eigenschaften unserem heutigen Beton entsprechen, werden in der Archäologie und in der Baugeschichte dafür die Bezeichnungen Gussmauerwerk, Gussbeton, Kalkbeton oder am häufigsten „Römischer Beton" verwendet. Mit dem Untergang des Römischen Reiches ging für lange Zeit das Wissen über die Herstellung von Beton verloren.

Erst im Jahre 1824 gelang es dem englischen Maurer *Joseph Aspdin* mit der Erfindung des „Portland Cement", ein vielseitiges Bindemittel zu entwickeln. Im Vergleich mit Kalk oder Trass war der Zement sehr viel besser geeignet, Sand und Kies unter Zugabe von Wasser fest miteinander zu verkitten.
Doch schon sehr früh erkannte man, dass der Beton zwar sehr druckfest, aber keinesfalls zugfest war.

Die Erfindung des Stahlbetons 1867 durch den Pariser Gärtner *Joseph Monier* leitete den Siegeszug des Betons bis in die heutige Zeit ein.
Monier fertigte zunächst Blumenkübel aus Drahtgeflechten und Zement für den Gartenbau. Er erwarb in kürzester Zeit Patente für eisenbewehrte Rohre, Platten, Eisenbahnschwellen und Brücken.
Der Begriff „Moniereisen" erinnert noch an diese Entstehungsgeschichte.

Beton – ein moderner Baustoff

Beton ist ein vielseitiger Baustoff, der aus unserer heutigen Bauwelt nicht mehr wegzudenken ist. Er wird sowohl im Industrie- und Verkehrsbau, im Tief- und Wasserbau als auch im Hochbau eingesetzt. Staudämme, Brücken, Autobahnen, Sportstadien, Fernsehtürme usw. legen davon ein eindrucksvolles Zeugnis ab.

Angesichts seiner beliebigen Ausformbarkeit und vielfältigen Einsatzmöglichkeiten ist Beton für viele Bauingenieure und Architekten ein faszinierender Baustoff. Beton ist aber auch für viele Menschen gleichbedeutend mit Naturzerstörung, Hässlichkeit, Kälte und Monotonie.

Historische Betonwand – Kolosseum in Rom

Der Spannbeton im Brückenbau ermöglicht große Spannweiten mit einer hohen Tragfähigkeit.

Wohnhaus aus Beton – Das Dach ist als Betonschale ausgebildet.

Um ein Stahlbetonbauteil zu planen, müssen sich der Architekt und der Tragwerksplaner mit folgenden Fragen auseinandersetzen:
- Welches Bauteil soll hergestellt werden?
- Welche Lasten müssen übertragen werden?
- Welchen Umgebungsbedingungen wird das Bauteil ausgesetzt?
- Welche Form soll das Bauteil haben?
- Wie soll die Oberfläche des Bauteils aussehen?
- Wie wird das Bauteil hergestellt?
- Welche Anforderungen an den Brandschutz muss das Bauteil erfüllen?

Ein Bauteil, dass fast immer aus Stahlbeton hergestellt wird, ist der Balken. **Stahlbetonbalken** dienen dazu,
- Öffnungen (Fenster, Türen) zu überdecken,
- im Skelettbau die Auflager für Decken- und Dachplatten zu bilden.

Balken, die als **Stürze** eingesetzt werden, nehmen Lasten aus den aufgehenden Wänden auf. Weiterhin können Lasten aus den darüberliegenden Decken und aus dem Dach hinzukommen. Die Balken leiten diese Lasten über ihre Auflager in die Wände weiter.

! Ein Stahlbetonbauteil ist immer ein Bauteil, das große Lasten übertragen kann.

Der **Statiker** (Tragwerksplaner) berechnet aus den auftretenden Belastungen
- den Querschnitt des Bauteils,
- die Größe und Lage der Bewehrung,
- die erforderliche Betonfestigkeit,
- die erforderliche Expositionsklasse.

Die Ergebnisse der statischen Berechnungen werden in der „Statik" und in Ausführungszeichnungen (z. B. Bewehrungszeichnungen) für die Herstellung auf der Baustelle dokumentiert. Entsprechend dieser Vorgaben wird der Stahlbeton hergestellt.

Dem **Bauhandwerker** kommt bei der Herstellung von Stahlbetonbauteilen eine große Verantwortung zu. Er hat es dabei nicht, wie beim Mauerwerk, mit fertigen Bausteinen zu tun.

❑ Die Betonbestandteile müssen entsprechend den Vorgaben sorgfältig ausgewählt und gemischt werden.

❑ Eine Schalung muss gebaut werden, die dem frischen Beton die Form gibt.

❑ Die Bewehrung ist genau nach der Ausführungszeichnung herzustellen und einzubauen.

! Beton kann mittels einer Schalung in jede beliebige Form gebracht werden – ein großer Vorteil.

Wände, Stützen und Decken aus Stahlbeton

Die **Herstellung** eines **Stahlbetonbauteils** erfolgt grundsätzlich nach folgenden Arbeitsschritten:

Planen
statische Berechnung, Ausführungszeichnung
↓
Einschalen
Herstellen einer Form für den Stahlbetonbalken
↓
Bewehren
Herstellen und Verlegen des Bewehrungskorbes
↓
Betonieren
Mischen und Einbringen des Betons
↓
Ausschalen
Entfernen der Form nach Erhärten des Betons
↓
Nachbehandeln
Pflege des Betons bis zur endgültigen Erhärtung

4.2 Einschalen eines Stahlbetonbauteils

Bei den meisten Bauvorhaben wird der Frischbeton im Werk gefertigt und mit Fahrmischern zur Baustelle transportiert. Transportbeton ist sehr fließfähig. Deshalb wird eine stabile Form benötigt, in der der Beton in Ruhe aushärten kann – die Betonschalung.

Formstabile Schalungen für Wände und Stützen

4.2.1 Anforderungen an die Schalung

Der frisch eingebrachte Beton übt einen Druck auf die Schalung aus – **Schalungsdruck**.

- Bei geringen Schalhöhen (Balken, Fundamenten) ist der seitliche Schalungsdruck relativ niedrig.
- Bei Wänden und Stützen ist der Schalungsdruck besonders groß. Er nimmt von oben nach unten hin zu.

Die Größe des Schalungsdrucks ist abhängig von

- der Rohdichte des Frischbetons,
- der Schüttgeschwindigkeit beim Betonieren,
- der Art der Verdichtung.

Schalungen sind **Hilfskonstruktionen**, die dem Frischbeton die gewünschte Form und Oberfläche geben. Sie haben die Aufgabe, den eingebrachten Beton während seiner Erhärtung zu tragen und in Form zu halten.

Um diese Anforderung zu erfüllen, muss die Schalung so hergestellt werden, dass sie **formstabil** und **unverschieblich** bleibt. Das ausgeschalte Bauteil muss die geplanten Abmessungen aufweisen.

Das Aussehen der Betonoberfläche wird durch die Wahl der Schalungsoberfläche bestimmt.

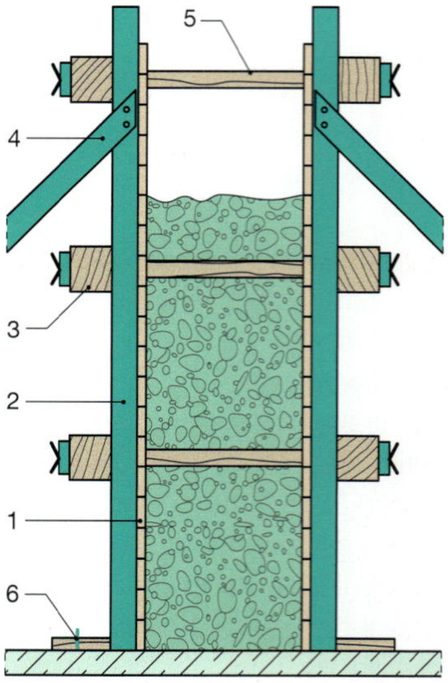

Herkömmliche Wandschalung
1 Schalhaut; *2* Schalungsträger; *3* Gurt; *4* Richtstrebe; *5* Schalungsanker; *6* Drängbrett

Fehler, die bereits beim Einschalen gemacht werden, führen nach dem Erhärten des Betons zu umfangreichen Nachbesserungsarbeiten.

4.2.2 Schalungsarten

Früher haben die Gesellen Betonschalungen aus Holz und Nägeln zusammengezimmert. Heute werden auf den Baustellen zunehmend industriell vorgefertigte Schalungselemente, so genannte **Systemschalungen**, eingesetzt.

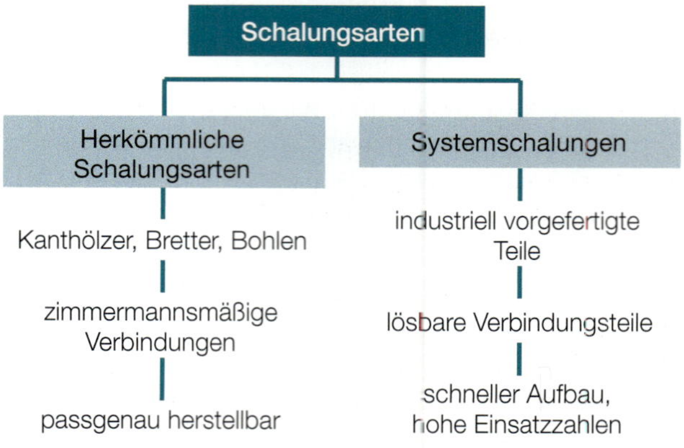

Der Aufbau von **herkömmlichen Schalungen** ist im Vergleich mit Systemschalungen

- handwerklich anspruchsvoll,
- zeitintensiv,
- personalintensiv,
- materialintensiv,
- kostenintensiv.

Aus diesen Gründen werden auf den Baustellen heute größtenteils Systemschalungen verwendet. Trotzdem muss bei komplizierten Bauteilen (z. B. bei Treppen) oder bei kleineren Bauvorhaben gelegentlich auf die herkömmliche Schalungsweise zurückgegriffen werden.

Der Holzbedarf ist durch den Schnittverlust bei herkömmlich gefertigten Schalungen sehr hoch. Im Vergleich mit Systemschalungen haben sie eine relativ geringe Einsatzzahl. Das bedeutet einen hohen Holzverbrauch.

4.2.3 Bestandteile der Schalung

Eine Schalung besteht aus
- Schalhaut,
- Schalungsträger,
- Schalungsstützen,
- Verbindungsmitteln.

Schalhaut
Die Schalhaut kommt unmittelbar mit dem Beton in Berührung. Sie ist für die Oberflächengestaltung des Betons verantwortlich. Um Betonoberflächen zu gestalten, werden in der Baupraxis sehr unterschiedliche Schalhautmaterialien verwendet.

! Die Schalhaut bestimmt das Aussehen des Betons.

Wie muss die Schalhaut beschaffen sein?
Die Schalhaut muss folgende Anforderungen erfüllen:
- **maßgenau** – Nacharbeiten nach dem Erhärten des Betons sind sehr aufwändig und kostspielig.
- **dicht** – Austretender Zementleim oder Feinstbestandteile beeinflussen das Aussehen der Betonoberfläche negativ.
- **frei von störenden Einflüssen** – Holzspäne, Nägel, Drahtreste stören das Betongefüge und verhindern, dass eine einheitliche Betonoberfläche erzielt wird.

Schalbretter – zum Bau von Schalungen eignen sich Bretter aus Nadelhölzern (Fichte, Tanne). Entsprechend der Oberflächenstruktur wird zwischen sägerauen und gehobelten Brettern unterschieden.
Sägeraue Bretter sind im Anschaffungspreis am günstigsten. Nach dem Ausschalen ist die Holzstruktur an der Betonoberfläche gut sichtbar.
Gehobelte Bretter sind im Anschaffungspreis etwas teurer, aber auf Grund der glatten Oberfläche leichter auszuschalen. Mit gehobelten Brettern wird eine relativ glatte Betonoberfläche erzielt.

Die Brettschalung ermöglicht eine sehr individuelle Bauformgestaltung, z. B. für einen Brückenaufgang.

Fundamentschalung aus Rahmentafeln

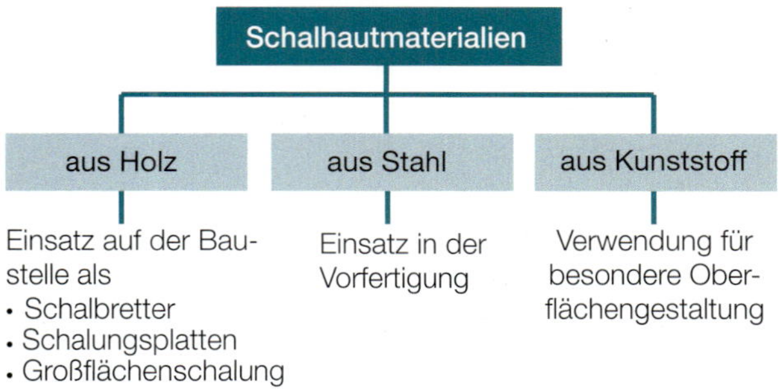

Brettstruktur einer Sichtbetonfläche

Saugfähige Holzschalungen müssen gründlich vorgenässt oder mit Trennmitteln vorbehandelt werden. Nur so ist gesichert, dass das Ausschalen und Reinigen der Schalhaut ohne großen Materialverlust möglich ist.

Schalungsplatten (Schaltafeln) aus Holz bzw. Holzwerkstoffen sind rechteckige Platten, die industriell vorgefertigt werden.
Grundsätzlich werden unterschieden
- Schaltafeln aus verleimten Brettern und
- Schaltafeln aus Sperrholz.

- Die Oberfläche der Schaltafeln ist in der Regel beschichtet. An den Enden sind Schaltafeln häufig mit einem Kantenschutz aus Metall versehen, um sie vor Beschädigung zu schützen.
- Durch die vergütete Oberfläche und die Kantenschutzprofile können Schalplatten häufiger eingesetzt werden als Schalbretter.
- Die Platten können auf Grund ihrer Größe und des relativ geringen Gewichts problemlos von einer Person verlegt werden.
- Bei der Verwendung von Schalplatten werden im Vergleich mit Schalbrettern verkürzte Einschalzeiten erreicht.

Schalungsträger
Schalungsträger nehmen alle Kräfte auf, die auf die Schalhaut wirken. Sie verhindern Verformungen der Schalungsplatten.

Als Schalungsträger werden eingesetzt
- Kanthölzer (8/8 bis 12/12),
- Holzträger (Fachwerk- oder Vollwandträger),
- Metallträger (Schalungsträger aus Stahl oder Aluminium).

Kanthölzer werden z. B. bei kleinen Bauvorhaben für geringe Bauteilabmessungen oder für komplizierte herkömmliche Schalungen eingesetzt. Sie sind relativ schwer.

Holzträger können höher belastet werden als Kanthölzer. Sie sind handlich und leicht und haben den Vorteil, dass sie auch bei wechselnden Feuchtigkeitseinflüssen formstabil bleiben.

Holzträger gibt es in beliebigen Längen. Die Trägerhöhe liegt zwischen 20 cm und 36 cm. Da Holzträger im Vergleich zu Kanthölzern relativ teuer sind, sollten sie auf der Baustelle niemals auf Passlängen zugeschnitten werden.

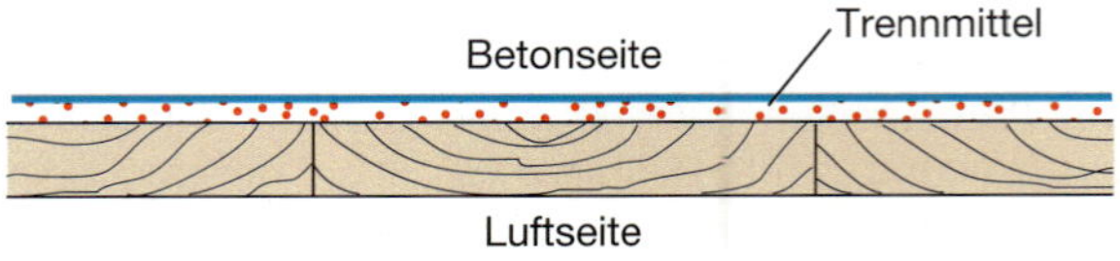

Lage des Schalbrettes

Schalungsplatten, die eine Brettstruktur der Betonoberfläche erzeugen

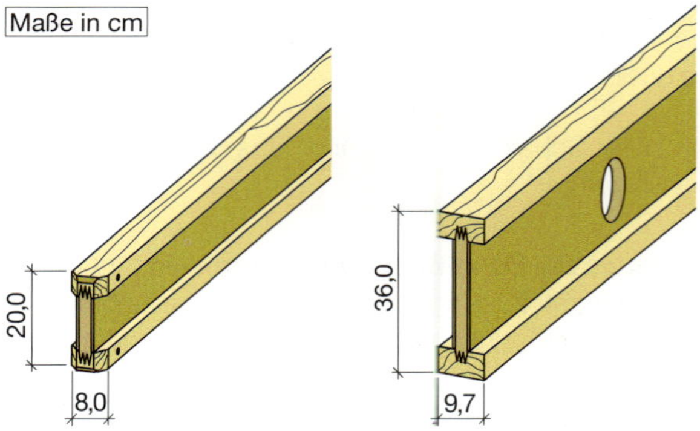

Vollwandträger aus Holz – vielseitig einsetzbar

Kanthölzer als Schalungsträger bei einer Balkenschalung

Schalungsstützen

Schalungsstützen bestehen aus Holz oder Metall.
Sie sind so auszuwählen, dass

- alle Lasten sicher in den Untergrund geleitet werden können,
- die Unverschieblichkeit der Schalungskonstruktion gesichert ist,
- beim Einschalen eine gute Höhenanpassung und Justierung ermöglicht wird.

Holzstützen können als Rund- oder Kanthölzer verbaut werden. Um die Einschalungshöhe zu erreichen, werden sie auf die annähernd richtige Länge zugeschnitten.

Die Feineinstellung der Höhe von Holzstützen erfolgt durch Keile, die auf einer Bohle verlegt werden. Sie gewährleisten ein erschütterungsfreies Ausschalen des Betonteils.

Stahlrohrstützen sind im Vergleich zu Holzstützen wirtschaftlicher. Sie lassen sich in beliebige Längen ausziehen. Die Feineinstellung der Höhe erfolgt mittels Stellmuttern und Gewindeschrauben. Es entfallen zeitraubende und materialintensive Passarbeiten.

! Sowohl Holzstützen als auch Stahlrohrstützen müssen gegen seitliches Verschieben gesichert werden.

Während die Verschwertungen bei den Holzstützen genagelt werden, verwendet man bei den Stahlrohrstützen hierfür Verschwertungsklammern bzw. Stützenstative.

Verbindungsmittel

Beim Betonieren wird die Schalung stark beansprucht. Die einzelnen Schalungsteile müssen daher so befestigt werden, dass der Beton in seiner vorgesehenen Form verbleibt. Es werden unterschiedliche Verbindungsmittel verwendet.

Drahtstifte (→ Abschnitt 5.3.2) werden bei herkömmlich gefertigten Schalungsteilen zum Verbinden der einzelnen Holzelemente (Laschen, Drängbretter usw.) eingesetzt. Es werden runde Drahtstifte mit einer glatten Oberfläche bevorzugt. Doppelkopfnägel ermöglichen ein rasches und materialschonendes Ausschalen.

Zwingen werden bei Stützenschalungen (Stützenzwingen) und bei Fundamentschalungen (Schalungszwingen) eingesetzt.

Bei kleineren Bauteilabmessungen können auch Schraubzwingen eingesetzt werden.

Schalungsstützen aus Kanthölzern, Verschwertung mit Schalbrettern

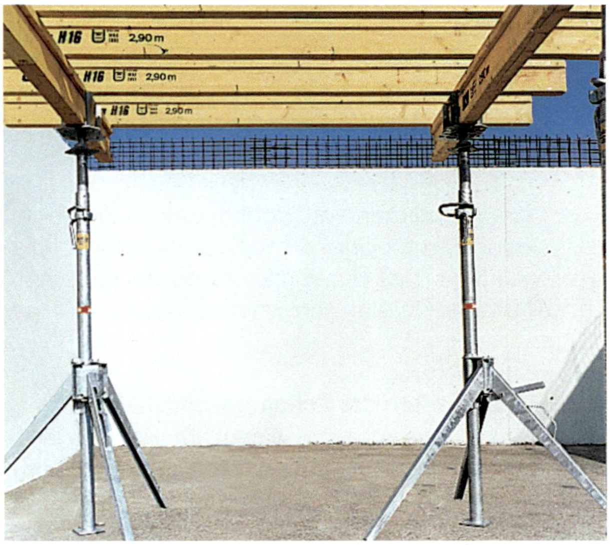

Stahlrohrstützen mit Stützenstativen

Verbindungselemente und deren Einsatzgebiete

Verbindungs-mittel	Drahtstifte	Zwingen	Anker	Spann-schlösser
Anwendungen	herkömmlich gefertigte Stützen	Stützen, Fundament	Wand, Balken	Balken

Schalungszwingen für den Bau von Schalungen für Streifenfundamente

Ankerelemente bestehen aus dem
- Ankerstab und
- Ankerverschluss.

Ankerelemente werden bei Wandschalungen, Balkenschalungen und Stützenschalungen benötigt. Sie ermöglichen eine sichere Verbindung der gegenüberliegenden Schalungsteile.

Spannschloss an einer Balkenschalung

Spanndrähte (∅ 6 mm) und **Spannschlösser** (Frösche) verbinden die gegenüberliegenden seitlichen Schalungen von Balkenschalungen.

Schalungsankerstab mit Flügelmutter als Ankerverschluss

Zubehör

Als Zubehör werden zur Herstellung von Schalungen benötigt
- Abstandhalter und
- Trennmittel.

Abstandhalter können als Hüllrohre, die die Schalungsteile auf gewünschten Abstand halten, ausgebildet sein. Sie bestehen aus Kunststoff, Stahl oder Faserzement.

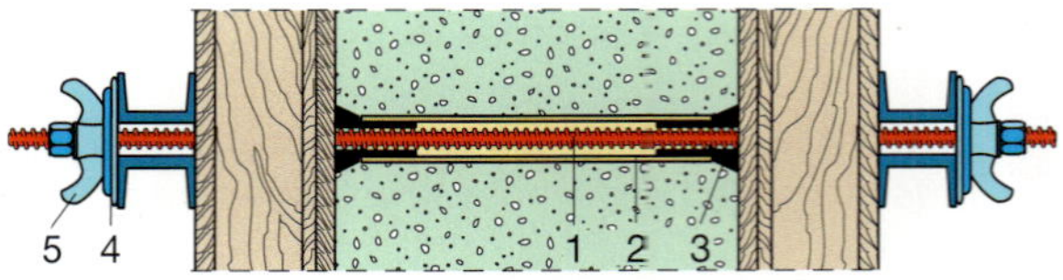

Schalungsankerstab – Systemskizze
1 Ankerstab; *2* Abstandhalter-Hüllrohr; *3* Kunststoffkonus; *4* Ankerplatte; *5* Flügelmutter

Durch das **Aufbringen von Trennmitteln** wird erreicht, dass sich die Schalung problemlos von der Betonoberfläche lösen lässt. Das Schalungsmaterial wird geschont und eine gute Qualität der Betonoberfläche wird gesichert.

4.2.4 Vorbereiten der Schalungsarbeiten

Die Vorbereitungsarbeiten werden am Beispiel eines Stahlbetonbalkens erläutert. Stahlbetonbalken überbrücken Wandöffnungen.

Um eine Balkenschalung herstellen zu können, muss ausreichend Material vorhanden sein. Deshalb ist vor Beginn der Arbeiten der Materialbedarf zu ermitteln.

Auf der Grundlage eines Schalplanes werden angefertigt
- eine Ansichtszeichnung,
- ein Schnitt,
- ein Schalungsauszug.

Anhand dieser Bauzeichnungen kann der Materialbedarf ermittelt werden.

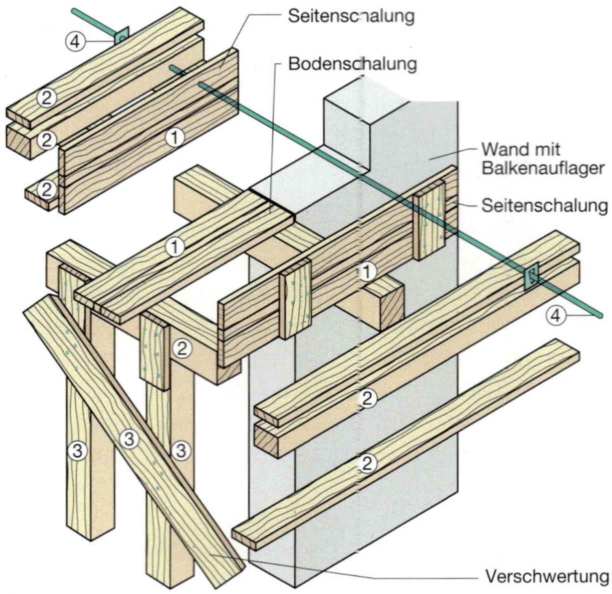

Bestandteile einer Balkenschalung
1 Schalhaut; *2* Schalungsträger; *3* Schalungsstützen; *4* Verbindungsmittel

Schalungszeichnung und Holzliste

Beispiel

Eine Fensteröffnung mit einer lichten Weite von 1,26 m soll mit einem 24 cm hohen Stahlbetonbalken überdeckt werden. Das Mauerwerk ist 24 cm dick. Die Schalung soll aus Holz hergestellt werden.

Um den Materialbedarf an Holz ermitteln zu können, sind die Abmessungen der einzelnen Schalungsteile zu berechnen. Die Ergebnisse der Berechnung werden in der Holzliste zusammengefasst.

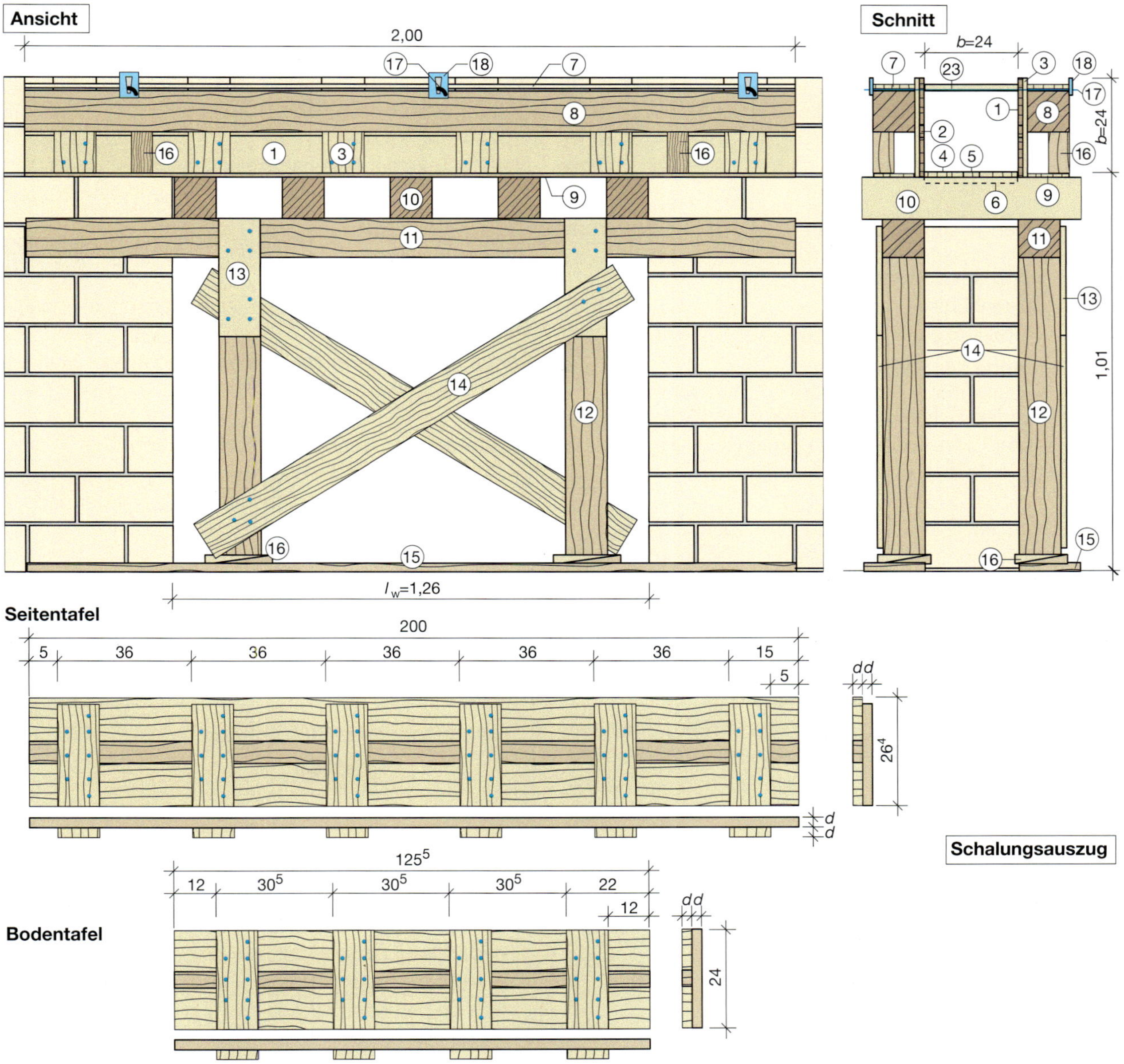

Schalungszeichnung für eine Balkenschalung

1 Seitenbretter; *2* Seitenbrett (Leiste); *3* Lasche Seitentafel; *4* Bodenbrett; *5* Bodenbrett (Leiste); *6* Lasche Bodentafel; *7* Gurtbrett; *8* Gurtholz; *9* Drängbrett; *10* Kopfholz; *11* Längsholz; *12* Stützen; *13* Laschen; *14* Schwerter; *15* Bohle; *16* Keile/Knagge; *17* Spanndrähte; *18* Spannschlösser; *23* Abstandhalter

Die Bezeichnung der Schalungsteile und deren Positionsnummer entspricht der Holzliste auf den folgenden Seiten.

Erstellen der Holzliste

Um den Materialbedarf an Holz ermitteln zu können, sind die Abmessungen der einzelnen Schalungsteile zu berechnen. Die Balkenschalung setzt sich zusammen aus Seitentafeln, Bodentafel, Schalungsträger, Stützenkonstruktion (→ Schalplan). Die Ergebnisse werden in einer Holzliste zusammengestellt.

❑ **Berechnung der Seitentafeln ①②③**

1. Länge der Seitentafeln:

Lichte Öffnungsweite	126,0 cm
+ 2 · Balkenauflagerlänge	+ 30,0 cm
	+ 30,0 cm
+ 2 · Überdeckung	+ 7,0 cm
	+ 7,0 cm
= Länge der Seitentafeln	**200,0 cm**

2. Höhe der Seitentafeln:

Balkenhöhe	24,0 cm
+ Brettdicke der Bodentafel	+ 2,4 cm
= Höhe der Seitentafeln	**26,4 cm**

Ergebnis: Die Schalbrettbreite ist i. d. R. 10 cm. Es werden deshalb zwei Bretter ① (10 cm breit) und eine Leiste ② mit einer Breite von 6,4 cm benötigt.

Laschen der Seitentafeln ③ – Die Laschenlänge entspricht der Höhe der Seitentafeln. Damit man auf dem obersten Schalbrett den Beton gleichmäßig abziehen kann, verkürzt man jedoch die Lasche ein wenig, d. h. in diesem Fall auf **25,0 cm**.

❑ **Berechnung der Bodentafel ④⑤⑥**

Die Länge der Bodenbretter entspricht dem Öffnungsmaß. Um leichter ausschalen zu können, empfiehlt es sich allerdings, 0,5 cm der lichten Öffnungsweite abzuziehen.

1. Länge der Bodentafel:

lichte Öffnungsweite	126,0 cm
– Abzug	– 0,5 cm
= Länge der Bodenbretter	**125,5 cm**

2. Breite der Bodentafel:

Sie entspricht der Mauerwerksdicke,

= **24,0 cm**

Ergebnis: Es werden zwei Schalbretter als Bodenbretter ④ mit einer Breite von 10 cm und eine Leiste ⑤ mit einer Breite von 4 cm zugeschnitten.

Die Bretter der Bodentafel können entweder direkt auf die Unterkonstruktion genagelt oder vorher mit Laschen zusammengefügt werden.

Die Länge der Laschen der Bodentafel ⑥ entspricht der Mauerwerksstärke, d. h. 24,0 cm.

❑ **Berechnung der Schalungsträger ⑦ ⑧ ⑨ ⑩ ⑪**

Gurtbrett, Gurtholz und Drängbrett haben alle eine gemeinsame Länge. Sie entspricht der Länge der Seitentafeln, also **2,00 m**.

Länge der Kopfhölzer:

Mauerwerksdicke	24,0 cm
+ 2 · Dicke der Seitenschalung	+ 10,0 cm
+ 2 · Dicke der Drängbretter	+ 20,0 cm
+ 2 · Überstand	+ 16,0 cm
Kopfholzlänge	**70,0 cm**

Die fünf **Kopfhölzer** haben eine Länge von jeweils 70,0 cm.

Länge der Längshölzer – sie entspricht dem Maß der Seitentafeln, also 2,00 m.

❑ **Berechnung der Stützenkonstruktion ⑩**

Die Maße der Stützen können für die Holzliste abgeschätzt werden. Die genauen Maße werden jedoch am Bau eingemessen.

Öffnungshöhe	100,0 cm
– Kopfholzdicke	– 10,0 cm
– Längsholzdicke	– 10,0 cm
– Bohlenbahn	– 5,0 cm
– Keile	unberücksichtigt
= Angenommene Stützenlänge	**75,00 cm**

Ergebnisse: Die Länge der Schalungsstützen aus einem Kantholz 10/10 beträgt etwa 75,0 cm. Weitere Abmessungen der Stützenkonstruktion:

- Die Länge der **Laschen** ⑬ zur Verbindung von Längsholz und Stützen sollte mindestens 40 cm betragen.
- Die Länge der **Schwerter** ⑭ können nach dem Satz des Pythagoras ermittelt werden oder einfach aus der Ansichtszeichnung entnommen werden. Es ergibt sich ein gerundeter Wert von 130,0 cm.
- Da die **Bohle** ⑮ (Standfläche für Stützen) seitlich am Mauerwerk vorbeiläuft, muss sie nicht abgelängt werden. Als Mindestmaß wird eine Länge von 2,00 m angenommen.
- Für die vier Stützen werden acht Keile ⑯ benötigt.

Holzliste						
Pos.	Bezeichnung	Abmessungen	Anzahl	Einzellänge	Gesamtlänge	Schalungsteil
1	Seitenbretter	2,4/10	4	2,00 m	8,00 m	Schalhaut
2	Seitenbretter	2,4/6,4	2	2,00 m	4,00 m	Schalhaut
3	Laschen Seitentafel	2,4/10	12	0,25 m	3,00 m	Schalhaut
4	Bodenbretter	2,4/10	2	1,255 m	2,60 m	Schalhaut
5	Bodenbrett	2,4/4	1	1,255 m	1,255 m	Schalhaut
6	Laschen Bodentafel	2,4/10	4	0,24 m	0,96 m	Schalhaut
7	Gurtbrett	2,4/10	2	2,00 m	4,00 m	Schalungsträger
8	Gurtholz	10/10	2	2,00 m	4,00 m	Schalungsträger
9	Drängbrett	2,4/10	2	2,00 m	4,00 m	Schalungsträger
10	Kopfholz	10/10	5	0,70 m	3,50 m	Schalungsträger
11	Längsholz	10/10	2	2,00 m	4,00 m	Schalungsträger
12	Stützen	10/10	4	0,75 m	3,00 m	Stützenkonstruktion
13	Laschen	2,4/10	4	0,40 m	1,60 m	Stützenkonstruktion
14	Schwerter	2,4/10	2	1,30 m	2,60 m	Stützenkonstruktion
15	Bohlenbahn	5/20	2	2,00 m	4,00 m	Stützenkonstruktion
16	Keile/Knagge	–/–	8/4 Stück			Stützenkonstruktion
17	Spanndrähte	∅ 6	3 Stück	1,00 m	3,00 m	Verbindungsmittel
18	Spannschlösser		6 Stück			Verbindungsmittel
19	Drahtstifte/Senkkopf blank	55/6	1 Paket			Verbindungsmittel
20	Drahtkopfstifte, blank	31/65	1 Paket			Verbindungsmittel
21	Drahtstifte/Senkkopf blank	38/100	1 Paket			Verbindungsmittel
22	Trennmittel (Schalöl)		1 Gebinde			Verbindungsmittel

Die Seitentafeln werden auf die Kopfhölzer aufgesetzt. Deshalb ist
Höhe der Seitentafel = Balkenhöhe + Brettdicke der Bodentafel

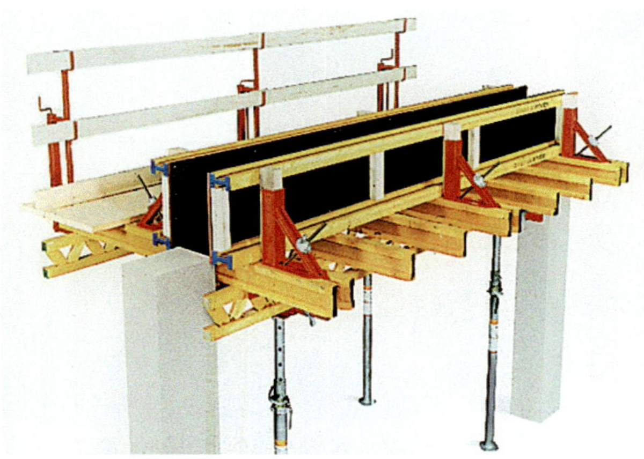

Balkenschalung als Systemschalung

Aufstellen der Seitentafeln
Die Bezeichnungen entsprechen der Holzliste.

4.2.5 Arbeitsablauf beim Herstellen einer Balkenschalung

Zuschneiden der Holzteile
↓
Herstellen einer Form für den Stahlbetonbalken
↓
Bohlenbahn verlegen
↓
Stützen aufstellen und verschwerten
↓
Verlegen der Schalungsträger
↓
Verlegen der Kopfhölzer
↓
Aufnageln der Bodentafel
↓
Seitentafeln und Drängbretter befestigen
↓
Abspannen nach Einbau der Bewehrung

Die Bretter der Seitentafel werden am Schaltisch über eine aufgenagelte Keilkonstruktion zusammengetrieben.

Beim Zusammennageln der Seitentafeln werden die Baumkanten der Schalbretter grundsätzlich nach außen verlegt.

Nachdem die Seitentafel durch die Laschen verbunden wurde, werden die überstehenden Drahtstifte in Holzfaserrichtung umgeschlagen.

Die Stützkonstruktion wird aufgestellt.

Die Bretter der Bodentafel werden auf die Kopfhölzer aufgenagelt.

Die Seitentafeln und die Drängbretter werden auf den Kopfhölzern befestigt.

Das Abspannen der Schalungskonstruktion über Gurtholz und Gurtbrett kann erst erfolgen, wenn der Bewehrungskorb eingebracht wurde.

Die Schalungskonstruktion ist fertig. Nun kann betoniert werden.

Die Fotos entstanden in der Bauhalle der Gewerbeschule III Lübeck.

DIN 18215	Schalungsplatten aus Holz
DIN 18217	Betonflächen und Schalungshaut
DIN 18218	Frischbetondruck auf lotrechte Schalung
DIN 1045-1	Tragwerke aus Beton, Stahlbeton und Spannbeton – Bemessung und Konstruktion
DIN 1045-2	Tragwerke aus Beton, Stahlbeton und Spannbeton – Beton, Festlegung, Eigenschaften, Herstellung und Konfirmität
DIN EN 206-1	Beton – Teil 1: Festlegung, Eigenschaften, Herstellung und Konfirmität
DIN 1045-3	Tragwerke aus Beton, Stahlbeton und Spannbeton – Bauausführung
DIN 18261	Schalungsanker für Betonschalungen

Testen Sie sich selbst!

1. Benennen Sie die Vor- und Nachteile von Systemschalungen und herkömmlich gefertigten Schalungen.
2. Aus welchen Bestandteilen besteht eine Schalungskonstruktion und welche Aufgaben übernehmen die einzelnen Schalungsbestandteile?
3. Welche Anforderungen werden an die Schalhaut gestellt?
4. Welche Vorteile haben Stahlrohrstützen gegenüber Holzstützen?
5. Wie wird die Unverschieblichkeit und Höhenjustierung der Schalungsstützen erreicht?
6. Nennen Sie unterschiedliche Verbindungsmittel und ordnen Sie diese Verbindungsmittel den unterschiedlichen Bauteilen zu.
7. Welche Aufgaben haben Trennmittel?

4.3 Bewehren eines Stahlbetonbauteils

Die meisten Bauteile werden auf Biegung beansprucht. Dadurch entstehen im Bauteil Druck- und Zugkräfte (→ **G 2**). Früher wurde zur waagerechten Überdeckung von Wandöffnungen zunächst Holz und in der nachfolgenden Zeit auch Stahl verwendet. Bei ausschließlich aus Steinen hergestellten Wänden erfolgte die Überdeckung durch Bögen. Erst durch die Entwicklung des Stahlbetons wurde die Möglichkeit geschaffen, auch große Wand- und Raumöffnungen mit verhältnissmäßig geringer Bauhöhe zu überdecken. Beton kann dabei sehr hohe Druckkräfte, aber keine Zugkräfte aufnehmen.

4.3.1 Trag- und Verformungsverhalten eines Stahlbetonbalkens

In den nachfolgenden Versuchen wird das Trag- und Verformungsverhalten eines unbewehrten Betonbalkens und eines Stahlbetonbalkens verdeutlicht.

! Durch **einwirkende** Kräfte wird ein Bauteil verformt.

Versuch 1

Ein Balkenmodell aus elastischem Schaumstoff erhält senkrechte Farbstreifen mit gleichmäßigen Abständen sowie einen Farbstreifen entlang der Mittelachse. Das Modell wird auf zwei Holzstützen aufgelagert und mittig belastet.

Welche Formänderungen sind erkennbar?

- Der Balken biegt sich unter Belastung durch, am stärksten in der Mitte.
- Die Abstände der senkrechten Linien verengen sich im oberen und verbreitern sich im unteren Bereich, in der Balkenmitte stärker als an den Balkenrändern.
- In der Balkenmitte bleiben die Abstände gleich.

Schlussfolgerungen

❑ Durch Belastung biegen sich die Balken durch, sie werden auf Biegung beansprucht.
❑ Die Biegung erzeugt im oberen Balkenteil **(Biege-) Druck** und im unteren Balkenteil (**Biege-**)**Zug**.
❑ In der Balkenmitte entstehen maximale Biegekräfte.
❑ Die Biegekräfte verringern sich gleichmäßig gegen null von der Stützweitenmitte zu den Auflagern hin und vom oberen und unteren Rand zur Querschnittsmitte.
❑ In der Querschnittsmitte befindet sich eine Spannungsnullschicht (**Neutrale Schicht**).

Stahlbetonsturz über einer Fensteröffnung

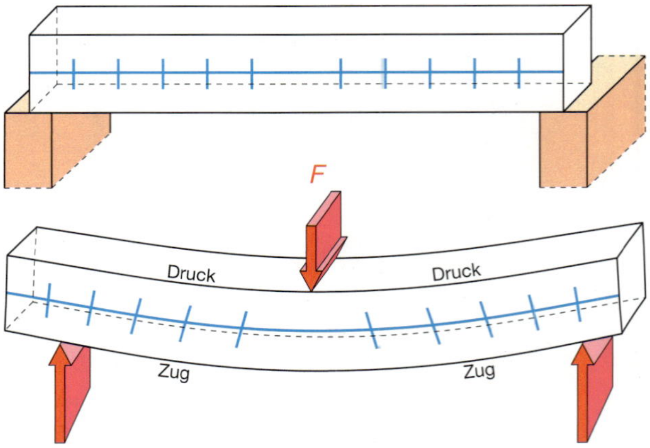

Das Verformungsverhalten kann an einem Schaumstoffbalken beobachtet werden.

Ermittlung der Biegezugfestigkeit beim Betonbalken mittels genormter Festbetonprüfung im Baustofflabor

! Beton kann keine Zugkräfte aufnehmen.

Versuch 2

Ein unbewehrter Betonbalken wird auf zwei Stützen aufgelagert und durch eine Last mittig beansprucht.

Was ist zu beobachten?

- **Der Balken bricht,** ohne sich vorher sichtbar zu verformen.
- Die Bruchstelle liegt in der Mitte des Balkens, an der Stelle mit der größten Dehnung.
- Der Bruch beginnt in der Zugzone, an der Unterseite des Balkens.

Schlussfolgerungen

- ❑ Beton ist ein „spröder" Baustoff.
- ❑ Der unbewehrte Betonbalken bricht in der Zugzone, ohne sich vorher durchzubiegen bzw. zu dehnen.
- ❑ Beton besitzt nur eine geringe Zugfestigkeit.

! Die Bewehrung in einem Betonbalken kann hohe Zugkräfte aufnehmen.

Versuch 3

Ein mit Betonstahl bewehrter Balken auf zwei Stützen wird durch verschiedene Lasten mittig beansprucht. Der Stahlbetonbalken hat den gleichen Querschnitt wie der Balken in Versuch 2.

Was ist zu beobachten?

- Der Stahlbetonbalken ist wesentlich höher belastbar.
- An der Balkenunterseite zeigen sich Risse, die schräg zu den Auflagern verlaufen.
- Bei ansteigender Belastung vergrößern sich die **Risse**.
- Eine Formänderung des Balkens ist erkennbar. **Er bricht nicht.**

Schlussfolgerungen

- ❑ Die (Biege-)Zugspannungen werden offensichtlich aufgenommen.
- ❑ In Verbindung mit Betonstahl lässt sich die Tragfähigkeit von Beton wesentlich verbessern.
- ❑ Betonstähle besitzen eine hohe Zugfestigkeit.
- ❑ Im Stahlbeton übernimmt jeder der beiden Baustoffe die Aufgabe, für die er besonders geeignet ist.

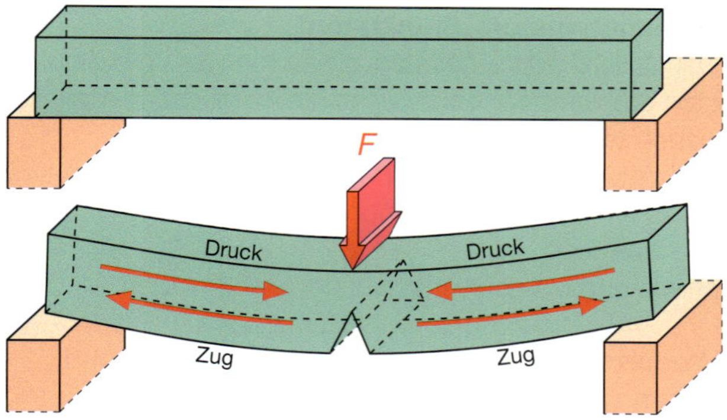

Unbewehrter Betonbalken unter Biegebeanspruchung

Der Balken nach dem Bruch

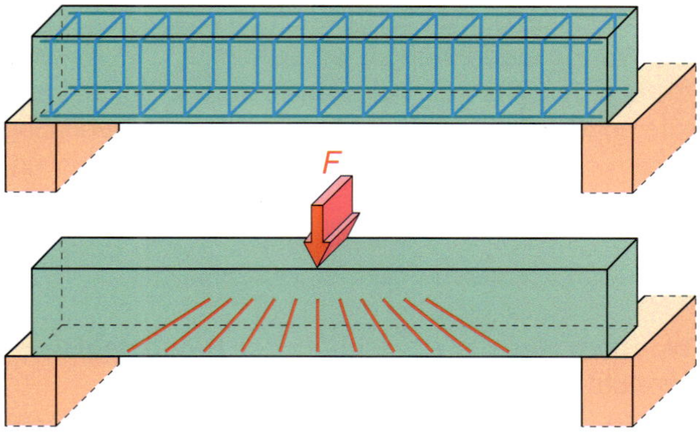

Stahlbetonbalken unter Biegebeanspruchung

! Bei Stahlbetonbalken nimmt der Beton die Druckkräfte und der Stahl die Zugkräfte auf. Die Stahleinlagen sind deshalb immer dort anzuordnen, wo Zugkräfte auftreten.

Verbundbaustoff „Stahlbeton“

Damit Beton mit Betonstahl zusammen als Verbundbaustoff Stahlbeton wirkt, müssen drei Voraussetzungen gegeben sein:

- inniger, fester Verbund zwischen Stahl und Beton
- gleich großes Ausdehnungsverhalten unter Wärmeeinwirkung
- wirkungsvoller Rostschutz der Stahleinlagen

Wodurch wird der Verbund zwischen Stahl und Beton erreicht?

- ❑ Ein guter Verbund wird durch die Haftung des Betons am Stahl erzielt.
- ❑ Der Verbund wird durch die Profilierung und Rippung der Betonstahloberfläche verbessert.
- ❑ Ein niedriger Wasser-Zement-Wert (< 0,75) begünstigt die Haftung, da dann im Zementstein kaum Poren vorhanden sind.
- ❑ Viele Poren (Lufträume) verschlechtern die Haftung.
- ❑ Rost oder Schmutzablagerungen an den Stählen verringern die Haftfähigkeit.

In der Praxis muss Betonstahl vor dem Einbau von losem Rost, Schmutz und Fett befreit werden. Nur so ist ein zuverlässiger Verbund zwischen dem Betonstahl und dem Beton gewährleistet.

Fast gleiche Wärmeausdehnungszahlen von Beton und Stahl sind die wichtigsten Voraussetzungen für den Verbund auch bei großen Temperaturschwankungen.

Die **Wärmeausdehnungszahl** gibt an, um wie viel Millimeter sich 1 m eines festen Baustoffes bei 1 K Temperaturerhöhung ausdehnt bzw. bei Temperaturerniedrigung zusammenzieht. Diese lineare Temperatur-Dehnzahl unterscheidet sich bei Beton und Betonstahl erst in der sechsten Stelle (10^{-6}) hinter dem Komma. Sie haben also „praktisch“ die gleiche Wärme-Dehnzahl.

Wodurch wird der Rostschutz des Betonstahls erreicht?

- Den Rostschutz übernimmt der Zement. Eine ausreichende Zementmenge ist notwendig.
- Je kleiner der *w/z*-Wert, desto besser der Rostschutz.
- Eine ausreichende **Betonüberdeckung** sichert ebenfalls den Rostschutz. Nur so können Witterungseinflüsse auf den Betonstahl verhindert werden.

! Ein dauerhafter Schutz der Bewehrung wird durch das Einhalten der Betonüberdeckung erreicht.

Die Qualität des Verbundbaustoffs Beton ist abhängig von:

- einem ausreichendem Zementgehalt des Betons ①
- einer guten Haftung des Betons am Betonstahl – Schrägrippen ②
- einer ausreichenden Betondeckung als Korrosionsschutz ③

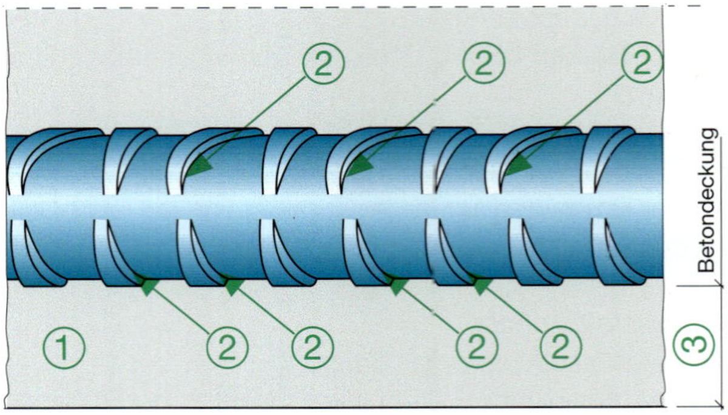

Verbundbaustoff Beton – Schema

Rostschäden durch zu geringe Betondeckung

Verrosteter Stahl durch Chlorideinwirkung

4.3.2 Planen der Bewehrung für einen Stahlbetonbalken

Je nach Häufigkeit der Unterstützungen durch Wände oder Stützen werden Balken in statische Tragsysteme unterteilt. Diese bestimmen die Planung der Bewehrung.

Biegezugbewehrung

Die Tragstäbe der Bewehrung müssen grundsätzlich dem Verlauf der Zugspannungen folgen.

❑ Balken auf zwei Stützen mit frei drehbaren Auflagern

- Im oberen Bereich des Balkens entstehen nur Druckkräfte.
- Im unteren Bereich des Balkens entstehen nur Zugkräfte.

Tragstäbe werden daher nur an der Unterseite des Balkens benötigt.

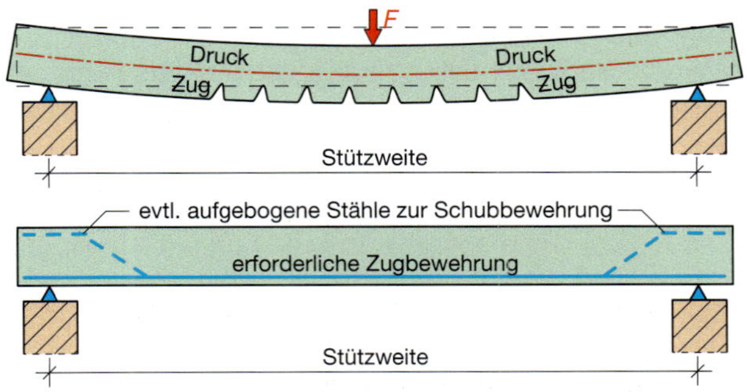

Balken auf zwei Stützen mit frei drehbaren Auflagern

❑ Balken auf zwei Stützen mit eingespannten Auflagern
Die Einspannung kann durch aufgehende Wände entstehen.

- Im oberen Bereich des Balkens entstehen Druck- und im unteren Bereich Zugkräfte.
- An den Auflagern entstehen im oberen Balkenbereich bis zum Wendepunkt Zug- und im unteren Balkenbereich Druckkräfte.

Tragstäbe zur Aufnahme der Zugspannungen werden daher in Balkenmitte unten und an den Auflagern oben innerhalb des Balkens benötigt.
Für die **obere Bewehrung** können Stäbe aus dem Feld aufgebogen werden. Sie dienen gleichzeitig zur Aufnahme der Schubspannungen.

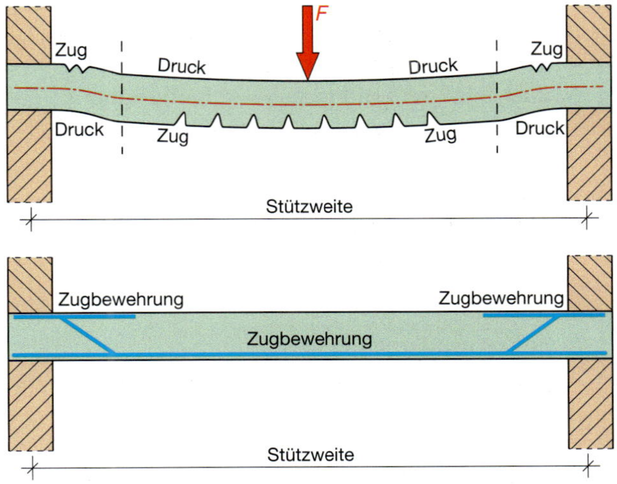

Balken auf zwei Stützen mit eingespannten Auflagern

❑ Balken auf zwei Stützen mit eingespanntem Auflager und Kragarm

- In der Feldmitte entstehen im oberen Bereich des Balkens Druck- und im unteren Bereich Zugkräfte.
- Am linken Auflager entstehen im oberen Balkenbereich bis zum Wendepunkt Zug- und im unteren Balkenbereich Druckkräfte.
- Am Auflager des Kragarms und über dessen gesamter Länge entstehen im oberen Bereich des Balkens Zugkräfte.

Tragstäbe zur Aufnahme der Zugspannungen werden daher im Feld unten, an den Auflagern und im Bereich des gesamten Kragarms oben benötigt.

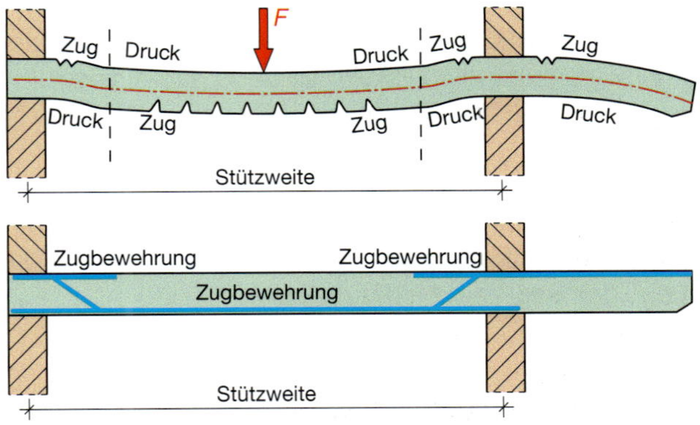

Balken auf zwei Stützen mit eingespannten Auflagern und Kragarm

Schubbewehrung

Werden Stahlbetonbalken auf Biegung beansprucht, so erzeugen die im Bauteil auftretenden Querkräfte Schubspannungen. Die Querkräfte wirken quer zur Stabachse.

Versuch 1

Acht 1 cm dicke sowie 8 cm breite und 60 cm lange Holzleisten werden übereinandergelegt. Es entsteht ein Balken mit einem Querschnitt von 8 cm x 8 cm. Der Balken wird mittig belastet.

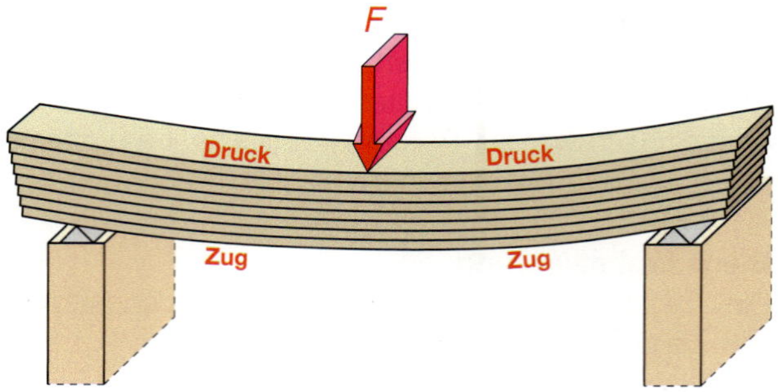

Träger aus 8,0 cm breiten und 1,0 cm dicken Leisten
(zu Versuch 1)

Welche Formänderungen sind erkennbar?
- Die einzelnen Holzleisten verschieben sich waagerecht gegeneinander.
- Die Verschiebung nimmt zu den Auflagern hin zu.

Die **horizontal verlaufenden Verschiebungen** werden als Schubspannungen bezeichnet.

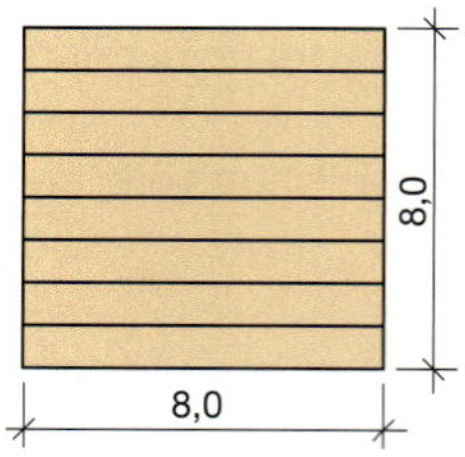

Querschnitt des Trägers
(zu Versuch 1 und 2)

Versuch 2

Die Holzleisten (→ Versuch 1) werden senkrecht mit Bolzen fest miteinander verbunden und mit der gleich großen Kraft wie im Versuch 1 belastet.

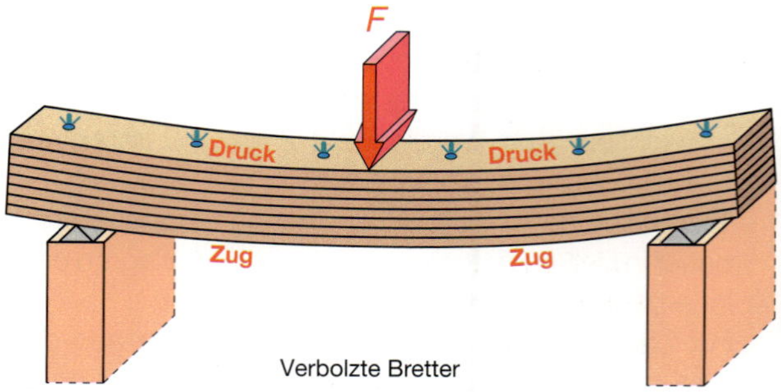

Träger aus Leisten
(zu Versuch 2)

Welche Formänderungen sind erkennbar?
- Die Holzstäbe verschieben sich nicht gegeneinander. Der Querschnitt bleibt formstabil.

Schlussfolgerungen

- ❑ Die Bolzen nehmen waagerecht verlaufende Schubspannungen auf.
- ❑ Auch in Stahlbetonbalken wirken diese Schubkräfte, sie sind allerdings nicht sichtbar.

Die **Schubbewehrung** nimmt die Schubspannungen im Stahlbetonbalken auf. Sie besteht aus senkrecht oder schräg angeordneten Bügeln und/oder am Auflager unter 45° oder 60° aufgebogenen Tragstäben.

Aus Kostengründen werden häufig nur Bügel verwendet, die in Auflagernähe enger verlegt sind. In der Mitte des Balkens sichern die Bügel nur die Lage der Trag- und Montagestäbe.

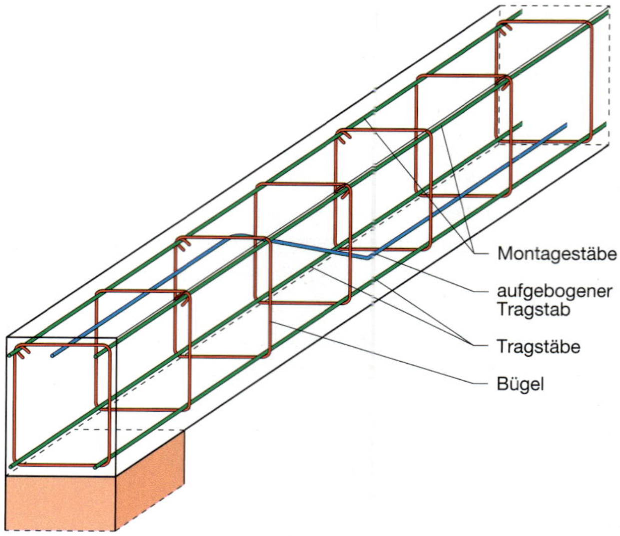

Bauteile des Bewehrungskorbes

Der Bewehrungskorb besteht aus
- Tragstäben (Aufnahme von Zugspannungen und evtl. Schubspannungen),
- Bügeln (Aufnahme von Schubspannungen),
- Montagestäben (stabiler Korb).

Der lichte Abstand der Tragstäbe muss:
$\geq$ Stabdurchmesser bzw. ≥ 2 cm sein.
Der Maximalwert ist maßgebend.

4.3.3 Betonstahl

Für die Bewehrung im Stahlbetonbau wird Betonstahl (Kurzzeichen BSt) verwendet. Betonstähle sind grundsätzlich schweißbar. Sie werden hergestellt als

- Betonstabstahl,
- Betonstahlmatten,
- Bewehrungsdraht.

Die Herstellung des Betonstahls geschieht nach verschiedenen Verfahren:

- warmgewalzt ohne zusätzliche Nachbehandlung,
- warmgewalzt mit nachträglicher Wärmebehandlung,
- kaltverformt durch Verwinden und Recken.

Der **Bewehrungsdraht** wird ringförmig als Bund geliefert. Er findet Anwendung für werkmäßig hergestellte Bewehrungen. Bewehrungsdraht unterliegt besonderen technischen Vorschriften.
Die fertigen Bewehrungselemente (Korb oder Matte) werden auf die Baustelle geliefert. Die Bewehrungsstäbe und der Bewehrungsdraht für Betonstahlmatten werden durch Kaltverformung hergestellt.

Betonstahlfestigkeiten
Betonstahl wird hergestellt als gerippter Stahl der Festigkeitsklasse BSt 500. Neu ist die Einteilung in Duktilitätsklassen:

- normale Duktilität (A),
- hohe Duktilität (B).

Die Duktilität beschreibt das Verformungsvermögen des Stahls. Sie wird definiert durch

- das Verhältnis der Zugfestigkeit (R_m) zur Streckgrenze (R_{st}) und
- die Dehnung bei Höchstkraft.

> **!** **Die Steckgrenze von Betonstahl bildet die Grenzspannung, nach deren Überschreiten Betonstahl plastisch, d. h. bleibend verformt wird. Verhindert wird dies durch eine entsprechende Dimensionierung.**

Das Verhältnis von Spannung zu Dehnung ist ab der Streckgrenze nicht mehr verhältnisgleich (proportional). Der Stahl verlässt den elastischen Zustand. Die Formänderungen bleiben erhalten (plastischer Zustand).
Für die Baupraxis bedeutet das Rissbildungen und unzulässige Durchbiegungen. Die S tabilität der Bauteile ist nicht mehr gegeben. Die Streckgrenze $R_{p,0,2}$ ist die Höchstbelastbarkeitsgrenze des Betonstahls.
Betonstabstahl (Kurzzeichen **S**) wird als **BSt 500 S** in Längen von 12 bis 15 m geliefert.

Betonstahl

Betonstabstahl	⇨ **BSt 500 S** Kurzzeichen: IV S
Betonstahlmatten	⇨ **BSt 500 M** Kurzzeichen: IV M
Betonstahl in Ringen	⇨ **BSt 500 WR** Kurzzeichen: IV WR
Bewehrungsdraht	⇨ **BSt 500 G** Glatte Stäbe **BSt 500 P** Profilierte Stäbe

Duktilitätsklassen von Betonstahl

	normale Duktilität (A)	hohe Duktilität (B)
Verhältnis (f_t/f_y)	≥ 1,05	≥ 1,08
Stahldehnung bei Höchstkraft	2,5 %	5,0 %

Betonstähle – Lieferformen und Eigenschaften

Kurzname	BSt 500 WR	BSt 500 S	BSt 500 M
Kurzzeichen	IV WR	IV S	IV M
Form	gerippter Betonstahl		geschweißte Matte aus gerippten Stäben
Nenndurchmesser	6 bis 14 mm	6 bis 40 mm	4 bis 12 mm
Streckgrenze in N/mm²	500	500	500
Zugfestigkeit in N/mm²	550	550	550
geeignete Schweißverfahren	GP; E; MAG; RA; RP		E; MAG; RP

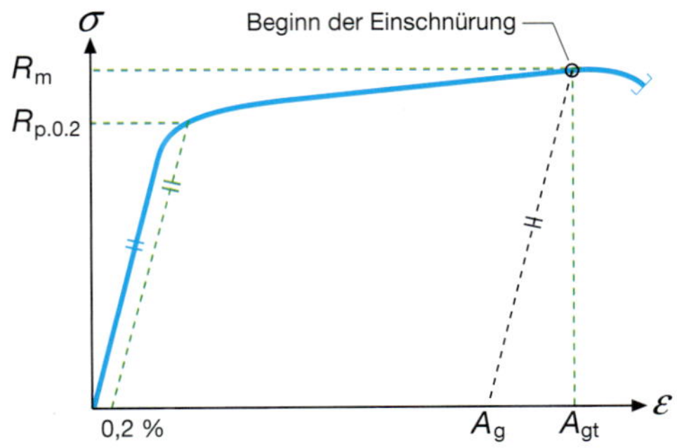

Spannungs-Dehnungs-Diagramm für kalt verformten Betonstahl
R_m Zugfestigkeit, $R_{p,0,2}$ Streckgrenze, A_{gt} Dehnung unter Höchstlast nach DIN EN 10080, zusammengesetzt aus dem elastischen und plastischen (A_g) Anteil

Der **BSt 500 S** besitzt zwei parallel angeordnete Schrägrippen, allerdings mit wechselnder Rippenneigung in einer Reihe. Die kaltverformten Stähle haben Längsrippen. Bei warmgewalzten Stählen sind diese entbehrlich.

Beispiel für die Bezeichnung

BSt 500 S (B) – 25 × 12

- Stablänge von 12 m
- Nenndurchmesser von 25 mm
- Hohe Duktilität
- Sorte BSt 500 S

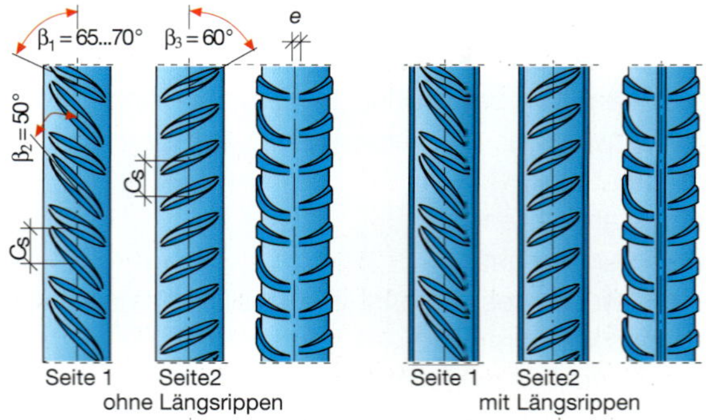

Kennzeichnung der Stähle durch eine unterschiedliche Rippenanordnung – Beispiel BSt 500 S (IV S)

Betonstahlmatten (Kurzzeichen **M**) werden ebenfalls in der Festigkeitsklasse BSt 500 M geliefert. Betonstahlmatten bestehen aus gitterartigen, sich kreuzenden, verschiebungsfest verschweißten Stäben mit einem Durchmesser von 6 bis 10 mm.
Die Stäbe weisen drei gleiche, schräg verlaufende Rippenreihen auf. Längsrippen sind nicht vorhanden.
Die gekreuzten Stäbe der Betonstahlmatten haben Abstände des Vielfachen von 5 oder 7,5. Sie können als Einzelstäbe, Doppelstäbe oder Stabpaare angeordnet sein.
Betonstahlmatten werden geliefert als

- Lagermatten,
- Listenmatten,
- Zeichnungsmatten.

Lagermatten werden in großen Serien hergestellt und vom Lager direkt verkauft. Sie werden in Längen von 5 m und 6 m und einer Breite von 2,15 m geliefert. Sie sind als Q- und R-Matten erhältlich.

- **Q-Matten** besitzen Tragstäbe mit gleichem Durchmesser in Längs- und Querrichtung (außer bei der Q636A). Die Maschen zeigen eine quadratische Form. Sie finden bei kreuzweise bewehrten Bauteilen Anwendung.
- **R-Matten** haben Tragstäbe nur in der Längsrichtung. Die im rechten Winkel zu den Tragstäben verlaufenden Verteilerstäbe weisen einen geringeren Querschnitt als die Tragstäbe auf. Die Maschen sind rechteckig (150 mm x 250 mm). R-Matten finden bei Bauteilen (Einfeld- oder Durchlaufträgern) Anwendung.

Lagermatten werden ausschließlich mit normaler Duktilität (A) geliefert.

Listenmatten erlauben frei wählbare Stabdurchmesser, Stababstände und Mattengrößen. Sie werden für das jeweilige Bauteil in Längen bis zu 12 m und in Breiten bis zu 2,65 m gesondert hergestellt.
Zeichnungsmatten werden in ihren Abmessungen und in ihrem Aufbau nach Zeichnung gefertigt.

Beispiel: Q 257 A

- normale Duktilität
- Stahlquerschnitt in Längsrichtung von 257 mm²/m
- Mattenart, Q-Matte mit einer Breite von 2,30 m und einer Länge von 6,00 m

Lagermatten mit festliegenden Längen und Breiten (Institut für Stahlbetonbewehrung e.V.)

Mattentyp	Querschnitte längs/quer cm²/m	Länge Breite m	Gewicht je Matte je m² kg	Mattenaufbau in Längsrichtung und Querrichtung: Stababstände mm	Stabdurchmesser Innenbereich/Randbereich mm	Anzahl der Längsrandstäbe (Randeinsparung) links rechts	Überstände Anfang/Ende links/rechts mm
Q188A	1,88 1,88		41,7 3,02	150 150	• 6,0 • 6,0		75 25
Q257A	2,57 2,57		56,8 4,12	150 150	• 7,0 • 7,0		75 25
Q335A	3,35 3,35	6,00 2,30	74,3 5,38	150 150	• 8,0 • 8,0		75 25
Q424A	4,24 4,24		84,4 6,12	150 150	• 9,0 / 7,0 • 9,0	−4 / 4	75 25
Q524A	5,24 5,24		100,9 7,31	150 150	• 10,0 / 7,0 • 10,0	−4 / 4	75 25
Q636A	6,36 6,28	6,00 2,35	132,0 9,36	150 150	• 9,0 / 7,0 • 10,0	−4 / 4	62,5 25
R188A	1,88 1,13		33,6 2,43	150 150	• 6,0 • 6,0		125 25
R257A	2,57 1,13		41,2 2,99	150 150	• 7,0 • 6,0		125 25
R335A	3,35 1,13	6,00 2,30	50,2 3,64	150 150	• 8,0 • 6,0		125 25
R424A	4,24 2,01		67,2 4,87	150 150	• 9,0 / 8,0 • 8,0	−2 / 2	125 25
R524A	5,24 2,01		75,7 5,49	150 150	• 10,0 / 8,0 • 8,0	−2 / 2	125 25

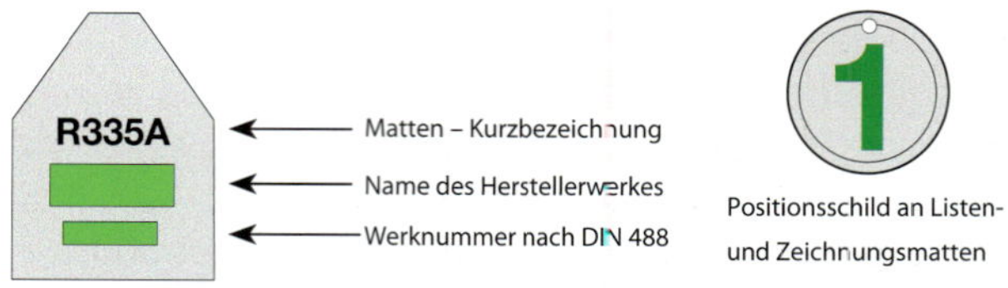

Witterungsbeständige Schilder zur Kennzeichnung der jeweiligen Matten

4.3.4 Vorbereiten der Bewehrungsarbeiten

Betonstabstähle werden als gerade Stäbe in Längen bis zu 14 m geliefert. Sind im Bewehrungsplan gebogene Stäbe vorgesehen, müssen diese auf Länge geschnitten und gebogen werden.

> **!** Während der Statiker die Berechnung der erforderlichen Bewehrung vornimmt, ist der Handwerker für den fachgerechten Einbau der Stahleinlagen auf der Baustelle verantwortlich.

Bewehrungsführung einer Stahlbetondecke

Der Bauhandwerker entnimmt die Informationen, die er für das Ablängen, Biegen und das Verlegen der Bewehrung benötigt aus den Bewehrungszeichnungen. Sie bestehen aus **Bewehrungsplan, Stahlauszug, Stahlliste**.

Bewehrungszeichnungen enthalten Angaben über
- Betonstahlsorte,
- Anzahl der Bewehrungsstäbe,
- Durchmesser, Länge und Form der Bewehrungsstäbe,
- Lage der Bewehrungsstäbe,
- Mindestmaß der Biegerollendurchmesser,
- Verankerungslängen am Auflager,
- Übergreifungslängen an Stößen,
- Abstände der Bewehrung untereinander,
- Betondeckung,
- Betongüte.

Betonstahl – Haken und Schlaufen

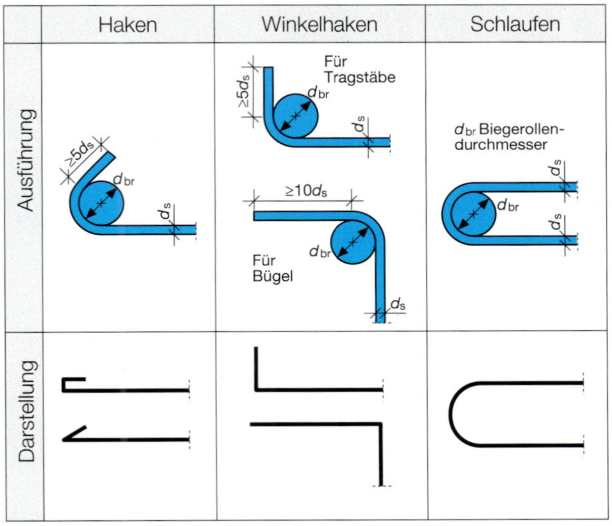

d_{br} Biegerollendurchmesser

Im **Stahlauszug** werden die Biegeformen mit allen notwendigen Maßangaben, der Stabanzahl und Stahlsorte aufgeführt. Häufige **Biegeformen**:

① **Gerade Stahleinlagen** werden als Montagestäbe im oberen Bereich angeordnet. Da sie keine Zugkräfte aufnehmen müssen, können bei Montagestäben kleinere Stabdurchmesser gewählt werden.

② **Gerade Stahleinlagen mit Winkelhaken** werden als Zugbewehrung im unteren Bereich angeordnet.
Die Winkelhaken dienen der Endverankerung des Stahls im Beton.

③ und ④ **aufgebogene Stäbe** ergänzen die Bügel bei der Aufnahme der Schubkräfte, die im auflagernahen Bereich auftreten.

⑤ und ⑥ **Bügel** nehmen die Schubkräfte im Stahlbetonbalken auf. Sie sollten in der Druckzone geschlossen werden. An den Bügeln werden die Zugbewehrung und die Montagebewehrung befestigt.

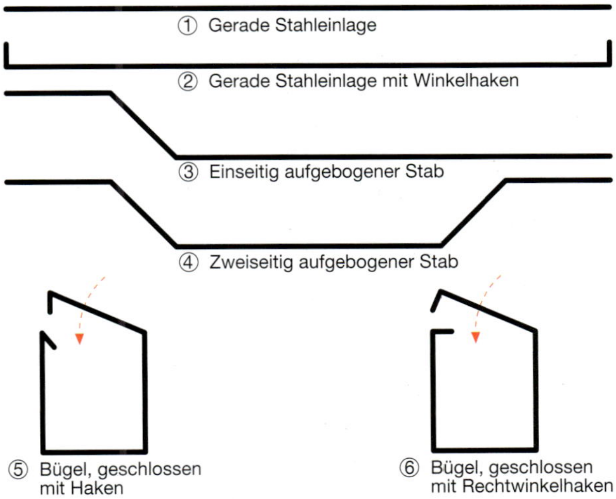

Biegeformen für einen Balken

Betondeckung

Als Betondeckung bezeichnet man die Betonschicht zwischen der Außenkante der Bewehrung und der Bauteiloberfläche. Sie muss ausreichend dick und dicht sein. Sie **gewährleistet** damit

- den Rostschutz der Bewehrung,
- den Verbund zwischen Stahl und Beton,
- den Brandschutz

und **vermeidet**

- Betonabplatzungen.

> **!** **Die Betondeckung soll die Bewehrung dauerhaft vor allen negativen Einflüssen schützen.**

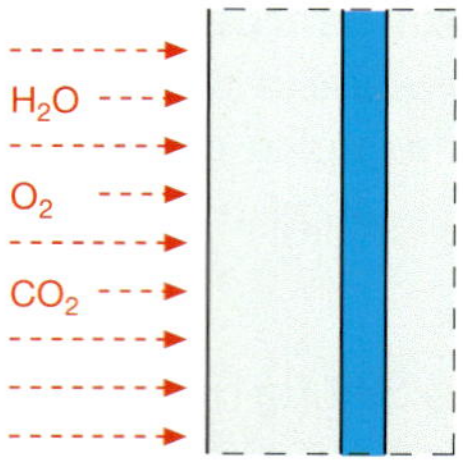

Schädliche Einflüsse aus der Luft

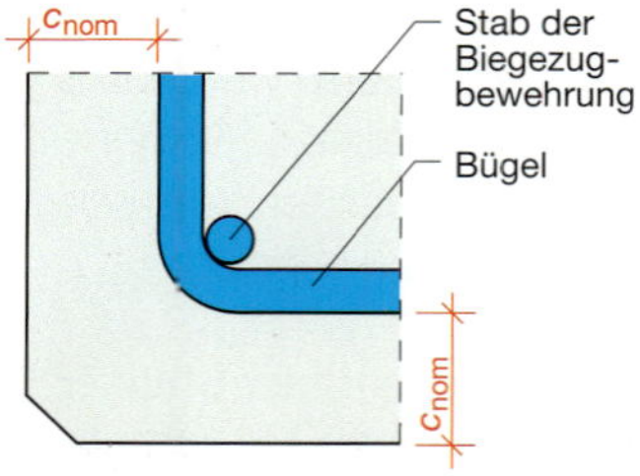

Nennmaß der Betondeckung c_{nom}

Das Maß der Betondeckung ist abhängig:

- vom Stahldurchmesser
- von den Umweltbedingungen (Expositionsklassen)

Für das Einbauen der Bewehrung vor Ort ist das Nennmaß c_{nom} maßgebend.

$$c_{nom} = c_{min} + \Delta c$$

c_{min} Mindestbetondeckung in mm
Δc Vorhaltemaß

Mindestbetondeckung c_{min} (nach DIN 1045-1)

	Korrosion infolge Karbonatisierung				Korrosion infolge Chloriden			Korrosion infolge Chloriden aus Meerwasser		
Expositionsklasse[1]	XC1	XC2	XC3	XC4	XD1	XD2	XD3	XS1	XS2	XS3
c_{min} bei Betonstahl	10	20		25	40			40		
c_{min} bei Spannstahl	20	30		35	50			50		
Δc	10	15 (bei entsprechender Qualitätskontrolle abminderbar)								
Verbundbedingung: $c_{min} > d_S$ bzw. d_{SV}										

d_S Stabdurchmesser d_{SV} Vergleichsdurchmesser eines Stabbündels
[1] Expositionsklassen-Erläuterung s. S. 154

Schnittlängenberechnung

Der Betonstabstahl wird in folgenden Schritten bearbeitet:

- Schneiden der Stäbe auf Länge
- Biegen nach Bewehrungsplan

Die einzelnen Bewehrungsteile entnimmt der Facharbeiter dem Bewehrungsplan. Für kleinere Bauteile berechnet er die Stahleinlagen selbst.
Nach der Schnittlängenberechnung werden die Stähle auf die richtige Länge zugeschnitten.

> **!** **Die Schnittlängen setzen sich aus der Länge der geraden Stahleinlagen einschließlich aller Längenzugaben für Aufbiegungen und Winkelhaken zusammen.**

Rechenschritte bei der Schnittlängenberechnung

Ermittlung der geraden Stahleinlagen (Bauteillänge – 2 x Betondeckung)
↓
Ermittlung der geraden Stahleinlagen mit Winkelhaken
↓
Ermittlung der aufgebogenen Stäbe
↓
Ermittlung der Bügel

❑ **Berechnung** der Schnittlängen von **geraden Stahleinlagen**

Die Schnittlänge von geraden Stahleinlagen $l_{gerader\ Stahl}$ wird folgendermaßen berechnet:

$$l_{gerader\ Stahl} = l_{Bauteil} - 2 \cdot c_{nom}$$

$l_{Bauteil}$ Länge des Bauteils in cm
c_{nom} Betondeckung in cm

Berechnung der Schnittlängen

Biegeform	Schnittlänge
	Stahllänge l
	Stahllänge + 2 Winkelhaken $l + 2 \cdot l_H$
	Untere Stahllänge l_{unten} + 2 Aufbiegungen l_s + 2 obere Längen l_{oben}
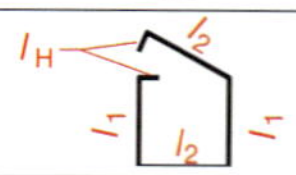	Summe der Einzellängen + 2 Winkelhaken $2 \cdot l_1 + 2 \cdot l_2 + 2 \cdot l_H$

❑ Berechnung der Winkelhakenlänge l_H

Für die Berechnung der Winkelhakenlänge l_H ist der Biegerollendurchmesser d_{br} zu ermitteln:

$$l_H = d_S + \frac{1}{2} d_{br} + 5\, d_S$$

l_H Winkelhakenlänge
d_S Stahldurchmesser in mm
d_{br} Biegerollendurchmesser in mm, Mindestwerte (→ Tabelle)

Die Winkelhakenlänge wird auf ganze cm gerundet.

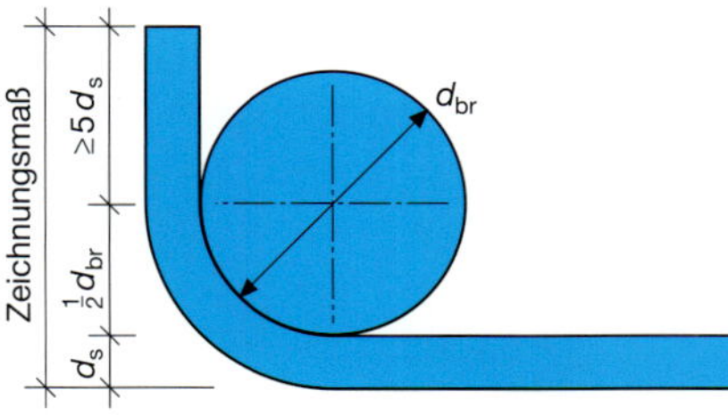

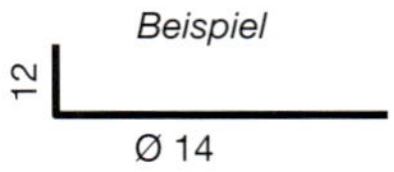

Ermittlung der Winkelhakenlänge, allgemein

Biegerollendurchmesser bei Bügeln, Haken und Schlaufen

Stabdurchmesser d_S in mm	Biegerollendurchmesser d_{br} in cm erf. d_{br}	erf. d_{br}
6 8 10 12 14 16	$4 \cdot d_S$	2,4 3,2 4,0 4,8 5,6 6,4
20 25 28	$7 \cdot d_S$	14,0 17,5 19,6

Beispiel 1

Ein Betonstabstahl mit d_S = 14 mm soll zur Verankerung am Ende mit einem Winkelhaken versehen werden.

gesucht: Biegerollendurchmesser d_{br}
Winkelhakenlänge l_H

gegeben: $d_S = 14\,\text{mm}$

Lösung: $d_{br} = 4 \cdot d_S$ (→ Tabelle)
$= 4 \cdot 14\,\text{mm} = \underline{\underline{56\,\text{mm}}}$

Der Biegerollendurchmesser d_{br} beträgt 5,6 cm.

$$l_H = d_S + \frac{1}{2} d_{br} + 5\, d_S$$
$$= 14\,\text{mm} + \frac{1}{2} \cdot 56\,\text{mm} + 5 \cdot 14\,\text{mm}$$
$$l_H = 112\,\text{mm} \approx \underline{\underline{12\,\text{cm}}}$$

Die Winkelhakenlänge l_H beträgt 12 cm.

❑ Berechnung der Aufbiegungen

Bei aufgebogenen Stäben muss zur Berechnung der Schnittlänge die **Schräge l_S** ermittelt werden.

Berechnung der Länge der Schräge l_S

Winkel α	Berechnung der Schräge l_S
$\alpha = 30°$	$l_S = (h_{Aufbiegung} - d_S) \cdot 2{,}000$
$\alpha = 45°$	$l_S = (h_{Aufbiegung} - d_S) \cdot 1{,}414$
$\alpha = 60°$	$l_S = (h_{Aufbiegung} - d_S) \cdot 1{,}154$

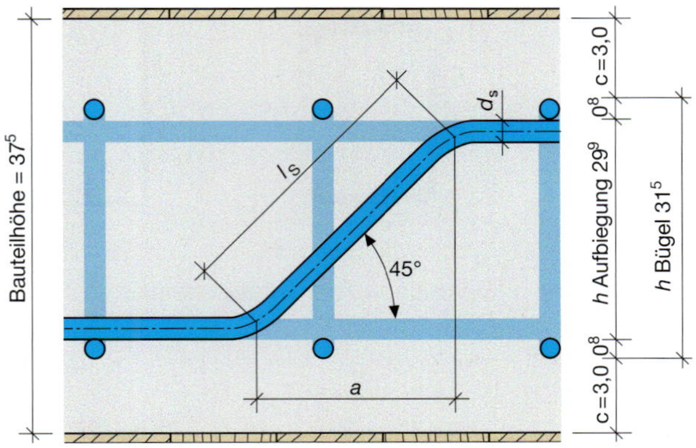

Ermittlung der Schräge l_S

Beispiel 2

Ein Betonstabstahl mit d_S = 12 mm soll zur Sicherung der Schubkräfte aufgebogen werden. Zu berechnen ist die Länge der Schräge l_S bei $\alpha = 45°$.

gesucht: Länge der Schräge l_S

gegeben: Bauteilhöhe h = 37,5 cm
Betondeckung c_{nom} = 3,0 cm
Bügel d_S = 8 mm
Winkel der Aufbiegung α = 45°

Lösung:

$h_{Bügel} = h - c_{unten} - c_{oben}$
$= 37{,}5\,\text{cm} - 3{,}0\,\text{cm} - 3{,}0\,\text{cm}$
$= \underline{\underline{31{,}5\,\text{cm}}}$

$h_{Aufbiegung} = h_{Bügel} - 2 \cdot d_{S\,Bügel}$
$= 31{,}5\,\text{cm} - 2 \cdot 0{,}8\,\text{cm}$
$= \underline{\underline{29{,}9\,\text{cm}}}$

$l_S = (h_{Aufbiegung} - d_S) \cdot 1{,}414$
$= (29{,}9\,\text{cm} - 1{,}2\,\text{cm}) \cdot 1{,}414$
$= \underline{\underline{40{,}58\,\text{cm}}}$

Die Länge der Schräge l_S beträgt 40,58 cm.

❑ Berechnung der Bügelschnittlänge $l_{Bügel}$

Die Bügelschnittlänge $l_{Bügel}$ setzt sich aus den Einzellängen l_1 und l_2 sowie der Winkelhakenlänge l_H zusammen.

$l_{Bügel} = 2 \cdot l_1 + 2 \cdot l_2 + 2 \cdot l_H$

$l_1 = h - 2 \cdot c_{nom}$

$l_2 = b - 2 \cdot c_{nom}$

l_1 Einzellänge der Höhe in cm

l_2 Einzellänge der Breite in cm

c_{nom} Betondeckung in cm

l_H Winkelhakenlänge in cm

Der Zuschlag für den Winkelhaken bei Bügeln muss $\geq 10 d_S$ sein (→ Skizze).

Ermittlung der Winkelhakenlänge für Bügel

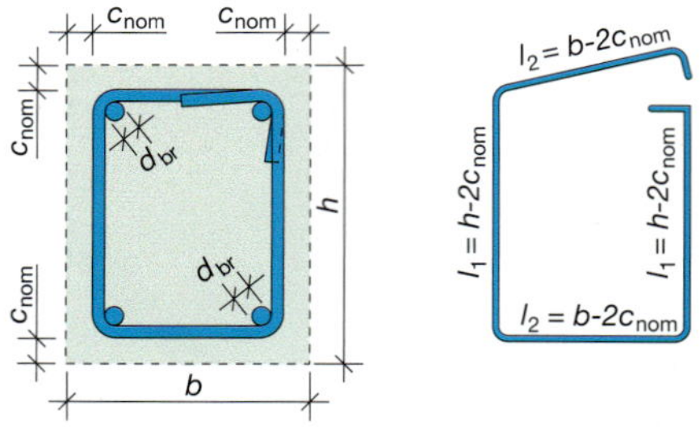

Berechnung der Bügelschnittlänge

Bewehrungszeichnung zu Beispiel 1 (S. 121)
Eine Öffnung in einer Innenwand mit einer lichten Weite l_W von 1,26 m soll mit einem 24,0 cm hohen Stahlbetonbalken überdeckt werden. Das Mauerwerk ist 24,0 cm dick.

- Im **Bewehrungsplan** sind Positionsnummer, Lage, Anzahl, Abstände, Durchmesser, Stahlsorte der einzubauenden Stabstähle sowie die Betongüte und die einzuhaltende Betondeckung aufgeführt.
- Im **Stahlauszug** werden die einzelnen Stabstähle nochmals gesondert „herausgezogen", sodass man einen schnellen Zugriff auf die erforderlichen Informationen zum Schneiden und Biegen der Stähle erhält.

① 2 Ø 6 IV S	l = 1,82 m
② 2 Ø 8 IV S	l = 1,96 m
③ 10 Ø 6 IV S	l = 0,96 m
Betondeckung nom c:	2,00 cm
Beton:	C20/25; XC1

Legende zum Bewehrungsplan
l_W lichte Weite; l_a Auflagerlänge des Balkens;
l_{Balken} Bauteillänge des Balkens; h Bauteilhöhe; b Bauteilbreite;
a Abstand der Bügel (Achsabstand)

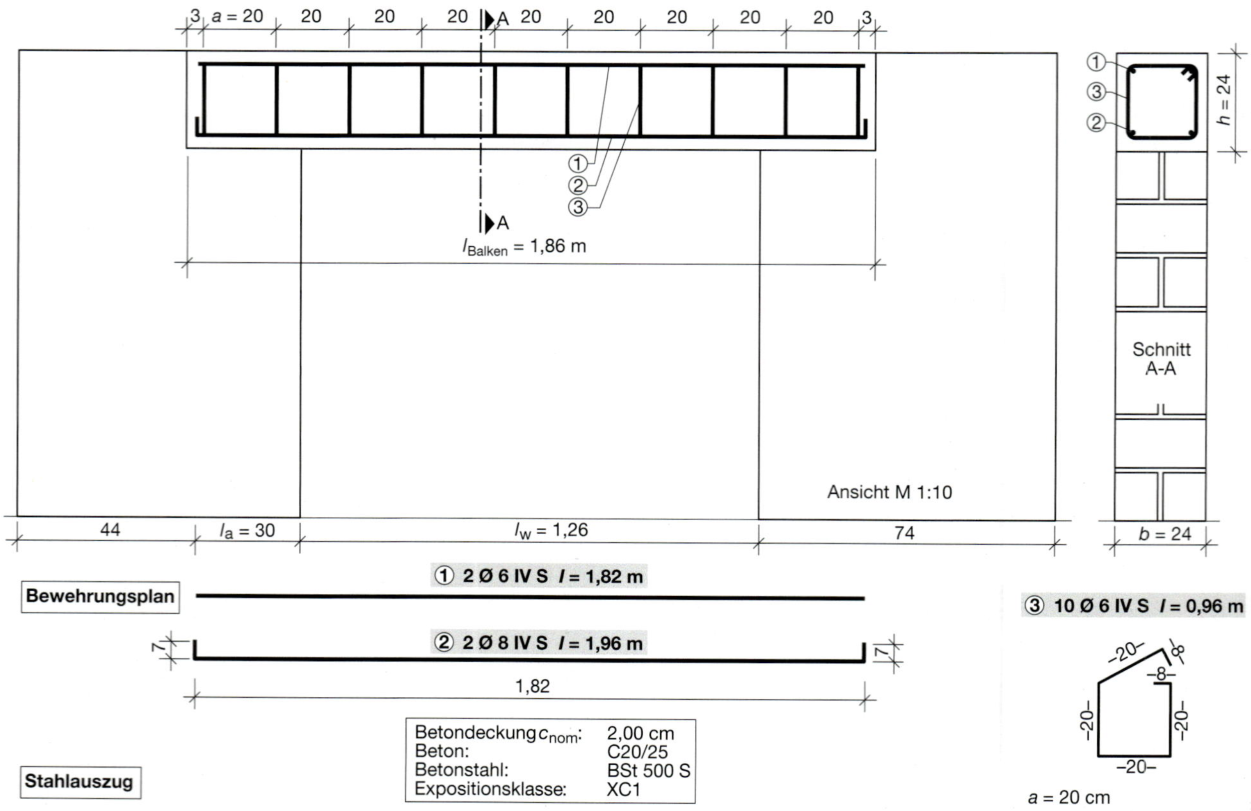

Bewehrungszeichnung – Beispiel Balken

- Mit Hilfe des Bewehrungsplanes und des Stahlauszuges wird anschließend die **Stahlliste** erstellt. Sie besteht für den hier geplanten Stahlbetonbalken aus drei unterschiedlichen Biegeformen mit folgenden Stabdurchmessern:
  - gerade Stahleinlagen mit d_S = 6 mm (Montagestäbe), Pos.-Nr. ①
  - gerade Stahleinlagen mit Winkelhaken mit
  - d_S = 8 mm (Biegezugbewehrung), Pos.-Nr. ②
  - Bügel mit d_S = 6 mm (Schubbewehrung), Pos.-Nr. ③

Erstellen der Stahlliste

① Gerade Stahleinlagen

gegeben: Bauteillänge l_{Balken} = 1,86 m
Betondeckung c_{nom} = 2,0 cm
Stahldurchmesser d_S = 6 mm

gesucht: Schnittlänge $l_{gerader\ Stahl}$

Lösung:

$$l_{gerader\ Stahl} = l_{Balken} - 2 \cdot c_{nom} = 186{,}0\,cm - 2 \cdot 2{,}0\,cm = 182{,}0\,cm = \underline{\underline{1{,}82\,m}}$$

Kurzbezeichnung in der Bewehrungszeichnung:

2 ∅ 6 IV S $l = \underline{\underline{1{,}82\,m}}$

② Gerade Stahleinlagen mit Winkelhaken

gegeben: Bauteillänge l_{Balken} = 1,86 m
Betondeckung c_{nom} = 2 cm
Stahldurchmesser d_S = 8 mm

gesucht: Schnittlänge $l_{Stahl\ mit\ Winkelhaken}$

Lösung:

$$l_{Stahl\ mit\ Winkelhaken} = l_{Balken} - 2 \cdot c_{nom} + 2 \cdot l_H$$

- Berechnung des Biegerollendurchmessers d_{br}

$$d_{br} = 4 \cdot d_S = 4 \cdot 8\,mm = \underline{\underline{32\,mm}}$$

Der Biegerollendurchmesser d_{br} beträgt 3,2 cm.

- Berechnung der Winkelhakenlänge l_H

$$l_H = d_S + \frac{1}{2} \cdot d_{br} + 5\,d_S = 8\,mm + \frac{1}{2} \cdot 32\,mm + 5 \cdot 8\,mm = 64\,mm \approx \underline{\underline{7\,cm}}\ \text{(gewählt)}$$

Die Winkelhakenlänge l_H wird mit 7 cm gewählt.

- Berechnung der Schnittlänge der geraden Stahleinlage mit Winkelhaken $l_{Stahl\ mit\ Winkelhaken}$

$$l_{Stahl\ mit\ Winkelhaken} = l_{Balken} - 2 \cdot c_{nom} + 2 \cdot l_H = 186{,}0\,cm - 2 \cdot 2{,}0\,cm + 2 \cdot 7{,}0\,cm = \underline{\underline{196{,}0\,cm}}$$

Kurzbezeichnung in der Bauzeichnung:

2 ∅ 8 IV S l = 1,96 m

Nenndurchmesser d_S in mm	Gewicht in kg/m
6,0	0,222
8,0	0,395
10,0	0,617
12,0	0,888
14,0	1,21
20,0	2,47

Betonstahl – Durchmesser und Gewichte (Auswahl)

③ Bügel

Die Bügelabstände sind dem Bewehrungsplan zu entnehmen (hier a = 20,0 cm).

gegeben: Balkenhöhe h = 24,0 cm
Balkenbreite b = 24,0 cm
Betondeckung c_{nom} = 2,0 cm
Bügeldurchmesser d_S = 6 mm

gesucht: Schnittlänge des Bügels $l_{Bügel}$

Lösung:

- Berechnung der Einzellängen

$$l_1 = h - 2 \cdot c_{nom} = 24{,}0\,cm - 2 \cdot 2{,}0\,cm = 20{,}0\,cm$$
$$l_2 = b - 2 \cdot c_{nom} = 24{,}0\,cm - 2 \cdot 2{,}0\,cm = \underline{\underline{20{,}0\,cm}}$$

- Berechnung der Winkelhakenlänge l_H (Bügel)

Biegerollendurchmesser d_{br}

$$d_{br} = 4 \cdot d_S = 4 \cdot 6\,mm = 24\,mm$$

Winkelhakenlänge l_H (Bügel)

$$l_H = d_S + \frac{1}{2} \cdot d_{br} + 10\,d_S = 6\,mm + \frac{1}{2} \cdot 24\,mm + 10 \cdot 6\,mm = 78\,mm \approx \underline{\underline{8\,cm\ (gewählt)}}$$

Als Winkelhakenlänge wird 8,0 cm gewählt.

- Berechnung der Bügelschnittlänge $l_{Bügel}$

$$l_{Bügel} = 2 \cdot l_1 + 2 \cdot l_2 + 2 \cdot l_H = 2 \cdot 20{,}0\,cm + 2 \cdot 20{,}0\,cm + 2 \cdot 8{,}0\,cm = \underline{\underline{96{,}0\,cm}}$$

Kurzbezeichnung in der Bauzeichnung:

10 ∅ 6 IV S l = 0,96 m

Stahlliste					
Pos.-Nr.	Anzahl	d_s in mm	Einzellänge in m	d_s = 6 mm	d_s = 8 mm
①	2	6	1,82	3,64	
②	2	8	1,96		3,92
③	10	6	0,96	9,60	
Gesamtlänge m/∅				13,24	3,92
Gewicht kg/m				0,222	0,395
Gewicht kg/∅				2,939	1,548
Gesamtgewicht				4,487 kg	

4.3.5 Herstellen der Bewehrung

Die Bewehrungsführung einer Treppe unterscheidet sich von der Bewehrungsführung einer Decke oder eines Balkens. Jedes Bauteil wird entsprechend seiner Belastung und seinem Tragverhalten bewehrt.
Für das Fertigen eines Bewehrungskorbes liegt auf der Baustelle ein Bewehrungsplan vor (→ Abschnitt 4.3.4). Die hergestellte Bewehrung muss mit ihren Durchmessern, ihrer Form und der Lage mit den Angaben aus dem Bewehrungsplan übereinstimmen.

Arbeitsablauf

Ablängen der Bewehrung
↓
Biegen der Bewehrung
↓
Flechten der Bewehrung
↓
Einbau der Bewehrung

Bewehrungsstähle dürfen nicht direkt auf dem Erdreich gelagert werden.

Ablängen der Bewehrung

Die Bewehrung wird vom Facharbeiter mit der Schneidemaschine auf die richtige Länge zugeschnitten. Kleinere Stabdurchmesser können mit dem Bolzenschneider durchgetrennt werden. Die Längen, die zugeschnitten werden müssen, entnimmt der Facharbeiter der Stahlliste. Ebenso die Anzahl der Stähle.

Beim Umgang mit Betonstählen sind unbedingt Schutzhandschuhe zu tragen!

Biegen der Bewehrung

Wenn der Kräfteverlauf im Bauteil es erfordert, werden Stähle aufgebogen. Winkelhaken werden ebenfalls gebogen. Hierbei muss sorgsam vorgegangen werden. Das Biegen verursacht eine Gefügeänderung im Stahl. Im gebogenen Bereich wird der Werkstoff an einer Seite gestaucht und an der anderen Seite gedehnt.

! Damit die Schäden im Stahlgefüge gering gehalten werden, ist ein mehrmaliges Biegen an einer Stelle nicht zulässig.

Die Temperatur des Stahles sollte beim Biegen nicht unter 0 °C liegen.
Für die Biegerollendurchmesser (d_{br}) sind Mindestmaße vorgeschrieben (→ Tabelle Seite 135).

Schneidmaschinen ermöglichen ein effektives Ablängen der Stähle.

Biegen des Bewehrungsstahls – Aufbiegung

Biegen des Bewehrungsstahls – Bügel

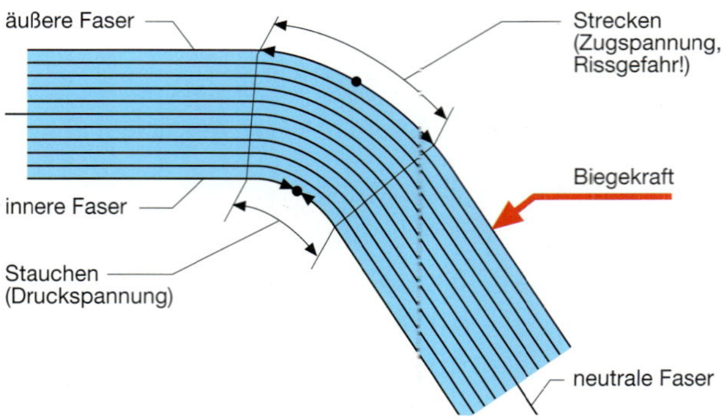

Dehnung und Stauchung des Stahles beim Biegen

! Je kleiner der Biegeradius gewählt wird, desto größer die Belastung des Stahlgefüges.

Flechten der Bewehrung

Damit die gewünschte Tragfähigkeit erreicht wird und die Unverschieblichkeit beim Einbau, müssen die abgelängten Stähle zu einem festen, unverschieblichen Gerippe verbunden werden.

Je nach Bauteil und Stahldurchmesser werden unterschiedliche Verknüpfungsarten angewandt.

- **Eckschlag** ① Verbindung von Trag-, Verteiler- und Montagestäben
- **Kreuzschlag** ② Verbindung von Trag- und Verteilerstäben mit größeren Durchmessern
- **Nackenschlag** ③ Verbindung von Tragstäben und Bügeln bei Balken und Säulen

Beim Flechten ist darauf zu achten, dass die Drahtenden straff angezogen (gespannt) werden. Sie dürfen auf keinen Fall in die geplante vorgeschriebene Betondeckung hineinragen.

Einbau der Bewehrung

Bevor die Bewehrung eingebaut werden kann, müssen folgende Arbeiten abgeschlossen sein:

- Säuberung der Schalung
- Aufbringen des Trennmittels (Schalöl)
- Befreien des Stahls von allen Bestandteilen, die den Verbund zwischen Stahl und Beton beeinträchtigen können, wie z. B. Fette, Eis und loser Rost

Flugrost, der sich zwangsläufig bildet, wenn Stahl im Freien gelagert wird, braucht nicht entfernt zu werden. Er verbessert die Verbundwirkung von Stahl und Beton.

Durch den Einbau von **Abstandhaltern** wird erreicht, dass die Bewehrung während des Betonierens und Verdichtens des Betons in der richtigen Lage verbleibt. Durch Abstandhalter wird die vorgeschriebene Betondeckung eingehalten. Sie bestehen aus Kunststoff, Stahl, Faserzementbeton oder Beton.

Abstände der Abstandhalter in Längsrichtung für Balken

∅ Längsstäbe	Abstände in cm
bis 10 mm	25
12 ... 20 mm	50
>20 mm	75

Abstände der Abstandhalter in Querrichtung für Balken

Bauteilbreite (-dicke) in cm	Anzahl in Stück
bis 100	2
>100	mehr als 3

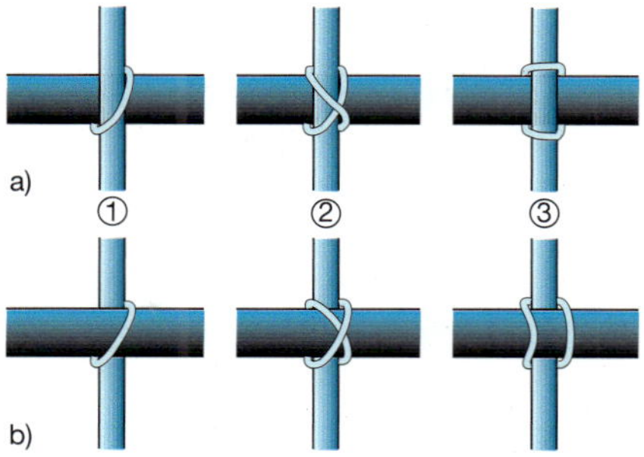

Unterschiedliche Verknüpfungsarten
a) Ansicht von vorn;
b) Rückansicht
① Eckschlag
② Kreuzschlag
③ Nackenschlag

Herstellen des Bewehrungskorbes auf der Baustelle

a) Stützenschalung

b) Balkenschalung

c) Deckenschalung

Abstandhalter für unterschiedliche Einsatzzwecke – Auswahl

DIN 488	Betonstahl
DIN 1045-1	Tragwerke aus Beton, Stahlbeton und Spannbeton – Bemessung und Konstruktion
DIN 1045-2	Tragwerke aus Beton, Stahlbeton und Spannbeton – Beton; Festlegung, Eigenschaften, Herstellung und Konformität; Anwendungsregeln zu DIN EN 206-1
DIN 1045-3	Tragwerke aus Beton, Stahlbeton und Spannbeton – Teil 3: Bauausführung
DIN 1356	Bauzeichnungen
DIN EN 206-1	Beton; Festlegung, Eigenschaften, Herstellung und Konformität
DIN 18331	Betonarbeiten
DIN EN ISO 3766	Zeichnungen für das Bauwesen
DIN EN 10080	Stahl für die Bewehrung von Beton
DIN EN ISO 17660	Schweißen von Betonstahl

Testen Sie sich selbst!

1. Welche Aufgabe hat die Bewehrung in Stahlbetonbalken?
2. Wodurch wird der Verbund zwischen Beton und Betonstahl erreicht?
3. Warum ist die Einhaltung der Betondeckung über der Bewehrung unbedingt zu beachten?
4. Welche Bedeutung hat die Streckgrenze für die Festigkeit des Betonstahls?
5. Welchen Zweck erfüllen Aufbiegungen und Bügel bei der Balkenbewehrung?
6. Innerhalb eines Bürogebäudes wird ein Stahlbetonbalken aus C20/25 eingebaut.
   Der größte Durchmesser der Bewehrungsstäbe beträgt 25 mm. Ermitteln Sie mithilfe der Tabelle auf Seite 134 die erforderliche Betondeckung.
7. Wozu dient die Stahlliste und was beinhaltet sie?
8. Warum sind beim Biegen des Stahls die Mindestwerte für Biegerollendurchmesser unbedingt einzuhalten?
9. Bestimmen Sie die Lage der Tragstäbe für die unterschiedlichen Lastfälle. Übertragen Sie die Skizzen in doppelter Größe und tragen Sie die Tragstäbe in Rot ein.
10. Ein Betonstahl mit ∅ 12 mm soll zur Verankerung am Ende mit einem Winkelhaken versehen werden. Ermitteln Sie
    a) den Biegerollendurchmesser d_{br},
    b) die Winkelhakenlänge l_H.
11. Ein Betonstabstahl mit ∅ 14 mm soll zur Sicherung der Schubkräfte aufgebogen werden. Berechnen Sie die Länge der Schräge bei $\alpha = 30°$, einer Bauteilhöhe von 37,5 cm und einer Bügeldicke von 6 mm. Die erforderliche Betondeckung ist 2,0 cm.

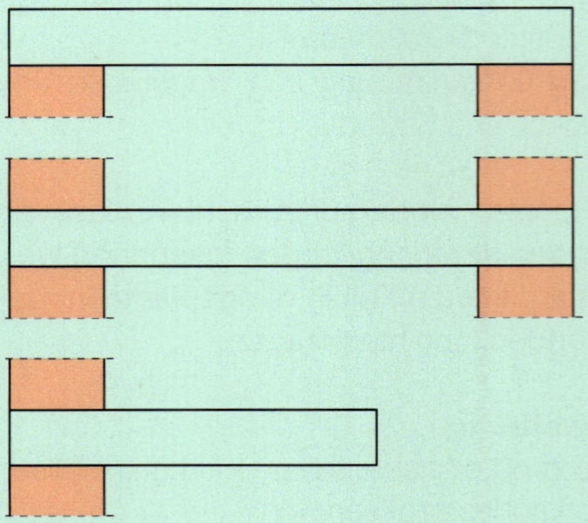
zu Aufgabe 9

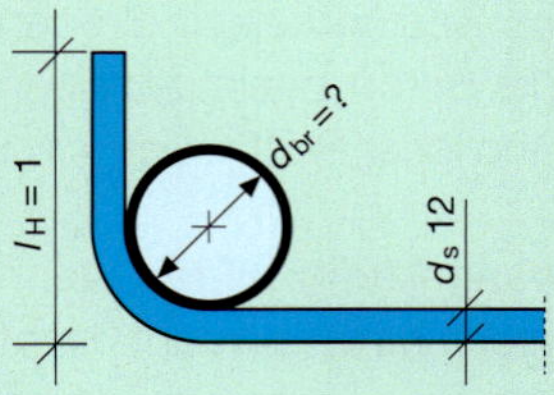

zu Aufgabe 10

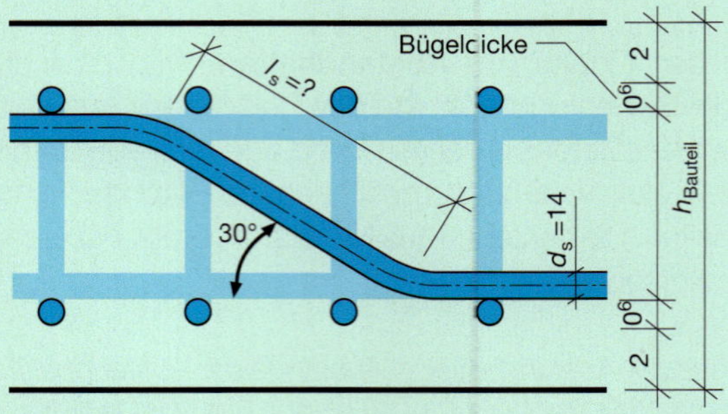

zu Aufgabe 11

4.4 Betonieren eines Stahlbetonbauteils

Nachdem die Schalung und die Bewehrung eingebaut wurde, kann das Bauteil betoniert werden.
Die Betonierarbeiten erfolgen in mehreren Arbeitsschritten, die im rechten Schaubild dargestellt sind.

4.4.1 Betonarten und deren Eigenschaften

Beton wird durch Fachbegriffe eindeutig bezeichnet. Aus den zahlreichen Möglichkeiten der Betonzusammensetzung und den Anwendungsbereichen ergeben sich die in der Übersicht zusammengestellten Bezeichnungen.

Arbeitsablauf bei Betonierungsarbeiten

Mischen des Betons
↓
Fördern des Betons
↓
Einbringen des Betons
↓
Verdichten des Betons
↓
Ausschalen des Betons
↓
Nachbehandeln des Betons

Übersicht gebräuchlicher Betonbezeichnungen und deren Definition

Trockenrohdichte	Leichtbeton	≥ 0,8 ≤ 2,0 kg/dm³
	Normalbeton	> 2,0 ≤ 2,6 kg/dm³
	Schwerbeton	> 2,6 kg/dm³
Festigkeit	Leichtbeton	Festigkeitsklassen LC8/9 bis LC50/55; hochfest: LC55/60 bis LC80/88
	Normalbeton/Schwerbeton	Festigkeitsklassen: C8/10 bis C50/60; hochfest: C55/67 bis C100/115
Festlegung des Betons	Beton nach Eigenschaften	Kontrolle der Einhaltung der Eigenschaften: Hersteller
	Beton nach Zusammensetzung	Haftung für die Eigenschaften: Besteller bzw. Festlegender
	Standardbeton	Normalbeton ohne Zusatzmittel und -stoffe mit Mindestzementgehalt; Festigkeitsklasse ≤ C16/20; nur Expositionsklassen XC0, XC1, XC2
Expositionsklasse	Dauerhaftigkeit gemäß Umweltbedingungen	X0; XC; XD; XS; XF; XA; XM
Ort der Herstellung und Verwendung	Baustellenbeton	Betonbestandteile werden auf der Baustelle zugegeben und gemischt; Beton wird für Eigenverbrauch hergestellt.
	Transportbeton	Betonbestandteile werden außerhalb der Baustelle zugemessen und von einem Fahrzeug auf der Baustelle einbaufertig übergeben. Das Mischen kann im Werk oder im Mischfahrzeug erfolgen.
	Ortbeton	Frischbeton wird auf der Baustelle in die endgültige Bauteillage eingebracht und erhärtet dort.
	Betonfertigteil	Herstellung im Betonwerk, wird als erhärtetes Bauteil eingebaut (vorzugsweise typisierte Querschnitte für den Skelettbau)
Erstarrungszustand	Frischbeton	Beton, solange er verarbeitbar ist
	Grüner Beton	Beton unmittelbar nach dem Verdichten noch vor dem Erstarren
	Junger Beton	Beton nach dem Erstarren; nicht mehr verarbeitbar
	Festbeton	erhärteter Beton
Konsistenz	Verdichtungsmaß	Klassen: C0 bis C3
	Ausbreitmaß	Klassen: F1 bis F6
	Setzmaß	Klassen: S1 bis S5 > ohne Anwendung in Deutschland
	Vébé-Zeit	Klassen: V0 bis V4 > ohne Anwendung in Deutschland
Bewehrung	Stahlbeton	schlaffe Bewehrung im Verbund mit dem Beton
	unbewehrter Beton	keine Tragbewehrung vorhanden
	Spannbeton	vorgespannte Bewehrung

Ob im Hoch-, Tief-, Wasser- oder Straßenbau – der Baustoff Beton ist heute praktisch in jedem Bauwerk enthalten. Je nach Einsatzort und Verwendung können die unterschiedlichsten Anforderungen an den Beton gestellt werden. Das können sein

- Festigkeit,
- Wasserundurchlässigkeit,
- Frostbeständigkeit,
- Beständigkeit gegen chemische Angriffe,
- Schallschutz,
- Brandschutz,
- Oberflächengestaltung,
- Formenvielfalt.

Aus Beton können sehr komplizierte Formen hergestellt werden – Beispiel Wasserspeicher.

Spannbeton ermöglicht große Spannweiten.

4.4.2 Betonbestandteile

Beton ist kein natürlicher Baustoff. Er wird künstlich hergestellt, aus

- Gesteinskörnungen (Sand, Kies, Splitt),
- Zement und
- Wasser.

Um zielgerichtete, besondere Betoneigenschaften zu erhalten, werden dem Beton beim Mischen gegebenenfalls Betonzusätze (Zusatzmittel oder Zusatzstoffe) beigegeben. Entsprechend der Auswahl und der Rohdichte der Gesteinskörnung wird zwischen Leicht-, Normal- und Schwerbeton unterschieden.

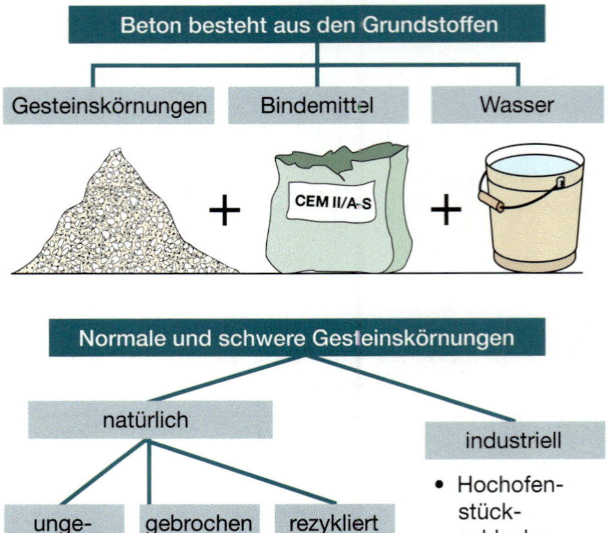

Gesteinskörnungen

Die Gesteinskörnungen (bisher als Zuschlag bezeichnet) bilden im erhärteten Beton, genau wie im Mörtel, das tragende Gerüst.

- Die Gesteinskörnungen stellen den höchsten Mengenanteil im Beton dar.
- Sie sind im Regelfall der preiswerteste Bestandteil des Betons.
- Die Gesteinskörnungen werden in der Natur gefunden oder künstlich hergestellt.

! Die Gesteinskörnungen bilden das tragende Gerüst des Betons. Ihre sorgfältige Auswahl ist mitbestimmend für die Betoneigenschaften.

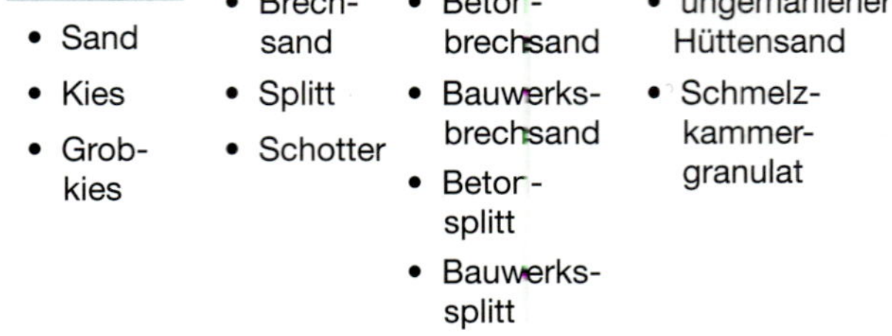

Natürliche Gesteinskörnungen werden in der Natur, z. B. in Kiesgruben oder Flüssen als Sand oder Kies gefunden. Sie werden nicht weiter zerkleinert („gebrochen"), sondern in der Größe verarbeitet, in der sie in der Natur anfallen. Diese Gesteinskörnungen müssen jedoch nach ihrer Größe sortiert werden.

In Steinbrüchen gewonnene Gesteinskörnungen werden auf die gewünschte Korngröße zerkleinert (gebrochen). Es entsteht Brechsand, Splitt oder Schotter.

In der Betonbaupraxis haben **Sande und Kiese mit dichtem Gefüge** die größte Bedeutung.
Welche Anforderungen werden an Sand und Kies gestellt?

- Günstige Kornform
- Ausreichende Kornfestigkeit
- Keine Verunreinigungen
- Optimale Kornzusammensetzung

Die **Kornform** soll gedrungen sein. Der Frischbeton ist dadurch verdichtungswilliger, das Einbringen des Betons wird erleichtert und die Festigkeit des erhärteten Betons verbessert.
Die **Kornfestigkeit** muss mindestens den Wert erreichen, der vom fertigen Beton verlangt wird. Natürliche Gesteinskörnungen mit dichtem Gefüge erfüllen diese Anforderungen im Allgemeinen.
Eigenfeuchtigkeit – Gesteinskörnungen sind durch die Lagerung im Freien der Witterung ausgesetzt. Die vorhandene Eigenfeuchtigkeit muss durch Prüfung bestimmt und beim Gesamtwasserbedarf berücksichtigt werden. Prüfung auf Eigenfeuchte → Arbeitsbuch „Baustoffprüfungen", Übung 6.
Verunreinigungen beeinträchtigen die Qualität der Gesteinskörnungen und damit des Betons. Aus Seen und Flüssen gewonnene Gesteinskörnungen enthalten häufig Salze, wie z. B. Chloride, die das Rosten des Betonstahls fördern. Sulfate, die zusammen mit dem Bindemittel Zement Treiberscheinungen und Rissbildungen begünstigen, sind ebenfalls oft enthalten.
In Kiesgruben gewonnener Kies ist häufig mit lehmigen und tonigen Bestandteilen durchsetzt. Sie mindern die Festigkeitseigenschaften des Betons.
Prüfverfahren auf Verunreinigungen → Arbeitsbuch „Baustoffprüfungen", Übungen 10 bis 12.

! Gesteinskörnungen müssen die Regelanforderungen erfüllen. Nur einwandfreie, nicht verunreinigte Gesteinskörnungen garantieren einen fehlerfreien Beton.

Füller und Gesteinskörnungen (nach DIN 4226)

	obere Siebgröße *D*	untere Siebgröße *d*	Korngruppen (Beispiele)
Feinanteil	0,063 mm		
feine Gesteinskörnungen (Sand)	≤ 4 mm	0	0/2; 0/4
grobe Gesteinskörnungen	≥ 4 mm	≥ 2 mm	2/4; 4/8; 8/32

Abbau von Gesteinskörnungen im Steinbruch

Ausgebeutete Kiesgruben oder Steinbrüche können das Landschaftsbild zerstören. Nach Beendigung des Abbaus müssen sie entsprechend der Naturschutzgesetze renaturiert werden.

Ermitteln der Eigenfeuchte von Zuschlag

Bezeichnungen für Gesteinskörnungen – Korngruppen, Lieferkörnung

ungebrochene Gesteinskörnung (natürlich)	gebrochene Gesteinskörnung		Siebgröße in mm	
	natürlich	rezykliert	*d* untere	*D* obere
Sand	Brechsand	Betonbrechsand Bauwerksbrechsand	0	≤ 4
Kies	Splitt Edelsplitt	Betonsplitt Bauwerkssplitt	≥ 4	≤ 32
Kies	Schotter		32	45

Gesteinskörnungen werden durch die Angabe der Korngruppen beschrieben.

Korngruppen (Lieferkörnungen) werden unter Verwendung der Siebgrößen (→ Seite 145) angegeben und durch das Verhältnis zwischen der oberen Siebgröße *D* und der unteren Siebgröße *d* beschrieben. Das Verhältnis *D/d* darf dabei nicht kleiner als 1,4 sein.

Beispiele: d/D = 2/4; 8/16 usw.

In der Betontechnologie ist aus technologischen und wirtschaftlichen Gründen eine **Kornzusammensetzung** günstig, mit einem

- großen Anteil an Gesteinskörnungen (Zuschlag) und
- geringem Zementanteil.

Die Baustoffkosten werden verringert und das Schwinden des Betons wird durch einen niedrigen Zementanteil vermindert.

Bestehen die Gesteinskörnungen nur aus **großen** Körnern,

- entstehen viele Hohlräume, die durch Zementleim ausgefüllt werden müssen,
- vergrößert sich das Schwindmaß durch den hohen Zementleimanspruch,
- sinkt die Druckfestigkeit durch vorhandene Hohlräume.

Bestehen die Gesteinskörnungen nur aus **kleinen** Körnern,

- besitzen diese eine große Oberfläche, die zur vollständigen Umhüllung viel Zementleim beansprucht,
- vergrößert sich das Schwindmaß durch den hohen Zementleimanspruch,
- sinkt die Druckfestigkeit durch viele kleine Hohlräume.

Bestehen die Gesteinskörnungen aus einem **Gemisch** aus Körnern unterschiedlicher Größe,

- füllen die jeweils kleineren Körner die Hohlräume der größeren Körner aus,
- entsteht ein inniges Gefüge als tragendes Gerüst des Betons,
- wird weniger Zementleim benötigt, da nur wenige Hohlräume vorhanden sind,
- verringert sich die Schwindrissgefahr durch den geringeren Zementleimanteil,
- wird eine höhere Druckfestigkeit mit geringerer Zementmenge erreicht.

! Die Gesteinskörnungen für Beton sollen immer gemischtkörnig sein, d.h. aus Körnern unterschiedlicher, aufeinander abgestimmter Größe bestehen.

Auswirkungen von Kornform und Kornoberfläche auf den Beton

Vergleich von Kornform und -oberfläche bezogen auf	Kornform		Kornoberfläche	
	rund 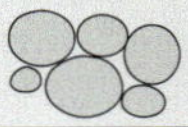	kantig 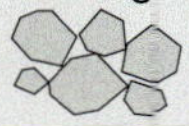	glatt 	rau 
Druckfestigkeit des erhärteten Mörtels/Betons	geringer als bei eckigen Körnern	besser als bei runden Körnern	geringer als bei rauen Oberflächen	besser als bei glatten Oberflächen
Verdichtungswilligkeit	gut	weniger gut	gut	weniger gut
Zement- und Wasserbedarf	niedriger als bei eckig kantigen Körnern	höher als bei runden Körnern	niedriger als bei rauen Oberflächen	höher als bei glatten Oberflächen

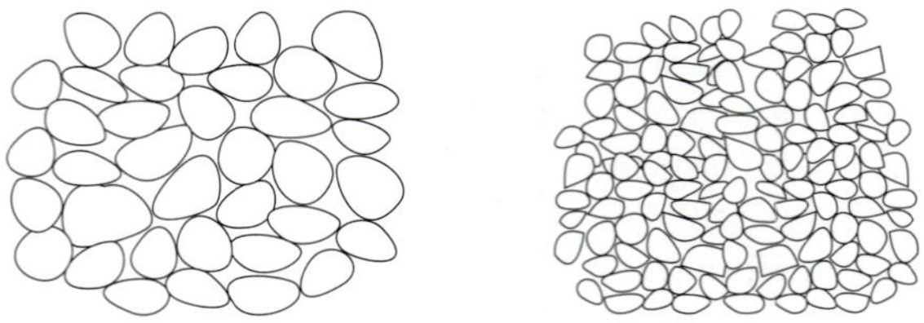

Nur grobe oder nur feine Körner ⇒ **Ungünstige Lösung**

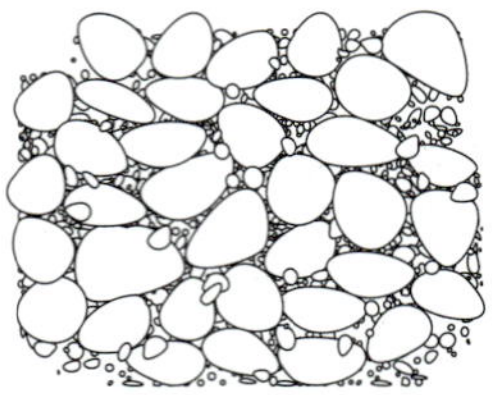

Gemischtkörniger Aufbau
⇒ **Günstige Lösung**

Übliche Abstufungen der Korngrößen

Ermittlung der Kornzusammensetzung

Die Zusammensetzung des Zuschlags wird durch **Sieblinien** dargestellt. Sie sind das Ergebnis von Siebversuchen.

Korngemische müssen grobe und feine Anteile von Gesteinskörnungen enthalten, wobei $D \leq 45$ mm und $d = 0$ sein müssen.

Zur Beurteilung der Qualität der geprüften Gesteinskörnung wird die ermittelte **Sieblinie** mit Regelsieblinien verglichen.

In DIN 1045 sind Siebliniendiagramme für Korngemische mit einem Größtkorn von 8 mm, 16 mm, 32 mm und 63 mm angegeben.

In den vier Diagrammen werden die Regelsieblinien mit Buchstaben bezeichnet:

- die untere, grobe Sieblinie mit **A**
- die mittlere mit **B**
- die obere, feine mit **C**

Sie erhalten zur besseren Kennzeichnung die Angabe des jeweiligen Größtkorns.

Beispiel:
A_{16}: Sieblinie A, Größtkorn 16 mm

- ❑ Die Regelsieblinien A und B begrenzen den Bereich 3 **(günstig)**.
- ❑ Die Normsieblinien B und C begrenzen den Bereich 4 **(brauchbar)**.
- ❑ **Ungünstig** ist der Bereich 1; er enthält zu viele grobe Anteile.
- ❑ **Ungünstig** ist auch der Bereich 5; er enthält zu viele sandreiche Anteile.

Für die Darstellung der Sieblinien werden die einzelnen Siebe mit den gleichen Abständen auf der horizontalen Achse dargestellt (logarithmischer Maßstab).

Als Siebsätze kommen zur Anwendung, der

- Grundsiebsatz,
- Grundsiebsatz + Ergänzungssiebsatz 1 oder
- Grundsiebsatz + Ergänzungssiebsatz 2.

In Deutschland sind nur die Siebe aus der Reihe „Grundsiebsatz + Ergänzungssiebsatz 1“ üblich.

Versuchsdurchführung

- ❑ Vorbereitung des Siebsatzes mit dem feinsten Sieb und dem Auffangskasten unten, dem gröbsten Sieb oben
- ❑ Vom Siebgut wird die notwendige Probemenge von 5000 g abgeteilt, das Siebgut muss dabei trocken sein (evtl. trocknen)

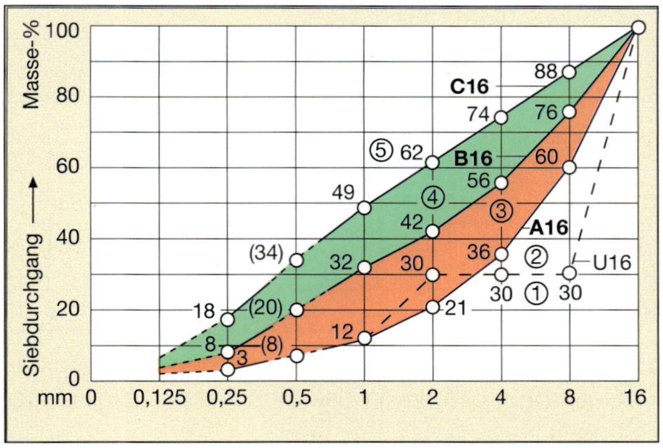

Regelsieblinien mit dem Größtkorn 16 mm

Maschineller Siebeinsatz zur Ermittlung der Kornzusammensetzung mit ausgewählten Sieben

Beschreibung des Siebversuchs aus: Arbeitsbuch „Baustoffprüfungen“, Übung 7

- ❑ Die Probemenge wird in das oberste Sieb gegeben. Dann gründlich sieben, bis kein Siebgut mehr durch die Siebe fällt.
- ❑ Das oberste Sieb abnehmen und eventuell über dunklem Papier nachsieben. Das Siebgut, das auf das Papier fällt, wird auf das nächst folgende Sieb gegeben.

Sieblinienprotokoll

Versuch Nr.	Gesamtrückstand in g	Rückstände auf Sieben in g								
		0,125	0,25	0,5	1,0	2,0	4,0	8,0	16,0	31,5
1	5000	4800	4630	4330	4020	3810	3350	2450	1300	–
2	5000	4790	4650	4305	3900	3880	3510	2400	1280	–
Summe	10000	9590	9280	8635	7920	7690	6860	4850	2580	–
Rückstand in %	100	95,9	92,8	86,4	79,2	76,9	68,6	48,5	25,8	–
Durchgang in %		4,1	7,2	13,6	20,8	23,1	31,4	51,5	74,2	–

- ❏ Der Rückstand auf dem Sieb wird gewogen und das Gewicht in Gramm in das Sieblinienprotokoll eingetragen.
- ❏ Mit den weiteren Sieben wird in gleicher Weise verfahren. Die Rückstände auf den folgenden Sieben werden dazu gewogen. Dieses Verfahren bezeichnet man als additives Wiegen.
- ❏ Ermitteln der Rückstandssummen auf den Sieben.
- ❏ Ermitteln der Rückstände in %
- ❏ Ermitteln der (Sieb-) Durchgänge in % (Durchgang = 100 % Rückstände in %)
- ❏ Eintragen der Durchgänge in das Sieblinienprotokoll
- ❏ Übertragen der Durchgänge in das Regelsiebliniendiagramm
- ❏ Beurteilen der Sieblinie
  Der Siebverlust darf nicht mehr als 1 % der Gesamtmasse betragen.

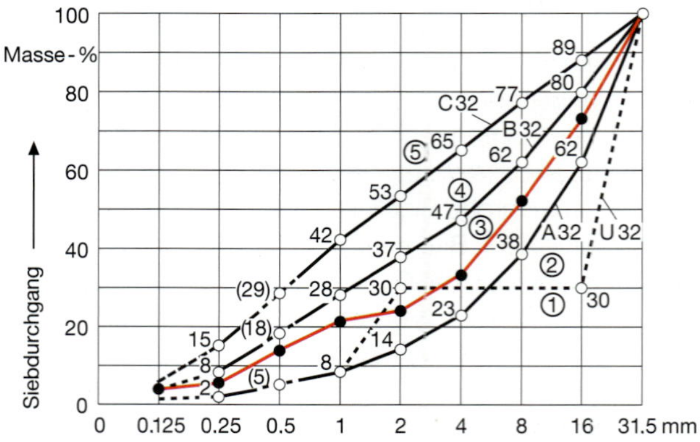

Sieblinie mit Auswertung des Siebversuchs: Die Sieblinie liegt im günstigen Bereich.

Gütegesicherte Gesteinskörnungen unterliegen hohen Qualitätsanforderungen, die durch die Eigen- und Fremdüberwachung der Betriebe sichergestellt werden.

Lieferschein – Beispiel

Herkunft	Prüß Bau
Lager	Auslieferung über Lager … Kieswerk Kassedorf
Art	natürliche normale Gesteinskörnung
Petrographischer Typ	devonischer Massenkalk
Korngruppe	16/22

Die **Körnungsziffer *k*** wird aus der Summe der Gesamtrückstände ermittelt. Sie ermöglicht mit Hilfe eines Diagramms die **Abschätzung des Wasserbedarfs** für 1,0 m³ Beton bestimmter Konsistenz.

$$k = \frac{\text{Summe der Gesamtrückstände in \%}}{100\,\%}$$

Für den durchgeführten Siebversuch errechnet sich die Körnungsziffer

$$k = \frac{92{,}8 + 86{,}4 + 79{,}2 + 76{,}9 + 68{,}6 + 48{,}5 + 25{,}8}{100}$$

$$k = 4{,}782 \approx \underline{\underline{4{,}78}}$$

Bei der Berechnung der Rückstände bleiben der 100 %-Wert und die Rückstände auf dem 0,125-Sieb unberücksichtigt.

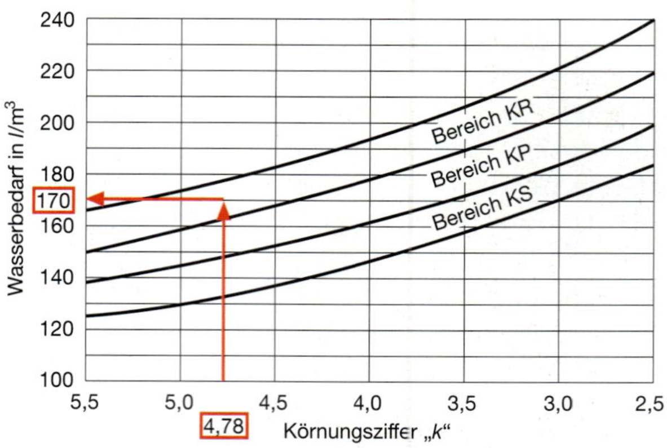

Körnungsziffer und Wasseranspruch des Siebversuchs für die Konsistenzbereiche steif, plastisch, weich

Zement

Zement ist ein fein gemahlenes, hydraulisches Bindemittel. Es hat im Beton die Aufgabe, die Gesteinskörnungen miteinander zu verbinden.

> **!** Durch seine hydraulischen Eigenschaften erhärtet Zement sowohl an der Luft als auch unter Wasser.

Zement besteht aus Kalkstein und Ton. Ihr Mischungsverhältnis muss aufeinander abgestimmt sein.

Die Zementherstellung erfolgt in drei Schritten:

- Aufbereiten der Rohstoffe (Mischen, Mahlen)
- Brennen
- Mahlen der Portlandzementklinker

Die Rohstoffe (Rohschotter) werden innig und gleichmäßig vermischt, getrocknet und gemahlen. Das Rohmehl wird bis zur Sintergrenze von ca. 1450 °C im **Drehofen** gebrannt. Beim **Brennen** des Rohmehls zu Klinkern entstehen Calciumsilicate, die die hydraulische Erhärtung des Zements ermöglichen. Die Anteile an Calciumoxid (CaO) und Siliciumdioxid (SiO_2) betragen ≥ 50 %.
Das **Mahlen** erfolgt in Rohrmühlen, häufig in Verbindung mit Walzenmühlen. Dabei werden die Portlandzementklinker je nach Zementart allein oder in Verbindung mit Hüttensand, Trass, Ölschiefer, Flugasche oder Kalksteinmehl fein gemahlen. Es wird ca. 5 % Calciumsulfat zur Erstarrungsregelung beigegeben.
Ohne Calciumsulfat (Gipszusatz) ist der Zement ein Schnellerstarrer. Die Buchstaben „A“ und „B“ im Kurzzeichen bezeichnen einen hohen bzw. niedrigen Anteil an Portlandzementklinkern.

Mahlen des Zements in der Trommelmühle

Zementfabrik mit Drehofen (50 … 100 m lang)

Zementarten, Bezeichnungen (nach DIN EN 197-1, Auswahl)

Zementart	Bezeichnung	Kurzzeichen	Portlandzementklinker K Anteil in %
CEM I	Portlandzement	CEM I	95 … 100
CEM II	Portlandhüttenzement	CEM II/A-S CEM II/B-S	80 … 94 65 … 79
	Portlandsilikatstaubzement	CEM II/A-D	90 … 94
	Portlandpuzzolanzement	CEM II/A-P CEM II/B-P CEM II/A-Q CEM II/B-Q	80 … 94 65 … 79 80 … 94 65 … 79
	Portlandflugaschezement	CEM II/A-V CEM II/B-V CEM II/A-W CEM II/B-W	80 … 94 65 … 79 80 … 94 65 … 79
	Portlandschieferzement	CEM II/A-T CEM II/B-T	80 … 94 65 … 79
	Portlandkalksteinzement	CEM II/A-L CEM II/B-L CEM II/A-LL CEM II/B-LL	80 … 94 65 … 79 80 … 94 65 … 79
	Portlandkompositzement	CEM II/A-M CEM II/B-M	80 … 94 65 … 79
CEM III	Hochofenzement	CEM III/A CEM III/B CEM III/C	35 … 64 20 … 34 5 … 19
CEM IV	Puzzolanzement	CEM IV/A CEM IV/B	65 … 89 45 … 64
CEM V	Kompositzement	CEM V/A CEM V/B	40 … 64 20 … 38

Bedeutung der Kurzzeichen:

A hoher Anteil an Portlandzementklinker
B niedriger Anteil an Portlandzementklinker
K Portlandzementklinker
S Hüttensand als Bestandteil
P natürliche Puzzolane
V Kieselsäure reiche Flugasche
T gebrannter Schiefer
L Kalkstein
D Silikatstaub

Hüttensand, natürliches Puzzolan und Flugasche sind hydraulische Stoffe, die das Erhärtungsverhalten des Zements maßgeblich bestimmen. Ölschiefer ist ein Naturstein, der selbstständig hydraulisch erhärtet.

Zementfestigkeitsklassen – Zemente werden in drei Festigkeitsklassen hergestellt.

32,5 **42,5** **52,5**

Die **Druckfestigkeit** wird in N/mm² nach 28 Tagen angegeben und ist die **Mindestfestigkeit**.

In allen Festigkeitsklassen wird auch die Festigkeit nach 2 und 7 Tagen angegeben.

Zemente werden unterteilt in
- normal erhärtende (Kennbuchstaben **N**) und
- schnell erhärtende (Kennbuchstabe **R** = Rapid)
- Zemente.

Zemente mit höherer Druckfestigkeit werden vor allem durch die höhere Mahlfeinheit gewonnen. Sie entwickeln eine höhere Hydratationswärme und eine schnellere Anfangserhärtung.

! Beton und Zementmörtel müssen im Regelfall innerhalb einer Stunde verarbeitet werden.

Die **Kennfarben der Zementsäcke** und die Farben der Aufdrucke erleichtern auf der Baustelle die leichtere Unterscheidung der Festigkeitsklasse.

Zemente mit besonderen Eigenschaften – für bestimmte Bauaufgaben werden Zemente mit besonderen Eigenschaften gefordert:

- **HS-Zemente**
- **NW-Zemente**
- **NA-Zemente**

HS-Zemente sind Zemente mit hohem Sulfatwiderstand. Alle Hochofenzemente CEMIII/B haben diese Eigenschaft. Sie eignen sich daher besonders für Bauwerke in aggressivem Wasser.

NW-Zemente sind Zemente mit niedriger Hydratationswärme. Sie haben eine langsame Anfangserhärtung und sind besonders für hohe Außentemperaturen geeignet.

NA-Zemente sind Zemente mit niedrigem wirksamen Alkaligehalt. Sie eignen sich für Bauteile, die mit alkaliempfindlichen Zuschlägen hergestellt werden.

Für massige Bauteile sind Zemente mit geringerer Hydratationswärmeentwicklung geeignet. Bei kurzen Ausschalfristen werden Zemente mit höherer Anfangserhärtung eingesetzt.

Festigkeitsklassen und Kennfarben von Zement (DIN EN 197)

Festigkeitsklasse	Druckfestigkeit in N/mm² nach 2 Tagen min.	7 Tagen min.	28 Tagen min.	28 Tagen max.	Kennfarbe	Farbe des Aufdrucks
32,5 N	–	≥ 16	≥ 32,5	≤ 52,5	hellbraun	schwarz
32,5 R	≥ 10	–				rot
42,5 N	≥ 10	–	≥ 42,5	≤ 62,5	grün	schwarz
42,5 R	≥ 20	–				rot
52,5 N	≥ 20	–	≥ 52,5	–	rot	schwarz
52,5 R	≥ 30	–				weiß

Erstarren des Zementes

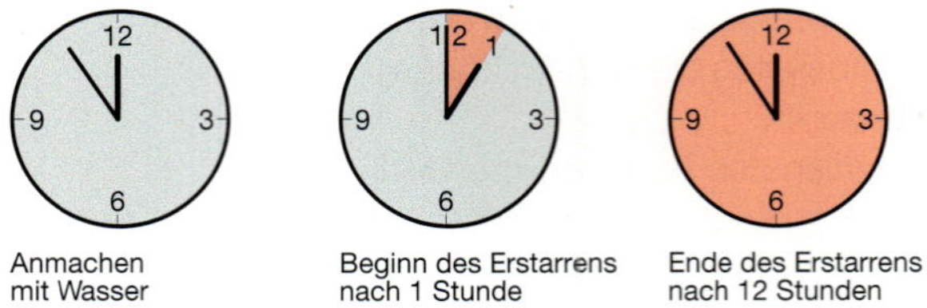

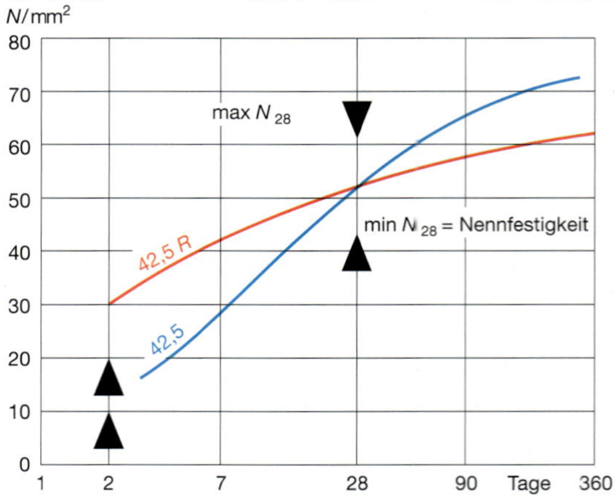

Erhärtungsverlauf für Zemente der Festigkeitsklassen 42,5 und 42,5 R – Beispiel

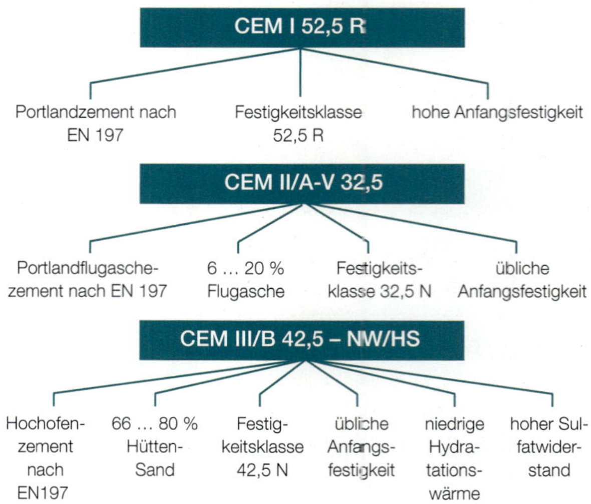

Zugabewasser

Das Zugabewasser muss frei von Verunreinigungen sein. Trinkwasser ist in jedem Fall geeignet. Oberflächenwasser, z. B. aus Seen, muss auf Salzgehalt und Verunreinigungen hin überprüft werden. Für die Eigenschaften des Betons, besonders für die Festigkeitsentwicklung, ist der Wasseranteil im Verhältnis zum Zementgehalt von großer Bedeutung. Dieses Verhältnis wird als **Wasser-Zement-Wert** (*w/z*-Wert) bezeichnet.

$$w/z\text{-Wert} = \frac{\text{Wassergehalt (in kg)}}{\text{Zementgehalt (in kg)}}$$

Der Gesamtwassergehalt des Betons setzt sich zusammen aus

- dem Zugabewasser,
- der Oberflächenfeuchte des Zuschlags,
- der Kern- oder Porenfeuchte (Eigenfeuchte) des Zuschlags.

Zement bindet bei seiner Erhärtung eine Wassermenge, die ca. 40 % seines Eigengewichts entspricht. Der Vorgang der Wasserbindung wird als **Hydratation** (griech.: Hydro = Wasser) bezeichnet. Aus dem Zementleim entsteht der Zementstein.

> **!** **Zur Erhärtung ist also ein *w/z*-Wert von 0,4 erforderlich. Ist dieser Wert größer, so enthält der Beton Überschusswasser.**

Für die Baustellenpraxis ist ein *w/z*-Wert von 0,4 jedoch nicht geeignet. Der Beton ist zu „trocken". Er lässt sich schlecht mischen, erschwert das Einbringen und verhindert eine optimale Verdichtung.

Zum guten Verarbeiten ist ein *w/z*-Wert > 0,5 brauchbar. Er sollte jedoch nicht größer gewählt werden, als es für das Fördern, das Einbringen und Verdichten des Betons erforderlich ist. Höchstgrenzen werden durch die Norm gesetzt.

Für die Verarbeitung auf der Baustelle sollte der *w/z*-Wert zwischen 0,5 und 0,6 liegen. Es ist untersagt, unkontrolliert Wasser zuzugeben, um die Betonkonsistenz zu verbessern.

Warum ist der *w/z*-Wert so wichtig?

Steigender Wassergehalt wirkt sich negativ auf alle wesentlichen Betoneigenschaften aus. Er

- verringert die Druckfestigkeit,
- erhöht die Wasseraufnahmefähigkeit,
- mindert die Witterungsbeständigkeit,
- fördert die Schwindspannungen (Risse),
- verstärkt das „Bluten",
- mindert den Rostschutz der Stahleinlagen.

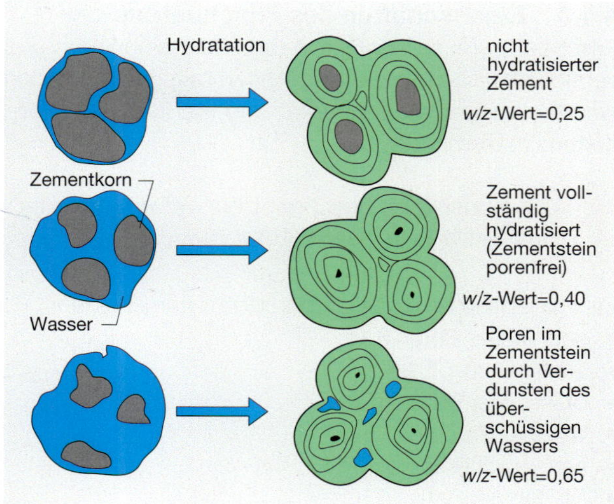

Auswirkungen des w/z-Wertes auf die Erhärtung des Zementes

Einfluss des Wasserzementwertes auf die Betonqualität

Niedriger *w/z*-Wert	Hoher *w/z*-Wert
Zusammensetzung: 50 ℓ Wasser (= 50 kg) + 100 kg Zement	*Zusammensetzung:* 100 ℓ Wasser (= 100 kg) + 100 kg Zement
Berechnung: $w/z = \frac{\text{Wassermenge}}{\text{Zementmenge}}$ $w/z = 50\,\ell : 100\,\text{kg}$	*Berechnung:* $w/z = \frac{\text{Wassermenge}}{\text{Zementmenge}}$ $w/z = 100\,\ell : 100\,\text{kg}$
Zementleim Zementkorn Wasser	Zementkorn Wasser
Anzahl der Poren im Zementstein WENIGE	VIELE
Festigkeit hoch	niedrig
Wasseraufnahme wenig	viel
Schwindrissbildung schwach	stark
Bluten Wasser, Zementleim, schwach	Wasser, Zementleim, stark

4.4.3 Eigenschaften des Frischbetons

Frischbeton muss sich gut verarbeiten, einbringen und verdichten lassen. Die Möglichkeiten seiner Verarbeitung werden von der Verformbarkeit und Fließfähigkeit (**Konsistenz**) bestimmt.

> **!** **Die Konsistenz beschreibt die Verarbeitbarkeit und Steife des Frischbetons.**

Es werden sieben Konstenzbereiche unterschieden:
- sehr steifer Beton (C0)
- steifer Beton (C1/F1)
- plastischer Beton (C2/F2)
- weicher Beton (C3/F3)
- sehr weicher Beton (F4)
- fließfähiger Beton (F5)
- sehr fließfähiger Beton (F6)

Die Konsistenz muss den baupraktischen Gegebenheiten angepasst werden. Z. B.: Feingliedrige Bauteile erfordern einen weichen Beton, der sich in der engen Schalung und zwischen der Bewehrung gut einbauen lässt.

Konsistenzprüfung

Zur Festlegung der Steifigkeit (Konsistenz) des Betons werden vier Prüfverfahren unterschieden:
- Ausbreitsmaß *a*
- Verdichtungsmaß *v*
- Setzmaß *s*
- Vébé-Test *t*

Für diese Verfahren gibt es Tabellen, aus denen die Konsistenzklasse bestimmt werden kann. In Deutschland werden meist nur das Ausbreit- und Verdichtungsmaß ermittelt.

Ermittlung des Ausbreitmaßes:

- ❏ Ausbreittisch waagerecht aufstellen, die Tischoberfläche und den Ausbreittisch feucht abwischen
- ❏ Füllen der Form in zwei Schichten, mit Holzstampfer leicht verdichten
- ❏ Form sorgfältig nach oben abziehen, sodass der Beton-Kegelstumpf stehen bleibt
- ❏ Tischplatte 15-mal innerhalb von ca. 15 Sekunden bis zum Anschlag hochziehen und fallen lassen
- ❏ beim entstandenen Betonkuchen in zwei Richtungen die Diagonalen a_1 und a_2 messen
- ❏ Der Mittelwert aus beiden Messungen ergibt das **Ausbreitmaß *a***

$$a = \frac{(a_1 + a_2)}{2}$$

- ❏ Die Konsistenz wird mit Hilfe einer Tabelle aus dem Ausbreitmaß ermittelt.

Konsistenz von Frischbeton (nach Bauberatung Zement)

Konsistenzbeschreibung	Ausbreitmaß		Verdichtungsmaß	
	Klasse	Maß	Klasse	Maß in mm
sehr steif	–	–	C0	≥ 1,46
steif	F1		C1	1,45 … 1,26
plastisch	F2	350 … 410	C2	1,25 … 1,11
weich	F3	420 … 480	C3	1,10 … 1,04
sehr weich	F4	490 … 550	–	
fließfähig	F5	560 … 620	–	
sehr fließfähig	F6	≥ 630	–	

> **!** **Der Umfang der Konsistenzprüfungen ist von der Überwachungsklasse (Tabelle S. 155) abhängig.**

Füllen der Form beim Ausbreitversuch

Messen des Ausbreitmaßes

Prüfungsablauf aus:
Arbeitsbuch „Baustoffprüfungen", Übung 14

> **!** **Für die Wahl des Konsistenzprüfverfahrens gilt:**
> - **Verdichtungsmaß für steifere Betone**
> - **Ausbreitmaß für weiche bis fließfähige Betone**

Ermittlung des Verdichtungsmaßes:

- den Behälter mit der Grundfläche 20 cm x 20 cm und einer Höhe von 40 cm feucht auswischen
- den Behälter bis zum Rand füllen und den überstehenden Beton mit einem Stahllineal ohne Verdichtungswirkung abziehen
- die Prüfmischung verdichten
- an allen vier Ecken des Behälters das Stichmaß *s* messen
- Aus den vier Maßen den Mittelwert errechnen

$$s = \frac{(s_1 + s_2 + s_3 + s_4)}{4}$$

- abschließend das Verdichtungsmaß *v* bestimmen

$$v = \frac{h}{h-s}$$

Prüfungsablauf aus → Arbeitsbuch „Baustoffprüfungen“, Übung 15

Das **Ausbreitmaß *a*** und das **Verdichtungsmaß *v*** sind nur bedingt vergleichbar. Mit dem Verdichtungsmaß kann die Verarbeitungswilligkeit und mit dem Ausbreitmaß die Verformungswilligkeit gemessen werden.

! Die richtige Wahl der Konsistenz kann zur Senkung des Einbau- und Verdichtungsaufwandes beitragen. Je leichter ein Beton zu verarbeiten ist, desto sicherer ist auch seine ausreichende Verdichtung.

Beispiel

Bestimmen des Verdichtungsmaßes

10 Minuten nach der Wasserzugabe zu einer Betonmischung wird diese verdichtet und folgende Stichmaße werden abgelesen:

$s_1 = 67\,mm$

$s_2 = 65\,mm$

$s_3 = 63\,mm$

$s_4 = 60\,mm$

$$s = \frac{s_1 + s_2 + s_3 + s_4}{4} = \frac{67 + 65 + 63 + 60}{4}$$

$$s = \underline{63{,}75\,mm}$$

$$v = \frac{h}{h-s} = \frac{400\,mm}{400\,mm - 63{,}75\,mm} = \frac{400\,mm}{336{,}25\,mm}$$

$$v = \underline{\underline{1{,}19}}$$

Ergebnis: Der geprüfte Beton ist nach Euro-Norm ein plastischer Beton der Konsistenz C2.

Gefüllter Normalbehälter für Verdichtungsversuch auf dem Rütteltisch

Messen des Stichmaßes beim Verdichtungsversuch

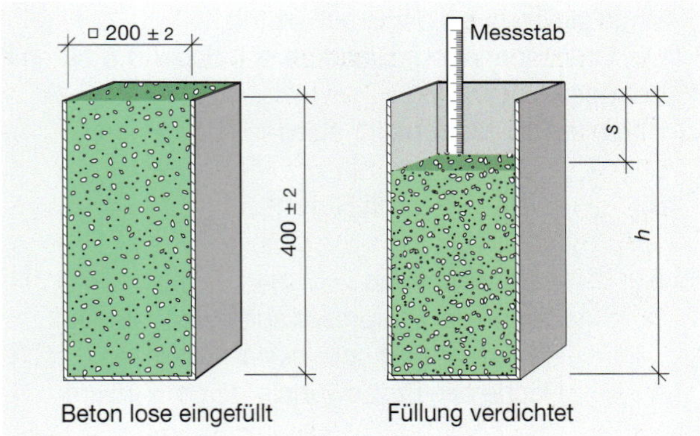

Bestimmen des Verdichtungsmaßes

4.4.4 Eigenschaften des Festbetons

Je nach Art des Bauwerks, dem Bauteil und der Lage des Bauteils im Gesamtbauwerk werden vom Beton bestimmte Eigenschaften erwartet:

Druckfestigkeit – Ihr wurde in der Vergangenheit die größte Bedeutung beigemessen.
Dauerhaftigkeit – sie wird in der neuen Normung in den Expositionsklassen geregelt. Diese ersetzen die bisherige Aufteilung in Innenbauteile, Außenbauteile, wasserundurchlässige Bauteile usw.

Druckfestigkeitsprüfung

Die Druckfestigkeit des Festbetons wird in genormten Prüfungen ermittelt. Sie wird in der Regel an Probewürfeln mit einer Kantenlänge von 15,0 cm Kantenlänge durchgeführt. Nach Euronorm werden auch Zylinder aus Beton mit einem Ø 15,0 cm und 30,0 cm Länge geprüft.

Die **Nasslagerung** der Probekörper wird in DIN 1045-2 (2001) als Referenzlagerung angenommen. Bei abweichender (z. B. trockener) Lagerung wird die Druckfestigkeit mit Umrechnungsfaktoren ermittelt:

Normalbeton: $f_{c,cube} = 0{,}92 \times f_{c,dry(150mm)}$
hochfester Normalbeton: $f_{c,cube} = 0{,}95 \times f_{c,dry(150mm)}$

Herstellen und Lagern von Probekörpern aus: Arbeitsbuch „Baustoffprüfungen", Übung 18.

Versuchsdurchführung: Druckprüfung

- ❑ Prüfen der Planebenheit und der Abmessungen der Würfel. Unebenheiten werden abgeschliffen oder ausgeglichen.
- ❑ Die Prüffläche wird bestimmt. Niemals die Einfüllseite wählen.
- ❑ Würfel zentriert zwischen die Druckplatten der Prüfmaschine legen.
- ❑ Druckplatte auf die Würfel fahren und den Druck so lange steigern, bis der Bruch eintritt.
  Die Druckspannungszunahme soll dabei 0,5 N/mm² betragen (≈ kN/s).
- ❑ Bruchlast am Manometer ablesen.

$$\sigma_{Bruch} = \frac{\text{Kraft}}{\text{Fläche}} = \frac{F}{A} \quad \text{in N/mm}^2$$

β_D Bruchspannung
F die von der Prüfpresse aufgewendete Kraft; sie wird analog oder digital abgelesen
A Fläche des Probewürfels, 15 cm x 15 cm

Betonprüfkörper in der Presse

Prüfwürfel bis zur Bruchlast belastet

Festigkeitsentwicklung des Betons in Abhängigkeit von der Zementfestigkeit

Zementfestigkeitsklasse	Festigkeit in % der 28-Tage-Druckfestigkeit nach				
	3 Tagen	7 Tagen	28 Tagen	90 Tagen	180 Tagen
32,5 N	30…40	50…65	100	110…125	115…130
32,5 R; 42,5 N	50…60	65…80	100	105…115	110…120
42,5 R; 52,5 N; 52,5 R	70…80	80…90	100	100…105	105…110

Beispiel

Bei der Druckfestigkeitsprüfung eines Probewürfels mit 15,0 cm Kantenlänge trat der Bruch bei 832,5 kN ein. Es soll die Bruchspannung berechnet werden.

$$\sigma_{Bruch} = \frac{F}{A}$$

$$\sigma_{Bruch} = \frac{832\,500\ \text{N}}{150\ \text{mm} \cdot 150\ \text{mm}}$$

$$\sigma_{Bruch} = \underline{\underline{37\ \text{N/mm}^2}}$$

Die Bruchspannung des Betonwürfels beträgt 37 N/mm².

Betonfestigkeitsklassen

Nach der Euronorm wird der Festbeton in Festigkeitsklassen eingeteilt. Durch die Anpassung ergibt sich eine grundlegende Änderung der Betonbezeichnung. Das Kurzzeichen **C** steht für „concrete“ (Beton).

Bei der Festigkeitsklasse werden angegeben:

- die charakteristische Zylinderdruckfestigkeit ($f_{ck,cyl}$) des Betons nach 28 Tagen
- die charakteristische Würfeldruckfestigkeit ($f_{ck,cube}$) des Betons nach 28 Tagen

Beispiel: C20/25

- 1. Zahl = Zylinderdruckfestigkeit (20 N/mm²)
- 2. Zahl = Würfeldruckfestigkeit (25 N/mm²).

Die Doppelbezeichnung wurde gewählt, weil in einigen Ländern Betonzylinder als Probekörper, in anderen Betonwürfel verwendet werden. Da in Deutschland Würfel für die Prüfung üblich sind, ist die zweite Zahl von Bedeutung. Die **charakteristische Festigkeit** ist der Wert, bei dem von allen gemessenen Festigkeiten einer Betonmenge 5 % der Werte unter diesem liegen.

Der Mittelwert (früher Serienfestigkeit) der Zylinderdruckfestigkeit des Betons ($f_{cm,cyl}$) von geprüften Probezylindern muss 8,0 N/mm² über der charakteristischen Zylinderdruckfestigkeit liegen. Die geprüften Einzeldruckfestigkeiten einer Serie dürfen nicht mehr als 15 % voneinander abweichen.

! Die Festigkeitsklasse C8/10 darf nur für unbewehrten Beton verwendet werden. Betone ab der Festigkeitsklasse C55/67 werden als hochfeste Betone bezeichnet.

Betonfestigkeitsklassen (nach DIN EN 206-1)

Festigkeitsklasse	$f_{ck,cyl}$ in N/mm²	$f_{ck,cube}$ in N/mm²
Leichtbeton		
LC8/9	8	9
LC12/13	12	13
LC16/18	16	18
LC20/22	20	22
LC25/28	25	28
LC30/33	30	33
LC35/38	35	38
LC40/44	40	44
LC45/50	45	50
LC50/55	50	55
hochfester Beton		
LC55/60	55	60
LC60/66	60	66
LC70/77	70	77
LC80/88	80	88
Normal- /Schwerbeton		
C8/10	8	10
C12/15	12	15
C16/20	16	20
C20/25	20	25
C25/30	25	30
C30/37	30	37
C35/45	35	45
C40/50	40	50
C45/55	45	55
C50/60	50	60
hochfester Beton		
C55/67	55	67
C60/75	60	75
C70/85	70	85
C80/95	80	95
C90/105	90	105
C100/115	110	115

Expositionsklassen (lat. Grad der Gefährdung)

Expositionsklassen unterteilen die Beanspruchung des Betons und der Bewehrung aufgrund unterschiedlicher Umweltbedingungen. Sie finden Eingang in die Bemessung und Konstruktion der Bauteile.

- Liegt kein Angriffsgrad vor, wird von der Basisklasse X0 ausgegangen.
- Die Bewehrungsbeanspruchung unterteilt die Klassen Karbonatisierung XC, Chloride XD und Meerwasser XS.
- Für Beton gibt es die Angriffsklassen Frost mit und ohne Taumittel XF, chemische Angriffe XA und Verschleißangriffe XM.

Eine höhere Ziffer hinter den Buchstaben zeigt dabei in der Regel eine größere Gefährdung an. Eine Ausnahme bildet Frost mit und ohne Taumittel.

Folgende Bedingungen für die Dauerhaftigkeit von Beton sind einzuhalten:

- ❑ Grenzwerte für Beton
- ❑ maßgebende Umgebungsbedingungen für die Verwendung
- ❑ ordnungsgemäße Betonverarbeitung nach DIN 1045-3
- ❑ Betondeckung der Bewehrung nach DIN 1045-1 (Mindestwerte der maßgebenden Umgebungsbedingungen)
- ❑ Umgebungsbedingungen für Festbeton im Bauwerk
- ❑ sorgfältige Wartung und Nachbehandlung

! Bei der Beschreibung des Betons muss neben der Druckfestigkeitsklasse auch eine (evtl. mehrere) Expositionsklasse(n) angegeben werden.

Einteilung des Betons in Expositionsklassen – Beispiele – nach DIN 1045, vereinfacht

Klassen-bezeichnung	Umgebungsbedingungen	Beispiele/Bauteile	Mindestdruck-festigkeit
1 Ohne Korrosions- und Angriffsrisiko			
X0	unbewehrter Beton für normale Bedingungen – ohne Frostangriff, Verschleiß oder chemische Angriffe	• unbewehrte Fundamente ohne Frost • unbewehrte Innenbauteile	C12/15
2 bei Gefahr der Bewehrungskorrosion infolge Karbonatisierung – Angriff durch Luft und Feuchtigkeit – nicht bei Vorhandensein einer Sperrschicht zwischen Beton und Umgebung			
XC1	trocken oder ständig nass	• Innenbauteile • Bauteile, die ständig unter Wasser sind	C16/20
XC2	nass, selten trocken	• Gründungsbauteile • Wasserbehälter	C16/20
XC3	mäßige Feuchte (hohe Luftfeuchte)	• offene Hallen • Feuchträume in Hallenbädern	C20/25
XC4	wechselnd nass und trocken	• Außenbauteile	C25/30
3 bei Gefahr der Bewehrungskorrosion infolge Chlorideinwirkung (z. B. Taumittel), nicht bei Meerwasser			
XD1	mäßige Feuchte	• Verkehrsflächen im Sprühnebelbereich	C30/37
4 bei Gefahr der Bewehrungskorrosion infolge Chlorideinwirkung aus Meerwasser			
XS1	salzhaltige Luft, kein Kontakt mit Meerwasser	• Außenbauteile in Küstennähe	C30/37; C25/30 mit LP
5 bei Gefahr des Frostangriffs auf den Beton mit oder ohne Taumittel (Frost-Tau-Wechsel von durchfeuchtetem Beton)			
XF1	Mäßige Wassersättigung, ohne Taumittel	• Außenbauteile, Regen und Frost ausgesetzt	C25/30
6 bei Gefahr der Betonkorrosion durch chemischen Angriff (z. B. durch natürliche Böden und Grundwasser)			
XA1	chemisch schwach angreifende Umgebung	• Behälter von Kläranlagen	C25/30
7 bei Gefahr der Betonkorrosion infolge Verschleißbeanspruchung			
XM1	mäßige Verschleißbeanspruchung	• tragende Industrieböden, bei Beanspruchung durch luftbereifte Fahrzeuge	C30/37

Mindestdruckfestigkeitsklasse

Zur Sicherung der Dauerhaftigkeit müssen die Betondruckfestigkeit und die Expositionsklassen aufeinander abgestimmt werden. Die DIN 1045 schreibt daher für die verschiedenen Expositionsklassen eine Mindestdruckfestigkeit vor. Bei Korrosionsgefahr, ausgelöst durch Karbonatisierung bei mäßiger Feuchte – Expositionsklasse XC3 – muss ein Normalbeton mindestens der Festigkeitsklasse C20/25 entsprechen.

4.4.5 Vorbereiten der Betonierarbeiten

Das Festlegen des Betons (Betonzusammensetzung bzw. zu erreichende Betoneigenschaften) kann auf verschiedenen Wegen und Verantwortung erfolgen:

- **Standardbeton** (entspricht dem bisherigen Rezeptbeton) – Betone mit niedrigen Festigkeiten, für unbewehrte und bewehrte Bauteile mit geringer Klimabeanspruchung. Ein Mindestzementgehalt ist vorgeschrieben für die Expositionsklassen XC0, XC1, XC2.
- **Beton nach Zusammensetzung** – der Planer legt in der Leistungsbeschreibung die zu verwendenden Ausgangsstoffe, die Betonzusammensetzung und die Frisch- und Festbetoneigenschaften fest. Der Hersteller mischt entsprechend.
- **Beton nach Eigenschaften** – der Planer legt die Betoneigenschaften und evtl. zusätzliche Anforderungen fest, der Hersteller legt entsprechend die Bestandteile und die Betonzusammensetzung fest.

! Standardbeton darf jeder Baubetrieb herstellen. Die Regeln für die Betonbestandteile, der Mindestzementgehalt sowie das Mischen nach den Regeln der Technik sichern die Betonqualität.

Konformitätskontrolle und Konformitätskriterien

Mit der Konformitätskontrolle wird die Übereinstimmung (Konformität) des Betons mit der Festlegung nachgeprüft. Der **Ort der Probenahme** muss so gewählt werden, dass sich die maßgebenden Betoneigenschaften zwischen dem Ort der Probenahme und dem Ort der Übergabe nicht wesentlich ändern.

Bei **Beton nach Eigenschaften** werden die Konformitätsnachweise direkt beim Hersteller (z. B. im Transportbetonwerk) durchgeführt. Auf der Baustelle sind vom Bauunternehmer **Identitätsprüfungen** vorzunehmen, deren Umfang sich nach den in DIN 1045-3 angegebenen Überwachungsklassen richtet.
Die Überwachungsklassen hängen von den Festigkeitsklasse, der Expositionsklasse und den besonderen Eigenschaften des Betons ab.
Die Überwachung wird in der Klasse 1 durch den Bauunternehmer, in den Klassen 2 und 3 durch eine anerkannte Überwachungsstelle (Fremdüberwachung) durchgeführt.

Planung der Betonherstellung

Die Planung für die Mischung des Betons richtet sich nach den Anforderungen an das zu fertigende Bauteil. Berücksichtigt werden müssen statische Gesichtspunkte, die Lage (Umgebungsbedingungen) und die Ausführung des Bauteils.

- **Festigkeitsklasse** – festgelegt wird, welche Betondruckfestigkeit erzielt werden muss.
- **Zementfestigkeitsklasse** – zu berücksichtigen sind evtl. geforderte kurze Ausschalfristen oder Betonieren bei niedrigen Temperaturen. Zement wird immer nach Gewicht zugegeben. Der Mindestzementgehalt muss berücksichtigt werden.
- **Gesteinskörnungen** für Beton (Zuschlag) – der Sieblinienbereich ist zu bestimmen. Bei eng liegender Bewehrung oder schlanken Bauteilen ist u. U. das Größtkorn zu begrenzen. Für Standardbeton können werksgemischte Gesteinskörnungen verwendet werden. Gesteinskörnungen sind in der Regel nach Gewicht zuzugeben.
- ***w/z*-Wert** – er darf den zulässsigen Maximalwert nicht überschreiten. Er beeinflusst unmittelbar die Steifigkeit des Betons.

o Stichprobe;
+ ja;
1) nur in Zweifelsfällen;
2) ständige Betonprüfstelle erforderlich;
3) ständige Betonprüfstelle, Dokumentationspflicht, Fremdüberwachung und Kennzeichnung auf der Baustelle erforderlich

Standardbeton – Mindestzementgehalt (Zement der Festigkeitsklasse 32,5 N)

Betonfestigkeitsklasse	Mindestzementgehalt in kg je m³ verdichteten Betons mit Konsistenz		
	steif	plastisch	weich
C 8/10	210	230	260
C 12/15	270	300	330
C 16/20	290	320	360

Die Angaben gelten für eine Gesteinskörnung mit Größtkorn von 32 mm.

Überwachungsklassen von Beton (DIN 1045-3)

	Überwachungsklasse		
	1	2	3
Druckfestigkeitsklasse für Normal-/Schwerbeton	≤ C25/30	≥ C30/37und ≤ C50/60	≥ C55/67
Druckfestigkeitsklasse für Leichtbeton Rohdichteklasse: D1,0 bis D1,4	nicht anwendbar	≤ LC25/28	≥ LC30/33
D1,6 bis D2,0	≤ LC25/28	LC30/33 und LC35/38	≥ LC40/44
Expositionsklasse	X0, XC, XF1	XS, XD, XA, XM, ≥ XF2	
Besondere Eigenschaften		WU-Beton, Unterwasserbeton, Betone für hohe Gebrauchstemperaturen ≤ 250 °C	

Prüfungsumfang entsprechend der Überwachungsklassen

	Standardbeton	Beton nach Eigenschaften			Beton nach Zusammensetzung		
Überwachungsklasse	1	1	2[3]	3[3]	1	2[3]	3[3]
Frisch- und Festbeton							
Überwachungsklasse	+	+	+	+	+	+	+
Konsistenz nach Augenschein / Prüfung	o / 1)	o / 1)	+ / +	+ / +	+ / +	+ / +	+ / +
Gleichmäßigkeit des Betons (Augenschein/Vergleich)	o	o[1]	+[1]	+[1]			
Frischbetonrohdichte von Leicht- und Schwerbeton		+	+	+	+	+	+
Rohdichte von erhärtetem Leicht- und Schwerbeton					+	+	+
Druckfestigkeit			1)	+	+	+	+
Luftgehalt von Poren			+	+		+	+
andere Eigenschaften			+	+	+	+	+
Technische Einrichtungen							
Verdichtungsgeräte	+	+	+	+	+	+	+
Mess- und Laborgeräte		+	+	+	+	+	+

- **Konsistenz** – berücksichtigt werden u. a. die Schlankheit des Bauteils, das Fördern und Einbringen des Betons, die Verdichtungsart, der Bewehrungsanteil.
- **Mengenberechnung** – zur Ermittlung der erforderlichen Festbetonmenge ist die Konsistenz zu berücksichtigen.

Mengenberechnung der Betonbestandteile

Das Festbetonvolumen ist mit dem Verdichtungsmaß zu multiplizieren. Alle Bestandteile des Betons, wie Zement, Zuschlag, Zugabewasser, müssen mit einer Genauigkeit von 3 Masse- % abgemessen werden. Entsprechend der erforderlichen Bauteilabmessungen ist die Betonmenge zu berechnen.

Beispiel

Zum Schütten der Stahlbetonbalken auf Seite 136 soll die erforderliche Frischbetonmenge für insgesamt 5 Fensterstürze berechnet werden. Aus Kostengründen und wegen der verhältnismäßig geringen Menge ist die Herstellung mit Standardbeton vorgesehen. Zum Herstellen des Betons steht ein 150-ℓ-Mischer auf der Baustelle zur Verfügung.

gegeben: Betontechnologische Vorgaben
- Betonfestigkeitsklasse C20/25
- Zement CEM I 32,5
- Sieblinie im „brauchbaren“ Bereich ④
- mit Größtkorn 16 mm
- Konsistenzbereich C2

gesucht:
Frischbetonmenge, Anzahl der Mischungen

Lösung:

1. Berechnung des Volumens

$V = 1{,}86\,\text{m} \cdot 0{,}24\,\text{m} \cdot 0{,}24\,\text{m} \cdot 5$

$V = \mathbf{0{,}54\,m^3}$

2. Berechnung der Frischbetonmenge

Das Verdichtungsmaß für den geforderten Beton der Konsistenz C2 wurde mit $v = 1{,}13$ festgestellt.

Frischbetonmenge = Volumen · Verdichtungsmaß

Frischbetonmenge $= 0{,}54\,\text{m}^3 \cdot 1{,}13$

$= 0{,}610\,\text{m}^3$

Gerundet: $\approx \mathbf{0{,}62\,m^3}$

3. Anzahl der Mischungen

Anzahl der Mischungen pro m³ in Abhängigkeit von Mischergröße und Konsistenz.

Berechnungsschritte

Berechnung der erforderlichen Festbetonmenge (Volumen)

↓

Berechnung der erforderlichen Frischbetonmenge
Frischbeton = Volumen · Verdichtungsmaß

↓

Bestimmen der Anzahl der Mischungen je 1 m³ Frischbeton

↓

Umrechnung der erforderlichen Anzahl der Mischungen für die Frischbetonmenge

Mischergröße \ Konsistenz	steif	plastisch	weich
150 ℓ	9	8	8
250 ℓ	6	5	5

Beispiel

Die vorhandene Mischergröße (150 ℓ) erfordert 8 Mischungen, um 1,0 m³ Frischbeton mit plastischer Konsistenz zu mischen.

Für eine Mischung ergibt sich:

$$\text{Menge je Mischung} = \frac{1{,}0\,\text{m}^3}{8\,\text{Mischungen}} = 0{,}125\,\text{m}^3/\text{Mischung}$$

Die Anzahl der Mischungen, um 0,62 m³ Frischbeton herzustellen, ergibt sich aus:

$$\text{Anzahl} = \frac{0{,}62\,\text{m}^3}{0{,}125\,\text{m}^3/\text{Mischung}} = 5\,\text{Mischungen}$$

Testen Sie sich selbst!

1. Ein Stahlbetonbalken soll hergestellt werden aus C30/37, C2, mit einem Verdichtungsmaß $v = 1{,}18$.
   Abmessungen des Balkens:
   Höhe $h = 0{,}45$ m
   Breite $b = 0{,}30$ m
   Länge $l = 4{,}51$ m
   Ermitteln Sie die Festbeton- und Frischbetonmenge.
2. Eine Fundamentplatte mit den Abmessungen 7,99 m x 8,99 m soll geschüttet werden. Mit dem Transportbetonwerk werden folgende Angaben besprochen:
   C25/30; $c_{min} = 20$; XA1; C3; $v = 1{,}08$.
   a) Was bedeuten die Angaben?
   b) Wie viel m³ Beton müssen bestellt werden, wenn die Plattendicke 20,0 cm betragen soll?

4.4.6 Herstellen des Betons

Die Herstellung des Betons beschränkt sich in der Grundstufe auf den Standardbeton nach Euronorm.

Mischen des Betons

Auf den Baustellen wird überwiegend Transportbeton verwendet. Die Praxis zeigt jedoch, dass oftmals kleinere Mengen nachgemischt werden müssen, um Differenzen zwischen der Mengenberechnung nach der Bauzeichnung und eventuellen Ausführungsabweichungen auszugleichen. Bei kleineren Baustellen ist es häufig günstiger, geringere Betonmengen selbst zu mischen.

Für die **Herstellung von Baustellenbeton** wird der Zement in Silofahrzeugen oder in 20-kg-Säcken geliefert.

- ❑ Die Lagerung von Säcken sollte getrennt nach Festigkeitsklassen, die durch die Grundfarbe des Sackes und der Aufschrift zu unterscheiden sind, erfolgen.
- ❑ Sackzement ist vor Schlagregen, aber auch vor aufsteigender Feuchtigkeit zu schützen.

Auch in einem trockenen Materialschuppen nimmt auf Paletten gelagerter Sackzement Feuchtigkeit auf. Nach drei Monaten Lagerung ist mit einem Festigkeitsverlust von 10 % zu rechnen.

- ❑ Zemente mit hoher Anfangsfestigkeit (42,5 R und 52,5 R) sollten auf der Baustelle nicht länger als einen Monat gelagert werden.
- ❑ Zement, der bereits nicht mehr zerdrückbare Klumpen aufweist, darf nicht mehr verwendet werden.
- ❑ Gesteinskörnungen (Zuschlag), die auf der Baustelle im Freien gelagert werden, sind vor Verunreinigungen wie z. B. Laub zu schützen.

Zum Mischen der Betone stehen in der Regel Trommelmischer, selten Tellermischer zur Verfügung.
Wie viel Mischungen für 1,0 m³ Beton benötigt werden, hängt zuerst von der Größe des Mischgefäßes, aber auch von der Konsistenz ab.

! Die Mischzeiten dürfen nicht zu knapp bemessen werden. Sie sollen über 1,5 Minuten liegen. Zu geringe Mischzeiten ergeben schlechte Verarbeitungseigenschaften des Betons und eine Verringerung der Betondruckfestigkeit.

Beim Mischen des Betons sollen der Zementleim und die Gesteinskörnungen intensiv miteinander vermischt werden und die einzelnen Körner vollflächig mit Zementleim umschlossen werden.

Mischplatz – Zuschlaglagerung getrennt nach Korngrößen

Zementsäcke sind so zu lagern, dass sie vor Witterungseinflüssen geschützt sind.

Arbeitsschritte beim Mischen

- ❑ Wasser und evtl. Zusatzmittel eingeben
- ❑ Zement hinzugeben
- ❑ beides zu Zementleim verarbeiten
- ❑ Gesteinskörnungen zugeben – gut durchmischen

In der Praxis hat sich die Zugabe von einem kleinen Teil der Zuschläge zum Wasser vor der Zementeingabe bewährt. Dadurch wird ein „Verklumpen" des Zements verhindert und es entsteht geschmeidiger Zementleim.

Betonmischer

Betonmischer werden nach der Art und Arbeitsweise des Mischgefäßes unterschieden.

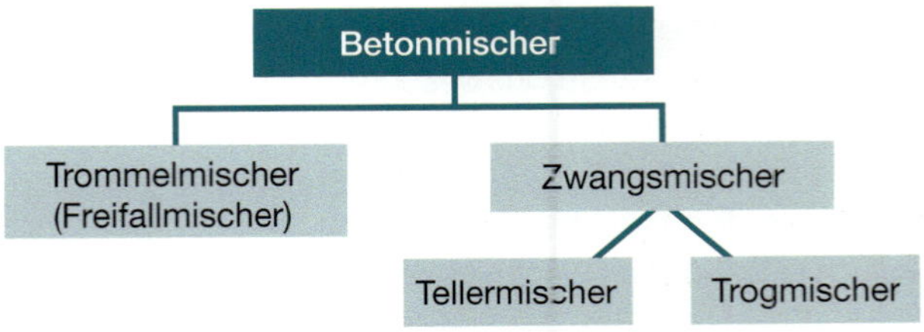

Trommelmischer besitzen an der Innenseite Mitnehmerbleche, die beim Drehen der Trommel das Mischgut „mitnehmen". Dieses fällt in der Trommel dann frei herunter (Freifallmischer). Das Entleeren erfolgt u. a. durch Umkehren der Drehrichtung oder durch Kippen der Trommel (Kipptrommelmischer).

Nenngrößen für Trommelmischer:
75 ℓ; 100 ℓ; 150 ℓ; 250 ℓ; 375 ℓ; 500 ℓ ... 2500 ℓ

Zwangsmischer sind Teller- und Trogmischer. Sie arbeiten das Mischgut intensiver durch und erlauben wesentlich kürzere Mischzeiten als Trommelmischer.

- **Tellermischer** bestehen aus umlaufenden oder fest stehenden Trögen. Ein mit- oder gegenlaufendes Rührwerk arbeitet das Mischgut nach dem Prinzip einer Küchenmaschine durch.
- **Trogmischer** besitzen zwei konzentrisch angeordnete Wellen, die mit Mischwerkzeugen bestückt sind und das Mischgut durcharbeiten.

Freifallmischer – zum Mischen bis zu 200 ℓ Beton

Mischzeiten im Vergleich

	Zwangsmischer	Freifallmischer
Einfüllzeit in s	20 bis 25	20 bis 25
Mischzeit in s	30 bis 50	60 bis 70
Entleerungszeit in s	15 bis 30	20 bis 50
Summe der Zeiten für eine komplette Mischung in s	65 bis 105	100 bis 145

In welcher Zeit muss der Beton verarbeitet werden?

Die Verarbeitungszeit des Frischbetons wird durch den Erstarrungsbeginn des Zements nach etwa 1 Stunde vorgegeben. Gemischter Frischbeton muss daher schnell und zügig verarbeitet werden.

Bei trockenem Sommerwetter sollte der Einbau nach einer halben Stunde, bei feuchter und kühler Witterung nach einer Stunde abgeschlossen sein. Eventuell wird durch Zugabe eines VZ-Mittels (Erstarrungsverzögerer) der Erstarrungsbeginn hinausgeschoben.

Fördern des Betons

Es wird zwischen Befördern und Fördern des Frischbetons unterschieden. Die Lieferung von Transportbeton wird als Befördern bezeichnet.
Das **Fördern** des Betons beginnt mit der Übergabe des Transportbetons auf der Baustelle bzw. bei Baustellenbeton nach dem Entleeren des Mischers. Es endet an der jeweiligen Einbaustelle.
Die Förderart und die Betonzusammensetzung sind so aufeinander abzustimmen, dass ein **Entmischen** des Betons verhindert wird.
Die Förderung kann erfolgen mit:
Karren, Pumpen, Japanern, Betonliften, Förderband

Fördern des Betons mit dem Betonkübel

Die Art der Förderung hängt ab von
- den Bauwerksgegebenheiten,
- der Förderleistung,
- der Förderhöhe und der Förderweite,
- den Bauteilabmessungen,
- der Betonkonsistenz.

Einbringen des Betons

Vor jedem Einbringen des Betons gilt es, die Schalung auf ihren ordnungsgemäßen Zustand zu überprüfen. Die Schalung soll dem frischen Beton bis zum Erhärten und Ausschalen eine stabile und maßgenaue Form geben (→ Abschnitt 4.2.1).

Bei Stahlbetonarbeiten ist außerdem die Lage und der Zustand der Bewehrung zu kontrollieren.

Alle Schalungen sind vor, aber auch während des Betoniervorgangs ständig zu überwachen. Bei Stahlbetonbalken ist besonders die Stabilität der Unterstützungen zu kontrollieren.

Vor dem Betonieren ist die Schalung von eventuell vorhandenen Verunreinigungen zu befreien. Wird nach starken Regenfällen betoniert, sind vorhandene Wasserlachen zu entfernen.

Beim Einbringen des Betons müssen die Betonierleistung, die Kolonnenstärke und die zur Verfügung stehenden Verdichtungsgeräte aufeinander abgestimmt sein.

- ❏ Der Beton darf sich beim Einbringen nicht entmischen.
- ❏ Hohe Stahlbetonbalken, z. B. Unterzüge, sind vor einbindenden Bauteilen wie Decken zu betonieren. Es ist darauf zu achten, dass Bewehrung und Schalung frei von Betonresten sind, falls die Decke in einem gesonderten Arbeitsgang geschüttet wird.
- ❏ Wird der Beton mittels Krankübel in Stahlbetonbauteile eingebracht, so muss dieser dicht an das Bauteil herangeführt werden. Ist dies nicht möglich, muss zusätzlich ein Schüttschlauch eingesetzt werden.
- ❏ Bei hohen Stahlbetonbalken und sehr enger Bewehrungslage ist eine Einführungsmöglichkeit für Schüttschläuche einzuplanen.
- ❏ Der Beton ist möglichst in gleich bleibenden Schichthöhen von ca. 30 bis 50 cm mit waagerechter Oberfläche einzubringen. Die zuletzt eingebrachte Betonschicht darf noch nicht erstarrt sein. Nur so ist eine korrekte Verdichtung zu gewährleisten.

Frischbeton soll beim Einbringen keinesfalls über 1,0 m frei fallen.

Fördern des Betons mit Betonpumpe

Fördergeräte in Abhängigkeit von der Betonkonsistenz

Betonkonsistenz	Karre Japaner	Förderband	Kübel	Pumpe
F1, C0, C1	ja	nein	nein	nein
F2, C2	ja	ja	ja	ja
F3, F4, C3	nein	nein	ja	ja
F5, F6	nein	nein	nein	ja

Der Beton wird mittels Kübel zum Ort des Einbringens transportiert.

Einbringen des Betons mittels Schlauchrohren (freie Fallhöhe < 0,50 m)

Verdichten des Betons

Nur eine gute Verdichtung garantiert einen guten Beton. Es ist darauf zu achten, dass kein Beton unverdichtet bleibt.

Die Verdichtungsart ist abhängig von der Betonkonsistenz. Die Verdichtungsarbeit wird nach dem Einsatz der Geräte unterschieden in

- Rütteln (Rüttelplatte, Innen- und Außenrüttler),
- Klopfen an der Schalung,
- Stochern,
- Stampfen.

! Frischbeton muss grundsätzlich verdichtet werden. Nur so ist die geforderte Betonqualität zu erreichen.

Der Innenrüttler (Tauchrüttler, Rüttelflasche) wird sehr häufig eingesetzt. Die **Rüttelflasche** ist in möglichst kurzen Abständen zügig bis in den verdichteten Beton einzuführen und langsam wieder herauszuziehen.
Durch das Rütteln entweicht die im Frischbeton enthaltene Luft. Beim Herausziehen der Rüttelflasche soll sich der Beton schließen.

Der Beton darf nicht mittels Innenrüttler verteilt werden.

Zu beachten sind besonders die Ecken längs der Schalung (z. B. bei der Balkenschalung). Auch hier muss der Beton sorgfältig verteilt und verdichtet werden.

Die Betongüte wird durch eine sachgemäße **Nachverdichtung** verbessert. Solange der Beton verformbar ist (Erstarrungsbeginn beachten!), können durch Nachrütteln Hohlräume geschlossen werden, die sich durch Nachsacken des Frischbetons gebildet haben. Durch Nachverdichtung wird das Betongefüge weiter verdichtet und die Schwindrissgefahr verringert.

! Beton darf nur so lange verdichtet werden, wie er noch verformbar ist.

Nur wenn der Beton beim Ziehen der Rüttelflasche zusammenfließt, ist er verformbar und darf nachverdichtet werden.

Betonerhärtung

Kühle Witterung verzögert das Erstarren des Betons. Beton benötigt bei 5 °C die doppelte Zeit, bis er die gleiche Festigkeit wie ein bei 20 °C eingebrachter Beton erreicht. Bei Frost kommt die Festigkeitsentwicklung zum Stillstand.

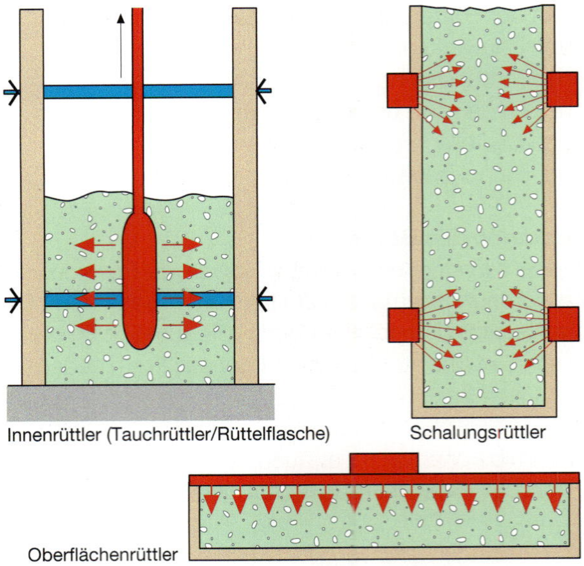

Verdichtungsgeräte – schematische Darstellung

Wirkungsbereiche des Rüttlers in Abhängigkeit vom Durchmesser

Durchmesser des Rüttlers in mm	< 40	40 bis 60	> 60
Durchmesser des Wirkungsbereiches in cm	30	50	80
Abstand der Eintauchstellen in cm	25	40	70

Verdichtungsgeräte in Abhängigkeit von der Betonkonsistenz

Betonkonsistenz	Stampfen	Rüttelplatte	Innenrüttler	Schalungsrüttler	Stochern
F1, C0, C1	ja	ja	nein	nein	nein
F2, C2	nein	nein	ja	ja	ja
F3, F4, C3	nein	nein	ja	ja	ja
F5, F6	nein	nein	ja	ja	ja

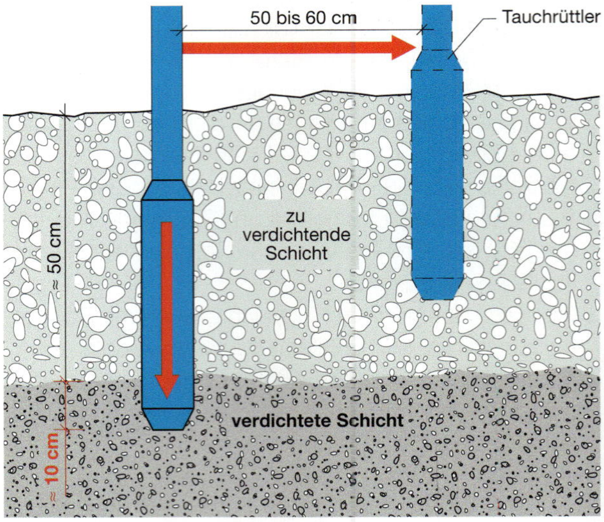

Verdichtung mit dem Tauchrüttler

Bei welchen Temperaturen darf Beton eingebracht werden?

❑ Bei Lufttemperaturen von +5 °C bis −3 °C muss die Betontemperatur ≥ 5 °C sein.
❑ Bei Außentemperaturen unter −3 °C muss der Beton beim Einbringen eine Temperatur von ≥ 1 °C haben. Drei Tage lang ist für eine gute Erhärtung die Temperatur von 10 °C zu sichern.
❑ Bei kühler Witterung sind Zemente höherer Festigkeitsklassen einzusetzen, z. B. 42,5 R oder 52,5 R. Sie entwickeln im frisch eingebrachten Beton mehr Wärme als Zemente mit niedrigerer Festigkeit.

Bei hohen Außentemperaturen steigt die Frischbetontemperatur stark an und er steift früher aus.

Die Frischbetontemperatur sollte 30 °C nicht überschreiten.

Eine geringe Frischbetontemperatur kann u. a. durch Verwendung eines Zements der niedrigeren Festigkeitsklasse 32,5 N erreicht werden. Wird Transportbeton verwendet, so sind lange Übergabezeiten zu vermeiden.

Ausschalen des Betons

Ausschalfristen sind Näherungswerte für den frühestmöglichen Zeitpunkt des Ausschalens. Trotzdem muss die Betonfestigkeit vor dem Ausschalen überprüft werden. Besonders bei niedrigen Temperaturen sind die Ausschalfristen zu verlängern.
Der Erhärtungsprozess des Betons und der Zeitpunkt der Entfernung der Schalung stehen in direkter Beziehung.
Die Ausschalfristen sind abhängig von

- der Zementfestigkeitsklasse,
- den Erhärtungstemperaturen und
- der Art des Bauteils.

Das Ausschalen erfolgt in umgekehrter Reihenfolge des Einschalens.

❑ Deckenplatten behalten häufig Notunterstützungen (Joche). Diese dürfen während des Ausschalens nicht gelöst werden und sollten so lange wie möglich vorgehalten werden.
❑ Bei Balkenschalungen kann die Seitenschalung zur Sicherung des Baufortschritts bereits nach wenigen Tagen entfernt werden. Die Unterstützung muss jedoch weiterhin am Einbauort verbleiben.

Die Ausschalarbeit wird durch ein vor dem Betonieren sorgfältig aufgetragenes Trennmittel erheblich erleichtert.

Einbringen des Betons im Winter

Das Ausschalen eines Bauteiles hat nur auf ausdrückliche Anordnung des Bauleiters zu erfolgen.

Zementfestigkeit	Ausschalfristen in Tagen (Näherungswerte)		
	Decken	Wände, seitliche Schalung von Balken	Stützen der Balkenschalung
32,5 N	8	3	20
32,5 R 42,5 N	5	2	10
42,5 R 52,5 N 52,5 R	3	1	6

Auftragen des Trennmittels auf die Schalhaut vor dem Betonieren

Nachbehandeln des Betons

Das Nachbehandeln des Betons ist eine der wichtigsten Maßnahmen zur Verbesserung der Betongüte. Nach dem Einbringen muss der Erhärtungsprozess vom jungen Beton zum Festbeton durch Schutzmaßnahmen begleitet werden.

! Während der Erhärtungsphase ist der Beton noch sehr empfindlich gegenüber Witterungseinflüssen wie Regen, Zugwind, starker Sonneneinstrahlung oder Frost und Erschütterungen.

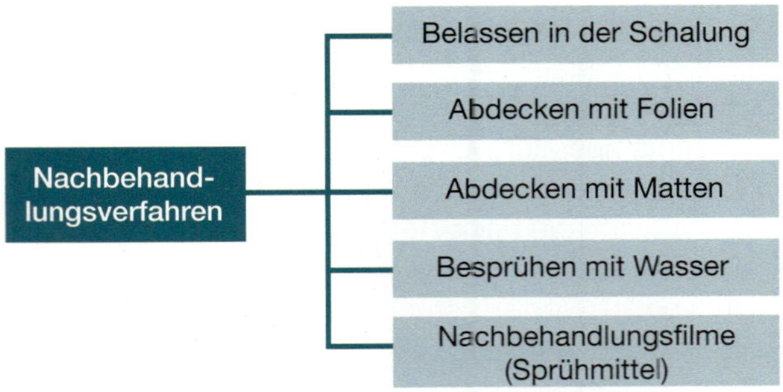

Durch starke Sonneneinstrahlung und Zugwind wird dem Beton das Wasser entzogen, das der Zement für die Hydratation benötigt. Der Beton „verdurstet".

Beispiel

Bei einer Lufttemperatur von 25 °C, einer Luftfeuchtigkeit von 60 % und einer Windgeschwindigkeit von 25 km/h verdunsten von
1 m² Betonfläche 0,6 Liter Wasser in einer Stunde.

Der Mindest-*w/z*-Wert von 0,4 kann unterschritten werden. Die Hydratation kommt zum Stillstand.

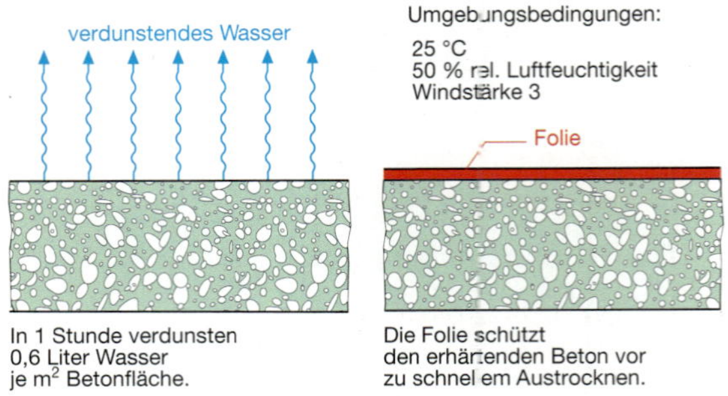

Gleichmäßiges Feuchthalten des Betons in der ersten Woche nach dem Einbringen ist eine der wichtigsten Nachbehandlungsmaßnahmen.
Durch Abdecken mit Folien kann die Austrocknung verhindert werden. Ein regelmäßiges Besprühen mit Wasser ist auch möglich.

Aus Umweltschutzgründen ist das Auftragen eines chemischen Schutzfilms zu vermeiden.

Niedrige Temperaturen behindern den Erhärtungsprozess. Daher sind frostschützende Maßnahmen ab Temperaturen unter +5 °C zu ergreifen. Beispielsweise kann der Beton durch Abdecken mit Hartschaumplatten oder Strohmatten vor dem Auskühlen geschützt werden.

Nur eine sorgfältige Nachbehandlung sichert die gewünschte Betongüte. Abdecken mit Folien beeinflusst den Erhärtungsprozess immer positiv und ist bei jeder Witterung empfehlenswert.

DIN EN 197	Zement
DIN 1045 Teil1 bis 3	Tragwerke aus Beton, Stahlbeton und Spannbeton
DIN 4226	Gesteinskörnungen für Mörtel und Beton

Mindestdauer der Nachbehandlung

Oberflächentemperatur Θ in °C (Lufttemperatur)	Festigkeitsentwicklung des Betons $r = f_{cm\,2\,Tage} / f_{cm\,28\,Tage}$			
	$r \geq 0{,}5$	$r \geq 0{,}3$	$r \geq 0{,}15$	$r < 0{,}15$
≥ 25	1	2	2	3
$25 > \Theta \geq 15$	1	2	4	5
$15 > \Theta \geq 10$	2	4	7	10
$10 > \Theta \geq 5$	3	6	10	15

Die Dauer der Nachbehandlungsmaßnahmen ist abhängig von der Ober- (Luft)temperatur, der Festigkeitsentwicklung der Betonoberfläche und den Expositionsklassen.

Beispiel: Lufttemperatur: 10 °C
Festigkeitsentwicklung: 30 %
Nachbehandlungsdauer: 4 Tage

Schutz vor vorzeitigem Austrocknen – Abdecken mit Folien

Testen Sie sich selbst!

1. Welche Anforderungen werden an Gesteinskörnungen gestellt?
2. Warum sollten Gesteinskörnungen gemischtkörnig aufgebaut sein?
3. Welcher Zusammenhang besteht zwischen der Kornzusammensetzung der Gesteinskörnungen und dem Zementleimverbrauch?
4. Wie kann der Wasserbedarf des Betons abgeschätzt werden?
5. Die DIN EN 197 unterteilt die Zemente in fünf Hauptarten. Welche sind das?
6. Nennen Sie die Zementfestigkeitsklassen.
7. Zemente mit höherer Druckfestigkeit entwickeln eine höhere Hydratationswärme. Unter welchen Bedingungen kann dieses für die Baupraxis wichtig sein?
8. Unter welchen Bedingungen ist die Verwendung langsam erhärtender Zemente mit geringerer Druckfestigkeit sinnvoll?
9. Was versteht man unter Konsistenz des Frischbetons? Wie wird sie festgestellt und welche Konsistenzbereiche gibt es?
10. Welche Eigenschaften muss Festbeton haben?
11. Welche Betonfestigkeitsklassen gehören zum Normal-/Schwerbeton und welche zum hochfesten Beton?
12. Eine der wichtigsten Eigenschaften des Betons ist seine Druckfestigkeit. Wie wird sie festgestellt?
13. Was versteht man unter „Standardbeton", „Beton nach Eigenschaften", „Beton nach Zusammensetzung"?
14. Wie wirkt sich ein zu hoher Wasser-Zement-Wert auf die Betoneigenschaften aus?
15. Warum ist ein *w/z*-Wert von 0,4 für den Betoneinbau auf der Baustelle unbrauchbar?
16. Wovon hängt die Wahl der Fördermethode auf der Baustelle ab?
17. Was muss vor dem Einbringen des Betons auf der Baustelle überprüft werden?
18. Warum muss Beton nach dem Einbringen verdichtet werden?
19. Wovon ist die Verdichtungsmethode abhängig?
20. Bis zu welchem Zeitpunkt darf Beton nach dem Einbringen mit der Rüttelflasche noch verdichtet werden?
21. Nennen Sie geeignete Verfahren zum Nachbehandeln von Beton.
22. Bei einem Ausbreitversuch wurden die Werte $a_1 = 36$ cm und $a_2 = 41$ cm gemessen. Bestimmen Sie das Ausbreitmaß und die Konsistenz des Betons.
23. Ein Verdichtungsversuch ergab folgende Messwerte: $s_1 = 9$ cm; $s_2 = 9{,}2$ cm; $s_3 = 9{,}1$ cm; $s_4 = 9{,}4$ cm. Berechnen Sie das Verdichtungsmaß und bestimmen Sie die Konsistenz.
24. Um die Dauerhaftigkeit des Betons zu gewährleisten, werden in der DIN EN 206-1 Expositionsklassen unterschieden. Beschreiben Sie die Bedingungen für die Expositionsklassen: X0, XC, XD, XS, XF, XA und XM.
25. Welcher Zusammenhang besteht zwischen der Expositionsklasse und der Betondeckung?
26. Was bedeuten die Abkürzungen LC45/50 und C25/30?
27. Bei der Druckfestigkeitsprüfung eines Probekörpers mit 15,0 cm Kantenlänge trat der Bruch bei 1875 kN ein. Berechnen Sie die Bruchspannung.
28. Beim Siebversuch wurden folgende Rückstände auf den Sieben gewogen:
    a) Bestimmen Sie die Sieblinie und vergleichen Sie diese mit den Normsieblinien. Beurteilen Sie die Kornzusammensetzung.
    b) Ermitteln Sie die Körnungsziffer und schätzen Sie den Wasserbedarf ab.

Sieblinienprotokoll zu Aufgabe 28

Versuch Nr.	Gesamtrückstand	Rückstände auf den Sieben in g								
		0,125	0,25	0,5	1,0	2,0	4,0	8,0	16,0	31,5
1	5000	4855	4670	4405	4035	3860	3350	2410	1280	–
Rückstand in %										–
Durchgang in %										–

4.5 Projektarbeit „Ferienhaus“

Problemstellung: Der Sturz über der Terrassentür im Wohnbereich (im Grundriss rot markiert) ist als Stahlbetonbalken auszuführen. Das Ferienhaus (nicht unterkellert) ist auf Streifenfundamenten gegründet und es erhält eine Sohlplatte. Beide Bauteile werden aus Beton hergestellt.

Arbeitsschritte:

1. Planen des Balkens über der Terrassentür
2. Planen der Balkenschalung
3. Planen und Herstellen der Balkenbewehrung
4. Betonrezeptur festlegen und Mengenberechnung aller Stahlbetonbalken im Ferienhaus
5. Mengenberechnung des erforderlichen Betons für Streifenfundamente und Sohlplatte

Die Außenwand ist ein einschaliges Mauerwerk aus Steinen mit geringer Rohdichte ($\rho = 1{,}0\,kg/dm^3$) und soll beidseitig verputzt werden. Der Stahlbetonbalken mit $\rho = 2{,}4\,kg/dm^3$ hat schlechtere Wärmedämmeigenschaften. Um die Dämmeigenschaften zu verbessern, erhält er auf der Außenseite eine 5,0 cm dicke Dämmschicht aus Mineralfaser. Die Breite des Balkens ist daher 5,0 cm geringer als die Wanddicke.

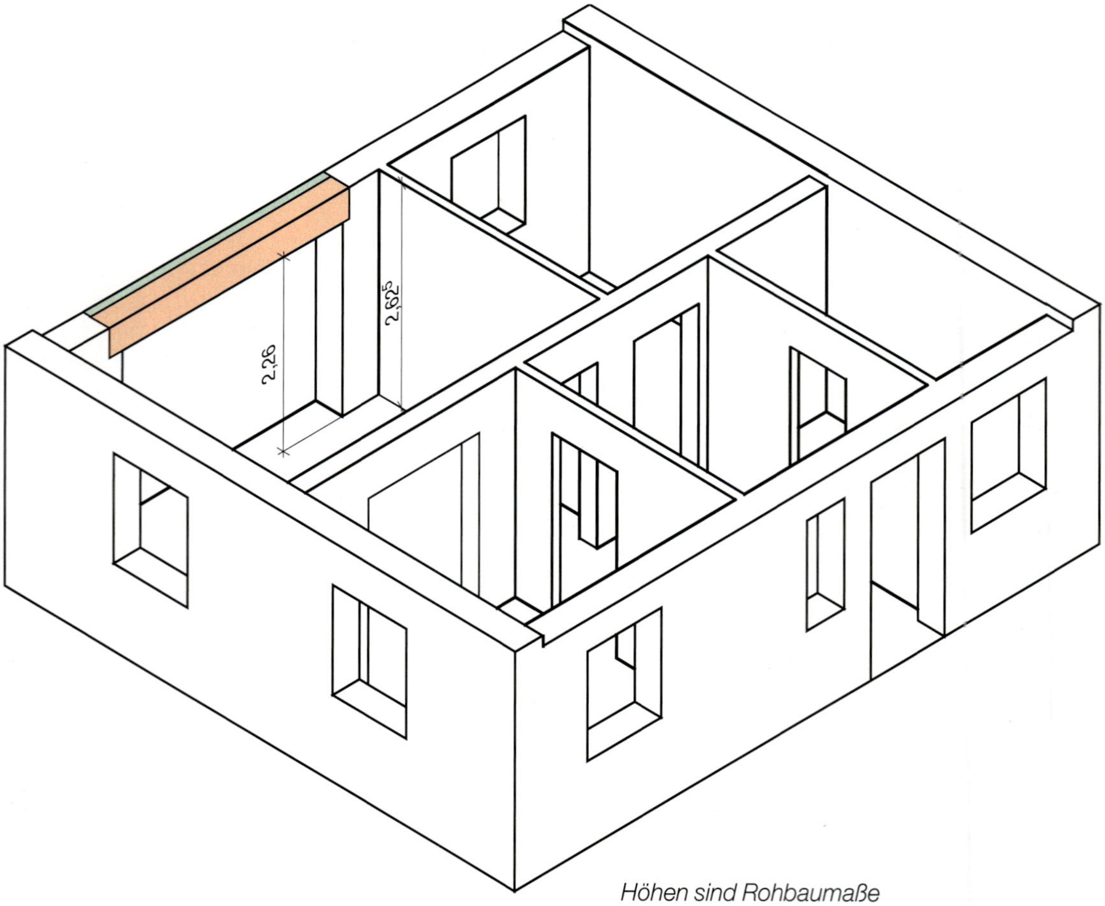

Höhen sind Rohbaumaße

4.5.1 Planen des Balkens über der Terrassentür

Problemstellung: Um den Balken über der großen Öffnung des Ferienhauses fachgerecht fertigen zu können, müssen seine Abmessungen bekannt sein. Der Facharbeiter kann sich sowohl im Grundriss als auch in der Isometrie darüber informieren.

Das statische System (→ **G2**) ist abhängig von der Anzahl der Auflager und der vorliegenden Belastung für das Bauteil.

Aufgabe 1

Welches statische System bildet der Stahlbetonbalken über der Terrassentür?

Ausführungshilfen:
- Informieren Sie sich über mögliche statische Systeme für einen Stahlbetonbalken (→ Seite 129).
- Der Balken wird durch Lasten aus dem Kehlbalkendach und der Holzbalkendecke beansprucht.
- Skizzieren Sie den Balken mit der Belastung und der entsprechenden Zugbewehrung.

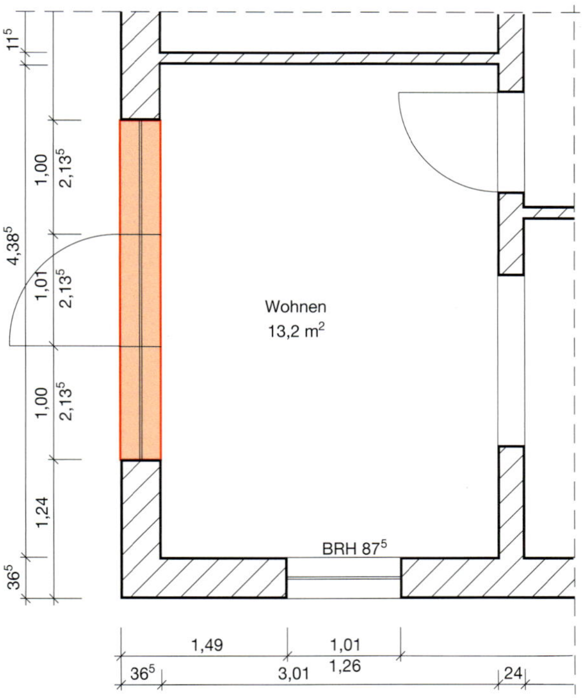

Projekt „Ferienhaus“ Ausschnitt aus Grundriss (Höhen von OKFF)

Aufgabe 2

Ermitteln Sie die Abmessungen des Stahlbetonbalkens.
Zeichnen Sie den Schalplan im Maßstab M 1 : 20 – m, cm.

Ausführungshilfen:
- Zum Bestimmen der Balkenlänge entnehmen Sie die Länge der Öffnung dem Grundriss (Ausschnitt). Die Auflagerlänge beträgt auf jeder Wandseite 24 cm.
- Für die Ermittlung der Balkenbreite ist die Wanddicke maßgebend. Die Dicke der Dämmschicht von 5,0 cm ist zu berücksichtigen!

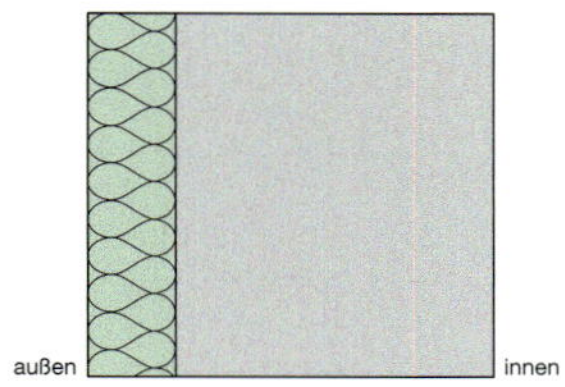

Querschnitt Balken – Lage der Dämmung

- Die Balkenhöhe wird aus der lichten Raumhöhe und der Öffnungshöhe der Terrassentür berechnet. Die Maße sind der Isometrie zu entnehmen.
- Zeichnen Sie den Balken in Ansicht und Schnitt (mit Dämmung) mit Schraffur und Bemaßung M 1 : 20, A4 Querformat (→ **G1**).

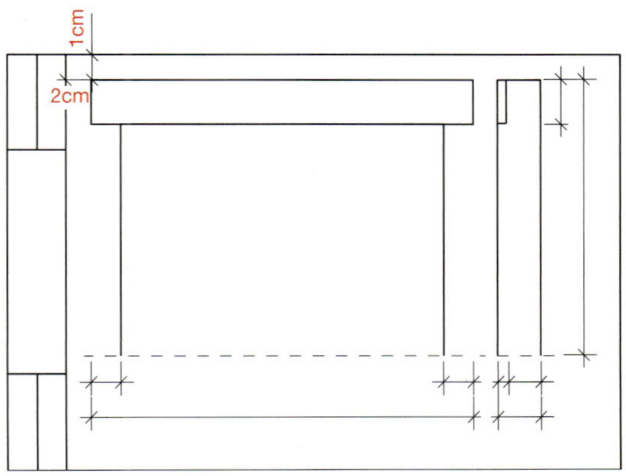

Vorschlag für die Blattaufteilung zum Anfertigen des Schalplans

4.5.2 Planen der Balkenschalung

Problemstellung: Die Schalung gibt dem plastischen Beton seine Form und sichert die geplanten Abmessungen des Balkens. Dafür ist eine Balkenschalung aus Brettern und Kanthölzern herzustellen. Der Schalplan und der Schalungsauszug zeigen dem Handwerker, welche Materialien mit welchen Abmessungen zusammengefügt werden müssen. Die 5,0 cm dicke Dämmung, die auf die Außenseite des Stahlbetonbalkens kommt, wird in die Schalung gestellt.

Aufgabe 1

Zeichnen Sie den Schnitt durch die Balkenschalung im Maßstab M 1 : 10. Beschriften Sie die einzelnen Positionen und schraffieren Sie die Schnittflächen in der Zeichnung normgerecht.

Aufgabe 2

Erstellen Sie den Schalungsauszug für die Seitentafeln und die Bodentafel im Maßstab M 1 : 20 (→ Seite 121). Fertigen Sie eine Holzliste an.

Ausführungshilfen:

- Zeichnen Sie auf A4, Hochformat.
- Schneiden Sie die Zeichnung im unteren Stützenbereich, damit sie auf das Zeichenblatt passt.

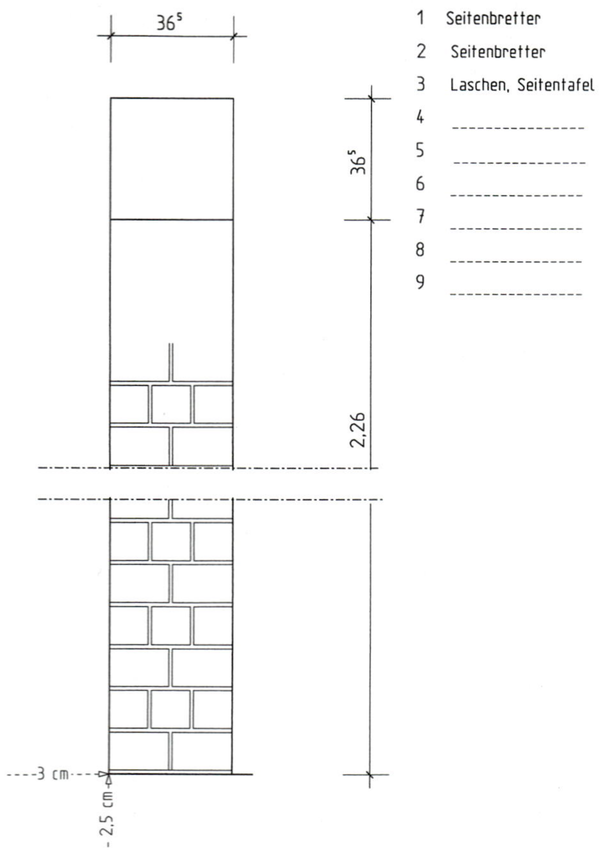

Ausführungshilfen:

- Führen Sie die Berechnungen mit Hilfe des Beispiels auf Seite 122 aus.
  Seitentafeln: Laschenabstand max. 50 cm, die erste und letzte Lasche werden 5,0 cm vom Rand angeordnet.
  Bodentafel: die erste und letzte Lasche werden 12,0 cm vom Rand angeordnet.
- Zeichnen Sie die Seiten- und Bodentafeln als Schalungsauszug im Maßstab M 1 : 20, A4 Querformat.

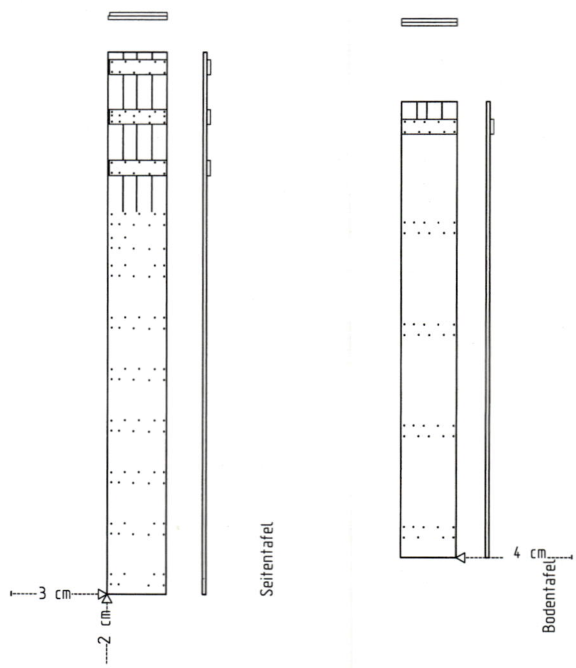

4.5.3 Planen und Herstellen der Balkenbewehrung

Problemstellung: Der Statiker hat die Bewehrung für den Balken geplant. Der Bewehrungskorb besteht aus der Zugbewehrung, den Montagestäben und den Bügeln. Der Statiker hat die erforderlichen Durchmesser bemessen, die Anzahl und die Form der Stäbe sowie die Baustoffkennwerte festgelegt.

Aufgabe 1

Berechnen Sie die Schnittlängen der Zugstäbe (gerade Stahleinlagen mit Winkelhaken), der Montagestäbe (gerade Stahleinlagen) und der Schubbewehrung (Bügel)!

Ausführungshilfen:

- Ermitteln Sie die jeweiligen Schnittlängen, benutzen Sie als Orientierung das Beispiel in Abschnitt 4.3.4.
- Beachten Sie, dass bei der Zugbewehrung zwei Winkelhaken berechnet werden müssen (→ Abschnitt 4.3.4).
- Die Schnittlänge der Bügel setzt sich aus den Einzellängen und zwei Winkelhaken zusammen (→ Abschnitt 4.3.4). Der erste Bügel wird 4,5 cm vom Bauteilrand entfernt verlegt.

	Anzahl	Stahlform	Durchmesser
Montagebewehrung	2	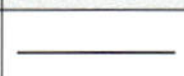	d_s = 8 mm
Zugbewehrung	4		d_s = 10 mm
Schubbewehrung	?		d_s = 6 mm
Bügelabstand	a = 20 cm		
Stahlgüte	BSt 500 S		
Betondeckung	c_{nom} = 2,5 cm		

zu Aufgabe 1

Aufgabe 2

Erstellen Sie die Stahlliste für den Bewehrungskorb des Stahlbetonbalkens. Berechnen Sie das Gesamtgewicht des verarbeiteten Stahls.

Ausführungshilfen:

- Zeichnen Sie die Tabelle für eine Stahlliste auf Karopapier, A4-Format und arbeiten Sie mit den Ergebnissen der Aufgabe 1.
- Position ① für Montagestäbe, Position ② für Zugstäbe und Position ③ für Bügel.
- Das Gewicht je Meter in Abhängigkeit vom Durchmesser → Abschnitt 4.3.5 Seite 137, Tabelle Betonstahl – ausgewählte Durchmesser und Gewichte.

zu Aufgabe 2

Stahlliste						
Pos	Anzahl	Ø	Einzellänge	Ø 6	Ø 8	Ø 10
①						
②						
③						
Gesamtlänge m/Ø						
Gewicht kg/m						
Gewicht kg/Ø						
Gesamtgewicht				kg		

Aufgabe 3

Erstellen Sie den Bewehrungsplan für den Stahlbetonbalken.

Ausführungshilfen:

- Zeichnen Sie im Maßstab M 1 : 20. Blatteinteilung entsprechend der Skizze, A3-Format, quer.
- Zeichnen Sie die Ansicht des Balkens einschließlich der Wandanschlüsse und den Querschnitt durch den Balken. Beachten Sie beim Querschnitt die 5 cm Dämmung auf der Außenseite.
- Zeichnen Sie in die Ansicht und den Querschnitt die Bewehrung entsprechend den Angaben aus Aufgabe 1 (→ Abschnitt 4.3.4, Bewehrungszeichnung).
- Der Stahlauszug wird darunter gezeichnet! Zeichnen Sie die Stahlform und tragen Sie alle erforderlichen Angaben (→ Abschnit 4.3.4) ein.
- Übernehmen Sie die Stahlliste aus Aufgabe 2 in die Zeichnung.

Aufgabe 4

Erarbeiten Sie einen Arbeitsablauf für die Herstellung des Bewehrungskorbes.

Ausführungshilfen:

- Welche Planungsunterlagen benötigen Sie vom Statiker (→ Abschnitt 4.3.4)?
- Worauf müssen Sie vor Beginn der Bewehrungsarbeiten achten (Zustand der Bewehrung)?
- Stellen Sie die Arbeitsschritte auf einem Plakat dar (→ Abschnitt 4.3.5).
- Ordnen Sie die erforderlichen Geräte und Maschinen dazu.
- Durch welche Zubehörteile wird der korrekte Einbau des Korbes gesichert?

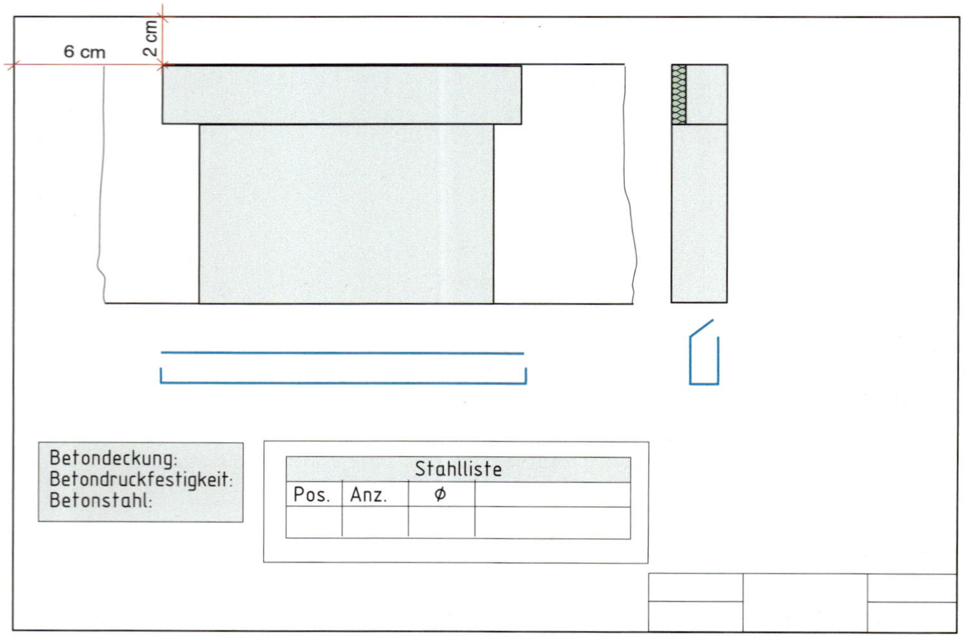

Ausführungshilfe zu Aufgabe 3

4.5.4 Betonrezeptur und Mengenberechnung für die Stahlbetonbalken

Problemstellung: Aus baubetrieblichen und arbeitsorganisatorischen Gründen entscheidet die Bauleitung, dass der Stahlbetonbalken über der Terrassentür gleichzeitig mit allen weiteren Stahlbetonstürzen über den Fenster- und Türöffnungen aus Standardbeton hergestellt werden soll. Die Stürze in den Außenwänden erhalten alle auf der Außenseite eine Dämmung von 5,0 cm. Die Auflagerlänge beträgt überall 24 cm, die Balkenhöhe ist gleich (36,5 cm).

Der Planer macht zur Betonherstellung folgende Angaben:

– Betongüte	C20/25
– Zement	CEM I 32,5 N
– Sieblinienbereich	4
– Konsistenz	C2
– Größtkorn	0/16
– Verdichtungsmaß	1,13

Aufgabe 1

Berechnen Sie das Festbetonvolumen für alle zu betonierenden Balken!

Ausführungshilfen:
- Listen Sie die Anzahl der zu schüttenden Balken mit den jeweiligen Abmessungen auf! Die Längen der Öffnungen und die Wanddicken entnehmen Sie dem Grundriss im Abschnitt 3.5.6 (Seite 111).
- Berechnen Sie das Volumen der einzelnen Balken! Beachten Sie die Auflagerlänge von 2 x 24 cm für jeden Balken (Höhe → Problemstellung).
- Berechnen Sie nun das Gesamtvolumen.
- Berechnen Sie unter Zuhilfenahme des Verdichtungsmaßes, wie viel m^3 Frischbeton für 1 m^3 Festbeton erforderlich sind (→ Abschnitt 4.4.5).

Aufgabe 2

Berechnen Sie die erforderliche Anzahl der Mischungen und die Mengen an Zement, Zuschlag und Wasser! Auf der Baustelle steht ein 250-ℓ-Mischer zur Verfügung.

Ausführungshilfen:
- Berechnen Sie die Anzahl der Mischungen für die Frischbetonmenge bei einem 250-ℓ-Mischer (→ Abschnitt 4.4.5).
- Ermitteln Sie die Mengen an Zement, Zuschlag und Wasser für eine Mischung (→ Abschnitt 4.4.5).

Aufgabe 3
- Erarbeiten Sie ein Ablaufschema für das Betonieren der Balken.
- Ordnen Sie die erforderlichen Werkzeuge und Maschinen den Arbeitsschritten zu.

Ausführungshilfen:
- Listen Sie die Baustoffe auf.
- Welche Lagerungsbedingungen müssen eingehalten werden (→ Abschnitt 4.4.2)?
- Wie richten Sie den Mischplatz ein?
- In welcher Reihenfolge wird das Mischgut in den Mischer gegeben(→ Abschnitt 4.4.6)?
- Legen Sie für das Betonieren des Balkens die Möglichkeiten des Verdichtens fest.
- Welche Nachbehandlung ist erforderlich?

Problemstellung: Um die Betonqualität zu überwachen, sind eine Konsistenzprüfung und eine Druckfestigkeitsprüfung vorgesehen.

Aufgabe 4

Bestimmen Sie die Konsistenz des Frischbetons.

Ausführungshilfen:

Folgende Stichmaße werden abgelesen:

$s_1 = 54$ mm
$s_2 = 58$ mm
$s_3 = 57$ mm
$s_4 = 55$ mm

Aufgabe 5

Bestimmen sie die Bruchspannung des Festbetons.

Ausführungshilfen:

Bei der Druchfestigkeitsprüfung des Probewürfels mit 15 cm Kantenlänge trat der Bruch bei 1622 kN ein.

4.5.5 Mengenberechnungen für Streifenfundamente und Sohlplatte

Problemstellung: Für die Streifenfundamente und für die Sohlplatte soll Transportbeton bestellt werden. Fundamente und Sohlplatte werden in einem Arbeitsgang hergestellt.

Folgende Daten des Betons sind bekannt: C16/20; C2; XC; 0/32 mm

Aufgabe

- Berechnen Sie die zu bestellende Transportbetonmenge!
- Formulieren Sie Ihre Bestellung an das Transportbetonwerk schriftlich.

Besteller:	
Bestellanschrift:	
Betonierbeginn: (Datum, Uhrzeit)	
Betonfestigkeitsklasse:	
Expositionsklasse:	
Konsistenz:	
Größtkorn:	
Menge:	
Abnahmegeschwindigkeit:	25 m^3/h

Ausführungshilfen:

- Die erforderlichen Maße entnehmen Sie bitte dem Fundamentplan.
- Berechnen Sie die Festbetonmenge für die Fundamente und die Sohlplatte (= Volumen).
- Beachten Sie, dass Fundamentecken nicht doppelt gerechnet werden.
- Sie brauchen das Verdichtungsmaß nicht zu berücksichtigen. Aufgrund der Betonzusammensetzung berücksichtigt das Transportbetonwerk das Verdichtungsmaß. Bestellmenge = Festbetonmenge
- Geben Sie alle Daten, die das Transportbetonwerk benötigt beispielhaft an:

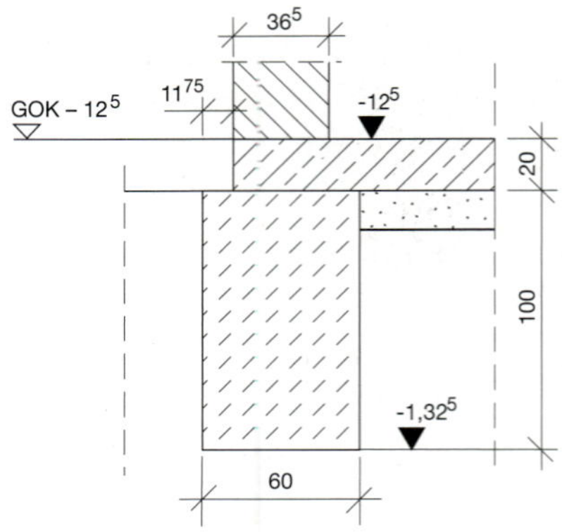

Teilschnitt

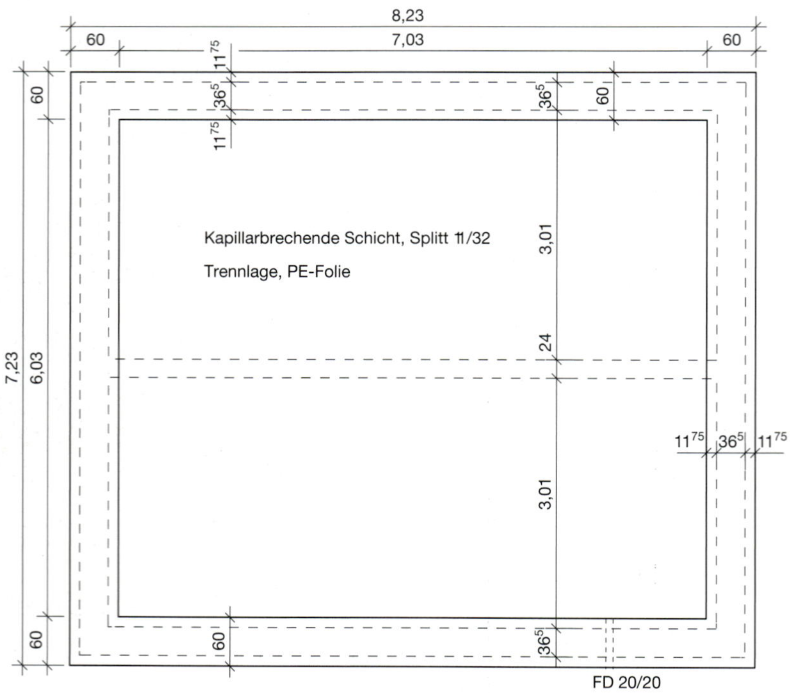

Fundamentplan

Lernfeld 5 Herstellen einer Holzkonstruktion

5.1 Planen einer Dachkonstruktion 172

5.2 Holzauswahl 174
5.2.1 Wachstum und Aufbau des Holzes 174
5.2.2 Holzarten 175
5.2.3 Eigenschaften des Holzes 176
5.2.4 Bauschnittholz 178
5.2.5 Holzwerkstoffe 180

5.3 Wahl der Holzverbindungen 182
5.3.1 Zimmermannsmäßige Holzverbindungen 182
5.3.2 Ingenieurmäßige Holzverbindungen 185

5.4 Holzschäden und Holzschutz 190
5.4.1 Holzschäden 190
5.4.2 Holzschutz 192

5.5 Herstellen einer Holzkonstruktion 195
5.5.1 Materialbedarf 195
5.5.2 Werkzeuge und Geräte für einfache Holzbearbeitungen 197
5.5.3 Herstellen eines Kehlbalkendaches für das „Ferienhaus“ 200

5.6 Projektarbeit „Gerätehaus“ 202
5.6.1 Holzauswahl und Holzliste 203
5.6.2 Wahl der Holzverbindungen 204
5.6.3 Herstellen des Traggerätes 205
5.6.4 Holzschutzmaßnahmen 206

5.1 Planen einer Dachkonstruktion

Das Dach bildet den oberen Abschluss eines Bauwerkes. Es bestimmt maßgeblich das Aussehen eines Gebäudes. Das Dach besteht aus der Konstruktion (dem Tragwerk bzw. dem Dachstuhl) und der deckenden Dachoberfläche (der Dachhaut).

Ein Dach ist so zu planen und auszuführen, dass es folgende Aufgaben erfüllt:

- Lasten aus der Dachdeckung und Wind- bzw. Schneelasten sicher in die Wände ableiten
- Schutz gegen Wind
- Schutz gegen Niederschläge
- Schutz des Dachstuhles vor Wasser aus dem Innenbereich (Wasserdampf → **G 3**)
- Wärmeverluste verringern oder ein Aufheizen vermeiden
- Schutz des Gebäudes vor Flugfeuer

> **!** Das Dach schützt das Bauwerk gegen Witterungs- und Temperatureinflüsse. Seine Bezeichnung erfolgt nach der äußeren Form und nach der Art des Tragwerkes.

Die **Dachformen** können sehr unterschiedlich und vielfältig sein. Grundformen sind:

- Pultdach
- Satteldach
- Walmdach
- Krüppelwalmdach
- Mansarddach
- Zelt- bzw. Pyramidendach

Wird ein Dachraum genutzt, so sind zusätzliche Dachaufbauten wie Dachgauben oder Dachflächenfenster erforderlich.

Dachtragwerke

Die bekanntesten Dachtragwerke sind

Sparrendach,
Kehlbalkendach,
Pfettendach.

Sparrendach – Sparren und darunterliegende Deckenkonstruktion bilden ein unverschiebliches Dreieck. Das bedeutet, dass an den Sparrenfußpunkten nicht nur vertikale Kräfte im Auflager, sondern auch horizontale Kräfte auftreten.

Die Sparrendachkonstruktion ist deshalb eher für steil geneigte Dächer geeignet, da dabei die horizontalen Auflagerkräfte relativ gering bleiben. Ein Sparrendach ist nur einsetzbar für Dächer mit einer Sparrenlänge von max. 5,0 m.

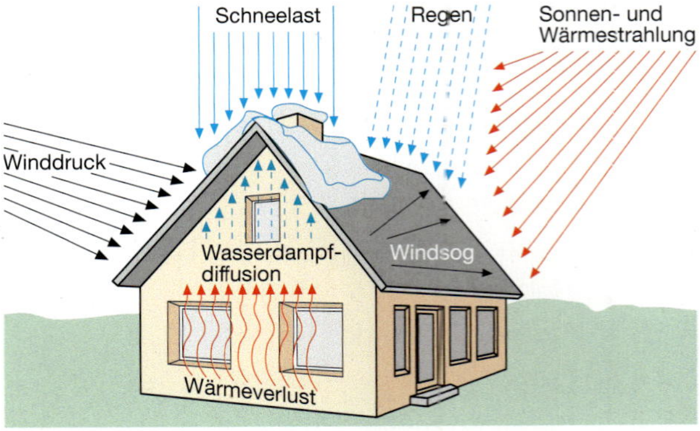

Beanspruchung des Daches

Dachformen in drei Ansichten

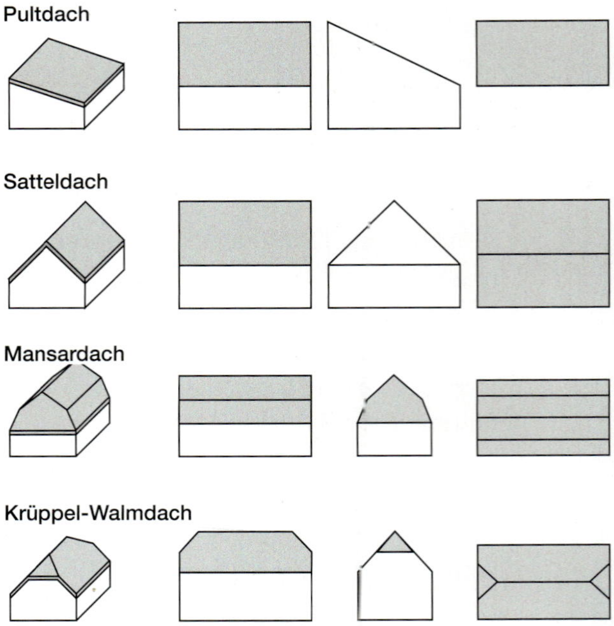

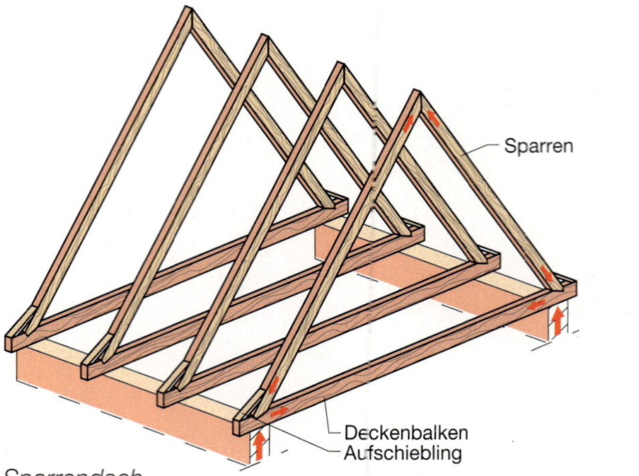

Sparrendach

	Kehlbalkendach	Pfettendach
Beschreibung	Sparrenpaar und Decke bilden ein unverschiebliches Dreieck. Die Sparren stützen sich gegenseitig ab und werden durch den Kehlbalken zusätzlich unterstützt. Eine größere Sparrenlänge ist so möglich. Die Längsaussteifung erfolgt durch Windrispenbänder aus Metall, die diagonal über die Sparren genagelt werden.	Die Sparren liegen als schräg gelegte Balken auf den Pfetten. Am First werden keine Kräfte von Sparren zu Sparren übertragen. Die Fußpfette liegt auf der Außenwand. Die Mittel- und Firstpfette liegen auf Stützen und/oder Wänden auf. Die Längsaussteifung wird durch Kopfbänder oder Streben zwischen Stützen und Pfetten hergestellt.
Aufbau und Kräfteverlauf (Skizze)	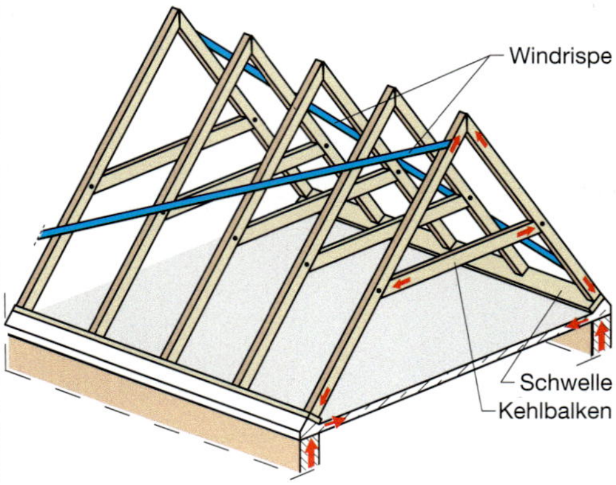	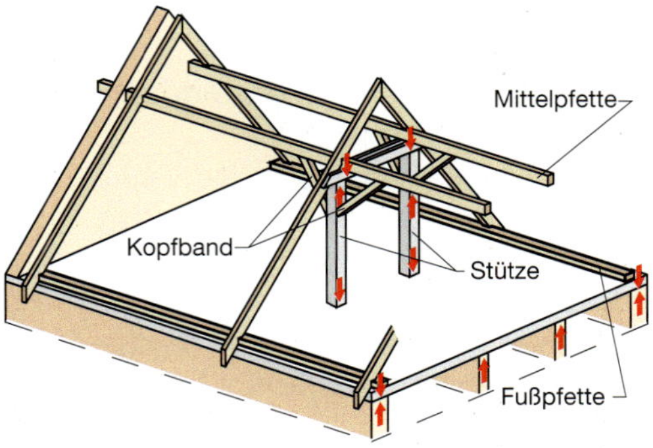
Vorteile	• geringer Holzverbrauch • Dachlasten werden über Außenwände abgeleitet • keine Lastableitung im Dachinnenraum – nicht tragende Wände im Dachraum	• großer Dachüberstand am Giebel möglich • Sparren können für Gauben unterbrochen werden • einfache Fußpunktausbildung – keine großen horizontalen Kräfte
Nachteile	• komplizierte Fußpunktausbildung • Drempel nur aus Stahlbeton möglich • Gauben nur mit geringer Breite ausführbar	• Stützen bzw. Wände, die die Mittel- und Firstpfette tragen, befinden sich im Dachraum und behindern den Ausbau • höherer Holzverbrauch
Verwendung	Dächer mit ungenutztem Dachraum; bei Nutzung erfolgt die Belichtung vorwiegend durch Dachflächenfenster	Dächer mit Gauben; Dächer mit zusammengesetzten Grundrissen

Dachbinder – Im modernen Holzbau werden für Dächer auch Dachbinder verwendet. Sie besitzen alle Vorteile eines Kehlbalkendaches und können auch mit Gauben in der Vorfertigung hergestellt werden. Durch die Verbindung mittels Nagelplatten (→ Abschnitt 5.3.2) sind hochbeanspruchbare Verbindungen möglich. Die vorgefertigten Binder werden auf der Baustelle mittels Kran versetzt.

Nagelplatten am Dachbinder

5.2 Holzauswahl

Holz ist ein natürlich nachwachsender organischer Baustoff. Er wird im konstruktiven Hochbau vor allem für Dach-, Decken- und Treppenkonstruktionen eingesetzt. Darüber hinaus findet Holz breite Anwendung für Ausbauarbeiten (z. B. Fußböden und Verkleidungen) sowie als Vorhaltematerial (z. B. Schalungen).

Obgleich Holz ein sich selbst erneuernder (regenerierbarer) Baustoff ist, sollte verantwortungsbewusst damit umgegangen werden.

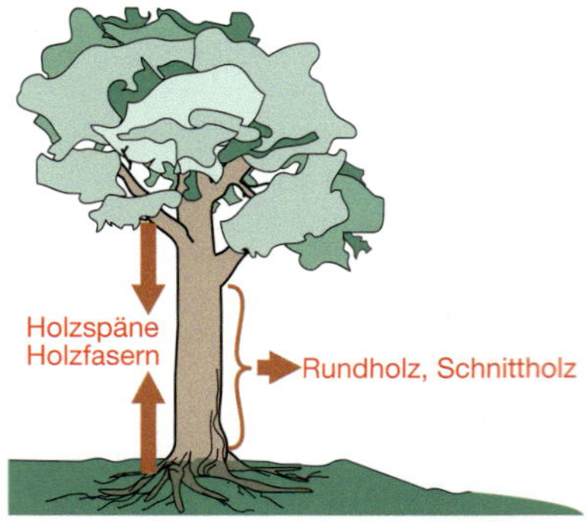

Der Baum als Rohstoffspender

5.2.1 Wachstum und Aufbau des Holzes

Wachstum des Holzes

Das Wachstum des Holzes ist an die Nahrungsaufnahme über die Wurzeln des Baumes in Form von gelösten Nährsalzen sowie an Luft und Licht gebunden. Über die Blätter werden Wasser und Kohlenstoffdioxid aufgenommen und Sauerstoff abgegeben. Bäume wachsen vom Frühjahr bis zum Herbst. Im Winter ruht das Wachstum.

Im Frühjahr und Frühsommer bildet sich helleres, weicheres, saftreicheres Holz – das **Frühholz**. Im Spätsommer und Herbst sind die Zellen fester und dunkler **(Spätholz)**. Früh- und Spätholz zusammen bilden einen **Jahresring**. Die Anzahl der Jahresringe zeigt das Alter des Baumes an. Das Nebeneinander von Frühholz und Spätholz erklärt bestimmte Eigenschaften des Holzes.

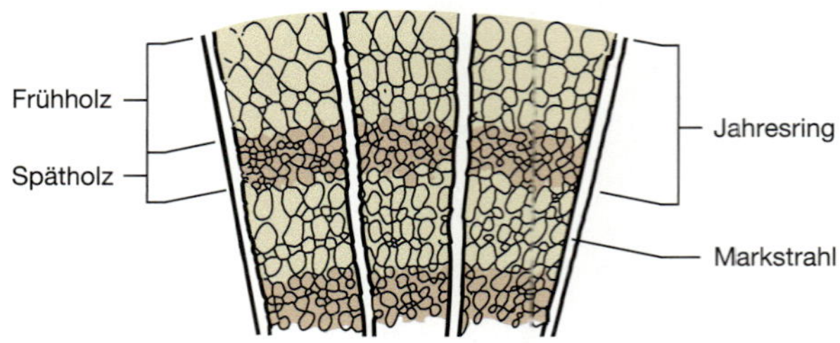

Frühholz und Spätholz bilden einen Jahresring.

Aufbau des Holzes

Die Holzmasse setzt sich aus einer Vielzahl unterschiedlich aufgebauter Zellen zusammen. Die Hauptbestandteile von Holz sind:

- **Zellulose**, sie bildet das Fasergerüst des Holzes. Sie bestimmt vor allem die mechanischen Eigenschaften (Härte, Festigkeit).
- **Lignin**, das in das Fasergerüst eingelagert ist und es stabilisiert.
- **Inhaltsstoffe**, z. B. Harz, Gerb- und Farbstoffe. Sie bewirken Eigenschaften wie Farbe, chemisches Verhalten, Geruch.

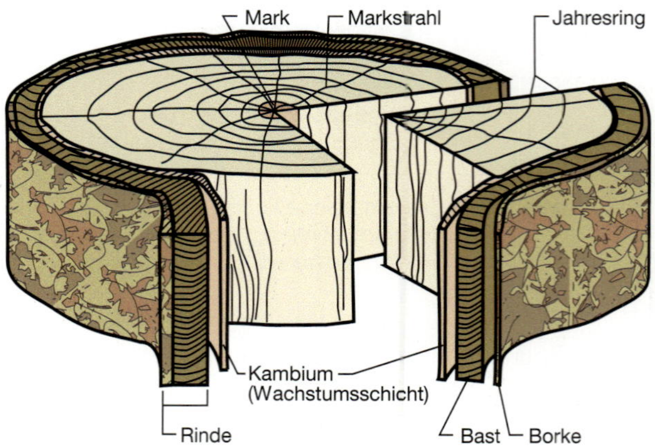

Querschnitt eines Stammes – Aufbau

Der strukturelle Aufbau des Holzes ist zu sehen, wenn das Holz aufgeschnitten wird. Im Quer- oder Hirnschnitt ist das **Dickenwachstum** des Baumes zu erkennen (Jahresringe). Der Unterschied im Aussehen zwischen den innen liegenden Jahresringen (Kernholz) und den äußeren Jahresringen (Splintholz) wird so sichtbar.

Im Splintholz werden Saft und Wasser geführt. Es ist weicher als das Kernholz, in dem die Wasserführung allmählich eingestellt wird. Dadurch ist das Kernholz fester,

Schnittführungen durch einen Baumstamm

mitunter auch dunkler. Die verschiedenen Baumarten weisen Unterschiede in der Ausbildung von Kern- und Splintholz auf. Diese Unterschiede wirken sich auf die Weiterverarbeitung des Holzes aus.

Die bautechnischen Verwendungsmöglichkeiten des Splintholzes sind von Holzart zu Holzart unterschiedlich. Vollwertig ist der Splint bei Nadelhölzern (ausgenommen des Lärchenholzes). Der Eichensplint ist unbrauchbar.

5.2.2 Holzarten

Holz wird nach seiner biologischen Artenzugehörigkeit in Nadelholz und Laubholz eingeteilt. Nach der Dichte des Holzes unterschieden, gibt es Hartholz und Weichholz. Je dichter das Holz ist, desto härter ist es. Typische Vertreter der Harthölzer sind z. B. die Eiche und die Rotbuche. Zu den Weichhölzern gehören die Fichte und Tanne.

Im Hoch- und Tiefbau werden hauptsächlich die Nadelhölzer Fichte und Kiefer und im geringeren Umfang die Laubhölzer Eiche und Rotbuche verbaut.

Kernholzbaum	Splintholzbaum
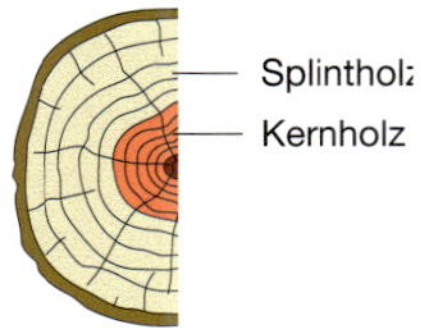	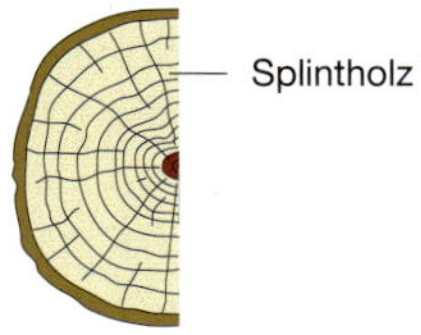
dunkles Kernholz helles Splintholz	Splintholz (vom Mark bis Kambium) mit gleichmäßigem Feuchtegehalt
Kiefer, Lärche, Eiche	Birke, Erle, Weißbuche
Reifholzbaum	**Kernreifholzbaum**
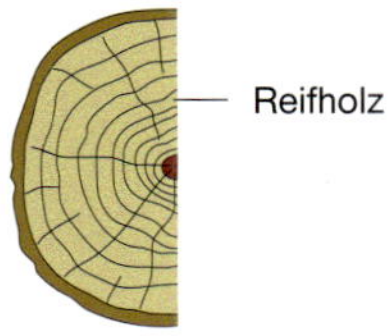	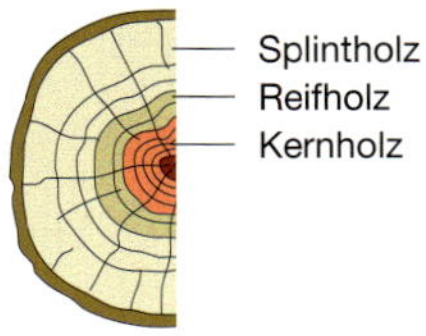
äußerlich kein Unterschied zwischen Splint- und Kernholz (Reifholz) zu erkennen; deutliche Feuchteunterschiede	zwischen Splint- und Kernholz ist eine Reifholzschicht, verkernt, aber farblich wie Splintholz
Fichte, Tanne, Linde	Ulme, Esche

Einheimische Holzarten

	Holzart (Kurzzeichen)	Erkennungsmerkmal des Holzes	Beständigkeit, Eigenschaften	bevorzugter Anwendungsbereich
Nadelhölzer	*Fichte (FI)* 	gleichmäßig gelblichweiße Färbung; Jahresringe deutlich sichtbar	ungeschützt wenig dauerhaft; besonders anfällig gegen Wechsel von nass und trocken; weich bis mittelhart; gut bearbeitbar	für Dachstühle, Schalungen, Gerüste (Balken, Bretter und Latten)
	Kiefer (Föhre) (KI) 	Kern rotbraun, Splint gelblich gefärbt; Jahresringe harzreich, deutlich sichtbar	infolge hohen Harzgehalts dauerhaft und widerstandsfähig; härter als Fichte; gut bearbeitbar	wie Fichtenholz sowie für Fenster, Türen, Fußböden
	Lärche (LA) 	Kern rötlich, Splint gelb gefärbt; enge Jahresringe sichtbar	härter als Kiefer; dauerhaft auch bei Wechsel von nass und trocken	Treppen, Fußböden, Außentüren Grund- und Wasserbau
Laubhölzer	*Eiche (EI)* 	Kern rötlich, Splint hellbraun gefärbt; deutlich sichtbare Markstrahlen; kurzfaserig	Kernholz sehr widerstandsfähig und hart, schwer zu bearbeiten; witterungsbeständig; fäulnisgefährdet (Gerbsäuregehalt); Splintholz wenig widerstandsfähig	Treppen, Parkett, Außentüren Furniere Wasserbau
	Rotbuche (BU) 	rötlich gefärbt; Jahresringe sichtbar; kurzfaserig	im Trocknen und unter Wasser gut haltbar; bei Wechsel von nass und trocken wenig dauerhaft; mittelhart bis hart	Treppen, Parkett Sperrholz Furniere

5.2.3 Eigenschaften des Holzes

Quellen und Schwinden

Holz ist ein organischer Baustoff. Daraus ergeben sich typische Eigenschaften und Verhaltensweisen. Man sagt: Holz „arbeitet".

Damit wird sein Verhalten bei Aufnahme und Abgabe von Feuchtigkeit bezeichnet, das Quellen und Schwinden. Ursache dafür sind die hygroskopischen Eigenschaften des Holzes. Es kann relativ viel Feuchtigkeit aufnehmen und beim Trocknungsvorgang dann wieder abgeben. Es passt sich der Luftfeuchtigkeit der Umgebung an.

> **!** **Die Feuchtigkeitsaufnahme bewirkt das Quellen, die Feuchtigkeitsabgabe das Schwinden des Holzes.**

Dabei treten Maß- und Formveränderungen auf, die sehr groß sein können. Sie hängen von der Holzart und der Schnittrichtung ab.

Das **Schwinden** ist in Faserrichtung (Längsrichtung) gering. Deshalb braucht der Längsschwund beim Einbau von Holz nicht berücksichtigt zu werden.

Quer zur Faser sind die Schwindmaße größer. Sie richten sich nach dem Verlauf der Jahresringe (stehend oder liegend).

Bei Seitenbrettern werden unterschieden
- die Kernseite (rechte Seite) und
- die Splintseite (linke Seite).

Beim Schwinden wölbt sich ein Seitenbrett vom Kern weg. Dadurch wird die rechte Seite rund und die linke Seite (Splintseite) hohl. Diese Verformungen nennt man Werfen des Holzes.

> **!** **Das Werfen des Holzes ist durch die unterschiedlichen Schwindmaße in radialer und tangentialer Schnittrichtung bedingt.**

Beim Schwinden des Holzes können durch das Austrocknen auch Risse entstehen. Sie werden als Trockenrisse bezeichnet.

Das **Quellen** bedeutet eine Volumenvergrößerung des Holzes. Dabei wird Druck auf eventuell angrenzende Bauteile ausgeübt.

Beim Einbau ist zu beachten, dass entweder das Holz vor dem Eindringen von Feuchtigkeit geschützt wird (Anstriche, Tropfkanten) oder konstruktiv Platz zum Quellen geschaffen wird (Fugen).

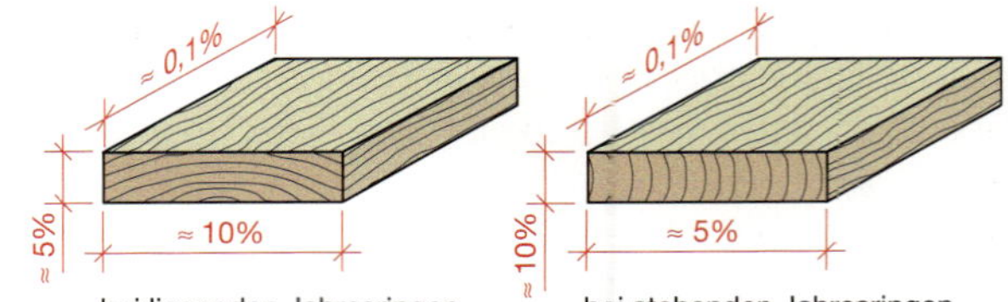

Die durchschnittlichen Schwindmaße sind je nach Schnittrichtung unterschiedlich.

Beispiele für Schwindmaße

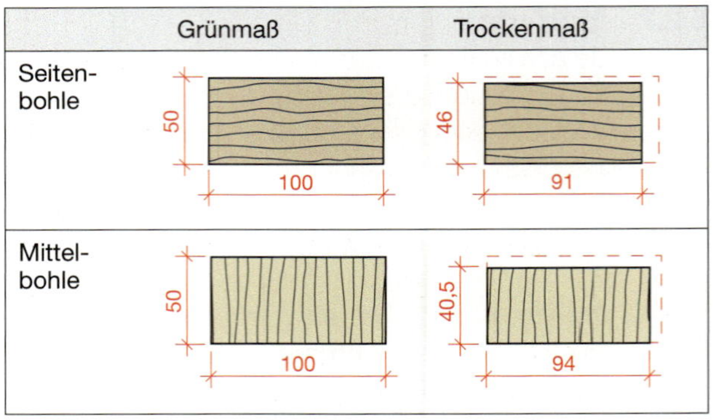

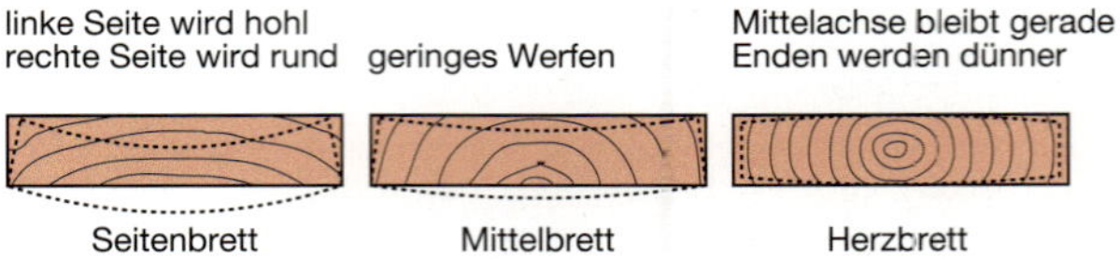

Das Werfen des Holzes ist bedingt durch unterschiedliche Schwindmaße.

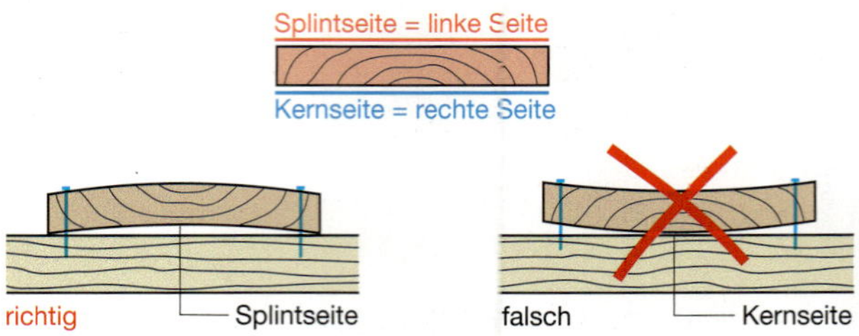

Nageln von Brettern auf eine Unterkonstruktion

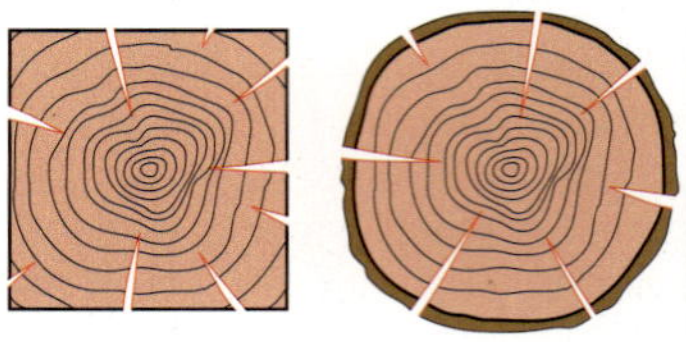

Trockenrisse (Schwindrisse)

Um Bauschäden durch zu großes Schwinden zu vermeiden, wird Bauholz vor der Auslieferung getrocknet. Der durch technische Verfahren in Trockenkammern erreichte Trocknungsgrad muss durch richtige Lagerung des Holzes weitgehend erhalten werden.

Für den **Feuchtigkeitsgrad von Bauholz (Vollholz)** werden drei Gruppen unterschieden:

- frisch
- halbtrocken
- trocken

Grundregeln für das Verarbeiten von Holz

- ❑ Es werden trockene und halbtrockene Hölzer eingebaut.
- ❑ Holz möglichst mit dem Feuchtigkeitsgehalt einbauen, wie ihn die umgebende Luft hat.
- ❑ Je schmaler stabförmig aneinander gefügte Bretter sind, desto geringer wirkt sich das Quellen und Schwinden des Holzes aus.
- ❑ Bretter stets mit der linken (Splint-)Seite auf eine Unterkonstruktion aufnageln.
- ❑ Bei Füllungen, Täfelungen, Außenverkleidungen „Luftspalt" als Bewegungsspielraum für das Quellen lassen, damit es kein Verziehen durch Spannungen geben kann.

Die **Festigkeit von Holz** ist abhängig von

- der Holzart (Hartholz – Weichholz),
- der Güte,
- dem Feuchtegehalt,
- der Richtung der Krafteinwirkung (⊥ oder || zur Faserrichtung) und
- der Gleichmäßigkeit des Faserverlaufes.

> **!** **Allgemein gilt: Bei etwa 7,5% Feuchtegehalt haben die meisten Holzarten ihre höchste Tragfähigkeit. Die Unterbrechung des gleichmäßigen Faserverlaufs, z. B. durch Äste, mindert die Festigkeit.**

- Die **Druckfestigkeit** ist in Faserrichtung um das 5- bis 8fache größer als senkrecht zur Faserrichtung. Bei Druckbelastung senkrecht zur Faser werden die Fasern gequetscht und gegeneinander verschoben. Dadurch sinkt die Belastbarkeit.
- Die **Zugfestigkeit** von Holz ist wesentlich höher als seine Druckfestigkeit. Im Durchschnitt wird parallel zur Faserrichtung eine 10fach höhere Zugfestigkeit als senkrecht erreicht. Bei Zugbelastung senkrecht zur Faser werden die Fasern voneinander losgerissen.
- Die **Biegefestigkeit** von Holz kann nur bei Belastung quer zum Faserverlauf in Anspruch genommen werden. Unregelmäßigkeiten im Wuchs (z. B. Äste) wirken sich dabei besonders festigkeitsmindernd aus.

Feuchtegehalt von Vollholz in Masse-%

Frisches Bauholz	> 30 %
Halbtrockenes Bauholz	20 bis 30 %
Trockenes Bauholz	< 20 %

Für Dachstuhl und Gaubenverschalung sind trockene Hölzer einzubauen.

Druckbelastung

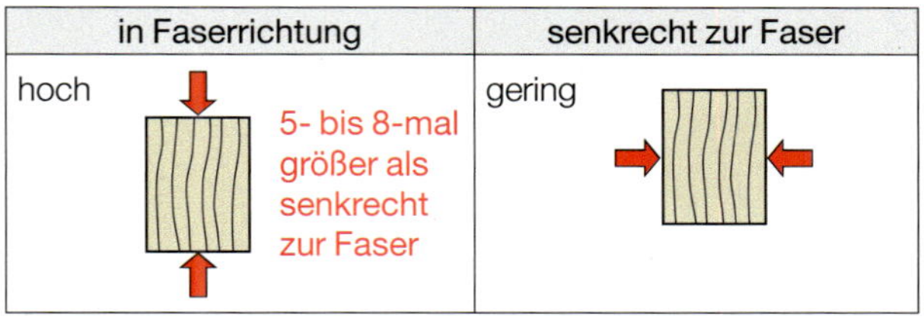

Zugbelastung

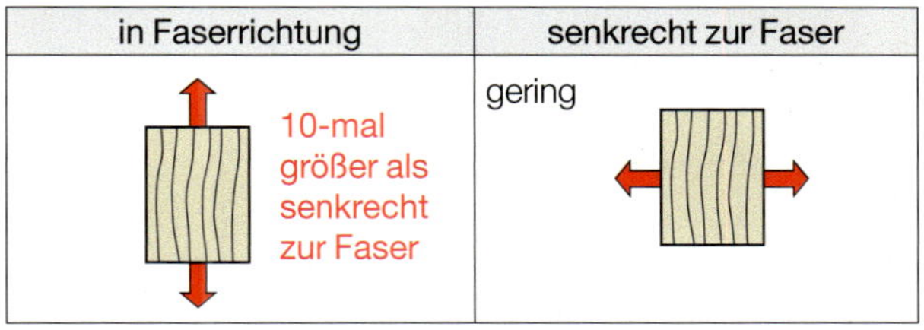

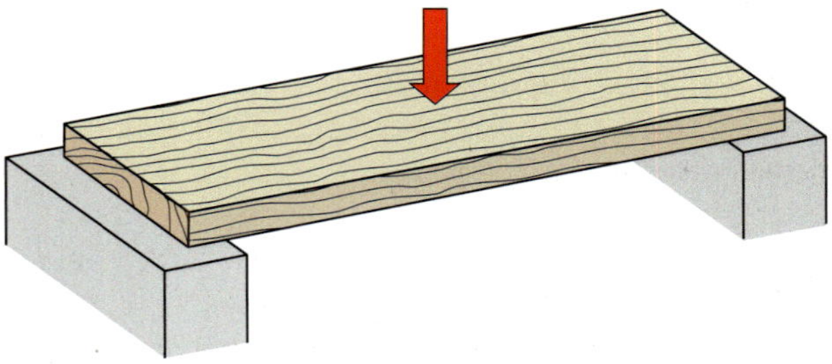

Biegebeanspruchung nur quer zur Faser

- Die **Scher- und Schubfestigkeit** des Holzes ist gering. Sie ist technisch nur in Richtung quer zur Faser verwertbar. Je kleiner die Scherfläche ist, desto größer ist die Gefahr, dass das Holz abschert.
- Die **Spaltfestigkeit** ist der Widerstand des Holzes gegen das Spalten: Keilförmige Werkzeuge oder Verbindungsmittel dringen parallel zum Faserverlauf ein. Bedeutung hat sie für Nagel- und Schraubenverbindungen sowie bei Beanspruchung des Holzes in Faserrichtung.

Beanspruchung des Holzes …	
auf Abscheren	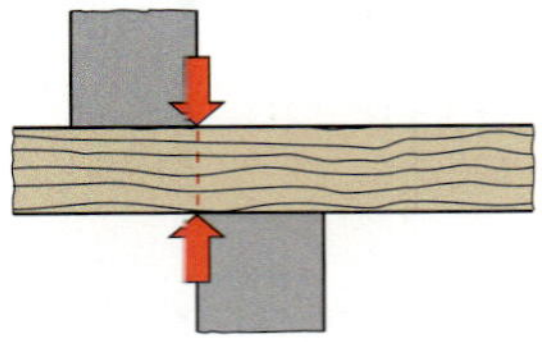
auf Schub	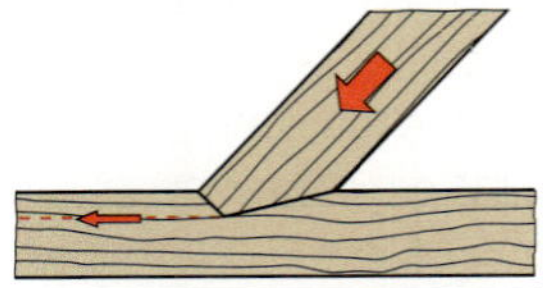
auf Spalt	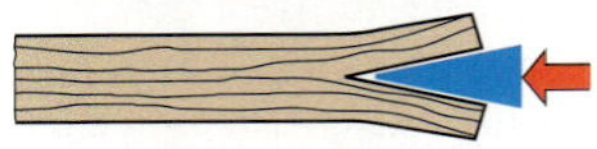

Die **Beständigkeitseigenschaften** des Holzes kennzeichnen seine mehr oder weniger große Widerstandsfähigkeit gegen atmosphärische Einflüsse, Pilzbefall und Schädlingsfraß. Da die Umgebungsbedingungen oft sehr unterschiedlich und veränderlich sind, fällt die Einschätzung der Beständigkeitseigenschaften schwer.
Die Tabellenwerte (Durchschnittswerte) beziehen sich auf konstruktiv richtig eingebautes Holz außerhalb der Erde-Luft-Zone bzw. des Spritzwasserbereiches.
Das **Brandverhalten** von Holz am Bauwerk spielt aus Sicherheitsgründen eine wichtige Rolle.

Weiches und trockenes Holz entflammt leichter und brennt schneller ab als hartes und feuchtes.

Ob und für welche Bauteile Holz eingesetzt werden kann, hängt von den für diese Bauteile geforderten Feuerwiderstandsklassen nach DIN und/oder der Landesbauordnung ab.

Beständigkeit von Holzarten (Erfahrungswerte)

Holzart	Beständigkeit (in Jahren)	
	ungeschützt im Freien	unter Wasser
Lärche	60 … 85	mehr als 500
Kiefer	35 … 60	mehr als 500
Tanne	15 … 35	50 … 100
Fichte	35 … 60	50 … 100
Rotbuche	35 … 60	100 … 500
Eiche	60 … 85	100 … 500
Ahorn	15 … 35	weniger als 20
Birke	15 … 35	weniger als 20
Pappel	15 … 35	ungeeignet
Linde	15 … 35	weniger als 20

5.2.4 Bauschnittholz

Bauholz wird aus den Stämmen der Bäume gewonnen. Im Sägewerk längs aufgeschnittene Stämme ergeben das Bauschnittholz. Werden die Stämme nicht in der Längsrichtung aufgeschnitten, spricht man von Baurundholz.

Bezeichnungen von Bauschnittholz

Bauschnittholz gibt es in unterschiedlichen Abmessungen und wird bezeichnet als **Kantholz, Latte, Bohle, Brett**. Kanthölzer mit einer Seitenlänge ≥ 200 mm werden auch als Balken bezeichnet.
In der Baupraxis haben sich für Querschnittsabmessungen und Längen **Vorzugsmaße** durchgesetzt.
Bauholz, das nach der Trocknung ohne Veränderung seiner natürlichen Eigenschaften verarbeitet wird, bezeichnet man als **unvergütetes Vollholz**.

Nadelschnittholz (Vorzugsmaße – Auswahl)

Kanthölzer	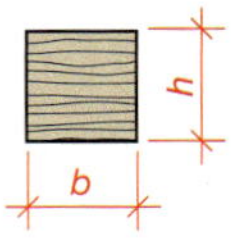	6/6; 6/8; 6/12 8/8; 8/10; 8/12; 8/16 10/10; 10/12 12/12; 12/14; 12/16 14/14; 14/16 16/16; 16/18 10/20; 10/22 16/20 18/20 20/24 (Maße in cm)
Latten	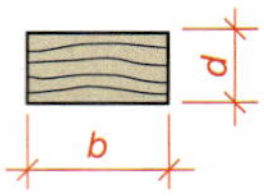	24/48; 30/50; 40/60; 50/80 (Maße in mm)
Bohlen, ungehobelt	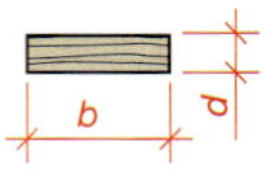	Dicke in mm: 45; 50; 55; 60; 65 Breite > 3 *d*
Bretter, ungehobelt	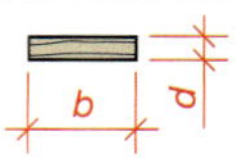	Dicke in mm: 16; 18; 22; 24; 28; 38; 40 Breite ≥ 80 mm

Sortierklassen für Bauschnittholz

Die Tragfähigkeit der Bauhölzer ist abhängig von der Holzart und der Güte des Holzes. Deshalb wird das

Schnittholz (Nadelholz) entsprechend seiner Tragfähigkeit nach Klassen sortiert und gekennzeichnet.

> **!** **Die Sortierklassen bezeichnen die Tragfähigkeit von geschnittenem Nadelholz unter Berücksichtigung seiner Gütemerkmale.**

Sortiermerkmale für Bauschnittholz sind u. a.
- Anzahl der Fehlkanten,
- Anzahl, Art und Abmessungen der Äste,
- Faserneigung zur Stammachse,
- Risse, Verkrümmungen, Verfärbungen,
- Schädlingsbefall.

Die **Sortierklasse** ist wesentlicher Bestandteil der genauen Bezeichnung von Nadelschnitthölzern, die sich insgesamt aus folgenden Angaben zusammensetzt:
- Querschnittsart (Kantholz, Bohle usw.)
- DIN 4074 (Norm, nach welcher sortiert wurde)
- Einstufung in Sortierklasse
- Kurzzeichen der Holzart

Beispiel: Bohle DIN 4074 – S10 – FI

Konstruktionsvollholz

Konstruktionsvollholz erfüllt mindestens die Kriterien der Sortierklasse S 10, ist herzgetrennt und hat höchstens 10 % Baumkante bezogen auf die kleinere Querschnittsseite. Es wird technisch getrocknet auf ca. 15 %. Die Gefahr von Verformungen nach dem Einbau ist nicht so groß.

Bezeichnungen:

KVH-Si Konstruktionsvollholz im sichtbaren Bereich
KVH-NSi Konstruktionsvollholz im nicht sichtbaren Bereich

Brettschichtholz

Die Abmessungen des Vollholzes sind abhängig von den Abmessungen der Baumstämme. Balken mit einer Höhe von mehr als 30 cm sind nur selten im Angebot. Deshalb wurde das Brettschichtholz entwickelt.
Es besteht aus gehobelten Brettern, die miteinander verleimt sind. Die Bretter können nicht nur übereinander verleimt, sondern auch in Längsrichtung miteinander verbunden werden. Der flüssige Leim haftet am Holz und dringt in die Poren des Holzes ein. Nach dem Erhärten sind die Holzteile fest miteinander verbunden. Die Herstellung erfolgt industriell. Als Holzart wird vorrangig Fichte verwendet.
Bauteile aus Brettschichtholz können Querschnittshöhen von 2 m und Längen bis zu 35 m erreichen. Beim Verleimen können die Bretter in gebogenem Zustand zusammengefügt werden. So entstehen gekrümmte Bauteile.

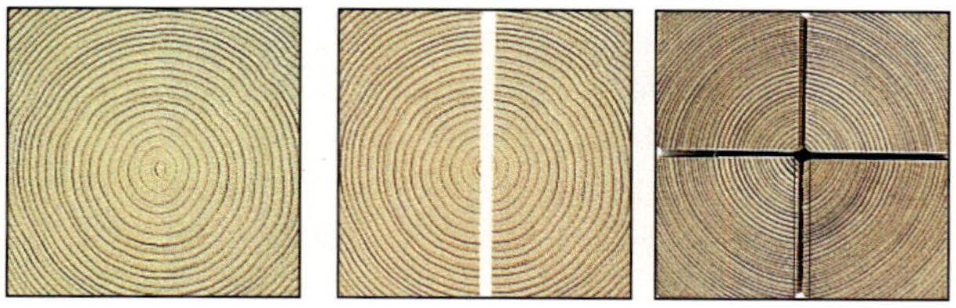

Schnitthölzer

Festigkeits- und Sortierklassen für Bauschnittholz

Sortierung nach DIN 4074		Tragfähigkeit/ Festigkeitsklassen[1] nach DIN 1052	Merkmal/Anzahl der Fehlkanten
visuell	maschinell		
S 7	C16M	gering C16; C16M	säge-gestreift 
S 10	C24M	üblich C24 C24M	4 Fehlkanten 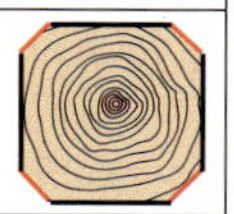
S 13	C30M	überdurchschnittlich C30; C30M	2 Fehlkanten 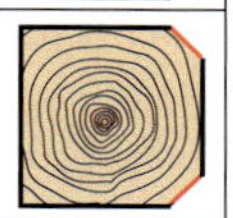
–	C35M C40M	besonders hoch C35M C40M	keine Fehlkanten 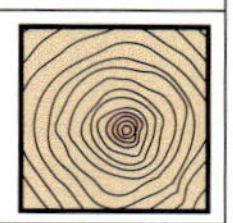

1) Festigkeitsklasse entspricht der Biegespannung in N/mm²

Vorzugsquerschnitte für Konstruktionsvollholz

Querschnitte in mm	Besondere Merkmale
6 x 10; 6 x 16	• Mind.-Sortierklasse S 10 nach DIN 4074
6 x 20; 8 x 14	• meistens auf ca. 15 % getrocknet
8 x 18; 8 x 24	• maßhaltig
10 x 16; 10 x 24	• verzugsarm, formstabil
12 x 16; 12 x 24	• weitgehend rissfrei

Brettschichtholz

Halbfertigerzeugnisse

Zur Einsparung handwerklicher, zeitaufwendiger und damit teurer Einzelfertigung sind eine Reihe von Holzerzeugnissen aus Vollholz industriell vorgefertigt zu beziehen. Diese Erzeugnisse brauchen nur noch auf Länge geschnitten, eingebaut und oberflächenbehandelt zu werden, z. B. Profilbretter zum Verkleiden von Wandflächen oder Profilleisten als Abschlussleisten, Verbindungsleisten oder Fußleisten.

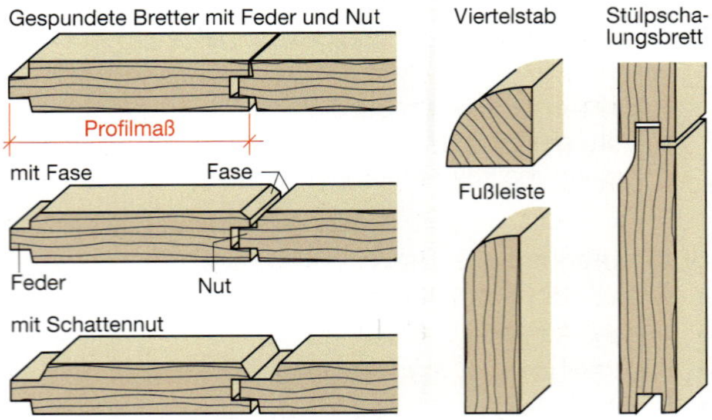

Halbfertigerzeugnisse

5.2.5 Holzwerkstoffe

Holzwerkstoffe sind künstlich hergestellte Platten oder Formteile aus dem Rohstoff Holz. Ein Vorteil der Holzwerkstoffe besteht darin, dass relativ wertloses Holz, wie dünnes oder krummwüchsiges Material, vor allem aber Abfälle (besonders Späne), zu einem hochwertigen Baustoff umgewandelt werden.

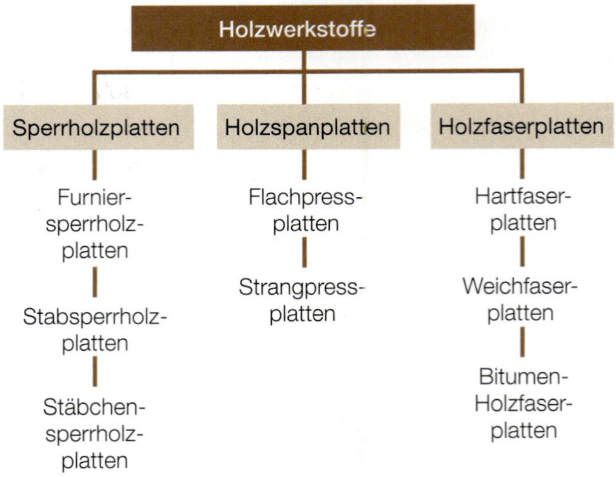

Sperrholzplatten bestehen aus sehr dünnen Holzlagen, den Furnieren, die in versetzter Faserrichtung übereinander unter Druck verleimt werden. Für Sperrholz werden Furniere von 0,5 bis 4,4 mm Dicke verwendet. Furniersperrholzplatten bestehen aus mindestens 3 Furnierlagen. Es muss immer eine ungerade Anzahl von Lagen verleimt werden. Furniersperrholz gibt es in Dicken von 4 bis 50 mm.

Als **Mittellage** für eine Sperrholzplatte können auch Holzstäbe oder -stäbchen verwendet werden. Diese Platten heißen Stabsperrholzplatten (auch Tischlerplatten genannt) bzw. Stäbchensperrholzplatten.
Sperrholz zeichnet sich durch gute Festigkeit, geringe Schwind- und Quellmaße und darum durch eine gute Formbeständigkeit aus.

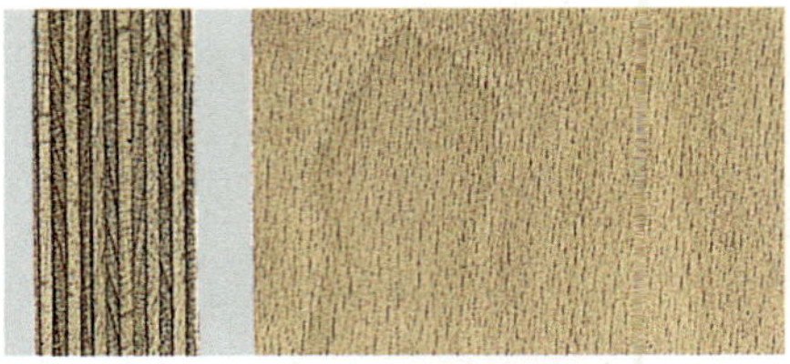

Bau – Furniersperrholz BFU

Holzspanplatten bestehen aus groben Holzspänen, die mit Kunstharzleimen vermengt und dann gepresst werden.

- **Flachpressplatten**, die Späne sind so eingestreut, dass sie etwa parallel zur Plattenebene liegen.
- **OSB-Flachpressplatten** (oriented strand board) haben größere Festigkeiten. Sie bestehen in der Deckschicht aus großflächigen Langspänen, die parallel zur Plattenoberfläche liegen. In der Mittelschicht liegen sie quer zur Längsachse.
- **Strangpressplatten**, die Späne liegen rechtwinklig zur Plattenebene. Die Biegefestigkeit ist gering. Sie werden als Vollplatten oder Röhrenplatten hergestellt. Zur Erhöhung der Festigkeit werden den Strangpressplatten Furniere oder harte Holzfaserplatten aufgeleimt.

Spanplatte – Flachpressplatte für das Bauwesen FP

OSB – Flachpressplatte

Holzfaserplatten bestehen aus zerfasertem Holz oder holzhaltigen Faserstoffen. Einige Arten benötigen zusätzlich ein Bindemittel (Harz). Der Faserbrei wird unter Druck und Wärme zu Platten gepresst.

- **Hartfaserplatten** sind sehr dicht. Typisches Merkmal: sehr glatte Oberseite und eine „gewaffelte" Unterseite.
- **Dämmplatten** sind porös und weich, da sie nur durch leichtes Walzen hergestellt werden.
- **Bitumen-Holzfaserplatten** entstehen unter Verwendung von Bitumen als Bindemittel. Sie sind feuchtigkeitsbeständig.

Harte Holzfaserplatte HSF

Weiche Holzfaserplatte WSF

Die genannten Holzwerkstoffe werden je nach Stärke, Zuschnitt und spezifischen Eigenschaften im Ausbau als Wandplatten, Wandverkleidungen, Fußbodenplatten, Zwischendecken oder Putzträger verwendet.
Dichte und feuchtigkeitsbeständige Platten werden auch zur Beplankung von Schalungsplatten eingesetzt (→ Abschnitt 4.2).

DIN 4076	Benennung und Kurzzeichen auf dem Holzgebiet; Holzarten
DIN 4074	Sortierung von Holz nach der Tragfähigkeit
DIN 4070	Nadelholz
DIN EN 312	Spanplatten – Anforderungen
DIN EN 622-1	Faserplatten – Anforderungen
DIN EN 386	Brettschichtholz
DIN EN 636	Sperrholz – Anforderungen

Bitumierte Holzweichfaserplatte als Unterdach

Testen Sie sich selbst!

1. Warum kann man Holz als ökologisch wertvollen Baustoff bezeichnen?
2. Welche Holzarten werden vorzugsweise als Bauholz verwendet?
3. Welche Bauteile des „Ferienhauses" können aus Holz hergestellt werden und welche Holzarten eignen sich besonders für diese Bauteile?

Bauteil	**grundsätzlich aus Holz möglich** (ankreuzen)	**bevorzugte Holzart** (Holzart eintragen)
Außenwände	☐	
Innenwände	☐	
Geschossdecke	☐	
Fundamente	☐	
Dachkonstruktion	☐	
Wohnzimmerfußboden	☐	
Badfußboden	☐	

4. Warum ist Kiefernholz besonders für die der Witterung ausgesetzten Bauteile geeignet?
5. Was bedeutet die Aussage: Holz ist hygroskopisch?
6. Durch welche Maßnahmen kann dem Arbeiten des Holzes entgegengewirkt werden?
7. Wie muss ein Holzstapel gegen Feuchtigkeit geschützt werden?
8. Welche Seite zeigt bei Brettern, die auf eine Unterkonstruktion genagelt sind, nach oben?
9. Welche Sortierkriterien (Sortiermerkmale) sind bei Bauschnittholz zu beachten?
10. Welche bautechnische Eigenschaft wird durch die Sortierung von Bauschnittholz vor allem zum Ausdruck gebracht?
11. Wie bezeichnet man ein Bauschnittholz mit der Querschnittsabmessung 10/12 cm?
12. Für welche Ausbauarbeiten beim „Ferienhaus" können Holzspanplatten eingesetzt werden?

5.3 Wahl der Holzverbindungen

Holzkonstruktionen, wie z. B. das Dachtragwerk des „Ferienhauses“, sind aus vielen einzelnen Teilen zusammengesetzt. Dieses Zusammenfügen mittels unterschiedlicher Holzverbindungen führt zu komplexen Konstruktionen, bei denen in jedem Punkt eine sichere Übertragung und Ableitung der Lasten bzw. Kräfte gegeben sein muss.

Grundsätzlich werden zwei Gruppen von Holzverbindungen unterschieden:

- Die **handwerklichen** (zimmermannsmäßigen) Holzverbindungen: speziell geformte bzw. ausgeformte Einzelteile werden ohne die Anwendung besonderer Verbindungsmittel zur Konstruktion (z. B. Dachtragwerk) zusammengefügt.
- Die **ingenieurmäßigen** Holzverbindungen: die Einzelteile werden mit Hilfe spezieller Verbindungsmittel (z. B. Nägel oder Schraubenbolzen) zur Konstruktion zusammengefügt.

Die zimmermannsmäßigen Holzverbindungen sind seit den Anfängen des Holzbaus bekannt, die ingenieurmäßigen Holzverbindungen haben sich erst in den letzten Jahrzehnten entwickelt.
Heute werden in den meisten Fällen technische Verbindungsmittel zur Herstellung ingenieurmäßiger Holzverbindungen eingesetzt.

Die Ausführungsformen sind für beide Gruppen zahlreich und zum Teil sehr unterschiedlich. Im Folgenden sollen die wichtigsten und auch am häufigsten angewendeten Möglichkeiten vorgestellt werden.

5.3.1 Zimmermannsmäßige Holzverbindungen

Die tragenden Teile alter Dächer bestehen fast nur aus Holzteilen, die zimmermannsmäßig zusammengefügt worden sind.
Diese Konstruktionen zeugen von großem handwerklichem Geschick der Bauleute vergangener Zeiten und beweisen auch, dass fachgerecht und maßgenau ausgeführte Holzkonstruktionen über Jahrhunderte hinweg haltbar sein können.

Bei zimmermannsmäßigen Holzverbindungen kommt es auf die fachgerechte und maßgenaue Ausführung an.

! Die Grundformen der meisten zimmermannsmäßigen Holzverbindungen sind der Zapfen, das Blatt und der Versatz.

Kehlbalkendach mit ingenieurmäßigen Holzverbindungen

Zimmermannsmäßige Holzverbindungen

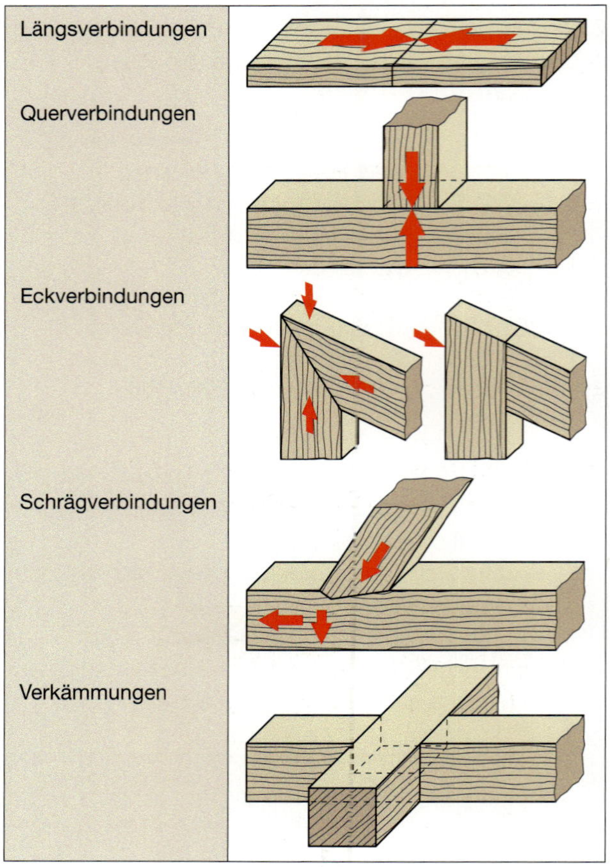

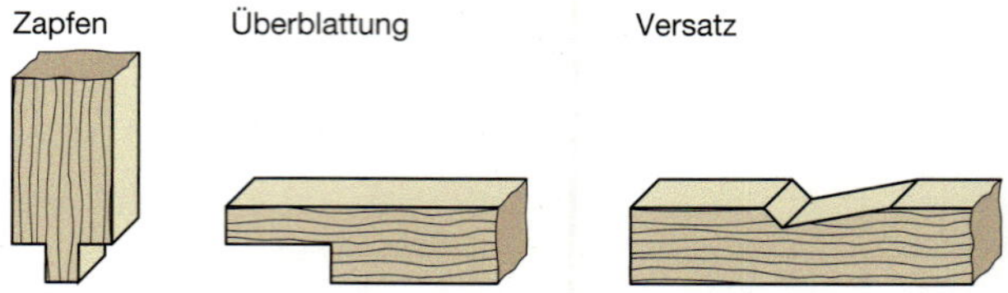

Grundformen zimmermannsmäßiger Holzverbindungen

Längsverbindungen werden beim Stoßen (Verlängern) von Konstruktionshölzern wie Schwellen, Pfetten, Balken u. Ä. ausgeführt.

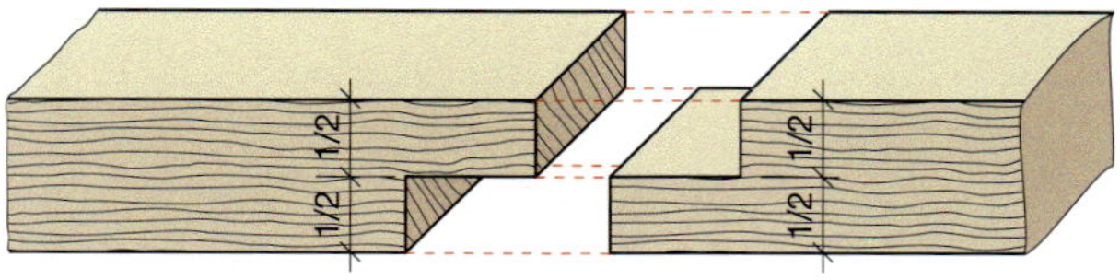

Einfaches Blatt – druckfeste, seitlich verschiebbare Verbindung

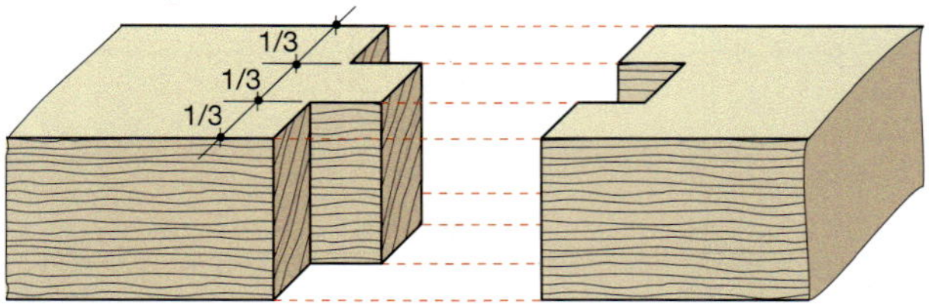

Zapfenstoß – druckfeste, seitlich unverschiebbare Verbindung

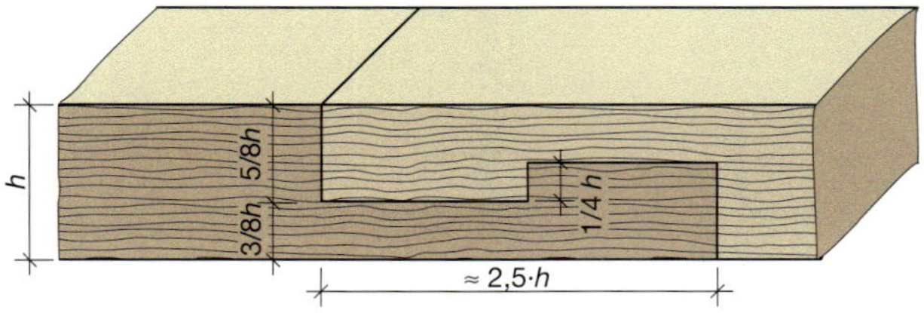

Hakenblatt – druck- und zugfeste Verbindung

Eckverbindungen werden bei Rahmenkonstruktionen wie z. B. umlaufenden Schwellenlagern ausgeführt.

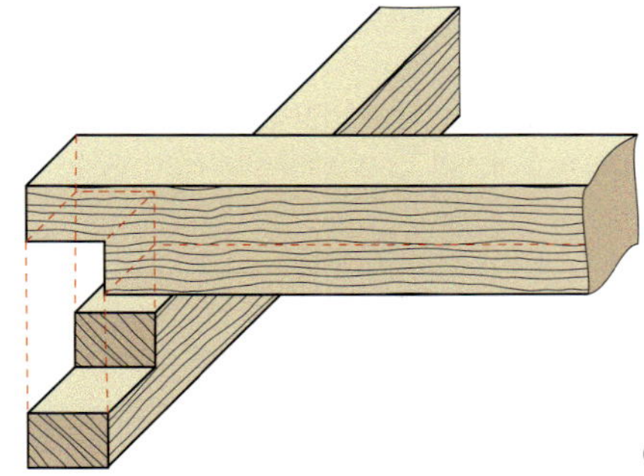

Glattes Eckblatt

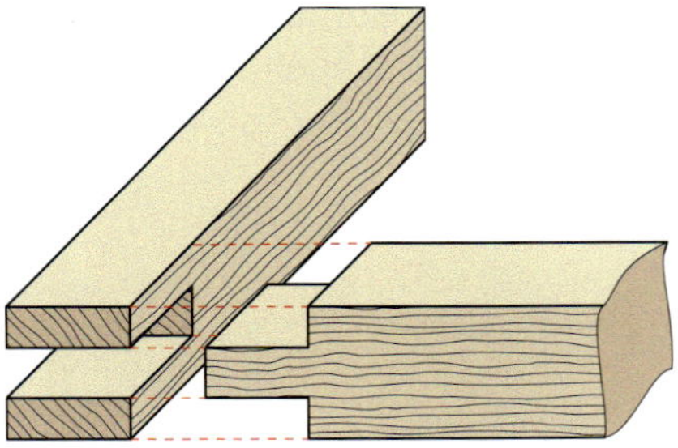

Scherblatt

Querverbindungen werden bei rechtwinklig zueinander stehenden vertikalen und horizontalen Holzbauteilen wie z. B. Schwelle und Pfosten durch Verzapfen ausgeführt.

Dabei ist darauf zu achten, dass das Zapfenloch etwas tiefer ausgeführt wird, als die Zapfenlänge beträgt. Das ist deshalb wichtig, damit die Verbindung dicht und die Druckkraft nicht nur über den kleineren Zapfenquerschnitt übertragen wird.
Bei auftretenden Zugkräften wird die Verbindung durch eine Bauklammer gesichert; das Abnageln durch Holznägel ist nicht mehr üblich.

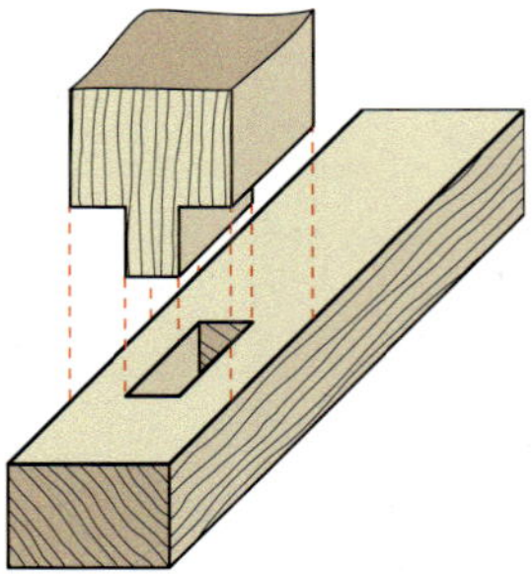

Einfacher Zapfen

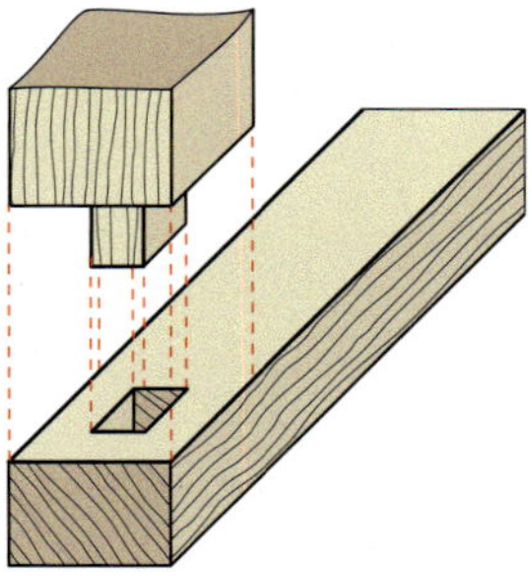

Abgesetzter Zapfen

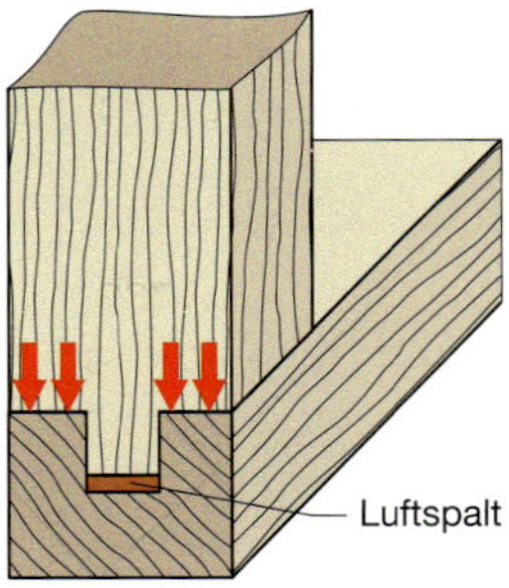

Lastübertragung bei Zapfenverbindung in zwei Drittel der Querschnittsfläche

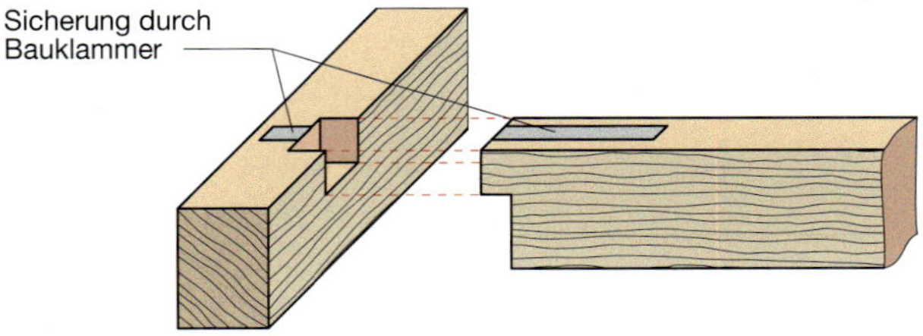

Einfaches Blatt

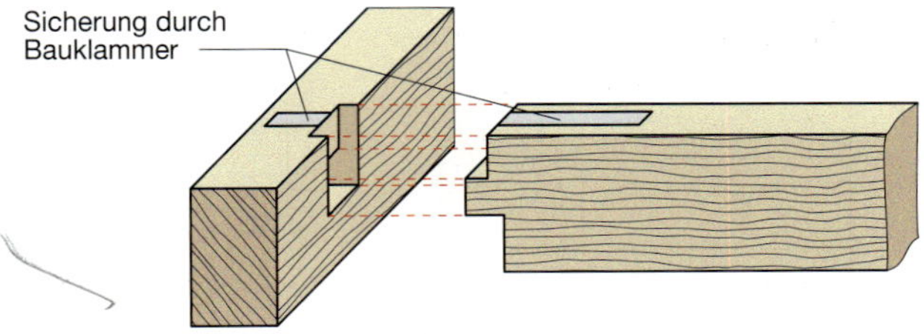

Gerader Brustzapfen

Schrägverbindungen werden bei Holzbauteilen, die schräg aufeinander treffen, wie z. B. Dachsparren und Deckenbalken, ausgeführt. Die oft genutzte Möglichkeit des Versatzes muss mit großer Genauigkeit ausgeführt werden.

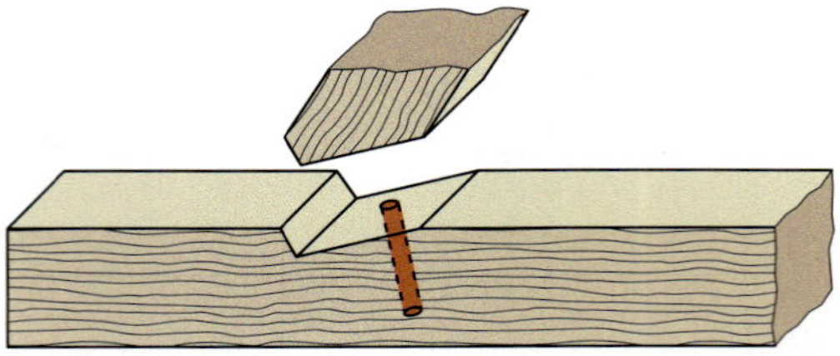

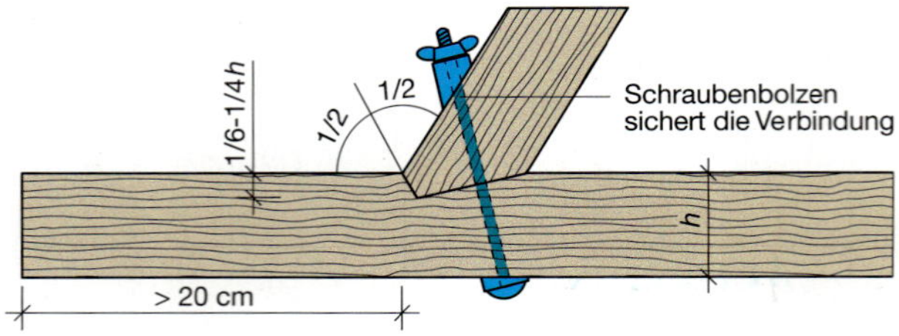

Stirnversatz

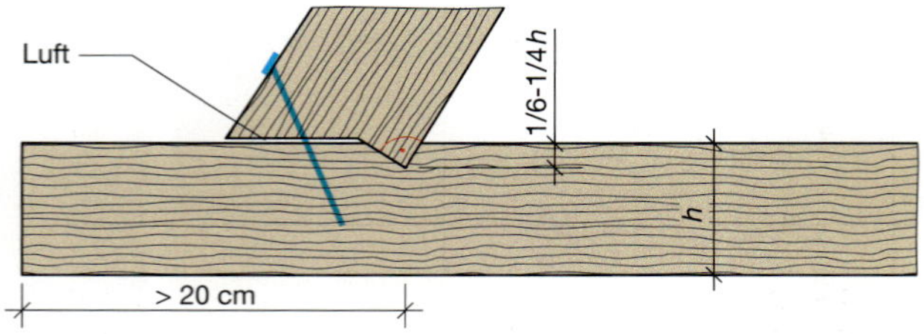

Fersenversatz

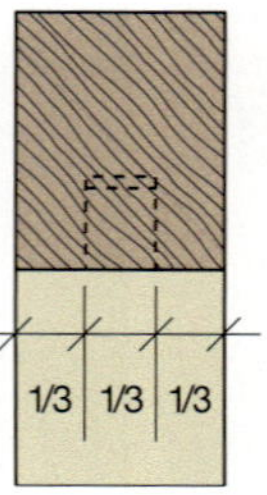

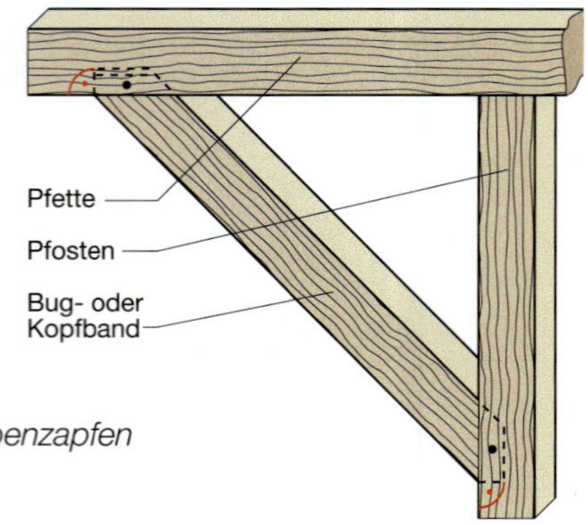

Abgestirnter Strebenzapfen

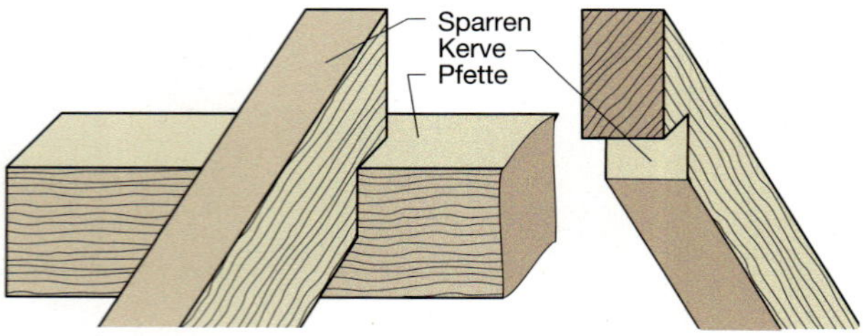

Klaue (Kerve)

Verkämmungen sind spezielle Querverbindungen für Holzbauteile in verschiedenen vertikalen und horizontalen Ebenen.

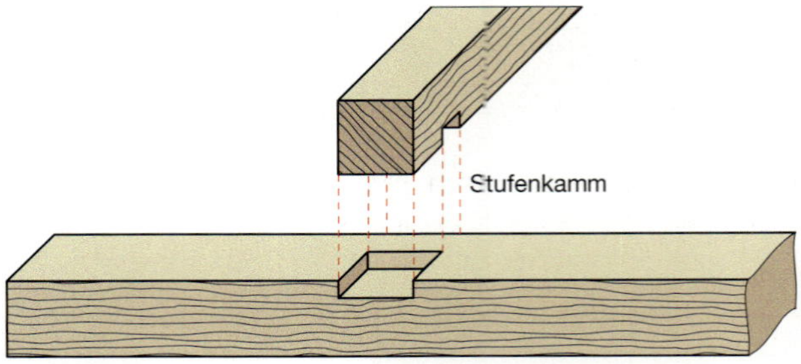

Stufenkamm

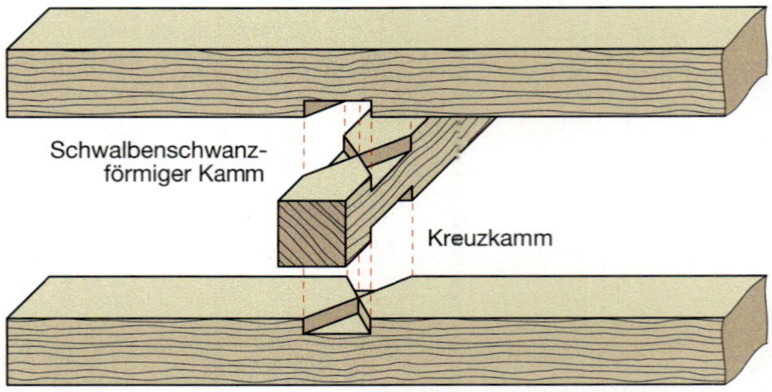

Kreuzkamm

Neben speziellen Regeln zur Führung der Handwerkszeuge müssen bei der Herstellung von zimmermannsmäßigen Holzverbindungen auch einige allgemeine Regeln beachtet werden.

- Für den Anriss ist eine geeignete Hauptanrisskante auszuwählen und zu nutzen.
- Beim Anreißen von Schnitten ist zu beachten, dass keine nach dem Schnitt „herausfallenden Äste" berührt werden.
- Beim Abschnitt bleibt die Schnittlinie am zu fertigenden Holzbauteil stehen.
- Holzbauteile sind so anzureißen, dass die scharfen Kanten nach der Fertigung zur Auflagerfläche zeigen.
- Bei Zapfenverbindungen ist darauf zu achten, dass der Zapfen etwas kürzer als das Zapfenloch tief ist.
- Die Zapfenenden sind anzuschrägen.

5.3.2 Ingenieurmäßige Holzverbindungen

Gegenüber den zimmermannsmäßigen Verbindungen ergeben sich eine Reihe von Vorteilen:

- Der Querschnitt der zu verbindenden Holzteile wird nicht oder nur minimal geschwächt.
- Die Tragfähigkeit der einzelnen Verbindung kann genau berechnet werden.
- Die Ausführung ist weniger zeitaufwendig (Maschineneinsatz).
- Viele Verbindungsmittel sind gleichzeitig auf Druck, Zug und Abscheren beanspruchbar.

Nagelverbindungen

Bretter, Dachlatten, Sperrholzplatten usw. werden häufig angenagelt.

Übliche **Nagelarten**:

- Drahtstifte (genormter Begriff für Nägel) mit einer glatten Schaftoberfläche
- Rillennägel, Nägel mit einer besonders geformten Oberfläche
- Schraubnägel (mit spiralförmig angeordneten Rillen); beim Einschlagen verklemmen sich die Nägel im Holz.
- Sparrennägel; Sondernägel der Tragfähigkeitsklasse III

Drahtstifte haben unterschiedliche Längen, Schaftdurchmesser und Kopfformen. Sie werden in Paketen geliefert (1 bis 10 kg). Auf der Verpackung sind Füllgewicht, Drahtstiftart und der Schaftdurchmesser (mit 10 multipliziert) angegeben.

Ausführungsregeln für Nagelverbindungen

- ❑ Der Nagel muss ausreichend tief in das Holz eingeschlagen werden und möglichst viele Jahresringe durchdringen.
- ❑ Bei der Befestigung von Brettern, Bohlen oder Platten müssen die Drahtstifte mindestens 2,5-mal so lang sein, wie die zu befestigenden Teile dick sind.
- ❑ Nagelverbindungen werden ein- und mehrschnittig ausgeführt.
- ❑ Im Freien müssen verzinkte Nägel verwendet werden. Andere rosten infolge der Feuchtigkeit der Außenluft.
- ❑ Der seitliche Abstand der Nägel zum Rand muss das 5fache der Nageldicke betragen. Es besteht Spaltgefahr!
- ❑ In Eichen- und Buchenholz sind Nagellöcher vorzubohren (d = 0,9 x Nageldurchmesser).

! Nagelarten werden nach der Art des Schaftes, der Kopfform, dem Schaftdurchmesser und der Schaftlänge unterschieden.

Übersicht zu ingenieurmäßigen Holzverbindungen

unlösbar	lösbar
• Nagelverbindungen • Klammerverbindungen • Stabdübel-und Passbolzenverbindungen • Dübelverbindungen • Blechformteilverbindungen • Nagelplattenverbindungen • Leimverbindungen	• Holzschraubenverbindungen • Schraubenbolzenverbindungen

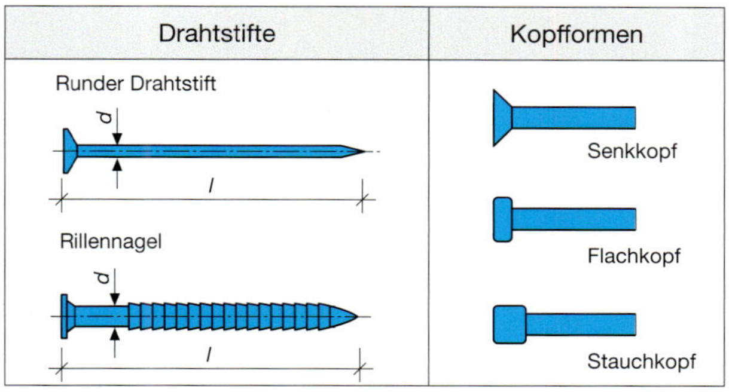

Drahtstifte

Bezeichnung	d in mm	l in mm	Bezeichnung	d in mm	l in mm
18 x 35	1,8	35	31 x 80	3,1	80
20 x 40	2,0	40	34 x 80	3,4	80
22 x 45	2,2	45	34 x 90	3,4	90
22 x 50	2,2	50	38 x 100	3,8	100
25 x 55	2,5	55	42 x 100	4,2	100
25 x 60	2,5	60	42 x 110	4,2	110
28 x 65	2,8	65	42 x 120	4,2	120
31 x 65	3,1	65	46 x 130	4,6	130
31 x 70	3,1	70	55 x 140	5,5	140

Sparrennagel

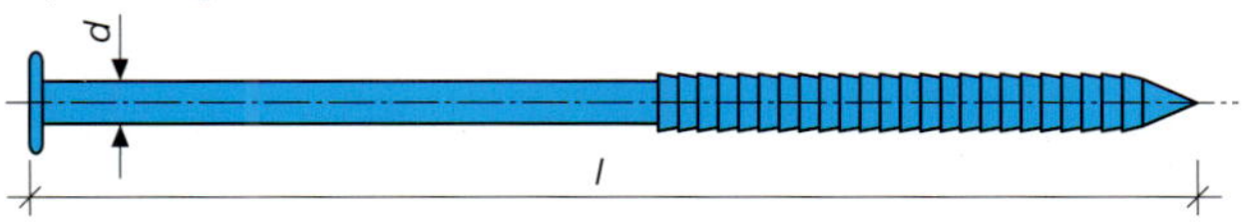

6,0 x 80; 6,0 x 110; 6,0 x 180; 6,0 x 300

Sparrennägel – Abmessungen (Beispiele)

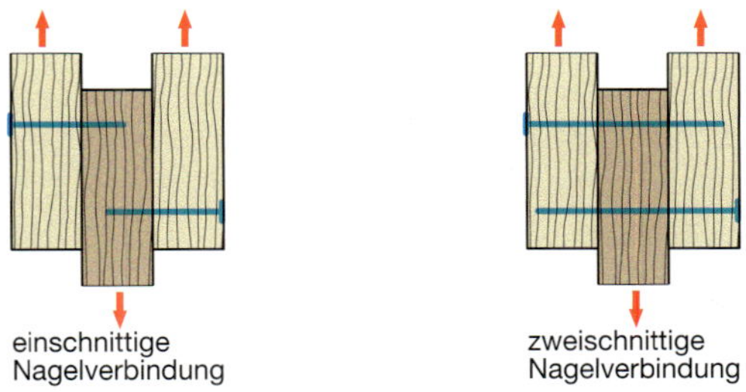

Schnittigkeit von Nagelverbindungen

Die höchste Tragfähigkeit erreichen Nagelverbindungen, die auf Abscheren beansprucht werden.

> **!** Eine tragende Nagelverbindung besteht aus mind. 4 Nägeln pro beanspruchter Fläche.

Diese Forderung kann ausnahmsweise unterschritten werden bei der Befestigung von Schalungen, Dachlatten, Windrispen sowie von Sparren und Pfetten.

Nagelverbindungen an hoch belasteten Bauteilen aus Holz werden vom Ingenieuer bemessen und festgelegt. Das **Nagelbild** ist die Ausführungszeichnung für die Holzverbindung. Diese gibt an:

- Art der Nägel (Durchmesser, Länge)
- Anordnung der Nägel
- Durchmesser eventueller Bohrungen

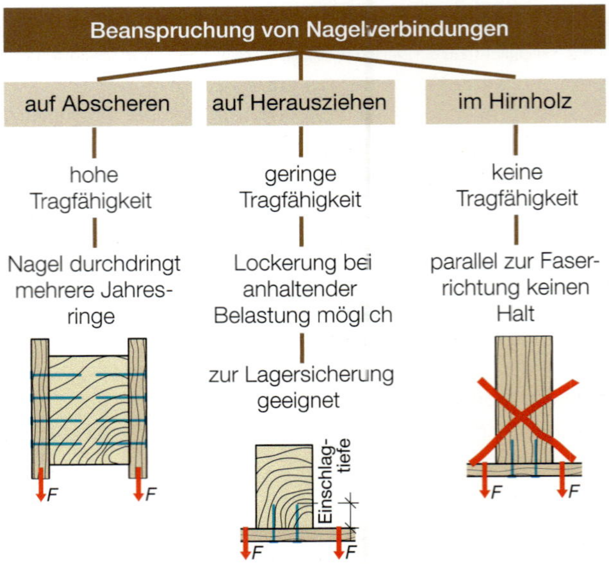

Um das Spalten des Holzes zu vermeiden, sind die Nägel versetzt zur Risslinie des Nagelbildes einzuschlagen.

Nagelverbindungen mit Stahlblechformteilen und Metallprofilen

In steigendem Maße werden Holzverbindungen hergestellt, bei denen Stahlblechformteile an Balken, Stützen aus Vollholz oder Brettschichtholz genagelt werden.
Die Stahlblechformteile bestehen aus 2 bis 4 mm dickem korrosionsfestem Stahlblech. Die Stahlbleche enthalten bereits die Bohrungen, durch die die Nägel eingeschlagen werden.
Bei dieser Art der Holzverbindung werden die Nägel auf Abscheren und Herausziehen beansprucht.
Die Holzquerschnitte werden nicht geschwächt.

> **!** Zum Befestigen von Stahlblechformteilen sind Rillen- oder Schraubnägel zu verwenden.

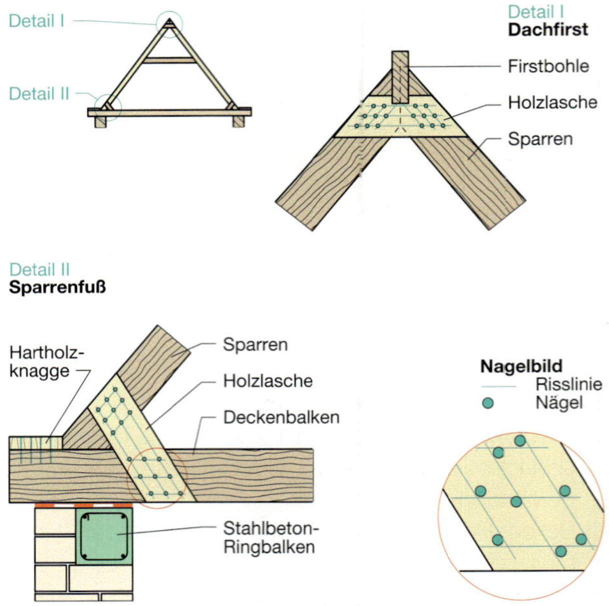

Nagelverbindung am Kehlbalkendach

Stahlblechformteile dürfen nur an trockenem Holz befestigt werden, da feuchtes Holz beim Trocknen schwindet. Dabei würden sich die Nagelverbindungen lockern.

Die üblichen industriell gefertigten Formteile sind:

- Balkenschuhe
- Winkelstücke
- Lochplatten
- Universalverbinder

Die Stahlblechformteile sind an der Verbindungsstelle teilweise sichtbar.

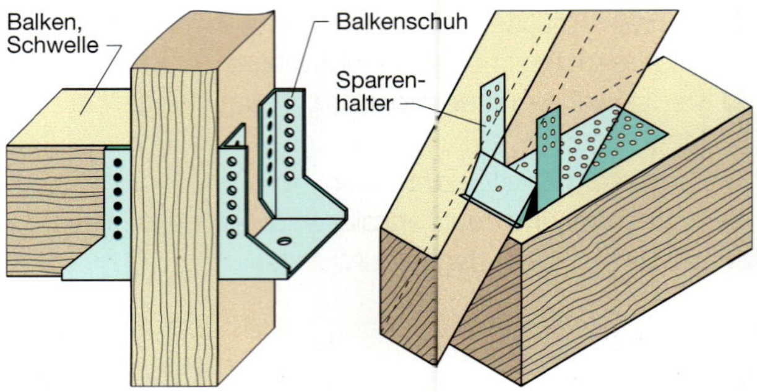

Stahlblechformteile

Die Entwicklung von **Nagelplatten** ermöglicht eine effektive maschinelle und automatisierte Fertigung im Holzbau. Die Herstellung erfolgt durch teilweises Ausstanzen von schmalen Zwingen oder Zähnen aus 1 bis 2 mm dickem Stahlblech. Nagelplatten eignen sich als Knotenbleche oder Stoßlaschen. Sie werden paarweise mit geeigneten Pressen in die zu verbindenden Hölzer **gepresst**. Sie werden z. B. in der Vorfertigung von Dachbindern eingesetzt.

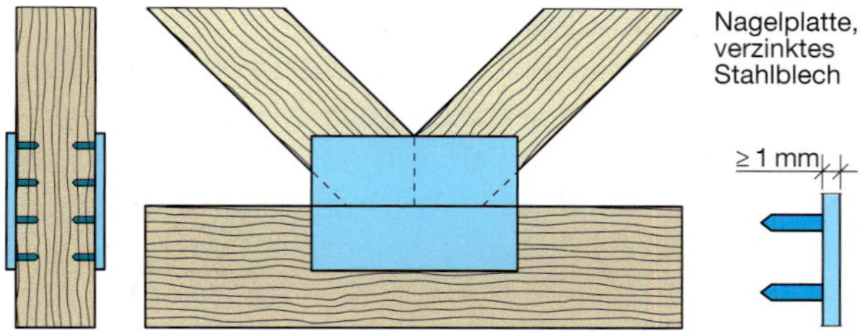

Nagelplattenverbindung für maschinelle Pressen

Klammerverbindungen

Sie werden vorzugsweise für die Verbindung von plattenförmigen Holzwerkstoffen auf Nadelholz angewendet. Die **Stahldrahtklammern** sind genormt und dürfen nur mit speziellen Eintreibegeräten (z. B. Pressluftnagler) verarbeitet werden.

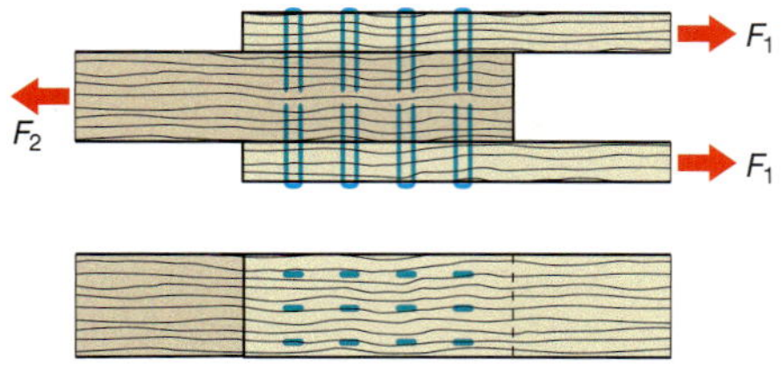

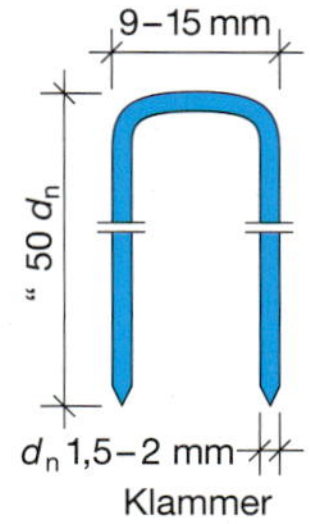

Klammerverbindung – wird maschinell ausgeführt

> **!** Das Eintreiben von Nagelplatten und Stahldrahtankern mit einem Hammer ist nicht zulässig.

Stabdübel- und Passbolzen-Verbindung

Der Passbolzen (zylindrisches Teil aus Stahl) hat an seinen Enden Kopf und Mutter oder er ist beidseitig mit Muttern versehen.

- Tragende Verbindungen werden in der Regel mit mindestens zwei Stabdübeln oder Passbolzen ausgeführt.
- Der Bohrlochdurchmesser ist gleich dem Stabdurchmesser!

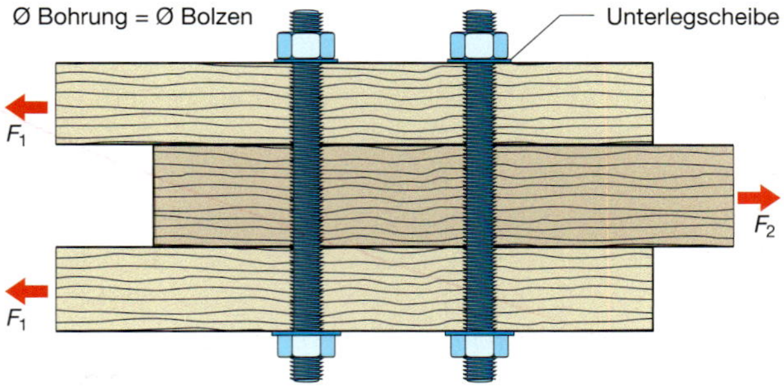

Passbolzen-Verbindung

Schraubenbolzen-Verbindungen

Sie bestehen aus

- Stahlbolzen mit Sechskantkopf,
- Sechskantmutter und
- großen Unterlegscheiben.

In den Holzteilen wird eine durchgehende Bohrung hergestellt. Der Durchmesser der Bohrung ist 1 mm größer als der Durchmesser des Bolzens.
Beim Anziehen der Mutter werden die Hölzer zusammengepresst. Die Unterlegscheiben verhindern, dass sich der Bolzenkopf oder die Mutter in das Holz eindrücken.

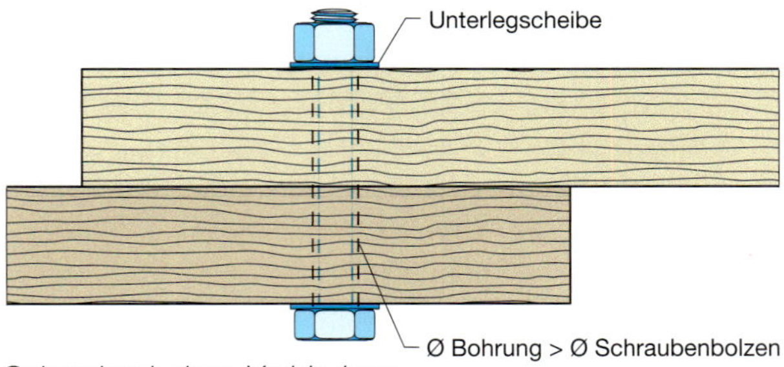

Schraubenbolzen-Verbindung

Da das Holz beim Austrocknen schwindet, geht die anfängliche Festigkeit der Verbindung verloren. Bei Belastung verschieben sich die Bauteile etwas gegeneinander.

Bolzenverbindungen bleiben also immer etwas beweglich. Der Schlupf kann einige Millimeter betragen.

Schraubenbolzen am Dachstuhl

Dübelverbindungen

Konstruktionsbeanspruchte Dübelverbindungen sind eine Kombination der Verbindungsteile Bolzen und Dübel. Der Bolzen presst die Dübel in die Holzteile. Die Dübel verhindern, dass sich die Holzteile gegeneinander verschieben. Die verschieden geformten Dübel bestehen aus Hartholz, Stahl oder Stahlblech. Sie werden auf Abscheren beansprucht.

> **!** Dübelverbindungen gewährleisten eine hohe Festigkeit und Tragfähigkeit. Sie bestehen aus Dübeln und Bolzen.

Holzschraubenverbindungen

Platten und Tafeln aus Holz können im eingebauten Zustand auch eine mittragende Funktion erhalten, wenn als Verbindungsmittel Holzschrauben eingesetzt werden.

> **!** Holzschrauben haben eine höhere Tragfähigkeit als Nägel.

Sie werden auf Abscheren und Herausziehen beansprucht. Holzschrauben haben im Vergleich zu Maschinenschrauben ein grobes Gewinde. Es schneidet sich beim Eindrehen in das Holz ein. Die Gewindeflanken verhaken sich in den festen Teilen der Jahresringe.

Ausführungsregeln

- Tragende Holzschrauben müssen einen Nenndurchmesser $d \geq 4$ mm haben.
- Schrauben dürfen nicht mit dem Hammer in das Holz eingeschlagen werden, weil dadurch die Tragfähigkeit der Verbindung erheblich verringert wird. Das eingeschlagene Gewinde zerstört die Holzfasern.
- Um das Spalten des Holzes zu vermeiden und die volle Tragfähigkeit der Schraubenverbindung zu erreichen, muss das Holz vorgebohrt werden.
- Bohrdurchmesser für den glatten Schaft: *d*
- Bohrdurchmesser für den Gewindebereich: 0,7 *d*

Dübelarten

Dübeltyp	Art	Beschreibung
A 	Einlassdübel	ein- und zweiseitige Ringkeildübel aus Leichtmetall-Gusslegierung
B 	Einlassdübel	Rundholzdübel aus Eiche
C 	Einpressdübel	ein- und zweiseitige runde oder quadratische Dübel aus Stahl
D	Einpressdübel	ein- und zweiseitige runde Dübel aus Temperguss
E	Einlass-/ Einpressdübel	ein- und zweiseitige runde Dübel aus Temperguss

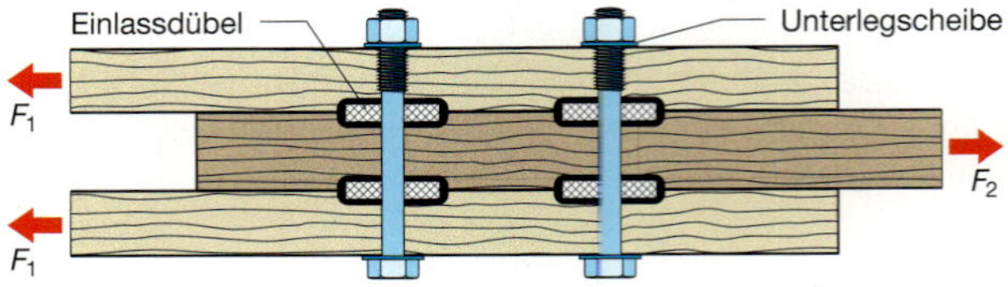

Einlassdübel durch Bolzen gesichert

Halbrund-Holzschraube mit Schlitz

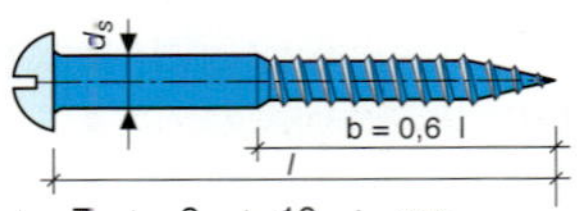

d_s	4	4,5	5	5,5	6	7	8	10	mm
l	10...80		15...100		25...100		30...130		mm

Senk-Holzschraube mit Schlitz

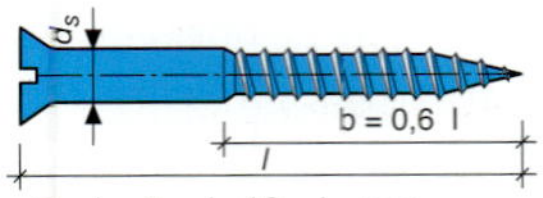

d_s	4	4,5	5	5,5	6	7	8	10	mm
l	15...70		20...100		25...100		40...150		mm

Sechskant-Holzschraube

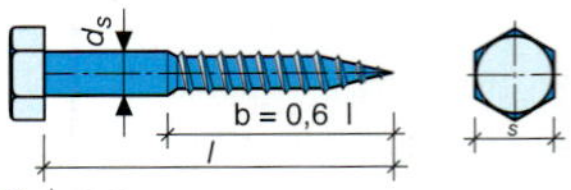

d_s	6	8	10	12	16	20	mm
l	...120	...200	...300				mm
s	10	13	17	19	24	30	mm

Belastbare Holzschrauben – übliche Abmessungen

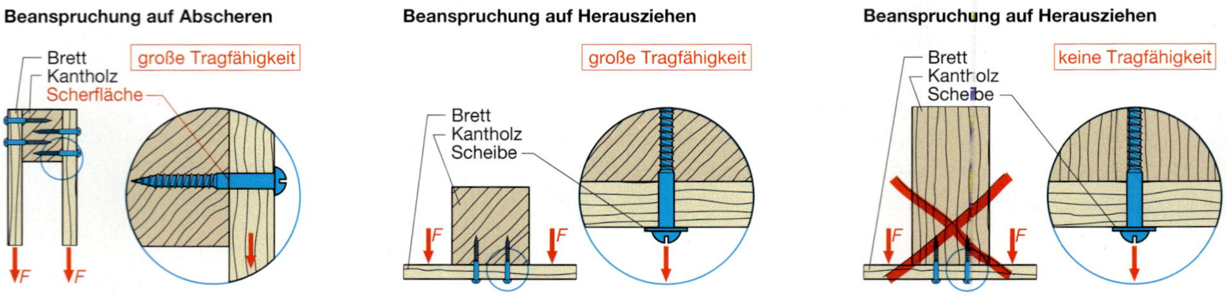

Tragfähigkeit von Holzschraubenverbindungen

- Die Einschraubtiefe ist im Regelfall $s \geq 8d$.
- In Ausnahmefällen kann dieser Wert auf $s \geq 4d$ verringert werden.
- Holzschrauben im Hirnholz haben keine Tragfähigkeit.
- Verwendet werden neben den Halbrund- und Senkkopfholzschrauben mit einem Schlitz auch Schrauben mit Kreuzschlitz (Kreuzschlitzschrauben). Zum Festziehen wird ein Kreuzschraubendreher benötigt.

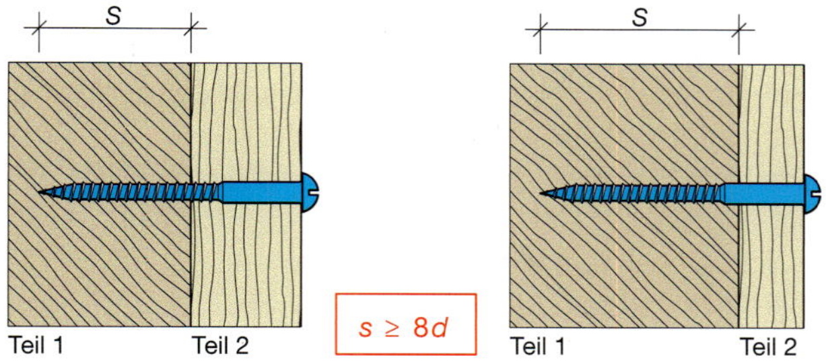

Einschraubtiefe s

Leimverbindungen

Holz kann in Längsrichtung auch verleimt werden. Die Bretter oder Kanthölzer werden an den Stirnseiten miteinander verbunden mittels

- **Stumpfstoß**; die Verbindung ist auf Druck beanspruchbar,
- **Schäftung**; die Verbindung ist für dünne Hölzer geeignet, auf Zug beanspruchbar, die Herstellung ist schwierig,
- **Keilzinkenstoß**; die Verbindung ist auf Zug beanspruchbar, die Herstellung erfolgt maschinell und ist sehr wirtschaftlich.

Lösungsmittelhaltige Klebstoffe können gesundheitsschädigende Dämpfe abgeben. Die Verarbeitungsvorschriften sind unbedingt einzuhalten.

DIN	1052	Entwurf, Berechnung und Bemessung von Holzbauwerken
DIN EN	14592	Stiftförmige Verbindungsmittel
DIN	96	Halbrundholzschrauben mit Schlitz
DIN	97	Senk-Holzschrauben mit Schlitz
DIN	571	Sechskant-Holzschrauben

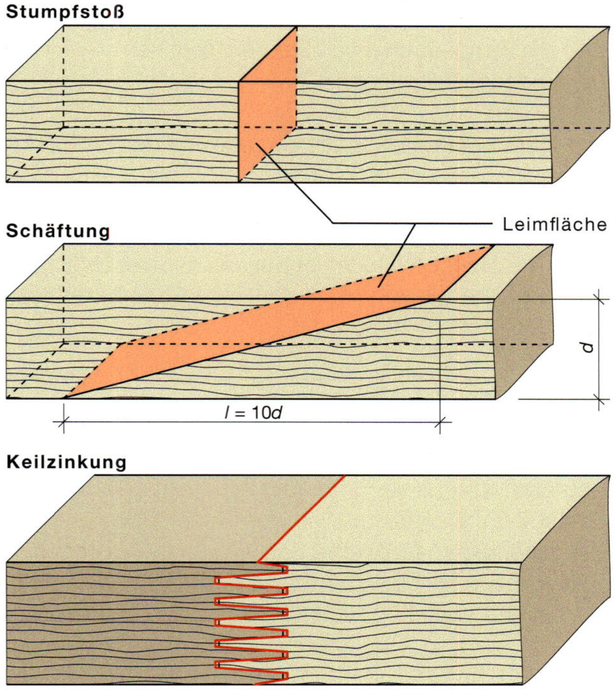

Leimverbindungen

Testen Sie sich selbst!

1. Warum muss bei einer Zapfenverbindung unter dem Zapfen ein Luftspalt bleiben?
2. Wovon hängt die Tragfähigkeit einer Nagelverbindung ab?
3. Wie lang muss ein Drahtstift mit glattem Schaft sein, wenn ein 24 mm dickes Brett an ein Kantholz genagelt wird?
4. Mit welchen Durchmessern werden Bohrungen für Nagel-, Holzschrauben- und Bolzenverbindungen im Vergleich zum Durchmesser des jeweiligen Verbindungsmittels hergestellt?
5. Warum sind Schraubenbolzenverbindungen nur für untergeordnete und gering belastete Verbindungen geeignet?
6. Welche Vorteile bringt die Verwendung von Brettschichtholz?
7. Welche zimmermannsmäßigen und ingenieurmäßigen Holzverbindungen sind an folgenden Konstruktionspunkten des Kehlbalkendaches am „Ferienhaus" wahlweise möglich?

Konstruktionspunkt	Zimmermannsmäßige Verbindung	Ingenieurmäßige Verbindung
Sparrenfußpunkt		
Firstpunkt		
Knoten: Sparren/Kehlbalken		
Befestigung Windrispen		
Schwellenstoß		

5.4 Holzschäden und Holzschutz

5.4.1 Holzschäden

Holzschäden können bereits am lebenden Baum, aber auch später beim verbauten Holz auftreten.
Die Ursache dafür sind tierische und pflanzliche Holzschädlinge.

- Insekten verursachen Fraßschäden.
- Pilze zerstören das Holz durch Fäulnis.

Holzschäden

- durch tierische Holzschädlinge
  - Hausbockkäfer
  - Nagekäfer
- durch pflanzliche Holzschädlinge
  - Hausschwamm
  - Blättlinge
  - Rot- und Weißfäule

Fraßschäden durch tierische Holzschädlinge

Tierische Holzschädlinge sind bestimmte Insekten, insbesondere deren Larven. Die Holzart, die Holzfeuchte und die Temperaturverhältnisse bieten ihnen die jeweiligen Lebensbedingungen.

Der **Hausbockkäfer** befällt vornehmlich den Splint von Nadelholz, besonders von Fichte und Tanne. Er kommt in fast ganz Europa vor.

Der Hausbockkäfer ist dunkelbraun bis schwarz, mit weißen Flecken auf den Flügeln, und wird bis zu 25 mm lang. Die elfenbeinfarbige Larve ist bis zu 30 mm lang.

! Der Hausbockkäfer ist bei uns der wesentlichste Zerstörer von verbautem Nadelholz. Laubholz befällt er nicht.

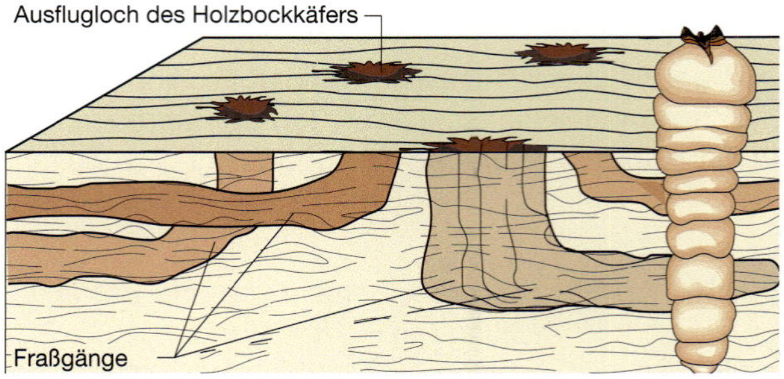

Ausfluglöcher des Hausbocks – Faserbruch

Am häufigsten befällt er „warme" Holzteile. Das sind z. B. nach Süden weisende Dachsparren und Pfetten. Die Schäden sind meist großflächig und selten auf ein Holzteil begrenzt. Die Larve hinterlässt im Holz wellenförmige Fraßspuren. Die Gänge sind mit feinem Bohrmehl und walzenförmigem Kot gefüllt. Die Hausbocklarve hat eine Entwicklungszeit von 3 bis 6 Jahren, im alten Holz bis zu 12 Jahren.

Der Hausbockkäfer wird oft jahrelang nicht bemerkt, weil die Larve die Holzoberfläche nicht durchbricht. Erst die ovalen Ausfluglöcher (8 bis 10 mm lang und 4 bis 6 mm breit) des Käfers zeigen den Befall des Holzes an.

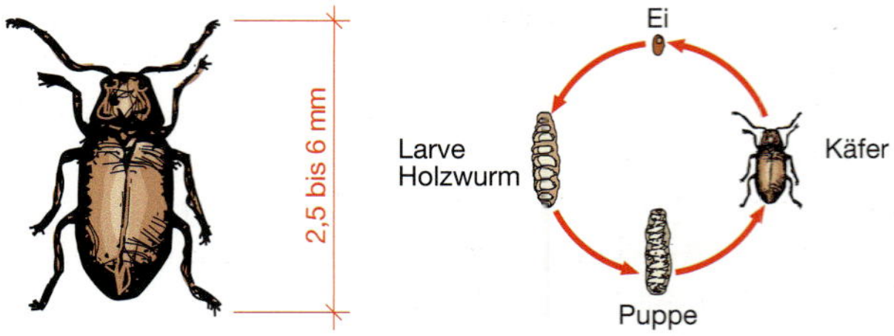

Entwicklungsetappen der Klopfkäfer

Der **gewöhnliche Nagekäfer** (Klopfkäfer) befällt sowohl verarbeitetes Laub- als auch Nadelholz. Besonders das Splintholz wird von ihm angegriffen, das Kernholz nur nach vorhergehendem Pilzbefall.
Der Klopfkäfer ist wesentlich kleiner als der Hausbockkäfer. Er ist 2,5 bis 6 mm lang. Der Schaden entsteht durch Larvenfraß. Die Larven, auch Holzwurm genannt, benötigen eine Entwicklungszeit von ca. 1 … 3 Jahren. Ein Befall wird erst sehr spät durch Bohrmehlhäufchen und netzartig verteilte Ausfluglöcher erkannt.

Anobienbefall, verursacht durch den gewöhnlichen Nagekäfer

Weiße Fraßmehlhäufchen auf oder unter dem Holz zeigen den Befall durch den gewöhnlichen Nagekäfer an.

Holzfäule durch pflanzliche Holzschädlinge
Pflanzliche Holzschädlinge sind Pilze (Schwämme). Sie bewirken, dass das Holz fault. Sowohl am Baum als auch an geschnittenem und verbautem Holz verursachen sie Schäden.

Die am häufigsten vorkommende Holz zerstörende Pilzart ist der **Echte Hausschwamm**. Er tritt kaum im Freien auf, da er für seine Entwicklung vor allem neben der Feuchtigkeit auch Wärme und stehende Luft benötigt. Der Echte Hausschwamm bildet ein großes Pilzgeflecht (Myzel) mit langen dünnen Strängen, in denen Wasser und Nährstoffe transportiert werden.
Die Myzelstränge können bis zu 6 mm dick und 4 m lang werden. Typisch ist der Fruchtkörper mit seiner rötlichbraunen Fruchtschicht und weißem Rand.

Der Pilz kann sich im ganzen Bauwerk ausbreiten und auch Mauerwerk über- und durchwachsen. Oft breitet er sich unbemerkt unter Fußbodenbelägen und Teppichen aus.
Befallenes Holz sieht braun aus (Braunfäule) und zerfällt in würflige Stücke (beim Zerreiben pulverförmig). Diese Schäden sind meldepflichtig!

! Vom Echten Hausschwamm befallene Holzteile müssen entfernt und verbrannt werden.

Zu den Holz zerstörenden Pilzen gehören auch die **Blättlinge**. Der Tannenblättling befällt Tannen- und Fichtenholz. Laubhölzer werden vom Balkenblättling befallen.
Das gelblich braune Myzel wächst nur im Holzinneren (Innenfäule). Deshalb wird der Befall meist erst spät erkannt. Die Fruchtkörper wachsen allmählich leistenförmig aus den Holzspalten.
Durch Blättlinge werden vor allem Bauteile befallen, die sich im Freien befinden (Zäune, Masten, Fenster, Außentüren). Befallene Teile müssen ausgebaut und durch neue ersetzt werden.

Holzfäulen am lebenden Baum, durch Pilze hervorgerufen, sind die **Rot- und Weißfäule**. Das befallene Holz ist für Bauzwecke **nicht zu verwenden.**

- Rotfäule tritt vorwiegend bei Nadelhölzern (besonders Fichte) auf und zerstört den Kern des Holzes, deshalb auch Kernfäule genannt.
  Das Holz wird brüchig, verfärbt sich rotbraun und verliert die Festigkeit.
- Weißfäule kann im Prinzip bei allen Bäumen auftreten. Die Zerstörung des Holzes beginnt beim Splint und setzt sich nach innen fort.

Hausschwamm an der Decke

Fruchtkörper des Echten Hausschwamms

Innenfäule durch Blättlinge

Eichenporling erzeugt Weißfäule.

Zerstörende Fäulnisarten am verbauten Holz

Pilzart	Wachstums- und Lebensbedingungen	Schadenserkennung	vorzugsweiser Befall
Echter Haus-schwamm	• Dunkelheit, 20…30 % Holzfeuchte, 5…27 °C Lufttemperatur • Die Sporen sind bis zu drei Jahren lebensfähig – gefährlich, da das Geflecht selbst wasserleitend ist und für eine Ausbreitung der Feuchtigkeit sorgt	• weißes, lockeres Myzel auf und im Holz • dumpfer (modriger) Geruch • hell- bis rotbraune Fruchtkörper • würfelbrüchiger Zerfall	• Nadelhölzer, innen • teilweise Laubholz • vor allem Balkenauflager
Blättling	• 40…60 % Holzfeuchte, 35…45 °C Lufttemperatur • lebt nach längeren Trockenperioden wieder auf	• braunes Myzel im Holzinnern • rote bis schwarze Fruchtkörper	• Nadelholz im Freien verbaut • Zäune, Fenster, Außentüren
Keller-schwamm (Warzen-schwamm)	• 30…60 % Holzfeuchte, ca. 24 °C Lufttemperatur	• gelbbraunes Myzel an der Holzoberfläche • braunschwarze Stränge • Fruchtkörper mit punktförmigen Erhebungen (Warzen)	

Pilze bewirken auch bloße Holzverfärbungen, durch die die Holzsubstanz nicht zerstört wird.

Blaufäule entwickelt sich auf frisch geschnittenem, feuchtem Holz (besonders im Splint von Kiefernholz), wenn es so dicht gelagert ist, dass nicht genügend Luft an das Holz herankommt.
Das Holz verliert dadurch nicht an Festigkeit, färbt sich aber bläulich. Anstriche und Lackierungen sind dann ohne Vorbehandlung nicht möglich, da die Verblauung „durchschlägt".

5.4.2 Holzschutz

Holz und Holzwerkstoffe sind wertvolles Baumaterial. Sie müssen geschützt werden. Der Schutz beginnt bereits beim noch nicht verbauten Material. Der vorbeugende Holzschutz des gesunden Holzes ist besonders wichtig. Holzschutzmaßnahmen bei bereits von Schäden befallenem Holz sind schwierig und haben oft nur eine begrenzte Wirkung.
Der Schutz des Holzes beginnt deshalb bei der richtigen **Lagerung des unverbauten** Holzes.

> **!** Bauholz muss geschützt, trocken und luftig gelagert werden.

Regeln zur Lagerung von Bauholz

❏ Die Stapelhölzer müssen von gleicher Dicke sein und genau übereinanderliegen, damit sich das Holz nicht verzieht.
❏ Holz darf nie unmittelbar auf dem Erdboden lagern (die Erdfeuchtigkeit würde einziehen)!

Gefährdungsklassen für Bauholz

Gefährdungsklasse	Beanspruchung	Gefährdung durch
GK 0	innen verbautes Holz, ständig trocken	keine
GK 1		Insekten möglich
GK 2	Holz, das weder dem direkten Erdkontakt noch der Witterung oder Auswaschungen ausgesetzt ist, vorübergehende Befeuchtung möglich	Insekten, Pilze
GK 3	Holz, der Witterung oder Kondensation ausgesetzt, aber nicht im Erdkontakt	Insekten, Pilze
GK 4	Holz in dauerndem Erdkontakt oder ständig starker Durchfeuchtung ausgesetzt	Insekten, Pilze Auswaschungen, Moderfäule
GK 5	Meerwasserkontakt	

Zuordnung der Holzwerkstoffklassen zu Nutzungsklassen

HWS-Klasse	max. Feuchtegehalt im Gebrauchszustand	Nutzungsklasse nach DIN 1052	
20	15 % (Holzfaserplatten 12 %)	1	Trockenbereich
100	18 %	2	Feuchtbereich
100 G	21 %	3	Außenbereich

HWS – Holzwerkstoffklasse nach DIN 68 800

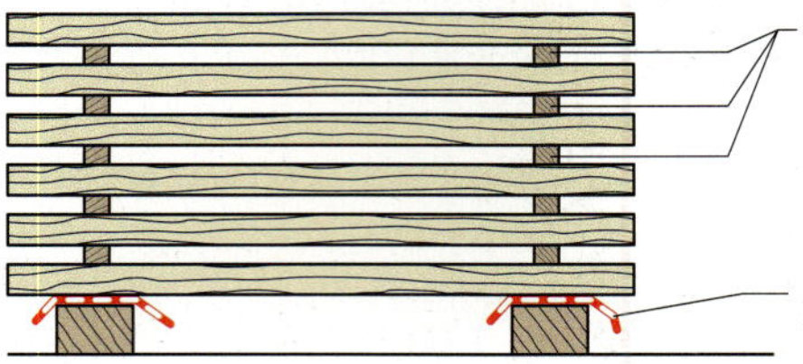

Lagerung von Bauholz

Holzschutz

Baulicher Holzschutz – durch bauliche Maßnahmen wird der Zerstörung des Holzes vorgebeugt

Chemischer Holzschutz – durch Holzschutzmittel sowohl vorbeugend als auch bekämpfend nach Pilz- oder Insektenbefall des Holzes

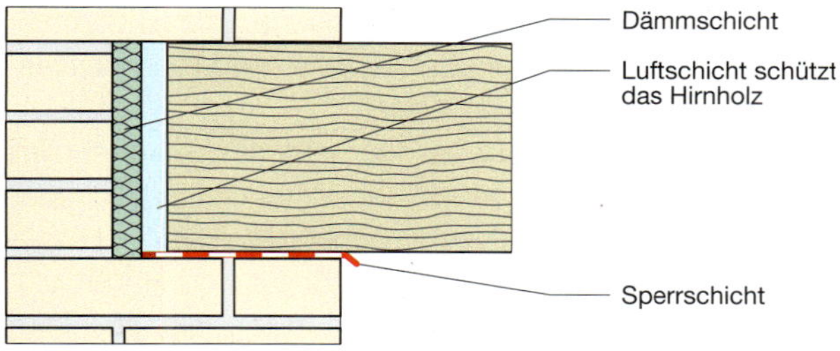

Balkenkopf im Mauerwerk

Baulicher Holzschutz

Holz muss unbedingt vor Wasser und Feuchtigkeit geschützt werden.

> **!** Nie durchfeuchtetes Holz einbauen! Holz erst einbauen, wenn der Rohbau möglichst weit ausgetrocknet ist.

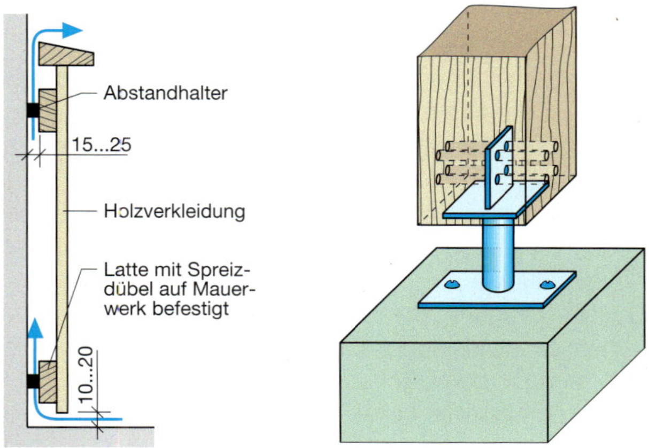

Die Luftumspülung von Holz sichert eine lange Nutzungsfähigkeit.

Holz schützende bauliche Maßnahmen

- Nur gesundes, von Rinden- und Bastteilen freies Holz einbauen. Baumkanten (Rindenteile) mit dem Ziehmesser entfernen.
- Holz möglichst mit dem Feuchtegehalt einbauen, den es bei seiner Nutzung annehmen wird.
- Holz so einbauen, dass es von strömender Luft berührt wird. Dadurch kann noch vorhandene Feuchtigkeit entweichen und eingedrungene wieder abgegeben werden.
- Besonders Hirnholz ist vor Feuchtigkeit zu schützen. Balkenköpfe nicht direkt an Mauerwerk legen.
- Holzteile im Außenbereich so anbringen und mit Profilen versehen, dass Niederschlagswasser schnell ablaufen kann.
- Wird Holz ohne chemischen Holzschutz mit einer Holzfeuchte >20 % eingebaut, dann muss gewährleistet sein, dass innerhalb von 6 Monaten eine Holzfeuchte von höchstens 20 % erreicht wird.

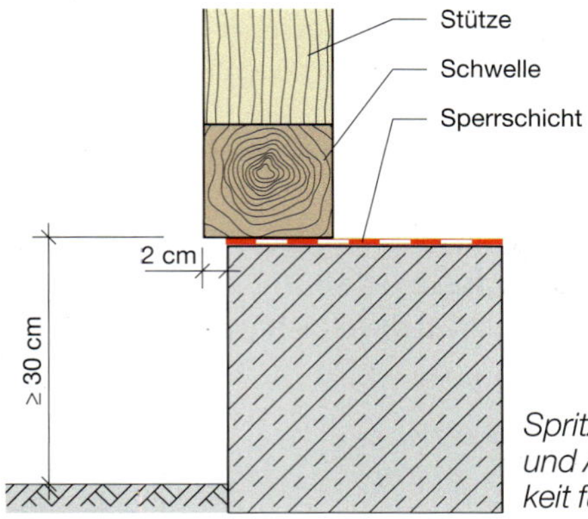

Spritzwasserschutz und Abtropfmöglichkeit für Schwellen

Chemischer Holzschutz

Holzschutz mit chemischen Mitteln ist eine Ergänzung zum baulichen Holzschutz. Die Holzschutzmittel schützen durch ihre Giftwirkung das Holz vor Pilz- und Insektenbefall.

Mit den verschiedenen Verfahren des chemischen Holzschutzes werden auch unterschiedliche Wirkungen erzielt, vom Schutz der Oberfläche bis zum völligen Durchdringen des Holzes.

> **!** Die Verfahren Streichen, Spritzen, Kurztauchen und Tauchen sollten auf der Baustelle nicht mehr angewendet werden.

Gefährdungsklassen und entsprechende Holzschutzmittel

Gefährdungsklasse	Holzschutzmittel (Prüfprädikat)
GK 1	**Iv** vorbeugend gegen Insekten
GK 2	**Iv** vorbeugend gegen Insekten **P** vorbeugend gegen Pilze (Fäulnisschutz)
GK 3	**Iv** vorbeugend gegen Insekten **P** vorbeugend gegen Pilze **W** für Holz, das der Witterung ausgesetzt ist
GK 4	**Iv** vorbeugend gegen Insekten **P** vorbeugend gegen Pilze **W** für Holz, das der Witterung ausgesetzt ist **E** für stark durch Feuchtigkeit beanspruchtes Holz

Für Holzbauteile, für die eine chemische Holzschutzmaßnahme zulässig und gefordert ist, wird meistens die **Kesseldrucktränkung** angewendet.
Holzschutzmittel sind wässrige Salzlösungen oder ölige Substanzen. Mit wasserlöslichen Mitteln kann trockenes und nasses Holz vorbeugend behandelt werden. Hingegen sind ölige Holzschutzmittel nur für den Rand- und Oberflächenschutz von trockenem Holz geeignet.

Alle Holzschutzmittel sind mehr oder weniger giftig. Sie müssen zugelassen sein. Zu erkennen ist das an einem Prüf- und Überwachungszeichen. Um Gesundheits- und Umweltschäden beim Umgang mit Holzschutzmitteln zu vermeiden, ist Folgendes zu beachten:

- ❑ Anwendungsvorschriften der Hersteller genau befolgen! Das bezieht sich auch auf den Umgang mit der Verpackung!
- ❑ Beim Umgang mit Holzschutzmitteln die Haut (Arbeitsschutzkleidung), die Augen (Schutzbrille) und die Atmungsorgane (Schutzmaske) schützen.
- ❑ Holzschutzmittel keinesfalls mit Lebens- oder Futtermitteln in Berührung bringen!
- ❑ Während der Arbeit nicht essen, trinken oder rauchen.
- ❑ Geräte (z. B. Spritzgeräte) vor der Anwendung mit gefahrloser Flüssigkeit auf Funktionsfähigkeit prüfen.
- ❑ Holzschutzmittel vor unbefugtem Zugriff gesichert aufbewahren.
- ❑ Nach dem Umgang mit Holzschutzmitteln gründlich die Hände waschen.
- ❑ Bei auftretendem Unwohlsein sofort für frische Luft sorgen und einen Arzt aufsuchen. Etikett oder Einlegezettel des Holzschutzmittels mitnehmen.

Testen Sie sich selbst!

1. Welche Bedingungen begünstigen das Wachstum von Holzfäulen?
2. Welche Holzerkrankung ist meldepflichtig?
3. Welche Schäden verursacht der Echte Hausschwamm?
4. Wie müssen von ihm befallene Holzbauteile behandelt werden?
5. Was ist unter baulichen Holzschutzmaßnahmen zu verstehen?
6. Welche chemischen Holzschutzverfahren gibt es?
7. Welche Verhaltensregeln gibt es für den Umgang mit chemischen Holzschutzmitteln?
8. Wie sind Reste von Holzschutzmitteln zu entsorgen, damit die Umwelt (Boden) nicht geschädigt wird?

Chemische Schutzverfahren

- Streichen
- Spritzen
- Kurztauchen (wenige Minuten)
- Tauchen (mindestens 10 Minuten, oft mehrere Stunden)
- Kesselschutztränkung (das Schutzmittel wird unter Druck in die Hohlräume gepresst)
- Diffusionstränkung (das pastenförmige Schutzmittel wird auf frisches Holz aufgebracht und wandert durch sehr lange Diffusion in das Holz ein)

Schutzwirkung chemischer Holzschutzmittel

- Oberflächenschutz (z. B. beim Streichen)

- Randschutz (das Schutzmittel dringt weniger als 1 cm in das Holz ein; z. B. beim Kurztauchen)

- Teilschutz (das Schutzmittel dringt mehr als 1 cm in das Holz ein; z. B. beim Tauchen)

- Vollschutz (das Holz wird völlig mit Holzschutzmittel durchsetzt)

Reste von Holzschutzmitteln sowie die dazugehörigen Verpackungen sind unbedingt als Sondermüll zu entsorgen!

DIN 68800	Holzschutz im Hochbau
Teil 2	Vorbeugende bauliche Maßnahmen im Hochbau
Teil 3	Vorbeugender chemischer Holzschutz
Teil 4	Bekämpfungsmaßnahmen gegen holzzerstörende Pilze und Insekten
Teil 5	Vorbeugender chemischer Schutz von Holzwerkstoffen
DIN EN 335	Dauerhaftigkeit von Holz und Holzprodukten

5.5 Herstellen einer Holzkonstruktion

Das Herstellen einer Holzkonstruktion wird im Folgenden am Beispiel des Dachstuhles für das „Ferienhaus" beschrieben. Gewählt werden für die Herstellung ingenieurmäßige Verbindungen.

5.5.1 Materialbedarf

Der Tragwerksplaner legt mit seinen statischen Berechnungen die Querschnitte der Sparren, des Kehlbalkens und der Deckenbalken fest. Er wird im Regelfall auf Vorzugsquerschnitte zurückgreifen. Für die Herstellung sind die entsprechenden Holzmengen zu bestellen.

❑ Aus dem Querschnitt des Daches (Ausführungszeichnung) werden die Abmessungen der Dachkonstruktion entnommen und die Längen der Holzbauteile können ermittelt werden.

- Gebäudetiefe: 699 cm
- Überstand der Dachdeckenbalken: 51,5 cm + 20 cm Vorholz
- Höhe der Dachkonstruktion zwischen First und Oberkante Deckenbalken: 401 cm
- Dachneigung: 45°

Berechnung der Balkenlänge

Gebäudetiefe + 2 · Gesamtüberstand = Balkenlänge

699 cm + 2 · 71,5 cm = **842 cm**

Berechnung der Sparrenlänge

Hierfür gibt es zwei Berechnungsmöglichkeiten.

1. Anwenden des Lehrsatzes des Pythagoras (→ **G5**)

$a^2 + b^2 = c^2$

Das für die Berechnung geeignete rechtwinklige Dreieck muss genau definiert werden:

$a = \frac{1}{2}$ Gebäudetiefe + Gesamtüberstand – Vorholzlänge

b = Höhe des Dachtragwerkes

c = Sparrenlänge

$c = \sqrt{a^2 + b^2}$

$= \sqrt{(401\ \text{cm})^2 + (401\ \text{cm})^2}$

$= 567{,}1$ cm → gewählt **568 cm**

Dieser Lösungsweg kann allgemein angewendet werden. Wenn, wie beim Projekt „Ferienhaus" die Dachneigung 45° beträgt, ist folgender Rechenweg möglich:

Sparrenlänge $= \sqrt{2}$ · Höhe der Dachkonstruktion

$c = \sqrt{2} \cdot 401$ cm = **567,1 cm**

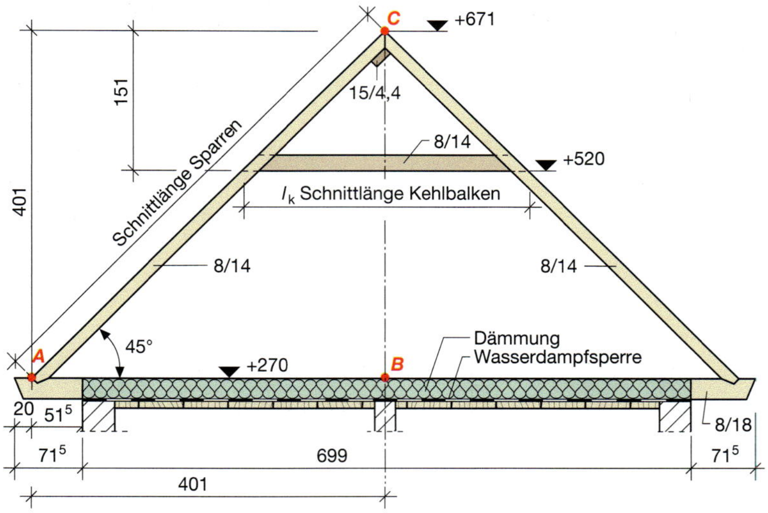

Kehlbalkendach, Querschnitt

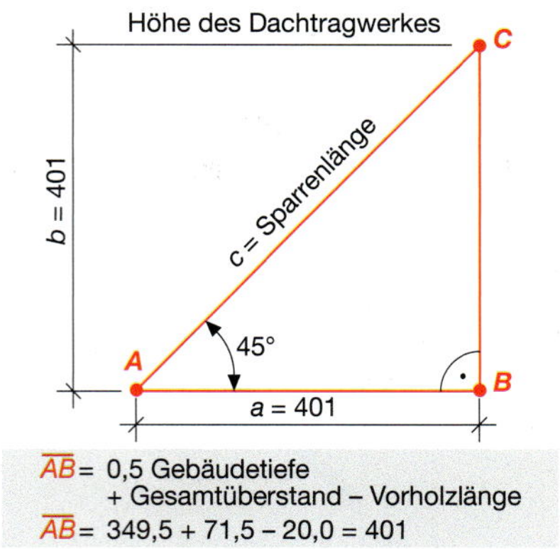

Definiertes Dreieck

2. Anwenden der Winkelfunktionen im rechtwinkligen Dreieck, wenn die Dachneigung bekannt ist (→ **G5**).

$$\sin \alpha = \frac{\text{Gegenkathete } (b)}{\text{Hypotenuse } (c)}$$

Gegenkathete: Höhe der Dachkonstruktion
Hypotenuse: Sparrenlänge
Sinus des Dachneigungswinkels: (Taschenrechner → *Formeln und Tabellen für das Bauhandwerk*)

$$c = \frac{401\,\text{cm}}{0{,}7071} = \underline{\mathbf{567{,}1\ cm}}$$

Berechnung der Kehlbalkenlänge
Es können die gleichen Berechnungsmöglichkeiten genutzt werden wie bei der Berechnung der Sparrenlänge. Zur Vereinfachung wird für die Materialbedarfsermittlung der Kehlbalken bis zur äußeren Sparrenseite durchlaufend angenommen.

l_K = Kehlbalkenlänge

l_K = 302 cm (gilt bei $\alpha = 45°$)
sonst

$$\frac{l_K}{2} = \frac{\text{Höhe Unterkante Kehlbalken bis First}}{\tan \alpha} = \underline{\mathbf{151\ cm}}$$

Die Anzahl der Gespärre, die Lage und Länge der Windrispen und die Länge der Firstbohle werden aus dem Längsschnitt des Gebäudes entnommen.
Der Holzbedarf wird für Balken und Kanthölzer in m^3 (Raummaß), für Bretter und Bohlen in m^2 (Flächenmaß) und für Latten in m (Längenmaß) ausgewiesen.

Um die Zusammenstellung des Holzbedarfes übersichtlich zu gestalten, hat sich die Anfertigung von Holzlisten als zweckmäßig erwiesen. Dabei werden die ermittelten Holzmaße auf Zentimeter (cm) gerundet.

Die ausgewiesene **Fertigholzmenge** ist der genau für die jeweilige Konstruktion erforderliche Holzbedarf.
Rechnet man den Verschnitt hinzu, ergibt sich die **Rohholzmenge**.

Rohholzmenge *RM* =
Fertigholzmenge *FM* + Verschnittmenge *VM*
$VM = RM - FM$

$$\text{Verschnittsatz} = \frac{\text{Verschnittmenge} \cdot 100\,\%}{\text{Fertigholzmenge}}$$

Da die Konstruktionselemente für die Holztragwerke, Holzverschalungen usw. maßgerecht zugearbeitet werden müssen, kommt es darauf an bei der Materialbestellung solche Querschnitte und Längen auszuwählen, die einen möglichst geringen Verschnitt zulassen. Ganz zu vermeiden ist der Verschnitt nicht

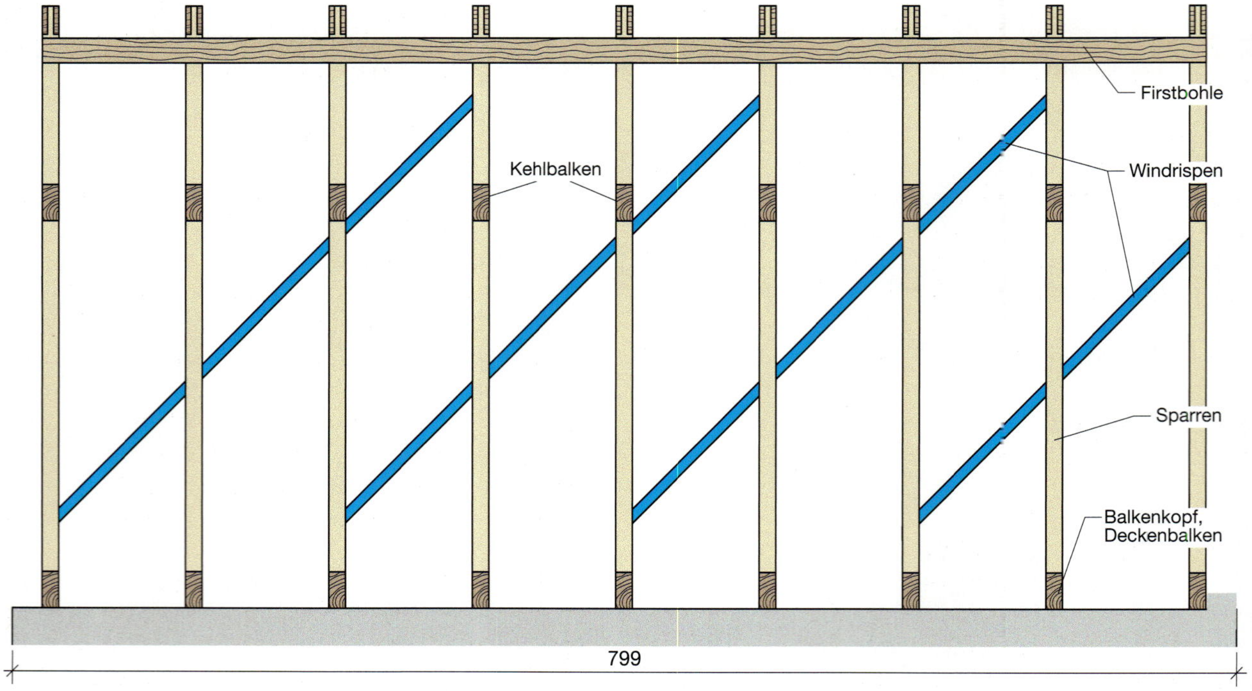

Längsschnitt Kehlbalkendach

Holzlisten (Fertigholzmenge und Rohholzmenge) für das Kehlbalkendach des „Ferienhauses“

Pos.	Teilbezeichnung	Anzahl der Teile	Abmessungen in cm	Länge in m		Fertigholzmenge		
				einzeln	gesamt	m^3	m^2	m
1	Deckenbalken	9	8/18	8,42	75,78	1,091	–	–
2	Sparren	18	8/14	5,68	102,24	1,145	–	–
3	Kehlbalken	9	8/14	3,02	27,18	0,304	–	–
4	Firstbohle	2	15/4,4	4,00	8,00	–	1,20	–
			Fertigholzmenge gesamt:			**2,54**	**1,20**	**–**

Pos.	Teilbezeichnung	Anzahl der Teile	Abmessungen in cm	Länge in m		Rohholzmenge		
				einzeln	gesamt	m^3	m^2	m
1	Deckenbalken	9	8/18	8,50	76,50	1,102	–	–
2	Sparren	18	8/14	5,75	103,50	1,159	–	–
3	Kehlbalken	9	8/14	3,25	29,25	0,328	–	–
			Rohholzmenge für Kanthölzer: (bei handelsüblichen Holzlängen)			**2,589**		

In der praktischen Arbeit kann auf Erfahrungswerte für den **Verschnittsatz *VS*** zurückgegriffen werden.
Für das „Ferienhaus“ müssen bei einem angenommenen Verschnitt von 4 % folgende Rohholzmengen bestellt werden:

Kanthölzer: $2{,}54\ m^3 \cdot 1{,}04 = 2{,}642\ m^3$
Bohlen: $1{,}20\ m^2 \cdot 1{,}04 = 1{,}25\ m^2$

Um den Verschnitt zu ermitteln, ist es zweckmäßig, für die Einzellängen handelsübliche Holzlängen (bei Kanthölzern z. B. in 25-cm-Sprüngen) einzusetzen.
Das Beispiel für die Kanthölzer des Kehlbalkendaches zeigt, dass dadurch meistens ein günstiger Verschnittsatz erreicht wird.

$$VM = 2{,}589\ m^3 - 2{,}54\ m^3 = 0{,}049\ m^3$$

$$VS = \frac{0{,}049\ m^3 \cdot 100\%}{2{,}54\ m^3} = 2\%$$

5.5.2 Werkzeuge und Geräte für einfache Holzbearbeitungen

Vor Beginn der Arbeiten müssen das benötigte Werkzeug und die erforderlichen Geräte bereitgestellt werden.
Handwerkszeuge werden ausschließlich mit der Hand geführt und durch Körperkraft zur Wirkung gebracht, z. B. Mess- und Anreißmittel, Schlagwerkzeuge, Zangen/Nageleisen, Stemmwerkzeuge, Hobel, Sägen, Bohrer, Schraubendreher/Schraubenschlüssel.
Geräte werden mit der Hand und zum Teil mit mechanischen Hilfsmitteln geführt und durch mechanisierte Antriebe zur Wirkung gebracht, z. B. Handbohrmaschine, Handkreissäge, Kettenstemmmaschine (Kettenfräse), Balkenhobel, Schleifgeräte, Handnagler.

Regeln zum Arbeiten mit Handwerkszeugen und Geräten

- Werkzeuge, Geräte und Maschinen nach der Arbeit reinigen und gegebenenfalls abtrocknen.
- Werkzeuge, Geräte und Maschinen, die nur zur Holzbearbeitung bestimmt sind, nicht mit Steinen, Beton, Putz oder Metallen in Berührung bringen!
- Werkzeuge und Geräte geordnet und vor unbefugtem Zugriff geschützt ablegen!
- Beim Umgang mit Werkzeugen, Geräten und Maschinen immer auf die Sicherheit gegenüber der eigenen Person und gegenüber anderen achten!
- Defekte Werkzeuge (z. B. lose oder gespaltene Griffe) nicht einsetzen.
- Beim Einsatz schneidender Werkzeuge immer vom Körper weg arbeiten, bei Arbeitspausen Werkzeuge geschützt ablegen.
- Bei Kreissägen, Fräsen u. Ä. nie die Schutzvorrichtungen entfernen.

- ❑ Bei Schleifarbeiten Schutzbrille tragen (→ **G7**).
- ❑ Bei lärmintensiven Geräten und Maschinen Gehörschutz tragen (→ **G7**).
- ❑ Beim Aufrüsten und Einstellen von Geräten den Netzstecker ziehen, bei Maschinen den Hauptschalter ausschalten.

Mess- und Anreißwerkzeuge

Bezeichnung	Abbildung	Einsatzgebiet	Worauf ist zu achten?
Anschlagwinkel	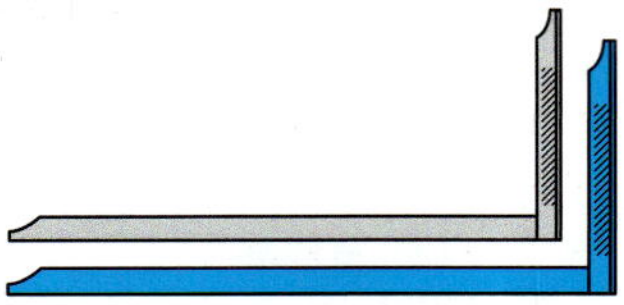	zum Anbringen rechtwinkliger Risse und Stichmaße	Winkligkeit muss immer wieder durch Umschlag an gerader Kante geprüft werden
Stellschmiege	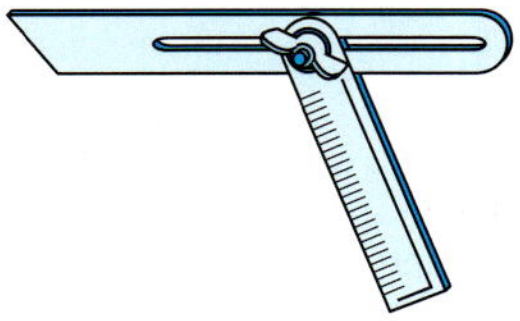	zum Abnehmen und Übertragen von Winkeln	Klemmschraube (Flügelmutter) muss leichtgängig sein
Streichmaß	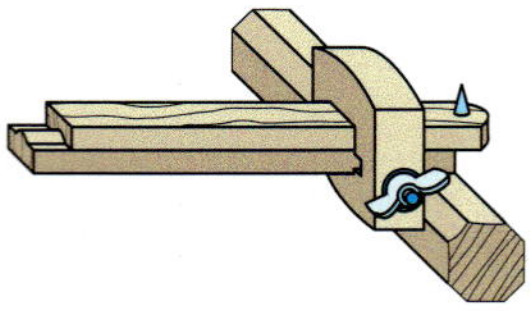	zum parallelen Verstreichen gleichbleibender Abstandsmaße	Reißnadeln müssen spitz sein
Wasserwaage	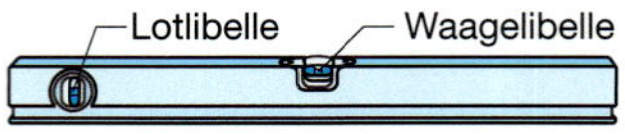	zum Überprüfen und Anreißen von Lot- und Waagerechtrissen	Vor Schlag und Stoß schützen! Schaugläser sauber halten! Genauigkeit immer wieder durch Umschlag prüfen!
Senklot	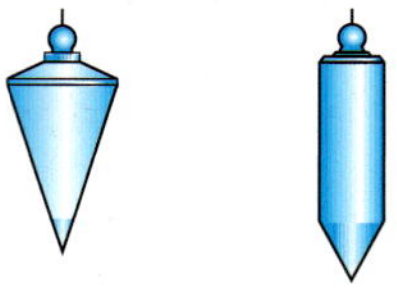	zum Übertragen von Lotpunkten (Senkrechte errichten)	Lotschnur muss knoten- und verdrehungsfrei sein

Stemmwerkzeuge

Bezeichnung	Abbildung	Einsatzgebiet	Worauf ist zu achten?
Klopfholz	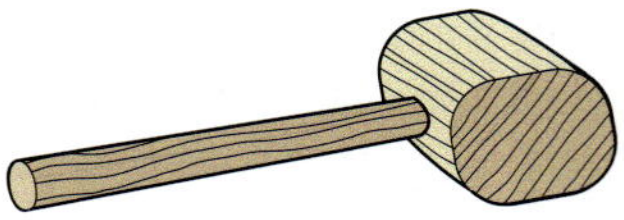	zum Schlagen auf die Stemmeisen (Stechbeitel)	fest sitzender Stiel, keine Abplatzungen
Stemmeisen		zum Ausstemmen von Löchern	Anschliffwinkel 25°–30°, gratfreie Schneide; festsitzendes und unbeschädigtes Heft

Sägen

Bezeichnung	Abbildung	Einsatzgebiet	Worauf ist zu achten?
❑ **Spannsägen** Handsäge	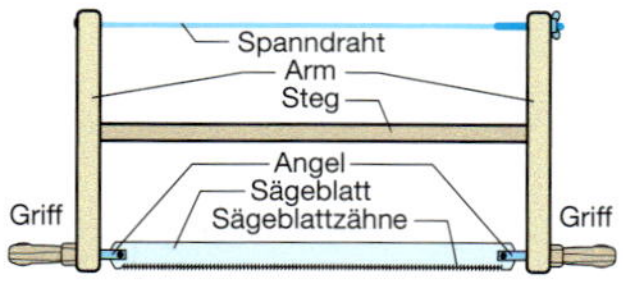	zum groben Längs- und Querschneiden mit 5–7 mm hohen Zähnen	• zum Querschneiden Zähne „leicht auf Stoß“ feilen • zum Längsschneiden Zähne „auf Stoß“ feilen • Sägeblatt erst auf etwa ein Drittel der Zahnhöhe schränken und dann schärfen
Absetzsäge		zum feinen Längs- und Querschneiden mit 1–2 mm hohen Zähnen	
Schweifsäge		mit nur ca. 10 mm breitem Blatt für geschweifte Schnitte	
❑ **ungespannte Sägen** Fuchsschwanz	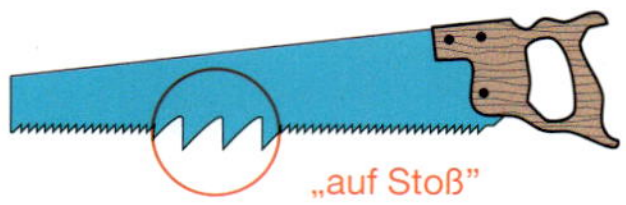	bei wenig Platz als Ersatz für Spannsägen	
Rückensäge	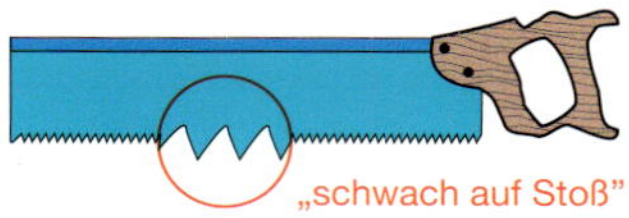	für feine Sägeschnitte	
Stichsäge	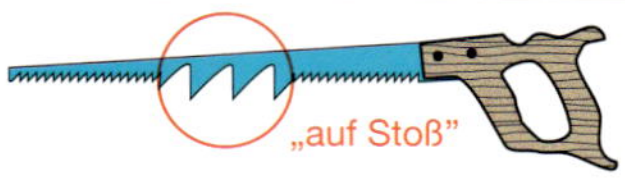	für Ausschnitte oder geschweifte Schnitte	

Bohrer

Bezeichnung	Abbildung	Einsatzgebiet	Worauf ist zu achten?
Schneckenbohrer mit Griff		zum Vorbohren von Schraubenlöchern	• richtige Lage der Zentrierspitze • freie Spangänge • scharfe Schneidfläche • richtiger Anschliffwinkel • fester Sitz im Bohrfutter
Bohrwinde	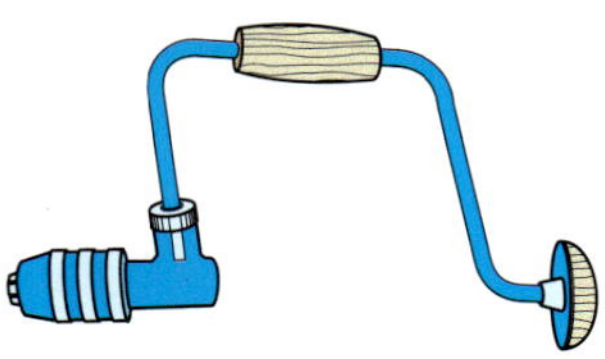	zum manuellen Bohren mit einspannfähigen Bohrern	
Schneckenbohrer		zum Vorbohren von Schraub- und Nagellöchern	
Schlangenbohrer		zum Bohren größerer Löcher quer, längs und schräg zur Faser	
Versenker	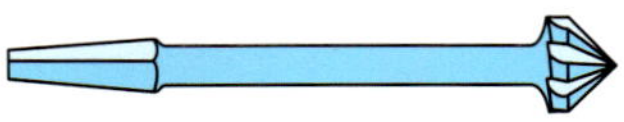	zum Anschrägen von Dübel- und Bohrlöchern	

5.5.3 Herstellen eines Kehlbalkendaches für das „Ferienhaus“

Tragwerke für zimmermannsmäßige Dachkonstruktionen werden in der Regel außerhalb der Baustelle vorgefertigt und in zerlegtem Zustand zur endgültigen Montage auf die Baustelle transportiert.

Arbeitsablauf zur Vorbereitung

- ❑ Holzliste erstellen
- ❑ erforderliches Holz (Querschnitte und Längen) bestellen und bereitlegen
- ❑ erforderliche Werkzeuge und Geräte bereitlegen
- ❑ Holz auf Eignung prüfen
- ❑ Profil des Gespärres auf einer ebenen Fläche (Schnürboden) mit den endgültigen Maßen aufreißen

Die nachfolgenden Arbeitsschritte unterscheiden sich teilweise, je nachdem ob zimmermannsmäßige oder ingenieurmäßige Holzverbindungen hergestellt werden sollen.

Arbeitsschritte bei der Herstellung zimmermannsmäßiger Verbindungen

- ❑ Kanthölzer für das erste Gespärre auf Länge schneiden. Dabei immer die größte notwendige Länge, z. B. zum Anarbeiten von Zapfen beachten.
- ❑ Schrägschnitte anreißen und ausführen.
- ❑ Verbindungen anreißen.
- ❑ Verbindungen ausarbeiten.
- ❑ Erstes Gespärre als Lehrgespärre auf dem Schnürbodenriss zusammenlegen und auf Genauigkeit kontrollieren.
- ❑ Abbohren zur späteren Sicherung der Verbindungen (z. B. Holznagel oder Bolzen).

Ein Dachstuhl wird errichtet

Schnürbodenriss

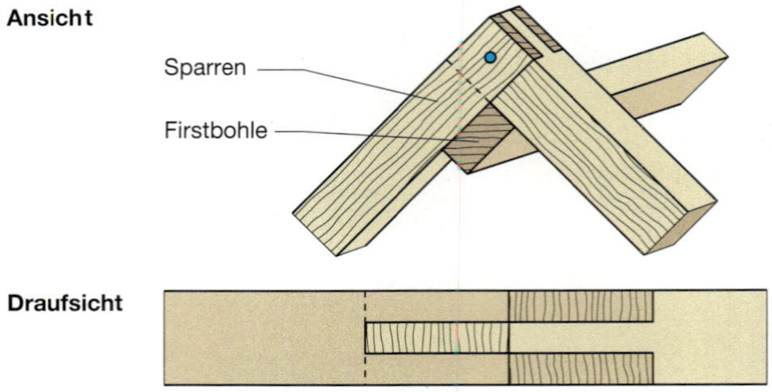

Firstanschluss – Detail

Kehlbalkenanschlüsse	
Anschluss des Kehlbalkens mit Versatz und Laschen	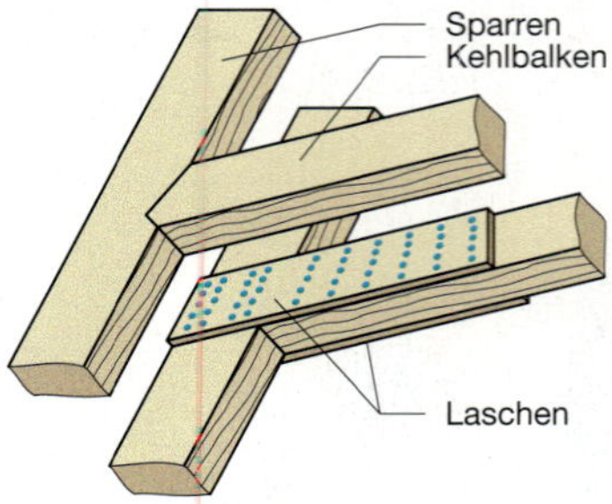
Anschluss des Kehlbalkens mit Lochplatten und einer Auflagerknagge am Sparren	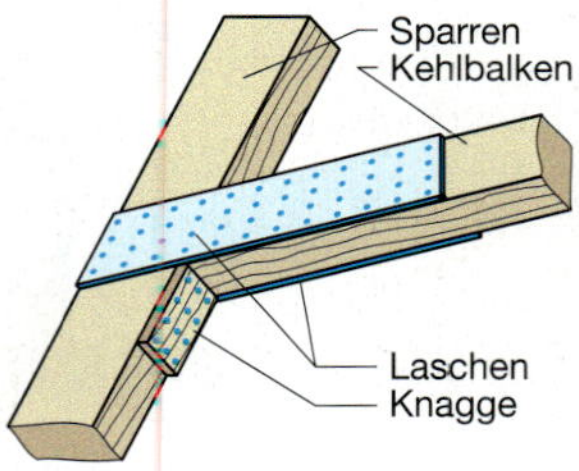
Anschluss mit Zapfen und Versatz	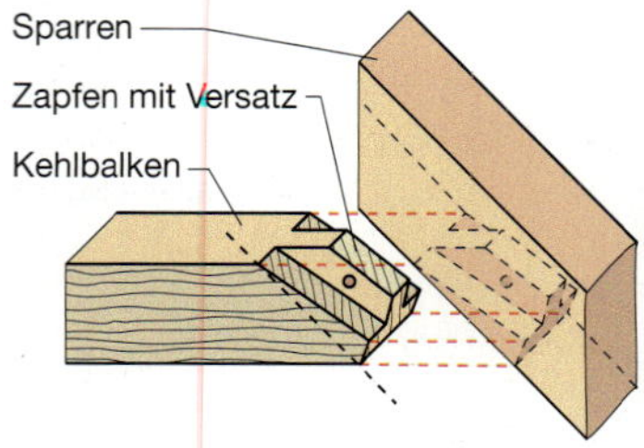

- Fertigung weiterer Gespärre nach dem Lehrgespärre.
- Kennzeichnung der Einzelteile.
- Gespärre auseinandernehmen, Schnitte und Verbindungen gegebenenfalls nachkonservieren und sortiert zum Transport bereitlegen.
- Transport zur Baustelle.
- Dachkonstruktion montieren (richten), auf zwischenzeitliche Montagesicherung achten, Verbindungen sichern, Längsverband durch Windrispen fortschreitend herstellen.
- Überprüfen der Standsicherheit der Konstruktion.

Arbeitsschritte bei der Herstellung ingenieurmäßiger Verbindungen

- Der oben beschriebene Arbeitsablauf wird verkürzt und vereinfacht, weil die Ausarbeitung der Verbindungen entfällt.
- Da die Blechformteilverbinder genormt sind, brauchen sie nicht einmal angerissen zu werden. Sie können gleich bei der Montage befestigt werden.

Fußpunkt eines Daches mit Blechformteilen

Sparrenanschlüsse

Sparrenanschluss mit Stirnversatz

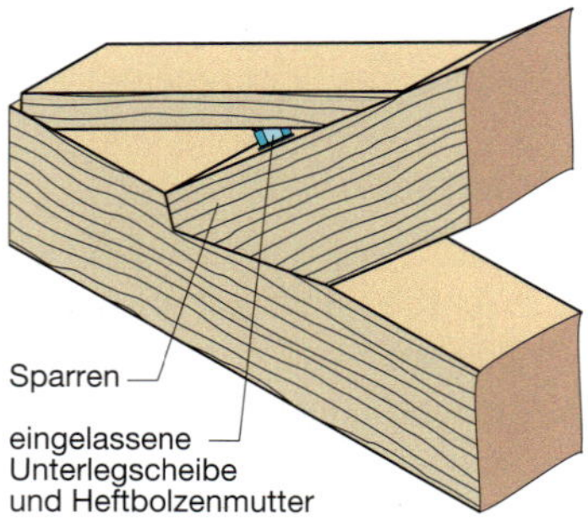

Sparrenanschluss mit Lochwinkel (Sparrenhalter) und Rillennägeln

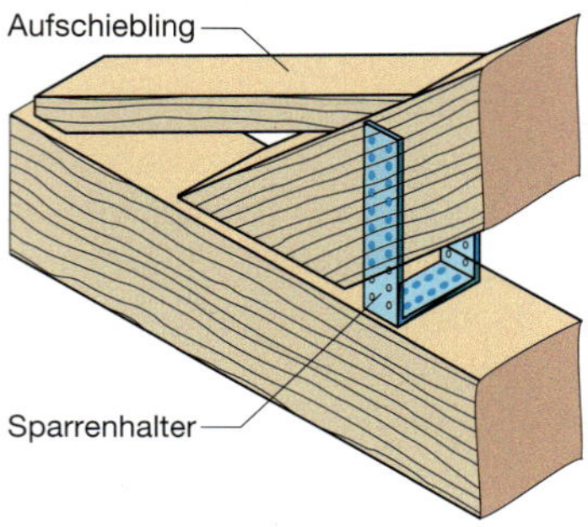

Sparrenanschluss mit Stirnversatz, Laschen und Nägeln

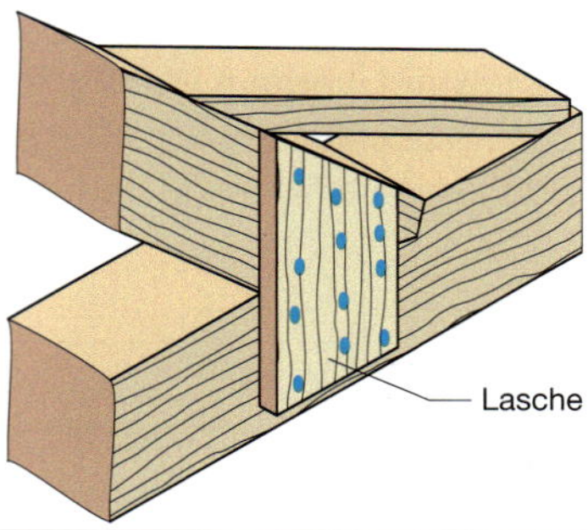

Sparrenanschluss mit Knagge und Lochplatte

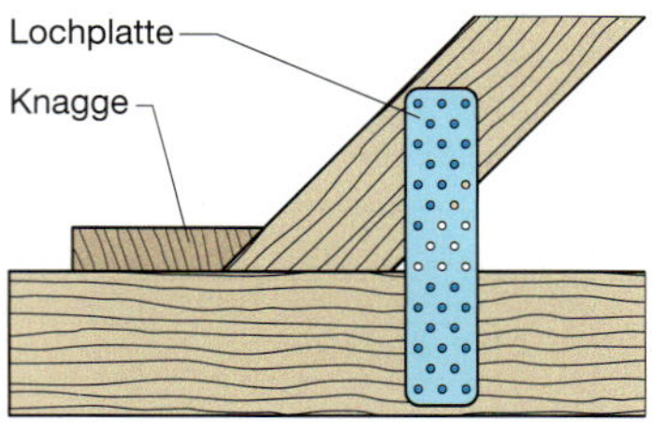

Testen Sie sich selbst!

1. Welche Werkzeuge und Geräte sind für die Herstellung der Dachkonstruktion des „Ferienhauses“ einzusetzen?
2. Warum müssen Holzbearbeitungswerkzeuge immer scharf sein?
3. Worauf ist bei der Pflege von Werkzeugen besonders zu achten?
4. Warum müssen Geräte und Maschinen beim Einrichten und Pflegen vom Netz getrennt sein?
5. Welche Arbeitsschritte zur Herstellung einer Holzkonstruktion sind generell einzuhalten?
6. Welche wirtschaftlichen Vorteile bieten ingenieurmäßige Holzverbindungen gegenüber den zimmermannsmäßigen?

5.6 Projektarbeit „Gerätehaus“

Problemstellung: Für die Unterbringung der Gartenmöbel und Gartengeräte zum Ferienhaus soll ein Gerätehaus aus Holz errichtet werden.

Arbeitsschritte:

1. Holzauswahl treffen und Holzmenge bestimmen
2. Wahl der Holzverbindungen
3. Zeichnen von Knotenpunkten
4. Arbeitsablauf festlegen
5. Holzschutz

Projektbeschreibung:

- Grundfläche: 2,50 m x 2,00 m
- Firsthöhe: 2,25 m
- Satteldach mit Dachabdichtung aus Bitumenbahnen
- Lagerhölzer: 10/8 cm
- Zugang: zweiflüglige Tür 1,20 m x 1,80 m
- Bodenplatte: Kanthölzer 10/8 und 8/8, Bretter 24 mm dick
- Traggerüst: Latten 58 mm x 58 mm (Hobelware)

Als Erstes wird das Traggerüst für das Bodenelement, dann die Wandelemente (Seitenwände, Rückwand, vordere Wand mit Tür) hergestellt. Danach erfolgt die Herstellung der Dachbinder.
Zum Abschluss werden die Tragelemente mit Holz bekleidet. Für die Wandverkleidung wird eine waagerechte Nut- und Federschalung gewählt. Die Bodenplatte erhält eine Dielung.

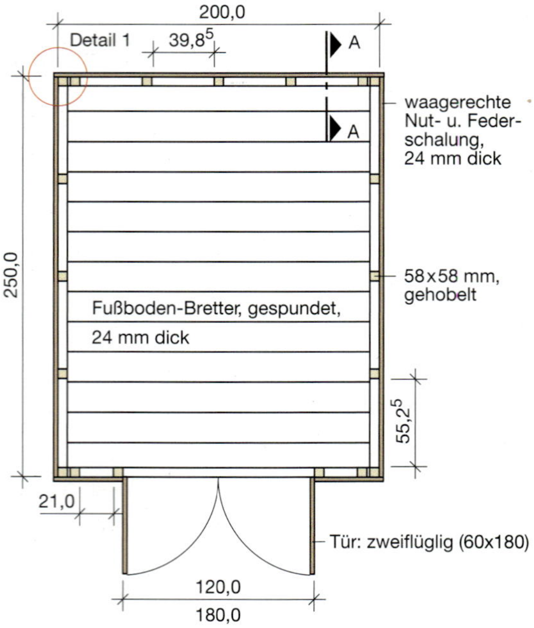

Grundriss Bodenplatte

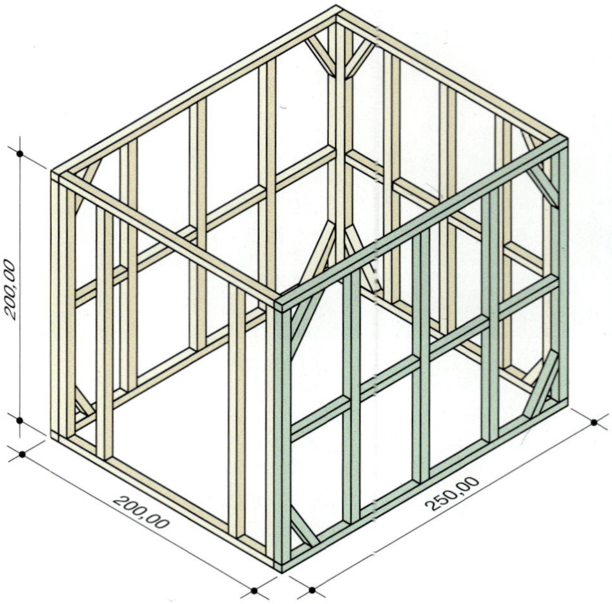

Traggerüst, Isometrie

5.6.1 Holzauswahl und Holzliste

Problemstellung: Die Wahl der Holzart wird bestimmt durch die Beanspruchung des Holzes, die geplante Nutzungsdauer des Bauteils und den gestalterischen Anspruch. Die Bekleidung (Verschalung) der Wandteile und der Bodenplatte soll eine dichte Schale bilden, die den Witterungseinflüssen standhält.

Aufgabe 1

Welche Holzart wählen Sie für das Traggerüst und welche für die Wandbekleidung des Gerätehauses?

Ausführungshilfen:

- Beachten Sie die Anforderungen an die Bekleidung und an das Traggerüst, z. B. Witterung, und wählen Sie eine entsprechende Holzart (→ Seite 175).
- Berücksichtigen Sie, dass ein Gerätehaus ein Nebengebäude ist (Lebensdauer).

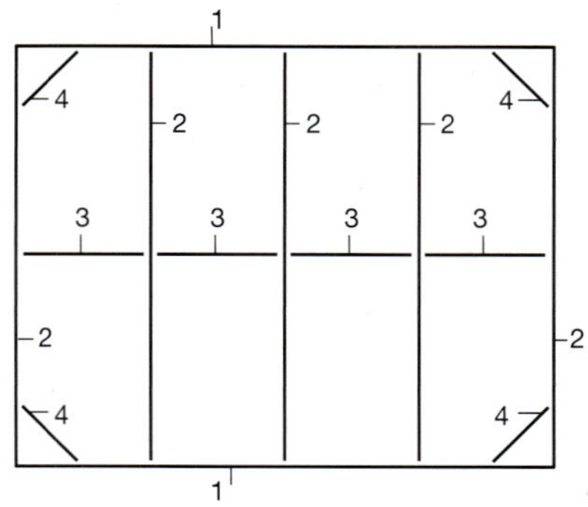

Schema des Rahmens für ein Seitenteil
1 Rahmenteil, waagerecht;
2 Rahmenteil, senkrecht;
3 Versteifung;
4 Streben

Aufgabe 2

Erstellen Sie für das Traggerüst einer Seitenwand die Holzliste.

Ausführungshilfen:

- Skizzieren Sie das Traggerüst in der Ansicht und bemaßen Sie es; M 1 : 20, A4-Blatt, Hochformat.
- Entnehmen Sie die erforderlichen Maße dem Grundriss und der Isometrie! Die Seitenwand ist grün dargestellt.
- Ermitteln Sie die einzelnen Hölzer mit ihrer erforderlichen Länge und stellen Sie die Anzahl gleicher Längen in einer Holzliste zusammen (→ Seiten 195–197).
- Die Kanthölzer (Latten) werden in einer Länge von 2,75 m geliefert. Berechnen Sie die erforderliche Anzahl.

Aufgabe 3

Ermitteln Sie den überschläglichen Holzbedarf für die Traggerüste der Wände und der Bodenplatte.

Ausführungshilfen:

- Bestimmen Sie die erforderlichen Längen in Abhängigkeit von den Holzquerschnitten für die in der Skizze dargestellte Bodenplatte.
- Denken Sie an die Auswahl solcher Lieferlängen, die einen geringen Verschnitt haben.
- Ermitteln Sie den Holzbedarf der Traggerüste für alle vier Seitenwände anhand der nebenstehenden Skizze und des Grundrisses und der Isometrie.
- Listen Sie die Mengen in einer Holzliste auf (→ Seite 197).

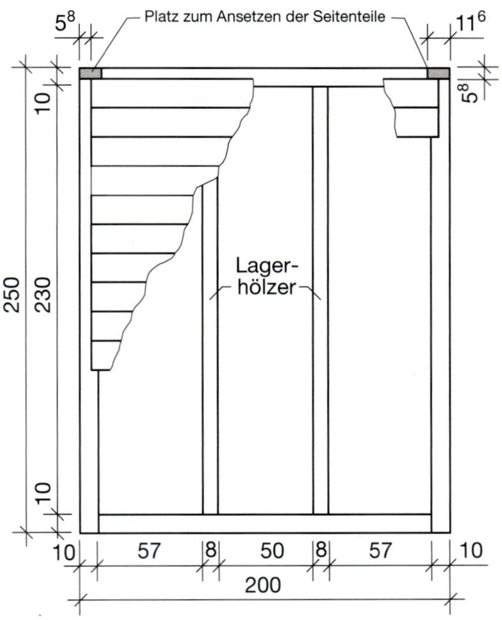

Bodenplatte

Aufgabe 4

Ermitteln Sie für die Verschalung der Wände und der Bodenplatte die erforderliche Fläche an Holz.

Ausführungshilfen:
- Zeichnen Sie die Ansicht der Rückwandbekleidung (Nut- und Federschalung) und den Querschnitt A-A (→ Grundriss Gerätehaus) im M 1:20 auf ein A4-Blatt, Hochformat.
- Skizzieren Sie das Detail 1 (→ Grundriss Gerätehaus) im M 1:2 auf A4, Hochformat! Berechnen Sie den Überstand der Bekleidungsbretter.
- Berechnen Sie die erforderlichen Flächen der Wandteile und der Bodenplatte in m^2.

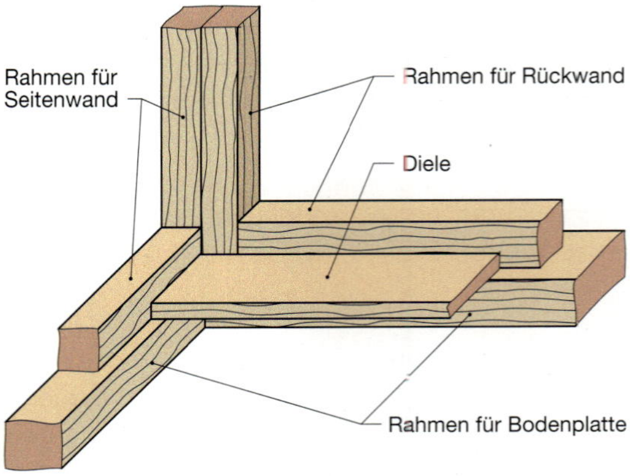

Ausbildung des Eckpunktes – Detail 1

5.6.2 Wahl der Holzverbindungen

Problemstellung: Für ein untergeordnetes und in leichter Bauweise hergestelltes Bauwerk sollen die Holzverbindungen preiswert sein und mit geringem Aufwand herstellbar. Ingenieurmäßige Holzverbindungen entsprechen diesen Kriterien.

Aufgabe 1

Wählen Sie einfache Verbindungsarten für die Rahmen der Wandteile und die Befestigung der Nut- und Federschalung aus!

Ausführungshilfen:
- Beachten Sie die unterschiedlichen Belastungen der Eck- und Querverbindungen.
- Bedenken Sie die Spaltgefahr bei geringen Querschnittsabmessungen (→ Abschnitt 5.3.2).
- Skizzieren Sie die Details der Rahmenverbindungen frei Hand und ordnen Sie die Verbindungsmittel zu!
- Wie befestigen Sie die Nut- und Federschalung der Wandbekleidung?

Aufgabe 2

Ermitteln Sie Bedarf und Abmessungen der Verbindungsmitttel für ein Seitenteil einschließlich Beplankung.

Ausführungshilfen:
- Nennen Sie Arten der Verbindungsmittel!
- Beschaffen Sie sich im Baustoffhandel Angaben über die gewählten Verbindungsmittel und deren Abmessungen.
- Legen Sie die Abmessungen fest!
- Ermitteln Sie die erforderlichen Stückzahlen der Verbindungsmittel!
- Stellen Sie die Ergebnisse in einer Tabelle zusammen!

Aufgabe 3

Für den dargestellten Dachbinder für das Gerätehaus ist für den Fußpunkt (Detail 2) die Verbindung zu wählen.

Ausführungshilfen:
- Skizzieren Sie das Detail 2 im M 1:5 auf ein A4-Blatt, Hochformat!
- Wählen Sie eine Verbindungsart (→ Abschnitt 5.3.2).
- Zeichnen Sie die Verbindung in das Detail ein! Benennen Sie die Teile!

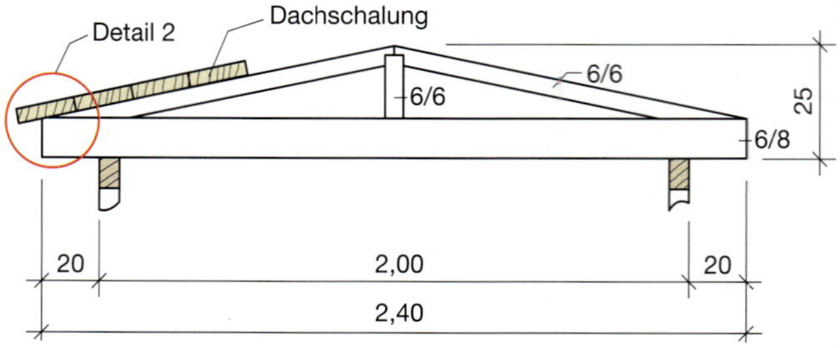

Ausbildung des Dachbinders

5.6.3 Herstellen des Traggerüstes

Problemstellung: Die zugeschnittenen Teile für das Traggerüst zum Gerätehaus müssen vor allem passfähig und passgenau sein, damit das Zusammenfügen der einzelnen Teile schnell und ohne Nacharbeiten ermöglicht wird.

Aufgabe 1

Beschreiben Sie die Reihenfolge der Arbeitsschritte beim Herstellen der Bodenplatte! Wie können Sie die Rechtwinkligkeit der fertigen Rahmenkonstruktion für die Bodenplatte überprüfen?

Ausführungshilfen:

- Skizzieren Sie den Tragrahmen für die Bodenplatte im M 1 : 20 auf ein A4-Blatt, Hochformat.
- Kennzeichnen Sie in der Skizze die Reihenfolge der Arbeitsschritte durch Nummern!
- Ordnen Sie die erforderlichen Werkzeuge den Arbeitsschritten zu (→ Seiten 198 und 199).
- Nutzen Sie zur Kontrolle der Rechtwinkligkeit zwei verschiedene Möglichkeiten; z. B. die Seitenverhältnisse im rechtwinkligen Dreieck und den Diagonalenvergleich (→ **G 4**).

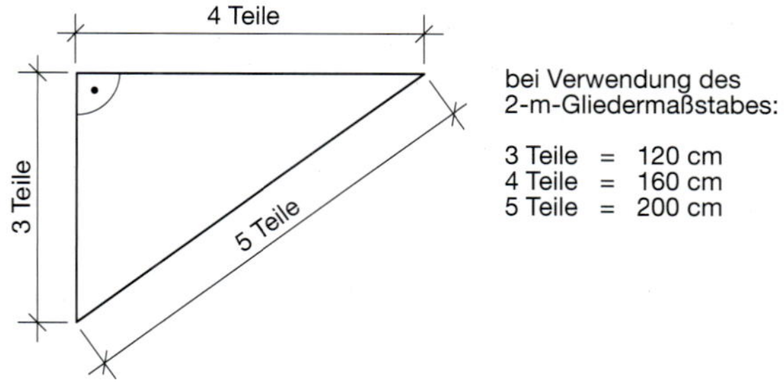

Seitenverhältnisse im rechtwinkligen Dreieck

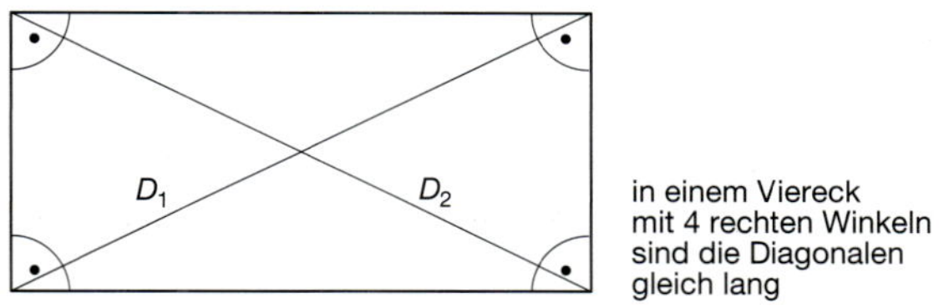

Diagonalenvergleich

Aufgabe 2

Beschreiben Sie den Ablauf und die Reihenfolge, in der die einzelnen Tragwerksteile zum Gerätehaus zusammengefügt werden!

Ausführungshilfen:

- Bezeichnen Sie die einzelnen Teile des Gerätehauses.
- Legen Sie die Reihenfolge der Teile zum Aufstellen fest.
- Beachten Sie, dass während der Montagearbeiten die Standfestigkeit der Teile in jeder Phase gesichert sein muss.
- Wann und für welche Teile sind die in der Skizze dargestellten Hilfshalterungen anzubringen?

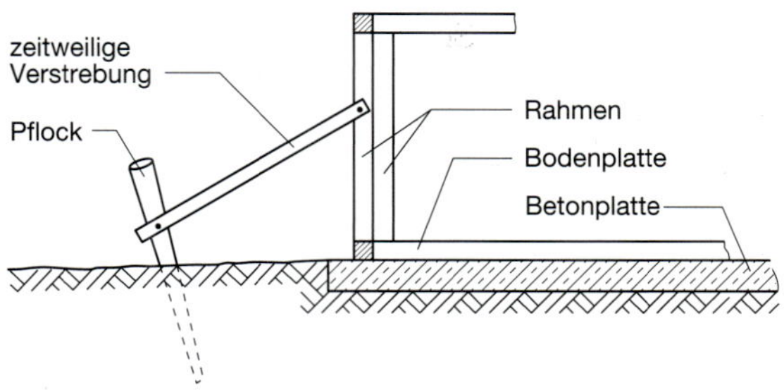

Montagesicherung für die Tragkonstruktion

5.6.4 Holzschutzmaßnahmen

Problemstellung: Ein ausreichender Witterungsschutz für das Holz sichert eine angemessene Beständigkeit des Holzes. Wasser (Regen, Schnee) ist schnell vom Gebäude wegzuleiten.

Aufgabe 1

Stellen Sie die Angriffspunkte von Feuchtigkeit am Gerätehaus dar! Legen Sie mögliche Holzschutzmaßnahmen fest.

Ausführungshilfen:
- Skizzieren Sie das Gerätehaus schematisch.
- Tragen Sie mittels Pfeilen die angreifende Feuchtigkeit ein (→ **G 3**, 2)!
- Ordnen Sie mögliche bauliche Holzschutzmaßnahmen den Angriffspunkten zu (→ Seiten 192 bis 194).
- Überprüfen Sie die mögliche Ableitung von Regenwasser bei der gewählten Wandbekleidung (→ Seiten 178 bis 180).

Aufgabe 2

Beschreiben Sie die Ausführung der nötigen Holzschutzmaßnahmen vor dem Aufstellen des Gerätehauses.

Ausführungshilfen:
- Wie erreichen Sie einen Schutz gegen aufsteigende Feuchtigkeit (→ **G 3**, 2)?
- Welche chemischen Holzschutzmaßnahmen sind für welche Bauteile erforderlich (→ Seite 194)?

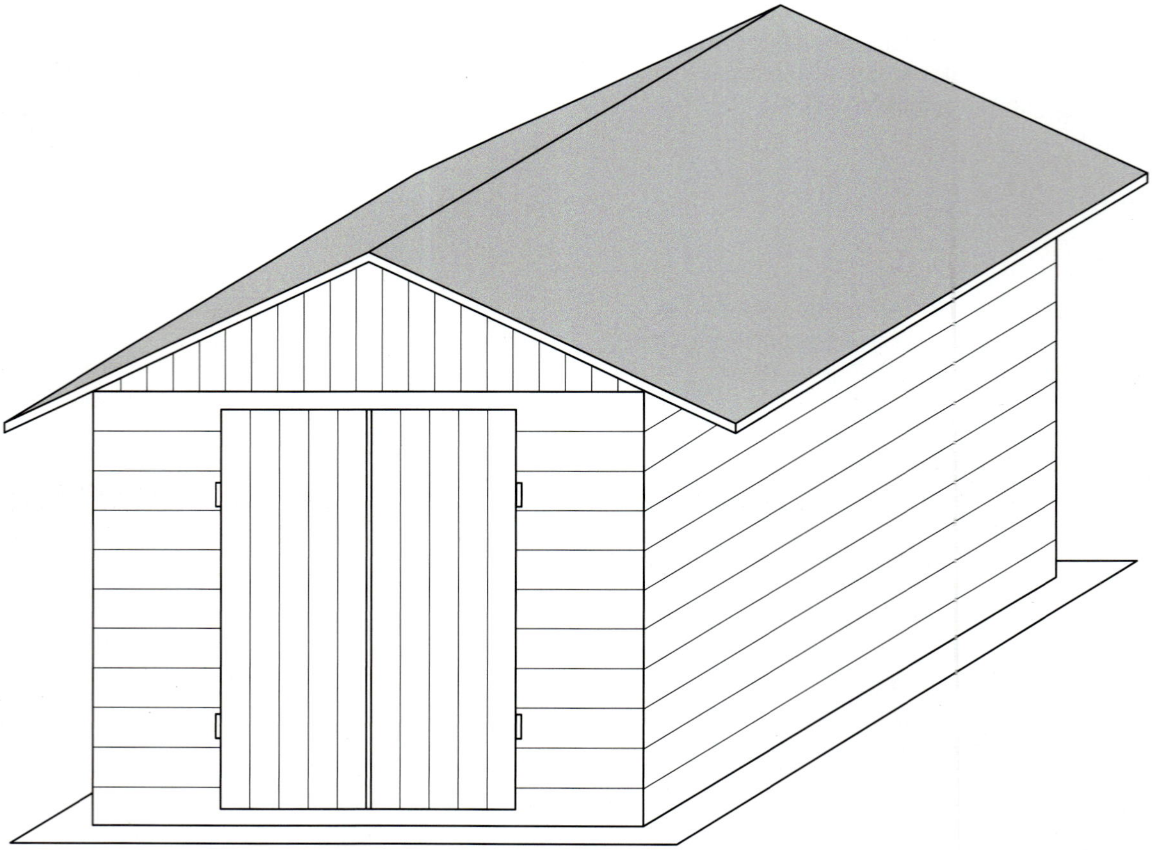

Wo greift Feuchtigkeit an?

Lernfeld 6 Beschichten und Bekleiden eines Bauteils

6.1 Putzen einer Wandfläche 208
6.1.1 Planen eines Putzes 208
6.1.2 Wahl der Baustoffe 210
6.1.3 Putzen einer Wand 214
6.1.4 Projektarbeit „Ferienhaus" 218

6.2 Herstellen eines Estrichs 220
6.2.1 Planen eines Estrichs 220
6.2.2 Wahl der Baustoffe 222
6.2.3 Herstellen des Estrichs 223
6.2.4 Projektarbeit „Ferienhaus" 226

6.3 Fliesen von Wand- und Bodenflächen 227
6.3.1 Planen eines Wand- und Bodenbelages 227
6.3.2 Wahl der Baustoffe 227
6.3.3 Fliesenverlegearbeiten 233
6.3.4 Ermitteln des Materialbedarfs 241
6.3.5 Projektarbeit „Ferienhaus" 243

6.4 Aufstellen von Trockenbauwänden 246
6.4.1 Planen einer Trockenbauwand 246
6.4.2 Wahl der Baustoffe 249
6.4.3 Trockenbauarbeiten 253
6.4.4 Projektarbeit „Ferienhaus" 257

6.5 Herstellen einer Dachdeckung 258
6.5.1 Planen einer Dachdeckung 258
6.5.2 Wahl der Deckwerkstoffe 258
6.5.3 Decken eines Daches 260
6.5.4 Berechnen des Materialbedarfs 263
6.5.5 Projektarbeit „Ferienhaus" 264

6.1 Putzen einer Wandfläche

Der Putz ist ein Belag an Wänden oder Decken, der ein- oder mehrlagig aufgetragen werden kann. Seine endgültigen Eigenschaften erreicht er erst, nachdem er am Baukörper erhärtet ist. Ein Putz bestimmt durch seine Oberflächengestaltung ganz wesentlich das Aussehen eines Gebäudes.

6.1.1 Planen eines Putzes

Der Planer legt infolge seiner Kenntnisse vom Gebäude, der verwendeten Baustoffe, der Klimabedingungen und der Wünsche des Bauherrn das Putzsystem fest. Die Wahl eines Putzmörtels und die Ausführung der Putzarbeiten werden bestimmt durch

- die Beanspruchung des Putzes,
- den Putzgrund,
- der Gestaltung der Wandfläche.

Vom Mauerwerk als Putzgrund muss die Festigkeit, die Dämmfähigkeit und der verwendete Mörtel bekannt sein. Besonders wichtig ist die Abstimmung der Festigkeiten.

> **!** **Ein Putz auf einem Mauerwerk sollte keine höhere Festigkeit haben als das Mauerwerk selbst.**

Bei der Verwendung von Steinen mit einer geringen Rohdichte (geringe Festigkeit) für ein einschaliges Mauerwerk bedeutet das einen Putz mit einer geringen Festigkeit (z. B. einen Leichtputz → Abschnitt 6.1.2).
Die Grundlage für einen dauerhaften Putz bildet die gute Haftung am Putzgrund und der Putzschichten untereinander. Es dürfen keine Hohlräume entstehen.

Außenputz

Auch bei ausgiebigen Regenfällen muss das Mauerwerk unter dem Putz trocken bleiben. Nur dann hat die Wand die geplanten Dämmeigenschaften.
Wasser, das in den Putz eindringt, muss während der Trockenperiode wieder austrocknen können. Dies geschieht durch die Verdunstung.

> **!** Ein Außenputz muss vor allem witterungsbeständig sein.

Ein Außenputz darf Wasser in flüssiger Form nur geringfügig aufnehmen. Seine Eigenschaft muss wasserhemmend bzw. sogar wasserabweisend sein. Für Wasser in Form von Wasserdampf soll er durchlässig sein – dampfdiffusionsoffen.

Eine gut geputzte Fassade kann Schutz und Schmuck für Jahrzehnte sein.

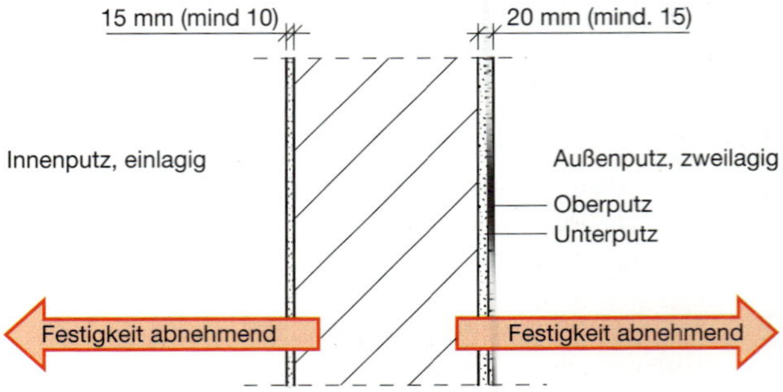

Außenwand mit Putzschichten – Dicken und Festigkeiten

Anforderungen an Außenputze

- ➔ Schutz des Mauerwerks
- ➔ Gestaltung der Fassade
- ➔ beständig gegen Klimaeinflüsse
- ➔ Dauerhaftigkeit des Putzes

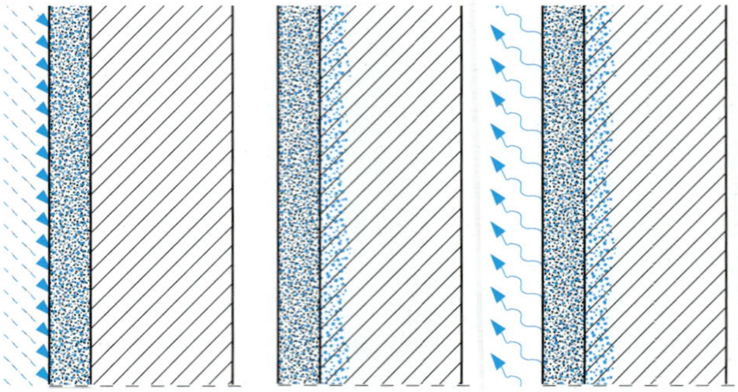

Feuchtewanderung in einer Putzschicht

An einer geputzten Fassade gibt es Bereiche, die einen Putz hoch beanspruchen. Das ist z. B. der **Sockelbereich** oder der untere Wandbereich an Balkonen. Hier tritt durch Spritzwasser eine hohe Wasserbelastung auf. Eine Abdichtung ist erforderlich oder ein wasserabweisender Sockelputz.
Beim **Schlagregen** wird durch den Wind das Regenwasser auf den Putz gedrückt und es dringt dadurch schneller in den Putz ein. An Gebäuden mit einer großen Höhe tritt verstärkt Wind auf – die Belastung durch Schlagregen nimmt zu.
Die **Temperaturwechsel** innerhalb eines Jahres (ca. 50 bis 80 K Temperaturdifferenz) verursachen ein Ausdehnen und Zusammenziehen der Putzschicht. Gleiches gilt für die Feuchteaufnahme und -abgabe und das damit verbundene Quellen und Schwinden. Die Folge sind Spannungen. Diese müssen innerhalb der Putzschichten bzw. zum Untergrund hin aufgenommen werden.
Für mechanisch stark beanspruchte Flächen muss ein Putz mit einer erhöhten Festigkeit hergestellt werden.

Außenputz hat eine mittlere Dicke von 20 mm. Er kann aus zwei Putzlagen bestehen.

Innenputz

Die Beanspruchung von Innenputz ist in der Regel geringer als bei Außenputz. Der Innenputz soll eine glatte Oberfläche bilden, wenn er als Träger für einen Anstrich oder für Tapeten dienen soll.

! Ein Innenputz kann klimaregulierend für die Raumluft wirken.

Beispielsweise kann ein Gips- bzw. Kalkgipsputz Feuchtigkeit aus der Raumluft aufnehmen, speichern und nach einer gewissen Zeit (nach dem Lüften) auch schnell wieder an die dann trockenere Luft abgeben.
Für Feuchträume (Duschräume, Großküchen) ist zu beachten, dass durch die langzeitig einwirkende Feuchtigkeit eine höhere Beanspruchung berücksichtigt werden muss. Bindemittel wie Gips erfüllen diese Anforderungen nicht. Von einem Innenputz kann auch eine erhöhte Abriebfestigkeit gefordert werden, wenn er z. B. für Wände in Schulfluren oder Treppenhäusern verwendet wird.

Die mittlere Dicke von Innenputz beträgt 10 bis 15 mm.

Der Brandschutz kann bei durch Feuer gefährdeten Bauteilen (z. B. Stahlträgern) durch einen Putz verbessert werden.

Sockelbereich – Abdichtung im Rohbau und im Endzustand mit Kunstharzputz

Beispiele für Außenputzsysteme

Anforderungen	Unterputz		Oberputz	
	Mörtelgruppe	Kategorie Druckfestigkeit	Mörtelgruppe	Kategorie Druckfestigkeit
ohne besondere Anforderungen	P I – P II P II –	CS I – CS II CS III –	P I P II P II P Org1 P Org1	CS I CS II CS II – –
wasserhemmend	– P II P II P II	– CS II CS III CS III	P II P I P II P Org1	CS III CS I CS II –
wasserabweisend	P II P II P II	CS III CS II CS III	P I*) P II*) P Org1	CS I CS II –

*) Zusatzmittel erforderlich

Beispiele für Innenputzsysteme

Anforderungen	Unterputz		Oberputz	
	Mörtelgruppe	Kategorie Druckfestigkeit	Mörtelgruppe	Kategorie Druckfestigkeit
Wohnräume, Küchen und Bäder in Wohnungen	– P II – P IV –	– CS II – *) –	P I P I P II P IV P IV	CS I CS I CS II *) *)
erhöhte Abriebfestigkeit (Treppenhäuser)	– P II –	– CS II –	P II P Org1 P IV	CS III – *)
Feuchträume	P II – –	CS II – –	P I P II P III	CS I CS II CS III

*) Druckfestigkeit > 2 N/mm²

6.1.2 Wahl der Baustoffe

Ein Putzmörtel ist ein Gemisch aus Bindemitteln, Zuschlag (i. Allg. gemischtkörnige Sande) und Wasser. Zusatzmittel sind möglich.
Für die Putzmörtel gibt es eine Vielzahl von einsetzbaren Baustoffen. Sie bestimmen die Eigenschaften des fertigen Putzes. Maßgebend dafür ist das eingesetzte Bindemittel bzw. die Kombination mehrerer Bindemittel.

Baugipse

Baugipse sind nichthydraulische Bindemittel auf der Basis von wasserhaltigem Calciumsulfat. Der Gipsbinder kann hergestellt werden aus dem Naturprodukt Gips durch Brennen oder er wird in der Industrie als Abfallprodukt gewonnen (z. B. bei der Rauchgasentschwefelung und Phosphatsäureherstellung).

Gipsbinder besteht aus Calciumsulfat in seinen beiden Haupt-Hydratationsphasen
- **Calciumsulfat-Halbhydrat (CaSO4 · $\frac{1}{2}$ H2O) oder**
- **Calciumsulfat (CaSO4).**

Hydratstufen entstehen durch die verschiedenen Brenntemperaturen.
Stuckgips ist ein Calciumsulfat-Halbhydrat und wird für Innenputze und Stuckarbeiten verwendet.

Beim **Calciumsulfat (Anhydrit)** ist das Kristallwasser durch die höheren Brenntemperaturen (≥ 300°C) ausgeschieden. Zur Weiterverwendung als Bindemittel (z. B. für die Estrichherstellung) benötigt Calciumsulfat einen Anreger für die Wasseraufnahme. Das kann Kalk sein.

Durch die Wasserzugabe bei der Mörtelherstellung läuft eine Rückbildung zu Gipsstein ab. Beim Brennen wurde Wasser ausgeschieden. Nun wird Wasser wieder gebunden. Es bilden sich nadelförmige Gipskristalle. Überschüssiges Anmachwasser verdunstet.

Eigenschaften der Baugipse
- Während der Hydratation (Erhärtung) kommt es zur Volumenvergrößerung (ca 1 %). Schwindrisse treten beim Bindemittel Gips dadurch nicht auf.
- Halbhydrate erhärten sehr schnell, da nur wenig Wasser gebunden werden muss.
- Die bei der Erhärtung ablaufenden Reaktionen setzen Wärme frei. Diese Abbindewärme ermöglicht es, Gips auch bei Minustemperaturen zu verarbeiten.
- Ungeschützte Stahl- und Eisenteile im Gips rosten infolge des Sulfatanteils und der Feuchtigkeit schnell.

Gipskristalle

Stuckgips-Herstellung:

⇓ Brennen ⇑

$$CaSO_4 \cdot 2\,H_2O \longrightarrow CaSO_4 \cdot \tfrac{1}{2}H_2O + 1\tfrac{1}{2}\,H_2O$$

Gips — *Calcium-Halbhydrat (Stuckgips)* — *Wasser*

Herstellung von Calciumsulfat:

⇓ Brennen ⇑

$$CaSO_4 \cdot \tfrac{1}{2}H_2O \longrightarrow CaSO_4 + \tfrac{1}{2}H_2O$$

Calciumhalbhydrat — *Calcium-sulfat* — *Wasser*

Baugipsarten: Eigenschaften und Verwendung

Baugipsart	Versteifungsbeginn in min	Eigenschaften	Verwendung
Baugipse ohne werkseitige Zusätze			
Stuckgips	8 bis 25	schnelles Versteifen	Innenputz, Stuckarbeiten Gipsbauplatten
Putzgips	≥ 3	schnelles Versteifen, längere Verarbeitungszeit	Innenputz
Baugipse mit werkseitigen Zusätzen			
		langsames Versteifen …	
Fertigputzgips	≥ 25		Innenputz
Haftputzgips	≥ 25	… + gute Haftung	Innenputz,-schwieriger Putzgrund
Maschinenputzgips	≥ 25	… + gut maschinell verarbeitbar	Innenputz, mit Putzmaschinen
Ansetzgips	≥ 25	… + hohes Wasserrückhaltevermögen	Ansetzen von Gipskartonbauplatten
Fugengips	≥ 25	… + hohes Wasserrückhaltevermögen	Verfugen und Verspachteln von Gipskartonbauplatten
Spachtelgips	≥ 15	… + hohes Wasserrückhaltevermögen	

- Gips ist unter dauernder Wassereinwirkung löslich. Gipsputze dürfen daher nicht für Außenputze oder Bauteile mit starker Feuchteeinwirkung (z. B. in Schwimmbädern) verwendet werden.
- Gips ist im erhärteten Zustand hygroskopisch (Wasser anziehend). Dadurch kann ein Gipsputz bei einer kurzzeitigen hohen Luftfeuchtigkeit (z. B. in Küchen in Wohnungen) feuchtigkeitsregulierend wirken. Der Gipsputz muss das Wasser danach wieder abgeben können.
- Bei einem Brand bildet sich Wasserdampf auf der Oberfläche. Wärmeenergie wird verbraucht. Kristallwasser wird abgegeben. Baustoffe aus Gips bieten einen guten Brandschutz.

Durch Zusätze (Zugabe im Herstellerwerk) können veränderte Eigenschaften von Baugips erreicht werden, z. B.
- eine verbesserte Haftung,
- eine bessere Verarbeitbarkeit,
- eine zeitliche Verzögerung des Versteifens,
- Luftporen im Gipsmörtel.

Die oben beschriebenen Eigenschaften erreicht das Bindemittel Gips nur, wenn es richtig gelagert und verarbeitet wird.

- Die Lagerung von Säcken mit Gips als Bindemittel darf nur in trockenen Räumen und nicht länger als 2 Monate erfolgen. Maximal 10 Säcke dürfen übereinandergestapelt werden.
- Bei einer Silolagerung darf es nicht zur Schwitzwasserbildung kommen (Bildung von Gipsstein).
- Gipsmörtel hat einen sehr frühen Versteifungsbeginn. Das schnelle Abbinden erfordert ein zügiges Arbeiten. Es darf nur so viel Mörtel angemischt werden, wie in der beschriebenen Zeit verarbeitet werden kann.
- **Für das Mischen ist der Gips immer in das Wasser einzustreuen** (bei 10 kg Gips sind ca. 7 ℓ Wasser erforderlich). Gießt man Wasser in Gipsbinder, so bilden sich sofort Klumpen.
- Bei hohen Temperaturen bzw. warmem Wasser kann sich die Verarbeitungszeit erheblich verkürzen.
- Verwendete Geräte und Werkzeuge müssen sauber sein. Ausgehärtete Reste führen zu einer beschleunigten Versteifung. Es sind korrosionsfeste Behälter und Werkzeuge zu verwenden.
- Nach dem Versteifungsbeginn darf dem Mörtel auf keinen Fall mehr Wasser zugegeben werden. Geringere Festigkeiten wären die Folge.

Versuch 1

300 g Gips werden in 200 ml Wasser eingerührt. Es wird ca. 1 min mit einem Stab flott gerührt.
Beobachtung:
Es entsteht eine geschmeidige Masse. Eine leichte Wärme ist spürbar.
Schlussfolgerung:
Der Gipsmörtel besitzt eine gute Verarbeitbarkeit. Die Reaktion mit Wasser gibt Wärme frei.

Versuch 2

Ein Stück erhärteter Gips wird einige Tage in ein Gefäß mit Wasser gelegt. Das Wasser wird täglich gewechselt.
Beobachtung:
Die Randbereiche des Gipsstückes lösen sich auf. Das Stück Gipsstein wird kleiner.
Schlussfolgerung:
Gips ist nicht beständig gegen dauernde Feuchteeinwirkung.

Richtig angerührter Gips ist eine geschmeidige Masse.

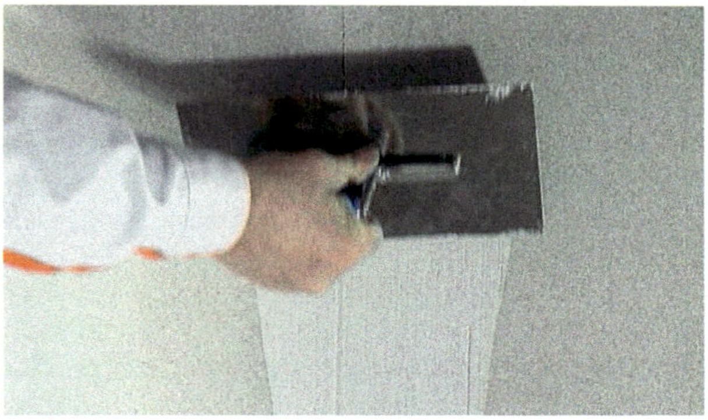

Gipsmörtel zum Verspachteln von Fugen

! Baugipse dürfen nicht mit Zement oder hydraulischem Kalk vermischt werden.

Es kommt sonst zum „Sulfattreiben" im Zement („Zementbazillus"). Das führt zu einer Gefügezerstörung.

Gips-Putztrockenmörtel müssen mindestens 50 % Calciumsulfatbinder als Hauptbindemittel enthalten. Bei gipshaltigem Putztrockenmörtel beträgt der Anteil an Calciumsulfatbinder weniger als 50 %. Gipskalk-Putztrockenmörtel haben einen Anteil an Baukalk < 5 % und einen Anteil < 50 % an Calciumsulfatbinder als Hauptbindemittel.

Putzmörtel

Putze werden grundsätzlich unterschieden nach der Art des Bindemittels:

- Putze mit mineralischem Bindemittel ⇒ Putzmörtel
- Putze mit organischem Bindemittel (Kunstharzputze) ⇒ Beschichtungen mit einem putzartigen Aussehen

Bei **Putzen mit mineralischem Bindemittel** sind vielfältige Bezeichnungen und Unterteilungen möglich. Putzmörtel werden analog zu den Mauermörteln nach dem verwendeten Bindemittel in **Putzmörtelgruppen** eingeteilt. Ein Putz kann ausgeführt werden als

- einlagiger Putz oder als
- zweilagiger Putz.

! Eine Putzlage ist die in einem Arbeitsgang hergestellte Schicht. Die unteren Lagen sind der Unterputz, die oberste Lage ist der Oberputz.

Unter- und Oberputz können aus unterschiedlichen Putzgruppen bestehen. Für einen richtigen Putz ist es wichtig, die Festigkeit des Untergrundes (Mauerwerk) zu kennen. Der gewählte Putz hat eine geringere oder annähernd gleiche Festigkeit.

Normalputzmörtel mit einem dichten Gefüge – als Zuschlag wird ein gemischtkörniger Mörtelsand mit einer geringen Hohlräumigkeit verwendet. Die Größe des Grobkorns richtet sich nach der Putzlage und der geplanten Struktur der Oberputzes.

Das Mischen der Bestandteile erfolgt nach Raumteilen. Gipse dürfen nicht mit hydraulischen Bindemitteln (hydraulischem Kalk, Zement) verarbeitet werden. Bei Kalkgipsmörtel ist der Gips erst in Wasser einzustreuen und danach mit dem Kalkmörtel zu vermischen.

Bezeichnung der mineralischen Putze bzw. Putzmörtel

nach	
… der Rohdichte	Normalputz **(GP)**
	Leichtputz **(LW)**
	Wärmedämmputz **(T)**
… dem Bindemittel	Kalkputz
	Kalkzementputz
	Zementputz
	Gipsputz
	Anhydritputz
… dem Ort der Herstellung	Gipskalkputz
	Werkmörtel – Werk-Frischmörtel – Werk-Trockenmörtel
… dem Einbauort	Außenputz
	Kelleraußenwandputz
	Sockelputz
	Innenputz
	Deckenputz
… der Putzlage	Unterputz
	Oberputz
… der Putzweise = Oberflächenstruktur	Glattputz
	Reibeputz
	Kellenwurfputz
	Kellenstrichputz
	Spritzputz
	Kratzputz
	Waschputz

Druckfestigkeit nach 28 Tagen (nach DIN EN 998-1)

Kategorie	Werte
CS I	0,4 bis 2,5 N/mm²
CS II	1,5 bis 5,0 N/mm²
CS III	3,5 bis 7,5 N/mm²
CS IV	≥ 6 N/mm²

Aufziehen einer Putzschicht mittels Kartätsche

Putzmörtel mit dichtem Gefüge (Auswahl): Mischungsverhältnisse in Raumteilen

Mörtel-gruppe		Mörtelart	Kalk-hydrat	hydraulischer Kalk	Zement	Baugips[3]	Sand in RT	Verwendung – Beispiele
	a	Luftkalkmörtel[1]	1 RT				3,0 bis 4,0	
P I	b	Wasserkalkmörtel	1 RT				3,0 bis 4,0	Außen- und Innenputz auf Mauerwerk
	c	Mörtel mit hydraulischem Kalk		1 RT			3,0 bis 4,0	
P II	b	Kalkzementmörtel	2 RT		1 RT		9,0 bis 11,0	Außen- und Innenputz auf Mauerwerk
P III	b	Zementmörtel			1 RT		3,0 bis 4,0	Putz auf Beton, Deckenputz in Feuchträumen, Außensockelputz
	a	Gipsmörtel[2]				1 RT	–	
P IV	b	Gipssandmörtel[2]				1 RT	1,0 bis 3,0	
	c	Gipskalkmörtel	1 RT			0,5 bis 2,0 RT	3,0 bis 4,0	Innenputz auf Mauerwerk

[1] Ein begrenzter Zementeinsatz ist zulässig; [2] Zur Verbesserung der Geschmeidigkeit kann Weißkalk in geringen Mengen zugesetzt werden; [3] Baugipse ohne werkseitig beigegebene Zusätze

Leichtputze (LW) – sind ebenfalls mineralisch gebundene Putze. Als Bindemittel werden Kalk und Zement verwendet. Durch den Einsatz von porigen Zuschlägen (z. B. Polystyrol, Blähperlite, Blähglimmer) wird die Rohdichte des Mörtels herabgesetzt. Der Putz hat ein günstiges Verformungsverhalten und besitzt eine geringe Rissneigung.

Der vorzugsweise Einsatz von Leichtputzen erfolgt auf Mauerwerk aus dämmenden Steinen (z. B. Wärmedämmziegel).

Für hochdämmendes Mauerwerk wird faserverstärkter Leichtputz verwendet. Durch die Fasern besitzt der Putz eine höhere Elastizität.

Kunstharzputze – sind organische Putze, da sie Kunstharze als Bindemittel besitzen. Als Zuschläge werden Mörtelsande oder Zuschläge mit porigem Gefüge (Perlite, Blähton) verwendet. Beim Kunstharzputz werden 2 Typen unterschieden: P Org 1 und P Org 2.
Kunstharzputze sind Wasser abweisend, haben eine **geringe Rissneigung** und haften gut.

Nur mineralischer Putz wird als **Baustellenmörtel** hergestellt. Eine Handmischung für Putze ist abzulehnen. Wasser wird nach Augenmaß so viel zugegeben, dass der Mörtel „kellengerecht" oder „maschinengerecht" ist.
Es gelten die im Abschnitt 3.2.3 für Mauermörtel aufgestellten Regeln. Der Einsatz von **Werkmörteln** ist weit verbreitet. Bei kleineren Bauprojekten verwendet man vorrangig Werk-Trockenmörtel (in Säcken oder Silos gelagert). Leichtputze gibt es nur als Werkmörtel. Kunstharzputze werden als Fertigprodukte geliefert.

Eigenschaften von Leichtputz

Rohdichte	0,6 bis 1,3 kg/dm³
Druckfestigkeit	2,5 bis 5,0 N/mm²
Feuchteaufnahme	wasserabweisend
Lieferung	als Werkmörtel
Putzgruppe	vorzugsweise P II

Kunstharzputze und deren Verwendung

Typ	Bindemittelgehalt	Verwendung
P Org 1	≥ 7 Masse-%	Außen- und Innenputz
P Org 2	≥ 4,5 Masse-%	Innenputz

Baustellenmörtel für Putzarbeiten herstellen

6.1.3 Putzen einer Wand

Bevor mit dem eigentlichen Putzen begonnen werden kann, sind einige vorbereitende Arbeiten erforderlich. Sie sind sehr von der Art des Putzgrundes abhängig.

Vor dem Putzen müssen bekannt sein:
- die Putzmörtelgruppe/n
- die Anzahl der aufzubringenden Putzlagen mit der Schichtdicke
- das Material des Untergrundes (verschiedene Materialien)
- die Saugfähigkeit des Untergrundes
- wird Baustellen- oder Werkputzmörtel hergestellt

Mörtelbedarf

Vor Beginn der Putzarbeiten muss ausreichend Material vorhanden sein. Für einen Baustellenmörtel sind das die Bestandteile entsprechend der Mörtelgruppe (→ Abschnitt 6.1.2).
Üblicher ist aber der Einsatz von Werk-Trockenmörteln. Diese werden in Säcken oder in einem Silo auf die Baustelle geliefert. Für die damit zu putzende Fläche gibt es Angaben der Mörtelhersteller. Diese sind auf dem Sackaufdruck zu lesen. Der Materialverbrauch kann in Abhängigkeit von den Unebenheiten des Untergrundes stark schwanken.

Putzgrund

Für einen guten, dauerhaften Putz ist der Putzgrund oft ausschlaggebend. Folgende Bedingungen müssen erfüllt sein, bevor mit dem Putzen begonnen werden kann:
- Die zu verputzenden Wände oder Decken müssen eben sein (Unebenheiten sind vorher mit einem Spritzbewurf auszugleichen).
- Der Untergrund muss staubfrei und sauber sein (Verschmutzungen wie Mörtelspritzer, Betonreste oder auch Rückstände vom Schalungstrennmittel bei Betonbauteilen sind sorgsam zu entfernen!).
- Die Fugen im Mauerwerk müssen voll ausgefüllt sein.
- Der Putzgrund muss frostfrei sein.

! Putz haftet auf einem rauen Untergrund am besten.

Putzgründe haben infolge unterschiedlicher Baustoffe auch unterschiedliche Eigenschaften.
Ist der Untergrund sehr glatt, so muss ein **Spritzbewurf** aufgetragen werden. Der Untergrund wird dadurch aufgeraut.
Der Spritzbewurf soll ein warzenförmiges Aussehen auf der Wand haben und nicht glatt sein.

Aufbringen einer Putzlage mittels Spritzgerät

Putzmörtel (Beispiele): Verbrauch pro m^2 Oberputz

Mörtel-gruppe	Sackge-wicht	Auftrags-dicke	Putzweise	fertige Putz-fläche pro Sack
P Ic	35 kg	15 mm	Kratzputz	ca. 1,5 m^2
P Ic	35 kg	5 mm	Glattputz	ca. 5 m^2
P II	30 kg	ca. 3 mm	Spritzputz	ca. 6 bis 8 m^2
P II	30 kg	ca. 3 mm	Reibeputz	ca. 6 bis 8 m^2
P II	30 kg	ca. 15 mm	Kellen-wurfputz	ca. 2 m^2
P II	30 kg	ca. 5 mm	Kellen-strichputz	ca. 3,5 m^2

Putzmörtel (Beispiele): Verbrauch pro m^2 Unterputz und einlagigen Glattputz

Mörtel-gruppe	Sackge-wicht	Schicht-dicke	fertige Putzfläche pro Sack
P I	30 kg	10 mm	ca. 2 m^2
P II	40 kg	15 mm	ca. 1,5 bis 2 m^2
P II	30 kg	10 mm	ca. 2 m^2
P II Leichtputz	30 kg	15 mm	ca. 1,5 m^2
P III	30 kg	10 mm	ca. 1,5 m^2
P IV a	40 kg	10 mm	ca. 3 bis 4 m^2
P IV c	40 kg	8 mm	ca. 7 bis 9 m^2
Spritzbewurf	40 kg	–	ca. 6 m^2

Spritzbewurf:
- ist keine Putzlage
- entspricht einem P III (1 RT Zement : 3 RT Sand)
- Zuschlag mit gemischter Körnung
- warzenförmige Oberflächenstruktur
- volldeckend oder teilweise deckend
- Putzen ist erst möglich, wenn Spritzbewurf ausreichend erhärtet ist (nach ca. 1 Tag)

Das Material des Putzgrundes bestimmt seine Saugfähigkeit. Dabei werden folgende Gruppen unterschieden:

- ❏ **Schwach saugender Putzgrund** – z. B. Bauteile aus Beton oder aus Kalksandsteinen. Hier ist das Auftragen eines Spritzbewurfs erforderlich. Dieser grobkörnige Spritzbewurf darf nicht voll deckend aufgebracht werden. Der Putzgrund soll noch durchscheinen. Einfacher und heute üblich ist das Auftragen eines Haftgrundes.
- ❏ **Normal saugender Putzgrund** – z. B. Mauerwerk aus Vollziegeln. Ein Spritzbewurf ist nicht erforderlich. Ein Vornässen ist notwendig, wenn das Mauerwerk sehr trocken ist. Nach dem Vornässen des Mauerwerks kann sofort geputzt werden.
- ❏ **Stark saugender Putzgrund** – alle Steinmaterialien mit einer geringen Rohdichte, z. B. Porenbeton. Er würde unbehandelt dem Putzmörtel sehr schnell die Feuchtigkeit entziehen. Stark saugender Putzgrund erhält eine Grundierung. Diese verhindert die Wasseraufnahme aus dem Putzmörtel (Aufbrennsperre).

Bei der Gefahr von großer Rissbildung im Putz wird innerhalb der Putzlage mit einer **Putzbewehrung** gearbeitet. Der Verbund mit dem Putz erhöht die Zugfestigkeit in der Putzschicht. Dies kann erforderlich sein bei

- Mauerwerk aus unterschiedlichen Materialien,
- Dämmplatten im oder auf dem Mauerwerk (z. B. im Sturz- oder Deckenbereich).

Putzarbeiten

Bevor eine Wandfläche verputzt werden kann, sind an den Kanten und evtl. auch an den Ecken **Putzprofile** anzubringen. Sie werden mittels Ansetzmörtel „aufgeklebt". Wird darauf verzichtet, so sind an den Ecken Richtlatten zu befestigen, die eine saubere Putzkante ermöglichen. Das Aufbringen der Putzlage auf den Putzgrund kann von Hand oder mit der Putzmaschine (Mischer, Mörtelpumpe und Spritzgerät) erfolgen.

Putzen von Hand. Der Putzmörtel wird mit der Kelle kräftig angeworfen. Es ist auch ein Aufziehen des Mörtels mit **Traufel** bzw. **Aufziehbrett** möglich. Allerdings ist hier der Verbund mit der Unterschicht nicht so gut wie beim Anwerfen.

Mit der **Kartätsche** wird der Mörtel abgezogen. Unebenheiten oder auch entstandene Löcher sind nochmals mit Mörtel anzuwerfen und abzuziehen.
Die Fläche muss dann schon so eben sein, dass ein Abreiben möglich ist.

Arbeitsablauf bei einem Außenputz

Vorbereiten des Putzgrundes (Spritzbewurf, Grundierung falls erforderlich)
↓
Anbringen der Putzprofile
↓
Aufbringen des Unterputzes
↓
Abziehen des Unterputzes
↓
Aufbringen des Oberputzes
↓
Gestaltung der Oberfläche
↓
Schutz vor Witterungseinflüssen

Schwieriger Putzgrund: So sollte ein Untergrund nicht aussehen.

Putzprofile werden mit Ansetzmörtel auf das Mauerwerk geklebt.

Maschinenputz. Der Mörtel wird nach dem Mischen zum Einbauort gepumpt und durch Druckluft auf den Putzuntergrund gespritzt.

Beim Maschinenputz entsteht durch das Aufbringen unter Druck ein besserer Verbund mit dem Mauerwerk und der Putzschichten untereinander.

Anschließend wird wie beim Putzen von Hand der Putz mit der Kartätsche fluchtgerecht abgezogen und bearbeitet.

- ❑ Die jeweilige Putzlage muss gleichmäßig dick sein.
- ❑ Der Unterputz muss erhärtet und ausgetrocknet sein, bevor der Oberputz ausgeführt wird.
- ❑ Bei einigen Putzsystemen muss der Unterputz verfestigt, aber noch feucht sein, wenn der Oberputz aufgebracht wird. Die Herstellerrichtlinien sind unbedingt zu beachten.

Putzmaschine mit Trockenmörtelsilo

! Für einen einlagigen Außenputz darf nur Werk-Trockenmörtel verwendet werden.

Bei einem zweilagigen Putz bildet der **Unterputz** die tragende Schicht.
Ist der Bindemittelanteil zu hoch, dann entstehen sehr schnell Schwindrisse. Man spricht von einem zu „fetten“ Putz. Durch die Risse kann Feuchtigkeit in die Wand eindringen.

Aufbringen einer Putzschicht auf Porenbetonsteine

Der **Oberputz** (Außenschicht) ist durch einen geringeren Bindemittelgehalt elastischer und kann Temperaturänderungen besser aufnehmen und ausgleichen.

Putzlage	Schichtdicke
Zweilagiger Außenputz • Unterputz • Oberputz	 ca. 15 mm ca. 5 bis 10 mm
Einlagiger Außenputz	ca. 20 mm
Zweilagiger Innenputz	ca. 15 mm
Einlagiger Innenputz	≥ 5 mm

Zusammenhängende Flächen (z. B. eine Wand) sind an einem Tag fertig zu stellen. Mit den Putzabschnitten ist nass in nass zu arbeiten. So wird eine Fleckenbildung vermieden.

Putzweisen

Die Putzweise gibt dem Oberputz sein Aussehen durch die Art und Weise der Oberflächenbehandlung. Sie richtet sich auch danach, ob eine weitere Beschichtung erfolgen soll (z. B. Anstrich, Tapete).
Während der Erhärtungsphase kann der Putz unterschiedlich bearbeitet werden.

Schwammbrett für einen Glatt- und Reibeputz

Nagelbrett für einen Kratzputz

Bei einem strukturierten Putz ist zu beachten, dass er wesentlich schneller durch Staub und Ablagerungen aus der Luft verschmutzen kann als ein glatter Putz.

Gefilzter oder geglätteter Putz. Mit einer Filzscheibe oder einer Glättkelle (Traufel) wird die Oberfläche glatt gerieben.
Bei einem glatt abgeriebenen Putz besteht die Gefahr, dass es durch das lange Verreiben zu einer Bindemittelanreicherung an der Oberfläche kommt. Dies führt zu Schwindrissen und kann ein **Absanden** des Putzes zur Folge haben.
Bei Gipsmörtel erleichtert ein leichtes Annässen das Filzen und Glätten.

Reibeputz – nur waagerecht gerieben

Reibeputz. Der Mörtel für den Reibeputz enthält im Zuschlag Rundkörner. Sie hinterlassen beim Reiben rillenartige Vertiefungen. Durch unterschiedliche Korngrößen sind diese Strukturen beeinflussbar.
Die Struktur wird durch den Putzer bestimmt, indem er kreisförmig oder nur in eine Richtung reibt.
Für den Reibeputz gibt es unterschiedliche Bezeichnungen: Münchner Rauputz, Rillenputz, Madenputz, Altdeutscher Putz.

Die Spritzputz-Oberfläche wird glatt gerieben.

Spritzputz. Der Putzmörtel (feinkörnig, dünnflüssig) wird mit einem Spritzputzgerät in zwei oder mehr Lagen aufgetragen.
Die Auftragsrichtung wird jeweils geändert. Dadurch entsteht eine feinkörnige Oberfläche.

Spritzputz – die Struktur wird durch die Körnung beeinflusst.

Kratzputz. Während des Erhärtens wird die Oberfläche des Putzes mit einem Nagelbrett, einer Ziehklinge oder Ähnlichem „aufgekratzt". Dabei fallen einzelne Körner heraus und es entsteht so eine sehr grobe Oberfläche.

Kellenwurfputz. Er wird manuell hergestellt. Der Putzer hat mit seiner speziellen Anwurftechnik Einfluss auf das Aussehen der Oberfläche. Es erfolgt kein Abreiben oder Abziehen.
Die sehr grobe Körnung (bis 10 mm) des Zuschlags ermöglicht eine raue Struktur.

Kellenwurfputz

Kellenstrichputz. Der Oberputz wird nach dem Auftragen mit der Kelle verstrichen. Dadurch entsteht ein fächerartiges Muster.

Waschputz. Für den Waschputz wird ein Zuschlag mit einer speziellen Körnung und Farbe ausgewählt. Nach dem Glätten des Putzes wird die oberste Bindemittelschicht abgewaschen, sodass die Zuschlagkörner sichtbar werden.

Bei Putzarbeiten sind unbedingt die Wettereinflüsse zu berücksichtigen.

Außenputzarbeiten sind nicht auszuführen

- bei Temperaturen unter 5 °C,
- bei starker Sonneneinstrahlung,
- bei starkem Wind,
- wenn Nachtfrost zu erwarten ist,
- nach Schlagregen (Wand abtrocknen lassen).

Der frische Putz ist vor Regen zu schützen. Schutz vor zu starker Sonneneinstrahlung bietet ein Abhängen des Gerüstes mit Netzen oder Planen.

Innenputzarbeiten sind nicht auszuführen bei Raumtemperaturen unter 5 °C. Durchzug ist zu vermeiden!

DIN EN 998-1	Festlegungen für Mörtel im Mauerwerksbau – Putzmörtel
DIN EN 13279	Gipsbinder und Gips-Trockenmörtel
DIN V 18550	Putz
DIN 18558	Kunstharzputze

Testen Sie sich selbst!

1. Wodurch unterscheiden sich die Anforderungen an einen Außenputz von denen an einen Innenputz?
2. Warum darf Gipsputz nicht als Außenputz verwendet werden?
3. Nennen Sie 3 wichtige Eigenschaften vom Bindemittel Gips.
4. Welcher Mörtel wird mit P II bezeichnet?
5. Was ist ein Leichtputz?
6. In welchem Mischungsverhältnis (Raumteile) ist ein P II als Baustellenmörtel herzustellen?
7. Wann ist ein Spritzbewurf auf das Mauerwerk zu bringen?
8. Welche Schichtdicke hat ein mineralischer Außenputz?
9. Was ist ein Reibeputz?

6.1.4 Projektarbeit „Ferienhaus“

Problemstellung: Der Mauerwerkskörper aus dem Lernfeld 3 muss verputzt werden. Die Außenwände sind aus Leichthochlochziegeln und die Innenwände aus Kalksandsteinen gemauert.

Aufgabe 1

Für die Außenwand aus Leichthochlochziegeln ist ein Außenputzsystem zu wählen.
Begründen Sie Ihre Entscheidung.

Ausführungshilfen:

- Stellen Sie Anforderungen auf, die ein Außenputzsystem erfüllen muss (→ Seiten 208, 209).
- Welche Putzmörtelgruppen können Sie wählen (→ Seite 213)?
- Vergleichen Sie die Festigkeiten von Leichthochlochziegeln und Putzmörtel (→ Seiten 76 und 212).
- Wählen Sie ein Außenputzsystem unter Verwendung der Tabelle auf Seite 209.
- Welche Struktur soll der gewählte Putzmörtel erhalten (→ Seite 217)?

Aufgabe 2

Für die Innenwand aus Kalksandsteinen ist ein Innenputz zu wählen.
Begründen Sie Ihre Entscheidung.

Ausführungshilfen:

- Stellen Sie Anforderungen an einen Innenputz in Wohnräumen auf (→ Seite 209)
- Welche Mörtelgruppen sind möglich (→ Seite 213)?
- Vergleichen Sie die Festigkeiten von Kalksand-Lochsteinen und Putzmörtel (→ Seiten 78 und 212).
- Wählen Sie einen Innenputz für das Kalksandstein-Mauerwerk aus (→ Seite 209).

Aufgabe 3

Erstellen Sie einen Arbeitsablauf für die Putzarbeiten auf der Außenwand.

Ausführungshilfen:

- Benennen Sie den Putzgrund hinsichtlich seiner Saugfähigkeit und der evtl. erforderlichen Vorbehandlung (→ Seite 214, 215).
- Welche Arbeiten sind vor dem Putzen zu erledigen (→ Seite 214)?
- Stellen Sie die Arbeitsschritte auf einem Poster dar!
- Welche Witterungsbedingungen sind zu beachten (→ Seite 218)?

Aufgabe 4

Für eine Innenwand (→ Seite 111 – Wand zwischen Schlaf- und Wohnraum) ist der Bedarf an Werk-Trockenmörtel für einen Putz P IV c zu ermitteln.

Ausführungshilfen:

- Berechnen Sie die Wandfläche! Die Abmessungen entnehmen Sie Seite 111.
- Aus den Tabellen „Putzmörtel: Verbrauch …“ (→ Seite 214) entnehmen Sie, wie viel m² Putz mit einem Sack Fertigmörtel hergestellt werden können.
- Die zu putzende Fläche haben Sie berechnet. Durch Division erhalten Sie die erforderliche Anzahl Säcke vom jeweiligen Trockenmörtel.
- Beachten Sie, dass beide Seiten der Wand zu putzen sind.

Aufgabe 5

Für die in der Skizze dargestellte Außenwand des Ferienhauses ist der Bedarf an Außenputz-Trockenmörtel zu bestimmen! Wie viel Sack sind erforderlich?

Ausführungshilfen:

- Ermitteln Sie anhand der Maße aus der Skizze die zu putzende Fläche.
- Addieren Sie dazu die zu putzende Fläche für die Fensterlaibung! Das sind ca. 10 cm Laibungsbreite und 10 cm des Fenstersturzes.
- Legen Sie einen Unterputz mit der Schichtdicke und Mörtelgruppe fest (→ Seiten 209 und 216)!
- Wählen Sie eine Putzweise für den Oberputz (→ Seite 217).
- Aus den Tabellen „Putzmörtel: Verbrauch …“ (→ Seite 214) entnehmen Sie, wie viel m² Putz Sie mit einem Sack Fertigmörtel herstellen können.
- Die zu putzende Fläche haben Sie berechnet. Durch Division erhalten Sie die erforderlich Anzahl Säcke vom jeweiligen Trockenmörtel.

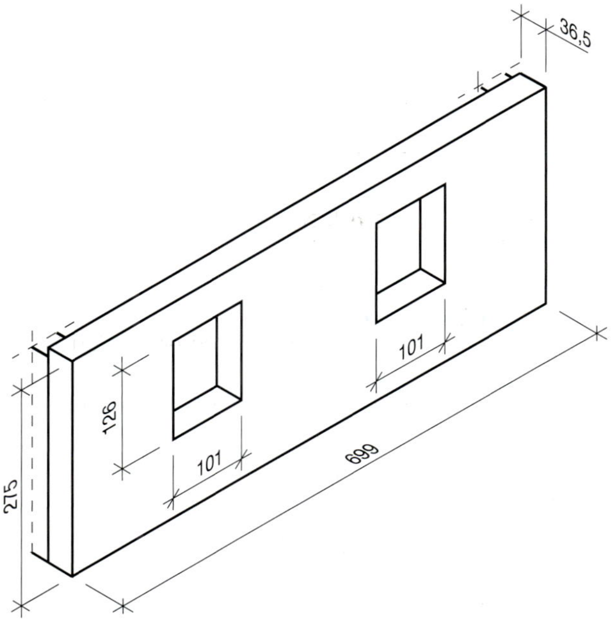

6.2 Herstellen eines Estrichs

Auf die Decke bzw. auf die Bodenplatte eines Gebäudes kommen weitere Schichten, die den **Fußbodenaufbau** bilden. Sie sichern die Nutzungsfähigkeit eines Gebäudes. Den Fußbodenaufbau legt der Planer fest. Dabei berücksichtigt er folgende Fragen:

- Sind Abdichtungen gegen Feuchtigkeit aus dem Erdreich (z. B. auf einer Bodenplatte) einzubauen?
- Welche Nutzung haben die darunter- und/oder darüberliegenden Räume?
- Welche Dämmschichten gegen Wärmeverluste sind in welcher Dicke zu planen?
- Ist eine Trittschalldämmung zu erreichen? Welche Materialien sind dafür einzusetzen?
- Mit welchen Lasten ist aus der Nutzung zu rechnen (z. B. Wohnraum oder Industriehalle)?
- Welches Material soll für die lastverteilende Schicht (Estrich) verwendet werden?
- Welche Nutzschichten werden vom Bauherrn gewünscht bzw. wie werden diese beansprucht?

Auf eine erdanliegende Bodenplatte werden je nach Lage und Beanspruchung folgende prinzipielle Schichten aufgebracht:

- die Abdichtung – gegen aufsteigende Feuchtigkeit (→ **G 3**, 2)
- die Dämmschicht – gegen Wärmeverluste (→ **G 3**, 1)
- die Abdeckung – als Schutz der Dämmschicht vor Feuchtigkeit aus dem Estrichmörtel
- der Estrich – als lastverteilende Schicht
- die Nutzschicht – einerseits den Wünschen des Bauherrn, andererseits der Nutzung entsprechend. Möglicherweise sind in Bädern auf den Estrich zuerst Abdichtungen gegen Feuchtigkeit einzubauen und darauf folgt die Nutzschicht (Fliesenbelag).

Der Estrichleger muss den Fußbodenaufbau so herstellen, dass der geplante Endzustand erreicht wird.

6.2.1 Planen eines Estrichs

Der Estrich ist ein Teil des Fußbodens. Er muss deshalb anteilig Aufgaben des Fußbodens erfüllen, wie

- Lastverteilung und Lastübertragung,
- Schallschutz (Luft- und Trittschalldämmung),
- Wärmeableitung (fußwarm oder fußkalt)
- Abriebfestigkeit (bei Estrich als Nutzschicht)
- Schutz der Dichtungen vor mechanischer Beschädigung.

Estrich als Fußbodenschicht kann unmittelbar genutzt werden (z. B. in Industriehallen) oder den Untergrund für einen Belag bilden (z. B. in Wohnräumen).

Estrich mit besonderen Anforderungen – Heizestrich

Estrich schnell verlegt – Fertigestrich

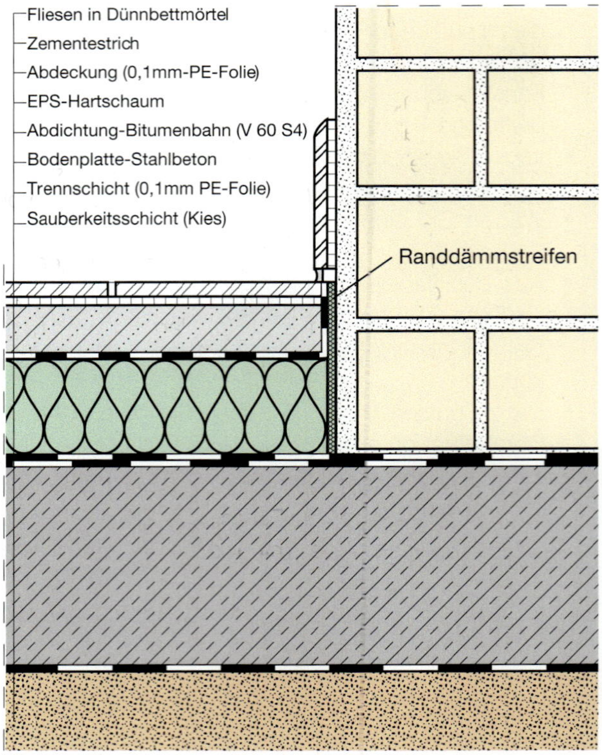

Fußbodenaufbau – erdanliegender Raum

Je nach Material, Herstellung und Ausführung werden Estriche unterschiedlich bezeichnet. Wichtig für die Ausführung ist die Estrichkonstruktion.

Der **Verbundestrich** ist fest mit dem Untergrund verbunden. Er wird z. B. als Nutzschicht (ohne Belag) in Kellern oder Nebenräumen in Wohngebäuden oder in Industriegebäuden eingebracht.
Die Oberfläche eines tragfähigen Untergrundes wird durch den Verbundestrich nutzfähig gestaltet.

Bei einem **Estrich auf Trennschicht** ist der Estrich mit dem Untergrund (Beton) nicht kraftschlüssig verbunden. Die Zwischenlage, die den Estrich vom Untergrund trennt, kann aus PE-Gleitfolien oder nackten Bitumenbahnen bestehen. Diese sind zweilagig zu verlegen.
Unter der Trennschicht kann sich auch eine Abdichtung befinden (z. B. in Kellerräumen). Durch die Trennung kann sich der Estrich „frei bewegen" (z. B. infolge Temperaturänderungen).

Der **schwimmende** Estrich ist die übliche Konstruktion im Wohnungs-, Gesellschafts- und Verwaltungsbau. Er wird auch als Estrich auf Dämmschicht bezeichnet.

! **Die lastverteilende Estrichplatte „schwimmt" auf der Dämmschicht. Sie ist von der Wand und der Rohdecke durch „weichen" Dämmstoff getrennt.**

Dadurch wird eine Schallausbreitung, z. B. Trittschall, unterbunden (Schallschutz → **G 3**, 3).

- Es dürfen keine starren Verbindungen zwischen der Estrichplatte und der Wand bzw. der Rohdecke vorhanden sein.
- Das Dämmmaterial liegt vollflächig auf dem tragenden Untergrund.
- Bei einer erforderlichen Trittschalldämmung (z. B. in Wohngebäuden) muss die Dämmung dafür zugelassen sein (→ Anwendungstyp DES).

Die Dicke des Estrichs ist abhängig von der Belastung und der Dicke der Dämmung. Unter keramischen Belägen ist die Estrichdicke mind. 45 mm. In Wohngebäuden sollte sie nicht dicker als 8 cm sein.

Die erforderliche Dicke einer Estrichschicht wird bestimmt durch die Biegezugfestigkeit (**F** – flexural = Biege-). Je höher die Biegezugfestigkeit umso geringer kann die Dicke der Estrichschicht sein. Neben der Druckfestigkeit (**C** – compression = Druck-) wird die Biegezugfestigkeit bei einem Estrich immer angegeben.

Bezeichnung der Estriche

nach	Bezeichnung	Verwendung
… dem Bindemittel	Zementestrich (CT)	Industrieböden, Gewerbebau, Wohnungen
	Calciumsulfatestrich (CA)	Wohnungen (als Fließestrich)
	Magnesiaestrich (MA)	Industrieböden
	Gussasphaltestrich (AS)	Industrieböden, Parkhäuser
	Kunstharzestrich (SR)	Industrieböden
… der Verbindung zum Untergrund	Verbundestrich (V)	Industrieböden
	Estrich auf Trennschicht (T)	Keller in Wohngebäuden, Industrieböden
	schwimmender Estrich (S	Wohnungen, Gewerbebau
… der Herstellung	Baustellenestrich	Wohnungen, Industrieböden, Gewerbe
	Baustellenestrich Fließestrich	Wohnungen, Industrieböden, Gewerbe
	Fertigteilestrich	Wohnungen (Sanierung, Trockenbau)

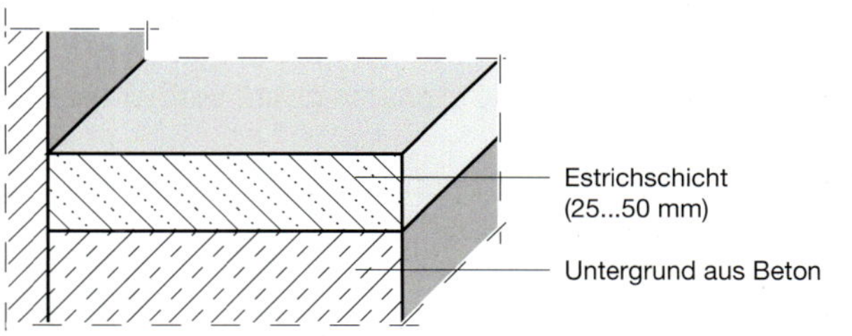

Verbundestrich – z. B. in einer Industriehalle

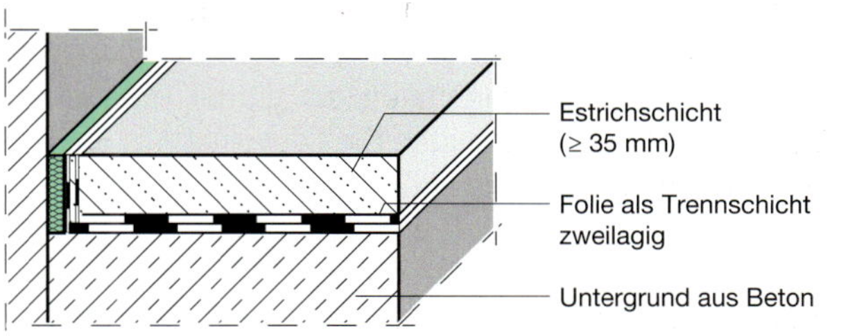

Estrich auf Trennschicht – z. B. in einem Kellerraum

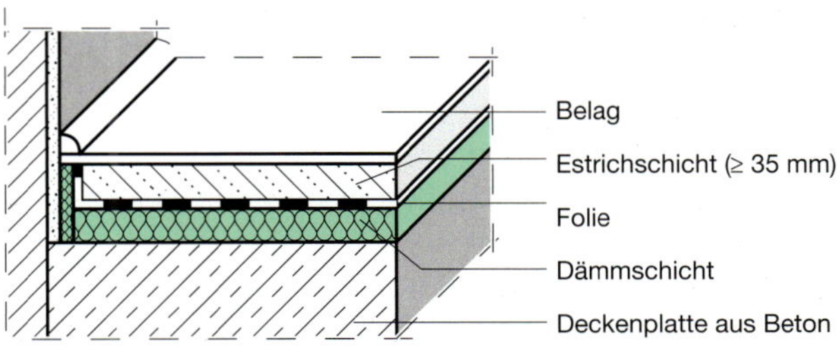

Schwimmender Estrich – z. B. in einem Wohnraum

6.2.2 Wahl der Baustoffe

Die Baustoffwahl ist abhängig vom Bindemittel. Im Folgenden wird der Zementestrich erläutert.
Ein **Zementestrich (CT)** besteht aus Zement, Zuschlag und Wasser. Zusätze können bestimmte Eigenschaften des Estrichs beeinflussen. Das Bindemittel **Zement** ist im Abschnitt 4.4.2 beschrieben.

Für Zementestriche wird vorwiegend schnell erhärtender Portlandzement mit einer Festigkeitsklasse von 32,5 N/mm² (CEM I – 32,5 R) verwendet. Das Erstarren des Zementes darf frühestens nach einer Stunde beginnen, damit genügend Zeit für die Verarbeitung und den fachgerechten Einbau des Estrichs bleibt.

> **!** Die Zementmenge soll nur der erforderlichen Mindestmenge entsprechen.
> Mehr Zement erhöht das Schwinden und benötigt mehr Wasser.

Der **Zuschlag** muss den Anforderungen für die Betonherstellung entsprechen (→ Abschnitt 4.4.2).

Ein glattes Rundkorn ist als Zuschlag gut geeignet. Es ermöglicht ein gutes Verdichten.

Je nach Estrichdicke und den Anforderungen werden folgende Korngruppen verwendet:

0/4 mm; 4/8 mm; 0/8 mm

Die Menge des **Anmachwassers** ist ganz entscheidend für die Qualität des Estrichs. Der *w/z*-Wert (→ Abschnitt 4.4.2) ist das Verhältnis der Wassermenge zur Zementmenge. Er darf nicht zu hoch sein, $w/z \leq 0{,}6$.
Durch zu viel Wasser entsteht ein großer Porenanteil, wenn das Wasser verdunstet. Die Festigkeit des Estrichs wird erheblich verringert.

> **!** Zum Verbessern der Verarbeitbarkeit soll dem Estrichmörtel kein Wasser weiter zugegeben werden. Dazu werden Zusatzmittel eingesetzt.

Die wichtigsten Zusatzmittel für den Estrichleger sind **Fließmittel**, die die Konsistenz des Estrichmörtels verbessern. Er lässt sich dann gut verarbeiten und verdichten. Der Estrich schwindet nur geringfügig.
Weiterhin können Schnellerhärter eingesetzt werden, die das Erhärten beschleunigen.
Ein Zementestrich kann in verschiedenen Festigkeitsklassen hergestellt werden. Üblich für Wohngebäude ist ein CT – C25 – F4.

Bezeichnung der Estriche

Estrich DIN 18560 – CT – F4 – S 40

- Schichtdicke
- Verlegeart
- Biegezugfestigkeit
- Estrichart

Zementestrich der Biegezugfestigkeitsklasse 4 (Mittelwert ≥ 4 N/mm²), als schwimmender Estrich mit einer Nenndicke von 40 mm.

Bezeichnung nach DIN EN 13813

CT – C25 – F5

Zementestrich der Druckfestigkeitsklasse 25 (≥ 25 N/mm²) und der Biegezugfestigkeitsklasse 5 (≥ 5 N/mm²)

Nenndicken von schwimmendem Estrich in Wohn- und Bürogebäuden

Biegezugfestigkeitsklasse	Estrichnenndicke
… von Zementestrich **CT**	
F4	≥ 45 mm
F5	≥ 40 mm
… von Calciumsulfatestrich **CA**	
F4	≥ 45 mm
F5	≥ 40 mm
F7	≥ 35 mm

Zusammendrückbarkeit der Dämmschicht ≤ 5 mm

Anmachwasser mit Fließmittel wird in die Mischung gegeben.

Das **Mischungsverhältnis** für einen CT–C25–F4 (CT–F4) beträgt

Zement : Sand = 1 : 5 bis **1 : 6.**

Estrichmörtel werden auch als Werk-Trockenmörtel angeboten. Hierbei ist nur noch die Zugabe des Anmachwassers erforderlich.

6.2.3 Herstellen des Estrichs

Das Einbringen des Estrichs gehört zu den Ausbauarbeiten. Die Rohbauarbeiten sind beendet, die Putzarbeiten sind fertig, der Tischler hat die Fenster eingesetzt, der Installateur hat die Rohrleitungen verlegt.

Mörtelbedarf und Mischen

Die Ausgangsgröße für das Mischen ist immer die Zementmenge. Über das entsprechende Mischungsverhältnis (z. B. 1 : 5) wird der Mörtel unter Zugabe von Sand und Wasser gemischt. Fließmittel wird entsprechend der Herstelleranweisung zugegeben.

Das Mischen des Estrichmörtels mittels der modernen Misch- und Förderpumpen ist recht einfach. Die Maschinen sind so ausgelegt, dass i. d. R. 50 kg Zement eingefüllt werden. Durch die Zugabe eines Fließmittels wird ein pumpfähiger Estrichmörtel hergestellt.

Die Mischdauer für Estrichmörtel soll mindestens 3 Minuten betragen.

Für die **Berechnung der benötigten Menge** sind die jeweiligen **Raumgrößen** und die **Estrichdicke** erforderlich. Sie werden den Ausführungszeichnungen (Rohbaumaßen) entnommen. Das Estrichvolumen (in m^3) ist ermittelbar.

Mischungsbeispiel für einen CT–F4: Mengen je Mischung

Bestandteil	Menge
Zement CEM 32,5 R	2 Sack = 50 kg = 8 Schaufeln
Sand 0/8 mm	40 Schaufeln
Anmachwasser	ca. 20 ℓ

Materialbedarf für Zementestrich CT–F4 – Richtwerte

Werk-Trockenmörtel	20 kg/(cm Dicke und m^2 Fläche)
Baustellenmörtel:	
– Zement CEM I – 32,5 R	300 kg/m^3
– Sand 0/8 mm	ca. 1700 kg/m^3
– Wasser	ca. 180 ℓ/m^3

Abmessen des Zuschlags, Mischen des Estrichmörtels

Beispiel zur Materialberechnung

Für die Diele im Ferienhaus ist ein 5 cm dicker Zementestrich CT – F4 auszuführen. Nach dem Grundriss im Abschnitt 3.5.6 hat die Diele eine Fußbodenfläche von 7,6 m^2. Wie viel Erstrichmörtel ist erforderlich?

① Werk-Trockenmörtel

gegeben: Fläche = 7,6 m^2; Dicke = 5 cm
20 kg Trockenmörtel/(cm und m^2)

gesucht: Anzahl der Säcke (1 Sack mit 40 kg)

Lösung:

- $20\,\frac{\text{kg}}{\text{cm}\cdot\text{m}^2}\cdot 5\,\text{cm} = 100\,\frac{\text{kg}}{\text{m}^2}$
- $100\,\frac{\text{kg}}{\text{m}^2}\cdot 7{,}6\,\text{m}^2 = 760\,\text{kg}$
- $\frac{760\,\text{kg}}{40\,\text{kg/Sack}} = 19$ Sack Trockenmörtel

Für die Herstellung des Estrichs in der Diele werden 19 Sack Werk-Trockenmörtel benötigt mit einem Sackgewicht von 40 kg.

② Baustellenmörtel

gegeben: Fläche = 7,6 m^2; Dicke = 5 cm
Zement CEM I – 32,5 R: 300 kg/m^3
Sand 0/8 mm : ca. 1700 kg/m^3
Wasser: ca. 180 ℓ/m^3

gesucht: Mengen an Zement, Sand und Wasser

Lösung:

- Volumenberechnung
  $7{,}6\,\text{m}^2\cdot 0{,}05\,\text{m} = 0{,}38\,\text{m}^3$
- Zement: $0{,}38\,\text{m}^3\cdot 300\,\frac{\text{kg}}{\text{m}^3} = 114\,\text{kg} \Rightarrow$ ca. 5 Sack à 25kg
- Sand: $0{,}38\,\text{m}^3\cdot 1700\,\frac{\text{kg}}{\text{m}^3} = 646\,\text{kg}$
- Wasser: $0{,}38\,\text{m}^3\cdot 180\,\frac{\ell}{\text{m}^3} = 68{,}4\,\ell$

Für den Estrich in der Diele müssen bestellt werden 5 Sack CEM I – 32,5 R, und 646 kg Sand 0/8 mm. 68,4 ℓ Wasser sind erforderlich.

Bauliche Voraussetzungen

Der Estrichleger muss vor Beginn der Arbeiten folgendes prüfen:

- Die Oberfläche des Untergrundes muss sauber (besenrein) und eben sein,
- Türen und Fenster müssen verschließbar sein,
- die Innenputzarbeiten und alle Installationsarbeiten, die den Fußboden betreffen, müssen abgeschlossen sein,
- die Zargen der Innentüren müssen eingebaut sein,
- in jedem Geschoss muss mindestens ein Meterriss oder ein Bezugspunkt vorhanden sein,
- die Raumtemperaturen müssen mindestens ≥5 °C und ≤15 °C betragen,
- die Abdichtungen müssen vorhanden sein (Sichtprüfung).

Die Abdichtung auf der Bodenplatte ist aufgebracht.

Arbeitsablauf bei der Estrichherstellung

Antragen der Höhenmarkierung in jedem Raum
↓
Verlegen der Dämmplatten
↓
Verlegen der Randdämmstreifen
↓
Abdecken der Dämmung mit PE-Folie
↓
Verlegen der Lehren und Ausrichten mittels Wasserwaage
↓
Herstellen und Fördern des Estrichs zum Einbauort
↓
Einbringen, Verteilen, Verdichten und Abziehen des Estrichs
↓
Abreiben der Estrichoberfläche
↓
Trocknung des Estrichs sichern

Herstellen des Estrichs

Das Herstellen eines normalen Zementestrichs ist körperlich schwere Arbeit. Der Estrichleger sollte daher unbedingt auf einen richtigen Knieschutz achten.

Ausführungsregeln und **Arbeitsschritte**

❑ Die **Dämmplatten** sind so zu verlegen, dass keine offenen Fugen entstehen.

❑ Die **Randdämmstreifen** (≥5 mm dick) sind an allen aufgehenden Wänden sehr sorgfältig zu verlegen. Sie dürfen beim Estricheinbau nicht verrutschen. Auch aufsteigende Rohrleitungen müssen mindestens eine Dämmhülse erhalten.
Der Randdämmstreifen muss über die Estrichoberkante herausragen. Der Überstand darf erst nach Abschluss der Belagsarbeiten abgeschnitten werden. Dadurch wird sicher verhindert, dass eine starre Verbindung (Schallbrücke) zwischen der Estrichplatte und der Wand bzw. Rohrleitung entsteht.

❑ Die **Abdeckung** ist vollflächig zu verlegen und an den Rändern über die Randdämmstreifen hochzuziehen. Verwendet werden PE-Folien (≥0,1 mm Dicke), ölbeschichtete Papiere oder Bitumenbahnen.
Die Abdeckung schützt die Dämmung vor Durchfeuchtung durch den Estrichmörtel. Sie verhindert auch das Eindringen von Mörtel in Fugen der Dämmplatten bzw. der Randdämmstreifen (Schallbrücke).
Die Abdeckung ist **keine Abdichtung,** sondern nur ein kurzzeitiger Feuchteschutz.
Die Bahnen müssen sich an den Stößen mindestens 10 cm überlappen. Bei der Verwendung von Fließestrich müssen die Stöße verklebt werden.

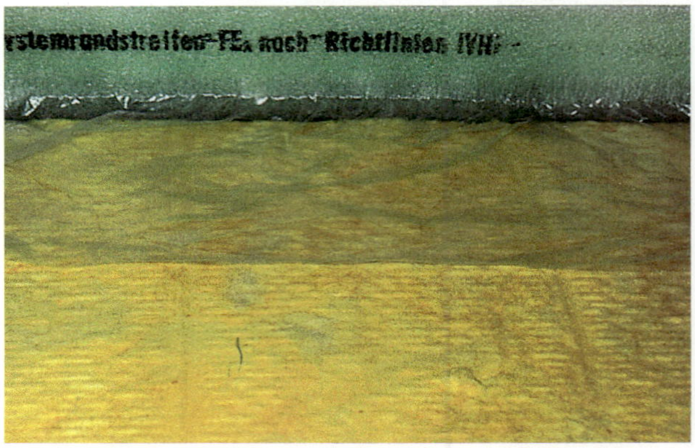

Dämmplatten und Randdämmstreifen sind verlegt.

❑ Vor dem Einbringen sind die **Lehren** zu verlegen und mit der Wasserwaage in der entsprechenden Höhe einzunivellieren.
❑ Der plastische Mörtel wird zwischen den Lehren eingefüllt. Nach dem Einbringen steht der Estrichmörtel leicht darüber. Anschließend wird mit einem Stampfer oder einer Rüttelbohle verdichtet.
❑ Mit einer Abziehlatte (Richtscheit) wird der Estrich grob abgezogen. Ein Ankanten der Latte erleichtert den Vorgang. Verbleibende Vertiefungen werden aufgefüllt und es wird erneut abgezogen, diesmal mit der Fläche der Abziehlatte. Sie wird dabei leicht hin- und hergeschoben.
❑ Die Lehren werden vorsichtig herausgezogen. Der Hohlraum wird aufgefüllt.
❑ Mit einem Reibebrett wird die Oberfläche geglättet. Dabei darf sich an der Estrichoberfläche kein Wasser ansammeln.

Abziehen des Estrichs

Glätten des Estrichs

Fließestrich wird durch das Fließmittel in seiner Konsistenz weichplastisch (Regelkonsistenz).
- Das Einbringen erfolgt durch das Verteilen des Estrichmörtels mit dem Pumpenschlauch. Es darf sich dabei kein Wasser vom Mörtel trennen.
- Anschließend wird der Mörtel mit der Schwabbelstange durchgeschlagen.
- Ein Abziehen ist bei einem Zementestrich danach i. Allg. nochmals erforderlich.
- Fließestriche sind überwiegend Calciumsulfatestriche. Sie sind raumstabil, d. h. es gibt nur geringe Volumenänderungen während der Austrocknung.

Trocknung des Estrichs
Da der Estrich die gesamte Fußbodenfläche bedeckt, werden nachfolgende Arbeiten so lange blockiert, bis der Estrich begangen werden kann.
- Die Trocknungszeit ist stark abhängig von der relativen Luftfeuchtigkeit und der Estrichdicke.
  Die allgemeine Baufeuchte spielt dabei eine wichtige Rolle.
- Ein Zementestrich darf nicht zu schnell trocknen (Risse). Durchzug ist zu vermeiden.
- Bei hohen Raumtemperaturen oder direkter Sonneneinstrahlung ist der Estrich durch Folien abzudecken und so vor zu schneller Trocknung zu schützen.
- Ein Zementestrich ist i. d. R. nach 3 Tagen begehbar und nach 7 Tagen höher belastbar.
- Bei normalen Bedingungen besitzt er nach 28 Tagen eine Restfeuchte von 3 %.

Einbringen von Fließestrich

Erhärtungsbeschleuniger als Zusatzmittel können die o. g. Zeiten erheblich verkürzen.
Belagsarbeiten sind nach dem Prüfen der Restfeuchte früher möglich (z. B. nach 7 Tagen).

! Der Estrich wird durch den Estrichleger zur Nutzung freigegeben.

DIN 18560 Estriche im Bauwesen

Testen Sie sich selbst!

1. Welche Unterscheidungsmerkmale gibt es für Verbundestrich, Estrich auf Trennschicht und schwimmenden Estrich?
2. Welche Aufgaben erfüllt schwimmender Estrich?
3. In welchem Mischungsverhältnis wird ein normaler Zementestrich hergestellt?
4. Wodurch kann die Verarbeitbarkeit eines Zementestrichs verbessert werden?
5. Was muss vor Beginn der Estricharbeiten geprüft werden?

6.2.4 Projektarbeit „Ferienhaus"

Problemstellung: Die Räume im Ferienhaus sollen einen Fußbodenaufbau erhalten. Der Tischler hat die Fenster und Türzargen eingesetzt. Der Putzer hat die Innenputzarbeiten abgeschlossen. Die Bodenplatte ist mit Bitumenschweißbahnen abgedichtet.

Aufgabe 1

Der Raum „Schlafen" des Ferienhauses soll einen Fußboden erhalten. Der Planer hat eine Detailzeichnung zum Fußbodenaufbau vorgegeben.
Wie viel Sack Zement, Schaufeln Sand und ℓ Wasser sind erforderlich?

Ausführungshilfen:
- Ermitteln Sie die Fußbodenfläche (in m^2) des Raumes! Benutzen Sie den Grundriss von Seite 111.
- Berechnen Sie mit der angegebenen Schichtdicke das Volumen (in m^3) der Estrichschicht.
- Berechnen Sie unter Benutzung der Tabelle „Materialbedarf für Zementestrich" (→ Seite 223) die erforderliche Menge an Zement, Sand und Wasser für einen CT – F4.

Aufgabe 2

Wie viel m^2 Dämmung, wie viel m Randdämmstreifen und wie viel m^2 PE-Folie als Abdeckung werden benötigt?

Ausführungshilfen:
- Ermitteln Sie die Fußbodenfläche (m^2) des Raumes! Benutzen Sie den Grundriß von Seite 111.
- Berechnen Sie den Umfang des Raumes für den Randdämmstreifen.
- Die PE-Folie wird an den Rändern hochgezogen! Schlagen Sie für die Flächenberechnung auf jeder Seite 10 cm zur Fußbodenfläche dazu.

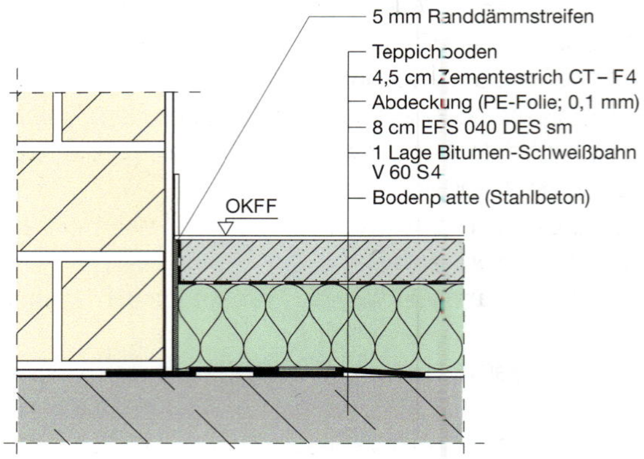

Fußbodenaufbau: Raum „Schlafen"

Aufgabe 3

Erstellen Sie einen Arbeitsablauf für die Estricharbeiten. Stellen Sie die Arbeitsschritte auf einem Poster dar.

Ausführungshilfen:
- Welche baulichen Voraussetzungen sind zu erfüllen bzw. durch den Estrichleger zu kontrollieren (→ Seite 224)?
- In welchem Mischungsverhältnis wird der Mörtel hergestellt (→ Seite 223)?
- Wie wird der Estrich eingebaut (→ Seiten 224, 225)?
- Welches Werkzeug ist dazu erforderlich?
- Was ist für die Trocknung zu beachten (→ Seite 225)?

6.3 Fliesen von Wand- und Bodenflächen

Die Ausführung von Fliesen-, Platten- und Mosaiklegearbeiten beeinflusst maßgeblich die Qualität eines Bauteils bzw. Raumes. Mit dem Verlegen bestimmter Materialien in verschiedenen Verlegearten (Muster) können z. B. gezielte Raumwirkungen erreicht werden.
Geplanten Nutzungsanforderungen, z. B. Rutschsicherheit, Hygiene, kann mit entsprechenden Belagsmaterialien entsprochen werden.

6.3.1 Planen eines Wand- und Bodenbelages

Die Bekleidung von Wand- und Bodenflächen mit Fliesen oder Platten muss bestimmte Gebrauchseigenschaften dauerhaft sichern. Der Fliesenleger sollte in der Lage sein, den Architekten bzw. Bauherrn zu beraten. Je nach geplanter Nutzung steht für den Bauherrn i. d. R. die Gestaltung der Fläche an erster Stelle. Darüber hinaus beeinflussen die Anforderungen an die Fläche die Ausführung der Arbeiten.

- Liegt die Fläche im Außen- oder Innenbereich?
- Muss die Fläche wasserundurchlässig sein?
- Wie hoch ist die Fläche mechanisch beansprucht (begehbar oder befahrbar)?
- Muss die Fläche beständig gegen Chemikalien sein (z. B. in Laborräumen)?
- Muss die Fläche rutschsicher sein (z. B. in Schwimmhallen)?
- Auf welchem Untergrund soll der Belag aufgebracht werden?

Diese Fragen sind in der Planungsphase zu klären und danach ist der Belag auszuwählen. Eine sorgfältige Ausführung ist unerlässlich. Bereits kleinste Fehler wirken sich negativ auf die Gesamtansicht aus und können auch die Nutzung beeinträchtigen.

6.3.2 Wahl der Baustoffe

Zuerst müssen die Fliesen und Platten für den jeweiligen Belag ausgewählt werden. Danach wird entsprechend dem Untergrund das Material für das Mörtelbett und zum Verfugen festgelegt.

Platten sind mineralische Baustoffe zur Verkleidung von Wand- und Bodenflächen. Aus **Naturstein** (z. B. Granit, Porphyr, Kalkstein, Sandstein, Marmor, Schiefer) werden Platten, Mosaik und Riemchen gefertigt.

Künstlich hergestellte Platten und Fliesen sind:

- keramische (gebrannte) Platten
- bindemittelgebundene Platten
- Glaswandbauplatten und Glasfliesen

Fliesenbeläge gestalten Räume.

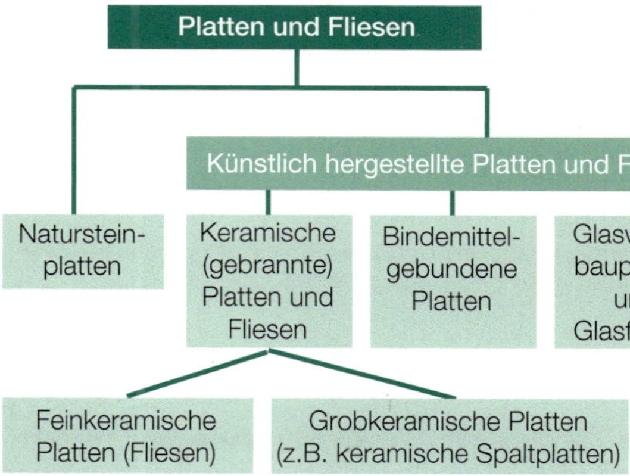

Trittsicherer Fliesenbelag in einer Großküche

Keramische (gebrannte) Platten
Zur Herstellung keramischer Platten werden bildsame Rohstoffe (Kaolin, Ton, Lehm) und nichtbildsame Rohstoffe (Quarz, Sand, Feldspat) verwendet. Die bildsamen Rohstoffe haben die Fähigkeit, mit Wasser ein **formbares Gemenge** zu ergeben.

Nichtbildsame Rohstoffe dienen dazu, die Eigenschaften der bildsamen Stoffe in der gewünschten Weise zu beeinflussen.
Bei den keramischen Platten wird **zwischen fein- und grobkeramischen** Platten unterschieden.

Die Vielfalt der Arten und Formen von keramischen Fliesen und Platten ist sehr groß. Die Güteanforderungen und Prüfverfahren sind innerhalb der EU in Europanormen festgelegt. Eine Unterscheidung wird nach Formgebung und Wasseraufnahmefähigkeit vorgenommen.

Die **Formgebung** wird durch Großbuchstaben gekennzeichnet:
- **A** stranggepresste Platten
- **B** trocken gepresste Fliesen und Platten
- **C** gegossene Fliesen und Platten

Die **Wasseraufnahmefähigkeit** wird durch römische Ziffern angegeben:
- **I** geringe Wasseraufnahmefähigkeit unter 3 %
- **II** mittlere Wasseraufnahmefähigkeit zwischen 3 % und 10 %
- **III** hohe Wasseraufnahmefähigkeit über 10 %

! Je geringer die Wasseraufnahme von Fliesen und Platten, umso größer ist die Frostbeständigkeit und die Festigkeit.

Die geringe Wasseraufnahmefähigkeit wird beim Brennprozess durch Sintern (Dichtbrennen) erreicht.

Feinkeramische Platten (Fliesen)
Der Fachmann muss aus der Vielzahl von Materialien dem Verwendungszweck entsprechend die richtige Auswahl treffen. Dazu benötigt er Kenntnisse über die Fliesenarten und deren Eigenschaften. Fliesen werden in zwei große Gruppen eingeteilt.
- Fliesen mit hoher Wasseraufnahmefähigkeit:
  Steingutfliesen (Gruppe B III)
  Steingutfliesen ⇒ heller Scherben
  Irdengutfliesen ⇒ farbiger Scherben
- Fliesen mit geringer Wasseraufnahmefähigkeit:
  Steinzeugfliesen (Gruppe B I)

Herstellung von Wandfliesen (Steingut)

Rohstoffe (ca. 50 % Ton, ca. 45 % Quarz ca. 5 % Feldspat)
↓
Aufbereitung und Formgebung
↓
1. Brand
↓
Einseitig glasieren
↓
2. Brand
↓
Wandfliesen

Herstellung von Bodenfliesen (Steinzeug)

Rohstoffe (ca. 60 % Ton, ca. 20 % Quarz ca. 20 % Feldspat)
↓
Aufbereitung und Formgebung
↓
Glasieren
↓
Dichtbrennen (Sintern, bei ca. 1400 °C)
↓
Bodenfliesen

Bezeichnungsbeispiel von Platten und Fliesen

❑ mit niedriger Wasseraufnahmefähigkeit
Stranggepresste Fliese und Platte „Präzision“, DIN EN 14411
AI M 15 cm x 15 cm (W 150 mm x 150 mm) UGL

DIN EN 14411 Keramische Fliesen und Platten; **A** stranggepresste Fliesen und Platten; **I** Wasseraufnahmefähigkeit < 3 %; **M** Modulmaß (Nennbezeichnung); **W** Werksmaß (Herstellmaß); **UGL** unglasiert

❑ mit hoher Wasseraufnahmefähigkeit
Trockengepresste Fliese und Platte, DIN EN 14411
B III, M 15 cm x 20 cm (W 148 mm x 198 mm), GL

DIN EN 14411 Keramische Fliesen und Platten; **B** trockengepresste Fliesen und Platten; **III** Wasseraufnahmefähigkeit > 10 %; **M** Modulmaß (Nennbezeichnung); **W** Werksmaß (Herstellmaß); **GL** glasiert

Eigenschaften und Anwendungsgebiete von Fliesen

Fliesenart	Eigenschaften	Verwendung
Gruppe B III	• poröser Scherben • Oberseite glasiert • Unterseite unglasiert • gute Haftung auf Mörtelbett • nicht frostbeständig • nicht säurebeständig	Wandbeläge im Innenbereich
Gruppe B I	• dichtgesinterter Scherben • frostbeständig • witterungsbeständig • säurebeständig	vorwiegend Bodenbeläge im Innen- und Außenbereich

Formate – Fliesen werden in sehr unterschiedlichen Größen (Formaten) hergestellt.
Die Form kann quadratisch oder rechteckig sein, aber auch eine besondere Formgebung haben (z. B. Sechseck oder gerundete Formen).
Die Fertigungsmaße (Herstellmaße) und Nennbezeichnungen der Fliesen sind genormt.

Abriebklassen – unglasierte Steinzeugfliesen sind sehr widerstandsfähig gegen den Verschleiß der Oberflächen und auch für sehr starke Beanspruchung geeignet. Ihr Einsatzbereich ist damit kaum eingeschränkt.
Die Einsatzmöglichkeiten von glasierten Steinzeugfliesen werden durch die Widerstandsfähigkeit der Glasur bestimmt. Die Einteilung erfolgt in fünf Abriebklassen (Beanspruchungsgruppen).

Rutschhemmung – die Trittsicherheit für Fußbodenflächen im gewerblichen Bereich (z. B. Großküchen, Waschhallen) und im Barfußbereich (z. B. Schwimmhallen) ist besonders wichtig, um Unfälle zu vermeiden.
Dafür geeignet sind Bodenfliesen, deren Oberflächen profiliert oder rutschhemmend glasiert sind.
Die Einteilung erfolgt in verschiedene Bewertungsgruppen (z. B. für den Barfußbereich in **A**, **B** und **C**).

Güteklassen – die fertigen Fliesen werden im Herstellerwerk auf ihre Güte überprüft und sortiert. Fliesen, die den genormten Maßen und den physikalischen sowie chemischen Güteanforderungen entsprechen, gehören der **1. Sortierung** an.
Werden die Anforderungen an die Maße und die Oberflächenbeschaffenheit nicht eingehalten, dann gehören die Fliesen zur **Mindersortierung**.

Kennzeichnung der Steingut- und Steinzeugfliesen
Vielfach erfolgt die Kennzeichnung nur als Aufdruck auf der Verpackung.

	Aufdruck auf der Einzelfliese	Verpackungskennzeichnung
Steingutfliesen		
1. Sortierung	„+“ auf der Rückseite der Fliese	roter Aufdruck
Mindersortierung	————	blauer Aufdruck
Steinzeugfliesen		
1. Sortierung	„erste Sorte“ auf der Fliesenkante	roter Aufdruck
Mindersortierung	————	blauer Aufdruck

Formate von Fliesen und Platten – Auswahl

Herstellmaße Breite in mm	Herstellmaße Länge in mm	Nennbezeichnung in cm
Formate von Steingutfliesen		
98	198	10 × 20
108	108	10,8 × 10,8
108	218	10,8 × 21,8
150	150	15 × 15
148	198	15 × 20
198	198	20 × 20
Formate von Steinzeugfliesen		
100	150	10 × 15
97	197	10 × 20
120	245	12,5 × 25
146	296	15 × 30
150	150	15 × 15
197	197	20 × 20
196	296	20 × 30
196	396	20 × 40
246	246	25 × 25
296	296	30 × 30

Abriebklassen glasierter Steinzeugfliesen

Abriebklasse	Beanspruchung des Belages	Anwendungsbereiche
1	sehr gering – keine Beanspruchung durch kratzende Verschmutzung	Räume, die mit weich besohltem Schuhwerk oder barfuß begangen werden, z. B. Badezimmer
2	gering – gelegentliche und geringe Beanspruchung durch kratzende Verschmutzung	Räume, die mit weich besohltem oder normalem Schuhwerk begangen werden, z. B. Räume im Wohnbereich (außer Küchen)
3	mittel – geringe Beanspruchung durch kratzende Verschmutzung	Räume, die häufig mit normalem Schuhwerk begangen werden, z. B. Hallen, Küchen, Dielen, Balkone, Terrassen
4	stark – Beanspruchung durch kratzende Verschmutzung	Räume, die intensiv begangen werden, z. B. Eingangshallen, Arbeitsräume, Verkaufsräume
5	sehr stark – Beanspruchung durch sehr kratzende Verschmutzung	starke kratzende Verschmutzung, z. B. Einkaufszentren, Eingangshallen – Flughafen

Grobkeramische Platten – Die Rohstoffe für grobkeramische Platten sind die gleichen wie für Fliesen, nur gröber aufbereitet. Auch diese Platten werden glasiert bzw. unglasiert hergestellt.

Grobkeramische Platten – Arten, Eigenschaften und Verwendung

Arten	Eigenschaften	Verwendung
Spaltplatten	• frostbeständig • säurebeständig	Fassaden, Sohlbanksteine
Bodenklinkerplatten	• druck- und abriebfest • frostbeständig • chemisch belastbar	Bodenbelag in Industrie und Gewerbe, Terrassen
Cottoplatten (Ziegeltonplatten)	• meist nicht frostbeständig • abriebfest • rustikales Aussehen	Bodenbelag, z. B. in Gaststätten

Grobkeramische Platten

Bindemittelgebundene Platten – werden mit Bindemitteln Zement bzw. Bitumen hergestellt. Vielfältige Farben, Formen und Strukturen sind möglich.

Bindemittelgebundene Platten – Herstellung, Eigenschaften und Verwendung

Arten	Herstellung	Eigenschaften/Verwendung	Beispiele
Betonwerksteinplatten	• einzeln gepresst oder aus Betonblöcken geschnitten • Dicke $\geq$ 1 cm • Oberfläche geschliffen, gewaschen, sandgestrahlt, gestockt	• Herstellung für alle Beanspruchungen möglich • sehr vielfältige Farben und Oberflächenstrukturen • geeignet für Gehwege, Terrassen	
Terrazzoplatten	• zweischichtig – Unterschicht aus Beton, Vorsatzschicht aus Zement, Natursplitt und Wasser • Dicke: Unterschicht $\geq$ 3 cm, Vorsatzschicht 0,5 bis 2 cm • einschichtig – Zement, Gesteinskörnung und Wasser • Oberfläche geschliffen	• Herstellung für alle Beanspruchungen möglich • sehr vielfältige Farben und Oberflächenstrukturen • geeignet als Bodenbelag (innen und außen) • Stufen • Fensterbänke	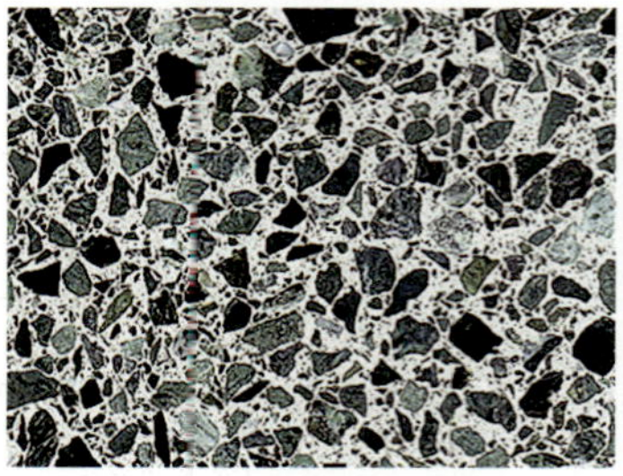
Asphaltplatten	Platten aus Bitumen/Asphalt und Natursteinmehl	• fußwarm • schalldämpfend • trittsicher • geeignet als Fußboden für Produktionshallen	

Fliesenmörtel und -kleber

Mörtel oder Kleber müssen eine feste, sichere und dauerhafte Verbindung zwischen Belag und Untergrund herstellen. Sie werden eingeteilt in

- Dickbettmörtel (15 mm bis 50 mm dick) und
- Dünnbettmaterialien (bis 6 mm dick).

Dickbettmörtel

! Für das Ansetzen und Verlegen der Fliesen und Platten im Dickbettverfahren wird Zementmörtel verwendet.

Als Bindemittel wird Zement verwendet. Dabei ist zu beachten, dass Zement beim Abbinden schwindet.

Für den Fliesenlegebereich eignen sich besonders:

- Portlandzement CEM I
- Portlandpuzzolanzement CEM II/A-P, CEM II/B-P
- Hochofenzement CEM III/A, CEM III/B

Als **Zuschlag** wird Sand der Korngruppe 0/4 verwendet. Die Hohlräume zwischen den großen Körnern werden durch die feinen Bestandteile des Zuschlags geschlossen. Dadurch kann der Zementverbrauch gering gehalten werden und das Schwinden wird verringert.

Dünnbettmaterialien

Es werden drei Arten unterschieden:

- hydraulisch erhärtende Dünnbettmörtel
- Dispersionsklebstoffe
- Epoxidharzklebstoffe

Eigenschaften und Verwendung von Zementarten

Zementart	Eigenschaft	Verwendung
CEM I	• hoher Kalkgehalt • neigt zum Ausblühen	nicht im Außenbereich und bei hoher Wasserbelastung
CEM II/A-P, CEM II/B-P	• geringer Kalkgehalt • kaum Ausblühungen und Verfärbungen an den Belägen • ergibt einen dichten Mörtel	besonders für den Außenbereich und für Beläge aus Natursteinen
CEM III/A, CEM III/B	• hoher Hüttensandanteil • geringerer Kalkanteil • kaum Ausblühungen und Verfärbungen an den Belägen • ergibt einen dichten Mörtel	besonders für den Außenbereich und für Beläge aus Natursteinen

Mischungsverhältnis von Zement zu Sand bei Dickbettmörtel

Fliesenart und Plattenmaterial	Zement : Sand
Steingutfliesen (Gruppe B III)	1 : 5
Steinzeugfliesen (Gruppe B I)	1 : 4
Spaltplatten (Gruppe A IIa)	1 : 5
Klinker, Spaltklinker	1 : 4

Ist der Zementgehalt zu hoch, so entstehen Schwindrisse in der erhärteten Mörtelschicht. Der Belag kann reißen.

Dünnbettmaterialien (Mörtel und Fliesenkleber)

	Hydraulisch erhärtende Dünnbettmörtel	Dispersionsklebstoffe	Epoxidharzklebstoffe
Zusammensetzung	• Zement und Quarzsand • Vergütung: – Wasser rückhaltend – Wasser abweisend – Elastifizierer	• Polyvinylacetat (PVAC) oder Acrylharz und • Quarzsand oder Gesteinsmehl	• Epoxidharze oder Polyurethanharze (PUR) und • Härter
Erhärtung	hydraulisch	durch Wasserabgabe	durch chemische Vernetzung
Eigenschaften	• wasser- und frostbeständig • starr • flexibel (bei Kunststoffvergütung)	• nur bedingt wasser- und frostbeständig • flexibel • sehr klebfähig • leicht zu verarbeiten	• wasser- und frostbeständig • wasserdicht • flexibel (PUR) • sehr haftfest • chemikalienbeständig
Verwendung	• für Innen- und Außenbereiche • nicht auf Holz, Kunststoff und Metall	• nur im Innenbereich • nicht im Nassbereich und auf Fußböden	• für Innen- und Außenbereiche • für chemisch beanspruchte Flächen • auch für Holz- und Metalluntergründe

Abdichtungen

Alle Bauwerksteile müssen vor Feuchtigkeitseinwirkung dauerhaft geschützt werden. Fliesenlegearbeiten werden vor allem dort ausgeführt, wo Wand- und Bodenflächen der Feuchtigkeit ausgesetzt sind.

> **!** Das Eindringen von Feuchtigkeit in den Untergrund kann durch den Fliesenbelag allein nicht verhindert werden.

Es sind entsprechende Abdichtungen herzustellen. Der konstruktive Aufbau und die Wahl der Dichtstoffe ist vom Grad der Feuchtigkeitseinwirkung abhängig. Für die Abdichtungen können

- Bitumenbahnen und
- Kunststoffdichtungsbahnen

verwendet werden (→ **G 3**,2).

Diese Abdichtungen sind sehr aufwändig in der Verarbeitung. Sie benötigen einen tragfähigen Untergrund und müssen miteinander verklebt oder verschweißt werden. Für das Aufbringen eines Fliesenbelags ist außerdem ein Mörtelträger (Estrich) erforderlich.

In Bädern und Duschen in Wohnungen werden deshalb so genannte alternative Abdichtungen eingesetzt. Das sind Abdichtungen, die im Verbund mit Bekleidungen und Belägen aus Fliesen und Platten hergestellt werden.

Man unterscheidet drei Gruppen von **Abdichtstoffen**:

- Kunststoff-Zement(Mörtel-)-Kombinationen,
- Kunstharzdispersionen,
- Reaktionsharze.

Diese Stoffe werden auf den Untergrund aufgetragen (gestrichen, gespachtelt, gewalzt). Danach werden die Fliesen oder Platten im Dünnbett verlegt.

Für den Wandanschluss werden in den Kehlen Dichtbänder eingearbeitet.

> **!** Bei der Verwendung dieser Abdichtstoffe sind unbedingt die Herstellerrichtlinien zu beachten und einzuhalten. Das betrifft besonders die Verbrauchsmengen.

In häuslichen Baderäumen ist die Flächenabdichtung unter und hinter der Badewanne oder Duschwanne einzubauen.

Bei den Duschwannen wird die Abdichtung ≤ 20 cm über den Brausekopf und bei Badewannen 10 cm über den Wannenrand hochgeführt.

Im Wandbereich endet die Abdichtung 15 cm über der Oberkante des Bodenbelages.

Feuchtigkeitsbeanspruchungsklassen

Beanspruchungsklasse	Beanspruchung (Anwendungsbeispiele)
I	zeitweise und kurzfristig als Spritzwasser (Bäder mit Badewanne oder Duschtasse)
II	längerfristig bis ständig, nicht stauend (Duschen ohne Duschtassen, mit Bodenabläufen)
III	feuchtigkeitsbeanspruchte Bauteile im Außenbereich (Balkone und Terrassen)
IV	längerfristig bis ständig, nicht stauend, Einwirkung aggressiver Medien (gewerbliche Küchen und industrielle Bereiche, z. B. Molkereien und Schlachtereien)

Auftragen des Abdichtstoffes

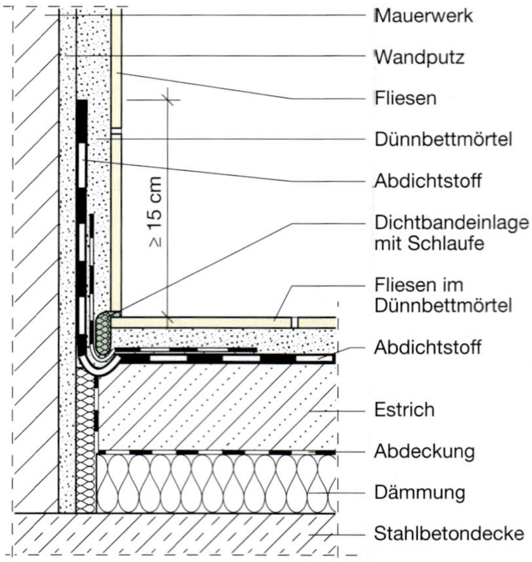

Sanitärraum im Wohnungsbau – Wandanschluss der Abdichtung

6.3.3 Fliesenverlegearbeiten

Für das Herstellen von Wand- und Fliesenbelägen gibt es zwei Verlegeverfahren,
- das Dickbettverfahren (Mörtelbettdicke ca. 1,5 cm),
- das Dünnbettverfahren (Mörtelbett- bzw. Kleberbettdicke ca. 6 mm).

> **!** Die Entscheidung, welches der beiden Verfahren angewendet wird, hängt hauptsächlich von der Beschaffenheit des Untergrundes ab.

Ist der Untergrund gleichmäßig und eben, so eignet sich das **Dünnbettverfahren**. Bei Unebenheiten muss der notwendige Ausgleich durch entsprechende Vorbereitungsmaßnahmen (Verputzen, Ausgleichsspachtelungen) geschaffen werden.

Einteilen der Beläge

Das Aussehen eines Belages ist ganz entscheidend für die Qualität. Deshalb darf nicht planlos an beliebiger Stelle mit dem Verlegen begonnen werden.
Vor Beginn des Verlegens muss die **Belagseinteilung** erfolgen. Dabei wird die Anordnung und die Größe von notwendigen Teilstreifen ermittelt.

> **!** Teilstreifen werden grundsätzlich am Belagsende angeordnet. Ausnahmen sind Fensterbrüstungswände und Pfeiler. Zu kleine Teilstreifen (kleiner als eine halbe Fliese) werden besser durch zwei größere in symmetrischer Anordnung ersetzt.

Die Belagseinteilung kann erfolgen:
- durch das Auslegen der Fliesen/Platten auf der Baustelle
- durch das Ausmessen der Verlegelängen und eine rechnerische Einteilung
- mit Hilfe von Verlegeplänen (Werksplänen)

Bei einer symmetrischen Einteilung geht man von der Belagsmitte aus.
- Bei einer geraden Anzahl ganzer Fliesen verläuft die Belagsmitte (Symmetrieachse) durch eine Fuge.
- Bei einer ungeraden Anzahl liegt eine Fliese/Platte in der Belagsmitte.

Bei der symmetrischen Einteilung muss immer die Anzahl der ganzen Fliesen/Platten und die entsprechende Streifenbreite (nicht kleiner als eine halbe Fliese/Platte) ermittelt werden.

Arbeitsablauf für das Verlegen von Fliesen

Überprüfen des Belagsuntergrundes
⬇
Festlegen und Ausführen der Vorbereitungsarbeiten
⬇
Einteilen des Belags
⬇
Anlegen des Belags
⬇
Ansetz- bzw. Verlegearbeiten
⬇
Verfugen und Säubern

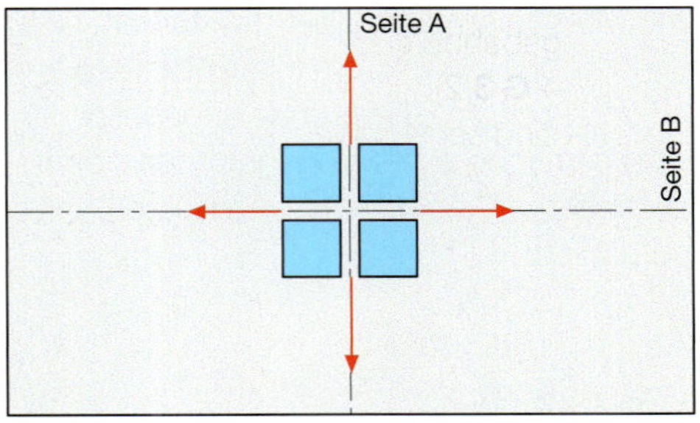

Einteilung der Anlage bei symmetrischer Verlegung mit einer geraden Anzahl ganzer Fliesen bzw. Platten auf beiden Seiten

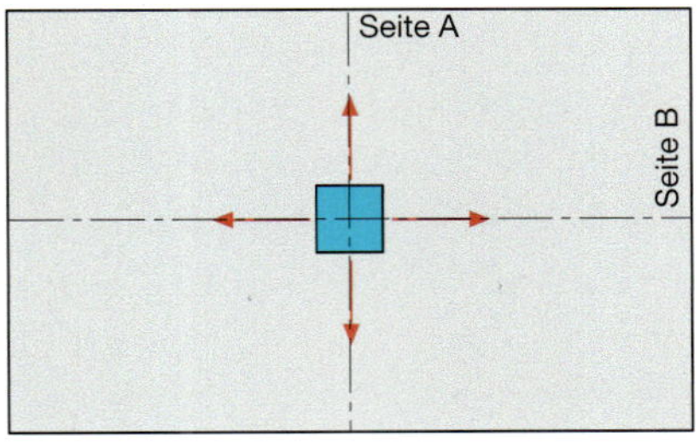

Ungerade Anzahl ganzer Fliesen bzw. Platten auf beiden Seiten

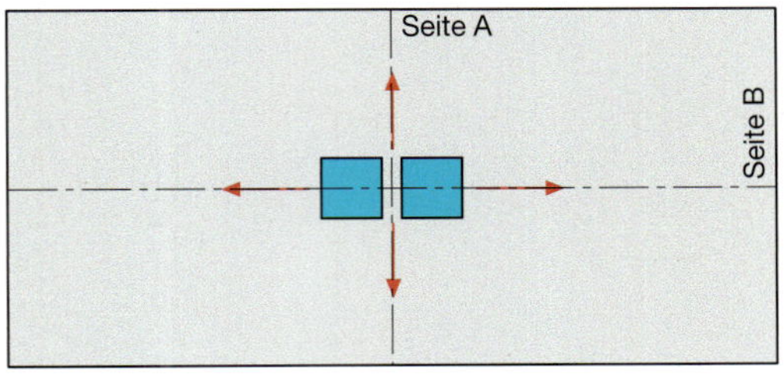

Seite A mit einer geraden Anzahl, Seite B mit ungerader Anzahl ganzer Fliesen bzw. Platten

Befinden sich Öffnungen (Nischen, Fenster usw.) in den Wandflächen, dann ist darauf zu achten, dass an den Leibungskanten möglichst ganze Fliesen angesetzt werden.

Beispiel 1

Einteilung eines Wandbelags

Die gemessene Verlegelänge der linken Seitenwand im Bad beim Projekt „Ferienhaus" beträgt 147 cm. Vom Rohbaumaß von 151 cm werden auf jeder Seite 1,5 cm Putz und 5 mm Randdämmstreifen abgezogen. Die Einteilung ist mit Steingutfliesen 14,8 cm x 19,8 cm vorzunehmen. Die Fliesen werden hochkant angesetzt. Bei der Einteilung ist zu beachten, dass zu jeder Fliese/Platte eine Fuge gehört. Die Fugenbreite beträgt 2 mm.

Die Rechnung ergibt:

147 cm : 15 cm = 9 ganze Fliesen,
Restbreite von 12 cm

Bei 9 ganzen Fliesen entsteht ein Teilstreifen von 12 cm. Dieser Streifen ist bei 15 cm Fliesenbreite ausreichend groß und wird am Belagsende angesetzt.

Wird eine symmetrische Einteilung gefordert, dann sind zwei Teilstreifen an jeder Seite anzusetzen. Ihre Breite wird berechnet:

15 cm + 12 cm = 27 cm
27 cm – 0,2 cm Fuge = 26,8 cm
26,8 cm : 2 = 13,4 cm

Auf die Länge von 147 cm werden somit 8 ganze Fliesen und zwei Teilstreifen mit einer Breite von je 13,4 cm angesetzt. In dieser Streifenbreite ist noch der Fugenanteil enthalten.

Das Anlegen der ersten Schicht wird von der Belagsmitte aus vorgenommen. Bei 8 ganzen Fliesen verläuft die Mittelachse durch eine Fuge.

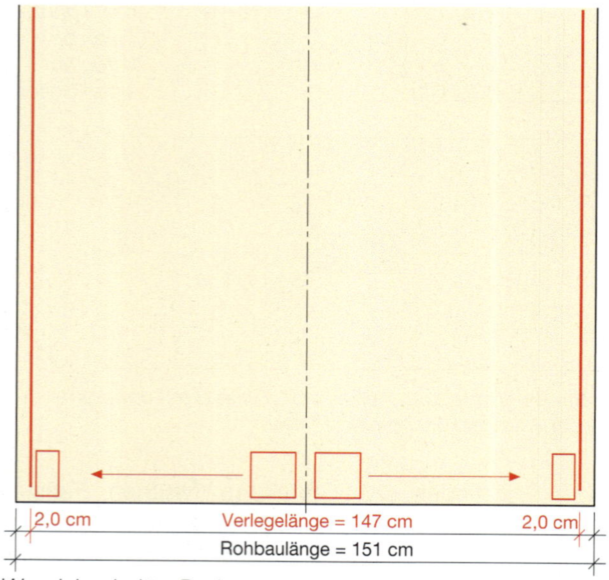

Wandabschnitt – Bad

Beispiel 2

Einteilen eines Bodenbelags

Nach dem Verputzen der Wände in der Diele beim Projekt „Ferienhaus" beträgt die Länge 298 cm und die Breite 248 cm.

Der Fußboden ist mit Steinzeugfliesen 197/197/8 mit 3 mm Fugenbreite zu bekleiden.

Da der Fußbodenbelag nicht unmittelbar an die Wand angearbeitet wird, sind von den Maßen 2 x 1 cm abzuziehen. Die so ermittelten Verlegelängen werden danach eingeteilt.

Länge:

296 cm : 20 cm = 14 ganze Fliesen
Restbreite von 16 cm

Auf die Länge der Diele werden 14 ganze Fliesen und ein Teilstreifen von 16 cm verlegt.

Breite:

246 cm : 20 cm = 12 ganze Fliesen
Restbreite von 6 cm

Der Teilstreifen von 6 cm ist zu schmal.

Bei symmetrischer Einteilung:

20 cm + 6 cm = 26 cm
26 cm – 0,3 cm Fuge = 25,7 cm
25,7 cm : 2 = 12,85 cm

Auf die Breite werden 11 ganze Fliesen und zwei Teilstreifen von je 12,85 cm verlegt.

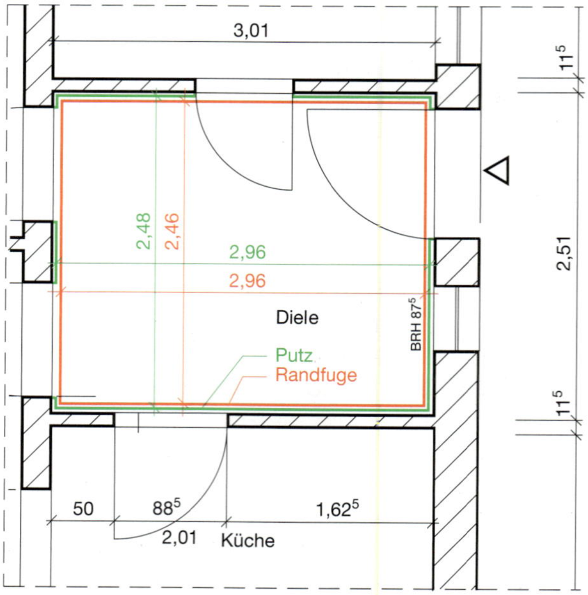

Projekt „Ferienhaus" – Teilgrundriss

Vorbereiten des Belagsuntergrundes

Jeder Belagsuntergrund muss auf seine Eignung überprüft werden. Nach der Überprüfung kann man die Art und den Umfang der Vorbereitungsarbeiten festlegen.

! Ein Fliesenbelag ist immer nur so gut oder so schlecht wie sein Untergrund.

Die Vorbereitungsarbeiten werden bestimmt durch
- das Material, aus dem der Untergrund besteht,
- den Zustand des Untergrundes und
- die zu wählende Ansetzmethode (Dick- oder Dünnbettverlegung).

Für das **Dickbettverfahren** ist ein guter Untergrund rau, porig und saugend (z. B. Mauerziegel).

Ölflecken werden mit Ölentferner beseitigt.

Glatte, nicht saugende Untergründe (z. B. Beton) oder zu stark saugende Untergründe (z. B. Porenbeton) sind problematisch bei der Dickbettverlegung. Untergründe wie Holzwerkstoffe, alte Fliesenbeläge oder Gips sind ungeeignet.

Durch entsprechende Vorbereitungsarbeiten lässt sich die Haftfähigkeit verbessern oder überhaupt erst herstellen:
- ❑ Reinigen des Untergrundes – Staub und lose Teile werden mit dem Besen beseitigt. Holz- und Metallteile sowie Gips sind zu entfernen.
- ❑ Annässen des Untergrundes – ist besonders bei stark saugendem Untergrund sowie bei warmer, trockener Witterung wichtig.

Auftragen eines Haftgrundes

Auf viele Untergründe, die für die Dickbettverlegung ungeeignet sind, kann man das Dünnbettmaterial unmittelbar aufziehen.

Bei der Dünnbettverlegung sind als vorbereitende Arbeiten durchzuführen:
- ❑ Reinigen des Untergrundes von Staub, Fett, Wrasen oder Schalungsöl.
- ❑ Eine unebene Wand wird durch einen Kalkzementputz oder Spachtelmassen ausgeglichen. Für den Boden eignen sich Spachtel- oder Ausgleichsschichten.
- ❑ Sehr dichte und glatte Untergründe erhalten einen Grundierungsanstrich als Haftbrücke. Die Haftfähigkeit wird so verbessert.

Für feuchtigkeitsempfindliche Baustoffe (Spanplatten, Gipsplatten) ist eine Grundierung als Feuchtigkeitsschutz unerlässlich.

Mit Ausgleichmörtel werden Unebenheiten beseitigt.

Herstellen von Wandbelägen

Die Fliesen und Platten sind so anzusetzen, dass ein lot- und fluchtgerechter Belag entsteht. Sie müssen fest mit dem Untergrund verbunden werden.
Spezielle Vorbereitungsarbeiten des Untergrundes sind erforderlich:

- **Spritzbewurf** – er wird immer beim Dickbettverfahren aufgebracht. Verwendet wird ein Zementmörtel mit einem Mischungsverhältnis von 1 : 2 bis 1 : 3.
  Die Rauigkeit des Untergrunds wird verbessert und bei stark saugenden Materialien die Saugfähigkeit herabgesetzt. Kleine Unebenheiten können ausgeglichen werden.
- **Putzträger** – werden dort angebracht, wo der Untergrund allein nicht ausreichend tragfähig (altes Mauerwerk) und nicht haftsicher (schalungsglatter Beton) ist. Auch bei Mischmauerwerk sind Putzträger anzubringen. Putzträger bestehen aus Ziegel- oder Rabitzdrahtgewebe, Rippenstreckmetall sowie Betonstahlmatten.

Ansetzen von Wandfliesen im Dickbettmörtel

Die Wandfliesen (Gruppe B III) werden mit Zementmörtel angesetzt.

Im Mörtelkasten wird nur so viel Mörtel kellengerecht zubereitet, wie in der nächsten Stunde verarbeitet werden kann.

Die Mörtelbettdicke beträgt im Mittel 1,5 cm und sollte 2,5 cm nicht überschreiten.
Die richtige Höhe der ersten Wandfliesenschicht wird vom Meterstrich aus eingemessen. Als Unterlage legt man eine Setzlatte in ein Sandbett.

> **!** Beim Einmessen der Setzlatte ist zu beachten, dass der später zu verlegende Bodenbelag unter den Wandbelag geschoben wird. Es muss genügend Platz für die Anschlussfuge bleiben.

Die senkrechten Bezugsachsen werden durch **Lotschnüre** hergestellt. Dazu schlägt man **Schnurdorne** in die Wand und befestigt daran die Lotschnüre.
Die **Schnurdorne** dürfen nicht in abgedichtete Wände eingeschlagen werden. Hier kann man Punktfliesen ansetzen und mit Hilfe eines Richtscheits die Fliesen ausrichten.

In jeder Fliesenreihe setzt man zuerst die äußere linke und danach die äußere rechte Fliese an. Beide Fliesen müssen in Flucht, Lot und Waage sein.

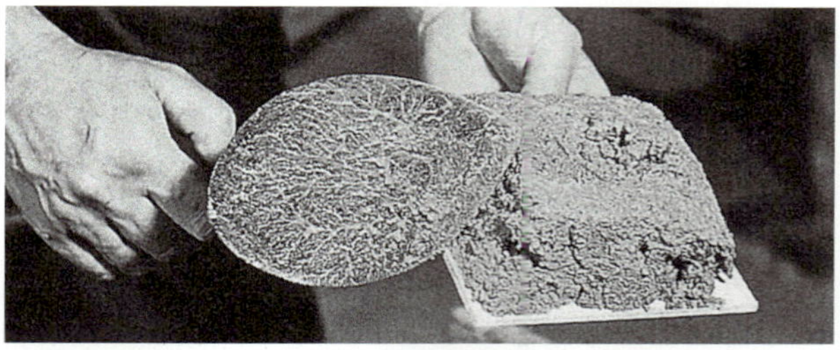

Schräges Abstreichen an den Fliesenkanten

Verfugen des Wandbelags

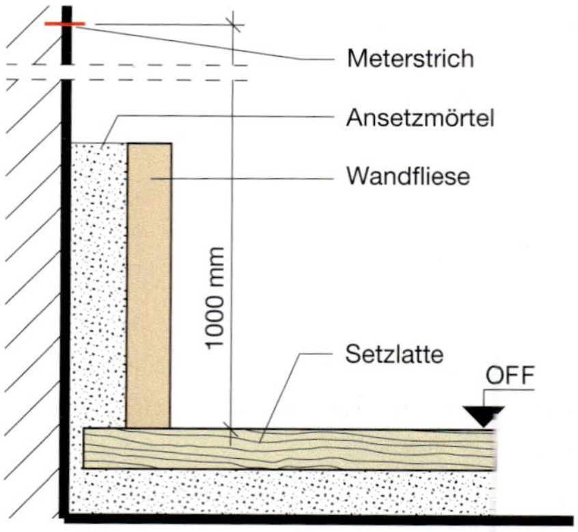

Ansetzen der ersten Wandfliesenschicht auf Setzlatte

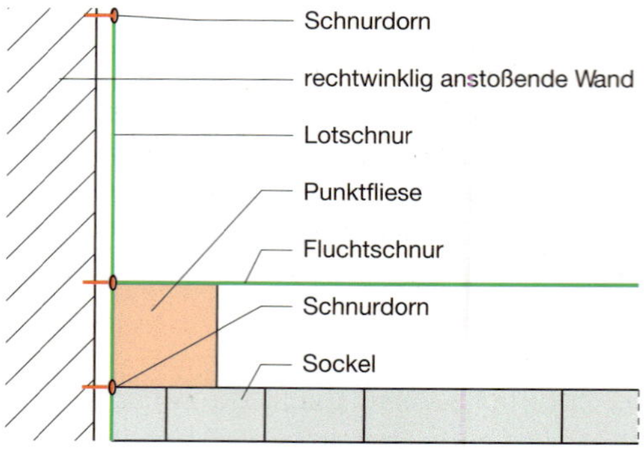

Setzen der Punktfliese

Arbeitsschritte

- Vor dem Ansetzen sind die Fliesen zwei Sekunden in klares Wasser zu tauchen. Durch das Wässern wird anhaftender Staub von der Rückseite der Fliese gewaschen und der Scherben zum Ansaugen der Mörtelfeuchtigkeit angeregt.
- Der Mörtel wird auf die Fliese gezogen und mit der Kelle an den Fliesenkanten entlang schräg abgestrichen.
- Die Fliese wird danach von unten nach oben an die Wand gedrückt und mit dem Kellengriff angeklopft. Es wird immer mittig geklopft und dabei am unteren Ende begonnen.
- Die Fliesen müssen voll im Mörtelbett eingebettet sein. Hohlräume würden die Haftfestigkeit herabsetzen. Die Fliesen könnten bei Druckbelastung (z. B. Bohren) zerbrechen.
- Nach dem Ansetzen der äußeren Punktfliesen wird jede Reihe entlang der Fluchtschnur zugesetzt. Bei langen Reihen wird die Fluchtschnur an Schnurdornen befestigt. Sonst verwendet man Schnurecken und die Gummischnur. Die Fluchtschnur sollte immer etwas Abstand zum Belag haben.
- Durch schräges Aufstreichen von der Wand auf die vorhergehende Fliesenkante erhält man die waagerechte Fuge. Die senkrechte Fuge wird nach der darunterliegenden Schicht ausgerichtet.
- Vor dem Abbinden des Mörtels sind die Fugen mit einem Holzstab auszukratzen.

! **Hervorquellender Mörtel muss vor dem Abbinden vom Belag gewaschen werden.**

Vorbereiten des Untergrundes

Einkämmen des Dünnbettmörtels

Einschieben der Fliese in das Mörtelbett

Verlegen von Wandfliesen im Dünnbett

Für die Dünnbettverlegung stehen verschiedene Arten von Klebstoffen oder Mörtel zur Verfügung (→ Abschnitt 6.3.2).

Das **Floating-Verfahren** wird in der Praxis am häufigsten angewendet.

- Der Dünnbettmörtel bzw. der Kleber wird mit einer Glättkelle auf den vorbereiteten Untergrund dünn aufgetragen. So entsteht eine Kontaktschicht.
- Danach trägt man als 2. Schicht die Klebemasse in der erforderlichen Schichtdicke mit der Glättkelle auf.
- Diese Schicht wird mit einem Kammspachtel abgekämmt. Der Anstellwinkel des Kammspachtels liegt dabei zwischen 45° und 60°.
- In die frische Klebemasse werden die Fliesen oder Platten eingeschoben. Man drückt die Fliese immer von der schon verlegten Fliese weg.

Die eingestrichene Fläche darf nur so groß sein, dass es auf der Klebemasse nicht zu einer Hautbildung kommt.

Die Schnelligkeit, mit der sich eine Haut bildet, ist von der Saugfähigkeit des Untergrundes, der Temperatur und Luftbewegung abhängig.

Die Fingerprobe ist nur mit Gummihandschuhen durchzuführen. Der Kleber kann Allergien auslösen.

Beim **Buttering-Verfahren** wird die Klebemasse auf die Fliesen oder Platten aufgetragen. Es wird angewendet bei
- Platten mit unebener oder stark profilierter Rückseite
- bei Flächen, die für das Floating-Verfahren schlecht zugänglich sind (z. B. hinter Rohren).

Beim **kombinierten Verfahren** wird die Klebemasse sowohl auf den Untergrund als auch auf die Plattenrückseite aufgetragen. Dieses Verfahren wird angewendet, wenn eine hohlraumfreie Verlegung gefordert wird (z. B. Fassaden, Schwimmbecken).

Ausfugen des Belags

Nach dem Ansetzen sollte nicht sofort ausgefugt werden. Überschüssiges Wasser muss aus dem Untergrund entweichen können.

- Vor dem Verfugen muss der Verlegemörtel gut ausgetrocknet sein. Der Belag wird vor dem Ausfugen nicht mehr angenässt. Die plastische Fugmasse ist diagonal zum Fugenverlauf in die Fugen zu drücken.
- Ein Fugengummi wird danach ohne Fugmasse wiederum diagonal zum Fugenverlauf über den Belag gezogen.
  Dabei entfernt man die überschüssige Fugmasse.
- Anschließend wäscht man den Belag in diagonaler Richtung mit Schwamm und klarem Wasser ab und poliert mit einem weichen Lappen nach.

Herstellen von Bodenbelägen

Bodenflächen werden höher beansprucht als Wandflächen. Feuchtigkeit, Druck, Schlag und Abrieb sind Belastungen, die der Fußboden abfangen muss.
Neben der richtigen Materialauswahl für den Bodenbelag spielt die Vorbereitung des Untergrundes eine entscheidende Rolle.
Die **Untergründe** für das Verlegen von Bodenfliesen oder Platten sind unterschiedliche Estricharten. Die Vorbereitungsarbeiten richten sich nach der Estrichart und dem Verlegeverfahren.
Räume mit geringfügiger Feuchtigkeitsbelastung, wie z. B. Bäder oder Küchen von Wohnungen, gelten noch als Trockenbereiche.

Haftet der Kleber an den Fingern, können die Fliesen angesetzt werden. ***Schutzhandschuhe tragen!***

Bleiben die Finger sauber, ist die klebeoffene Zeit überschritten. Der Kleber muss entfernt und ein frisches Klebebett aufgetragen werden. ***Schutzhandschuhe tragen!***

Verfugen mittels Fugenmörtel

Fußböden aus Holz sind ein ungünstiger Untergrund. Holzbauteile quellen und schwinden durch Feuchtigkeitsaufnahme bzw. -abgabe.

! Fliesen und Platten sollten auf Holzdielen oder Holzwerkstoffplatten nur im Trockenbereich verlegt werden.

Einbringen des Estrichs

Verlegen im frischen Estrich

- Auf den frisch eingebrachten Estrich wird eine Schlämme aus Zementmörtel (Mischungsverhältnis 1 : 1) oder aus hydraulisch erhärtendem Dünnbettmörtel aufgezogen. Auf dem erdfeuchten Estrich entsteht so eine Kontaktschicht.
- In diese Kontaktschicht werden die Fliesen oder Platten eingelegt. Voraussetzung ist, dass sie gleichmäßig dick sind.

Beim Verlegen im **Dickbettverfahren** ist das Mörtelbett auf dem erhärtetem Estrich aus Zementmörtel **mindestens 20 mm dick**. Mischungsverhältnisse richten sich nach der Fliesen- bzw. Plattenart (→ Abschnitt 6.3.2).

Verlegen im vorgezogenen Mörtelbett

- Die Lehren sind entsprechend den notwendigen Höhen waagerecht oder in der geforderten Neigung einzurichten. Sie können aus Mörtelstegen oder in Mörtel eingelegten Rohren bestehen. Der Mörtel wird zwischen die eingerichteten Lehren gefüllt und über die Lehren abgezogen.
- Das abgezogene Mörtelbett wird grob verrieben und mit Zement gepudert oder mit einer Zementmörtelschlämme versehen. Im Allgemeinen ist die Zementmörtelschlämme dem Pudern vorzuziehen.
- Man erhält so eine Kontaktschicht, in die man die Fliesen oder Platten einlegen und anklopfen kann.

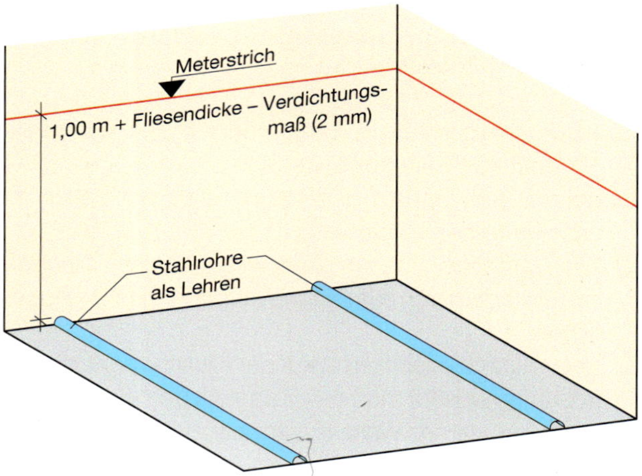

Lehren für das vorgezogene Mörtelbett

Vorbereiten von Estrichuntergründen

Estrichart	Eigenschaften/Besonderheiten	Vorbereitung für die Dickbettverlegung	Vorbereitung für die Dünnbettverlegung
Zementestrich	• große Festigkeit • schwindet beim Abbinden	• glatte Oberfläche aufrauen und gründlich reinigen • annässen • evtl. Zementmörtelschlämme aufbringen	bei absandender Oberfläche mit Oberflächenverfestiger einstreichen
Calciumsulfatestrich (Anhydritestrich)	• schnelle Aushärtung • fugenfreie Verlegung • für Feuchträume nicht geeignet	als Untergrund nicht geeignet	• aufrauen • reinigen • grundieren • wässrige Grundierungen müssen vor den Verlegearbeiten abgetrocknet sein

Einzelverlegung mit umlaufender Belagsanlage

- Bei diesem Verfahren wird zuerst eine umlaufende **Belagsanlage** hergestellt. Auf dem Estrich ist je eine Fliesen- oder Plattenreihe höhengerecht zu verlegen.
- Von einer Hauptreihe aus sind die anderen Lehren rechtwinklig anzuordnen.
- Mit Hilfe der Fluchtschnur, der Setzlatte und der Wasserwaage wird die Fläche zwischen der Anlage zugelegt. Dazu spannt man die Spannschnur von der einen angelegten Fliesenreihe zur gegenüberliegenden Reihe.
- Auf den angenässten Untergrund wird Verlegemörtel für ein bis zwei Fliesenreihen angetragen. Die Fliesen oder Platten werden ca. 8 bis 10 mm in den Verlegemörtel eingeklopft.

Für das Verlegen von Bodenfliesen und -platten im **Dünnbettverfahren** gelten die gleichen Aussagen wie beim Verlegen von Wandfliesen im Dünnbettverfahren.

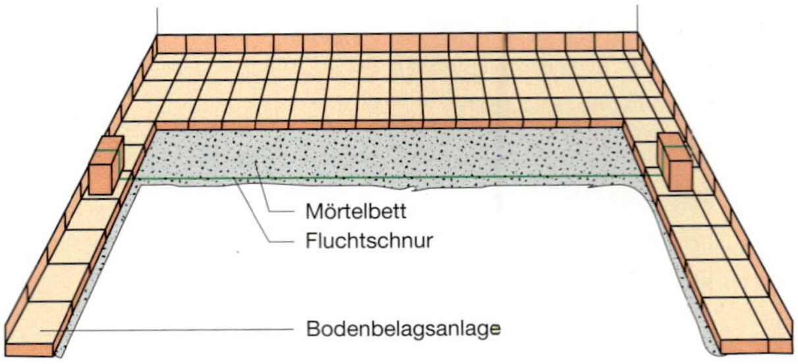

Einzelverlegung mit umlaufender Belagsanlage

Auftragen des Verlegemörtels

Ausfugen des Belags

> **!** **Der verlegte Belag wird erst nach ausreichender Austrocknung des Verlegemörtels ausgefugt.**

- Als Fugenmörtel wird Fertigmörtel (z. B. Fugenbreit, Fugenbunt, Flexfuge) verwendet.
- Bei der Verarbeitung sind die werkseitigen Richtlinien der Hersteller zu beachten.
- Die plastische Fugenmasse wird mit dem Gummischieber diagonal zum Fugenverlauf in die Fugen eingebracht.
- Beginnt die Fugenmasse auf der Fliesenoberfläche zu trocknen, wäscht man den Belag mit dem Schwammbrett und klarem Wasser diagonal zum Fugenverlauf ab.

Mit einer leicht schiebenden Bewegung wird eine vollsatte Bettung erzielt.

Abrechnung von Fliesenlegearbeiten

Für die Abrechnung der geleisteten Fliesenlegearbeiten ist ein **Aufmaß** erforderlich (nach DIN 18352).

- Für Wand- und Bodenbeläge wird das **Flächenmaß** (in m^2) berechnet.
  Aussparungen und Öffnungen > 0,1 m^2 Einzelgröße ⇒ **Abzug!**
- Das **Längenmaß** (in m) wird für Sockel, Schwellen und Profile ermittelt. Unterbrechungen > 1,0 m Einzellänge ⇒ **Abzug!**
- Die **Anzahl** (Stück) der Formteile oder Zierplatten wird abgerechnet.

Verlegen der Platten in das Mörtelbett

6.3.4 Ermitteln des Materialbedarfs

Vor Beginn der Arbeiten ist der Materialbedarf zu ermitteln. Dazu ist ein Aufmaß der zu bekleidenden Flächen erforderlich. Fliesenarbeiten werden nach den Rohbaumaßen berechnet.

❑ Ermittlung des Fliesen- und Plattenbedarfs

Formate und Stück je m² (Auswahl)

Fliesenmaße in cm	Stück je m²
10 × 10	98
15 × 15	44
15 × 20	33
15 × 30	22
20 × 20	25
20 × 30	17
20 × 40	13
25 × 25	16
30 × 30	11

Je nach Einteilung und Verlegemuster kann ein Zuschlag für Verschnitt bzw. Bruch von 2 % bis 5 % erforderlich werden.

❑ Ermittlung des Mörtelbedarfs

Dickbettverlegung – der Mörtelbedarf ist von der Mörtelbettdicke abhängig. Für 1 m² Fliesenbelag und einer Mörtelbettdicke von 2,0 cm werden benötigt

$$1\ \text{m}^2 \cdot 0{,}02\ \text{m} = 0{,}02\ \text{m}^3 = 20\ \ell \text{ Mörtel}$$

Der Zementbedarf ist vom Mischungsverhältnis abhängig.

Zement- und Sandbedarf je m³ Mörtel

Mischungsverhältnis	Zementbedarf in kg	Sandbedarf in m³
1 : 4	380	1,3
1 : 5	320	1,3

Dünnbettverlegung – der Bedarf richtet sich nach den Herstellerangaben.
Der Mörtel- bzw. Kleberbedarf ist hier von der gewählten Zahnung abhängig.

Bedarf an Dünnbettmörtel

Zahnung in mm	4	6	8
Bedarf an Dünnbettmörtel in kg/m²	1,7	2,7	3,1

Beispiel 1

❑ Mengenermittlung für eine zu fliesende Wandfläche

Für die linke Seitenwand im Bad im Projekt „Ferienhaus" (→ im Teilgrundriss rot) ist der Bedarf an Fliesen und Dünnbettmörtel zu ermitteln.

Die Wand ist mit Steingutfliesen 148 mm × 198 mm, 2 mm Fuge, raumhoch zu fliesen.

Da die Seitenverkleidung der Duschwanne mitgefliest wird, erfolgt hier kein Abzug.

$A = 1{,}51\ \text{m} \cdot 2{,}46\ \text{m} = \mathbf{3{,}71\ m^2}$

Entsprechend der Tabelle wird der Fliesenbedarf ermittelt.

Fliesenbedarf = 3,71 m² · 33 Stück/m² ≈ **123 Stück**

Verschnitt 3 %: 123 Stück · 1,03 ≈ 127 Stück

Bedarf an Dünnbettmörtel bei 6 mm Zahnung =

$3{,}71\ \text{m}^2 \cdot 2{,}7\ \text{kg/m}^2 = \mathbf{10{,}01\ kg}$

Streuverlust 3 %: 10,01 kg · 1,03 = 10,31 kg

Für die Wandfläche im Bad werden 127 Fliesen und 10,31 kg Dünnbettmörtel benötigt.

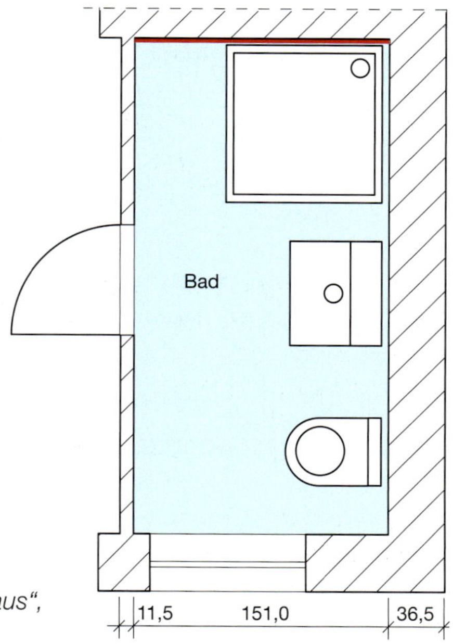

Projekt „Ferienhaus", Teilgrundriss

Beispiel 2

❑ **Mengenermittlung für eine zu fliesende Bodenfläche**

Der Fußboden der Diele im Projekt „Ferienhaus“ soll mit Steinzeugfliesen (Gruppe B I) 197 mm × 197 mm und einer 3 mm Fuge bekleidet werden.
Die Schwellen im Eingangsbereich (Schwelle 1) und zur Küche (Schwelle 2) werden mitgefliest.

$A_{Fußboden}$ = 3,01 m · 2,51 m = 7,56 m²
$A_{Schwelle 1}$ = 0,24 m · 1,01 m = 0,24 m²
$A_{Schwelle 2}$ = 0,115 m · 0,885 m = 0,10 m²

A_{gesamt} = 7,56 m² + 0,24 m² + 0,10 m²
= **7,90 m²**

Fliesenbedarf = 7,90 m² · 25 Stück/m²
≈ **198 Stück**

Verschnitt 3 %: = 198 Stück · 1,03 ≈ 204 Stück

Bedarf an Dünnbettmörtel bei 6 mm Zahnung =
7,9 m² · 2,7 kg/m² = **21,33 kg**

Verschnitt 3 %: = 21,33 kg · 1,03 = 21,97 kg

Für den Dielenfußboden werden 204 Fliesen und 21,97 kg Dünnbettmörtel benötigt.

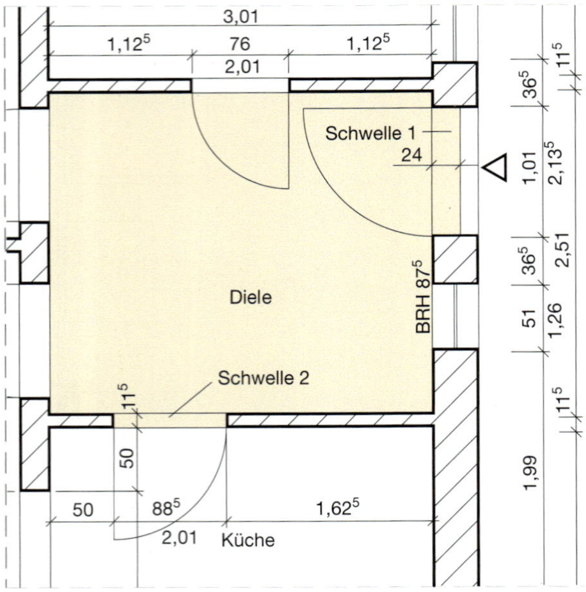

Projekt „Ferienhaus“, Teilgrundriss

DIN EN 14411	Keramische Fliesen und Platten
DIN EN 13748	Terrazzoplatten
DIN 18500	Betonwerkstein
DIN 18158	Bodenklinkerplatten
DIN 18352	VOB – Teil C; Fliesen- und Plattenarbeiten
DIN EN 197	Zement

Testen Sie sich selbst!

1. Wann werden keramische Platten als Fliesen bezeichnet?
2. Aus welchen Materialien werden keramische Fliesen und Platten hergestellt?
3. Wodurch unterscheiden sich Steingutfliesen (B III) und Steinzeugfliesen (B I)?
4. Warum dürfen Steingutfliesen (B III) nicht im Außenbereich verwendet werden?
5. Es ist ein Bodenbelag für einen Verkaufsraum aus glasierten Steinzeugfliesen herzustellen. Welche Abriebklasse müssen die Fliesen haben?
6. In welchen Güteklassen werden Fliesen geliefert?
7. Woraus bestehen Terrazzoplatten?
8. Erläutern Sie den Zusammenhang von Wasseraufnahmefähigkeit der Platten und Frostbeständigkeit.
9. Welche Verlege-Verfahren gibt es beim Herstellen von Wand- und Bodenbelag? Wodurch unterscheiden sie sich?
10. Welche Untergründe sind für die Dickbettverlegung ungeeignet?
11. Welche Aufgabe hat ein Spritzbewurf?
12. Nennen Sie die Arbeitsschritte beim Herstellen eines Wandbelages.
13. Wann sind Vorbereitungsarbeiten bei der Herstellung von Wandbelägen im Dünnbettverfahren erforderlich?
14. Erklären Sie, welche Vorbereitungsarbeiten erforderlich sind, wenn Bodenplatten auf Zementestrich im Dickbettverfahren verlegt werden sollen.
15. Wie können Bodenplatten auf erhärtetem Estrich verlegt werden?

6.3.5 Projektarbeit „Ferienhaus“

Problemstellung: Das Bad im Ferienhaus ist mit Fliesen im Dünnbettverfahren raumhoch (2,46 m) zu bekleiden. Die Innenwände sind aus Kalksandsteinen, gemauert und mit Putzmörtel P II verputzt. Die Außenwände bestehen aus Ziegelmauerwerk, ebenfalls mit P II verputzt. Der Untergrund für den Bodenbelag ist ein Zementestrich. Die Rohrinstallation ist fertig gestellt und die Duschwanne ist angeschlossen. Fenster und Türen sind eingebaut. Der Zementestrich und der Wandbereich an der Dusche hat eine Abdichtung aus flexibler Dichtungsschlämme erhalten.

Arbeitsschritte:

1. Wahl der Beläge
2. Materialbedarfsberechnung
3. Ermittlung der Belagseinteilung und Erstellen eines Verlegeplans
4. Überprüfen der bauseitigen Vorleistungen und Vorbereiten des Untergrundes
5. Herstellen des Bodenbelags

Aufgabe 1

Die Installationswand (→ im Grundriss rot) und der Boden (blau) sind mit einem Belag zu belegen. Der Belag soll jeweils im Dünnbettverfahren verlegt werden. Wählen Sie für den Boden- und Wandbelag ein Material aus. Begründen Sie Ihre Entscheidung.

Ausführungshilfen:

- Stellen Sie Anforderungen zusammen, jeweils für den Wand- und Bodenbelag!
- Welche Platten oder Fliesen eignen sich für die obige Beanspruchung?
- Wählen Sie einen Belag aus! Begründen Sie Ihre Entscheidung!
- Benennen Sie den Belag exakt.

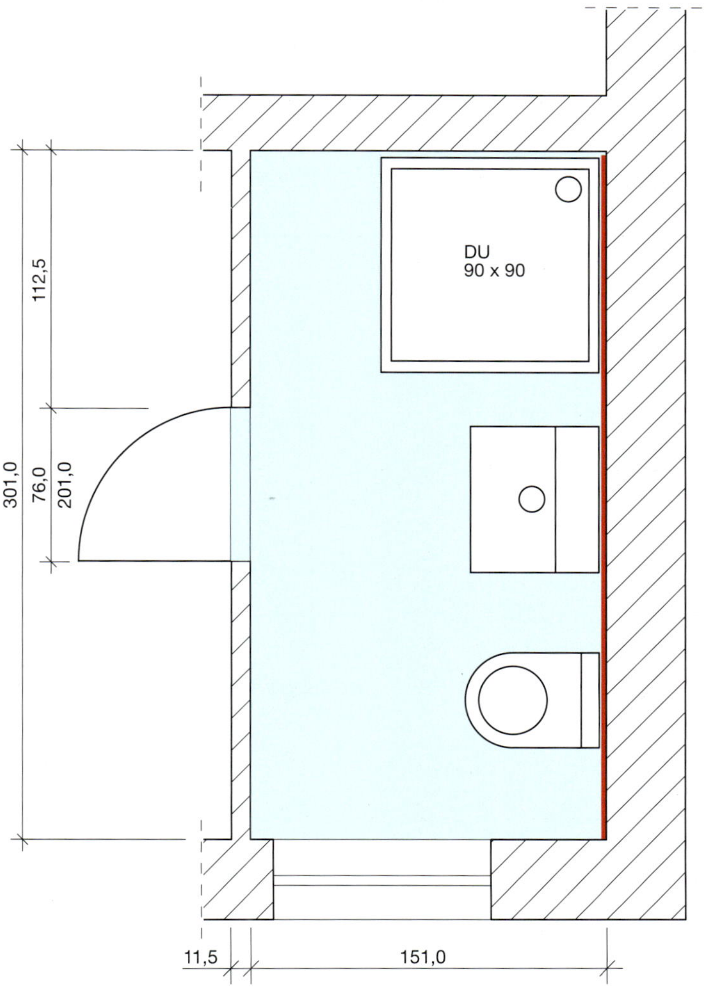

Teilgrundriss Bad (Rohbau)

Aufgabe 2

Ermitteln Sie für die Installationswand (Dusche, Waschtisch, Toilette) den Materialbedarf an Steingutfliesen und Dünnbettmörtel.

Ausführungshilfen:

- Berechnen Sie anhand des Grundrisses und des Teilschnittes die Fläche der Installationswand! Die Wand wird raumhoch gefliest.
- Es werden Fliesen 20 cm × 20 cm verwendet.
- Ermitteln Sie die Stückzahl je m^2 und die Menge für die oben ermittelte Fläche (→ Seite 241).
- Für den Verschnitt ist ein Zuschlag von 3 % zu wählen. Berechnen Sie die zu bestellende Menge an Fliesen.
- Der Dünnbettmörtel wird mit einer Zahnung von 6 mm aufgetragen. Wie viel kg Dünnbettmörtel sind erforderlich (→ Seite 241)?

Aufgabe 3

Ermitteln Sie für die Installationswand (DU, WT, WC) die rechnerische Einteilung und zeichnen Sie einen Verlegeplan!

Ausführungshilfen:

- Die Einteilung der Wand erfolgt symmetrisch (→ Seiten 233 und 234, Einteilen der Beläge).
- Die Putzdicke an den Wänden beträgt 1,5 cm und die Fliesen werden mit einer Randfuge von 5 mm an die Wände angearbeitet.
- Ermitteln Sie die Verlegelänge für die Einteilung!
- Berechnen Sie die Anzahl an ganzen Fliesen und die Breite der Teilstreifen! Die Teilstreifen müssen größer als eine halbe Fliese sein.
- Zeichnen Sie die Installationswand im M 1 : 20, A4-Blatt, Hochformat. Legen Sie die Mittelachse fest!
- Zeichnen Sie die Belagseinteilung ausgehend von der Mittelachse ein.

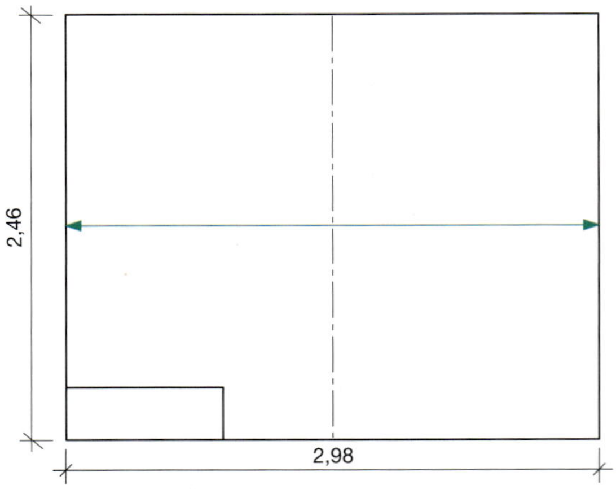

Einteilung Installationswand

Aufgabe 4

Für den Bodenbelag aus Steinzeugfliesen (20 cm x 20 cm) ist die Belagseinteilung vorzunehmen. Skizzieren Sie den Verlegeplan.

Ausführungshilfen:

- Skizzieren Sie den Boden im M 1 : 20. Blattformat A4, hochkant.
- Zeichnen Sie die Duschtasse (90 cm × 90 cm) ein.
- Beginnen Sie bei der Einteilung der Fliesen an der Duschtasse mit ganzen Fliesen.
- Berechnen Sie die erforderliche Einteilung und die Größe der Teilstreifen! (→ Seiten 233 und 234, Einteilen der Beläge)
- Zeichnen Sie den Fliesenbelag ein.

Aufgabe 5

Erstellen Sie einen Arbeitsablauf für das Belegen des Zementestrichs mit Steinzeugfliesen im Dünnbettmörtelverfahren. Stellen Sie die Arbeitsschritte auf einem Plakat dar.

Ausführungshilfen:

- Worauf ist bei der Überprüfung des Belagsuntergrundes zu achten? (→ Seite 235, Vorbereiten des Belagsuntergrundes)
- Wie ist der Untergrund (ein Zementestrich) vorzubereiten? (→ Seite 238, Herstellen von Bodenbelägen)
- Der Belag ist im Floating-Verfahren herzustellen. Welche Arbeitsschritte sind erforderlich? (→ Seiten 237 und 238, Verlegen von Wandfliesen im Dünnbett)
- Wie wird der Belag ausgefugt? (→ Seite 238, Ausfugen des Belags)

6.4 Aufstellen von Trockenbauwänden

! Trockenbauwände sind Wände, die aus vorgefertigten Bauteilen in „trockener" Montage zusammengesetzt werden.

Es handelt sich hierbei um nicht tragende Wände (leichte Trennwände), die eine raumabschließende Funktion haben. Die Errichtung von Wänden in **Trockenbauweise** hat wesentliche Vorteile:

- ❑ Durch die Verwendung vorgefertigter Elemente kann die Wand in einer sehr kurzen Zeit errichtet werden.
- ❑ Mit dem Errichten sind keine Nassprozesse, wie beim Mauern und Putzen, verbunden. Es entsteht keine Baufeuchte und Trocknungszeiten entfallen.
- ❑ Die Wand wird **von einem** Gewerk oberflächenfertig hergestellt.
- ❑ Ist eine Wand als Trockenbauwand errichtet, so ist der Raum sofort nutzbar.
- ❑ Trockenbauwände haben ein geringes Gewicht (30 bis 65 kg/m² Wandfläche).
- ❑ Trockenbauwände können eine geringe Wanddicke haben und ermöglichen dadurch eine größere Nutzfläche.

6.4.1 Planen einer Trockenbauwand

Die schnelle und damit Kosten sparende Errichtung einer Trennwand erfordert eine sorgfältige Planung der Wand und der Anschlüsse zu den angrenzenden Wänden und Decken. Eine Trockenbauwand besteht i. d. R. aus
- der Beplankung,
- der Unterkonstruktion,
- der Hohlraumfüllung.

An eine Trennwand können folgende **Anforderungen** gestellt werden:
- Tragfähigkeit für Lasten, die auf eine nicht tragende Wand wirken
- Schalldämmung (einen bestimmten Luftschallschutz erreichen → **G 3**, 3)
- Raumakustik (die Hörbarkeit im Raum verbessern)
- Brandschutz (schnelle Ausbreitung von Feuer verhindern)
- Wärmeschutz (im Gebäudeinnern kaum Anforderungen)
- Gestaltung der Wand
- Aufnahme von Installationen (Wasserver- und -entsorgung, Heizleitungen, E-Installation)

Eine Metall-Ständerwand als Unterkonstruktion für die Montage von Trennwänden

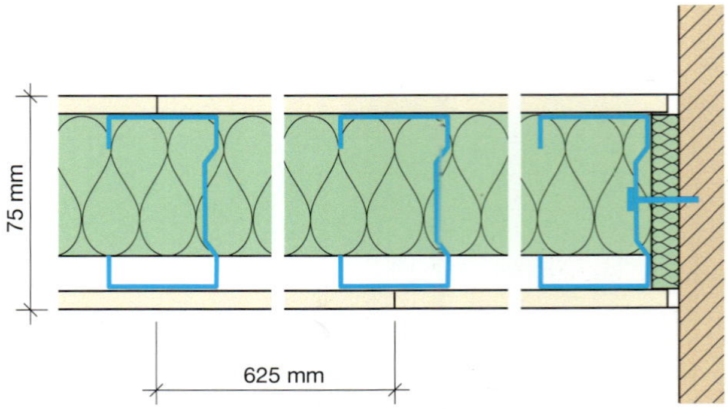

Trockenbauwand mit geringer Wanddicke

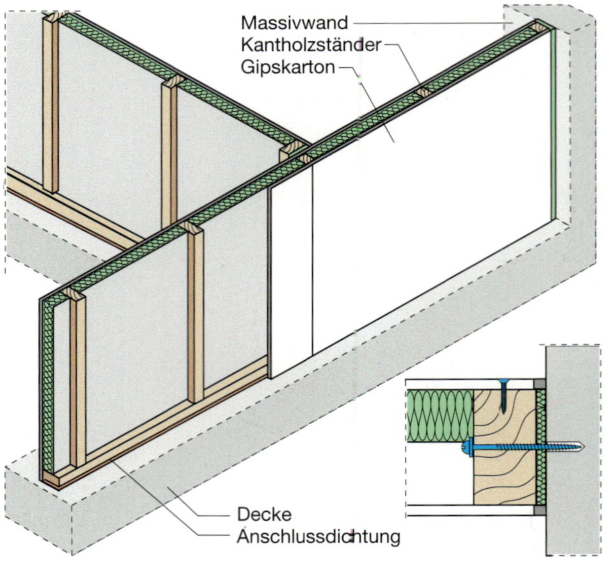

Holz-Ständerwand mit Gipsplatten, Beispiel

Mit der Wahl der Konstruktion und der Baustoffe werden die Eigenschaften der Wand bestimmt. Der Planer muss diese in Abhängigkeit von der Lage der Wand im Gebäude und den Aufgaben der Trennwand festlegen.
Die zu erreichende Wandhöhe, das mögliche Wandgewicht und die Wanddicke beeinflussen die Wahl der Konstruktion und der Baustoffe.

! Die Art der Konstruktion einer Trockenbauwand unterscheidet sich nach der
- Anzahl der Ständerreihen,
- Zahl der Beplankungslagen.

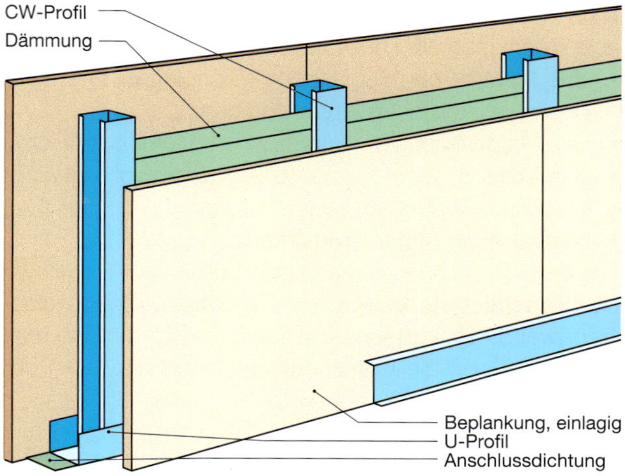

Einfachständerwand – Aufbau

Bei einer **Einfachständerwand** besteht die Unterkonstruktion aus einer Reihe von Ständern (Holz oder Metall) und einer beidseitigen Beplankung. Die Beplankung, z. B. aus Gipsplatten (alte Bezeichnung: Gipskartonplatten), kann einlagig oder zweilagig sein.

Eine **Doppelständerwand** hat zwei parallele Ständerreihen. Die Ständer können durch Dämmstreifen getrennt sein oder sie sind versetzt angeordnet. Es besteht keine starre Verbindung zwischen den beiden Ständerreihen und damit auch nicht zwischen den beiden Wandschalen. Die Doppelständerwand ermöglicht hohe Schalldämmwerte (sehr guter Luftschallschutz). Die Beplankung kann ein- oder doppellagig sein. Der Hohlraum wird z. T. mit Dämmstoffen ausgefüllt.

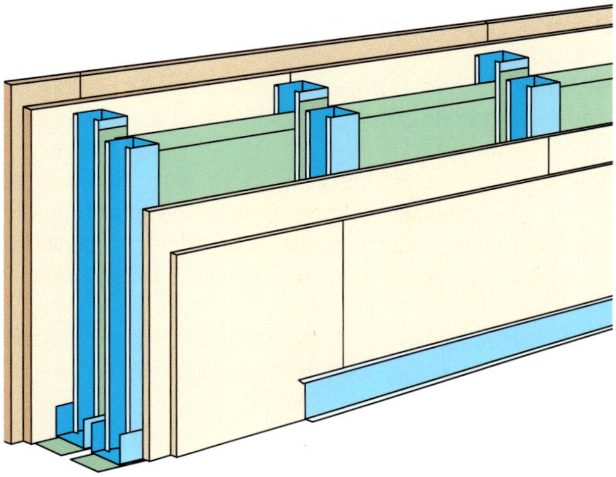
Doppelständerwand – Aufbau

Statische Anforderungen werden geringfügig auch an eine nicht tragende Wand gestellt. Sie muss folgende Lasten aufnehmen und in die Decke bzw. in die angrenzenden Bauteile ableiten:
- Eigenlast der Trockenbauwand
- Lasten, die aus der Nutzung entstehen

Eine Trennwand muss aus der Nutzung folgende Lasten aufnehmen:
- **Konsollasten** – Regale, Wandschränke oder Sanitärobjekte müssen von der Trennwand sicher getragen werden.
  Regale z. B. können mit den geeigneten Befestigungsmitteln an jeder Stelle der Wand befestigt werden.
  Bei höheren Lasten, z. B. Waschtisch oder WC, erfolgt die Befestigung direkt an der Unterkonstruktion. Dazu können zusätzlich Profile (Riegel) erforderlich werden.
- **Stoßlasten** – eine Trockenbauwand darf beim Anprall eines menschlichen Körpers nicht umkippen.

Waschtisch und WC benötigen zusätzliche Profile.

Das Erfüllen von **Brandschutzforderungen** (→ G 3, 4) an eine Trennwand wird beeinflusst durch
- das Material der Beplankung (Gipsplatten sind nicht brennbar, Holzfaserplatten sind brennbar),
- das Material der Unterkonstruktion (Metall oder Holz),
- das Material der Hohlraumfüllung (Steinwolle ist nicht brennbar, PS-Hartschaum ist brennbar),
- die Dicke der Materialschichten.

Das Material beeinflusst den Brandschutz – Holz ist brennbar.

Der **Schallschutz** ist eine sehr wichtige Aufgabe einer Trennwand. Die zu erreichende Schalldämmung bestimmt sehr oft die Konstruktionsart und die Dicke der Materialschichten.

Die Anforderungen an den Schallschutz richten sich nach der Lage der Trennwand im Gebäude.
- Trennt sie zwei Räume in einer Wohnung, so muss sie keine hohen schalldämmenden Eigenschaften besitzen.
- Trennt sie zwei Büroräume verschiedener Firmen, so muss sie einen guten Luftschallschutz gewährleisten.

Der höchste Schallschutz wird durch eine Doppelständerkonstruktion erreicht. Die Wandschalen werden durch eine Mineralfaserdämmung als Hohlraumdämpfung voneinander getrennt.

Die Beplankung hat eine möglichst hohe Masse. Es kann z. B. eine zweilagige Beplankung mit Gipsplatten aufgebracht werden.

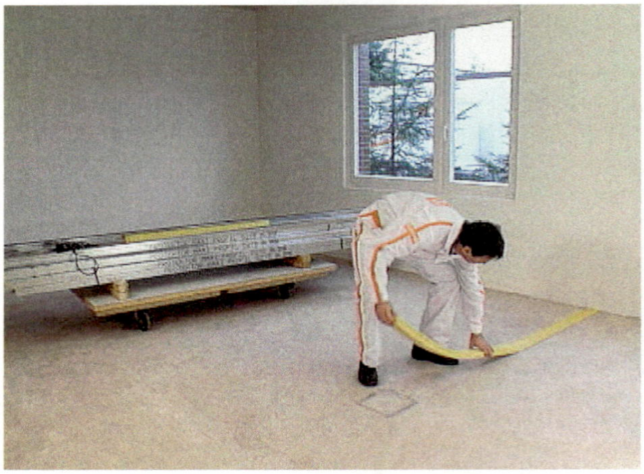

Mineralfaserstreifen sichern einen schalldichten Anschluss.

Die **Anschlüsse** zu den angrenzenden Bauteilen sind korrekt auszuführen. Nur so werden die geplanten Eigenschaften einer Trockenbauwand erreicht. Die richtige Befestigung und die Dichtigkeit der Anschlussfuge sind hierfür wichtige Voraussetzungen.

Eine Trennwand kann auch leicht demontiert werden. Das ermöglicht flexible Raumaufteilungen. Dies ist besonders im Gewerbebau wichtig. Nutzungen werden häufig geändert. Umbauten sind dann erforderlich.

Nach der Demontage der Trockenbauwand ist eine gute Materialtrennung (Beplankung, Unterkonstruktion, Dämmung) möglich.
Einzelteile können wieder verwendet bzw. getrennt entsorgt werden.

Beispiel für einen Wandanschluss (gleitend)

6.4.2 Wahl der Baustoffe
Beplankungsarten

> **!** Die Beplankung bildet die Oberfläche der Wand, auf der eine Beschichtung (Anstrich, Tapete) oder ein Belag (Fliesen) erfolgt.

Gipsplatten – sie werden in großen Mengen für die Beplankung von Trennwänden eingesetzt. Die Herstellung von Gipsplatten erfolgt auf einem Fließband. Der **Gipskern** wird dabei mit Karton ummantelt. Die Längskanten sind ebenfalls mit dem Kartonmantel versehen.
Die Platten werden auf Länge zugeschnitten. Die Stirnseiten zeigen den Gipskern.
Der Karton ist mit dem Gipskern fest verbunden und wirkt wie eine **Zugbewehrung**. Die Steifigkeit der Platte wird dadurch wesentlich verbessert. Eine reine Gipsplatte (ohne Kartonummantelung) bricht bei einer Biegebeanspruchung sehr leicht.

Gipsplatten besitzen die guten Eigenschaften des Baustoffes Gips (→ Abschnitt 6.1.2).

- ❑ Sie beeinflussen das Raumklima positiv (Feuchtepuffer).
- ❑ Die Wandfläche besitzt eine gute thermische Behaglichkeit. Die Wand fühlt sich warm an.
- ❑ Gipsplatten weisen geringe Formänderungen auf. Deshalb sind mit ihnen große Flächen fugenlos herstellbar.
- ❑ Gipsplatten gehören hinsichtlich des Brandschutzes zur Baustoffklasse A – nicht brennbar.

Nach Euronorm werden die verschiedenen **Typen** von Gipsplatten durch Kurzzeichen gekennzeichnet (in Klammern die weiterhin gültige Bezeichnung nach DIN):

- **A** – Gipsplatte, Standard (**GKB**)
- **H** – Gipsplatte mit reduzierter Wasseraufnahmefähigkeit (**GKBI**)

Typ	Gesamte Wasseraufnahme
H1	≤ 5 %
H2	≤ 10 %
H3	≤ 25 %

- **D** – Gipsplatte mit definierter Dichte
- **F** – Gipsplatte mit verbessertem Gefügezusammenhalt des Kerns bei hohen Temperaturen, enthält mineralische Fasern für den Brandfall (**GKF**)
- **R** – Gipsplatte mit erhöhter Biegezugfestigkeit
- **I** – Gipsplatte mit erhöhter Oberflächenhärte

In Feuchträumen von Wohnungen sind Gipsplatten vom Typ H2 einzusetzen.

Beplankung aus Gipsplatten auf Metallständer

Brechen der Platte nach Einschneiden der Kartonummantelung

Palettenbezeichnungen – Gegenüberstellung von DIN und Euronorm

	Gipsplatten (Gipskartonplatten) nach	
Plattenart	DIN 18180	DIN EN 520
Bauplatten	GKB	Typ A
Bauplatten – imprägniert	GKBI	Typ H2
Feuerschutzplatten	GKF	Typ DF
Feuerschutzplatten – imprägniert	GKFI	Typ DFH2

Die Form der Längskanten (kartonummantelt) bestimmt die Verarbeitung bzw. das Verspachteln der Platten.

- Abgeflachte Kante (AK) – Verspachteln der Fugen
- Volle Kante (VK) – Trockenmontage ohne Verspachteln
- Halbrunde Kante (HRK) – Verspachteln der Fugen ohne Bewehrungsstreifen (Glasfasergewebe)

Gipsplatten erhalten bei der Fertigung auf der Rückseite in Längsrichtung die genaue Bezeichnung:

Firmen- oder Markenname, Herstellerwerk, EN-Hauptnummer, Kurzzeichen Plattentyp, Baustoffklasse nach DIN 4102, Überwachungskennzeichen

Gipsfaserplatten bestehen aus einem Gemisch aus Gips und Zellulosefasern (i. d. R. Altpapier). Die Zellulosefasern verstärken den Gips, erhöhen die Stabilität und verbessern die Festigkeitseigenschaften. Diese Plattenart ist für die Beplankung noch nicht genormt.

Die Eigenschaften der Gipsfaserplatten entsprechen denen der Gipsplatten. Die Zähigkeit ist besser als bei Gipsplatten. Gipsfaserplatten sind an allen vier Schnittkanten scharfkantig.

Abmessungen von Gipsfaserplatten (Auswahl)

Plattendicke in mm	10	12,5	15	18
Plattenbreite in cm	100; 124,5			
Plattenlänge in m	1,50; 2,00; 2,50; 2,75; 3,00			

Platten mit einer Breite von 100 cm und einer Länge von 150 cm werden als Ein-Mann-Platte bezeichnet.

Holzwerkstoffplatten können ebenfalls als Beplankung eingesetzt werden (→ Abschnitt 5.2.5). Die Eigenschaften der Platte sind abhängig von der Plattenart:

- Sperrholzplatten – hohe Festigkeit
- Holzspanplatten – preiswert, verschiedene Strukturen und Dicken sind möglich
- Holzfaserplatten – geringe Festigkeit, gute Wärmedämmeigenschaften

Holzwerkstoffplatten gehören i. d. R. zur Baustoffklasse B – schwer entflammbar oder normal entflammbar. Es gibt auch Spezialplatten, die zur Baustoffklasse A – nicht brennbar, gehören.

Unterkonstruktion

Die Unterkonstruktion bildet das aussteifende Traggerüst für die Beplankung aus relativ dünnen Platten. Je nach Material, Form und Abmessungen sind die Verformungen (z. B. Durchbiegung) der Trennwand zu begrenzen. Die Unterkonstruktion ist dementsprechend auszubilden. Sie kann aus Holz oder Metall bestehen.

Ummantelte Längskanten		
	HRAK	halbrunde abgeflachte Längskante
	AK	abgeflachte Längskante
	VK	volle Längskante

Kantenausbildung von Gipsplatten

Bezeichnung der Gipsplatte (Gipskartonplatte) – Beispiel

Gipsplatte FH2/EN 520 – 1200/3000/12,5 halbrunde abgeflachte Kanten

Gipsplatte nach Euronorm 520, Feuerschutzplatte mit reduzierter Wasseraufnahmefähigkeit (≤ 10 %), Abmessungen Breite/Länge/Dicke in mm, halbrunde abgeflachte Kanten

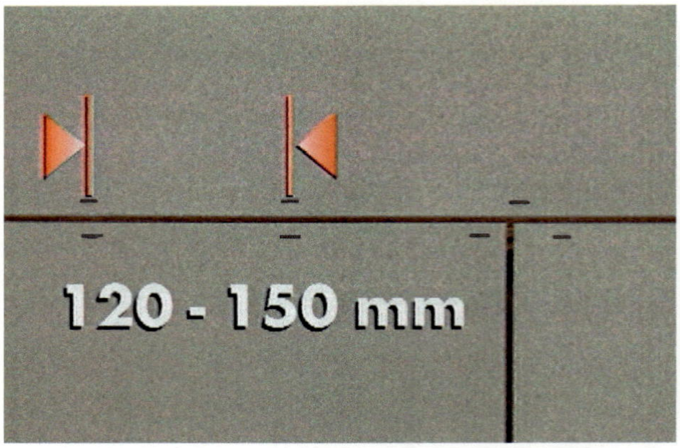

Gipsfaserplatten – in Abständen von 12 bis 15 cm auf Holzständer geklammert

Trennwand – beplankt mit Holzwerkstoffplatten

Metallprofile sind aus verzinktem Stahl. Die Blechdicke kann 0,6 bis 2,0 mm betragen. Metallprofile sind durch ihre Form (U-Profil) sehr eigenstabil. Sie sind leicht und nicht brennbar.

Für die Benennung der Profile sind folgende Angaben erforderlich:

DIN-Hauptnummer; Profil-Kurzzeichen; Flanschbreite; Kurzzeichen der Blechdicke; Zinkauflage

In der Praxis sind Kurzzeichen üblich, die das Profil und die Steghöhe des Profils angeben, z. B. CW 100.

Wird **Holz** für die Unterkonstruktion verwendet, so muss das Holz eben und verwindungsfrei sein. Um nachträgliche Schwindverformungen möglichst gering zu halten, darf der Feuchtigkeitsgehalt des Holzes 20 % nicht übersteigen.

Werden Trennwände im Gebäudeinnern errichtet, kann i. d. R. auf einen chemischen Holzschutz der verwendeten Hölzer verzichtet werden.

Holzständer, auf denen der Stoß von zwei Beplankungsplatten liegt, sollten eine Mindestbreite von 48 mm haben. Nur so ist eine sichere Befestigung der Platten möglich.

Hohlraumfüllung

Der Hohlraum zwischen den Ständern wird je nach Anforderung mit Dämmmaterial ausgefüllt. Der zu erreichende Brand- und Schallschutz sind dabei wesentliche Entscheidungskriterien. Üblicherweise werden folgende Dämmstoffe (→ **G3**, 1.2) für Trockenbauwände eingesetzt:

- Mineralfasern (Steinwolle, Glasfasern)
- Zellulosefasern

Mineralfaserplatten bzw. -matten haben verschiedene Rohdichten. Sie sind nicht brennbar. Auf Grund ihrer lockeren Struktur haben sie sehr gute „schallschluckende" Eigenschaften.

Wird der Hohlraum zwischen den Ständern mit Mineralfaserplatten ausgefüllt, so erfolgt eine gute Hohlraumdämpfung der Schallwellen. Der Schallschutz wird verbessert.

Zellulosefasern gibt es als Platten und Matten, aber auch als losen Dämmstoff zum Einblasen. Sie sind ebenfalls für die Hohlraumdämpfung gut geeignet. Zellulosefasern sind brennbare Baustoffe. Allerdings verkohlen sie nur und brennen nicht mit offener Flamme.

Metallprofile für eine Trennwand

Profil	Verwendung	Kurzzeichen	Skizze
C-Wandprofil	Ständer	CW (CW 50 CW 75 CW 100)	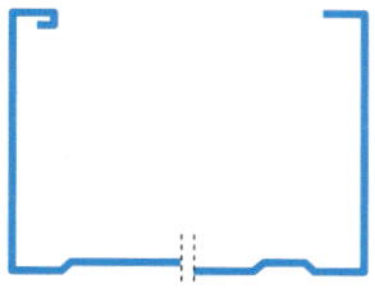
U-Wandprofil	Anschlussprofile an Decke und Boden	UW (UW 50 UW 75 UW 100)	
U-Aussteifungsprofil	bei hoher Belastung	UA (UA 50 UA 75 UA 100)	

Beispiel für die Bezeichnung von Profilen

Profil DIN 18182-CW 100 x 50 x 0,6 – 100

- 100: umlaufende Zinkauflage von ≥ 100 g/m²
- 0,6: Blechdicke von 0,6 mm
- 50: Flanschbreite von 50 mm
- 100: Steghöhe von 100 mm
- CW: C-Wandprofil
- DIN 18182: Metallprofile für Trockenbauwände nach DIN 18182

Erforderliche Mindestquerschnitte (b/h in mm) für Holzständer mit einem Achsabstand von 62,5 cm

Wandhöhe	260 cm	310 cm
beliebige Beplankung	60/60	60/60
beidseitige Beplankung aus Gipsplatten oder Holzwerkstoffplatten (mechanisch verbunden)	40/40	40/60

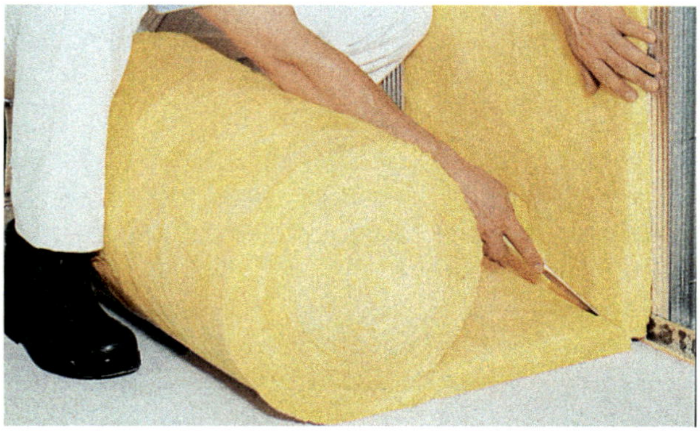

Hohlraumfüllung aus Mineralfasern

Zubehör

Für die komplette Herstellung von Trockenbauwänden sind weiterhin erforderlich:

- Verbindungsmittel in Abhängigkeit von der Unterkonstruktion und der Beplankung
- Spachtelmassen zum Herstellen der fertigen Oberfläche der Beplankung
- Dichtungsmaterialien für Anschlüsse

Die Befestigungsart der Anschlussprofile an den Untergrund ist abhängig vom Material des Untergrundes, i. d. R. werden Dübel verwendet.

Die **Verbindung** der Bauteile der Unterkonstruktion untereinander und der Platten mit der Unterkonstruktion kann mit unterschiedlichen Verbindungsmitteln erfolgen, z. B. mit

- Schnellbauschrauben,
- Nägeln (glatt oder gerillt) bei Holz als Unterkonstruktion,
- Grobgewinde-(Gips-) schrauben zur Verbindung von Gipsplatten untereinander,
- Klammern zur Befestigung von Gipsplatten auf Holz und Gipsplatten untereinander.

! Für die Wahl der Verbindungsmittel sind unbedingt die Herstellerrichtlinien zu beachten.

Füllspachtel wird zum Verschließen der Plattenstoßfugen verwendet. Es sind gipshaltige Spachtelmassen, die ein hohes Wasserrückhaltevermögen aufweisen. Die Verarbeitungszeit liegt bei etwa 30 min (→ Abschnitt 6.1.2).

Anschlüsse der Trennwand an Wände und Decken werden abgedichtet mit

- Dichtungsbändern oder
- Dichtstoffen.

Dichtungsbänder sind geschlossenzellige Schäume oder offenporige Mineralfasern. Sie werden zusammengepresst (Kompribänder) und dichten so z. B. gegen Schallübertragung ab.

Dichtstoffe sind pastöse Massen, die Fugenbereiche dauerhaft abdichten. Sie werden mit Handspritzpistolen aufgetragen. Je nach Beanspruchung (z. B. Temperaturausdehnung) werden

- plastische,
- plasto-elastische (z. B. Acrylharz) oder
- elastische Dichtstoffe (z. B. Silicon)

eingesetzt.

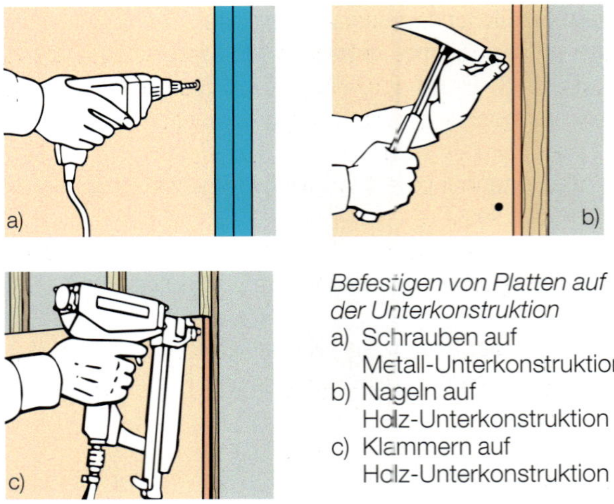

Befestigen von Platten auf der Unterkonstruktion
a) Schrauben auf Metall-Unterkonstruktion
b) Nageln auf Holz-Unterkonstruktion
c) Klammern auf Holz-Unterkonstruktion

Verspachteln der Fugen mittels Gipsspachtel

Dämmstreifen werden auf Anschlussprofile geklebt.

6.4.3 Trockenbauarbeiten

Bevor mit den Montagearbeiten begonnen werden kann, müssen die Konstruktionen (→ Abschnitt 6.4.1) und die Materialien (→ Abschnitt 6.4.2) bekannt sein.
Weiterhin sind erforderlich:

- Angaben zu Länge, Höhe und Dicke der Wand
- die Größe der zu verwendenden Platten
- das Material und die Profile (Querschnitt) der Unterkonstruktion

! **Bei allen Montagearbeiten sind unbedingt die Herstellerrichtlinien zu beachten.**

Materialbedarf

Da die Montagearbeiten sehr kurze Bauzeiten beanspruchen, ist es besonders wichtig, das erforderliche Material in der ausreichenden Menge auf der Baustelle bereitzustellen.

Die **Unterkonstruktion** besteht aus den Rahmenprofilen (U-Profile für Decke und Boden) und den Ständern.

❏ Die erforderliche Länge der Boden- und Deckenprofile entspricht der Länge der Wand.

❏ Die Plattengröße und Plattendicke bestimmt das Raster der Ständer. Zwei Platten stoßen immer auf einem Ständer zusammen.

❏ Ein übliches Raster (Achsabstand der Ständer) für 12,5 mm dicke Gipsplatten ist 62,5 cm.

❏ Die erforderliche Länge der Ständerprofile $l_{\text{CW-Profil}}$ wird bestimmt durch die Wandhöhe h_{Wand}:

$$l_{\text{CW-Profil}} = h_{\text{Wand}} - 3{,}0 \text{ bis } 4{,}0\,\text{cm}$$

Der Abzug von 3,0 bis 4,0 cm berücksichtigt

- die Blechdicke der U-Profile, in die die Ständer gestellt werden, und
- das erforderliche Spiel für eine mögliche Durchbiegung der Decke.

❏ Die Anzahl der Ständerprofile $n_{\text{Ständer}}$ ergibt sich aus der Wandlänge und dem Raster (Ständerabstand). Es bleibt i. d. R. ein schmaler Randbereich übrig.

$$n_{\text{Ständer}} = \frac{l_{\text{Wand}}}{\text{Abstand}_{\text{Ständer}}} + 1$$

Die Anzahl wird auf ganze Zahlen aufgerundet.

Bei der Materialermittlung ist der Bedarf an Befestigungsmaterialien und Spachtelmassen zu beachten. Für das Zubehör ist ein Verschnitt bzw. Bruch zu berücksichtigen, i. d. R. 4 %.

Unterkonstruktion aus Metallprofilen

Die **erforderliche Plattenanzahl** n_{Platte} für die Beplankung ergibt sich aus der Fläche der Wand und der Plattengröße.

❏ Für eine beidseitige, einlagige Beplankung wird die Anzahl ermittelt aus:

$$A_{\text{Beplankung}} = 2 \cdot A_{\text{Wand}} = 2 \cdot l_{\text{Wand}} \cdot h_{\text{Wand}}$$

$A_{\text{Beplankung}}$ Fläche der erforderlichen Beplankung

$$n_{\text{Platte}} = \frac{A_{\text{Beplankung}}}{A_{\text{Platte}}} + 1$$

A_{Platte} *Fläche einer Platte*

Die Plattenanzahl wird auf die ganze Zahl aufgerundet. Es ist mindestens ein Zuschlag von einer Reserveplatte für Zuschnittverluste zu wählen.

Die **Dämmung** für den Hohlraum (z. B. Mineralfaserplatten bzw. -matten) muss mindestens 40 mm dick sein.

❏ Die erforderliche Menge entspricht der Wandfläche:

$$A_{\text{Dämmung}} = A_{\text{Wand}}$$

Die erforderliche Länge der **Anschlussdichtungen** entspricht dem Umfang der Wand:

$$l_{\text{Dichtung}} = 2 \cdot l_{\text{Wand}} + 2 \cdot h_{\text{Wand}}$$

Beispiel

Materialermittlung für die dargestellte Trennwand

gegeben:

$l_{Wand} = 449\,cm$; $h_{Wand} = 250\,cm$
Metallprofile: UW 75 bzw. CW 75
Beplankung: GKB; 12,5 mm dick; 125 cm x 200 cm
Rasterabstand der Ständer: 62,5 cm
Dämmung: Mineralfaser, 40 mm dick

gesucht:

Länge Rahmenprofile: $l_{UW\text{-}Profil}$
Anzahl und Länge der Ständer: $n_{Ständer}$ bzw. $l_{CW\text{-}Profil}$
GKB-Plattenanzahl: n_{Platte}
Material an Dämmung, Anschlussdichtung, Befestigungen und Spachtelmassen

Lösung:

1. UW-Profile (Rahmenprofile):

$l_{UW\text{-}Profi} = 2 \cdot l_{Wand} = 2 \cdot 4{,}49\,m = \mathbf{8{,}98\,m}$

Es werden 9 Meter an UW-Profilen benötigt, die auf der Baustelle zugeschnitten werden.

2. CW-Profile (Ständer):

$l_{CW} = h_{Wand} - 4\,cm = 250\,cm - 4\,cm = \mathbf{246\,cm}$

$$n_{Ständer} = \frac{l_{Wand}}{Abstand_{Ständer}} + 1 = \frac{449\,cm}{62{,}5\,cm} + 1 = \mathbf{8{,}2\ Stück}$$

Die Anzahl der Ständer ist auf ganze Zahlen aufzurunden. Es werden 9 Profile CW 75 mit einer Länge von 246 cm benötigt.

3. Plattenanzahl an GKB

Fläche der erforderlichen Beplankung:

$A_{Wand} = l_{Wand} \cdot h_{Wand} = 4{,}49\,m \cdot 2{,}5\,m = 11{,}225\,m^2$
$A_{Beplankung} = 2 \cdot A_{Wand} = 2 \cdot 11{,}225\,m^2 = 22{,}45\,m^2$
$A_{Platte} = 1{,}25\,m \cdot 2{,}0\,m = 2{,}5\,m^2$

Anzahl der Platten:

$$n_{Platte} = \frac{A_{Beplankung}}{A_{Platte}} + 1 = \frac{22{,}45\,m^2}{2{,}5\,m^2} + 1 = \mathbf{9{,}98\ Stück}$$

Die Anzahl der erforderlichen Platten lässt sich anhand einer Skizze (→ Wandansicht) leicht auszählen:
- 6 ganze Platten
- 6 Teilstücke: 50 cm x 125 cm
  (4 Teilstücke = 1 ganze Platte) → 1,5 Platten
- 4 Teilstücke: 74 cm x 125 cm
  (2 Teilstücke = 1 ganze Platte + Rest) → 2 Platten

Es werden mindestens 10 Gipsplatten benötigt. Für evtl. auftretenden Bruch sind 11 Platten zu bestellen.

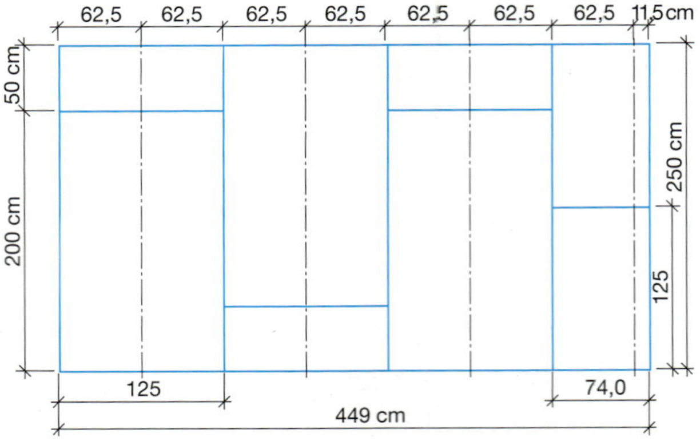

Ansicht Wand — - - - - - Achsen der Ständer

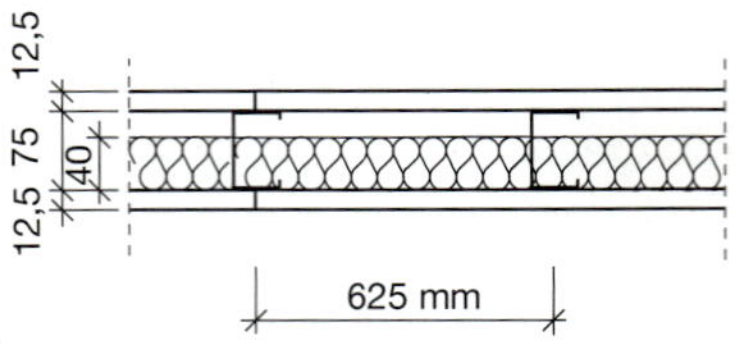

Teilschnitt – Aufbau der Trennwand

4. Dämmmaterial (Dicke = 40 mm)

Verschnitt: 4 % (Faktor = 1,04)

$A_{Dämmung} = A_{Wand} \cdot 1{,}04 = \mathbf{11{,}7\ m^2}$

Es werden 11,7 m² Mineralfasermatten benötigt.

5. Zubehör

(überschlägliche Berechnung → Tabelle)

Anschlussdichtungen:

$l_{Dichtung} = 1{,}3\,m/m^2 \cdot A_{Wand} = 1{,}3\,m/m^2 \cdot 11{,}225\,m^2$
$= \mathbf{14{,}6\ m}$

Spezialschrauben:

Bedarf $= 24\,Stück/m^2 \cdot A_{Wand} = 24\,Stück/m^2 \cdot 11{,}225\,m^2$
Bedarf $= 269{,}4 \approx$ **300 Stück**

Gipsspachtel:

Bedarf $= 0{,}6\,kg/m^2 \cdot A_{Wand} = 0{,}6\,kg/m^2 \cdot 11{,}225\,m^2$
$= \mathbf{6{,}735\ kg}$

Zubehör	Menge je m² Wandfläche
Rahmenprofil (UW)	0,8 m
Ständer (CW)	1,8 m
Anschlussdichtung	1,3 m
Spezialschrauben	24 Stück
Gipsspachtel	0,6 kg

Überschläglicher Materialbedarf für beidseitig beplankte Trennwände

Transport und Lagerung

Die Baustoffe für Trockenbauwände sind trocken zu transportieren und zu lagern. Gipsplatten sind hochkant zu transportieren. Der Transport durch zwei Personen erhöht die Sicherheit.

Regeln für die Lagerung

❑ Die Platten sind nach Art und Größe in getrennten Stapeln zu lagern.
❑ Die Platten sind auf einem trockenen, ebenen und tragfähigen Untergrund zu stapeln.
❑ Die Zahl der übereinanderliegenden Platten wird durch die Tragfähigkeit des Untergrundes bestimmt.
❑ Platten sind vor Witterungs- und Feuchtigkeitseinflüssen zu schützen. Die Lagerung erfolgt am besten in Räumen.

Gips- und Gipsfaserplatten neigen zum Ausbrechen der Ecken und Kanten. Das ist beim Transport unbedingt zu beachten.

Montagearbeiten

Die Montagearbeiten beginnen erst, wenn die Umfassungskonstruktion fertig ist.

- Wände und Decke sind verputzt.
- Der Fußboden kann fertig sein. Er kann aber auch erst nach Beendigung der Trockenbauarbeiten eingebracht werden (Schallschutzforderungen).

Erforderliche Arbeitsschritte

❑ Anreißen der Trennwand
  - Auf dem Fußboden wird die Lage der Wand markiert, Abstände werden abgemessen und mit Schnurschlag angezeichnet.
  - Mittels Wasserwaage und Richtscheit wird die Wandlage auf die Massivwände und Decke übertragen.

❑ Zuschneiden und Aufbau der Unterkonstruktion
  - U-Profile für Decke und Boden sind, falls erforderlich, auf die richtige Länge zuzuschneiden.
  - Profile müssen über die gesamte Länge eine Anschlussdichtung (einseitig selbstklebend) erhalten. Bei einigen Herstellern ist diese auf die Profile aufgeklebt.
  - Profile werden an der Decke und auf dem Boden mittels entsprechender Dübel befestigt.
  - Die Art der Dübel ist abhängig vom Material der Decke bzw. der Wand. Abstand der Befestigungspunkte ≤ 100 cm.
  - Die Randständer (ebenfalls mit Anschlussdichtung) werden an der Wand befestigt (Abstand ≤ 70 cm).

Arbeitsablauf – Trennwand im Trockenbau

Anreißen der Lagen der Trennwand an Wände und Decken
⬇
Zuschneiden und Aufbau der Unterkonstruktion
⬇
Beplankung der 1. Wandseite
⬇
Einbringen der Hohlraumdämmung
⬇
Beplankung der 2. Wandseite
⬇
Fugen verspachteln

Anzeichnen der Wandlage mittels Richtscheit

Anschrauben der U-Profile

- Die Ständer (CW-Profile) werden in das untere und obere Rahmenprofil (UW-Profile) eingeschoben. Sie sind passgenau gearbeitet. Ständer auf Achsabstand (z. B. 62,5 cm) ausrichten.

❑ Beplanken der 1. Wandseite
- Die Gipsplatten werden mittels Schnellbauschrauben auf die Ständer aufgeschraubt. Ein Schnellbohrschrauber oder eine Bohrmaschine mit Schraubkopf erleichtern die Arbeit.
- Der Abstand richtet sich nach den Herstellerrichtlinien, i. d. R. wird alle 25 cm geschraubt.
- Der Senkkopf der Schraube muss vollständig im Gipskarton versenkt werden.
- Für Randbereiche sind die Platten mittels Säge zuzuschneiden. Gipsplatten können auch über eine Kante gebrochen werden. Vorher muss aber die Kartonseite mit einem Messer eingeschnitten werden. Dann erfolgt das Brechen. Danach wird die zweite Kartonschicht durchgeschnitten.

❑ Einbringen der Dämmmatten
Die Matten werden zwischen die Ständer geklemmt. Sie sollen vollständig anliegen und nicht abrutschen. Es dürfen keine Fugen verbleiben.

❑ Beplanken der 2. Wandseite
→ „Beplanken der 1. Wandseite"

❑ Verspachteln der Fugen
Zum Abschluss werden die Fugen zwischen den Platten, die Köpfe der Schrauben und evtl. Anschlussfugen mit Fugenspachtelmasse aus Gips verspachtelt (→ Abschnitt 6.1.2).

❑ Die Wand erhält ihre Endbeschichtung, z. B.einen Anstrich oder eine Tapete. Das Belegen mit Fliesen im Dünnbettmörtel ist gleichfalls möglich.

Testen Sie sich selbst!

1. Welche Wände können als Trockenbauwände aus Gipsplatten errichtet werden?
2. Beschreiben Sie den Aufbau einer Einfachständerwand.
3. Zu welcher Baustoffklasse hinsichtlich des Brandschutzes gehören Gipsplatten?
4. Aus welchen Materialien kann die Unterkonstruktion bestehen?
5. Welche Metallprofile werden für Ständer verwendet?
6. Wie wird die Länge der Ständerprofile berechnet?
7. Wie sind Gipsplatten zu lagern?
8. Nennen Sie die Kurzzeichen für die Plattentypen
   – mit reduzierter Wasseraufnahme,
   – Feuerschutzplatte.

Einschieben der CW-Profile in UW-Profile

Beplanken der 1. Wandseite

DIN EN 520	Gipsplatten – Begriffe, Anforderungen und Prüfverfahren
DIN 18180	Gipsplatten – Arten und Anforderungen
DIN 18181	Gipsplatten im Hochbau – Verarbeitung
DIN 18182	Zubehör für die Verarbeitung von Gipsplatten
DIN 18183	Trennwände und Vorsatzschalen aus Gipsplatten mit Metallunterkonstruktionen

6.4.4 Projektarbeit „Ferienhaus“

Problemstellung: Die Wand zwischen den Räumen „Wohnen“ und „Schlafen“ des Ferienhauses (Grundriss → Seite 111) ist eine nicht tragende Wand. Sie kann als leichte Trennwand im Trockenbau ausgeführt werden. Die Trockenbauwand wird als Einfachständerwand erst errichtet, wenn der Estrich eingebracht wurde. Die Mauerwerkswände sind verputzt mit jeweils 1 cm Innenputz. Die Trennwand muss keine Anforderungen an den Brand- und Wärmeschutz erfüllen. Die Anforderungen an den Schallschutz sind gering.

Aufgabe 1

Die Einfachständerwand mit einer Dicke von 100 mm ist aus Metallprofilen und einer beidseitigen, einlagigen Beplankung herzustellen. Legen Sie den Aufbau und die Materialien fest!

Ausführungshilfen:
- Wählen Sie die erforderlichen Profile aus Metall (→ Seite 251).
- Legen Sie eine Beplankung aus Gipsplatten fest. Wählen Sie die Abmessung der Platte (→ Seite 249).
- Skizzieren Sie einen Teilschnitt im M 1 : 5 auf ein A4-Blatt, der den Aufbau der Trennwand zeigt (→ Seite 246).
- Bezeichnen Sie die einzelnen Bauteile.

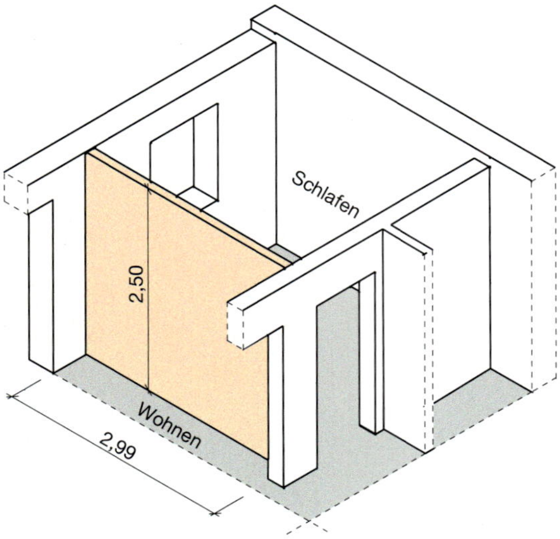

Ausschnitt Isometrie Ferienhaus

Aufgabe 2

Stellen Sie den Arbeitsablauf für die Montage der Trockenbauwand als Schema dar. Ordnen Sie erforderliche Werkzeuge zu.

Ausführungshilfen:
- Entwickeln Sie den Arbeitsablauf auf einem Poster (→ Seiten 255 und 256).
- Welche Arbeiten sind vor Montagebeginn durchzuführen?
- Worauf ist bei Anbringen der Anschlussprofile und der Randständer zu achten?
- Wie befestigen Sie die Beplankung?
- Ordnen Sie die erforderlichen Werkzeuge den Arbeitsschritten zu (Prospektmaterial beim Baustoffhändler).

Aufgabe 3

Ermitteln Sie den Materialbedarf für die zu errichtende Trockenbauwand und stellen Sie den Bedarf in einer Materialliste zusammen.

Ausführungshilfen:
- Die Maße für die Wandfläche entnehmen Sie der Isometrie.
- Skizzieren Sie die Ansicht der Wand und teilen Sie das Raster für die Ständer ein, anhand der unter Aufgabe 1 gewählten Plattengröße (→ Seite 254).
- Berechnen Sie den Bedarf an Rahmenprofilen, Ständern und Gipsplatten (→ Seiten 253 und 254).
- Ermitteln Sie den Bedarf an Dämmung, Anschlussdichtungen, Spezialschrauben und Gipsspachtel überschläglich (→ Seite 254).
- Stellen Sie alle Ergebnisse in einer Materialliste tabellarisch zusammen.

6.5 Herstellen einer Dachdeckung

Die Dachdeckung bildet den oberen Abschluss eines Gebäudes. Sie schützt das Gebäude vor Witterungseinflüssen. Dachdeckungen sind regensichere Konstruktionen aus schuppenförmig angeordneten, klein- und großformatigen Deckelementen, meist auf steiler geneigten Dachflächen.

Eine Dachdeckung hat sowohl eine Schutzfunktion als auch gestalterische Aufgaben zu erfüllen.

6.5.1 Planen einer Dachdeckung

Art und Weise der Ausführung einer Dachdeckung wird bereits in der Planungsphase des Gebäudes festgelegt. Bei der Wahl der Deckungsart hat der Planer zu berücksichtigen:

- Dachneigung
- gestalterische Wünsche des Bauherren
- regionale Besonderheiten, z. B.Schieferdeckung
- klimatische Standortbedingungen

Dachneigung – ist der Winkel zwischen einer Waagerechten und dem Dachsparren. Sie wird in Grad oder Prozent angegeben. Für jede Dachdeckungsart ist eine **Regeldachneigung** vorgeschrieben. Es ist die untere Neigungsgrenze, die im Normalfall die Regensicherheit ohne Zusatzmaßnahmen gewährleistet.

Klimatische Standortbedingungen – sind z. B. Niederschlagshäufigkeit und -stärke, Frost-Tau-Wechsel, Windbelastungen (→ **G 2**).

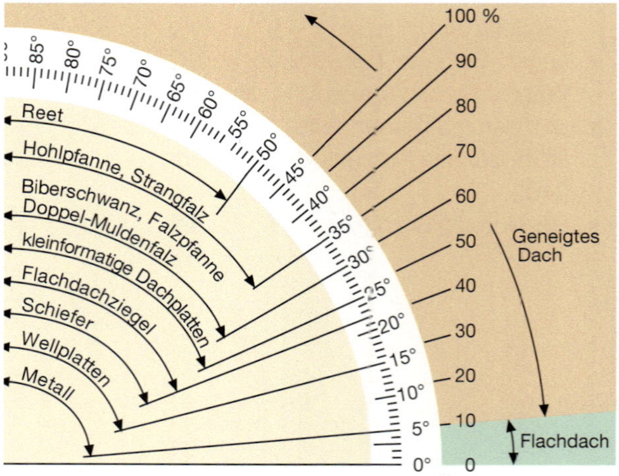

Dachneigungen und Deckwerkstoffe stehen in einem direkten Zusammenhang zueinander.

6.5.2 Wahl der Deckwerkstoffe

Dächer können ihre Schutzaufgabe nur erfüllen, wenn die Deckwerkstoffe den Anforderungen gerecht werden. Sie müssen

- dauerhaft witterungsbeständig, vor allem frostbeständig sein,
- zwischen -20 °C und +80 °C formbeständig bleiben,
- sich gegen Abrutschen und gegen Windsogkräfte sicher an der Unterlage befestigen lassen,
- sich mit vertretbarem Aufwand auf der Baustelle be- und verarbeiten lassen,
- langzeitlich farbbeständig sein.

Deckwerkstoffe werden nach verschiedenen Gesichtspunkten unterschieden:

Natürliche Deckwerkstoffe – werden so verarbeitet, wie sie in der Natur entstanden. Es erfolgt lediglich eine Formgebung, z. B. Dachschiefer.

Künstliche Deckwerkstoffe – aus Naturstoffen, die im Herstellungsprozess andere Eigenschaften erhalten, z. B. Dachziegel.

Kleinformate: Oberfläche ≤ 0,40 m^2, Masse ≤ 5,0 kg, z. B. Dachschiefer,

Großformate haben entsprechend größere Oberflächen und Massen, z. B. Faserzement-Wellplatten.

Decken eines Daches mit Dachsteinen

Arten und Formen

Dachziegel werden i. d. R. aus plastisch aufbereiteten tonigen Massen geformt und gebrannt. Ihre Farbe kann naturfarben sein, z. B.das klassische Ziegelrot. Gezielte Farbgebungen erreicht man u. a. durch vor dem Brennen aufgetragene Tonschlämmen (Engoben) oder glasartig aufgeschmolzene, färbende Überzüge (Glasuren).

Dachsteine werden aus Beton geformt und erhärten anschließend in speziellen Härtekammern.

Die erforderliche Farbgebung erfolgt durch Zugabe von Pigmenten in den Frischbeton bzw. durch Aufsprühen von Dispersionen vor und nach dem Erhärten.

Dachschiefer wird überwiegend aus spaltbarem Tonschiefer, einem Ablagerungsgestein, gewonnen.

Dachschiefer ist ausschließlich naturfarben, meist grau- bis blauschwarz.

Dachplatten – kleinformatige Dachplatten werden meist aus Faserzement hergestellt.

Faserzement ist ein asbestfreier Verbundwerkstoff aus mit Fasern armiertem Zement.

Das natürliche Zementgrau des Faserzements macht farbige Beimengungen (Durchfärbungen) und/oder farbige Aufträge (Oberflächenbeschichtungen) erforderlich.

Großformatige Platten sind z. B. Wellplatten aus Faserzement bzw. aus bitumengetränkter Rohpappe oder metallische Platten (Aluminium, Zink) mit Well- oder Trapezprofil. In der Denkmalpflege werden auch Platten aus Kupfer eingesetzt.

Weitere Deckwerkstoffe sind z. B. Reet, Holz- und Bitumenschindeln.

Deckwerkstoffe (Auswahl)

Dachziegel					
Form	eben, ohne Verfalzung	gewölbt, ohne Verfalzung	profiliert, mehrfache Ringverfalzung	profiliert, unterbrochene Ringverfalzung	gewölbt, mit Verfalzung
Bild		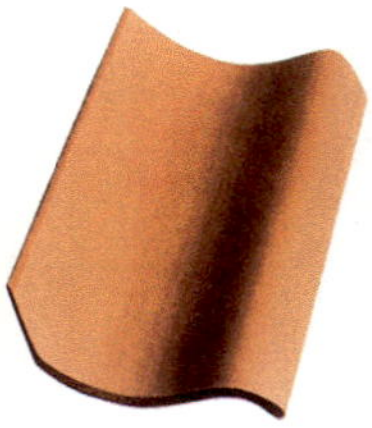	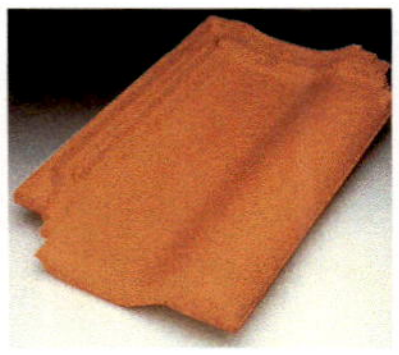	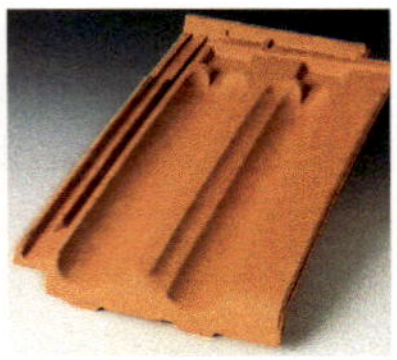	
Beispiel	Biberschwanzziegel	Hohlpfannenziegel	Flachdachziegel	Doppelmuldenfalzziegel	Falzpfannenziegel

Dachsteine		
Form	eben, tief liegende Verfalzung	profiliert, hoch liegende Verfalzung
Bild		

Dachschiefer				
Form	Schuppenschiefer, Altdeutsche Deckung	Schablonenschiefer Bogenschnittschablone	Rechteckschablone	Spitzwinkelschablone
Skizze	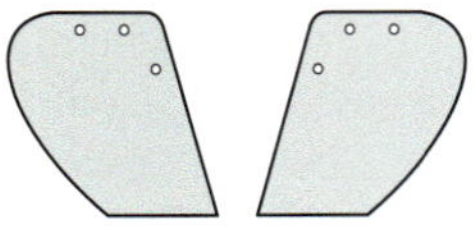	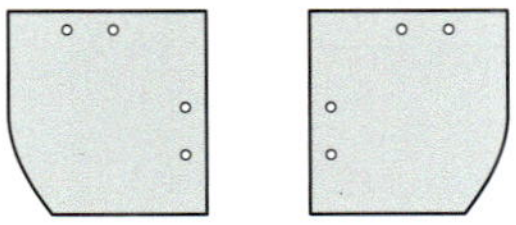	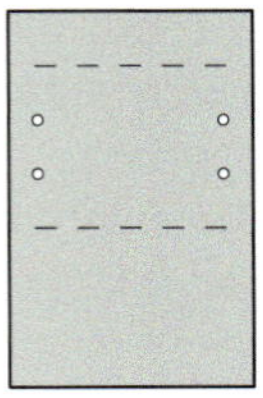	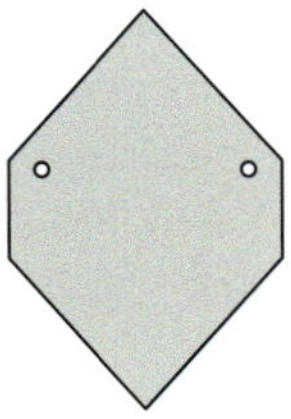

6.5.3 Decken eines Daches

Für alle Dachdeckungen gelten **Konstruktionsgrundsätze**, die für das funktionssichere Ausführen unerlässlich sind.

- ❏ **Dachneigung** – sie hat das sichere Ableiten der Niederschläge zu gewährleisten. Sie bestimmt die Wahl des Deckwerkstoffes mit.
- ❏ **Überdeckungen** – sichern die Fugen der Deckelemente. Sie sind neigungs- bzw. formabhängig. Die Mindestüberdeckung ist das Mindestmaß an Höhen- und/oder Seitenüberdeckung für eine bestimmte Deckung. Sie darf nicht unterschritten werden.
- ❏ **Anordnungen** – gleichmäßige Überdeckungen und gesicherte Fugen sind vom regelmäßigen Anordnen der Deckelemente abhängig.
- ❏ **Befestigungen** – sichern die Deckelemente an der Unterlage, sodass sie sich nicht lockern, lösen oder abheben können.
- ❏ **Einteilungen** – sind Vorbereitungsarbeiten für das Herstellen der Dachdeckungen. Das Einteilen bezieht sich auf das Aufteilen der Deckhöhen und Deckbreiten auf eine Dachfläche und auf das gleichmäßige, unauffällige Verteilen eventueller Restabstände.

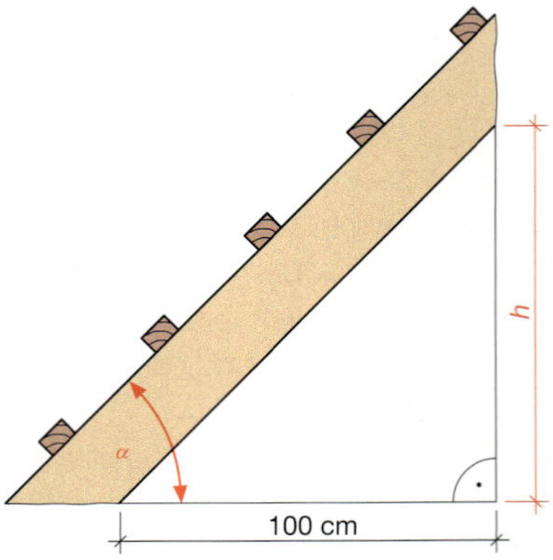

Neigungen
α Dachneigung in Grad;
h in cm ≙ Dachneigung in %

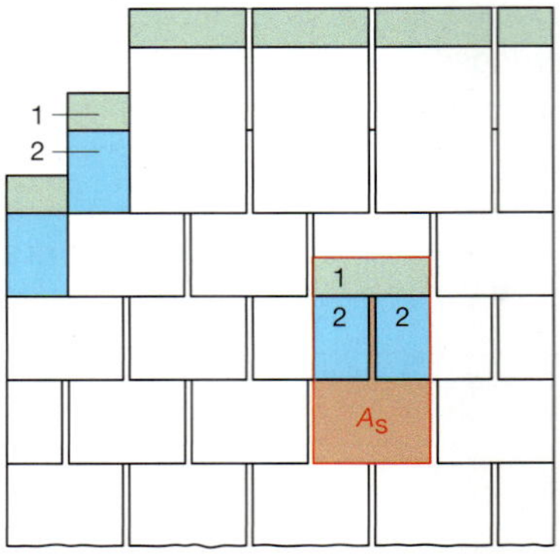

Überdeckungen
1 Höhenüberdeckung
2 Seitenüberdeckung
A_S Sichtfläche

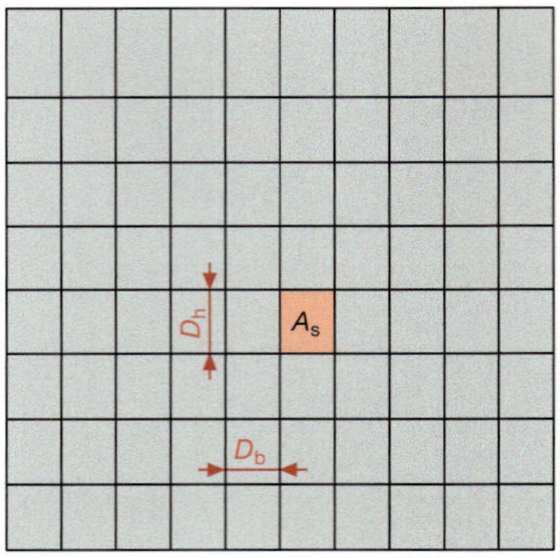

Einteilungen
D_h Deckhöhe
D_b Deckbreite
A_S Sichtfläche

Für die Ziegeldeckung eines Satteldaches (z. B. Ferienhaus) werden zur Sicherung der Trag- und Nutzungsfähigkeit eine Unterkonstruktion und evtl. Zusatzmaßnahmen benötigt:

- Dachlattung
- Konterlattung
- Unterspannung

Die **Unterspannbahn** als mögliches Unterdach hat folgende Aufgaben:

- vorübergehender Witterungsschutz bis zum Fertigstellen der Dachdeckung
- Schutz des Dachraumes vor Treibschnee, Flugstaub und Schlagregen (2. Entwässerungsebene)

__Ausführungsregeln für Unterspannung__

- ❏ Die Unterspannbahnen werden parallel zur Traufe angeordnet. Sie werden je nach Art (Herstellerhinweise beachten!) straff gezogen oder leicht durchhängend mit mindestens 10 cm Überdeckung verlegt.
- ❏ Das Befestigen erfolgt mittels korrosionsgeschützter Breitkopfstifte oder Tackerklammern und/oder der Konterlatten auf den Sparren.
- ❏ An den Traufen muss die Unterspannung evtl. abfließende Feuchtigkeit sicher ableiten.

Arbeitsablauf für das Decken eines Daches mit Dachziegeln (Beispiel)

Anordnen und Befestigen der Unterspannbahnen
↓
Befestigen der Konterlatten
↓
Einteilen und Befestigen der Dachlatten
↓
Aufteilen der Ziegelbreite, ggf. provisorisches Hängen der Dachziegel
↓
Endgültiges Hängen und ggf. zusätzliches Befestigen der Ziegel

Die **Konterlattung** wird i. d. R. aus 1,34 m langen Latten mit 24/48 mm Querschnitt oberhalb der Unterspannbahn auf den Sparren angeordnet. Sie sichert

- den gleich bleibenden Abstand zwischen der Unterkante der Traglatten und den Unterspannbahnen,
- infolge der Mindestdicke von 24 mm eine wirksame Lüftung zwischen den Konterlatten.

Ausführungsregeln für Konterlattung

❏ Konterlatten werden mit mindestens 3 Drahtstiften je Meter Latte befestigt.

❏ Die Länge der Drahtstifte:
Konterlattendicke + Einschlagtiefe ≥ **38 mm**

Die **Dachlattung** wird aus einzelnen Latten, den Traglatten, auf den Konterlatten hergestellt. Die Dachlatten dienen dem

- sicheren Befestigen der Dachziegel,
- Ableiten der Lasten der Dachdeckung.

Das erfordert an jeder Dachlatte mindestens drei scharfe Kanten und einen vom lichten Sparrenabstand abhängigen Lattenquerschnitt.

Ausführungsregeln für Dachlattung

❏ Lattenstöße werden ausschließlich auf einem Sparren angeordnet.

❏ Das Befestigen der Dachlatten erfolgt i. d. R. mit einem Drahtstift je Sparren.
Länge des Drahtstiftes: ≥ Dachlattendicke x 2,5

❏ Vor dem Herstellen der Dachlattung ist das Berechnen der Dachlattenabstände (der Lattweite) und das Ein- bzw. Aufteilen dieser Abstände auf die Sparrenlänge erforderlich.

! Lattweiten werden immer zwischen den Oberkanten zweier Traglatten gemessen, weil an diesen die Dachziegel mit ihren Nasen hängen. Mit der Mindesthöhenüberdeckung berechnete Lattweiten sind Höchstabstände. Sie dürfen grundsätzlich nicht überschritten werden!

❏ Zum Ein- und Aufteilen der berechneten Lattweite auf die Sparrenlänge werden zunächst das **Trauflattmaß** und das **Firstlattmaß** festgelegt. Diese Maße subtrahiert man von der Sparrenlänge und erhält die tatsächlich einzuteilende Sparrenlänge zwischen Oberkante erste und Oberkante letzte Traglatte.

❏ Restabstände werden unauffällig aufgeteilt.

Einzuteilende Sparrenlänge s_e:

$$s_e = s - (a_T + a_F)$$

s Sparrenlänge in cm
a_T Trauflattmaß in cm
a_F Firstlattmaß in cm
l_w Lattweite (Lattenabstand) in cm

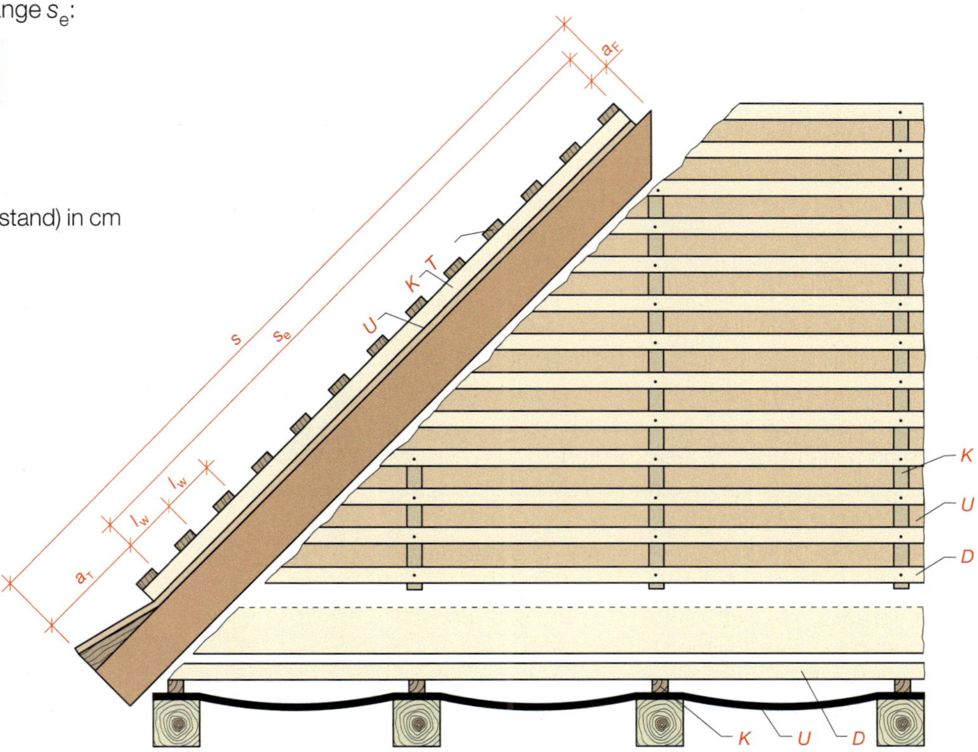

Beispiel einer Unterkonstruktion für Deckungen mit Dachziegeln
D Dachlatte; *K* Konterlatte; *U* Unterspannbahn

Es werden prinzipiell vier Anordnungsmöglichkeiten unterschieden. Ihre Anwendung ist abhängig von der Dachneigung, der Beanspruchung, dem Deckwerkstoff.

Dachdeckungsarbeiten

Bei Dachdeckerarbeiten ist die Unfallgefahr größer als bei Arbeiten zu ebener Erde. Die Arbeitsplätze liegen meist in größeren Höhen und auf geneigten Flächen.

Um Unfälle zu vermeiden, sind folgende ausgewählte Verhaltensregeln zu beachten:

- ❑ Unterziehen Sie sich einer Berufstauglichkeitsuntersuchung, insbesondere zur Höhentauglichkeit!
- ❑ Betreten Sie keine Dachfläche ohne ausreichende Absturzsicherung! Bei Traufhöhen > 3,00 m und Dachneigungen zwischen 20° und 60° sind Dachfanggerüste (→ **G 7**) Vorschrift.
- ❑ Befolgen Sie die Weisungen des Vorgesetzten zum Tragen persönlicher, vom Unternehmer bereitgestellter Arbeitsschutzausrüstungen (→ **G 6**)!
- ❑ Tragen Sie nie Werkzeuge mit Spitzen oder scharfen Schneiden ohne Schutzhülle in Ihrer Arbeitskleidung!
- ❑ Werkzeuge sind nur mit fest verkeilten Stielen, passgerechten Griffen und mit Schlagflächen ohne Absplitterungen und Grate zu verwenden!

Arbeitsregeln – Arbeitsablauf für eine Ziegeldeckung

- ❑ Bevor mit dem eigentlichen Herstellen der Deckung begonnen wird, ist das **Aufteilen der Ziegelbreiten** mit ca. 2 mm Fugenabstand auf die Dachflächenlänge vorzunehmen.
- ❑ Vorteilhaft ist das Hängen von **Rahmenschichten** auf die erste und letzte Dachlatte und das anschließende Markieren von jeweils drei oder vier Deckbreiten. Dadurch
  - wird ein regelmäßiger Halbverband erreicht,
  - erhält die Deckung ein gleichmäßiges Fugenbild,
  - vermeidet man geschmälerte Ziegel an den Giebelkanten zum Ausgleichen von Restbreiten.
- ❑ Nach dem Markieren der Deckbreiten werden die Ziegel endgültig gehangen und erforderlichenfalls zusätzlich mechanisch befestigt.
- ❑ Während des endgültigen Hängens ist jeder Ziegel nochmals augenscheinlich zu kontrollieren. Beschädigte und/oder deformierte Ziegel werden ausgesondert.

Beim Hängen an die Dachlatten kommt es darauf an, die Ziegel nach den markierten Einteilungen auszurichten und sie mit den Nasen dicht an die Dachlatten zu drücken.

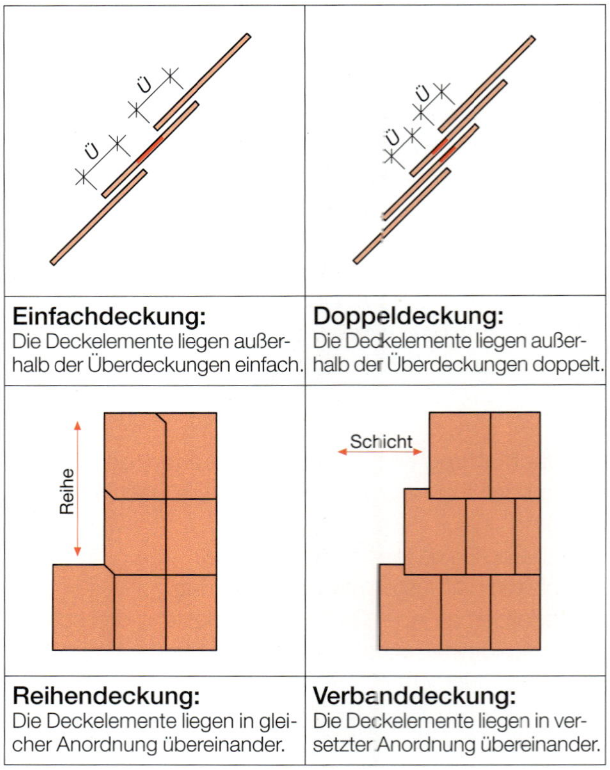

Anordnungsmöglichkeiten (ü = Höhenüberdeckung)

Endgültiges Hängen

Befestigen der Dachziegel

6.5.4 Berechnen des Materialbedarfs

Den Materialbedarf an Dachwerkstoffen ermittelt man i. d. R. für eine **Aufmaßeinheit**, z. B. für 1,0 m^2.

Für flächige Werkstoffe, z. B. für Dachziegel und Unterspannbahnen, wird dieser Bedarf mittels der Sichtfläche A_S berechnet. Die Sichtfläche A_S ist jene Teilfläche der Gesamtoberfläche, die nach dem Fertigstellen der Konstruktionsschicht sichtbar bleibt.

Der **Bruch** bzw. **Verschnitt** wird als Prozentsatz nach betrieblichen Erfahrungswerten dem berechneten Bedarf je Aufmaßeinheit hinzugerechnet, z. B. 4 % (Faktor = 1,04).

Der **Gesamtbedarf** für einen Baustoff errechnet sich

$$\text{Gesamtbedarf} = A_D \cdot \text{Bedarf je } m^2 \text{ Dachfläche}$$

Berechnung der Dachfläche A_D für ein Satteldach:

$A_D = 2 \cdot s \cdot l_D$ in m^2

s Sparrenlänge in m; l_D Dachlänge in m

Berechnen des Bedarfs ausgewählter Werkstoffe

- **Dachziegel** je m^2 Dachfläche

$$\text{Ziegelbedarf} = \frac{10\,000\ cm^2}{A_s} \cdot 1{,}04 \quad \text{in Stück/}m^2 \text{ Dachfläche}$$

Sichtfläche A_S

$A_S = D_h \cdot D_b$ in cm^2

D_h Deckhöhe; D_b Deckbreite

- **Unterspannbahn** je m^2 Dachfläche (Beispiel)

Breite 1,50 m; Überdeckung 0,1 m

→ $A_S = 1{,}4\ m^2$ (bezogen auf 1,0 m Dachlänge)

Verschnitt 4 %

$$\text{Bedarf} = \frac{1{,}5\,m \cdot 1{,}0\,m}{1{,}4\,m \cdot 1{,}0\,m} \cdot 1{,}04$$

Bedarf = 1,11 m^2 Unterspannbahn/m^2 Dachfläche

- **Breitkopfstifte** in kg je m^2 Dachfläche

Verbrauch: 1,5 Stück/m^2 Dachfläche (Erfahrungswert)

620 Stück/kg

$$\text{Bedarf} = \frac{1{,}5\ \text{Stück}/m^2}{620\ \text{Stück/kg}} \cdot 1{,}04$$

Bedarf = 0,00252 kg/m^2 Dachfläche

- **Konterlatten** – Gesamtbedarf für Dachfläche

Anzahl der Konterlatten n_K bei 1,34 m/Stück:

$$n_k = \frac{n_s \cdot s}{1{,}34\ \text{m/Stück}} \cdot 1{,}04 \quad \text{in Stück}$$

n_s Anzahl der Sparren; s Sparrenlänge in m

- **Drahtstifte** für Konterlatten in kg (Gesamtbedarf)

Verbrauch: 4 Stück je Konterlatte (Erfahrungswert)

Konterlatte mit 1,34 m/Stück

erforderl. Länge bei 24 mm Lattendicke ≥ 65 mm

280 Stück/kg

$$\text{Bedarf} = \frac{n_k \cdot 4\ \text{Stück/Latte}}{280\ \text{Stück/kg}} \cdot 1{,}04 \text{ in kg}$$

- **Dachlatten** je m^2 Dachfläche bzw. Gesamtbedarf in m^3

Querschnitt der Dachlatten 40/60 mm

Sparrenlänge = 100 cm (Bezugsgröße)

Dachlänge = 1,0 m (Bezugsgröße)

$$\text{Bedarf} = \frac{100\,cm \cdot 1{,}0\,m}{l_w} \cdot 1{,}04$$

in m Lattung/m^2 Dachfläche

l_W Lattweite in cm

Bedarf in m^3:

Bedarf = A_D · Bedarf in m/m^2 · 0,04 m · 0,06 m

- **Drahtstifte** für Dachlattung in kg (Gesamtbedarf)

Verbrauch 2 Stück je m Dachlatte

Länge bei 40 mm Lattendicke ≥ 100 mm

97 Stück je kg

$$\text{Bedarf} = \frac{A_D \cdot 2\ \text{Stück/m} \cdot \text{Bedarf in m}/m^2}{97\ \text{Stück/kg}} \cdot 1{,}04 \text{ in kg}$$

DIN EN 1304 Dachziegel und Formziegel
DIN EN 490 Dach- und Formsteine aus Beton,
Regelwerk des Dachdeckerhandwerks 2007

Testen Sie sich selbst!

1. Welche Aufgaben muss eine Dachdeckung erfüllen?
2. Wodurch unterscheiden sich Konterlattung und Dachlattung?
3. Warum muss die Dachfläche vor dem Herstellen der Deckung eingeteilt werden?
4. Welche Eigenschaften müssen Deckwerkstoffe haben?
5. Nach welchen Gesichtspunkten können Deckwerkstoffe unterschieden werden?
6. Nennen Sie den stofflichen Unterschied zwischen Dachziegel und Dachstein.
7. Nennen Sie mindestens drei Teile der persönlichen Schutzausrüstung.

6.5.5 Projektarbeit „Ferienhaus"

Problemstellung: Das Satteldach soll eine Dachdeckung mit Biberschwanzziegeln erhalten. Damit das Material in ausreichender Menge bestellt und angeliefert werden kann, ist der Bedarf zu errechnen.

Aufgabe 1

Welche Konstruktion bzw. Zusatzmaßnahmen sind auf den Sparren für die Dachdeckung erforderlich?

Ausführungshilfen:

- Skizzieren Sie ein 1,0 m langes Sparrenstück
- (45° Dachneigung) im M 1 : 10 auf ein A4-Blatt, Hochformat.
- Skizzieren Sie darauf den weiteren Aufbau (→ Seiten 260 und 261).
- Benennen Sie die einzelnen Teile und legen Sie Querschnittsabmessungen fest (→ Seite 261).

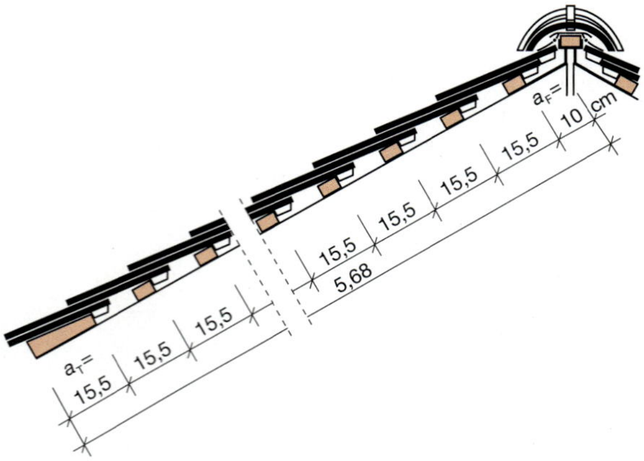

Doppeldeckung

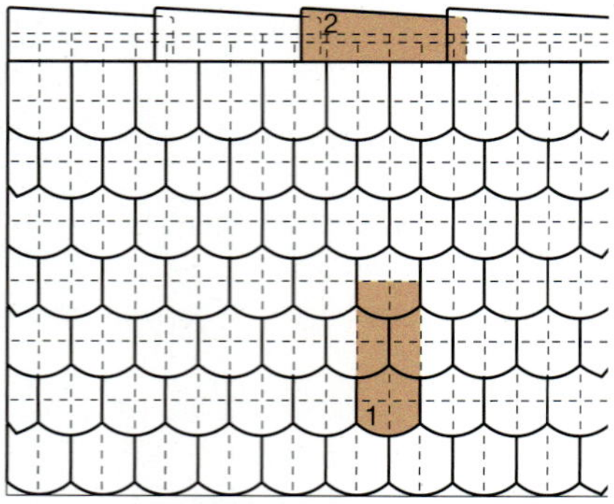

1 Biberschwanzziegel
2 Firstziegel

Deckschema – Biberschwanzziegel, Doppeldeckung

Aufgabe 2

Für die Dachdeckung des Ferienhauses mit Biberschwanzziegeln ist der Baustoffbedarf zu berechnen. Erstellen Sie eine Materialliste. Das Kehlbalkendach ist auf Seite 195 abgebildet.

Projektdaten:

- Biberschwanzziegel: 155 mm x 380 mm
- Dachziegelart: eben ohne Verfalzung
- Deckungsart: Doppeldeckung ohne Mörtel
- Dachneigung: 45° (100 %)
- Lattweite/Deckhöhe: $l_w = D_h = 15{,}5$ cm
- Deckbreite: Ziegelbreite
- Dachlänge: $l_D = 8{,}59$ m
- Sparrenlänge: $s = 5{,}68$ m
- Dachfläche: $A_D = 97{,}85$ m^2
- Anzahl der Sparren: $n_S = 18$

Ausführungshilfen:

- Führen Sie alle Berechnungen mit den Projektdaten nach dem Berechnungsablauf auf Seite 263 durch.
- Berechnen Sie die Sichtfläche A_s. Bei der Doppeldeckung liegt auf jeder Traglatte eine Ziegelschicht. Die jeweils 3. Schicht überdeckt die 1. um die Höhenüberdeckung.
- Berechnen Sie den Bedarf an Biberschwänzen in Stück je m^2 Dachfläche und für die gesamte Dachfläche.
- Wie viel Rollen Unterspannbahn sind für das Satteldach des Ferienhauses erforderlich? Auf einer Rolle sind 75 m^2. Wie viel kg Breitkopfstifte werden benötigt?
- Berechnen Sie den Gesamtbedarf an Konterlatten in Stück, wenn eine Latte 1,34 m lang ist. Ermitteln Sie die dazugehörige Menge an Drahtstiften. Welche Länge müssen die Drahtstifte mindestens haben?
- Wie viel m^3 Latten vom Querschnitt 40/60 sind als Dachlatten für die Biberschwanzdeckung erforderlich? Welche Menge an Drahtstiften mit welcher Länge werden benötigt?

Materialliste

Werkstoffart		Gesamtbedarf
Biberschwänze (155/380 mm)		?
Unterspannbahnen (1,50 m breit)		?
Breitkopfstifte (22 mm lang)		?
Latten:	Konterlatten (24/48 mm)	?
	Dachlatten (40/60 mm)	?
Drahtstifte (≥ 65 mm lang)		?
Drahtstifte (≥ 100 mm lang)		?

Lernfeldübergreifende Grundlagen

G1 **Bauzeichnungen 266**
1 Zeichengeräte 266
2 Zeichenblätter 267
3 Linien 268
4 Maßstäbe für Bauzeichnungen 268
5 Normschrift 269
6 Bemaßung 270
7 Skizziertechnik 272
8 Zeichentechniken 273
9 Geometrische Grundkonstruktionen 274
10 Axonometrische Darstellungen 276
11 Orthogonale Darstellungen 278
12 Schnittdarstellungen 279
13 Ermittlung wahrer Größen 281
14 Konstruktion von Abwicklungen 282
15 Arten und Inhalte von Bauzeichnungen 283

G2 **Statik 286**
1 Lasten, Belastung 286
2 Kräfte und Spannungen im Bauteil 288
3 Stabilität 293

G3 **Bauphysik 295**
1 Wärmeschutz 296
1.1 Winterlicher Wärmeschutz 296
1.2 Dämmstoffe 301
1.3 Sommerlicher Wärmeschutz 303
2 Feuchteschutz 304
2.1 Fassaden 305
2.2 Bauteile im Erdreich 305
2.3 Nassräume, Flachdächer bzw. Balkone 307
2.4 Innere Wandflächen 308
3 Schallschutz 308
3.1 Baulicher Schallschutz 309
3.2 Raumakustik 311
4 Brandschutz 312

G4 **Vermessungsarbeiten 314**
1 Geräte und Hilfsmittel 314
2 Messungen auf der Baustelle 315
2.1 Längenmessung 315
2.2 Höhenmessung – Nivellement 316
2.3 Fluchten 318
2.4 Abstecken rechter Winkel 318

G5 **Mathematik 321**
1 Rechnen mit Maßeinheiten 321
2 Maßstäbe für Bauzeichnungen 321
3 Prozentrechnung 322
4 Dreisatzrechnung 322
5 Berechnung Gefälle/Neigung/Steigung 323
6 Lehrsatz des Pythagoras 324
7 Winkelfunktionen am rechtwinkligen Dreieck 324
8 Flächenberechnung 325
9 Volumenberechnung 326

G6 **Arbeitssicherheit/Ergonomie 327**
1 Sicherheitskennzeichen 328
2 Persönliche Schutzausrüstung 328
3 Erste-Hilfe-Einrichtungen 329
4 Umgang mit Strom 329
5 Brandschutz 330
6 Ergonomie 331
7 Umgang mit Geräten und Baumaschinen 331
8 Sicherheitsabstände auf der Baustelle 332

G7 **Gerüste 333**
1 Gerüstarten, Einsatzbereiche, Anforderungen 333
2 Arbeitsgerüste – Auswahl 334
3 Schutzgerüste 336
4 Leitern 336

1 Zeichengeräte – Grundausstattung

Zeichenplatte. Sie ist leicht zu transportieren und besonders für A4-Blattformate gut geeignet.
Die Klemmschiene ermöglicht die winkelgenaue Arretierung des Zeichenblattes. Die bewegliche Zeichenschiene (Reißschiene) mit Messeinteilung kann waagerecht oder senkrecht geführt werden. Sie dient auch zum Aufstecken oder Anlegen von Dreiecken, Schablonen usw.

Zeichenstifte (Feinminenstifte). Für eine qualitativ gute Bleistiftzeichnung werden mindestens zwei Zeichenstifte benötigt:

- **harte Mine** (**H, 2H, 3H**) und Minendicke von 0,3 mm zum Vorzeichnen und Darstellen der schmalen Linien, z. B. Schraffuren
- **weiche Mine** (**F, HB, B**) und Minendicke von 0,5 mm zum Skizzieren und zum Nachziehen der breiteren Linien, z. B. Körperkanten.

Zeichenmessstab. Er dient dem genauen Auf- und Übertragen von Messpunkten. Es gibt Messstäbe mit normaler Millimeter- und Zentimeteraufteilung sowie Messstäbe mit verschiedenen verkleinernden Maßstäben. Der Messstab sollte 30 cm lang sein. Die Messkanten müssen unmittelbar auf dem Blatt aufliegen.

Zeichendreiecke. Sie bestehen aus einem Winkelpaar: 90°, 45°, 45° und 90°, 60°, 30°. Sie werden zum Zeichnen der senkrechten und schrägen Linien sowie für Parallelverschiebungen benötigt. Die längste Seite des ungleichschenkligen Dreiecks sollte 25 bis 30 cm lang sein.

Zirkel. Es genügt ein Teilzirkel mit Schnellverstellung und Bleimineneinsatz. Der Zirkel wird zum Zeichnen der Kreislinien und Bogenkonstruktionen wie auch zum Übertragen und Einteilen von Strecken benötigt.

Radiergummi. Er muss für die Bleistiftzeichnung weich und sauber sein, um Beschädigungen des Zeichenpapiers zu vermeiden. Ausreichend „dünne" Hilfs- und Konstruktionslinien müssen nicht in jedem Falle ausradiert werden.

Sonstige Zeichnungshilfen. Zur Komplettierung werden empfohlen: Skizzierblock, Winkelmesser, Taschenrechner, Zeichenbesen.

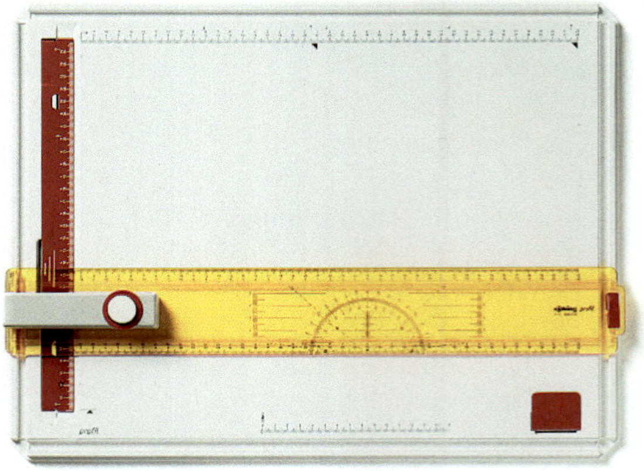

Zeichenplatte

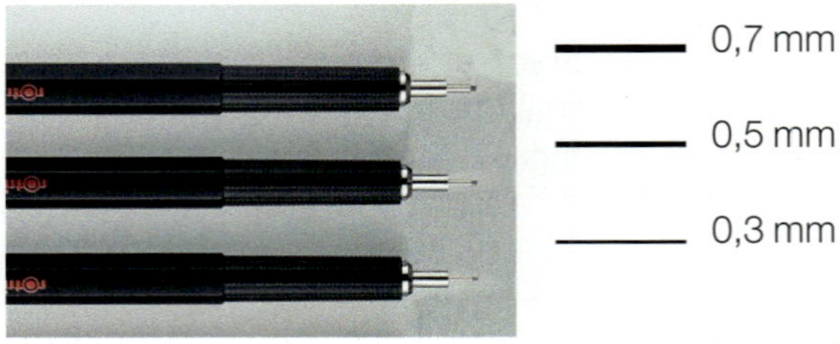

Feinminenstifte

Zeichendreiecke

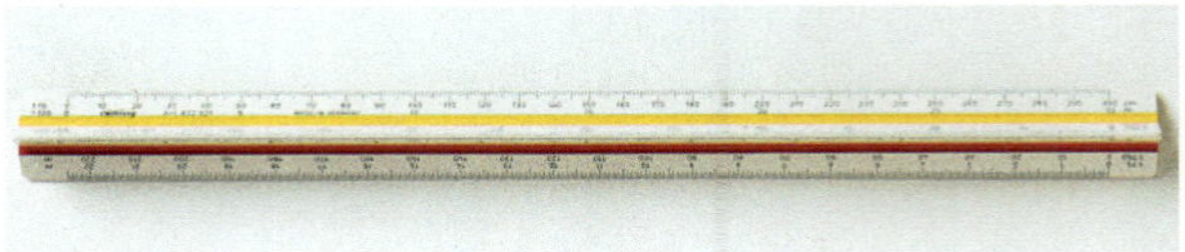

Messstab

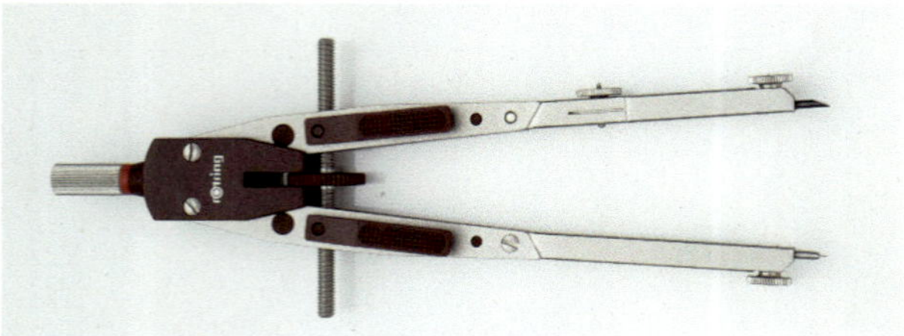

Zirkel

Winkelmesser

Zeichengeräte zum Anfertigen von Bauzeichnungen – Grundausstattung

2 Zeichenblätter

Trotz elektronischer Medien sind Zeichnungsträger noch häufig aus Papier. Zu unterscheiden sind lichtdurchlässige Papiere (Transparentpapiere) und lichtundurchlässige Papiere (Zeichenpapier oder -karton).

Formate und Blattgrößen. Zeichenübungen während der Grundstufenausbildung werden vorrangig auf Zeichenpapier im A4-Format (210 mm x 297 mm) ausgeführt. Die A-Formatreihe basiert auf dem Format A0 mit der Größe 841 mm x 1189 mm = 1,0 m^2. Durch Halbieren der Blattseiten entstehen die kleineren Formate.

Zeichenblattgestaltung. Für alle Zeichenblätter ist eine Umrandung mit breiten Linien vorgesehen. Der linke Heftrand hat einen Abstand von 20 mm. Die sonstigen Umrandungen sind i. Allg. 5 mm breit.

Die Zeichenfläche ist nur 185 mm x 287 mm groß.

Die Darstellungen auf dem Blatt stehen „frei", d. h., die Zeichnung darf keinen Kontakt zur Umrandung haben.
Jede Bauzeichnung erhält ein **Schriftfeld**, dessen Breite durch die Faltung auf A4-Hochformat begrenzt ist und deshalb 185 mm nicht überschreiten kann.
Mindestanforderungen an den Inhalt:

- Bezeichnung des Bauprojektes, z. B. Einfamilienhaus
- Namen der Verantwortlichen (Bauherr, Architekt, Zeichner)
- Bearbeitungsdatum
- Name der Firma, des Büros oder der Behörde
- Maßstab und Maßeinheit der Darstellung, z. B. M 1 : 50 – m, cm
- Zeichnungsnummer
- Prüf-, Änderungs-, Genehmigungsvermerke

Für Übungsaufgaben während der Grundstufenausbildung wird i. Allg. ein vereinfachtes Schriftfeld verwendet.

Falten der Zeichenblätter. Die meisten Zeichenblätter, vor allem die zahlreichen Kopien für die Bauausführung, sind größer als das A4-Format. Sie werden deshalb auf dieses Format gefaltet. Richtig gefaltet wurde, wenn sich das Schriftfeld voll lesbar auf der Deckseite (Vorderseite) des gefalteten Blattes befindet und wenn man die Zeichnung vollständig auffalten kann, ohne sie aus dem Ordner herausnehmen zu müssen.

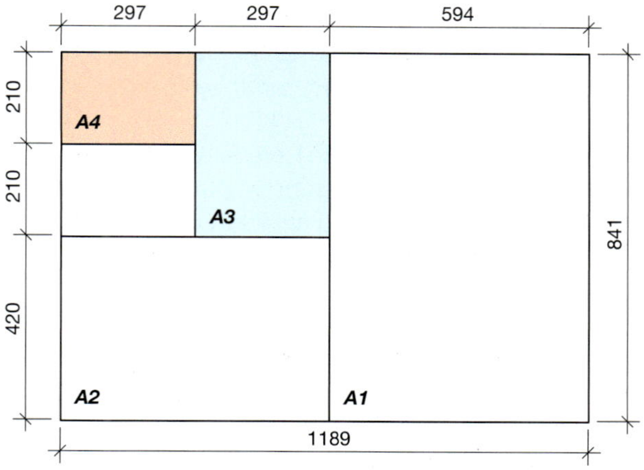

Format	Unbeschnittenes Blatt	Beschnittenes Blatt	Zeichenfläche
A0	880 × 1230	841 × 1189	831 × 1164
A1	625 × 880	594 × 841	584 × 816
A2	450 × 625	420 × 594	410 × 569
A3	330 × 450	297 × 420	287 × 395
A4	240 × 330	210 × 297	185 × 287

Blattformate und Größen (Maße in mm)

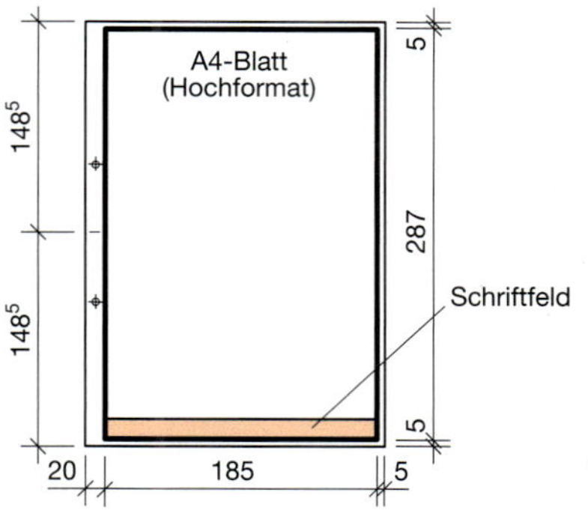

A4-Zeichenblatt mit Randabständen

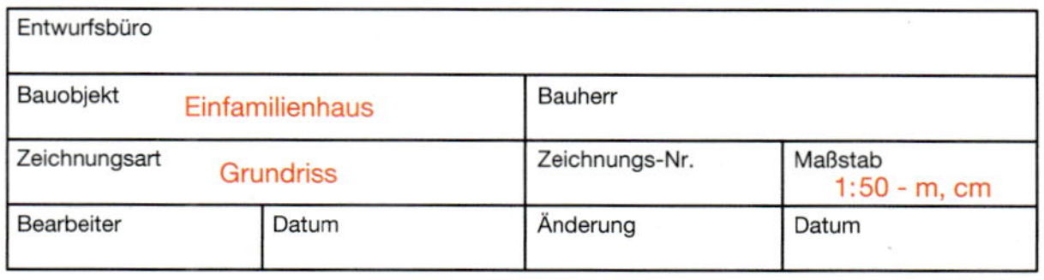

Beispiel für ein Schriftfeld

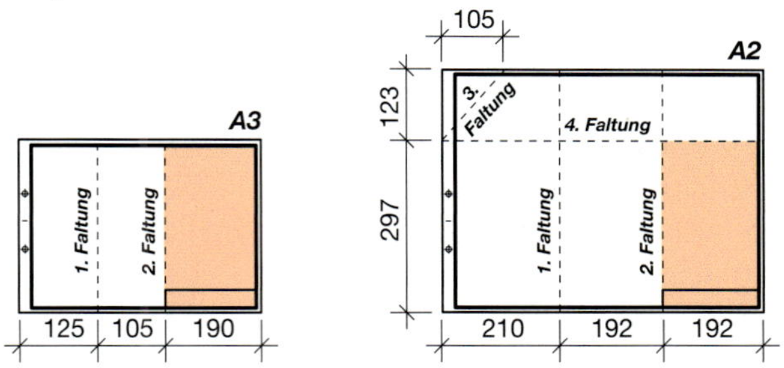

Faltschema

3 Linien

Linien sind in ihrer Darstellung, z. B. Volllinien, Strichlinien, und in ihrer Bedeutung, z. B. sichtbare bzw. verdeckte Körperkante, genormt.
Die Normung gilt auch für die Linienbreiten, bezogen auf den jeweiligen Zeichenmaßstab. Das kann jedoch nur mit Tuschezeichengeräten exakt erreicht werden.

Anwenden und Ausführen von Linien

- Bei Bleistiftzeichnungen muss ein deutlicher Unterschied zwischen schmalen und breiten Linien sichtbar sein.
- Grundsätzlich sind alle sichtbaren Körper- und Materialkanten auf den Bauzeichnungen darzustellen.
- Nicht sichtbare, verdeckte Körperkanten sind nur zu zeichnen, wenn sie zur Verdeutlichung des dargestellten Baukörpers notwendig sind.
- Die Strichlänge in unterbrochenen Linien (Strichlinien, Schnittlinien, Achslinien) sollten je nach Platzverhältnissen 3 ... 8 mm, die Zwischenräume 2 ... 4 mm betragen.
- Die Proportionen von Strichlängen und Zwischenräumen müssen in einer Zeichnung möglichst gleichmäßig sein.
- Strich-Punkt-Linien (z. B. Achslinien) müssen immer mit einem Strich beginnen und mit einem Strich enden.
- Unterbrochene Linien (Strichlinien, Strich-Punkt-Linien) müssen andere Linien (z. B. Körperkanten) berühren oder diese kreuzen.
- Überdecken sich in einer Darstellung Linien verschiedener Art, ist immer nur eine Linie zu zeichnen. Als Rangfolge gilt:
  - Linien sichtbarer Kanten
  - Linien unsichtbarer Kanten
  - Linien gedachter Schnittebenen
  - Achs- und Mittellinien
  - Maßhilfslinien

Linienarten Ausführung (Beispiele)	Anwendungen (Beispiele)	Linienbreiten in mm für Maßstäbe (Auswahl) ≤ 1 : 100		≥ 1 : 50	
		I	II	III	IV
Volllinie, breit	Begrenzung von Schnittflächen; Bewehrungsstäbe	0,5	0,7	1,0	1,0
Volllinie, schmal	Sichtbare Kanten und Umrisse; Begrenzung von Schnittflächen von schmalen oder kleinen Bauteilen	0,25	0,35	0,5	0,7
Volllinie, fein	Maßlinien, Maßhilfslinien, Hinweislinien, Schraffuren, Begrenzungen von Ausschnitten	0,18	0,25	0,35	0,5
Strichlinie, schmal	Nicht sichtbare verdeckte Kanten und Umrisse	0,25	0,35	0,5	0,7
Strich-Punkt-Linie, breit	Kennzeichnung der Lage der Schnittebenen	0,5	0,7	1,0	1,0
Strich-Punkt-Linie, schmal	Mittellinien, Begrenzung von unterbrochenen Schnitten	0,18	0,25	0,35	0,5
Punktlinie, schmal	Kanten und Umrisse von Bauteilen über oder vor der Schnittebene	0,25	0,35	0,5	0,7
Freihandlinie, fein	Holz im Schnitt (auch allg. für Abbruchkanten anwendbar)	0,25	0,35	0,5	0,7

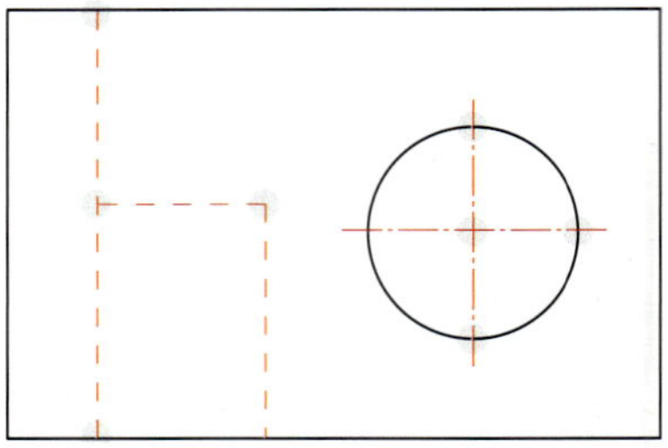

Darstellung unterbrochener Linien

4 Maßstäbe für Bauzeichnungen

Baukörper sind zu groß, um sie in ihren natürlichen Größenverhältnissen von 1 : 1 abbilden zu können. Sie müssen verkleinert gezeichnet werden.

Zum Beispiel bedeutet der Maßstab 1 : 20 , dass die Zeichnung zwanzigmal kleiner ist als das reale Bauobjekt. Abweichend von der Norm können bei Bedarf auch Sondermaßstäbe wie 1 : 12,5; 1 : 25 oder 1 : 75 benutzt werden. Der Maßstab wird in das Schriftfeld mit der Angabe der Maßeinheiten eingetragen, z. B. M 1 : 20 – m, cm.

Verkleinerungsmaßstäbe für Bauzeichnungen

Maßstab	Hauptanwendungen
1 : 1000 1 : 500	Lagepläne, Baustelleneinrichtungspläne
1 : 200	Lagepläne, Vorentwurfszeichnungen
1 : 100	Entwurfszeichnungen
1 : 50	Ausführungszeichnungen, z. B. Grundrisse, Ansichten, Schnitte
1 : 20; 1 : 10 1 : 5; 1 : 2	Detail- und Sonderzeichnungen der Bauausführung

5 Normschrift

Für Bauzeichnungen ist grundsätzlich die Normschrift anzuwenden. Die DIN 6776 gestattet sowohl die ***kursive*** (schräge) als auch die **vertikale** (senkrechte) Schrift. Bevorzugt wird für Bauzeichnungen die senkrechte Mittelschrift Typ B.

Die Normschrift hat ein klares, geradliniges, schnörkelfreies Schriftbild. Die möglichen Schriftgrößen und die sich daraus ergebenden Abstände und Linienbreiten sind festgelegt.

Die Normschrift kann auch ohne Schablone relativ schnell und in guter Qualität geschrieben werden.

Regeln zur Ausführung der Normschrift

- Es werden Groß- und Kleinbuchstaben entsprechend der deutschen Rechtschreibung verwendet.
- Für Zeichnungen auf A4-Zeichenblättern sind vorrangig die Schriftgrößen (Nennhöhen) 3,5 mm oder 5 mm, maximal 7 mm zu wählen.
- Für die Normschrift sollten, mit Ausnahme der Maßzahlen, immer schmale Hilfslinien, zumindest nach Augenmaß gezeichnet werden. Als Anhaltspunkt kann dabei das Verhältnis 1/3 zu 2/3 bezogen auf die Nennhöhe der Schrift verwendet werden.

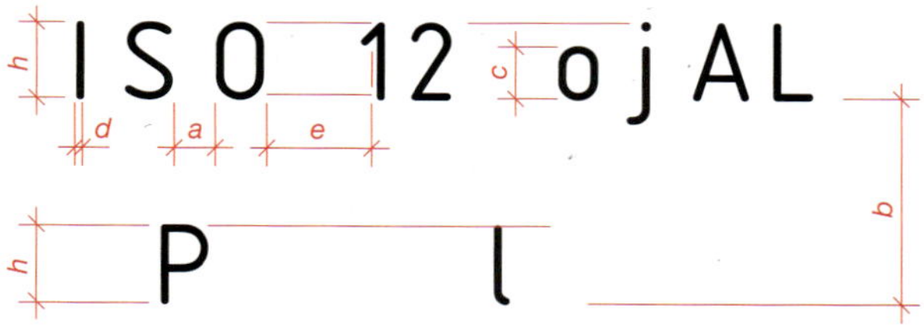

Beschriftungsmerkmale	Verhältnis	Maße in mm					
Schriftgrößen: Höhe der Großbuchstaben *h*	(10/10) *h*	2,5	3,5	5	7	10	14
Höhe der Kleinbuchstaben *c* (ohne Ober- oder Unterlänge	(7/10) *h*	–	2,5	3,5	5	7	10
Mindestabstände: zwischen Schriftzeichen *a*	(2/10) *h*	0,5	0,7	1	1,4	2	2,8
zwischen Grundlinien *b*	(14/10) *h*	3,5	5	7	10	14	20
zwischen Wörtern *c*	(6/10) *h*	1,5	2,1	3	4,2	6	8,4
Linienbreite *d*	(1/10) *h*	0,25	0,35	0,5	0,7	1	1,4

Beschriftungsmerkmale der Schriftform B ($d = \frac{h}{10}$)

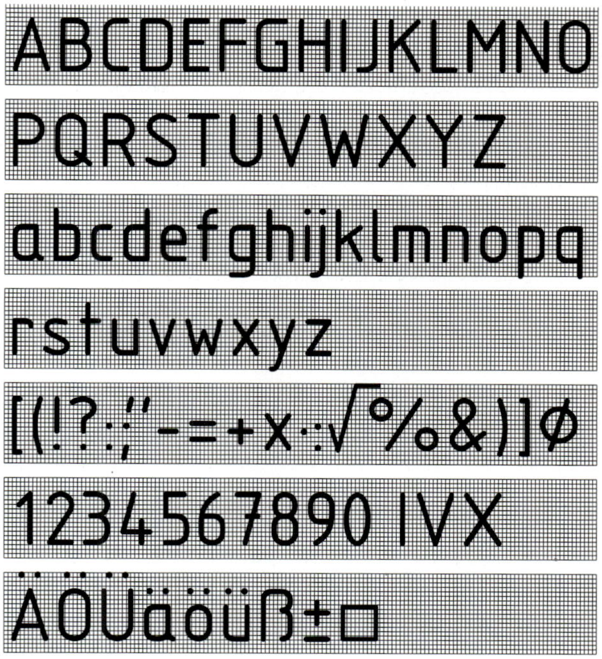

Schriftform B, vertikal

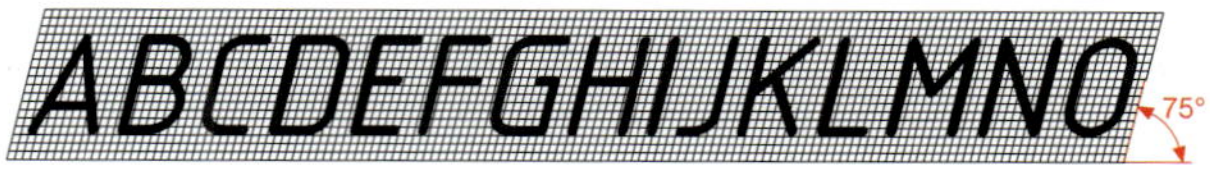

Schriftform (Auswahl), kursiv

Schriftgröße in mm	Linienbreite in mm	Schriftbild, vertikal in mm
1,8	0,18	Hamburg 0123456789
2,5	0,25	Hamburg 0123456789
3,5	0,35	Hamburg 0123456
5,0	0,5	Hamburg 012
7,0	0,7	Hamburg

Schriftgrößen und Linienbreiten

Beim Beschriften können Hilfslinien nach Augenmaß gezogen werden.

6 Bemaßung

Die Bemaßung auf den Ausführungszeichnungen hat einen hohen Informationswert, denn nach diesen Angaben wird das Bauwerk gebaut. Für einen reibungslosen Bauablauf muss deshalb die Bemaßung vollständig und übersichtlich sein.

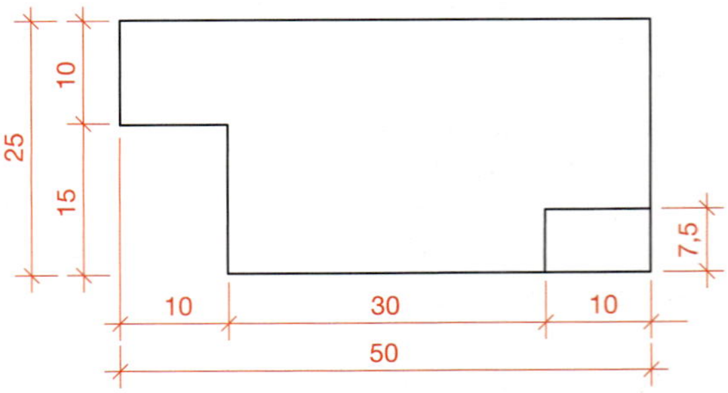

Maßeintragungen nach DIN 1356

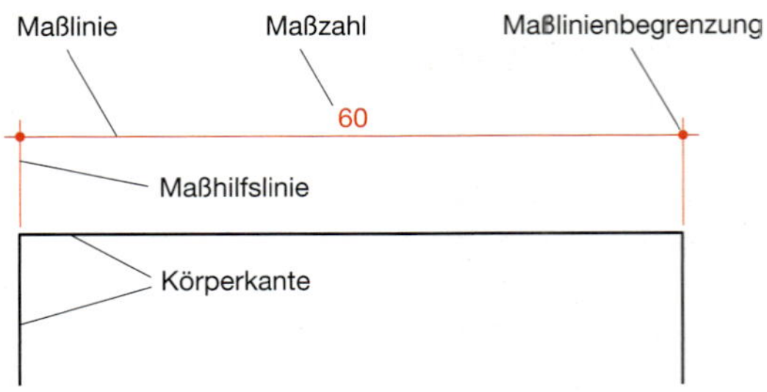

Bestandteile der Bemaßung

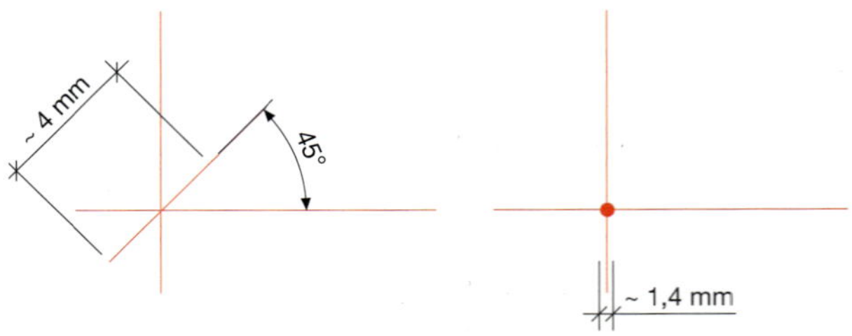

Maßlinienbegrenzung – wahlweise mit Schrägstrich oder Punkt

Regeln zur Bemaßung von Bauzeichnungen

- ❏ Eine vollständige Bemaßung besteht aus Maßlinie, Maßhilfslinie, Maßlinienbegrenzung und Maßzahl.
- ❏ Nur sichtbare Körperkanten werden bemaßt.
- ❏ Die Maßlinien verlaufen parallel in einem Abstand von etwa 10 mm zu den zu bemaßenden Körperkanten.
- ❏ Maßhilfslinien stehen im Regelfall senkrecht zu den Maßlinien. Auf Bauzeichnungen kann zwischen Maßhilfslinie und Körperkante ein Abstand gelassen werden.
- ❏ Auch Körperkanten und verlängerte Achslinien können als Maßhilfslinie benutzt werden.
- ❏ Die Bemaßung ist nach Möglichkeit außerhalb der Darstellung mit durchlaufenden Maßketten einzutragen. Sind mehrere parallele Maßketten erforderlich, werden die Einzelmaße in die inneren und die Gesamtmaße in die äußeren Maßketten eingetragen.
- ❏ Maßlinien und Maßhilfslinien sollten sich, außer bei Maßpfeilen, etwa 3 mm überschneiden. Die Kontaktstellen sind deutlich zu begrenzen.
  Das kann erfolgen durch
  - 45°-Schrägstriche oder
  - ausgefüllte Punkte.

! Auf einem Zeichnungsblatt darf nur eine Variante der Maßlinienbegrenzung angewendet werden. Ausnahme: Angabe von Radien oder engen Zwischenmaßen.

- ❏ Maßzahlen sind in breiter Linie mit Normschrift (≥ 3 mm hoch) zu schreiben. Sie sind mittig und 2 … 3 mm über den Maßlinien anzuordnen.
- ❏ Entsprechend der Zeichnung ist die Leserichtung: von unten und von rechts.
- ❏ Bei geringem Platz können Randmaße, z. B. Wanddicken, über die verlängerte Maßlinie geschrieben werden. Enge Zwischenmaße werden mittels Hinweislinien eingetragen.
- ❏ Maßzahlen werden im Normalfall ohne Maßeinheiten geschrieben. Die für die Darstellung gewählte Maßeinheit muss mit der Maßstabsangabe im Schriftfeld der Zeichnung eingetragen werden (→ **G1**, 4).
  Für die Angabe der Maßeinheit sind vier Varianten möglich.

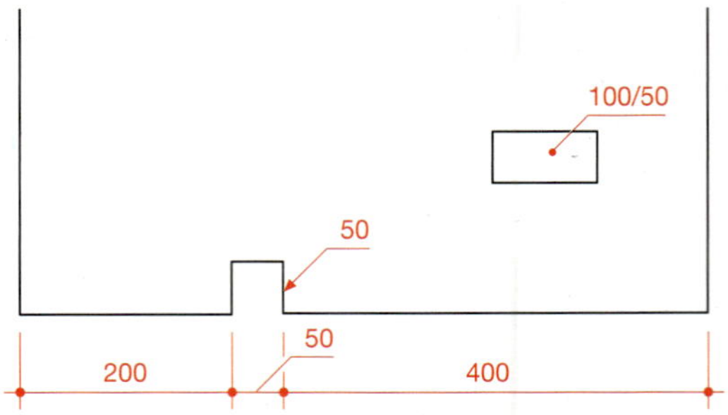

Gewählte Maßeinheit	Beispiele für Maßeintragungen		
	≥ 1 m	< 1 m	
m	4,225	0,24	0,365
m, cm	$4{,}22^5$	24	36^5
cm	422,5	24	36,5
mm	4225	240	365

Besondere und vereinfachte Maßeintragungen

Radien und Durchmesser können je nach vorhandenem Platz unterschiedlich eingetragen werden. Bei Radien wird vor die Maßzahl ein **R** geschrieben.

Quadratische oder runde Querschnitte können durch Quadrat- bzw. Durchmesserzeichen vor der Maßzahl gekennzeichnet werden.

Bogenlängen erhalten über der Maßzahl eine Bogenlinie.

Die **Bemaßung von Rechteckquerschnitten** auf Bauzeichnungen (z. B. bei Schächten, Schornsteinquerschnitten, Aussparungen, Decken- und Wanddurchbrüchen) kann unter Angabe der Seitenlängen erfolgen. Im Regelfall gilt dabei die Anordnung Breite/Höhe.

Wandöffnungen (Türen, Fenster) erhalten im Grundriss außer dem Maß der Öffnungsbreite auch oft die Öffnungshöhe. Es wird unter die Maßlinie geschrieben.

Höhenangaben. Als Bezugsfläche für die Höhenmessung wurde das Mittelwasser der Nordsee am Pegel von Amsterdam gewählt. Die durch den Nullpunkt dieses Pegels (Normalpunkt) verlaufende Niveaufläche wird als **Normal-Null „NN"** bezeichnet. Von vorhandenen Höhenmarken (Höhenbolzen) wird zur Vereinfachung für das geplante Bauobjekt ein eigener Nullpunkt abgeleitet und eingemessen. Für diesen Gebäudenullpunkt (± 0,00) wird zumeist die Oberfläche des fertigen Fußbodens des 1. Geschosses (Erdgeschoss) gewählt. Die Maßangaben erfolgen in Metern mit zwei Stellen hinter dem Komma.

Alle Höhenangaben **über dem Gebäudenullpunkt** erhalten das Vorzeichen Plus, z. B. +2,23; unter ± 0,00 das Minuszeichen, z. B. –2,40.

Zeichensymbol für Höhenangaben in Ansichten, Grundrissen und Schnitten ist ein gleichseitiges Dreieck. Dabei bedeuten

- ausgefüllte (schwarze) Dreiecke die Höhenangabe für Rohkonstruktionen
- leere (weiße) Dreiecke die Höhenangabe für Fertigkonstruktionen.

Für bestimmte, oft wiederkehrende Höhenangaben werden, regional unterschiedlich, Abkürzungen verwendet. Beispiele:

OKFEG → Oberkante Fußboden Erdgeschoss
OFG → Oberfläche Gelände
HGW → höchster Grundwasserstand

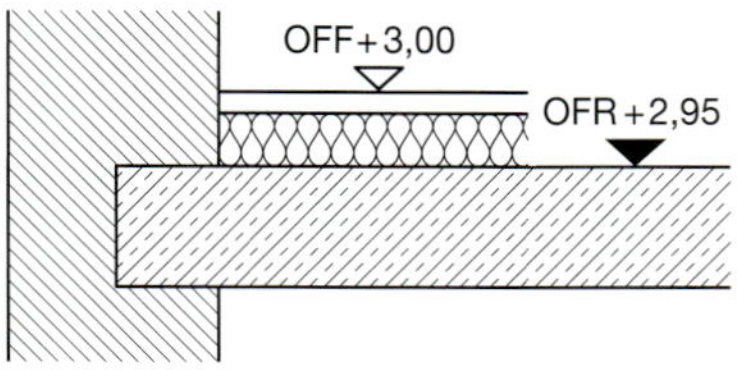

Höhenangaben mit Unterscheidung in Fertig- und Rohkonstruktion

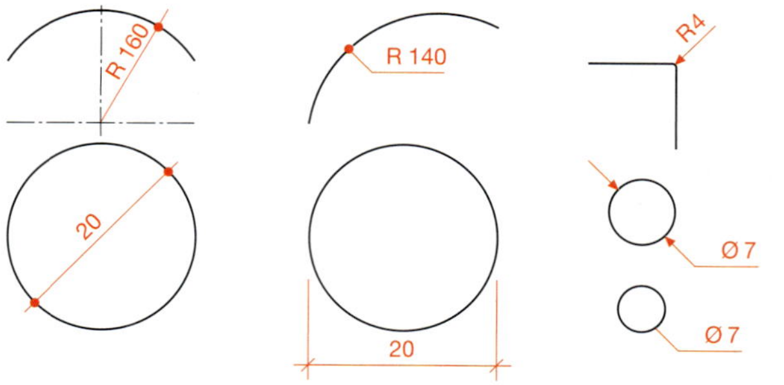

Maßangaben für Radien und Durchmesser

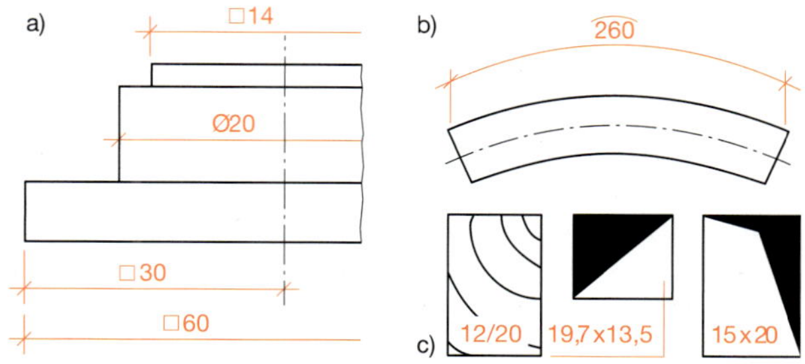

Maßeintragungen
a) symmetrische Körper; b) Bogenlängen; c) rechtwinklige Querschnitte

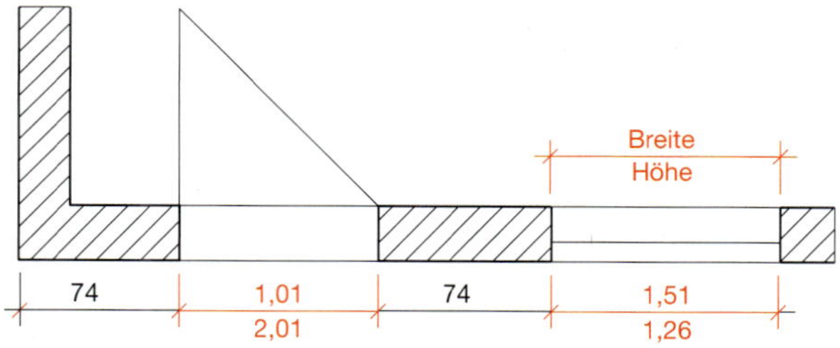

Maßangaben für Wandöffnungen im Grundriss

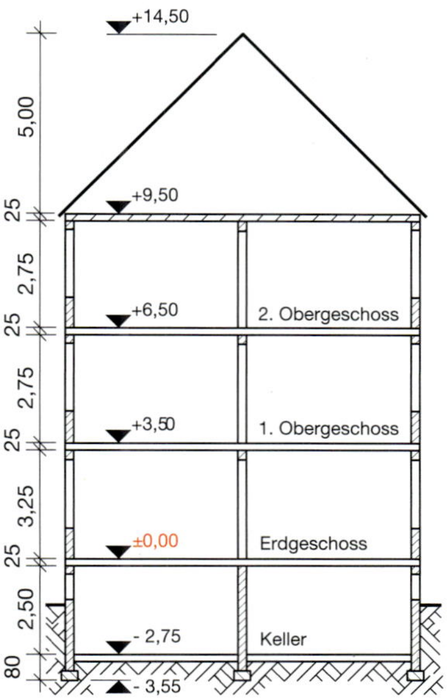

Höhenangaben im Gebäudequerschnitt

7 Skizziertechnik

Unter Skizzieren wird ein freies Darstellen, nur mit Hilfe von Papier und Stift, verstanden.
In der Skizze müssen vor allem die Proportionen des abgebildeten Baukörpers übereinstimmen. Ein gewählter Maßstab ist nur annähernd einzuhalten.

Skizzen finden Anwendung, um
- Bauideen und -vorstellungen zu verdeutlichen,
- eine maßstäbliche Zeichnung vorzubereiten,
- Konstruktionsdetails zu erläutern und zu klären,
- Aufmaße von Bauwerken oder Gebäudeteilen vorzunehmen, z. B. zur Leistungsabrechnung,
- Fachtexte, z. B. im Berichtsheft oder im fachtheoretischen Unterricht, zu veranschaulichen.

Grundregeln für das Skizzieren

- ❏ Karo- oder Millimeterpapier verwenden! Es erleichtert das Ziehen der geraden Linien. Außerdem kann ganz einfach ein Rastermaßstab festgelegt werden.
  Beispiel: Zwei Karos bilden eine Ziegellänge oder 10 Karos entsprechen einem Meter. Sind jedoch in einer Darstellung viele Schräglinien vorhanden, z. B. bei Perspektiven, sollte auf Karopapier verzichtet werden.
- ❏ Als Skizzierbleistifte etwas weichere Minen benutzen! Beispielsweise H oder 2H zum Vorzeichnen und HB oder B zum Nachzeichnen.
- ❏ Waagerechte Linien immer von links nach rechts, senkrechte Linien immer von oben nach unten in ruhigem, gleichmäßigem Zug ziehen – nicht „pinseln"!
- ❏ Auch für Skizzen sind die Regeln für das Anfertigen von Bauzeichnungen einzuhalten, z. B. Linienarten, Schraffuren, Bemaßung.

Arbeitsschritte beim Skizzieren

1. **Festlegen** des Näherungsmaßstabes und der groben Blatteinteilung.
2. **Markieren** der Eckpunkte des Körpers durch Punkte.
3. **Vorskizzieren** der Umrisse und der Körperkanten mit schmalen Linien. Beim Skizzieren einfacher Gegenstände sowie bei der Verwendung von Karopapier kann auf das Vorskizzieren verzichtet werden.
4. **Nachziehen** aller Linien entsprechend ihrer Bedeutung, z. B. sichtbare oder verdeckte Körperkanten.
5. **Ergänzen** und Vervollständigen der erforderlichen Linien, z. B. Schraffurlinien, Achslinien usw.
6. **Bemaßen** und **Beschriften** der Skizze.

Vorbereitete Skizze

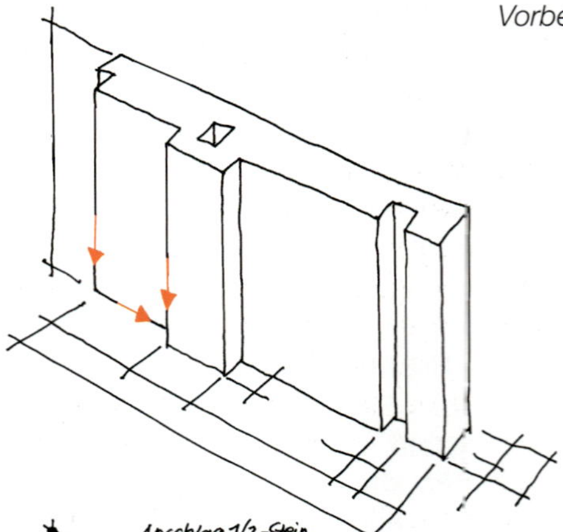

Vollendete Skizze

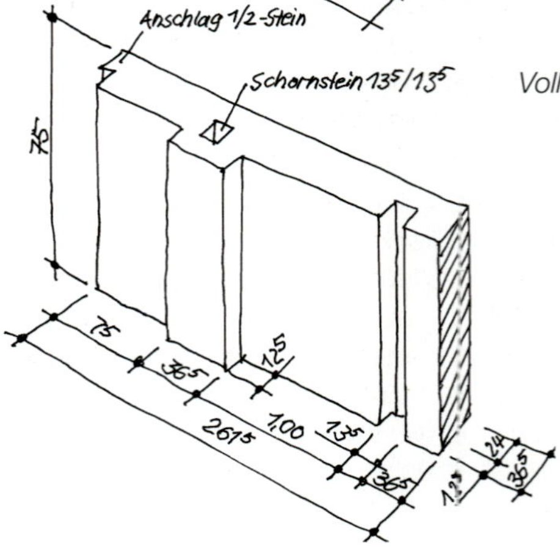

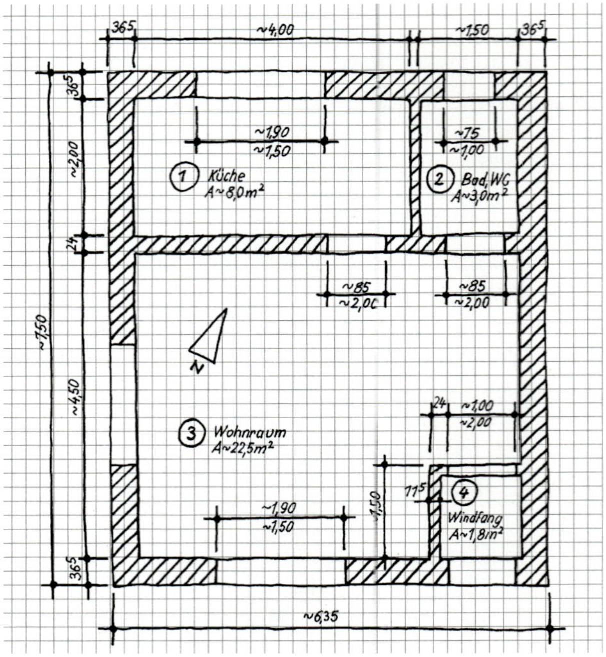

Grundriss – Skizze (Vorentwurf)
Karo-Maßstab: 4 Karos ≙ ~1,00 m

8 Zeichentechniken

Im Gegensatz zum Skizzieren erfolgt das Zeichnen maßstabsgetreu und gebunden, also sehr genau und exakt unter Zuhilfenahme entsprechender Zeichengeräte (→ **G1,** 1).

Arbeitsschritte beim Zeichnen

1. Gründliches **Erfassen** und **Durchdenken** des Zeichenauftrages, Klären von Problemen
2. Anfertigen einer **Arbeitsskizze** auf einem Nebenblatt. Dabei wird der für die spätere Zeichnung vorgesehene Maßstab annähernd eingehalten. Klärung konstruktiver Einzelheiten. Planen der Blattaufteilung unter Berücksichtigung von Maßangaben und Beschriftung
3. Bereitlegen aller erforderlichen Zeichengeräte einschließlich einer geeigneten Blattunterlage
4. Sehr dünnes **Vorzeichnen** der geforderten Darstellung bei rationeller Nutzung der Projektionslinien und der Parallelverschiebungen
5. **Überprüfen** der vorgezeichneten Gesamtlösung unter Beachtung der Sichtbarkeitsverhältnisse, der Schnittflächenkennzeichnung (→ **G1,12**), der eventuellen Abbruchkanten usw.
6. Ruhiges **Nachzeichnen** unter Beachtung der auftretenden Linienarten
7. **Bemaßen** und **Beschriften** der Zeichnung einschließlich des Schriftfeldes mit Normschrift
8. **Ausradieren** störender, überflüssiger Linien

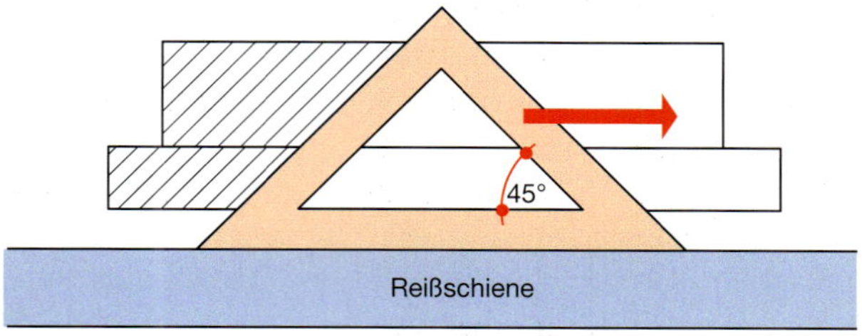

Parallelverschiebung – Beispiel 45°-Schraffur

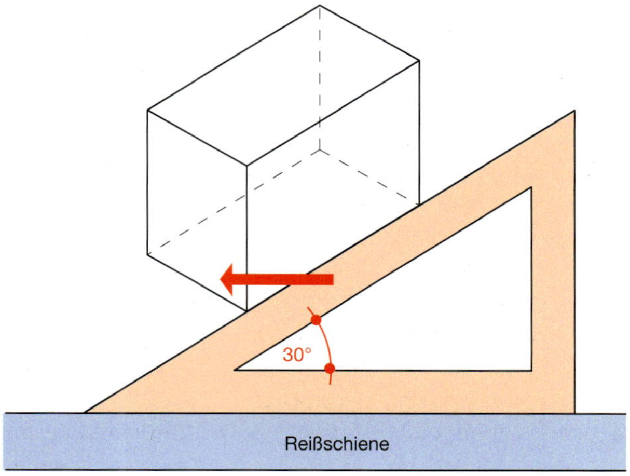

Parallelverschiebung – Beispiel Isometrie 30°

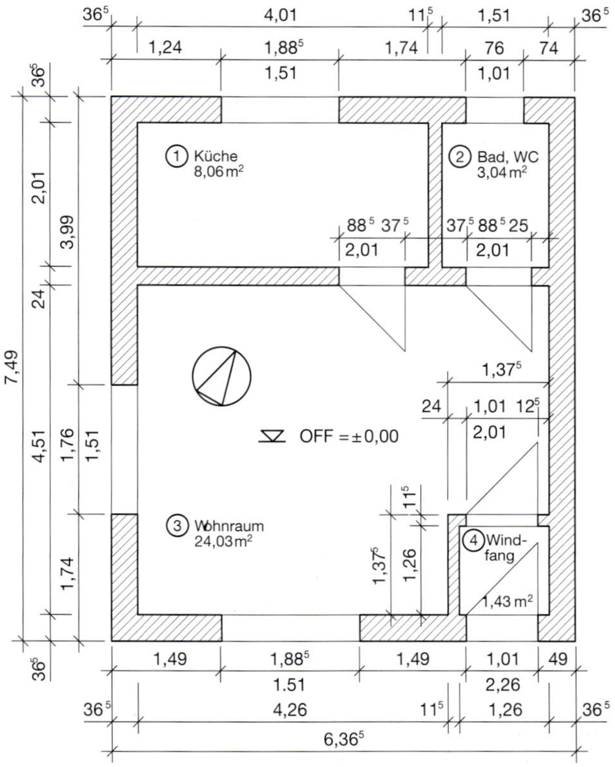

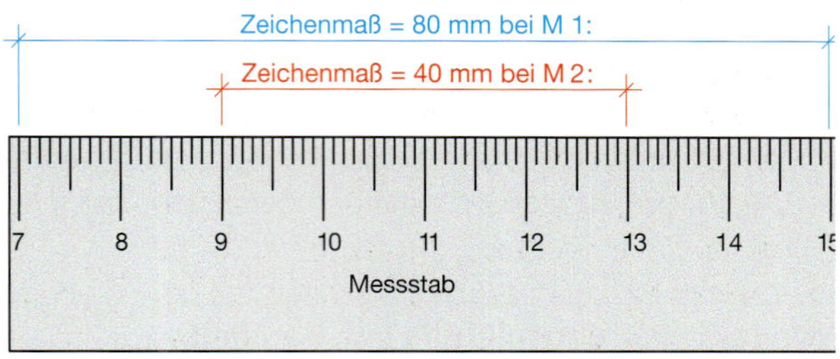

Maßstab	1 : 1	1 : 2	1 : 5	1 : 10	1 : 20	1 : 50	1 : 100
Zeichenmaß in mm	80	40	16	8	4	1,6	0,8

Anwendungen des Zeichenmessstabes zum maßstäblichen Zeichnen (Beispiel: wirkliches Maß = 8 cm)

9 Geometrische Grundkonstruktionen

Bei der Herstellung von Baukörpern und bei deren zeichnerischen Darstellung werden geometrische Gesetzmäßigkeiten genutzt. Wesentliche Grundlagen dafür sind nachfolgend beschrieben.

Streckenteilung

Die Strecke $\overline{AB}$ soll in 5 gleiche Teile geteilt werden.

- Von Punkt *A* wird unter beliebigem Winkel eine Hilfsstrecke gezogen.
- Auf der Hilfsstrecke werden 5 beliebige, aber gleich lange Teilstrecken, z. B. mit dem Zirkel, abgetragen. Es entsteht Punkt *C*.
- Punkt *C* wird mit Punkt *B* verbunden.
- Die Teilstrecken auf $\overline{AC}$ werden durch Parallelverschiebung auf $\overline{AB}$ übertragen.

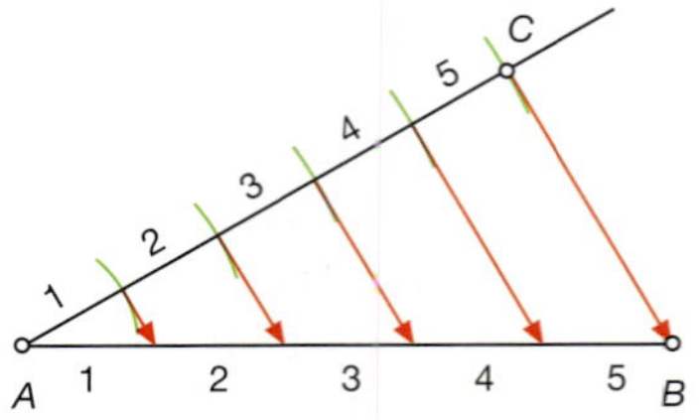

Lot fällen

Von einem Punkt *P* ist das Lot auf eine Gerade zu fällen.

- Um Punkt *P* einen Kreisbogen schlagen, auf der Geraden entstehen die Punkte *A* und *B*.
- Die Kreisbögen um die Punkte *A* und *B* ergeben den Punkt *C*.
- Die Verlängerung von *P* und *C* ergibt das Lot von *P* auf die Gerade.

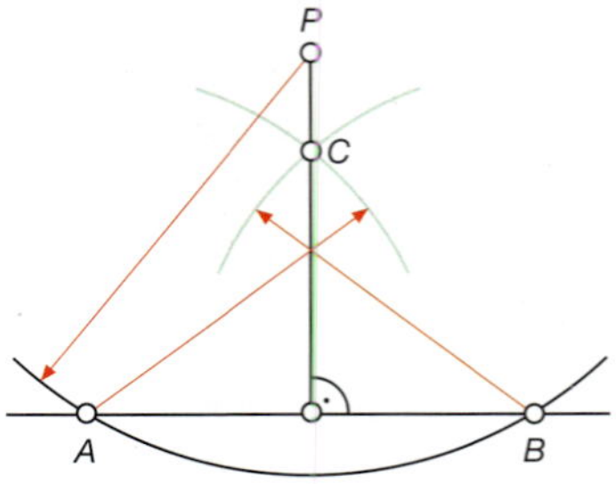

Senkrechte im Punkt einer Geraden

Auf einem beliebigen Punkt *P* einer Strecke ist eine Senkrechte zu errichten.

- Um den Punkt *P* einen Kreisbogen schlagen, die Schnittpunkte auf der Geraden ergeben die Punkte *A* und *B*.
- Die Kreisbögen um die Punkte *A* und *B* ergeben den Punkt *C*.
- Durch die Verbindung von *P* und *C* entsteht die Senkrechte auf der Geraden, die gleichzeitig die Mittelsenkrechte auf der Strecke $\overline{AB}$ ist.

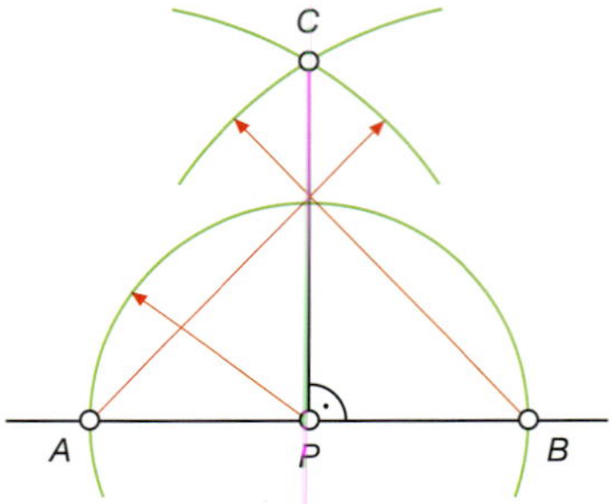

Winkelhalbierung durch Zirkelkonstruktion

- Durch den Kreisbogen um Punkt *S* entstehen auf den Schenkeln des Winkels die Schnittpunkte *A* und *B*.
- Die Kreisbögen um die Punkte *A* und *B* ergeben den Punkt *C*.
- Die Winkelhalbierende entsteht durch die Verbindung von *S* mit *C*.

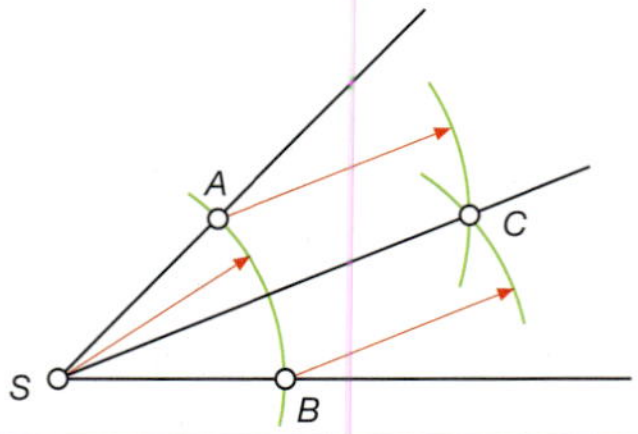

Winkelhalbierung mit Hilfe von Parallelen

- Im gleichen Abstand zu den Schenkeln werden Parallelen gezeichnet.
- Der Schnittpunkt der Parallelen ergibt den Punkt *A*.
- Die Winkelhalbierende entsteht durch die Verbindung von *S* mit *A*.

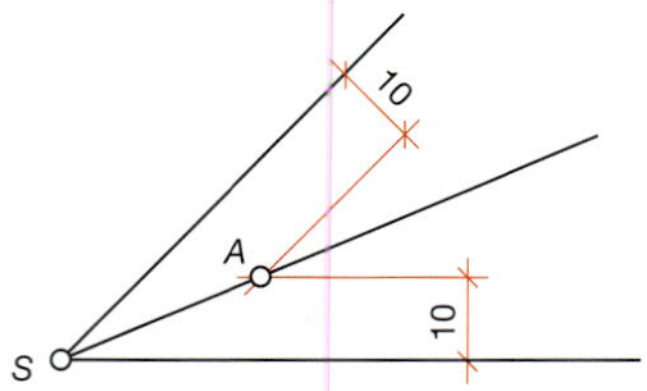

Konstruktion eines Quadrats

- In einen Umkreis die Mittellinie einzeichnen, es entstehen die Punkte *A* und *B*.
- Durch den Mittelpunkt *M* die Mittelsenkrechte errichten, es entstehen die Punkte *C* und *D*.

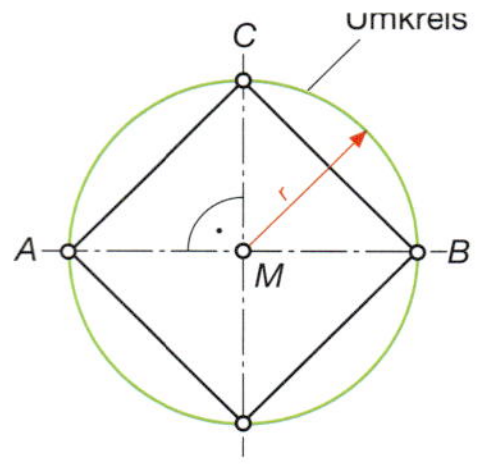

Konstruktion eines gleichseitigen Dreiecks

- Mit der Strecke $\overline{AB}$ (= Radius *r*) werden um die Punkte *A* und *B* Kreisbögen geschlagen.
- Schnittpunkt *C* mit den Punkten *A* und *B* verbinden.

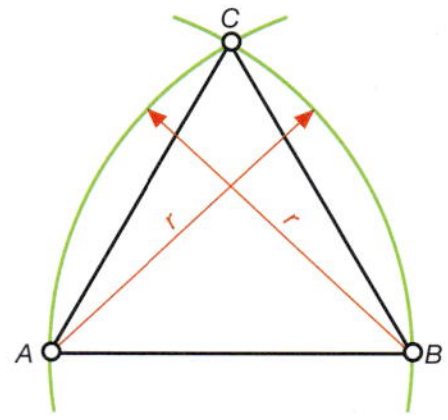

Konstruktion eines Sechsecks

- In den Kreisbogen die Mittelachsen einzeichnen ($\overline{AB}$ und $\overline{CD}$).
- Durch Kreisbögen um die Punkte *C* und *D* entstehen die Schnittpunkte *E* bis *H*.
- Die Schnittpunkte miteinander verbinden.

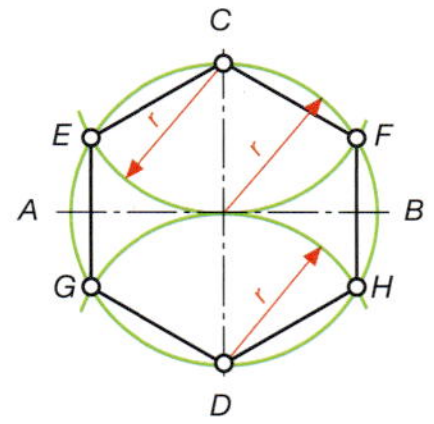

Allgemeine Vieleckkonstruktion (*n*-Eck)

Beispiel: Sieben-Eck

- Der Durchmesser $\overline{AB}$ des Umkreises wird in sieben gleich große Teile geteilt.
- Um *A* und *B* wird ein Kreisbogen mit dem Radius $\overline{AB}$ geschlagen.
- Von den Schnittpunkten *C* und *D* werden durch die Teilpunkte 1; 3; 5 Linien auf den Umkreis gegenüber gezogen. Es entstehen die Eckpunkte des Siebenecks.

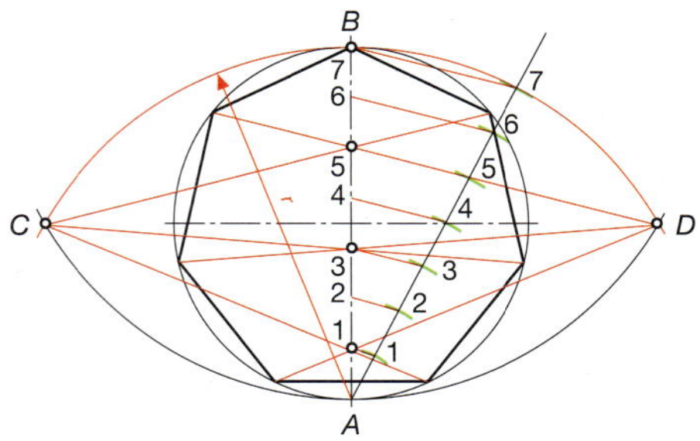

Konstruktion von Segmentbögen (Konstruktion vom Mittelpunkt aus)

- Gegeben ist die Öffnungsweite $\overline{AB}$ und der Scheitelpunkt *C*.
- Fällen des Lotes von Punkt *C*
- Zeichnen der Sehnen $\overline{AC}$ und $\overline{BC}$
- Errichten der Mittelsenkrechten auf einer Sehne
- Der Schnittpunkt der Mittelsenkrechten mit dem Lot aus Punkt *C* ergibt den Bogenmittelpunkt *M*. Von ihm aus wird der Kreisbogen (Bogenleibung) gezeichnet.
- Die Verbindungslinien von *M* über *A* und *B* ergeben die Widerlager, an denen die Bogendicke *a* angetragen wird.

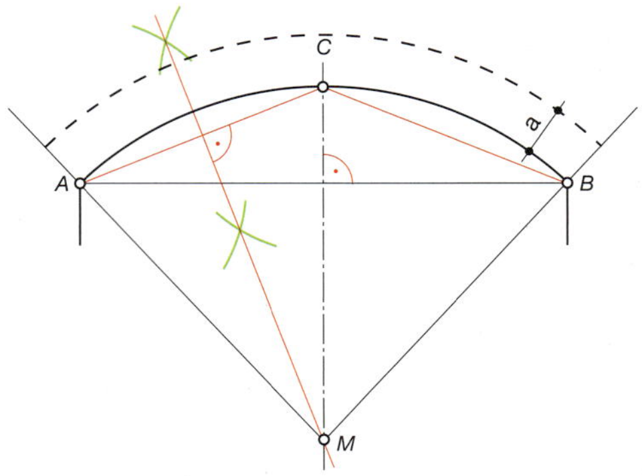

Auf der Baustelle wird vom Mittelpunkt (Leierpunkt) aus mit einer Schnur gearbeitet (zur Anordnung der Steine und Fugen)

10 Axonometrische Darstellungen (Parallelschaubilder)

Parallelschaubilder (auch Schrägbilder genannt) sind verhältnismäßig schnell zu zeichnen. Sie liefern von einfachen Baukörpern eine ausreichende Anschaulichkeit.

Arten von Parallelschaubildern – häufigste Ausführungen

Kabinett-Projektion – frontales Parallelschaubild, eine einfache räumliche Darstellung von Körpern.

- An die unverkürzte Vorderansicht werden Seitenansicht und Draufsicht im Winkel von 45°, meistens nach rechts steigend, angefügt.
- Alle Tiefenlinien von Körpern werden um 50% verkürzt dargestellt.

  Seitenverhältnis *Länge* : *Höhe* : *Breite* = 1 : 1 : 0,5

Kavalier-Projektion – gleichmaßes Parallelschaubild.

- Alle Körperkanten sind unverkürzt dargestellt. Es entsteht eine starke Verzerrung der Proportionen.
- An die Vorderansicht werden Seitenansicht und Draufsicht im Winkel von 45°, nach rechts steigend angefügt.

  Seitenverhältnis *Länge* : *Höhe* : *Breite* = 1 : 1 : 1

Dimetrische Projektion (Dimetrie) – zweimaßiges Parallelschaubild.

- Die unverkürzte Vorderansicht (Länge) wird um 7° zur Waagerechten nach links steigend gezeichnet.
- Die Seitenansicht (Breite) wird um 50% verkürzt im Winkel von 42° nach rechts steigend angefügt.

  Seitenverhältnis *Länge* : *Höhe* : *Breite* = 1 : 1 : 0,5

Isometrische Projektion (Isometrie) – gleichmaßiges Parallelschaubild. Der dargestellte Gegenstand wirkt optisch größer.

- Alle Körperkanten werden unverkürzt dargestellt.
- Die drei Ansichten sind gleichberechtigt. Sie werden im Winkel von je 30° zur Waagerechten gezeichnet.

  Seitenverhältnis *Länge* : *Höhe* : *Breite* = 1 : 1 : 1

Zeichenregeln für Parallelschaubilder

- ❏ Alle am abzubildenden Gegenstand vorhandenen parallelen Kanten werden parallel gezeichnet.
- ❏ Verdeckte Kanten und Bemaßungen sollten nur eingetragen werden, wenn sie zur Klarstellung des Baukörpers unbedingt notwendig sind.
- ❏ Werden die Schrägbilder bemaßt, so verlaufen die Maßlinien und Maßhilfslinien parallel zu den dargestellten Körperkanten.
- ❏ Schnittflächen sind auch in den Schrägbildern normgerecht zu kennzeichnen (→ **G1**,12). Dabei ist der Schraffurwinkel, z. B. 45°, auf den vorhandenen Flächenwinkel zu beziehen.

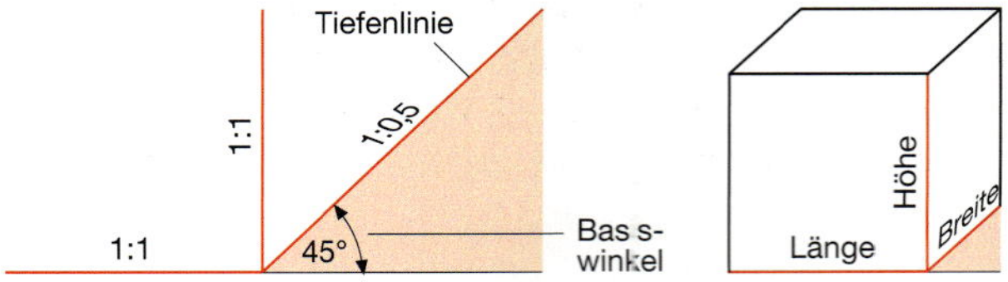

Kabinett-Projektion

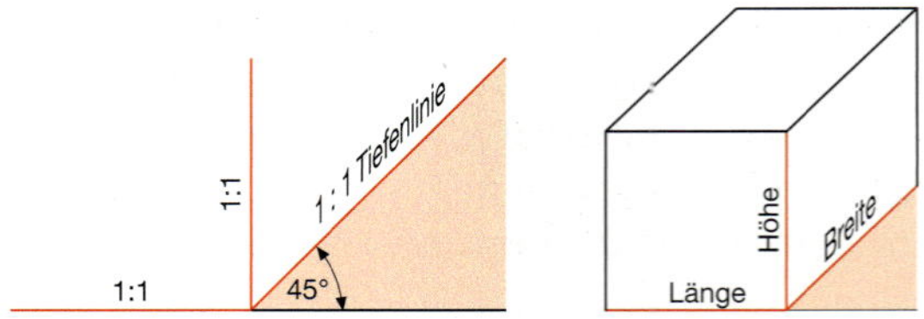

Kavalier-Projektion

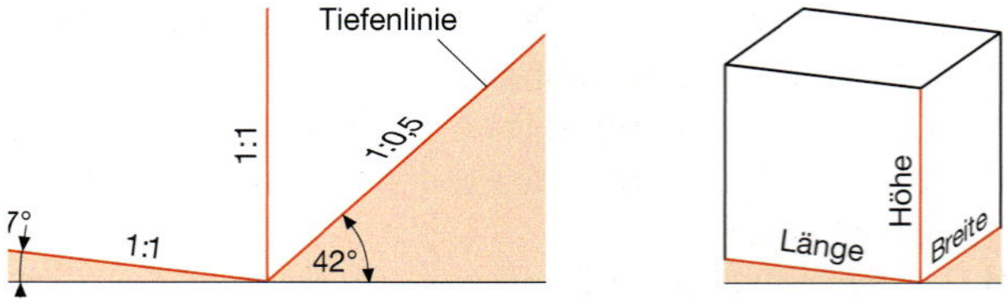

Dimetrische Projektion

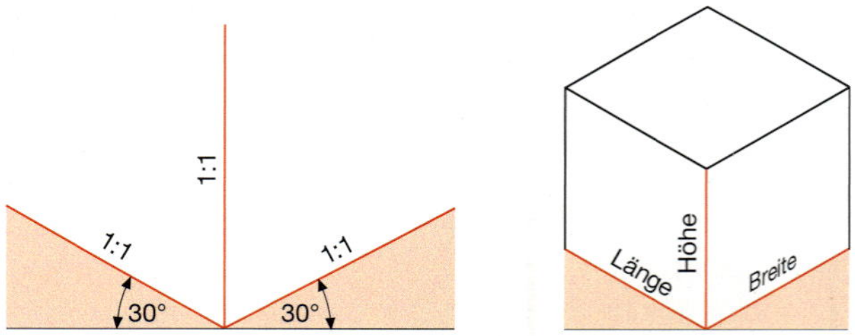

Isometrische Projektion

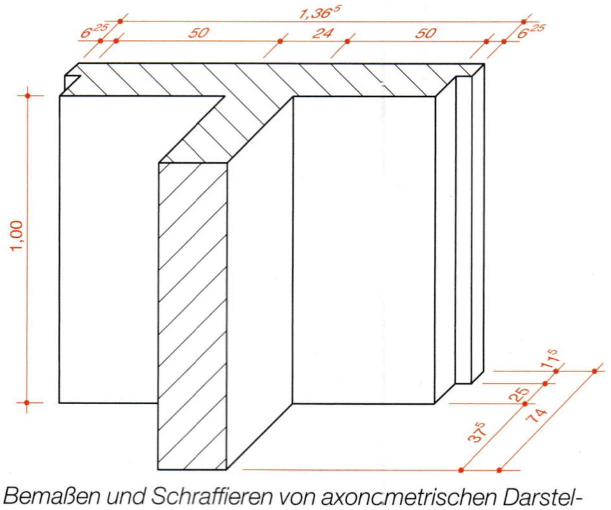

Bemaßen und Schraffieren von axonometrischen Darstellungen

Arbeitsschritte beim Anfertigen von axonometrischen Projektionen (Parallelschaubilder)

Das Prinzip der nachfolgend beschriebenen Konstruktionsmethode kann auf alle Parallelschaubilder angewendet werden.

Beim Anfertigen von axonometrischen Projektionen sind je nach Projektionsart die Seitenverhältnisse und die Basiswinkel zu beachten.

1. Zeichnen der waagerechten Grundlinie. Dabei ist der Platzbedarf für die gesamte Zeichnung zu beachten.
2. Auf der Grundlinie ist der Ausgangspunkt *A* festzulegen.
3. Vom Punkt *A* aus sind die Basiswinkel anzutragen, z. B. bei der Isometrie 2 x 30°.
4. Die Grundfläche wird als Schrägbild mit sehr schmalen Volllinien maßstabsgerecht entwickelt.
5. Auf der Grundfläche werden die Senkrechten (Höhen) errichtet. Sie werden dünn vorgezeichnet und die Höhenmaße werden „dezent“ markiert.
6. Die Deckfläche wird durch Parallelverschiebung bis zur Höhenmarkierung auf den Senkrechten konstruiert. Der Körper wird geschlossen.
7. Störende Konstruktionslinien werden ausradiert. Die Körperkanten werden mit breiten Linien nachgezogen.

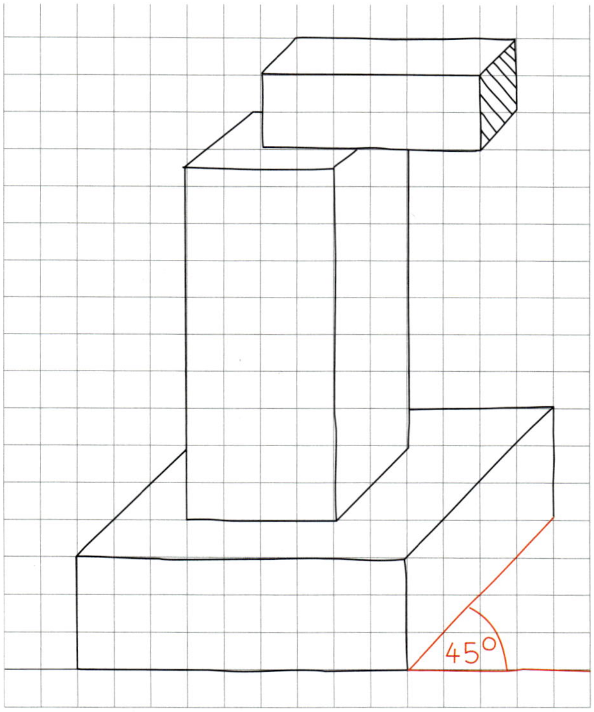

Skizze als Kabinett-Projektion

Ausgangskörper

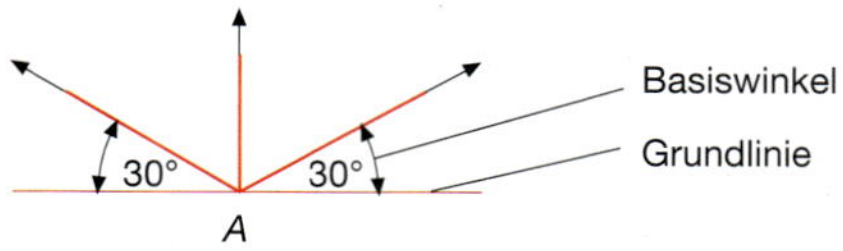

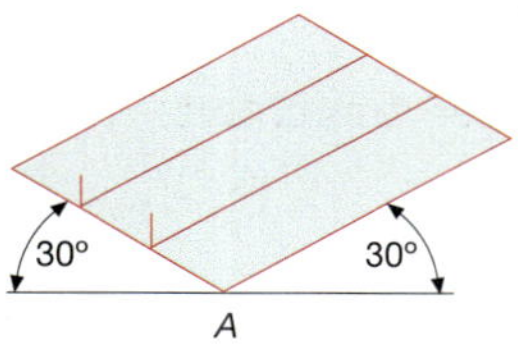

Vorzeichnen der Grundfläche

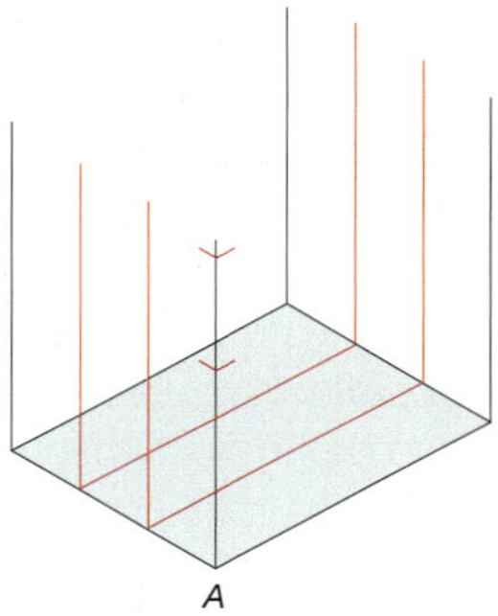

Senkrechte Körperkanten antragen, beide Höhen anmessen

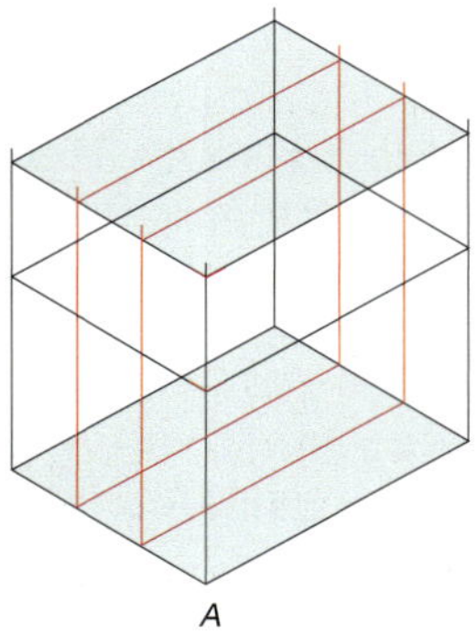

Deckfläche mittels Parallelverschiebung konstruieren, Quader schließen

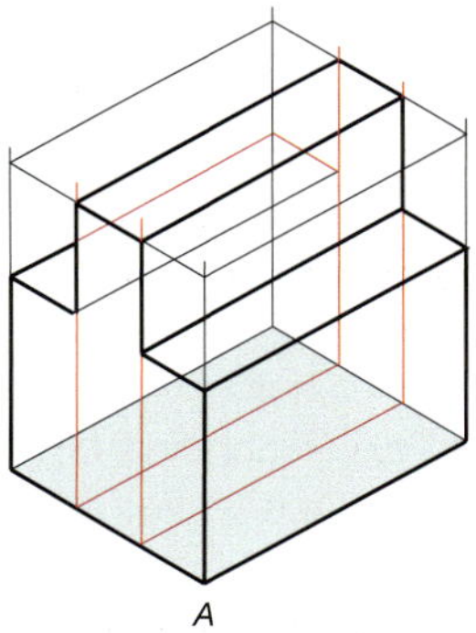

Realen Körper aus dem Quader herausarbeiten, störende Linien entfernen

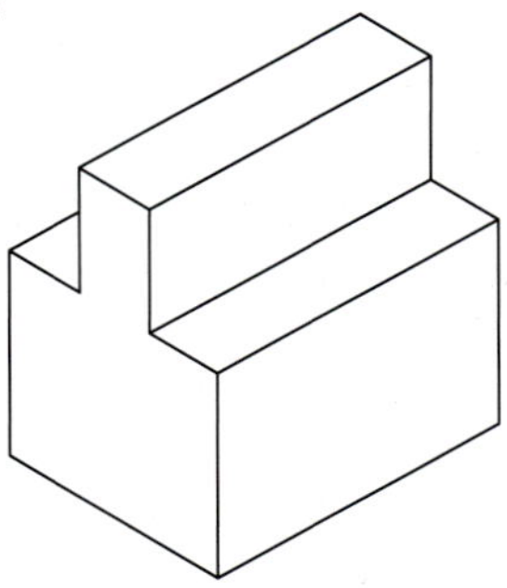

Arbeitsschritte beim Zeichnen einer isometrischen Projektion

11 Orthogonale Darstellungen (Rechtwinklige Parallelprojektion)

Diese Abbildungsmethode gewährleistet die **unverkürzte** und **unverzerrte** Darstellung aller Körperansichten. Sie ermöglicht die vollständige und übersichtliche Bemaßung. Deshalb werden Bauzeichnungen fast immer als rechtwinklige Parallelprojektionen angefertigt.

Das geometrische Prinzip dieser Abbildungsmethode wird verständlich durch die Vorstellung, dass der abzubildende Gegenstand in einer Raumecke oder einem Würfel „schwebt".

Treffen Projektionsstrahlen parallel auf die Umrisse des Gegenstands, so entstehen Schattenbilder auf den sechs Würfelinnenflächen.

Klappt man diese Würfelflächen in eine Ebene, erhält man sechs Ansichten des Gegenstands.

Die Reihenfolge und die Anordnung dieser Ansichten sind in der Norm festgelegt.

Bezeichnung und Anordnung der Ansichten

(nach der Projektionsmethode 1)

- Ansicht von vorn (1)
- Ansicht von links (3), rechts von (1)
- Ansicht von rechts (4), links von (1)
- Ansicht von oben (2), unter (1)
- Ansicht von unten (5), über (1)
- Rückansicht (6), neben (3)

Zur eindeutigen Bestimmung einfacher regelmäßiger Baukörper genügt es oft, nur zwei oder drei Ansichten zu zeichnen. Bei der häufig angewendeten **Dreitafelprojektion** wählt man oft

- die Ansicht von vorn – Vorderansicht (*VA*)
- die Ansicht von oben – Draufsicht (*DS*)
- die Ansicht von links – linke Seitenansicht (*LSA*).

Konstruktionsschritte – Regeln

- ❑ Achsenkreuz zeichnen und gedanklich mit *x*, *y* und *z* bezeichnen.
- ❑ Maße dem darzustellenden Körper bzw. aus der axonometrischen Darstellung entnehmen
- ❑ Mittels Projektionslinien werden alle Längen-, Breiten- und Höhenmaße auf die Vorderansichtstafel (bzw. Draufsichtstafel) übertragen
- ❑ Die waagerechten und senkrechten Projektionslinien (Ordner) der unterschiedlichen Ansichten werden in einem Arbeitsgang mit dünnen Linien durchgezeichnet
- ❑ Die Geometrie der rechtwinkligen Parallelprojektionen ermöglicht auch die grafische Verbindung von Draufsicht und Seitenansichten durch einen **Viertelkreis** oder eine **45°-Umlenklinie**.

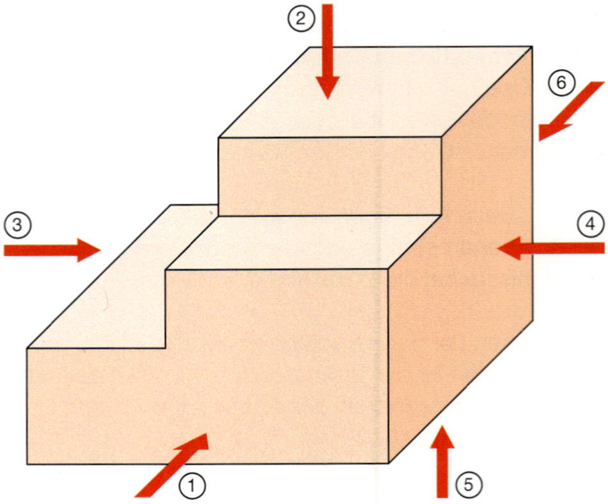

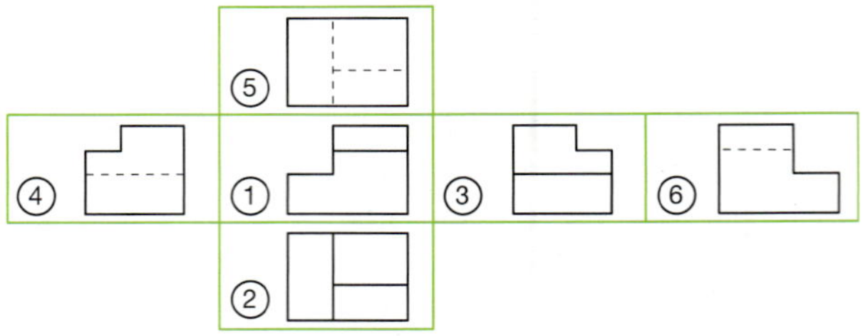

① Vorderansicht
② Draufsicht
③ Seitenansicht von links
④ Seitenansicht von rechts
⑤ Untersicht
⑥ Rückansicht

Die rechtwinklige Parallelprojektion – Darstellung in sechs Ansichten

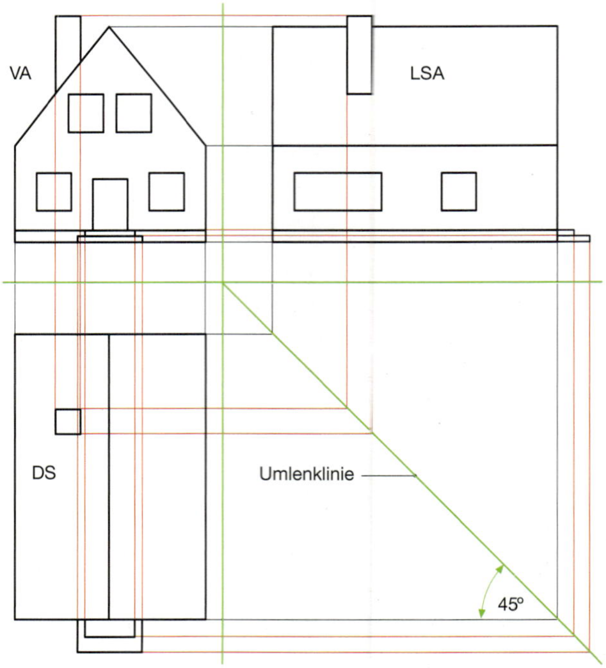

Die Dreitafelprojektion, bestehend aus VA, DS und LSA

12 Schnittdarstellungen

Allein durch das Darstellen von Ansichten werden Baukörper nur selten ausreichend bestimmt. Die innere Struktur der Gebäude muss ebenfalls sichtbar werden. Dazu sind Bauzeichnungen anzufertigen, die als **Schnitte** bezeichnet werden.

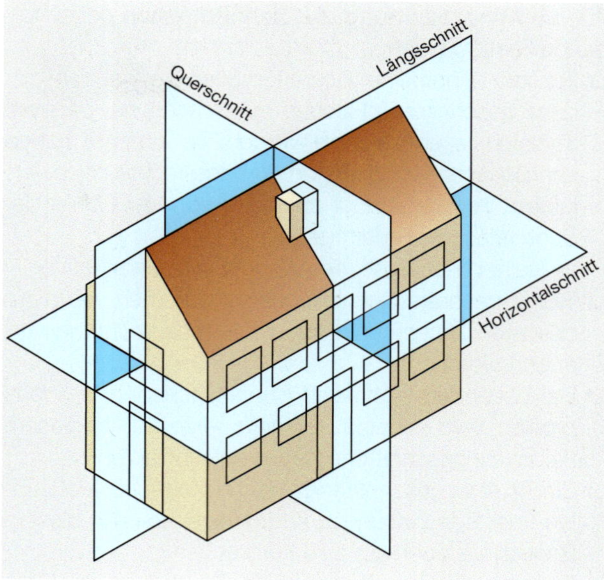

Schnitte sind Zeichnungen von Baukörpern, die in einer gedachten Ebene getrennt (geschnitten) wurden. Sie werden grundsätzlich nach der Geometrie der rechtwinkligen Parallelprojektion dargestellt (→ **G1,11**).

- Bei einem **waagerechten** Schnitt durch die Vorderansicht entsteht ein **Horizontalschnitt** (z. B. Grundriss).
- Durch einen **senkrechten** Schnitt entsteht ein **Vertikalschnitt** (z. B. ein Gebäudequerschnitt, Fassadenschnitt).

Anordnung der Schnittebenen. Die Lage der gedachten Schnittlinien ist so zu wählen, dass die wichtigsten Innenteile eines Gebäudes sichtbar werden. Um z. B. alle Tür- und Fensteröffnungen in einem Geschossgrundriss erfassen zu können, wird der Schnittverlauf etwa in 1 m Höhe über Fußboden angeordnet.

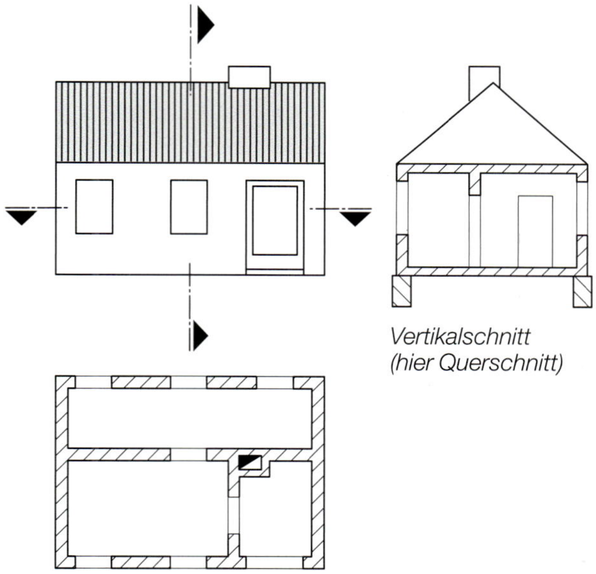

Vertikalschnitt (hier Querschnitt)

Horizontalschnitt (Grundriss)

Kennzeichnung des Schnittverlaufs. Dazu gehören: Schnittlinien (gerade oder gestuft), Schnittpfeile und Buchstaben.

- Die Lage der gedachten Schnittebene ist durch breite Strich-Punkt-Linien anzugeben. Dabei müssen gerade Schnittlinien nicht durch die gesamte Darstellung laufen.
- An den Enden der Schnittlinien sind deutliche, geschwärzte 45°-Pfeile anzutragen. Sie geben die Projektionsrichtung (Blickrichtung) für die Schnittdarstellung an.
- Buchstabenkennzeichnung der einzelnen Schnitte (A-A, B-B usw.) sind vor allem dann erforderlich, wenn die Darstellung der verschiedenen Schnitte von einem Bauobjekt auf mehreren Zeichenblättern erfolgt oder wenn die Schnittzeichnungen nicht nach der Geometrie der rechtwinkligen Parallelprojektion angefertigt wurden.

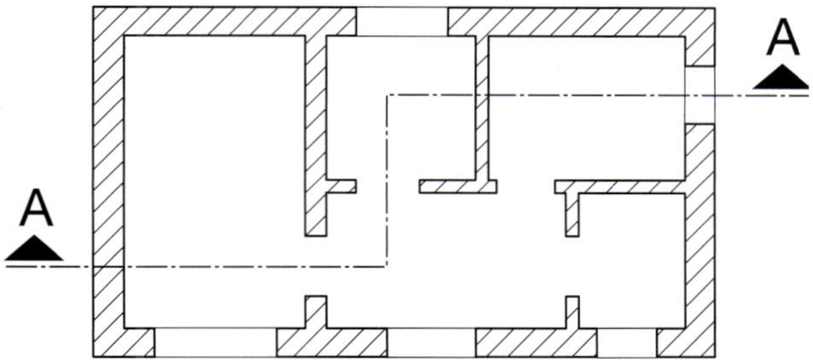

Anordnung eines gestuften (verspringenden) Schnittverlaufes

Kennzeichnung der Schnittflächen. In Schnittdarstellungen ist eine eindeutige Unterscheidung zwischen geschnittenen und nicht geschnittenen Teilen erforderlich.

Geschnittene Teile sind mit breiten Volllinien zu umranden und mit schmalen Linien zu schraffieren bzw. durch Symbole zu kennzeichnen.

Für die **Kennzeichnung der Schnittflächen** gelten folgende Festlegungen:

- Für die allgemeine Schraffur (werkstoffneutral) gilt, dass geschnittene Flächen durch schmale, parallele Volllinien gekennzeichnet werden, die unter 45° zu den Umrisskanten von links unten nach rechts oben verlaufen. Ihr Abstand ist abhängig von der Größe der Schnittfläche. „Faustregel":
  Je kleiner die Fläche, desto enger die Schraffur.
- Treffen mehrere Schnittflächen zusammen, kann zur besseren Unterscheidung die Schraffurrichtung verändert werden.
- Bei besonders schmalen Schnittflächen, z. B. Walzprofilen, wird auf eine Schraffur verzichtet. In diesem Fall ist die geschnittene Fläche zu schwärzen.
- Sind in einer geschnittenen Fläche Maßlinien, Maßzahlen oder Beschriftungen erforderlich, so ist in diesem Bereich die Schraffur zu unterbrechen.
- Sollten in der Schnittdarstellung die verwendeten Baustoffe verdeutlicht werden (üblich für Ausführungszeichnungen), so sind die genormten grafischen Kennzeichnungen (Symbole) zu verwenden.
- Auf Ausführungszeichnungen sind zusätzliche Textangaben zur genaueren Bestimmung der Baustoffqualität üblich.

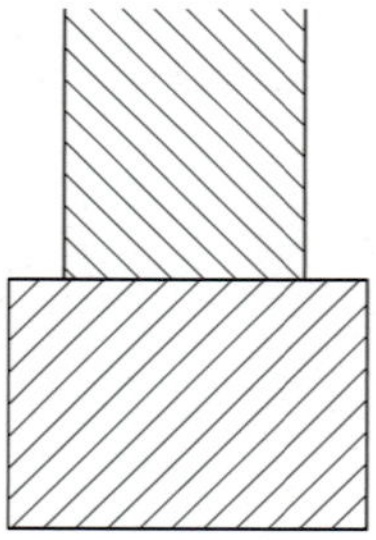

Wechsel der Schraffurrichtung

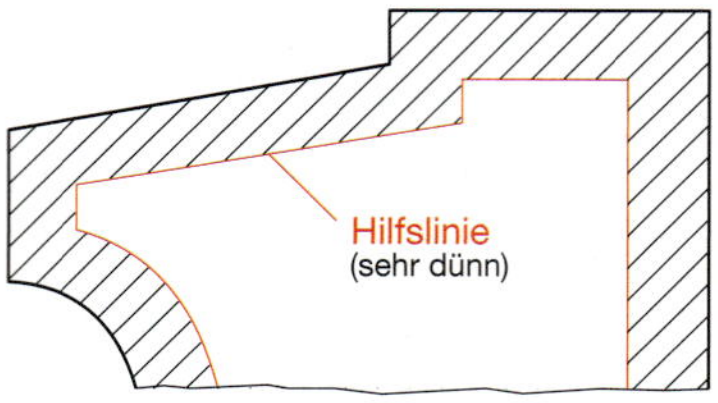

Beschränkung der Schraffur auf die Randzonen

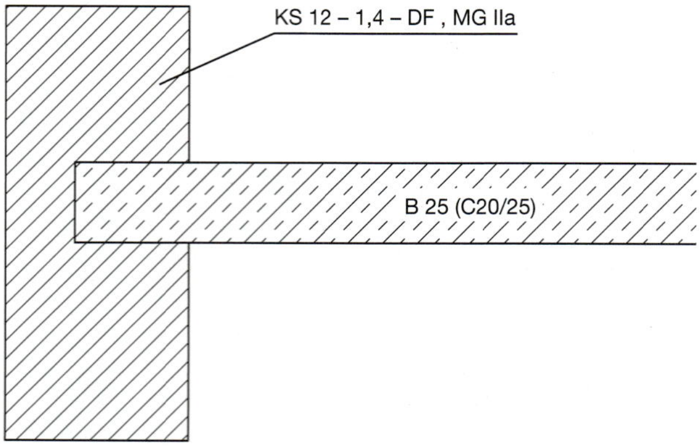

Materialangaben und Unterbrechung der Schraffur

Materialkennzeichnung in Schnittflächen

Anwendungsbereich	Kennzeichnung
Boden allgemein	
Kies	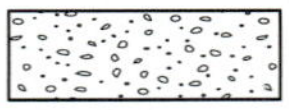
Sand	
Mauerwerk	
unbewehrter Beton	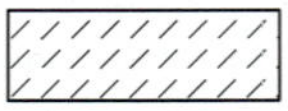
bewehrter Beton	
Mörtel, Putz	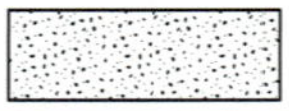
Estrich	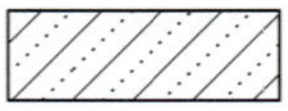
Gipsbauplatten	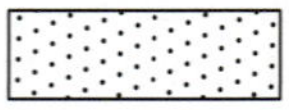
Sperrschichten gegen Feuchtigkeit, allgemein[1])	
Dämmschichten, allgemein	
Metall	
Holz quer zur Faser	
Holz längs zur Faser	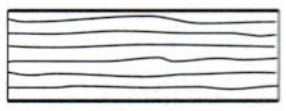
Holzwerkstoffplatte (Freihandlinie)	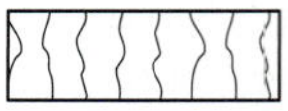

[1]) in der Zeichnung genaue Angabe der Funktion innerhalb der Konstruktion erforderlich, z. B. Abdichtung, Trennschicht, Unterdach

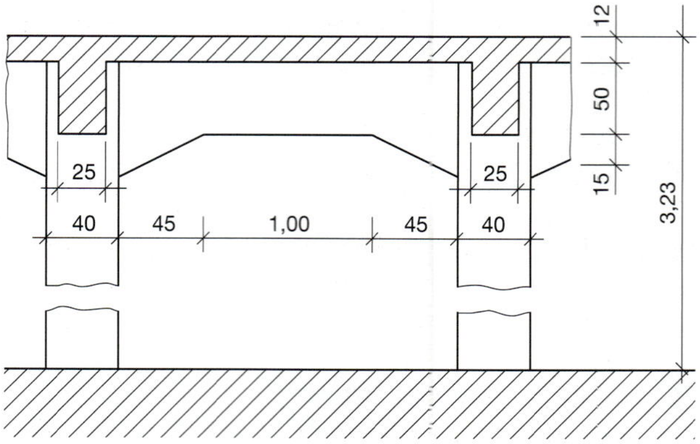

Allgemeine 45°-Schraffur (Beispiel Plattenbalkendecke)

13 Ermittlung wahrer Größen

Bei orthogonalen Darstellungen werden alle Körperkanten oder Flächen, die parallel zu den Abbildungsebenen (Projektionstafeln) verlaufen, dem Maßstab entsprechend in wahrer Größe abgebildet.

Zu den Abbildungsebenen schräg verlaufende Kanten oder Flächen, wie sie z. B. bei geneigten Dächern oder bei Böschungen auftreten, erscheinen nicht in allen Ansichten in wahrer Größe, sondern verkürzt bzw. verkleinert. Für die Herstellung dieser Bauteile müssen die wahren Größen unbedingt bekannt sein. Wenn die vorhandenen Projektunterlagen nicht ausreichen, kann mit Hilfe zeichnerischer Methoden die wahre Größe eines Bauteils bestimmt werden.

Ermittlung wahrer Größen durch Maßübertragung – für überschaubare, einfache Darstellungen.

- ❑ Bestimmen, welche Körperkanten parallel zu den Abbildungsebenen verlaufen und somit in wahrer Größe abgebildet sind
- ❑ Bestimmen, welche Kanten schräg zu den Projektionstafeln verlaufen und somit verkürzt dargestellt sind
- ❑ Die wahren Längen sind mittels Messstab oder Zirkel abzutragen und zur wahren Flächengröße zusammenzufügen.

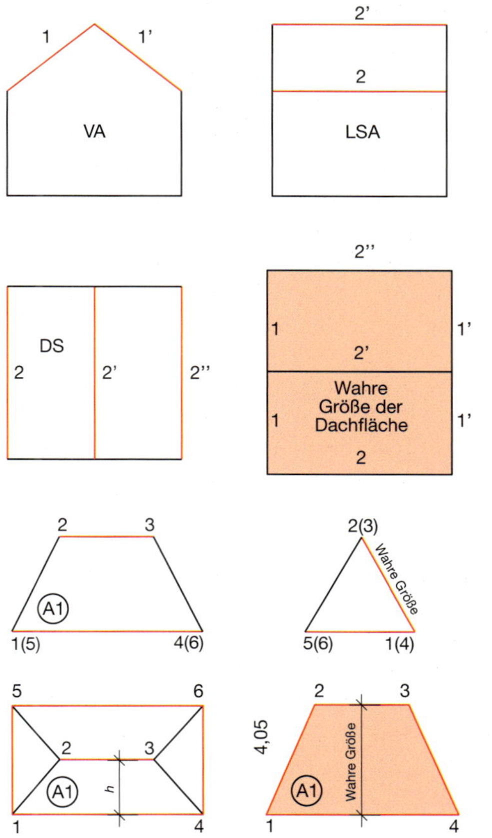

Ermittlung der wahren Flächen durch Maßübertragung

Ermittlung wahrer Größen durch Konstrukion – für kompliziertere Darstellungen

- ❑ Bestimmen, welche Strecken in welcher Tafelebene in wahrer Größe abgebildet werden. Dabei kann es in bestimmten Fällen notwendig werden, den Grundriss selbst zu drehen, um die notwendige Parallelität zu den Tafelebenen herzustellen.
- ❑ Anschließend kann durch Maßübertragung die gesuchte Fläche konstruiert werden.

Um für die abgebildete Pyramide die wahre Länge der Gratlinien zu erhalten, wurde z. B. die Ansicht von oben so gedreht, dass die Gratlinien parallel zu den entsprechenden Tafelebenen verlaufen.

Arbeitsschritte:

- Mittelsenkrechte auf den Kanten der Pyramidengrundfläche errichten
- In der Draufsicht die vorhandene Gratlänge (5–2) mit Zirkelschlag auf die Mittelsenkrechte übertragen. Es entstehen die Punkte 1`; 2`; 3`; 4`. Ihre Verbindungen ergeben die gedrehte Pyramide.
- Der Punkt 2`wird auf die Vorderansicht übertragen. Die Verbindungslinie 2 (rot) zu 5 ist die wahre Länge eines Pyramidengrates.

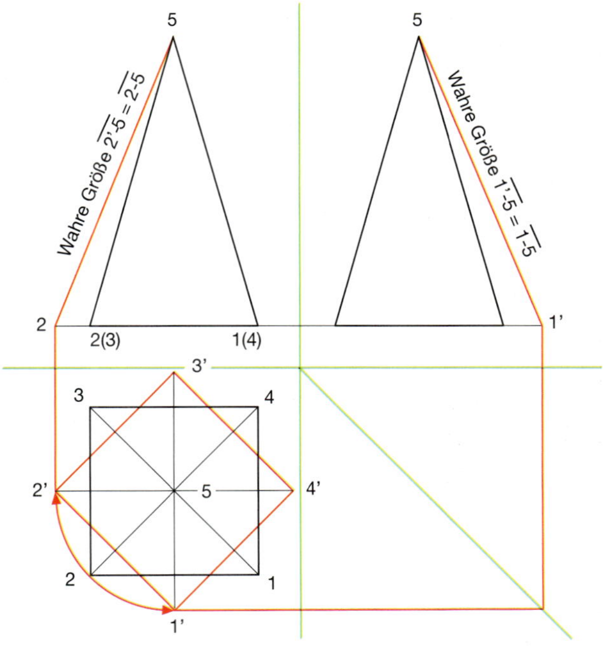

Ermittlung der wahren Größen durch Konstruktion

14 Konstruktion von Abwicklungen

Mit Abwicklungen können die Oberflächen von Baukörpern in wahrer Größe anschaulich und zusammenhängend dargestellt werden. Dabei wird das Prinzip der orthogonalen Darstellungen angewendet.

Gezeichnet werden, je nach Erfordernissen:

- die gesamte Oberfläche eines Körpers
- die Mantelfläche des Körpers

Verlaufen Kanten oder Flächen nicht parallel zu den Projektionsebenen, sind für die Abwicklungen in wahrer Größe **Hilfskonstruktionen** notwendig. Das Erfassen der wahren Kantenlängen ist dafür die erste Voraussetzung (→ **G1**,**13**). Eine besondere Form der Abwicklung ist die Dachausmittlung.

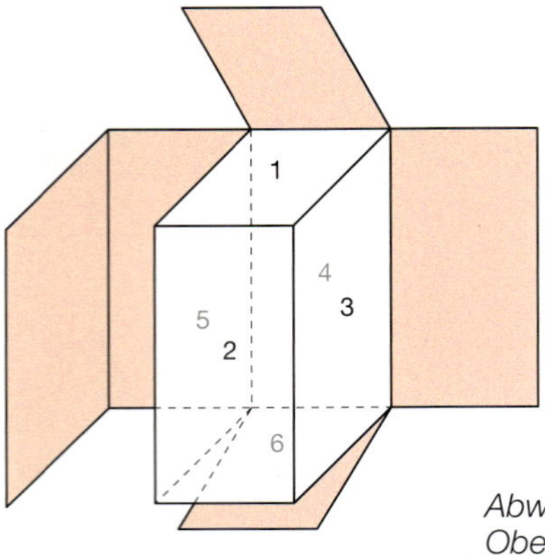

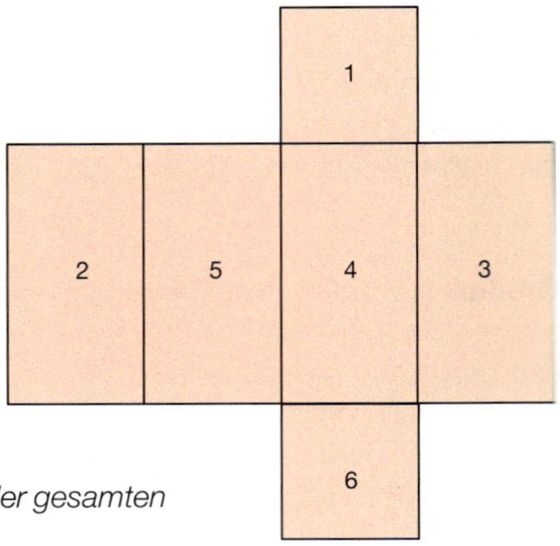

Abwicklung der gesamten Oberfläche

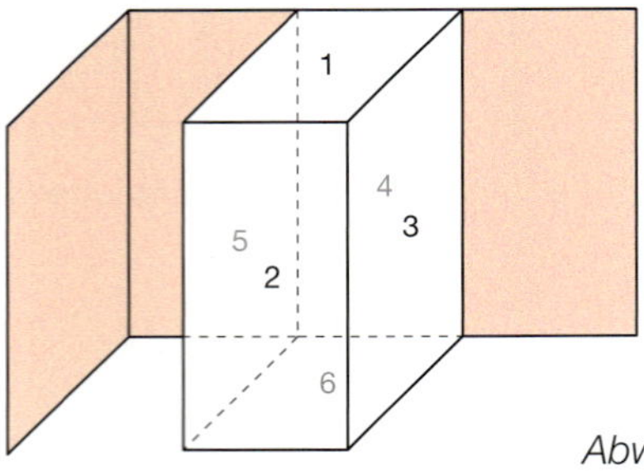

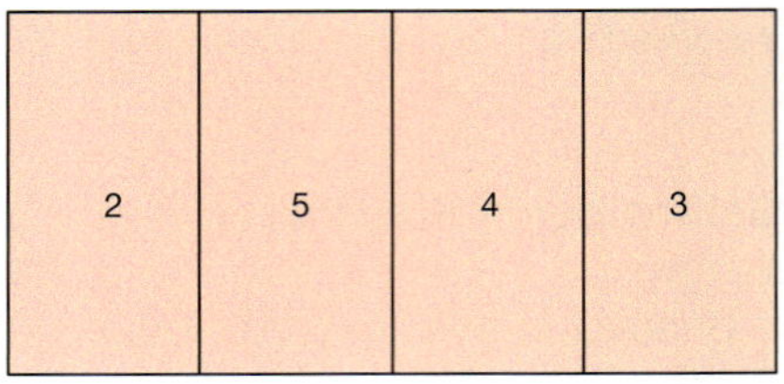

Abwicklung der Mantelfläche

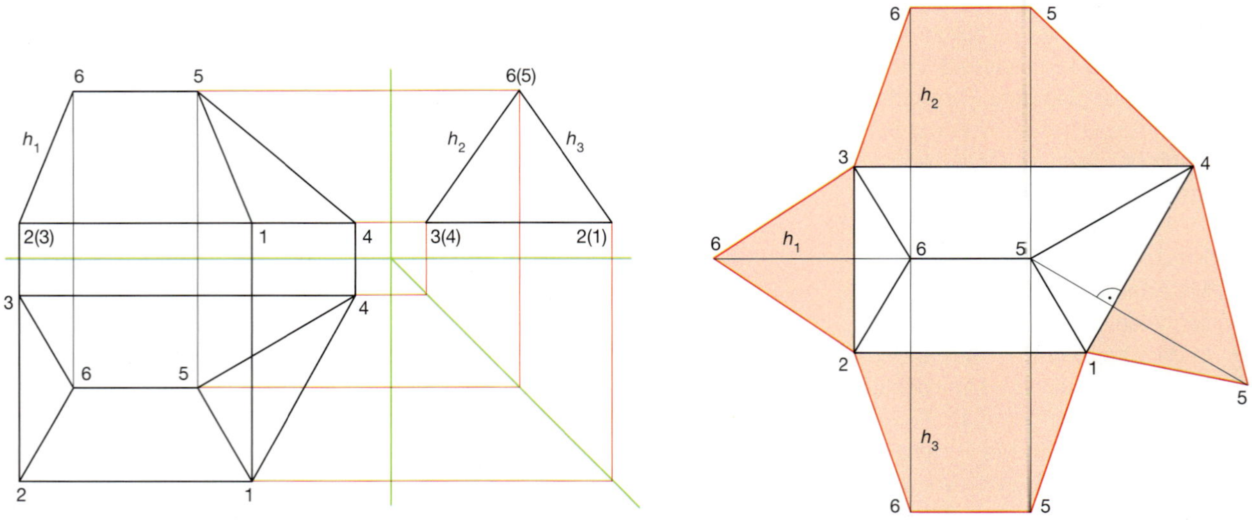

Dachflächenausmittlung (Beispiel Walmdach)

15 Arten und Inhalte von Bauzeichnungen

Bauzeichnungen werden für alle Phasen eines Bauprozesses benötigt. Sie bilden das wichtigste Verständigungsmittel zwischen den kommunalen Baubehörden, dem Architekten und dem Bauherren. Vor allem aber sind die Bauzeichnungen das entscheidende Bindeglied zwischen Konstruktion und Herstellung. Sie sind die **verbindliche Anleitung** für die Bauausführung.

Inhalte von Bauzeichnungen können z. B. sein:
- Lage der Bauobjekte in ihrer Umgebung
- äußere Gestalt des Bauwerkes
- Formen und Abmessungen einzelner Bauteile und Räume
- Lage der Installationen für die Ver- und Entsorgung
- Funktion und Einrichtung von Gebäudeteilen und Räumen
- Art und Qualität der vorgesehenen Baumaterialien

Lagepläne (M 1 : 200; 1 : 500)
Es sind Draufsichten auf geplante Bauobjekte mit genauer Bestimmung ihrer Lage in unmittelbarer Umgebung.
Wesentliche **Inhalte** sind:
- Abmessung der Bauwerke und ihre Abstände zueinander sowie zu Grundstücksgrenzen, Straßen usw.
- Name des Eigentümers, Straßenbezeichnungen sowie Flur-, Haus- und Grundbuchnummern
- Lage der Verkehrsflächen sowie der Ver- und Entsorgungsleitungen
- Höhenpunkte im Gelände und an den Bauwerken
- Vorhandene Bäume und anzulegende Anpflanzungen
- Himmelsrichtung (Nordpfeil)

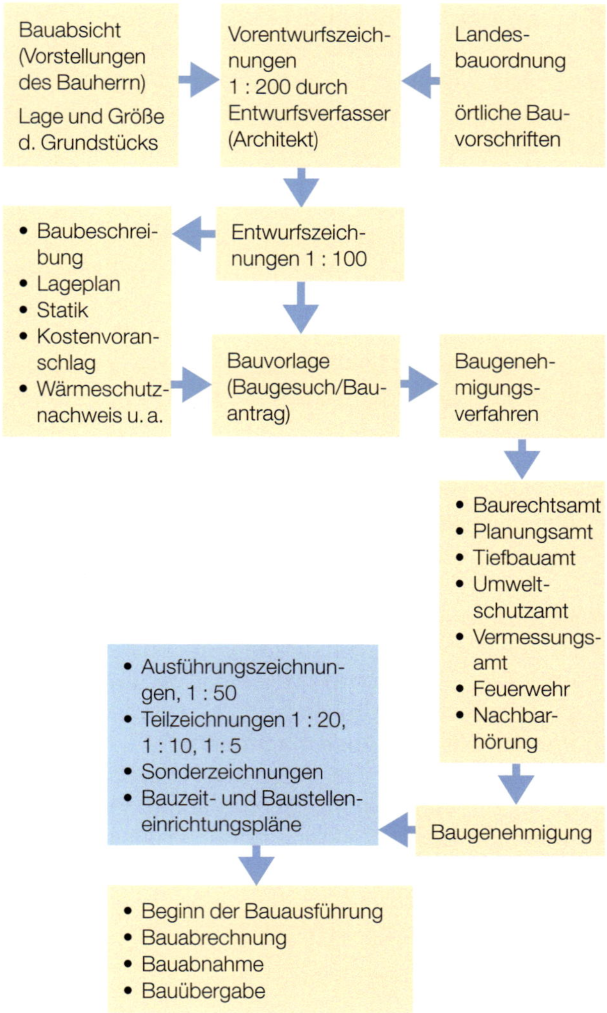

Die Stufen der Bauplanung – vom Bauwunsch zur Bauausführung. Die im Schema angegebenen Vorschriften gelten nur für genehmigungspflichtige Bauobjekte.

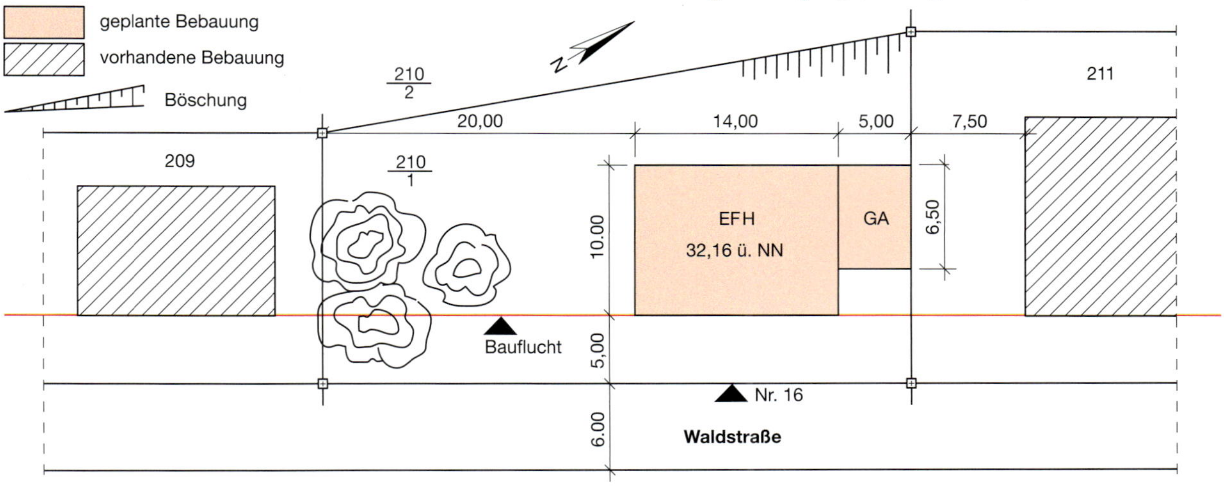

Lageplan M 1 : 500 (vereinfachte Darstellung)

Vorentwurfszeichnungen (M 1 : 200; 1 : 500)
Sie sind das erste Lösungsangebot für das gewünschte Bauobjekt durch den Entwurfsverfasser (Architekt). Die Vorentwurfszeichnungen zeigen die grobe Gliederung des Baukörpers mit angenäherten Abmessungen.

Entwurfszeichnungen (M 1 : 100)
Sie sind die abgestimmte Gesamtplanung des Bauprojektes mit den **Gebäudeansichten** sowie die **vollständigen Abmessungen** von Räumen und Bauteilen.
Die Entwurfszeichnungen bilden mit weiteren erforderlichen Ergänzungen die Bauvorlage, die bei der Baugenehmigungsbehörde einzureichen ist.

Gebäudeansichten (M 1 : 100)
Sie veranschaulichen die architektonische Wirkung der Gebäudeaußenflächen in ihrer unmittelbaren Umgebung. Sie werden i. Allg. ohne Maßeintragung gezeichnet.

Ausführungszeichnungen
Sie sind die Grundlage der konkreten Bauausführung. Sie müssen alle erforderlichen Maße enthalten. Zu den Ausführungszeichnungen gehören

- **Fundament- und Ausschachtpläne** (M 1 : 50)
  Die Darstellung von Baugrube und Fundament (Gründung) wird oft zu einer Zeichnung kombiniert. Fundament und Ausschachtpläne bestehen aus der Draufsicht und einem oder mehreren Vertikalschnitten.
- **Grundrisse** (M 1 : 50)
  Es sind horizontale Schnitte, etwa 1,0 m über dem Fußboden.

Zu unterscheiden sind danach Grundrisse für
- Kellergeschoss,
- Erdgeschoss,
- Obergeschoss,
- Dachgeschoss.

Aus dem Grundriss sind zu entnehmen:
- Raumeinteilung, Grundfläche, Umfang, Raumfunktion
- Vertikale Abmessungen von Öffnungen (Fenster, Türen) und Brüstungshöhen
- Treppen mit Lauflinie, Steigungshöhe und Auftrittsbreite
- Schornsteine und andere Schächte sowie Deckendurchbrüche
- Öffnungsrichtung der Türen
- Hinweise zum Gefälle des Fußbodens
- Höhenlagen der Fußböden
- Schnittebenen für den Schnittverlauf des Vertikalschnittes

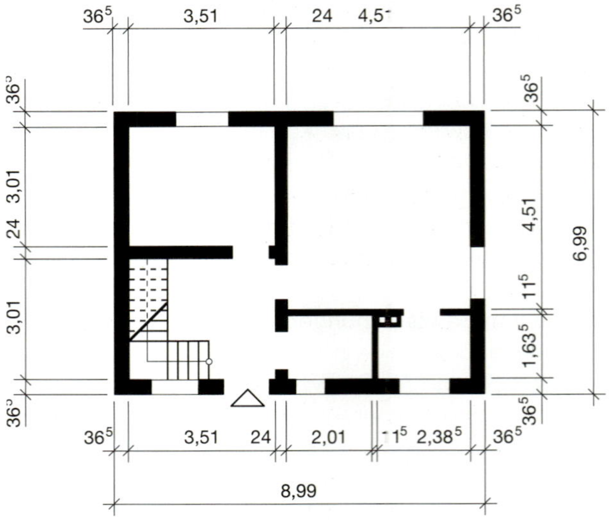

Vorentwurfszeichnung M 1 : 200 – m, cm

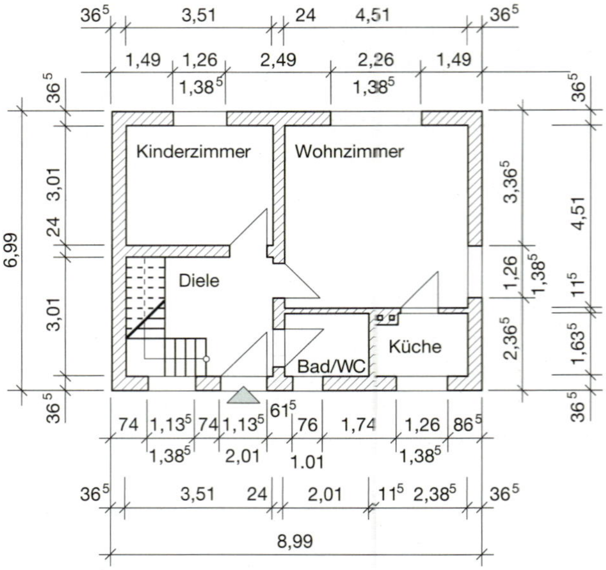

Entwurfszeichnung M 1 : 100 – m, cm

Nordansicht

- **Senkrechte Gebäudeschnitte** (M 1 : 50; M 1 : 100) (Vertikalschnitte)
  Sie verlaufen im Normalfall als Quer- oder Längsschnitt durch das gesamte Bauwerk. Aus den Senkrechtschnitten sind zu entnehmen:
  - Gebäude-, Geschoss- und Raumhöhen
  - Höhe des Erdgeschossfußbodens im Vergleich zur Oberkante Gelände (OKG)
  - Brüstungs- und Sturzhöhen der Fenster
  - Höhe der Türöffnungen
  - Aufbau und Dicke von Fußböden, Decken und Dächern
  - Einzel- und Gesamtmaße für Gebäudebreiten (Querschnitt) bzw. Gebäudelagen (Längsschnitt) sowie aller in diesen Richtungen befindlichen Konstruktionsteile
  - Art der Baustoffe (Schraffuren und Materialangaben)
- **Detailzeichnungen** (von M 1 : 1 bis M 1 : 20)
  Um Fehler in der Bauausführung zu vermeiden, werden wichtige und komplizierte Konstruktionspunkte als Detail in Ansichten, Schnitten oder Schrägbildern dargestellt.
- **Sonderzeichnungen** der Bauausführung (von M 1 : 10 bis M 1 : 50)
  Spezielle Zeichnungen für
  - den **Tiefbau** (Ausschachtplan, Verlegeplan für Ziegelpflaster)
  - den **Stahlbetonbau** (Schalplan, Bewehrungsplan)
  - Ausführungszeichnungen für die **Ausbaugewerke** (Installationspläne) oder Fliesenverlegepläne
  - Einrichtungspläne (z. B. Möblierungspläne)

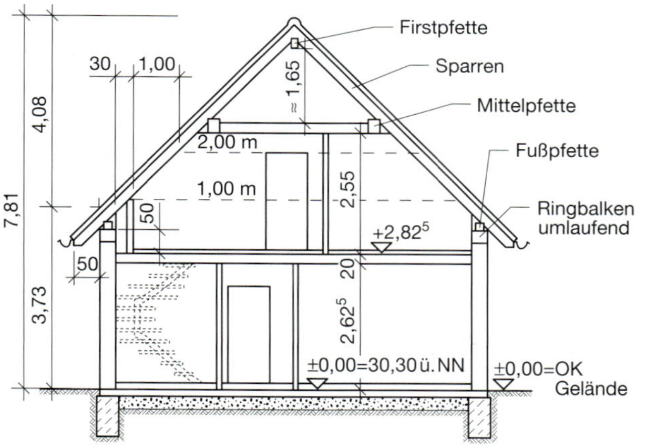

Gebäudequerschnitt M 1 : 100 – m, cm

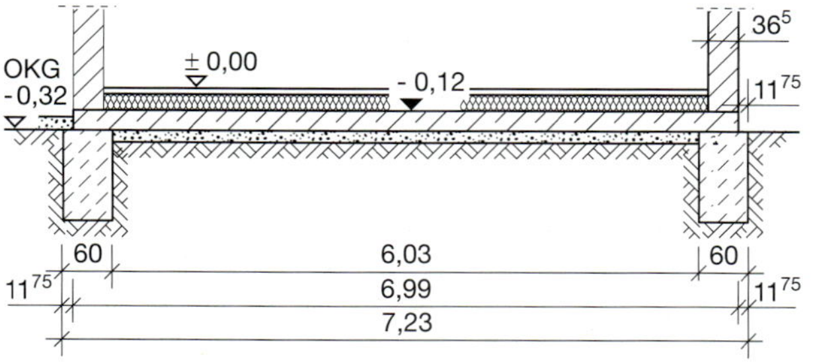

Gebäudequerschnitt (Ausschnitt – Fußboden) M 1 : 50 – m, cm

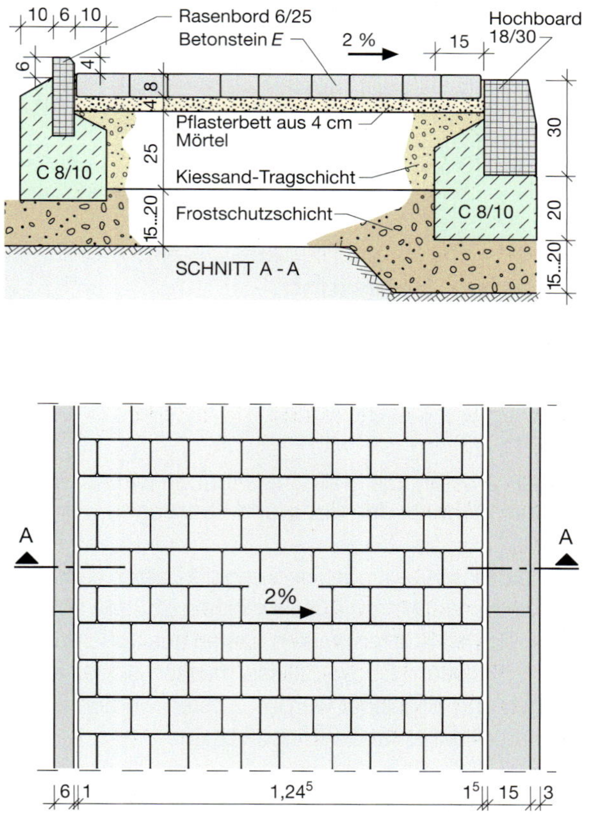

Radweg – Schnitt und Draufsicht M 1 : 20 – m, cm

Ein errichtetes Gebäude muss tragfähig und standsicher sein. Die Aufgabe des Tragwerksplaners (des Statikers) ist es, jedes Bauteil für seine spezielle Beanspruchung zu bemessen.

Tragwerk – setzt sich zusammen aus den Bauteilen, die Lasten von anderen Bauteilen oder äußere Lasten tragen und ableiten.

Bauteile und deren Beanspruchung (Auswahl)

Bauteil	statisches System	Verwendung
Riegel	Träger auf 2 Stützen, auf Biegung beansprucht	Skelettbau, Auflager für Dach und Deckenplatten
Sturz	Träger auf 2 Stützen; auf Biegung beansprucht	Überdecken von Öffnungen
Decken-platte	Träger auf 2 Stützen; auf Biegung beansprucht	Herstellung von Decken-flächen
Stütze	druckbeanspruchtes Bauteil	Skelettbau, Auflager für Riegel oder Stürze, Lastableitung in das Fundament
Wand	druckbeanspruchtes Bauteil	Herstellen von Wand-flächen, Auflager für Decken und Dachtrag-werk, Lastableitung in das Fundament
Fundament	druckbeanspruchtes Bauteil	Weiterleitung aller Lasten in den Baugrund

1 Lasten, Belastung

Lasten – Gewichtskräfte, die von außen auf ein Bauteil wirken. Die Gewichtskraft eines Körpers ist die Kraft, die im Gravitationsfeld der Erde auf einen ruhenden Körper mit der Masse *m* wirkt.

> **!** Alle Lasten, die in einem Gebäude wirken, müssen sicher in den Baugrund übertragen werden.

Innerhalb eines Gebäudes nehmen die Lasten vom Dach zum Fundament hin zu. Auf die meisten Bauteile (Wände, Stürze, Riegel, Stützen) wirken Lasten aus anderen Bauteilen (z.B. Dach, Decke). Diese müssen sicher aufgenommen und abgeleitet werden. Lasten werden von einem Bauteil auf ein anderes übertragen.

> **!** Die Gesamtbelastung eines Bauteils:
> $S = g + q$
> Gesamteinwirkung = Eigenlast + Nutzlast

Eigenlasten – sind **ständige Einwirkungen**. Wichte und Volumen (Abmessungen) bestimmen die Eigenlast eines Bauteils.

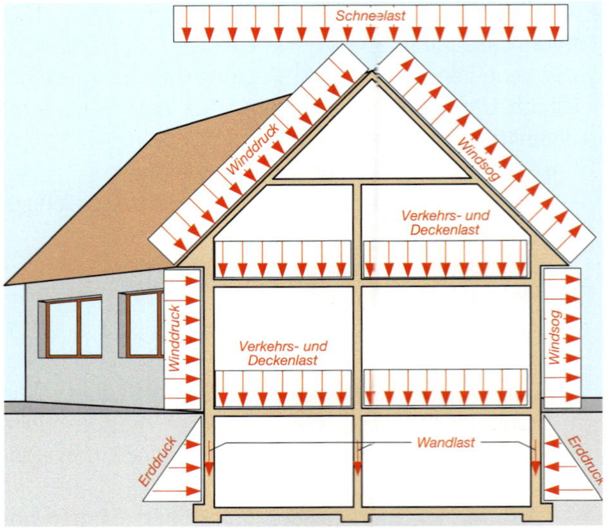

Einwirkung von Lasten an einem Gebäude

Masse	Gewichtskraft (Last) gerundet
1t (1000 kg)	10000 N = 10 kN
100 kg	1000 N = 1 kN
10 kg	100 N = 0,1 kN
1 kg	10 N = 0,01 kN

Lastannahmen für Bauten – Eigenlasten (ständige Einwirkungen)

Baustoffe	Rohdichte in kg/dm³	Wichte in kN/m³
Stahlbeton	ca. 2,4	25
Leichtbeton, Porenbeton	0,5 0,6 0,8	5,0 6,0 8,0
Mauerwerk aus künstlichen Steinen	0,7 0,9 1,2 1,8	9 11 14 18

Schichten	Flächenlast in kN/m²
Putze	
Gipsputz, 15 mm dick	0,18
Kalkzementputz, 20 mm dick	0,40
WDVS mit 15 mm Oberputz	0,30
Bitumen-Dichtungsbahnen einschließlich Klebemasse	0,06

Schichten	Flächenlast je cm Dicke in kN/m²
Zementestrich	0,22
Bodenfliesen, einschließl. Verlegemörtel	0,22
Kunststoff-Fußbodenbeläge	0,15
Dämmstoffe	
Schaumkunststoff-Platten	0,004
mineralische Faserdämmstoffe	0,01
Holzfaserdämmplatten	0,04

In der DIN 1055 werden für die Bestimmung der Eigenlasten Rechenwerte angegeben – in kN bezogen auf 1 m^3 Baustoff. Für bestimmte Materialien, z. B. Putz, Mörtel oder Estrich, werden die Werte zur Vereinfachung in kN bezogen auf 1 m^2 angegeben.

Beispiel 1

Bestimmung der Eigenlast einer Stahlbetondecke in einem Wohngebäude.
gegeben: Schichtenaufbau mit den Dicken
gesucht: Eigenlast der Decke
Die Eigenlast wird bezogen auf 1 m^2 Fläche der Decke.
Die Rechenwerte werden der Tabelle „Lastannahmen für Bauten – Eigenlasten“ entnommen.

Aufbau	Rechenwert	Dicke	Eigenlast in kN/m^2
PVC-Belag	0,15 kN/(cm · m^2)	0,3 cm	0,04
Zementestrich	0,22 kN/(cm · m^2)	4,0 cm	0,88
PS-Schaum	0,004 kN/(cm · m^2)	4,0 cm	0,02
Stahlbeton	25 kN/m^3	0,16 m	4,00
Kalkzementputz	20 kN/m^3	0,01 m	0,20
			Eigenlast $g = 5{,}14\ kN/m^2$

Die Eigenlast pro m^2 Deckenfläche beträgt 5,14 kN.

Verkehrslasten – sind überwiegend **veränderliche Einwirkungen**. Dazu gehören:

- Schnee- und Eislasten
- Lasten aus Winddruck und Windsog
- Lasten von Personen und Einrichtungen (Nutzlast)
- Lasten von Lagerstoffen
- Lasten aus dem Befahren mit Maschinen und Geräten
- Lasten aus Erd- und Wasserdruck

Die Verkehrslasten unterliegen großen Schwankungen. Daher sind in der DIN 1055 für die Verkehrslasten aus der Nutzung Ersatzlasten festgelegt. Diese sind abhängig von der Nutzungsart des Gebäudes und beinhalten eine entsprechende Sicherheit.

Beispiel 2

Für die in Beispiel 1 berechnete Stahlbetondecke (Wohnhaus) kommt die Verkehrslast aus der Nutzung hinzu:

Eigenlast: $5{,}14\ kN/m^2 \cdot 1{,}35 = 6{,}94\ kN/m^2$
Nutzlast: $1{,}50\ kN/m^2 \cdot 1{,}50 = 2{,}25\ kN/m^2$

Gesamteinwirkung: $S = 9{,}19\ kN/m^2$

Der Tragwerksplaner wird die Stahlbetondecke für eine Beanspruchung von 9,19 kN/m^2 bemessen.

Winddruck und **Windsog** lassen gegensätzliche Kräfte auf das Bauteil, besonders das Dach, wirken.
An einem Gebäude bilden sich Luv- und Leeseite aus.
An Dachrändern und vorstehenden Fassadenteilen können starke Sogkräfte wirken. Das Bauteil muss gegen Abheben befestigt werden.

Lastannahmen für senkrecht wirkende Nutzlasten

Art der Nutzung	Nutzlast in kN/m^2
Decken für Wohnräume	1,5
Decken für Büroräume, Flure und Dachbodenräume in Wohn- und Bürogebäuden	2,0
Decken für Klassenzimmer	3,0
Flachdach (nicht begehbar)	0,75
Dachterrassen	4,0
Treppen in Wohngebäuden	3,0
Treppen in öffentlichen Gebäuden	5,0

Einfluss des Windes
Im Jahre 1940 wurde in den USA über den Fluss Narrows bei Tacoma eine große, sehr schlanke Hängebrücke gebaut (Mittelöffnung 854 Meter).
Durch die außerordentliche Schlankheit war die Brücke sehr instabil.
Im selben Jahr kam es bei einer Windgeschwindigkeit von nur 67km/h zur Katastrophe, die zum Glück keine Menschenopfer forderte.
Die Brücke wurde von wellenförmigen Schwingungen erfasst und „flatterte“ förmlich im Wind.
Die gesamte Konstruktion schaukelte sich auf, die Fahrbahn verdrehte sich um ihre Längsachse und die Brücke zerbrach.
***Ursache** war die zu geringe Eigensteifigkeit gegenüber der Windbelastung.*

In den statischen Berechnungen werden die Lasten, die auf ein Bauteil einwirken, durch Sicherheitsbeiwerte vergrößert. Für Eigenlasten kann dieser Wert 1,35, für Nutzlasten 1,5 betragen.

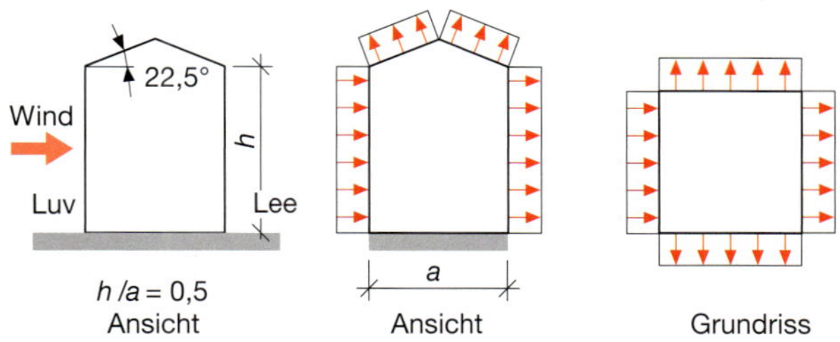

Winddruck und Windsog an einem Gebäude

Belastungsfälle – Kombination der einzelnen Belastungen. Sind alle möglichen Belastungen auf ein Bauteil bestimmt, so ist zu klären:

- Wirken alle Lasten gleichzeitig auf ein Bauteil?
- Unter welchem Zusammenwirken entsteht der ungünstigste Lastfall?

> ! **Die Bemessung eines Bauteils durch den Statiker erfolgt für den ungünstigsten Lastfall.**

Bei stabförmigen Bauteilen (Sturz, Riegel, Stütze) werden Lasten über sehr kleine Flächen übertragen. Decken und Wände sind scheibenförmige Bauteile. Auf ihnen wirken Lasten über die Fläche. Lasten wirken als äußere Kraft auf ein Bauteil:

- als **Einzellast** (z. B. wenn ein Deckenbalken auf einer Wand aufliegt) – die Kraft wirkt nur auf einer sehr kleinen Fläche und wird auf einen Punkt idealisiert.
- als **Streckenlast** (z. B. wenn eine Wand auf einer Decke steht) – die Kräfte wirken linienförmig auf ein Bauteil.
- als **Flächenlast** (z. B. werden Belastungen aus der Nutzung als Flächenlast angegeben).

Die bisher genannten Lasten bestimmen die bauliche Konstruktion der Bauteile. Der Tragwerksplaner muss sowohl die Tragfähigkeit als auch die Gebrauchstauglichkeit eines Bauteils sichern.

Zur **Gebrauchstauglichkeit** gehören z. B. die Durchbiegungen einer Decke oder die Rissbildung in Trägern. Eine Stütze darf nicht ausbeulen. Festgelegte Grenzwerte dürfen nicht überschritten werden.

2 Kräfte und Spannungen im Bauteil

Die Lasteinwirkung auf ein Bauteil (Krafteinwirkung) erzeugt im Bauteil **Reaktionskräfte** (Widerstand). Kräfte sind nicht sichtbar. Man erkennt sie jedoch an ihren Wirkungen (Verformung des Bauteils).

Beispiel 3

Beim Anheben eines Körpers (einer Last) verspüren wir die Krafteinwirkung. Als Reaktion darauf wird unsere Muskelkraft aktiv. Es bildet sich ein Gleichgewicht.

> ! **Die Reaktionskräfte im Bauteil müssen mit den einwirkenden Aktionskräften (Lasten) ein Gleichgewicht bilden.**
> **Nur dann ist die Standsicherheit und Tragfähigkeit des Bauteils gewährleistet.**

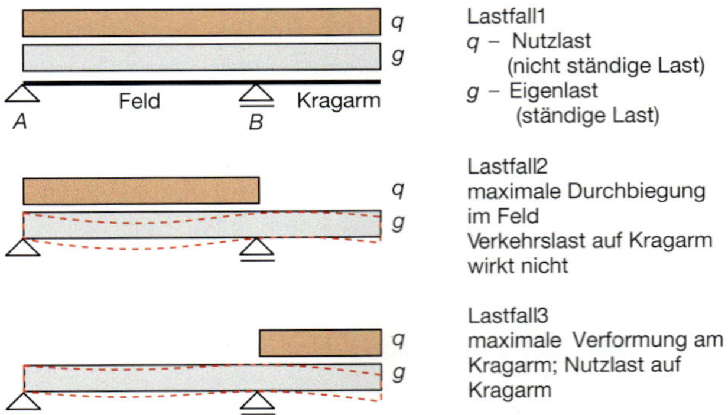

Ermittlung der Lastfälle für die maximale Belastung

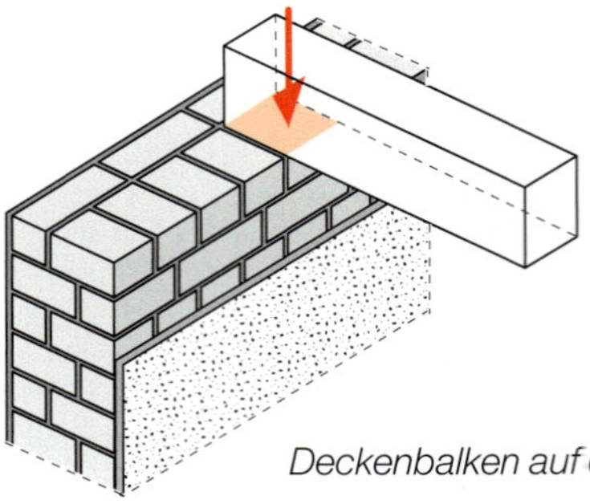

Deckenbalken auf einer Wand – Einzellast

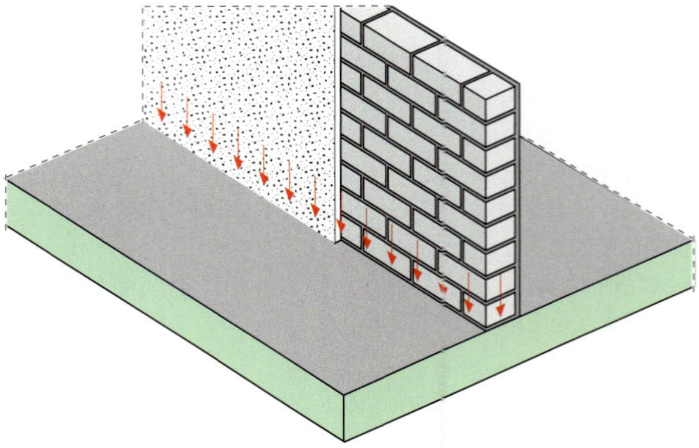

Trennwand auf einer Decke – Streckenlast

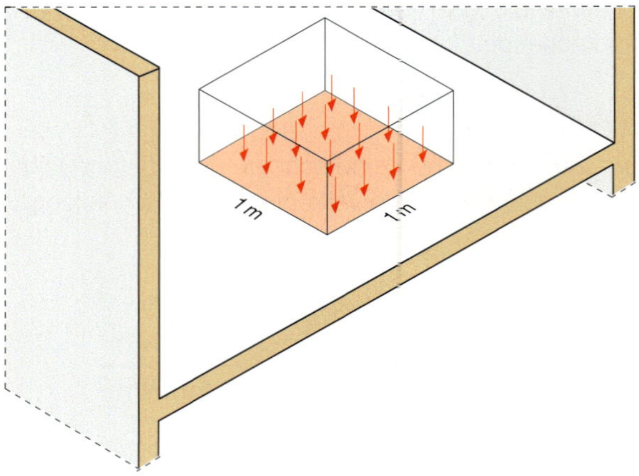

Nutzlast auf einer Geschossdecke

Für die Bestimmung des Gleichgewichts sind drei **Gleichgewichtsbedingungen** zu beachten:

1. Summe aller vertikalen Kräfte gleich null
   $\sum F_V = 0$
2. Summe aller horizontalen Kräfte gleich null
   $\sum F_H = 0$
3. Summe aller Momente um einen Drehpunkt gleich null. Ein Moment ist das Produkt aus Kraft und Abstand.
   $\sum M = 0$

! Eine Kraft ist immer definiert durch ihre Größe, den Angriffspunkt und die Richtung, in die diese Kraft wirkt.

Wirken Kräfte (Lasten) in die gleiche Richtung, so werden sie addiert. Wirkt eine Kraft schräg, so zerteilen sich die Kräfte in horizontale und vertikale Komponenten.

Eine Kraft wird mit Hilfe des **Kräfteparallelogramms** in die Teilkräfte zerlegt. Mit Hilfe des Kräftparallelogramms kann auch eine Kraftresultierende aus Teilkräften mit unterschiedlichen Richtungen gebildet werden.

2.1 Beanspruchung im Bauteil

Kräfte können nicht verschwinden. Sie können nur weitergeleitet werden.

! Wirkt eine Kraft auf einer Fläche, so ist eine Spannung vorhanden.

Die **Spannung** ist die Kraft, bezogen auf eine Fläche:

$$\text{Spannung } \sigma \text{ (sigma)} = \frac{\text{Kraft } F}{\text{Fläche } A} \text{ in } \frac{N}{mm^2}$$

Die **Bruchspannung** ist die zulässige Spannung, bei der das Material zerstört wird. Diese muss immer größer sein als die vorhandene Spannung aus der Last.

! Die Bruchspannung ist die Festigkeit eines Bauteils. Sie ist baustoffabhängig und bezeichnet den Versagenszustand des Materials.

Jede Kraft ruft eine Spannung hervor. Und auf jede Spannung reagiert ein Bauteil mit Verformungen, auch wenn sie mit bloßem Auge nicht erkennbar sind.

Druckbeanspruchung – eine Wand wird durch die aufliegende Decke auf Druck beansprucht. Eine Stütze wird durch aufliegende Bauteile auf Druck beansprucht.

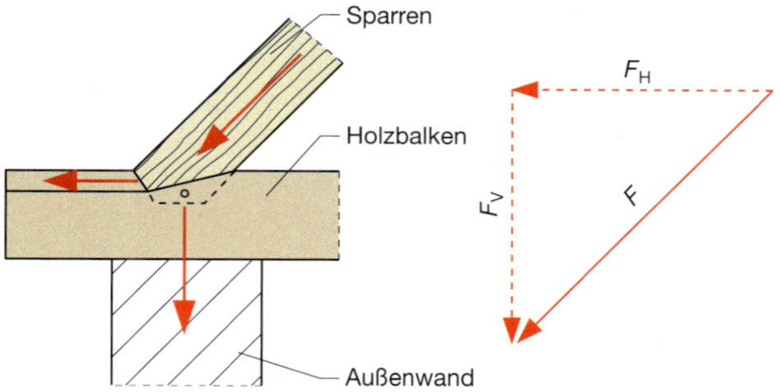

Schräg angreifende Kraft teilt sich auf in vertikale und horizontale Kraft.

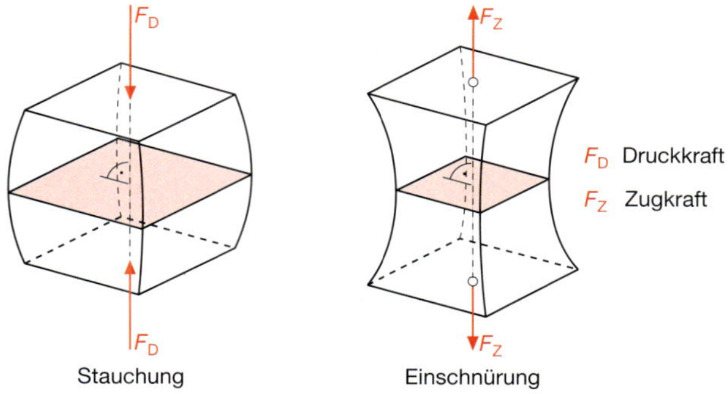

Formänderungen durch Druck- bzw. Zugkräfte

Druckspannungen – eine Stütze wird durch eine Druckkraft F beansprucht.

Die Druckkraft bewirkt eine **Stauchung**. Je nach dem Querschnitt des Bauteils (der Fläche) wird eine mehr oder weniger große Druckspannung hervorgerufen. Bei gleicher Kraft heißt das: je größer die Fläche, umso kleiner die Druckspannung. Welche Druckspannung vom Bauteil aufgenommen werden kann, hängt vom Material ab.

Beispiel 4

Die mittige Belastung eines Fundamentes beträgt 160 kN einschließlich der Eigenlast des Fundamentes. Das Einzelfundament hat eine Fläche von 80 cm x 80 cm.

gegeben: $F = 160\,\text{kN}$

$A = 0{,}8\,\text{m} \cdot 0{,}8\,\text{m} = 0{,}64\,\text{m}^2$

gesucht: Druckspannung σ_D

$$\sigma_D = \frac{F}{A} = \frac{160\,\text{kN}}{0{,}64\,\text{m}^2} = 250\,\text{kN/m}^2$$

Die Druckspannung in dem Einzelfundament infolge Belastung und Eigenlast beträgt 250 kN/m².

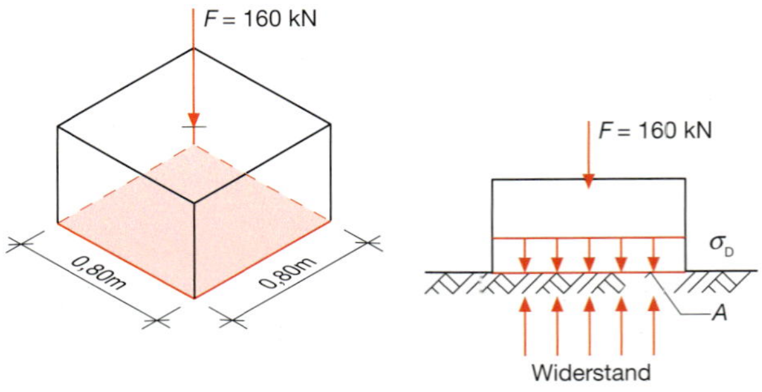

zu Beispiel 4

Zugbeanspruchung – ein Bauteil wird durch eine Zugkraft beansprucht und gedehnt, z. B. das Tragglied einer Brücke. Auch hierbei ergibt sich die Zugspannung im Bauteil wieder aus der Kraft und dem Querschnitt. Maßgebend für die aufnehmbare Kraft ist die Festigkeit des Materials und der Querschnitt.

Zug- und Druckfestigkeit eines Materials können sehr unterschiedlich sein. Beton besitzt z. B. eine hohe Druckfestigkeit, aber eine geringe Zugfestigkeit.

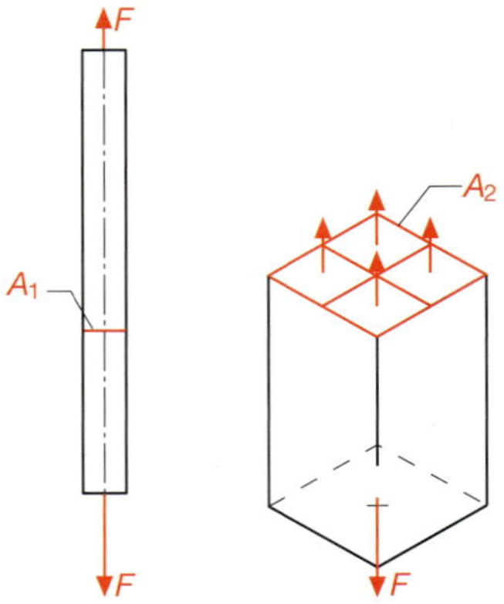

$$\sigma_{Z1} = \frac{F}{A_1} > \sigma_{Z2} = \frac{F}{A_2}$$

Spannung in Abhängigkeit vom Querschnitt

Beispiel 5

An einem Stahlseil mit einem Durchmesser von 1 cm hängt eine Palette mit Kalksandsteinen mit einer Last von 10 kN (entspricht einer Masse von ca. 1 t).

Sicherheitsbeiwert $\gamma = 1{,}35$

gegeben: $F = \gamma \cdot G = 1{,}35 \cdot 10\,\text{kN} = 13{,}5\,\text{kN}$

$A = \pi \cdot \frac{d^2}{4} = 78{,}5\,\text{mm}^2$

gesucht: Zugspannung σ_z

$$\sigma_z = \frac{F}{A} = \frac{13\,500\,\text{N}}{78{,}5\,\text{mm}^2} = 171{,}9\,\text{N/mm}^2$$

Das Stahlseil wird mit einer Zugspannung von 171,9 N/mm² belastet.

Zugbeanspruchtes Bauteil – Kabel einer Pylonbrücke

Biegebeanspruchung – ein Balken biegt sich unter einer Last durch. Die Unterseite wird gezogen (Zugspannungen), die Oberseite wird gestaucht (Druckspannungen). In der Mitte des Trägers bleibt dieser unverändert.

Hier liegt die „Nulllinie“, die weder gedrückt noch gezogen wird. Die Biegespannungen verändern sich über die Balkenhöhe.

Die Biegespannungen werden hervorgerufen durch Biegemomente. Ein **Biegemoment** entsteht durch eine Kraft, die mit einem Hebelarm wirkt. Der Hebelarm ist z. B. der Abstand zwischen der Last, die auf einen Träger wirkt, und dem Auflager.

Beispiel 6

Ein Holzbalken über einer Öffnung wird durch einen daraufliegenden Balken mittig belastet. Wie groß ist das Biegemoment?

gegeben: $F = 1\,\text{kN}$

$l = 2{,}40\,\text{m}$

gesucht: Biegemoment M

$$M = \frac{F \cdot l}{4} = \frac{1\,\text{kN} \cdot 2{,}40\,\text{m}}{4} = 0{,}6\,\text{kNm}$$

Das Biegemoment in der Mitte des Balkens beträgt 0,6 kNm.

Jeder Bauhandwerker weiß aus Erfahrung, dass er bei einer Biegebeanspruchung einen Träger immer hochkant aufstellen wird. Der Balken kann so mehr tragen, da der Abstand der Außenkanten von der Nulllinie größer ist.

Die Größe der Öffnung, die ein Balken bzw. Biegeträger überspannen muss, bestimmt maßgeblich das Material (Festigkeit) und seinen Querschnitt.

Scherbeanspruchung – tritt auf, wenn zwei Kräfte mit unterschiedlichen Richtungen angreifen. Eine Scherbeanspruchung ruft Schubspannungen hervor.

Eine Schraubenverbindung in einem auf Zug beanspruchten Bauteil wird durch Scherkäfte beansprucht. Die Schraube muss diese Scherkräfte aufnehmen können. Die Kräfte wirken senkrecht zur Stabachse.
Das Problem der Scherbeanspruchung taucht bei vielen Verbindungen auf.

2.2 Auflagerkräfte

Wirken auf ein Bauteil Lasten, so muss das Bauteil die Lasten aufnehmen und in die Auflager übertragen.
Der Tragwerksplaner muss in Abhängigkeit von der Art und der Größe der angreifenden Lasten ein **statisches System** bilden. Decken übertragen die Lasten z. B. auf Wände – idealisiert als Träger auf 2 Stützen. Träger bilden z. B. das Auflager für ein Dach und übertragen die Lasten in Stützen.

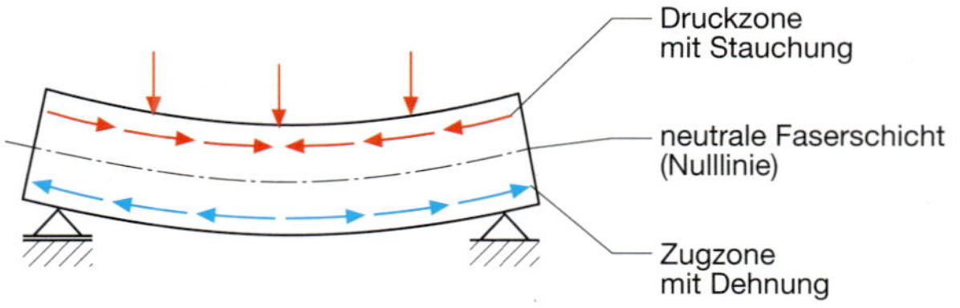

Biegung eines Trägers auf zwei Stützen

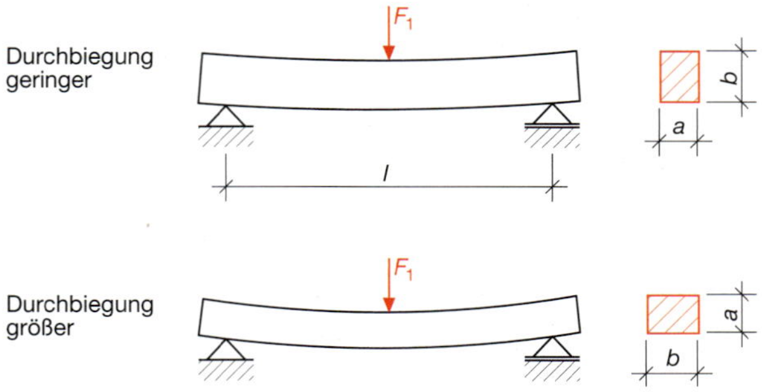

Ein Holzbalken hochkant eingebaut biegt sich bei gleicher Belastung weniger durch als flachliegend eingebaut.

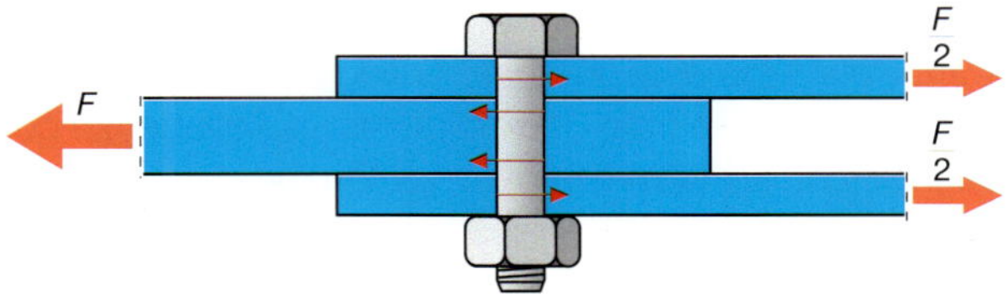

Scherbeanspruchung – eine Schraube wird durch Scherkräfte beansprucht.

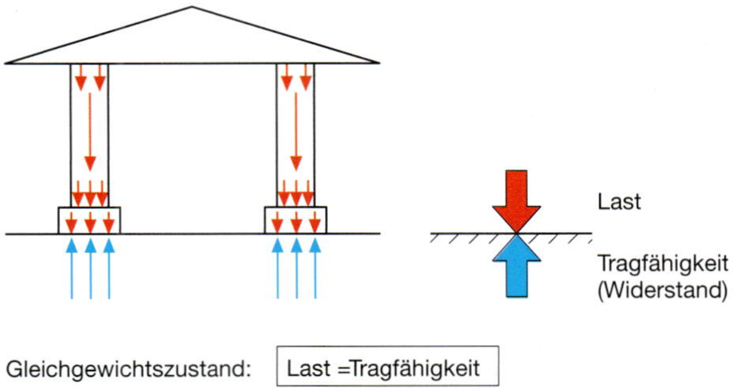

Lasten müssen sicher über Bauteile und Auflager in den Baugrund übertragen werden.

! Nachweis der Tragfähigkeit

$$S_d \leq R_d$$

S_d Bemessungswert der Einwirkungen
R_d Bemessungswert des Widerstandes

Am statischen System wird der Abstand der Auflager als Stützweite bezeichnet. Das theoretische Auflager liegt in der Mitte bzw. beim Stahlbeton nach dem ersten Drittel der Auflagertiefe des Bauteils.

$l = l_w + t$

Mit dem Tragwerksmodell wird festgelegt, welche Kräfte über die Auflager auf andere Bauteile übertragen werden können. Es entsteht ein idealisiertes Bauwerk – reduziert auf das statische System.
Auf der Baustelle ist das Auflager entsprechend dem statischen System auszubilden. Besonders wichtig ist es dort, wo große Kräfte wirken und damit auch große Verformungen auftreten.

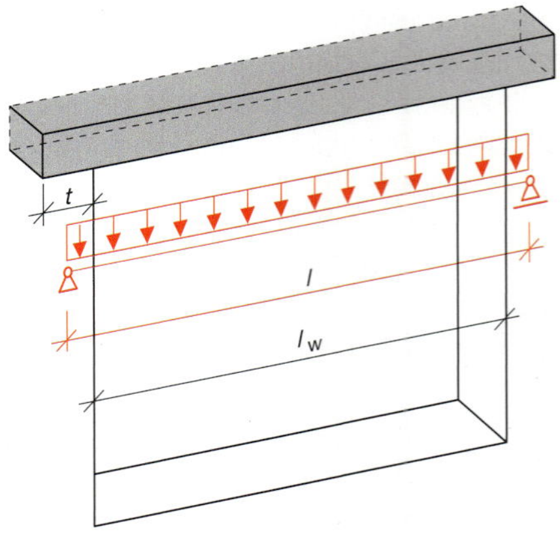

Beispiel Fenstersturz – Bildung eines statischen Systems

! Auflager sind hoch beanspruchte Bereiche, da sie über eine kleine Fläche hohe Lasten (Kräfte) aufnehmen müssen.

Mit der Art des Auflagers wird festgelegt, welche Kräfte (vertikale, horizontale) und ob Momente übertragen werden. Entscheidend für ein sicheres Ableiten der Lasten ist die Einhaltung der Gleichgewichtsbedingungen. Sollen Kräfte bzw. Momente an einem Auflager nicht übertragen werden, so ist die freie Beweglichkeit im Auflager zu gewährleisten. Es kommt sonst zu Zwängungskräften – Schäden (Risse) können die Folge sein.
Im Auflagerbereich wirken die Kräfte auf einer bestimmten Fläche und erzeugen so Spannungen.

Träger auf zwei Stützen als Auflager für Dachplatten. Der Träger liegt auf den Unterzügen auf. Anfallende Lasten werden in die Stützen abgeleitet.

Beispiel 7

Ein Fenstersturz liegt auf einer Wand auf. Er überträgt eine Last (Eigenlast aus Sturz und darüber liegender Wand) über seine Auflagerflächen in die Wand.
Eine Kraft wirkt auf eine Fläche – eine Spannung (Druckspannung) ist vorhanden.

gegeben: Auflagerkraft $F = A = B = 24\,\text{kN}$

$$F = \frac{g \cdot l}{2} = \frac{(10{,}8 + 1{,}2)\,\text{kN/m} \cdot 4\,\text{m}}{2} = 24\,\text{kN}$$

Auflagerfläche $A = 0{,}24 \cdot 0{,}15 = 0{,}036\,\text{m}^2$

gesucht: vorhandene Spannung

$\sigma_{vorh} = F/A = 24\,\text{kN}/\,0{,}036\,\text{m}^2$

$\sigma_{vorh} = \underline{667\,\text{kN/m}^2}$

Das vorhandene Mauerwerk der Steinfestigkeitsklasse 2 mit M 2,5 (z. B. Porenbeton-Blocksteine, Rohdichte $0{,}5\,\text{kg/dm}^3$) hat eine zulässige Druckspannung von $\sigma_{zul} = 500\,\text{kN/m}^2$.
Die zulässige Druckspannung (Festigkeit) ist zu gering!
$\sigma_{vorh} = 667\,\text{KN/m}^2 > \sigma_{zul} = 500\,\text{kN/m}^2$

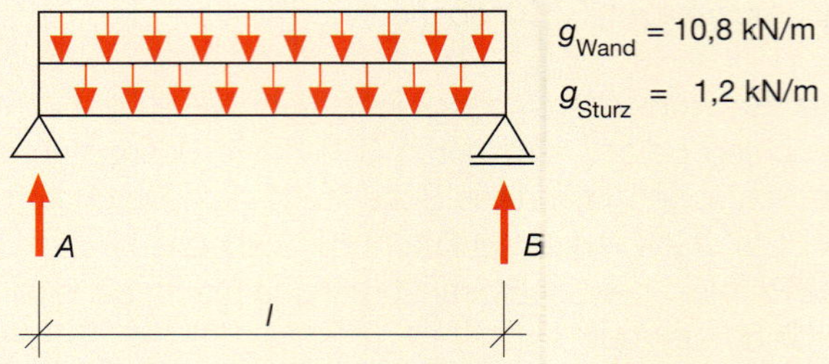

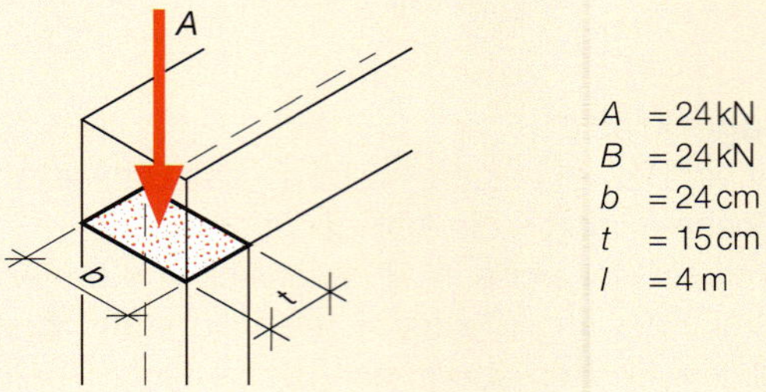

(Die Sicherheitsbeiwerte für Pfeiler bzw. die ungewollte Außermittigkeit sind nicht berücksichtigt.)

Beispiel 7 – Fortsetzung

Das Mauerwerk könnte die Kraft nicht aufnehmen – es käme zum Bruch. Die Auflagerfläche muss vergrößert werden, um die Spannung zu verringern.

gegeben: $F = 24\,kN$

$\sigma_{zul} = 500\,kN/m^2$

gesucht: erforderliche Auflagerfläche A_{erf}

$A_{erf} = F/\sigma_{zul} = 24\,kN/500\,kN/m^2$

$A_{erf} = 0{,}048\,m^2$ $b_{vorh} = 24\,cm$

$t_{erf} = 20\,cm$

Auflagertiefe gewählt $t = 25\,cm$

$A_{vorh} = 0{,}24 \cdot 0{,}25 = 0{,}06\,m^2$

Kontrolle der Spannung:

$\sigma_{vorh} = F/A = 24\,kN/\,0{,}06\,m^2$

$\sigma_{vorh} = 400\,kN/m^2 < \sigma_{zul} = 500\,kN/m^2$

Die Auflagerfläche muss 24 cm x 25 cm betragen, dann bleibt die vorhandene Druckspannung unter der zulässigen Druckspannung (Festigkeit).

Das Auflager als hoch beanspruchter Bereich erforderte einen Materialwechsel.

3 Stabilität

Für ein Bauteil ist nicht nur eine ausreichende Festigkeit nachzuweisen, auch die Stabilität ist für jedes Bauteil und für das gesamte Bauwerk zu sichern. Nur so ist ein sicheres Ableiten aller an einem Bauwerk entstehenden Kräfte möglich.

Ein Bauteil darf Standort und Form über gewisse Grenzen hinaus nicht verändern. Zur **Stabilität** gehören das Knicken, das Gleiten und das Kippen von Bauteilen. Baukonstruktionen werden immer schlanker, leichtere Baustoffe werden eingesetzt. Damit steigt die Gefahr des Stabilitätsverlustes.

Kippen – wird ein Bauteil, wenn das Standmoment größer ist als das Kippmoment. Bestimmte Bauteile (z. B. Stützwände) sind gegen Kippen zu sichern. Zu erreichen ist das u. a. durch eine große Eigenlast des Bauteils bzw. durch Verankerungen, die dem Kippmoment entgegenwirken.

Knicken – können alle druckbeanspruchten Bauteile (z. B. Stützen). Die Gefahr des Ausknickens ist abhängig von den Materialeigenschaften, dem Querschnitt und den Lagerungsbedingungen.

Ein schlanker Stab wird bei einer geringeren Last ausknicken als ein gedrungener Stab. Die Lagerungsbedingungen bestimmen maßgeblich die kritische Druckkraft. Ein beidseitig eingespannter Stab wird nicht so schnell ausknicken wie ein frei eingespannter Stab.

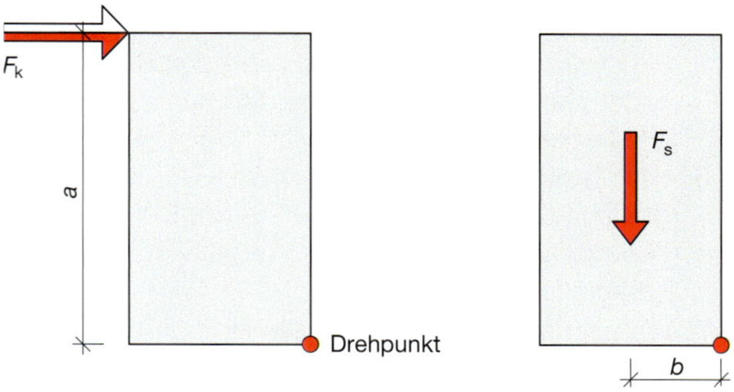

Kippmoment = Kraft (F_k) · Abstand (a)

Standmoment = Kraft (Eigenlast F_s) · Abstand (b)

Das Kippmoment muss kleiner sein als das Standmoment – die Stabilität ist gesichert.

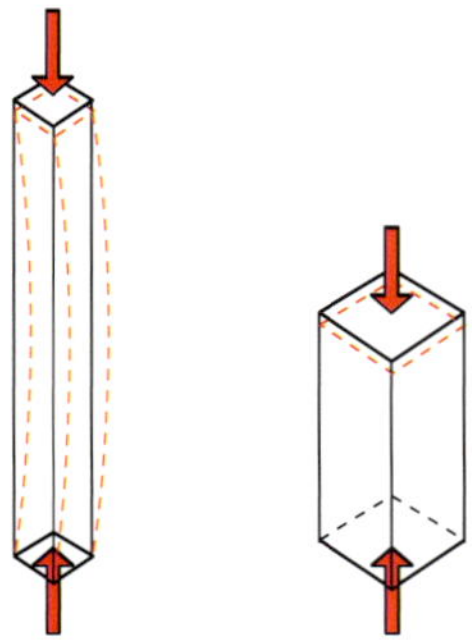

Die Gefahr des Knickens ist querschnittabhängig.

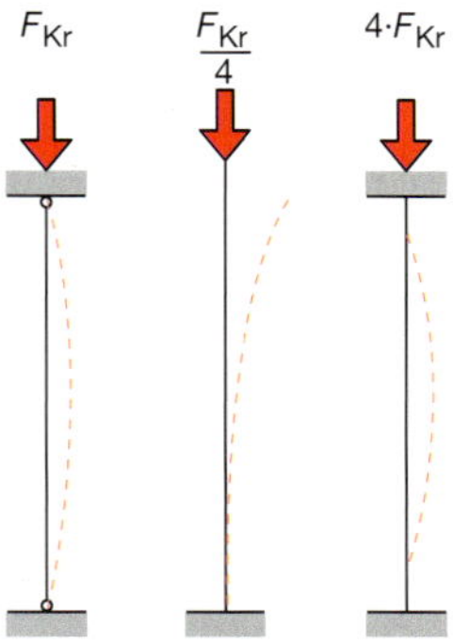

Die kritische Druckkraft (F_{Kr}) ist abhängig von den Lagerungsbedingungen.

Gleiten – ist eine Verschiebung des Bauteils infolge fehlender Reaktionskräfte im Auflager. Greift an einer Stütze eine horizontale Kraft an, das Stützenlager ist aber nur für die Übertragung der vertikalen Kräfte ausgebildet, so wird eine Verschiebung eintreten. Die Stabilität ist nicht mehr gewährleistet. Über die Reibung können kleine horizontale Kräfte übertragen werden.

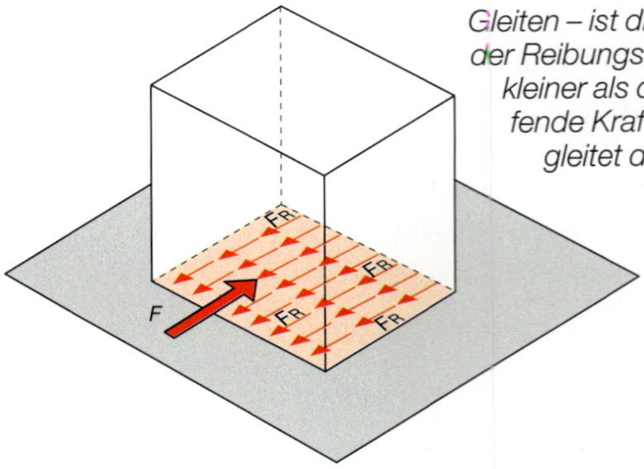

Gleiten – ist die Summe der Reibungskräfte (F_R) kleiner als die angreifende Kraft (F), dann gleitet der Körper.

DIN 1055	Lastannahmen für Bauten
Eurocode 1	Grundlagen der Tragwerksplanung und Einwirkungen auf Tragwerke
DIN 1053	Mauerwerk; Berechnung und Ausführung

Testen Sie sich selbst!

1. Wie werden die Lasten für ein Gebäude unterteilt?
2. Was ist eine Spannung?
3. Wodurch unterscheidet sich die vorhandene Spannung von der zulässigen Spannung?
4. Welche Verformungen ruft eine Druckkraft hervor?
5. Ein Kragarm wird durch eine Einzellast von 15 kN belastet. Diese ruft im Auflager ein Moment hervor. Wie groß ist dieses Moment?
6. Ein Stahlträger liegt auf Mauerwerk auf. Die Auflagerfläche ist 15 cm × 15 cm. Die Kraft, die auf das Auflager wirkt, beträgt 12 kN. Wie groß ist die Druckspannung?
7. Was ist unter Stabilität zu verstehen?

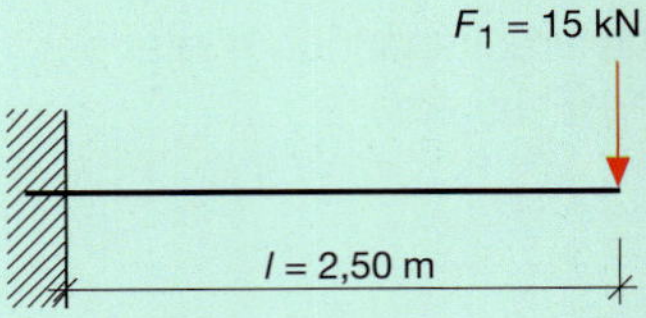

zu Aufgabe 5

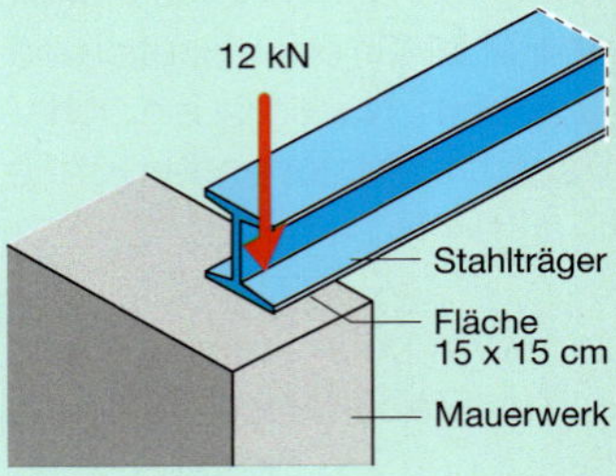

zu Aufgabe 6

Die Gebäudehülle ist eine Grenzfläche zwischen Innen- und Außenklima. Sie muss so geplant und gebaut werden, dass ein behagliches und gesundheitsförderndes Raumklima entsteht. Die Bauphysik beschäftigt sich mit
- der Sicherung eines behaglichen Raumklimas,
- dem dauerhaften Schutz der Baustoffe und Konstruktionen,
- dem Schutz der Bewohner vor Lärmbelästigung.

Das **Außenklima** wird charakterisiert durch Wetterelemente:
- ❑ **Lufttemperatur** – niedrige Lufttemperaturen erfordern eine Beheizung der Aufenthaltsräume, hohe Lufttemperaturen erfordern ein Kühlen.
- ❑ **Sonneneinstrahlung** – durch Glasflächen wird ein Raum mit Tageslicht ausgeleuchtet. Sonnenstrahlen bringen Energie (Wärme) in Räume.
- ❑ **Wind** – kann zu starker Raum-Durchlüftung führen, wenn z. B. Fugen luftdurchlässig sind.
- ❑ **Niederschläge** – Regen und Schnee bringen Feuchtigkeit an bzw. auf Bauteile. Kommt zum Regen noch ein starker Wind, so belastet dieser Schlagregen eine Außenwand sehr stark. Wasser wird an der Wand hochgetrieben und kann in mögliche Fugen oder Risse eindringen.

! Regenwasser soll immer schnell von einer Fassade oder einem Dach abgeleitet werden. Stauende Nässe ist immer eine Gefahr.

Außenklima stellt Forderungen an die Bauhülle.

„Ein großer Dachüberstand schützt Wände vor Regen; Solarkollektoren und Wintergarten sparen Energie."

Das **Raumklima** wird bestimmt durch:
- ❑ **Raumtemperatur** (= Empfindungstemperatur) – ist nicht nur die Raum-Lufttemperatur. Sie berücksichtigt auch die Oberflächentemperatur der Wände, des Fußbodens und der Decke. Ein kalter Fußboden mindert die Behaglichkeit.
- ❑ **Luftfeuchtigkeit** – Unterscheidung in absolute und relative Luftfeuchtigkeit. Die relative Luftfeuchtigkeit gibt den Sättigungsgrad der Luft mit Wasserdampf an. Die absolute Luftfeuchtigkeit gibt an, wie viel Gramm Wasser in Form von Wasserdampf in einem Kilogramm Luft vorhanden sind.

Die relative Luftfeuchte (in %) ist temperaturabhängig. Je wärmer die Luft, umso mehr Wasserdampf kann sie aufnehmen.

Durch den Menschen und seine Tätigkeiten fallen in den Räumen erhebliche Mengen Feuchtigkeit in Form von Wasserdampf an.

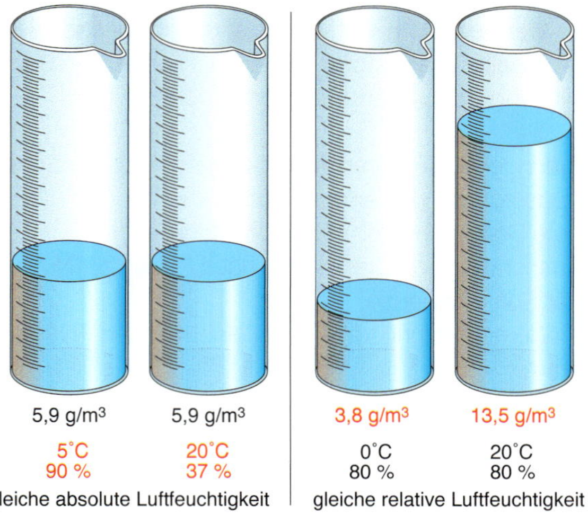

Zusammenhang zwischen Temperatur, relativer und absoluter Luftfeuchtigkeit (g H_2O/m^3 Luft)

- **CO_2-Gehalt** – der Mensch atmet Kohlendioxid aus. Ein steigender CO_2-Gehalt verschlechtert die Raumluft. Um eine gute Raumluft zu erhalten, muss die mit CO_2 angereicherte Raumluft durch frische Außenluft ausgetauscht werden. Für Aufenthaltsräume von Menschen gilt: 25 m^3 Frischluft pro Stunde und pro Person. Für einen Klassenraum kommen erhebliche Luftmengen zusammen.

! Ein gutes Raumklima ist nur durch regelmäßiges Lüften zu erreichen. Feuchte und mit Kohlendioxid angereicherte Raumluft wird durch frische Außenluft ersetzt.

1 Wärmeschutz

Der winterliche Wärmeschutz beeinflusst maßgeblich den Energieverbrauch eines Gebäudes. Um den Energieverbrauch für die Beheizung von Gebäuden zu senken, sind die gesetzlichen Anforderungen an den winterlichen Wärmeschutz in den letzten 25 Jahren sehr stark angehoben worden.

Der sommerliche Wärmeschutz ist zu berücksichtigen bei Gebäuden mit großen Glasflächen. Überhitzte Räume im Sommer schaffen kein behagliches Raumklima.

1.1 Winterlicher Wärmeschutz

Bei niedrigen Außentemperaturen muss einem Raum bzw. einem Gebäude so viel Energie zugeführt werden, wie über die Gebäudehülle und durch die Lüftung verloren geht. Für die Beheizung werden in Deutschland jährlich 30 bis 40 % der Gesamtenergie benötigt. Bei jeglicher Verbrennung fossiler Stoffe (Erdgas, Öl, Kohle) werden Schadstoffe an die Luft abgegeben.

Der beste Umweltschutz ist der, möglichst wenig fossile Brennstoffe (Gas, Öl, Kohle) zur Beheizung der Gebäude zu verbrauchen.

Ein geringer **Energieverbrauch** und ein niedriger Schadstoffausstoß werden erreicht durch

- gute Dämmfähigkeit der Gebäudehülle,
- Ausrichtung von Glasflächen nach Süden zur Nutzung der Sonnenenergie,
- moderne Heizungsanlage mit einem hohen Wirkungsgrad,
- Einsatz regenerativer Energien (z. B. Solarkollektoren).

Wärmeverluste treten immer dort auf, wo ein Temperaturgefälle vorhanden ist (im Raum +20 °C, außen –10 °C). Ein Wärmestrom von innen nach außen leitet die Wärme ab.

Anhaltswerte für die Wasserdampfabgabe

Mensch bei leichter Tätigkeit	35 bis 60 g/h
Mensch bei schwerer Tätigkeit	200 bis 300 g/h
Pferde	100 bis 400 g/h
Kühe	200 bis 400 g/h
Wannenbad	ca. 1000 g/Bad
Duschbad	ca. 1500 g/Bad
Kochen, je Gericht	500 bis 1000 g
Trocknende Wäsche, 4,5 kg geschleudert	ca. 1000 g
Zimmerpflanze	5 bis 20 g/h

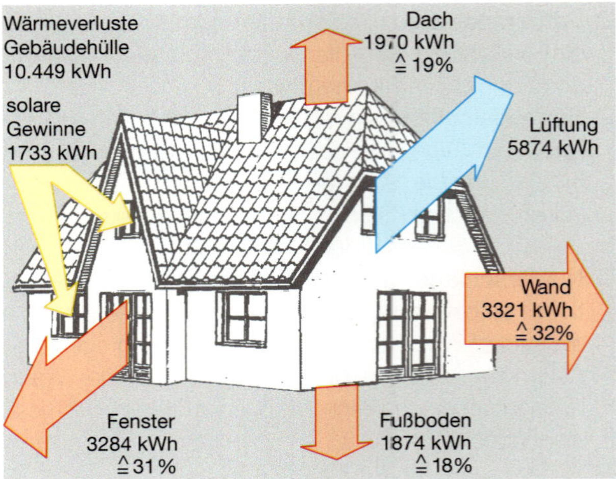

Wärmeverluste eines Einfamilienhauses, gebaut nach dem Stand der Technik

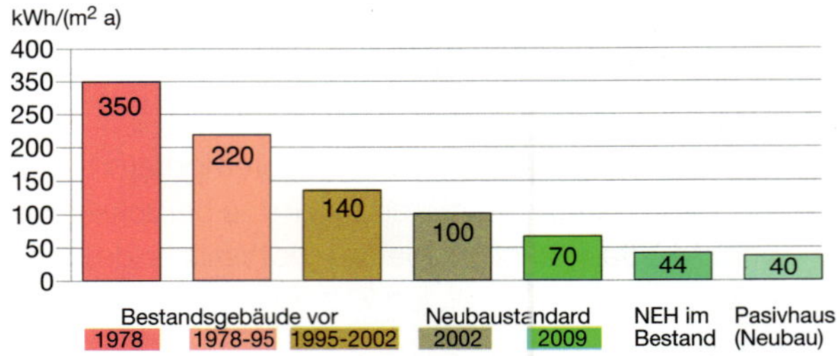

Entwicklung des Energiebedarfs von Gebäuden (in kWh pro m^2 und Jahr)
10 kWh = 1 m^3 Erdgas = 1 Liter Heizöl

Eingesparte Energie durch Sanierung der Gebäude

	Energieverbrauch alt in kWh/(m^2a)	Energieverbrauch nach Sanierung in kWh/(m^2a)	Einsparung in Liter Heizöl/a
Einfamilienhaus	375	133	2662
Dreifamilienhaus	259	113	4672
Bauernhaus	252	79	4238

! Die Dämmfähigkeit einer Gebäudehülle ist entscheidend für die Wärmeverluste. Je besser der Dämmwert einer Außenwand, eines Fensters bzw. eines Daches, umso weniger Wärme geht verloren.

Wärmetechnische Grundlagen

Eine Beurteilung der Dämmfähigkeit ist durch eine Berechnung der Wärmeverluste möglich. Der Wärmestrom findet immer von der wärmeren zur kälteren Seite statt.

Die **Wärmeleitfähigkeit** ist eine charakteristische Materialeigenschaft von Baustoffen.

! Die Wärmeleitfähigkeit λ gibt an, wie viel Wärme (in Wattstunden – Wh) in 1 Stunde (h) durch einen Materialwürfel (Seitenlänge 1,0 m) bei einem Temperaturunterschied von 1 Kelvin (K) strömt.

Die Wärmeleitfähigkeit wird größer mit
- zunehmender Rohdichte,
- geringerem Porengehalt,
- steigendem Feuchtegehalt.

Der **Wärmetransport** durch ein Bauteil setzt sich aus zwei Bereichen zusammen:
- der Wärmeleitung durch die Materialschichten (Wärmedurchlasswiderstand),
- der Wärmestrahlung und Wärmeströmung im Übergangsbereich vom festen Stoff zu Luft (Wärmeübergangswiderstand).

Der **Wärmedurchlasswiderstand *R*** berechnet sich aus der Wärmeleitfähigkeit und der Schichtdicke:

$$R = \frac{d}{\lambda} \text{ in } (m^2 \cdot K)/W$$

d Schichtdicke in m
λ Wärmeleitfähigkeit in W/(m · K)

Der **Wärmeübergangswiderstand R_s** besteht aus zwei Übergangsbereichen, auf der
- Innenseite (Wärmeübergangswiderstand R_{si})
- Außenseite (Wärmeübergangswiderstand R_{se}).

Für R_{si} und R_{se} gibt die Norm Festwerte an.

Bauteile bestehen in der Regel aus mehreren Schichten (z. B. Innenputz, Hochlochziegel, Außenputz).

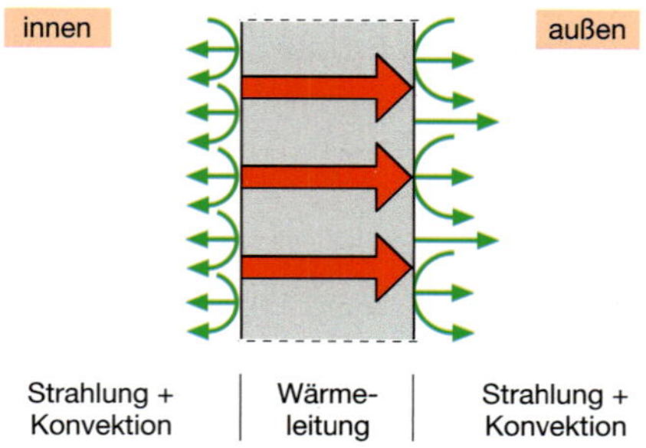

Bereiche des Wärmestromes an einem Außenteil

Bemessungswerte der Wärmeleitfähigkeit λ für ausgewählte Baustoffe (nach DIN 4108)

Stoff	ρ in kg/m³	λ in W/m · K
Putze, Estriche und andere Mörtelschichten		
Kalkmörtel, Kalkzementmörtel	(1800)	1,0
Kunstharzputz	1100	0,70
Zementmörtel	(2000)	1,6
Kalkgips-, Gipsmörtel	(1400)	0,70
Leichtputz	700	0,25
Calciumsulfatestrich	(2100)	1,2
Zementestrich	(2000)	1,4
Gipsplatten	(900)	0,25
Mauerwerk einschließlich Mörtelfugen		
Mauerwerk aus Mauerziegeln nach DIN V 105: Vollziegel, Hochlochziegel	1200 1400 1600 1800	0,50 0,58 0,68 0,81
Mauerwerk aus Mauerziegeln nach DIN V 105: Leichthochlochziegel mit Leichtmörtel	700 800 900 1000	0,31 0,34 0,37 0,40
Mauerwerk aus Kalksandsteinen und Kalksand-Plansteinen nach DIN V 106 mit Normal-/Dünnbettmörtel	1000 1400 1600 1800	0,50 0,70 0,79 0,99
Mauerwerk aus Porenbeton nach DIN V 4165: Porenbeton-Plansteine	400 500 600 800	0,13 0,16 0,19 0,25
Leichtbeton-Vollblöcke aus Blähton mit Leichtmörtel LM 36	500 600 800	0,24 0,26 0,30
Wärmedämmstoffe		
Polystyrol-Hartschaum EPS, XPS WLG 030 040	(15 bis 30)	0,030 0,040
Polyurethan(PUR)-Hartschaum WLG 020 040	(≥ 30)	0,020 0,030

Für mehrschichtige Bauteile wird der **Wärmedurchgangswiderstand** des Bauteils $\boldsymbol{R}_\mathrm{T}$ als Summe berechnet:

$$R_\mathrm{T} = R_\mathrm{si} + R_1 + R_2 + \ldots + R_n + R_\mathrm{se} \text{ in } (\mathrm{m}^2 \cdot \mathrm{K})/\mathrm{W}$$

R_si Wärmeübergangswiderstand innen
$R_{1 \ldots n}$ Wärmedurchlasswiderstand der einzelnen Schichten
R_se Wärmeübergangswiderstand außen

Der **Wärmedurchgangskoeffizient *U*** wird aus dem Wärmedurchgangswiderstand berechnet.

$$U = \frac{1}{R_\mathrm{T}} \text{ in } \mathrm{W}/(\mathrm{m}^2 \cdot \mathrm{K})$$

! Der Wärmedurchgangskoeffizient ist eine wichtige Größe zur Beurteilung der Dämmfähigkeit eines Bauteils. Er wird kurz als *U*-Wert bezeichnet.
Er gibt an, wie viel Wärme in Watt pro m² und pro Kelvin Temperaturdifferenz über dieses Bauteil verloren geht.

Je besser die Dämmfähigkeit eines Bauteils, umso kleiner ist der *U*-Wert.

Im Dachausbau oder auch bei Außenwänden als Holzskelett-Konstruktion ist der Aufbau nicht schichtenmäßig gleich. Bereiche mit unterschiedlichen Wärmedurchgangskoeffizienten liegen nebeneinander. Die Dämmschicht wird von den Sparren bzw. Holzständern unterbrochen. Für die verschiedenen Bereiche sind laut Berechnungsvorschrift der untere und der obere Grenzwert der jeweiligen Wärmeübergangswiderstände zu bestimmen. Für Berechnungen ohne Software kann vereinfachend ein **mittlerer *U*-Wert** gebildet werden.
Er setzt sich entsprechend den Flächenanteilen zusammen.

$$U = \frac{U_1 \cdot A_1 + U_2 \cdot A_2 + \ldots + U_n \cdot A_n}{A} \text{ in } \mathrm{W}/(\mathrm{m}^2 \cdot \mathrm{K})$$

$U_{1 \cdots n}$ Wärmedurchgangskoeffizienten der Teilfächen
$A_{1 \cdots n}$ Teilflächen in m²
A Gesamtfläche in m²

Der Wärmedurchgangskoeffizient eines Fensters setzt sich zusammen aus dem *U*-Wert der Verglasung und dem *U*-Wert des Rahmens.

Bemessungswerte der Wärmeleitfähigkeit λ für ausgewählte Baustoffe (nach DIN 4108) – Fortsetzung von Seite 297

Stoff	ρ in kg/m³	λ in W/m · K
Mineralische und pflanzliche Faserdämmstoffe WLG 035 / 040	(8 bis 500)	0,035 / 0,040
Schaumglas WLG 045 / 050	(100 bis 500)	0,045 / 0,050
Holzfaserdämmplatten WLG 040	(≤ 210)	0,040
WLG 060 / 070	(≤ 450)	0,060 / 0,070
Fichte, Kiefer, Tanne	(500)	0,13
Spanplatten	(700)	0,14
Lose Schüttungen, abgedeckt:		
Blähperlit WLG 045 / 050	(60 bis 300)	0,045 / 0,050
Blähton, Blähschiefe	(300) / (400) / (> 400)	0,10 / 0,12 / 0,16
Sonstige Stoffe		
Beton, armiert	2400	2,5
Lehmbaustoffe	600 / 1000 / 2000	0,17 / 0,35 / 1,1
Stahl		50
Aluminium		160

WLG Wärmeleitfähigkeitsgruppe

Bemessungswerte der Wärmeübergangswiderstände R_s

Richtung des Wärmestroms	Wärmeübergangswiderstand in (m² · K)/W	
	R_si	R_se
Horizontal	0,13	0,04
Aufwärts	0,10	0,04
Abwärts	0,17	0,04 bzw. 0,0

Wärmedurchgangskoeffizienten von Fenstern (Richtwerte)

Verglasungsart	*U*-Wert W/(m² · K)
Einfachverglasung	4,5
Isolierverglasung (Luft)	2,2 bis 2,9
Wärmeschutzverglasung	1,3 bis 1,9
3-Scheiben-Wärmeschutzverglasung	0,9 bis 1,4

Berechnungsbeispiele des Wärmedurchgangskoeffizienten Einschalige Wand

Baustoff	λ in W/(m · K)	*d* in m	*R* in (m² · K)/W
Kalkputz – innen	1,0	0,015	0,015
Vollziegel (ρ = 1600 kg/m³)	0,68	0,365	0,537
Kalkzementputz – außen	1,0	0,02	0,020
Wärmeübergangswiderstand innen		R_{si}	= 0,13
Wärmeübergangswiderstand außen		R_{se}	= 0,04
	Summe	R_T	= 0,742
$U = 1/R_T$ = 1,35 W/(m² · K)			

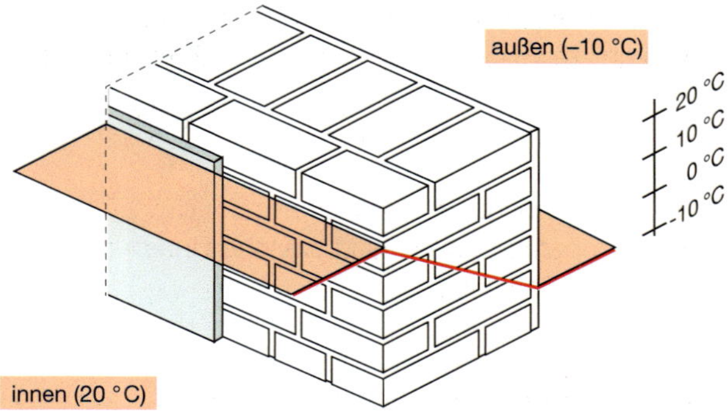

Temperaturverlauf bei einer einschaligen Wand

Verbesserung des Dämmwertes der einschaligen Wand durch ein Wärmedämmverbundsystem

Baustoff	λ in W/(m · K)	*d* in m	*R* in (m² · K)/W
Kalkputz – innen	1,0	0,015	0,015
Vollziegel (ρ = 1600 kg/m³)	0,68	0,365	0,537
EPS-Hartschaum	0,035	0,14	4,00
Kalkzementputz – außen	1,0	0,01	0,010
Wärmeübergangswiderstand innen		R_{si}	= 0,13
Wärmeübergangswiderstand außen		R_{se}	= 0,04
	Summe	R_T	= 4,732
$U = 1/R_T$ = 0,21 W/(m² · K)			

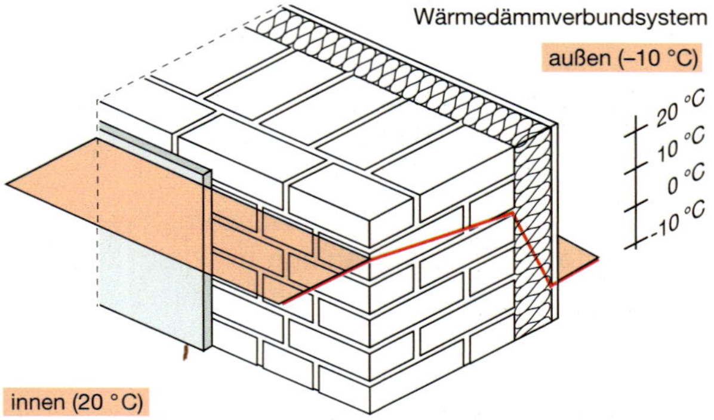

Temperaturverlauf bei einer 36,5er-Wand mit Wärmedämm-Verbundsystem

Berechnung des Wärmedurchgangskoeffizienten für einen Wandaufbau, dem heutigen Stand der Technik entsprechend

Baustoff	λ in W/(m · K)	*d* in m	*R* in (m² · K)/W
Kalkgipsputz – innen	0,7	0,010	0,014
Wärmedämmziegel (ρ = 650 kg/m³)	0,09	0,365	4,056
Leichtputz – außen	0,25	0,020	0,08
Wärmeübergangswiderstand innen		R_{si}	= 0,13
Wärmeübergangswiderstand außen		R_{se}	= 0,04
	Summe	R_T	= 4,32
$U = 1/R_T$ = 0,23 W/(m² · K)			

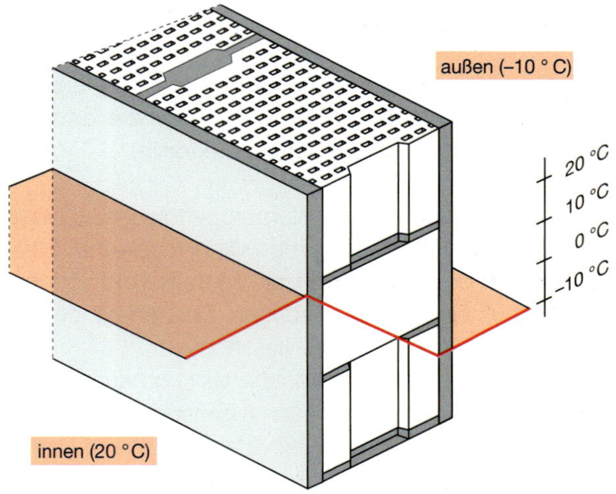

Temperaturverlauf für einen Wandaufbau nach heutigem Stand der Technik

Einflussgrößen auf den Jahres-Heizwärmebedarf

Der Wärme- bzw. Energiebedarf, der zur Beheizung eines Gebäudes erforderlich ist, muss alle Wärmeverluste ausgleichen. Die Berechnungen dazu sind in der Energieeinsparverordnung festgeschrieben. Sowohl Verluste als auch Gewinne werden berechnet.

Die **Transmissionswärme** stellt den Wärmestrom dar, der durch die Gebäudehülle verloren geht. Dieser Wärmestrom wird bestimmt durch

- den Wärmedurchgangskoeffizienten des jeweiligen Bauteils,
- die dazugehörige Fläche und
- den Temperaturunterschied zwischen Innen- und Außenseite.

Je kleiner der *U*-Wert eines Bauteils, umso weniger Wärme geht verloren.

Die **Lüftungswärmeverluste** entstehen durch den Luftaustausch in den Räumen. Es wird regelmäßig frische Außenluft benötigt, um ein gutes Raumklima zu sichern. Diese Außenluft hat in der kalten Jahreszeit eine geringe Temperatur und muss durch die Heizungsanlage erwärmt werden. Lüftungsanlagen mit Wärmerückgewinnung können diese Wärmeverluste verringern.
Der Wärmebedarf für die **Warmwasserbereitung** und die **Verluste der Heizungsanlage** mit ihrem Leitungsnetz sind bei der Energiebilanz ebenfalls zu berücksichtigen. Dabei kann eine Warmwasserbereitung mit Solarkollektoren die Bilanz verbessern.

Solare Energiegewinne werden durch Glasflächen möglich. Durch eine geschickte Ausrichtung von Glasflächen nach Süden ist auch in der kalten Jahreszeit ein Energiegewinn möglich.

Fenster sind auf der einen Seite Energielöcher (siehe *U*-Werte von Fenstern), auf der anderen Seite wirken sie wie Solarkollektoren.

Treffen Sonnenstrahlen auf Körperoberflächen, so werden sie in Wärmestrahlung umgewandelt. Werden Glasflächen nach Süden ausgerichtet, so treffen die Sonnenstrahlen auf Grund des niedrigen Sonnenstandes im Winter fast senkrecht auf die Glasflächen.
Energie wird in den Raum transportiert und kann so die Wärmeverluste mindern. Dieser Wärmegewinn ist dann besonders sinnvoll, wenn Fußboden und Wände diese Wärme speichern können. Sie müssen eine hohe Rohdichte haben, z. B. Kalksandstein.

Wärmebrücken sind an einem Gebäude zu vermeiden. Immer wieder treten Schäden auf, weil diese Probleme nicht beachtet werden. Hier ist ganz besonders in der Ausführung darauf zu achten, dass Details sauber ausgeführt werden. Dämmstoffe müssen sorgfältig verarbeitet werden.

Beispiel

Verringerung des Transmissionswärmebedarfs

Raumtemperatur:	20 °C
Außentemperatur:	– 10 °C
Temperaturdifferenz:	$\Delta\theta = 30$ K

Bestand:
20 m² Außenwand: Aufbau (→ Tab. „Einschalige Wand" S. 299)
$U = 1{,}35$ W/(m² · K)
5 m² Fenster – Isolierverglasung
$U = 2{,}6$ W/(m² · K)
Transmissionswärmeverluste:
$Q_T = U \cdot A \cdot \Delta\theta$
Wand: $Q_T = 1{,}35 \cdot 20 \cdot 30 = 810$ W
Fenster: $Q_T = 2{,}6 \cdot 5 \cdot 30 = 390$ W
Summe $\mathbf{Q_T} = 810 + 390 =$ **1200 Watt**

Sanierung:
Wärmeverdämmverbundsystem, neue Fenster,
Außenwand (→ Tab. einschalige Wand mit Wärmedämmverbundsystem S. 299)
$U = 0{,}21$ W/(m² · K)
Fenster – Wärmeschutzverglasung
$U = 1{,}50$ W/(m² · K)
Transmissionswärmeverluste:
$Q_T = U \cdot A \cdot \Delta\theta$
Wand: $Q_T = 0{,}21 \cdot 20 \cdot 30 = 126$ W
Fenster: $Q_T = 1{,}50 \cdot 5 \cdot 30 = 225$ W
Summe $\mathbf{Q_T} = 126 + 225 =$ **351 Watt**

Durch die Sanierungsmaßnahme erfolgt eine Einsparung von 849 Watt.

Wärmebrücken | **Vermeidung von Wärmebrücken**

Außenwand – Skelettkonstruktion (Stahlbetonstützen und Porenbetonelemente)

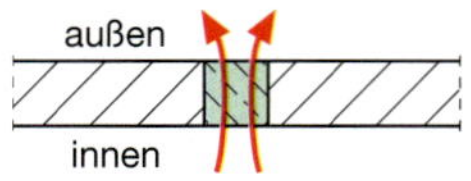

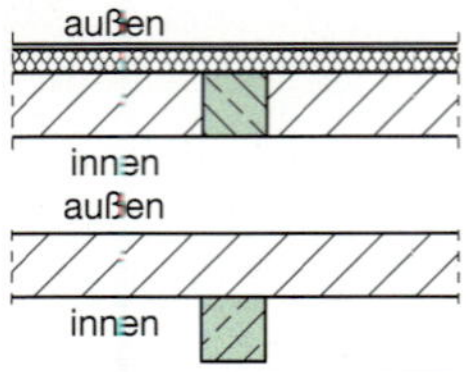

Deckenauflager an einer Außenwand (Decke aus Stahlbeton, Wand aus Hochlochziegeln)

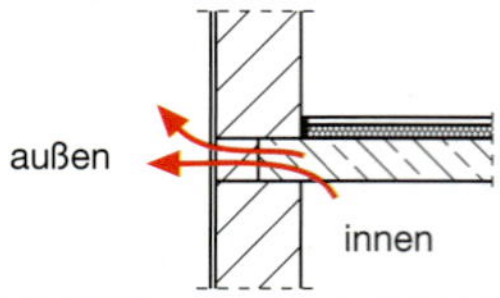

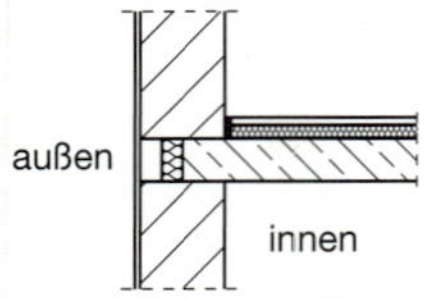

auskragende Betonplatte (Betonplatte aus Stahlbeton, Wand aus Porenbeton)

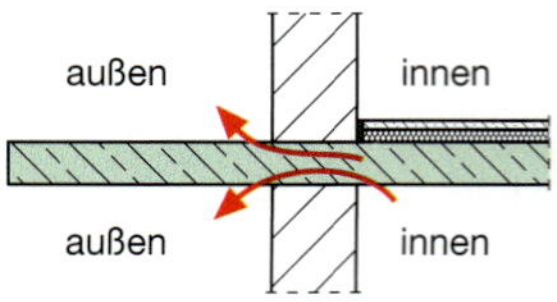

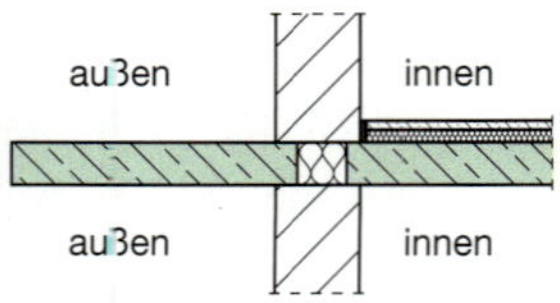

! Wärmebrücken sind immer Schwachstellen. Ein großer Wärmestrom fließt durch diese Bereiche. Feuchteschäden können durch die Tauwasserbildung auf der Innenseite auftreten.

Probleme treten immer dort auf, wo Materialien mit unterschiedlicher Wärmeleitfähigkeit sich abwechseln. Dies sind stoffliche Wärmebrücken.

Energieeinsparung gesetzlich vorgeschrieben

Für den Neubau von Gebäuden bzw. die Erneuerung von Bauteilen im Gebäudebestand zwingt der Gesetzgeber durch Vorgaben den Architekten, bei der Planung eines Gebäudes auch an den Energiebedarf zu denken.

Die **Energieeinsparverordnung (EnEV 2009)** bildet die gesetzliche Grundlage. Für den Energieausweis führt der Ingenieur für den Bauherrn den Nachweis des energiesparenden Wärmeschutzes und der energiesparenden Anlagentechnik. Der Wärmeschutz eines Gebäudes wird charakterisiert durch den Heizwärmebedarf. Die Anlagentechnik berücksichtigt den Energieträger (fossile Energie – schlechte Werte; erneuerbare Energien – gute Werte) und die Wirksamkeit sowie die Verluste der Anlage zur Heizung und Warmwasserbereitung.

! Die EnEV begrenzt den Jahres-Primärenergiebedarf, bezogen auf 1 m^2 Nutzfläche.

Einen hohen Stand der Technik hinsichtlich des Wärmeschutzes verkörpert das **Passivhaus**. Bei einem Passivhaus werden die Transmissionswärmeverluste auf ein Minimum beschränkt. Das bedingt den Einbau dicker Dämmstoffschichten. Durch Lüftungsanlagen mit Wärmerückgewinnung wird versucht, auch die Lüftungswärmeverluste so gering wie möglich zu halten.

1.2 Dämmstoffe

Die hohen Anforderungen an den winterlichen Wärmeschutz sind nur zu erreichen durch den Einsatz von Baustoffen mit guten Dämmeigenschaften.

! Als Dämmstoffe bezeichnet man Materialien, die eine Wärmeleitfähigkeit von $\lambda \leq 0{,}1$ W/(m · K) besitzen.

Der Markt bietet für jeden Einsatz und jeden Anspruch einen passenden Dämmstoff.

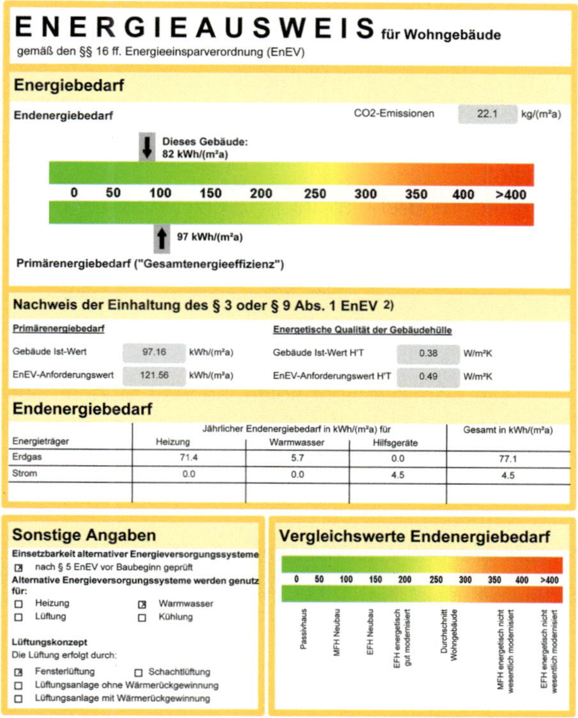

Entwicklung der Grenzwerte für Wärmedurchgangskoeffizienten (U_{max}) in W/(m^2 · K)

	Außenwand	Fenster	Dach/Decke	Bodenplatte
DIN 4108 Stand 1981	1,4	Isolierverglasung	1,0	1,8
3. WSVO Stand 1995	0,5	1,8	0,22	0,35
Richtwerte EnEV 2009 Referenzgebäude	0,28	1,3	0,2	0,35
Passivhaus	0,15	0,9	0,15	0,15

Passivhaus als Holzskelettkonstruktion

Die Anforderungen, die an einen Dämmstoff gestellt werden, können sehr unterschiedlich sein:

- Dämmeigenschaften (Wärmeleitfähigkeit)
- Verwendung des Dämmstoffes (z. B. im Fußboden = druckbelastet; zwischen den Sparren = nicht druckbelastet)
- Verhalten im Brandfall (nicht brennbar, schwer entflammbar)
- Empfindlichkeit gegenüber Feuchtigkeit
- Ökologische Aspekte (Schadstoffe bei der Herstellung, Transportwege, Wiederverwendbarkeit)

Die Dämmschicht sollte, so weit möglich, immer auf der kalten Seite eines Bauteils angeordnet werden (z. B. Mauerwerk mit Wärmedämmverbundsystem).

Übersicht über gebräuchliche Dämmstoffe

Schaum-Kunststoffe	Mineralische Dämmstoffe	Nachwachsende Dämmstoffe
Polystyrol-Hartschaum (PS-Schaum) Polyurethan-Hartschaum (PUR-Schaum) Phenolharz-Hartschaum (PF-Schaum)	Mineralfasern (Glaswolle, Steinwolle) Schaumglas Perlite Blähton Blähschiefer Vermiculite	Zellulose Holzfasern Kork Schafwolle Baumwolle Flachs

Die genannten Dämmstoffe weisen sehr unterschiedliche Eigenschaften auf, z. B.

- ❑ Schaumglas ist ein hochfester Dämmstoff, der auf befahrbaren Flachdächern verlegt werden kann.
- ❑ Platten aus PUR-Hartschaum haben sehr geringe Wärmeleitfähigkeiten und damit sehr gute Dämmeigenschaften.
- ❑ Extrudierte PS-Schaumplatten (Perimeterdämmung) behalten auch unter Feuchteeinwirkung ihre Dämmeigenschaften bei.
- ❑ Mineralfasermatten lassen sich als Klemmfilze sehr gut zwischen Sparren klemmen und sind den Gegebenheiten vor Ort gut anzupassen.
- ❑ Die Verarbeitung von Zellulosedämmstoff ist ökologisch sehr sinnvoll, da es sich um ein reines Recyclingprodukt handelt.
- ❑ Mit Schüttungen lassen sich sehr gut Ausgleichsschichten herstellen, die gleichzeitig dämmende Eigenschaften haben.

Dämmungen aus Schaum-Kunststoffen

Platten aus mineralischen Dämmstoffen

Platten und Matten aus nachwachsenden Dämmstoffen

Lose Dämmstoffe

Lieferformen von Dämmstoffen

Platten	Filze, Matten (gerollt)	Schüttungen (lose)	Einblasstoffe (lose)
PS-Schaum PUR-Schaum Schaumglas Glaswolle Steinwolle Holzfaser-dämmplatten Kork Holzwolle Zellulose	Glaswolle Steinwolle Schafwolle Baumwolle	Perlite Blähton Blähschiefer Vermiculite	Zellulose Holzfasern Mineralfasern Ortschäume

Durch den Einsatz von Dämmstoffen wird ein guter Wärmeschutz bei geringen Schichtdicken erreicht.

1.3 Sommerlicher Wärmeschutz

Auch in der warmen und sonnenscheinreichen Jahreszeit sollen die Raumtemperaturen 24 bis 28 °C nicht überschreiten. Fenster dienen seit jeher der Versorgung eines Raumes mit Tageslicht. Für den Architekten sind Fenster und Glasflächen aber auch ein ganz wichtiges gestalterisches Element.

! Durch Glasflächen erzeugen Sonnenstrahlen Wärme (Energie) in einem Raum. Vom Herbst bis um Frühjahr ist das ein sehr angenehmer Effekt. Im Sommer kann es zur Überheizung der Räume kommen.

Die Sonneneinstrahlung und damit die Wärmegewinne hängen von mehreren Faktoren ab:

- **Verglasungsart der Fenster** – Eine Sonnenschutzverglasung lässt nur 20 bis 30 % der auftreffenden Energie in den Raum.
- **Himmelsrichtung und Größe der Glasflächen** bestimmen ganz wesentlich das Aufheizen in einem Raum. Sind die Fenster zu groß, ist ein Sonnenschutz erforderlich.

Neben der Sonnenschutzverglasung kann der Architekt durch die Gestaltung der Fassade einen außen liegenden Sonnenschutz realisieren.
Vorkragende Bauelemente (z. B. Balkone, Loggien), Lamellen oder vorspringende Simse können eine Verschattung der Glasflächen erreichen.

Perimeterdämmung (Schaumglas) vor der Kellerwand

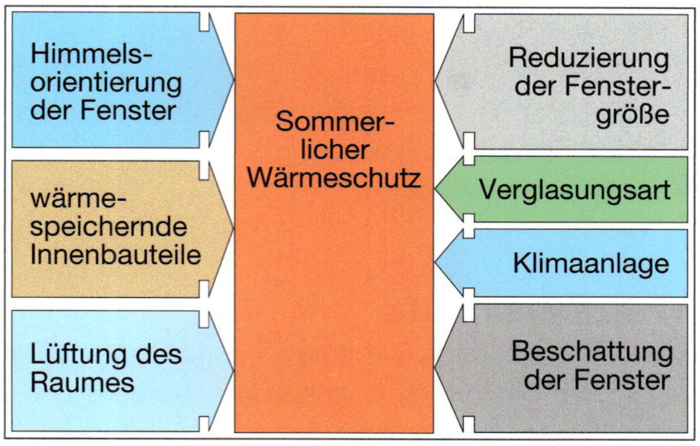

Möglichkeiten des sommerlichen Wärmeschutzes

Der Architekt kann bei der Gebäudegestaltung eine Verschattung realisieren.

DIN 4108	Wärmeschutz und Energie-Einsparung in Gebäuden
DIN EN ISO 6946	Wärmedurchlasswiderstand und Wärmedurchgangskoeffizient

Testen Sie sich selbst!

1. Wovon ist der Wert der Wärmeleitfähigkeit eines Baustoffes abhängig?
2. Was besagt der *U*-Wert eines Bauteils?
3. Wie kann der Dämmwert einer Außenwand, bestehend aus 36,5er-Mauerwerk, verbessert werden?
4. Warum können Wärmebrücken die Ursachen von Bauschäden sein?
5. Woraus setzen sich die Wärmeverluste eines Gebäudes zusammen?

Berechnungsaufgaben zum Wärmeschutz

1. Berechnen Sie den Wärmedurchgangskoeffizienten von folgendem Wandaufbau:

Glattputz, innen – Gipsputz	1,0 cm
Porenbeton-Plansteine (ρ = 400 kg/m³)	30,0 cm
Leichtputz, außen	2,0 cm

Beurteilen Sie den Dämmwert der Wand.

2. Bestimmen Sie den *U*-Wert einer Außenwand mit Wärmedämmverbundsystem!

Kalkzementputz, innen	1,5 cm
Kalksandsteine (ρ = 1600 kg/m³)	24,0 cm
EPS-Hartschaumplatten, WLG 035	10,0 cm
Kunstharzputz, außen	0,5 cm

3. Welchen Wärmedurchgangskoeffizienten besitzt folgender Fußbodenaufbau?

Zementestrich	4,0 cm
Trennschicht	–
PUR-Hartschaum, WLG 025	8,0 cm
Bitumenschweißbahn,	
Stahlbeton-Bodenplatte	20,0 cm

Wie gut ist die Dämmeigenschaft dieses Fußbodens? (Bitumenschweißbahn und Betonplatte bleiben bei der Berechnung unberücksichtigt)

2 Feuchteschutz

Fast alle Bauteile eines Gebäudes können durch Wasser (flüssig oder gasförmig) beansprucht werden. Um die Dauerhaftigkeit und die Nutzungseigenschaften von Gebäuden und Bauteilen zu sichern, ist eine Durchfeuchtung der Baustoffe zu verhindern.

Der Feuchteschutz an einem Gebäude lässt sich in zwei Gruppen unterteilen.

- Der konstruktive Feuchteschutz – dazu zählen das Schuppenprinzip z. B. bei der Dachdeckung oder ausreichende Überstände mit Tropfkanten z. B. an der Sohlbank.
- Die Abdichtung gegen eindringendes Wasser – ausgeführt am Flachdach oder an der erdberührten Kellerwand.

Die Geländeoberkante zieht hier ein klare Trennung. Unterhalb dieser Linie ist in jedem Fall abzudichten. Oberhalb gilt oftmals der konstruktive Feuchteschutz.
Flachdächer (Dachneigung < 5°) erhalten eine Dachabdichtung. Wand- und Bodenflächen in Räumen sind abzudichten, wenn sie durch nichtdrückendes Wasser beansprucht werden.

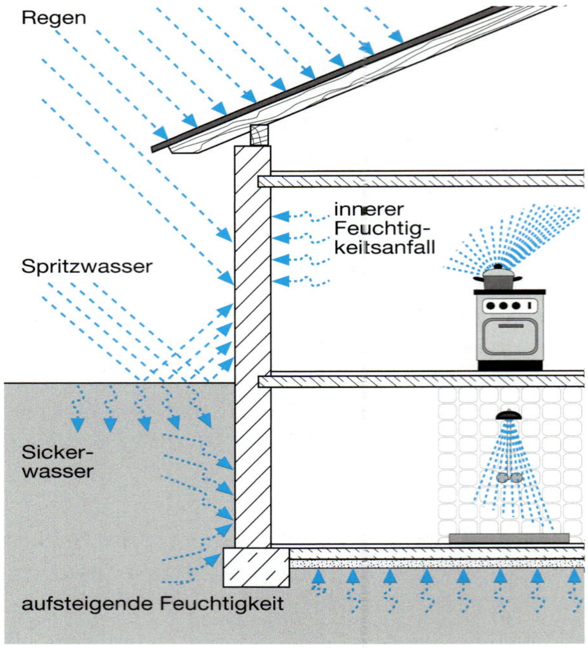

Auf ein Bauwerk wirken unterschiedliche Arten von Feuchtigkeit ein.

2.1 Fassaden

Niederschlag (Regen, Schnee) wirkt auf die äußere Gebäudehülle (Fassade und Dach). Wasser ist so schnell wie möglich von der Gebäudehülle abzuleiten.
Stauende Nässe kann den Feuchtegehalt der Materialien zu hoch werden lassen. Feuchte Baustoffe haben schlechte Dämmeigenschaften bzw. das Gefüge wird bei Frost gesprengt. Holz wird bei dauernder Feuchteeinwirkung (Fäulnis) zerstört.

Für die wetterbeanspruchte Schicht einer Fassade sind immer solche Baustoffe von Vorteil, die Wasser nicht so schnell aufnehmen, aber schnell wieder abgeben (z. B. ein Kalkzementputz).

Im **Sockelbereich** von Außenwänden kann **Spritzwasser** gegenschlagen. Der senkrechte Sockelbereich der Wand ist abzudichten (→ Tabelle) oder muss wasserabweisend ausgebildet sein. Ein mögliches Aufsteigen von Feuchtigkeit in die Wand kann durch eine horizontale Abdichtung verhindert werden. Diese liegt 30 cm über Oberkante Gelände (→ Abschnitt 3.2.4).

2.2 Bauteile im Erdreich

Im Erdreich liegende Bauteile sind immer feuchtebeansprucht. Neben der hohen Beanspruchung durch evtl. anstehendes Grundwasser bzw. mögliches Hochwasser wirken auf die Bauteile Kapillarwasser, Haftwasser und Sickerwasser.
Haftwasser ist im Erdreich immer vorhanden. **Kapillarwasser** kann in Haarröhrchen im Erdreich aufwärts steigen. **Sickerwasser** ist Niederschlagswasser, das durch den Boden bis zum Grundwasser sickert. Ist der Boden stark durchlässig, z. B. Kies, so sickert das Wasser schnell durch. Ist es dagegen ein bindiger Boden (z. B. sehr tonhaltig), so kann sich das Wasser auch stauen.

Nach der jeweiligen Art der Beanspruchung ist die Abdichtung an Wänden und auf Bodenplatten zu planen und auszuführen. Beanspruchungen sind:

- Bodenfeuchtigkeit und nichtstauendes Sickerwasser
- aufstauendes Sickerwasser
- von außen drückendes Wasser

Wände erhalten eine **vertikale Abdichtung** gegen seitlich eindringendes Wasser. Diese wird bis 30 cm über OK Gelände hochgezogen. Senkrechte Abdichtungen benötigen einen ebenen, festen und trockenen Untergrund. Grate und große Risse sind zu vermeiden. Der Anschluss Wand-Bodenplatte erhält eine Hohlkehle aus Mörtel (R = 4 bis 6 cm).

Aggregatzustände des Wassers und deren mögliche Einflüsse auf die Eigenschaften der Baustoffe

Aggregatzustand des Wassers	Einfluss auf Eigenschaften der Baustoffe
gasförmig (Wasserdampf)	als Wasserdampf keinerlei Einfluss, erst bei Abkühlung und der damit verbundenen Tauwasserbildung
flüssig (Wasser)	– Korrosion von Stahl – Ausspülen von Bindemittel und Salzen aus Ziegeln und Beton – Quellen und Schwinden von Holz – Pilzbildung und Verrottung der Materialien – Schimmelpilzbildung an Oberflächen – Verringerung der Dämmeigenschaften
fest (Eis)	Sprengwirkung durch Volumenvergrößerung um ca. 9%, Abplatzen des Materials punktweise bzw. flächig

Defekte Regenfallrohre haben eine ständige Durchfeuchtung der Außenwand zur Folge.

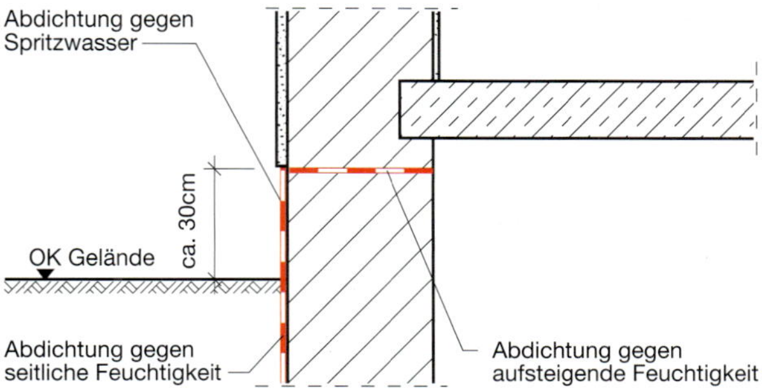

Lage von Abdichtungen bei einem unterkellerten Gebäude mit Kellerdecke oberhalb des Spritzwasserbereiches

Horizontale Abdichtungen verhindern das Aufsteigen der Feuchtigkeit in die Wände bzw. über erdanliegende Fußböden in den Wohnraum.

- ❑ Sie liegen in den Lagerfugen des Mauerwerks auf einer ebenen Mörtelschicht.
- ❑ Außen- und Innenwände sind durch mindestens eine waagerechte Abdichtung gegen aufsteigende Feuchtigkeit zu schützen.
- ❑ Die Bodenplatte ist vollflächig mit einer Abdichtung zu belegen. Sie wird i. d. R. durch Bahnen gebildet, da diese nach dem Verlegen und Verkleben sofort begehbar sind.

Zwischen vertikaler und horizontaler Abdichtung dürfen keine **Feuchtigkeitsbrücken** entstehen. Die vertikale Abdichtung ist am Fußpunkt mindestens 10 cm über die horizontale Abdichtung nach unten zu ziehen.

Bodenfeuchtigkeit und nichtstauendes Sickerwasser – Auf die herzustellende Abdichtung darf kein **Staudruck** durch anstehendes Sickerwasser wirken.
Bei stark durchlässigen Böden wird auch bei heftigen Niederschlägen das Regenwasser schnell bis zum Grundwasser sickern. Bei weniger durchlässigen Böden kann das Wasser ebenfalls ungehindert abfließen, wenn eine Dränung vorhanden ist. Sie verhindert, dass sich Wasser an der Abdichtung stauen kann. Für die Abdichtung von Kellerwänden werden oft **kunststoffmodifizierte Bitumendickbeschichtungen (KMB)** verwendet. Auf das ebene, hohlstellenfreie Mauerwerk ist ein Voranstrich bzw. eine Grundierung aufzubringen. Die Beschichtung wird sorgfältig aufgespachtelt oder aufgespritzt, damit die erforderliche Trockenschichtdicke an jeder Stelle erreicht wird (→ Herstellerangaben zur Nassschichtdicke). Während der Trocknung darf die Beschichtung nicht durch Regen oder Frost beansprucht werden. Die KMB kann durch spitze Gegenstände sehr schnell beschädigt werden. Daher ist der Schutz durch Perimeterdämm- oder Dränplatten besonders wichtig.

Die Dickbeschichtung wird über der Hohlkehle und der horizontalen Abdichtung gespachtelt.

Die KMB wird mit der Zahnkelle aufgespachtelt.

Aufstauendes Sickerwasser – Ist bei wenig durchlässigen Böden keine Ringdränung vorhanden, so kann sich nach Niederschlägen das Sickerwasser an der Abdichtung kurzzeitig aufstauen. Auf die Abdichtung wirkt dann

Abdichtungen – Materialien und Ausführung für erdanliegende Bauteile (Auswahl nach DIN 18195)

Materialien	Bodenfeuchte und nichtstauendes Sickerwasser	aufstauendes Sickerwasser
kunststoffmodifizierte Bitumendickbeschichtung (KMB)	• Trockenschichtdicke ≥ 3 mm • 2 Arbeitsgänge • Schutzschicht nach Trocknung	• Trockenschichtdicke ≥ 4 mm • 2 Arbeitsgänge, mit Verstärkungslage • Schutzschicht nach Trocknung
Bitumen-Schweißbahn (V 60 S 4)	• mindestens 1 Lage • kaltflüssiger Voranstrich • mit Klebemasse im Bürstenstreich-, Fließ- oder Flämmverfahren einbauen • Schweißbahnen im Schweißverfahren ohne Klebemassen	
Bitumen-Dachdichtungsbahn (G 200 DD, PV 200 DD)		
Polymerbitumen-Schweißbahn (PYE – G 200 S4)		
Kunststoff- und Elastomer-Dichtungsbahn (PIB-1,5; PVC-P-BV-1,2; ECB-T1-1,5)	• mindestens 1 Lage bitumenverträgliche Bahnen auf Voranstrich • Schichtdicken nach Beanspruchung • vollflächig aufkleben im Bürstenstreich- oder Flämmverfahren	

Abdichtungen an Außenwänden benötigen Schutzschichten aus Perimeterdämmung bzw. Dränplatten

Wasser unter Druck. Diese wird dadurch höher beansprucht als bei Bodenfeuchtigkeit und nichtstauendem Sickerwasser, aber nicht so hoch wie durch Grundwasser. Möglichkeiten der Ausführung sind in der Tabelle auf S. 306 aufgelistet.

Drückendes Wasser – Als drückendes Wasser wird Grundwasser oder Stauwasser bezeichnet. Für diese hohe Beanspruchung ist eine Abdichtung immer dann auszuführen, wenn das entsprechende Gebäudeteil unterhalb des Grundwasserspiegels liegt bzw. durch stehendes Wasser ein Staudruck wirkt. Bauteile, die durch drückendes Wasser beansprucht werden, können aus wasserundurchlässigem Beton (weiße Wanne) hergestellt werden oder eine wasserdruckhaltende Abdichtung erhalten.

! Die Abdichtung muss eine geschlossene Wanne bilden und ist 30 cm über den maximalen Grundwasserstand bzw. über OK Gelände hochzuziehen.

Die Herstellung einer wasserdruckhaltenden Abdichtung erfordert einen hohen Aufwand. Sie kann z. B. bestehen aus

- 2 Lagen Bitumen-Dachdichtungsbahnen mit Polyestervlieseinlage oder
- 1,5 mm Kunststoffbahn (PIB) zwischen 2 Lagen nackter Bitumenbahn.

Die Bahnen müssen miteinander verklebt sein und mit einem Deckaufstrich versehen werden. Druckwasserhaltende Abdichtungen sind grundsätzlich mit einer Schutzschicht (Beton oder Mauerwerk) zu versehen.

2.3 Nassräume, Flachdächer bzw. Balkone (nichtdrückendes Wasser)

Das Niederschlags-, Sicker- oder Brauchwasser, das auf die Bauteile wirkt, übt keinen oder nur einen geringfügigen hydrostatischen Druck auf die Abdichtung aus. Auf einem begrünten Dach kann z. B. schon mal kurzzeitig das Wasser stehen.

Zu den **mäßig beanspruchten Flächen** gehören Balkone und Nassräume. In diesen (z. B. Schwimmbädern) werden der Fußboden und Teile der Wand durch Brauchwasser beansprucht. Baustoffe sind durch die Anordnung von Abdichtungen zu schützen. Bäder im Wohnungsbau zählen i. d. R. nicht zu den Nassräumen.

Dachterrassen, erdüberschüttete Decken oder begrünte Dächer sind Flächen im Freien, die gegen Niederschlagswasser abgedichtet werden müssen. Sie sind **hoch beanspruchte Flächen**.

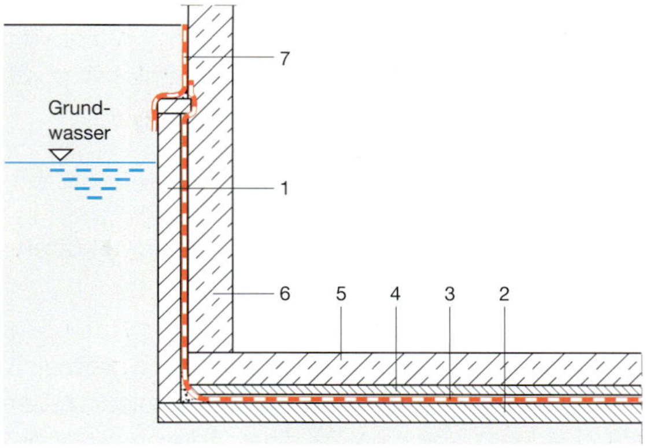

Abdichtung gegen drückendes Wasser
1 Schutzmauer; *2* Unterbeton; *3* wasserdruckhaltende Abdichtung; *4* Schutzschicht; *5* Fundamentplatte; *6* Stahlbetonwand; *7* Abdichtung gegen Sickerwasser

Unter dem Terrassenbelag wird mit 2-lagiger Bitumenbahn abgedichtet.

Die Abdichtung eines begrünten Daches wird durch nichtdrückendes Wasser hoch beansprucht.

Die **Ausführung der Abdichtung** für eine mäßige Beanspruchung mit nichtdrückendem Wasser ist ähnlich der gegen Bodenfeuchtigkeit.

- ❑ Es werden auch zementgebundene Dichtungsschlämmen verwendet, die auf dem Estrich eine Abdichtung bilden.
- ❑ Bei einer hohen Beanspruchung sind Bitumenbahnen immer mehrlagig zu verlegen.
- ❑ Kunststoffbahnen haben eine größere Mindestdicke.

2.4 Innere Wandflächen

Wie im Abschnitt **Raumklima** schon erwähnt, fällt durch die Nutzung in den Räumen Wasser an.

> **!** Ist die relative Luftfeuchte (>70 %) zu hoch, so ist zu viel Wasser in Form von Wasserdampf in der Raumluft. Dieses kann nur durch Lüften raustransportiert werden.

Für die bauliche Hülle wird Wasserdampf dann gefährlich, wenn er sich durch Kondensation als Tauwasser niederschlägt. Dadurch kann es zu einer Anreicherung des Baustoffes mit Wasser kommen. Diese führt fast immer zum Bauschaden. **Tauwasserbildung** wird vermieden durch eine gute Wärmedämmung (keine niedrigen Oberflächentemperaturen), ausreichendes Lüften sowie durch das Fehlen von Wärmebrücken.

DIN 18195	Bauwerksabdichtungen
DIN 4108	Wärmeschutz und Energie-Einsparung in Gebäuden

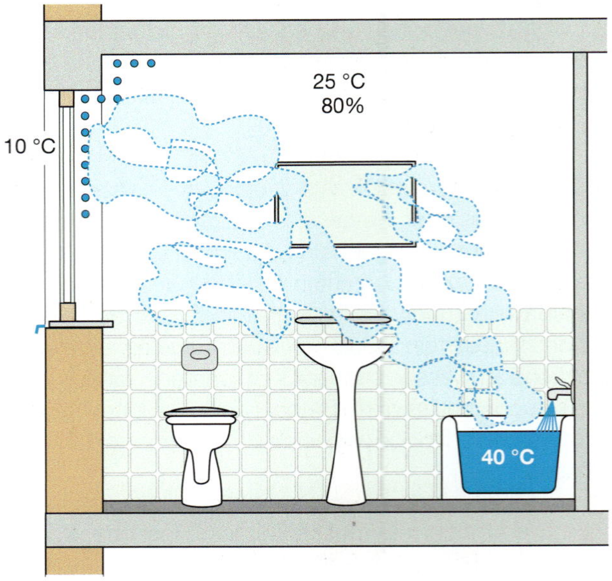

Tauwasserbildung am Fenster und am Betonsturz in einem Bad. Schon bei 10 °C Außentemperatur kommt es zur Tauwasserbildung.

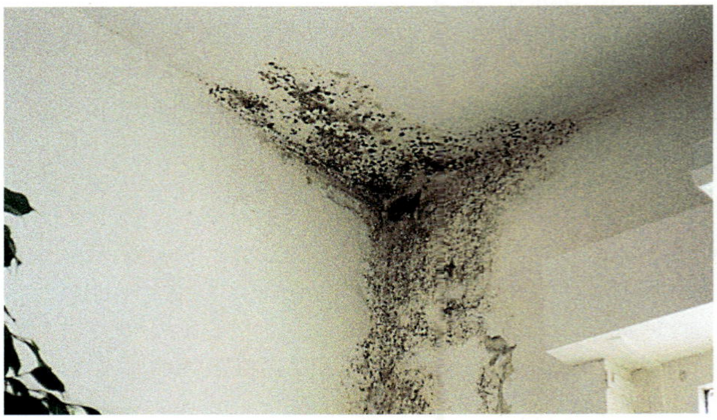

Schimmelpilzbildung in einer Raumecke – Gebäudeecke als Wärmebrücke (hohe Oberflächenfeuchte) und das feuchte Raumklima in dem Blumenladen sind die Ursachen.

Testen Sie sich selbst!

1. Welche Schäden kann Wasser an Bauteilen hervorrufen?
2. Wie wird für eine Außenwand ein guter Witterungsschutz erreicht?
3. Welcher Bereich wird Sockel genannt und wie wird er beansprucht?
4. Wie dichten Sie die Bodenplatte eines Gebäudes gegen Bodenfeuchtigkeit und nichtstauendes Wasser ab?
5. Welche senkrechten Abdichtungsmaßnahmen legen Sie für eine Kelleraußenwand fest, die gegen aufstauendes Sickerwasser zu schützen ist?

3 Schallschutz

Zum Wohlbefinden gehört auch die Berücksichtigung des Schalls – seiner negativen Seiten (Lärm) und seiner positiven Seiten (Musik).

> **!** Das Trommelfell des Ohres wird durch mechanische Schwingungen der Luftmoleküle bewegt und empfindet diese elastischen Druckwellen als Schall.

Belastungen durch Lärm und Geräusche

Die Wahrnehmung des Schalls durch das menschliche Ohr wird als **Schallpegel** bezeichnet und mit der Einheit

„Dezibel“ (**dB**) gemessen. Je lauter das Geräusch, umso größer ist der Schalldruck. Das menschliche Ohr empfindet verschiedene Frequenzbereiche unterschiedlich laut. Hohe Töne besitzen eine große Frequenz. Tiefe Töne weisen niedrige Frequenzen auf.
Die **Frequenz** ist die Anzahl der Schwingungen eines Materialteilchens pro Sekunde.

3.1 Baulicher Schallschutz

Besonders im Wohnbereich sind die Bewohner vor störendem Lärm und Geräuschen von außen oder aus benachbarten Wohnungen zu schützen. Dies muss geschehen durch die richtige Wahl und Ausführung der Baustoffe und Schichtenaufbauten.

> **!** Ein Gebäude muss so geplant und errichtet werden, dass die Menschen vor gesundheitsschädigendem und störendem Lärm geschützt werden.

Zwischen der Schallquelle (z. B. Straßenverkehr) und dem Schallempfänger (z. B. schlafender Mensch im Bett) müssen die Schallwellen gedämmt werden. Um dieses zu erreichen, müssen die Ursachen und die Übertragungswege des Schalls bekannt sein.

Die Schallarten werden auf Grund ihrer Ausbreitungsart unterschieden in:

- **Luftschall**: Schall breitet sich kugelförmig mit einer Geschwindigkeit von 340 m/s aus.
- **Körperschall**: Schall breitet sich in festen Stoffen aus, die Geschwindigkeit kann wesentlich höher als beim Luftschall sein.
- **Trittschall**: Das Laufen auf einem Fußboden erzeugt Körperschall, der als Luftschall in den Raum weitergegeben wird.

Trifft Luftschall auf Körper, so wird er in Körperschall umgewandelt.

Grundregeln des Schallschutzes:

- ❏ Je mehr Masse ein Bauteil besitzt, umso besser ist seine Dämmung gegen Luftschall.
- ❏ Körperschall wird gut gedämmt, wenn der Übertragungsweg unterbrochen wird. Das kann geschehen durch Schichten aus weichen Materialien oder durch Luftschichten.
- ❏ Schallwellen können gedämpft werden (Absorption), wenn schallschluckende Materialien für Oberflächen verwendet werden.

Zusammenhang zwischen Geräuschen und der Lautstärke, gemessen in dB

Geräusche	Lautstärke in dB
leichtes Blätterrauschen	20
Sprache aus dem Nachbarraum	30
leise Unterhaltung	40
normales Gespräch	60
Personenwagen	60 bis 70
Lastkraftwagen	80 bis 90
Schlagbohrmaschine	100
Kreissäge	110
Propellerflugzeug	120
Schmerzschwelle	
Düsenflugzeug, Start in 100 m Entfernung	130
Bolzensetzwerkzeug	160

Anforderungen an die Luftschalldämmung von Außenbauteilen

„Maßgeblicher Außenlärmpegel“	Aufenthaltsräume in Wohnungen und Ähnliches	Büroräume und Ähnliches
in dB (A)	erf. *R* des Außenbauteils in dB	
bis 55	35	30
56 bis 60	35	30
61 bis 65	40	35
66 bis 70	45	40
71 bis 75	50	45
76 bis 80	1)	50
> 80	1)	1)

1) Die Anforderungen sind aufgrund der örtlichen Gegebenheiten festzulegen

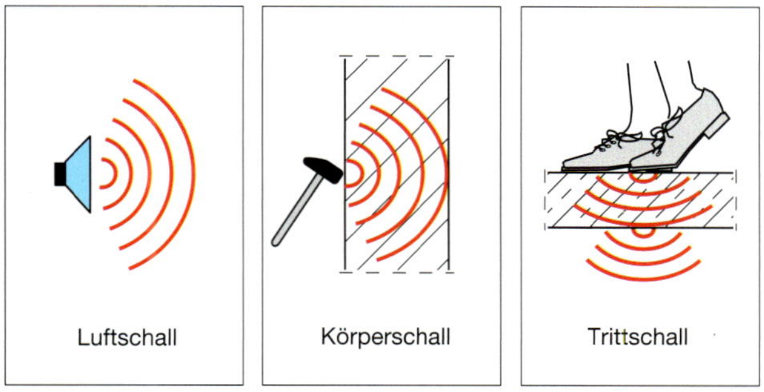

Schallarten

Die Anforderungen an den Schallschutz richten sich nach der Nutzung des Gebäudes und der äußeren Lärmbelastung, z. B. durch den Straßenverkehr.

Die Schaffung verkehrsberuhigter Zonen in Wohngebieten kann eine wirkungsvolle Maßnahme sein, den Lärmpegel zu verringern.

Luftschallschutz

Soll der Schall aus einem Nachbarraum nicht gehört werden, so müssen die trennenden Bauteile (Wand, Decke) ein entsprechendes Schalldämm-Maß erbringen.

! Das bewertete Schalldämm-Maß in dB eines Bauteils ist ein technisches Merkmal für eine Konstruktion. Je höher das Schalldämm-Maß, umso besser ist der Schutz gegen Lärm.

In Abhängigkeit vom Lärmpegel und der Raumart werden Mindestwerte des Schalldämm-Maßes für Bauteile gefordert. Entsprechend ist ein Bauteil zu planen und auszuführen.

Werden Gebäude in **Massivbauart** erstellt, so bestehen
- die Wände aus Mauerwerk oder Beton,
- die Decken aus Betonplatten.

Sie werden als einschalige Konstruktionen bezeichnet. Die Bekleidung mit Putzen o. Ä. erhöht die Masse der Bauteile.

! Die Luftschalldämmung einschaliger Bauteile (Mauerwerk) steigt mit der flächenbezogenen Masse eines Bauteils.

Zu beachten ist bei einschaligen Bauteilen die **Flankenübertragung** des Schalls.
Sie kann oftmals die Schalldämmung ganz wesentlich verschlechtern, z. B. kann eine durchlaufende Stahlbetondecke den Schall in den Nachbarraum übertragen.

Gebäude in **Skelettbauart** bestehen aus
- einem Tragskelett (Holzständerkonstruktion),
- der Ausfachung (z. B. einer Dämmung) und
- den Beplankungen (Holzwerkstoff- oder Gipskartonplatten).

Bei Skelettkonstruktionen ist das Schalldämm-Maß abhängig von
- ❑ der Masse der Beplankung,
- ❑ dem Abstand der Innen- und Außenbeplankung,
- ❑ dem Material der Ausfachung.

Ein guter Schallschutz bei einer Trennwand im Trockenbau wird durch die **Entkopplung der Schalen** erreicht. Es gibt für jede Beplankung eine Ständerkonstruktion. Zwischen den beiden Ständerkonstruktionen liegen Mineralfasermatten.
Eine direkte Körperschallübertragung von einem zum anderen Raum ist nicht mehr möglich.

Schalldämm-Maße für Außenwände – Beispiele

Schichten	Schalldämm-Maß R'_w	
Hochlochziegel (mit Leichtmörtel gemauert, 2,0 cm Kalkzementputz außen, 1,5 cm Kalkzementputz innen)		
Schichtdicke in cm	ρ_N = 700 kg/m³	ρ_N = 800 kg/m³
36,5	49 dB	50 dB
42,5	50 dB	52 dB
Porenbeton-Plansteine (mit Dünnbettmörtel, 2,0 cm Kalkzementputz außen, 1,0 cm Kalkgipsputz innen)		
Schichtdicke in cm	ρ_N = 400 kg/m³	ρ_N = 600 kg/m³
30,0	42 dB	46 dB
37,5	45 dB	48 dB
Kalksandsteine (mit Normalmörtel gemauert, 1,5 cm Kalkzementputz innen, WDVS außen)		
Schichtdicke in cm	ρ_N = 1000 kg/m³	ρ_N = 1400 kg/m³
17,5	50 dB	52 dB
24,0	52 dB	55 dB
Leichtbetonelemente (1,5 cm Kalkzementputz innen, WDVS außen)		
Schichtdicke in cm	ρ_N = 700 kg/m⁻³	ρ_N = 1200 kg/m³
17,5	49 dB	50 dB
24,0	49 dB	54 dB

ρ_N – Steinrohdichte

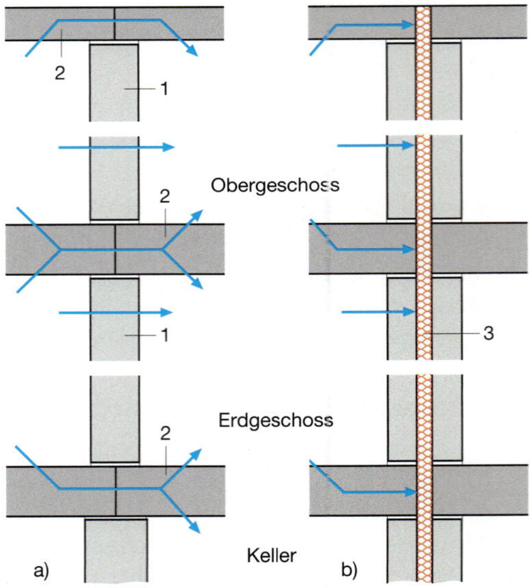

Realisierung des Schallschutzes bei Reihenhäusern
a) geringer Schallschutz bei einschaliger Haustrennwand; b) sehr guter Schallschutz infolge einer durchgehenden Fuge mit Dämmstoff
1 Haustrennwand aus Leichtbeton; *2* Stahlbetondecke; *3* Dämmschicht

! Bei Skelettkonstruktionen gilt der Grundsatz: Schallwege sind durch die Zwischenlage weicher Materialien zu unterbrechen.

Schalldämm-Maße von Fenstern – Beispiele

Verglasungsart	Schalldämm-Maß *R*'w
Wärmeschutzglas	33 bis 40 dB
Schallschutzglas	38 bis 50 dB

Trittschallschutz

Läuft man auf einer Rohdecke entlang, so wird der Trittschall erst als Körperschall und dann weiter als Luftschall sehr gut in den darunterliegenden Raum übertragen. Diese Geräusche wirken sehr störend.

! Um den Trittschall zu verringern wird im Wohnungsbau immer ein schwimmender Estrich gefordert.

Die Tragschicht (Estrich) des Fußbodens schwimmt auf einer weichen Dämmschicht (z. B. Mineralfaserplatten). Die Übertragung des Schalls wird sehr stark gedämmt durch das dämpfende weiche Material.

In der Ausführung muss besonders auf die Vermeidung von Schallbrücken geachtet werden. Fließestrich darf nicht in die Dämmschicht eindringen und erhärten. Die Estrichschicht ist sauber von der Wand zu trennen.

3.2 Raumakustik

In Theatern, Konzertsälen oder Vortragsräumen muss eine gute **Hörbarkeit** auf allen Plätzen gesichert werden. Dazu ist nicht nur, wie allgemein vermutet, eine gute Verstärker- und Lautsprecheranlage erforderlich. Die Planer und Ausführenden eines Bauwerkes können die Akustik sehr günstig durch bauliche Maßnahmen gestalten.

Schallwellen werden hierbei ganz bewusst gesteuert, um die Hörbarkeit zu verbessern. Zum Beispiel wirkt ein Orgelspiel in einer Kirche durch seine langen **Nachhallzeiten** und erhält dadurch erst seinen typischen Klang. Die Schallwellen, die beim Spielen der Orgel entstehen, werden von den Wänden und Decken immer wieder reflektiert – Nachhall.

! Die Schallwellen werden durch die bewusste Anordnung von schallreflektierenden oder schallschluckenden Flächen gesteuert.

- ❏ Glatte, harte Flächen reflektieren den Schall sehr gut, z. B. Mauerwerk mit Putz.
- ❏ Offenporige, weiche Flächen schlucken den Schall und wandeln die Schallwellen in Wärmestrahlung um, z. B. Unterdecken aus Mineralfasern.

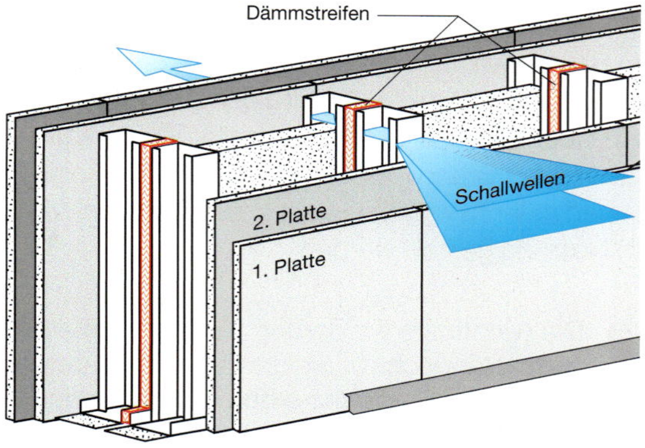

Gipskarton-Ständerwand mit zweischaliger Beplankung (Anhäufung von Masse) und 2 Ständern mit Dämmstreifen dazwischen (Unterbrechung des Schallweges)
Schalldämm-Maß = 50 dB

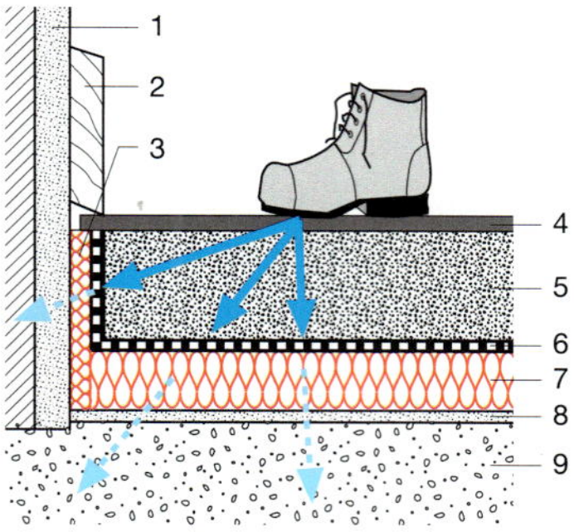

Schwimmender Estrich mit weichem Bodenbelag; Randstreifen vor Wandputz
1 Putz; *2* Fußleiste; *3* Randstreifen; *4* Belag; *5* Estrich; *6* Kunststoffbahn; *7* Schall- und Wärmedämmschicht, z. B. Faserstoffe; *8* Ausgleich; *9* Rohdecke

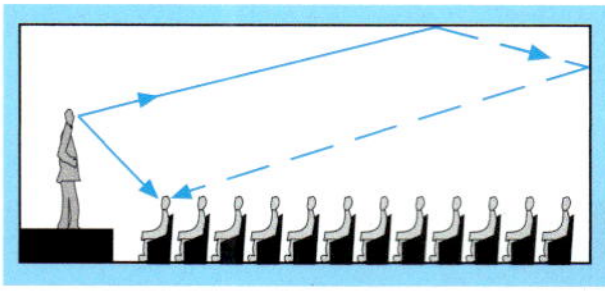

Ungünstige Akustik durch lange Nachhallzeit

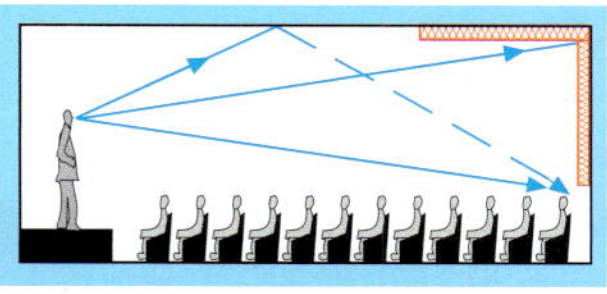

Günstige Akustik durch den Einsatz schallabsorbierender Flächen

DIN 4109	Schallschutz im Hochbau
DIN 18005	Schallschutz im Städtebau

Testen Sie sich selbst!

1. Welche technische Größe gibt es für Aussagen zum Schallschutz?
2. Wodurch unterscheiden sich schalltechnisch eine Trennwand aus KS-Mauerwerk und eine Gipskarton-Ständer-Konstruktion?
3. Wodurch kann der Luftschallschutz einer gemauerten Wand verbessert werden?
4. Wie erreicht man bei einer Decke mit Fußbodenaufbau einen guten Schallschutz?
5. Was versteht man unter Akustik und wie kann diese beeinflusst werden?

4 Brandschutz

Ein Brand stellt für ein Gebäude eine extreme Beanspruchung dar. Für die Planung und den Bau eines Gebäudes muss der bauliche Brandschutz berücksichtigt werden. Nach einem Brand können an ein Gebäude keine Forderungen mehr hinsichtlich einer uneingeschränkten weiteren Nutzung gestellt werden.

! Die wichtigste Forderung bei den Festlegungen zum Brandschutz ist die Sicherheit des Menschen. Die Standsicherheit der tragenden Bauteile (Wände, Decken, Stützen, Stürze) muss so lange gesichert sein, bis die Rettung von Menschen und Tieren erfolgt ist.

Darüber hinaus ist eine unkontrollierte Ausbreitung des Feuers zu verhindern.
Bei Reihenhäusern müssen **Brandwände** angeordnet werden, die ein Überschlagen des Feuers verhindern. Brandwände reichen im Regelfall vom Fundament bis zum Dach. Es ist günstig, wenn sie mindestens 30 cm über die Dachhaut hinausragen.

Im Regelfall dürfen Brandwände keine Öffnungen aufweisen. Mindestanforderung: F 90A

In großen Gebäuden wie Hochhäusern, großen Schulen o. Ä. ist eine Unterteilung in Brandabschnitte (z. B. mittels Brandwänden) erforderlich. Zugänge und Zufahrten für die Feuerwehr müssen vorhanden sein. Löscharbeiten müssen ermöglicht werden.

Zur Realisierung eines jeweils ausreichenden Brandschutzes sind im Vorschriftenwerk (z. B. Landesbauordnung) Festlegungen getroffen worden.

Die Baustoffe werden in **Baustoffklassen** unterteilt. Dabei gibt es zwei Klassen:

- **Klasse A – nichtbrennbare Baustoffe**
  (z. B. Beton, Kalksandstein, Ziegel, Steinwolle)
- **Klasse B – brennbare Baustoffe**
  (Holz, PS-Schaumplatten, Holzwerkstoffe)

Für Bauteile werden entsprechend ihrer Bedeutung für die Sicherheit des Gebäudes bestimmte **Feuerwiderstandsklassen** gefordert.

! Die Feuerwiderstandsklasse eines Bauteils gibt an, wie viele Minuten das Bauteil dem Feuer mindestens widerstehen muss.

Eine Brandwand bei einem Holzskelettbau verhindert eine schnelle Ausbreitung des Feuers.

Übersicht über die Klassifizierung von Baustoffen nach DIN 4102

A	nichtbrennbare Baustoffe
A 1	Baustoffe ohne brennbare Anteile (z. B. Naturstein, Beton, Stahl, Steinwolle)
A 2	Baustoffe mit geringen brennbaren Anteilen (z. B. Gipskartonplatten, Leichtbeton mit Polystyrolzuschlag)
B	**brennbare Baustoffe**
B 1	schwer entflammbare Baustoffe (z. B. imprägniertes Holz, PS-Hartschaum, PUR-Hartschaum)
B 2	normal entflammbare Baustoffe (z. B. Holz, Kork, Holzfaserdämmplatten)
B 3	leicht entflammbare Baustoffe (z. B. Folien, Papier)

Bei einem Brand wird die Holzkonstruktion (Dach) als erstes zerstört

Beispiel

Wird für tragende Bauteile in Hochhäusern eine Feuerwiderstandsklasse von F 90 gefordert, so dürfen die tragenden Bauteile frühestens nach 90 Minuten unter der rechnerisch zulässigen Gebrauchslast zusammenbrechen.

Über **Kurzbezeichnungen** ist eine eindeutige Benennung des Bauteils möglich.

	Bauteil-art	Feuerwider-standsklasse	Baustoff-klasse
F 60 – A	F	60	A

- Die **Bauteilart** wird durch verschiedene Buchstaben gekennzeichnet:
  F – Wände, Decken, Treppen, Träger, Stützen
  W – nicht tragende Außenwände
  G – Verglasungen
- Die **Feuerwiderstandsdauer** wird in die Feuerwiderstandsklassen 30, 60, 90, 120 und 180 eingeteilt.
- Die Verwendung der **Baustoffklassen** wird beschrieben durch:
  A – Baustoffe für Bauteil ausschließlich nicht brennbar
  AB – wesentliche Teile aus nichtbrennbaren Baustoffen
  B – Bauteil besteht aus Baustoffen der Klasse B.

Der mögliche Brandschutz ist nicht nur von dem verwendeten Baustoff abhängig, sondern auch von den Bauteilabmessungen. Ein schlankes Bauteil wird schneller versagen als ein dickeres.

Beispiel

Pfeiler aus Mauerwerk	24/24	F 30-A
Pfeiler aus Mauerwerk	86,5/86,5	F 180-A

Weitere Einflussgrössen sind die Auflager und die Verbindungen einzelner Teile. Durch Bekleidungen (Unterdecken, Ummantelungen) kann der Feuerwiderstand verbessert werden.
Wichtig ist ebenfalls das Verhalten der Baustoffe bzw. Bauteile beim Auftreffen von Löschwasser. Erhitzter Beton platzt zum Beispiel ab, wenn kaltes Wasser aufschlägt. In der Regel betrifft das aber nur die Betonschale. Die Tragfähigkeit ist in diesem Moment davon nicht beeinträchtigt. Der Stahl sichert die Tragfähigkeit. Die Betondeckung ist also entsprechend der zu erreichenden Feuerwiderstandsklasse festzulegen.

Stahl als Baustoff verformt sich unter Brandtemperaturen erheblich und verliert stark an Festigkeit.

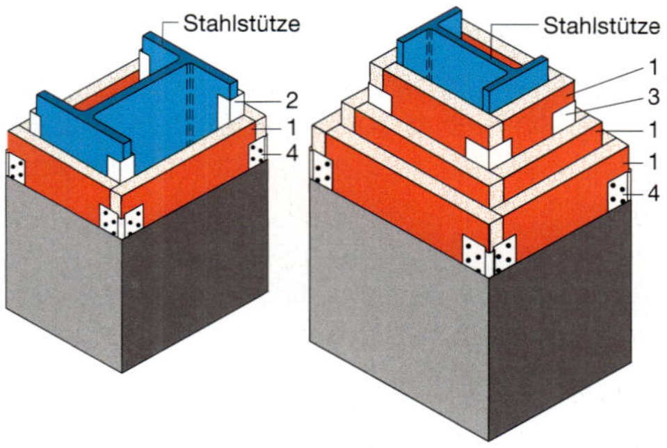

Verbesserung des Feuerwiderstandes von Stahlstützen durch Bekleidung mit Gipsplatten
1 Gips- Feuerschutzplatte; *2* U-Metallprofil; *3* Winkel-Metallprofil; *4* Kantenschutzleiste mit Verspachtelung

Benennung der Bauteile

Benennung nach DIN4102	Kurzbezeichnung	Bauaufsichtliche Benennung
Feuerwiderstandsklasse F 30	F 30 – B	feuerhemmend
Feuerwiderstandsklasse F 30 und in den wesentlichen Teilen aus nichtbrennbaren Baustoffen	F 30 – AB	feuerhemmend und in den tragenden Teilen aus nichtbrennbaren Baustoffen
Feuerwiderstandsklasse F 30 und aus nichtbrennbaren Baustoffen	F 30 – A	feuerhemmend und aus nichtbrennbaren Baustoffen
Feuerwiderstandsklasse F 60 und in den wesentlichen Teilen aus nichtbrennbaren Baustoffen	F 60 – AB	hochfeuerhemmend
Feuerwiderstandsklasse F 90 und aus nichtbrennbaren Baustoffen	F 90 – A	feuerbeständig und aus nichtbrennbaren Baustoffen

Tragende Bauteile aus Stahl müssen eine Ummantelung aus nichtbrennbaren Baustoffen erhalten, z. B. Mauerwerk, Putz, Beton oder Gipsbauteile. Bei Stützen ist es oftmals eine Ummantelung aus Stahlbeton.

DIN 4102, T. 1 bis T.7	Brandverhalten von Baustoffen und -teilen

Testen Sie sich selbst!

1. Welcher Baustoffklasse sind Hochlochziegel zuzuordnen?
2. Welcher Baustoffklasse sind PS-Hartschaumplatten zuzuordnen?
3. Was besagt die Feuerwiderstandsdauer?
4. Ein Bauteil muss hinsichtlich des Brandschutzes der Forderung F 30 – B genügen! Was bedeutet diese Festlegung?

Während des Baugeschehens, aber auch bereits in der Bauvorbereitungsphase sind Vermessungsarbeiten erforderlich. Es müssen Baugruben eingemessen, Höhen, Waagerechte und Senkrechte (Lote) bestimmt und kontrolliert werden.

! Jedes Bauwerk muss maßgenau, entsprechend der Planungsunterlagen errichtet werden. Vermessungsarbeiten sind die Grundlage für eine sorgfältige Bauausführung.

Vermessungsarbeiten während der Bauphase

Während des Bauverlaufs werden u. a. folgende Messungen vorgenommen:

- Abstecken der Baugrube, Einmessen von Fundamenten (→ Abschnitt 2.1.2)
- Bestimmen, Übertragen und Angeben von Höhen (z. B. Fußbodenoberkante, Meterriss, Gefälle von Rohrleitungen)
- Bestimmen und Einmessen von Punkten und Achsen (z. B. Gebäudeecken, Baufluchten, Straßenachsen)
- Baukontrollmessungen, u. a. Aufmaß zum Abrechnen der Leistungen

1 Geräte und Hilfsmittel

Messungsarbeiten auf der Baustelle können zum Teil mit einfachen Geräten ausgeführt werden.

- Gliedermaßstab oder Meterstab – zum Bestimmen von Längen und Höhen. Er ist 2,00 m lang und hat eine Zentimetereinteilung.
- Messlatten – aus Holz. Sie werden paarweise geliefert und auch verwendet. Sie werden für Längen- und Höhenmessungen benutzt. Sie sind 4,00 m lang und haben eine Dezimetereinteilung, die mit Messingnägeln markiert ist.
- Bandmaße – Rollmessbänder, aus Stahl bzw. Kunststoff, haben eine Zentimetereinteilung. Sie werden in Längen von 20,00 m, 30,00 m und 50,00 m geliefert.
- Lote – auch Senkblei genannt, dienen zum Abloten von Punkten und zur Kontrolle von Linien (z. B. Mauerecke). Sie bestehen aus Stahl oder Messing und haben eine Spitze aus Stahl.
- Wasserwaage – sie besteht aus einem Holz- bzw. Leichtmetallkörper. Sie dienen zum Bestimmen von Waagerechten und Senkrechten.
- Richtscheite – sie sind überwiegend aus Holz, werden in Verbindung mit der Wasserwaage verwendet (zur Verlängerung).
- Bauwinkel – sind meistens aus Holz oder Leichtmetall. Sie erleichtern das Anlegen und Kontrollieren von rechten Winkeln.

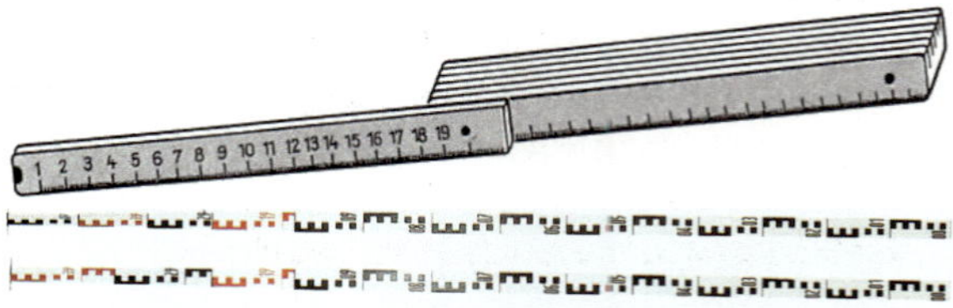

Gliedermaßstab und Nivellierzollstock

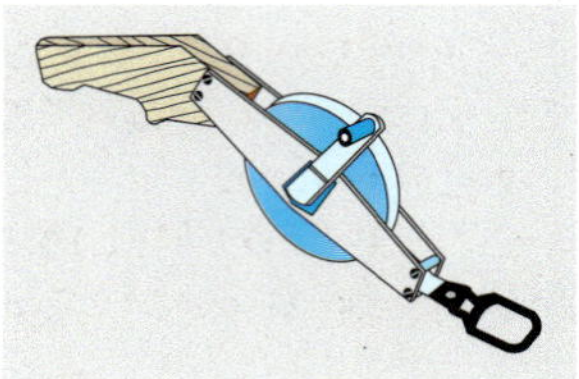

Das Bandmaß zum Messen von Längen

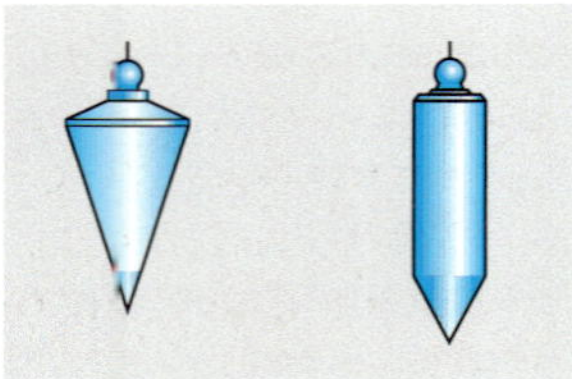

Lote zum Abloten von Senkrechten

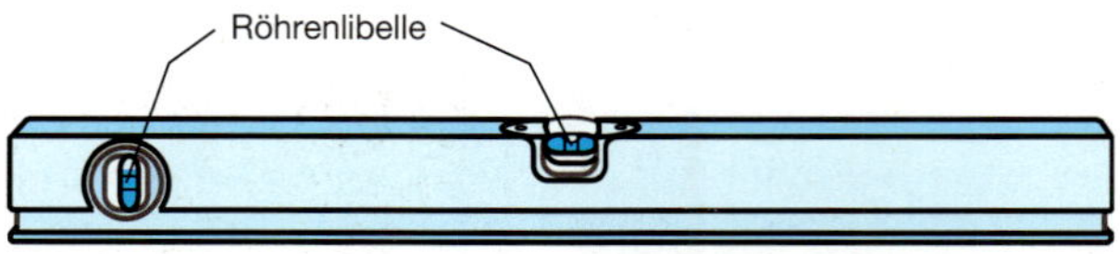

Wasserwaage aus Kunststoff, Leichtmetall oder Holz

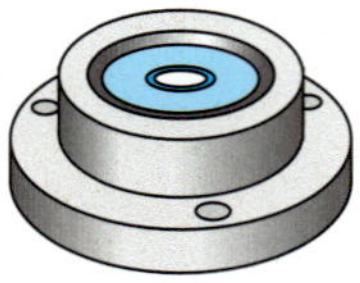

Dosenlibelle

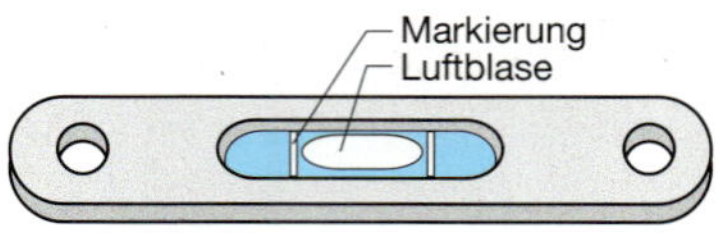

Röhrenlibelle

- Winkelmessgeräte, elektronische – zum analogen Ablesen und Einstellen von Winkeln. In das Gerät sind Wasserwaagen integriert.
- Schichtmesslatte – zur Kontrolle der Schichtenanzahl beim Mauern von Wänden. Auf der Latte ist eine genaue Einteilung der Steinschichten angegeben. (→ Abschnitt 3.3.1).
- Schlauchwaage – zum Übertragen von gleichen Höhen (Prinzip der „verbundenen Röhren"). Sie besteht aus einem 25,00 m langen, mit Wasser gefüllten Schlauch, an dessen Enden sich verschließbare Glasröhrchen befinden.
- Fluchtstäbe – dienen zum Markieren von Punkten. Sie sind 2,00 m lang, aus Holz oder Leichtmetall und alle 0,50 m rot bzw. weiß beschichtet.
- Winkelprisma – zum Abstecken rechter Winkel
- Nivelliere – zum Messen von Höhenunterschieden. Sie werden in Verbindung mit Nivellierlatten eingesetzt.
- Theodolit – optisches Messgerät zum Abstecken von rechten Winkeln, zur Kontrolle der Senkrechten von Wänden
- Baulaser – elektronisches Messgerät zum Anzeigen von Richtungen, Winkelabtragen, Neigungsbestimmungen, Bestimmen von Höhen und Vertikalen.

2 Messungen auf der Baustelle

2.1 Längenmessung

Bei der Längenmessung wird verglichen, wie oft das Meter in eine der Länge nach unbekannte Strecke hineinpasst. Es werden Horizontalstrecken gemessen. Die Längen werden in mm, cm und m angegeben.
Zum Messen von kurzen Strecken auf der Baustelle werden Messlatten bzw. Messstäbe oder Bandmaße eingesetzt.

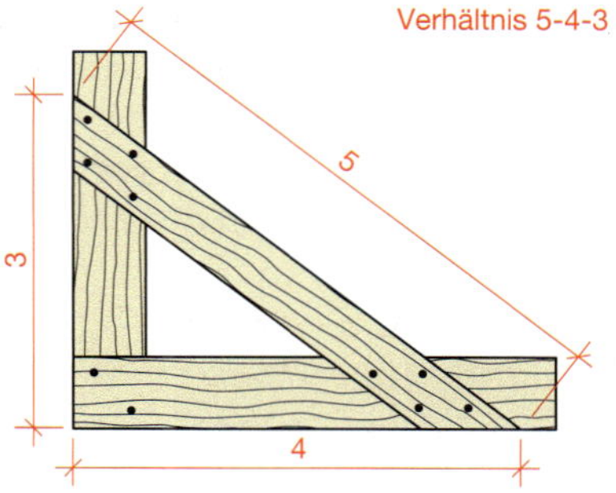

Bauwinkel aus Holz

Elektronisches Winkelmessgerät 50 cm

Doppelwinkelprisma (Pentagonprisma)

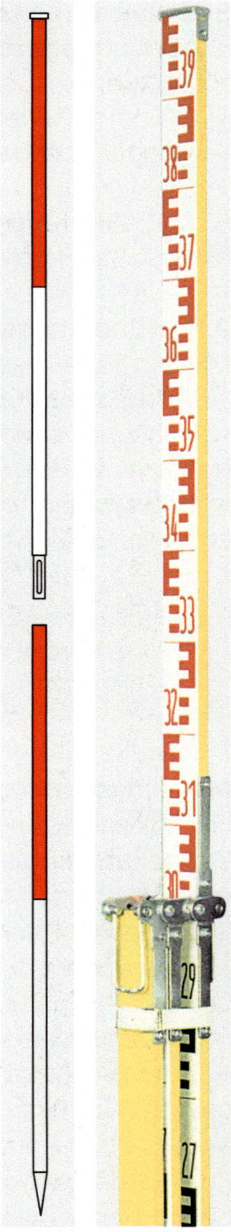
Stahlrohrfluchtstab und Nivellierlatte, klappbar

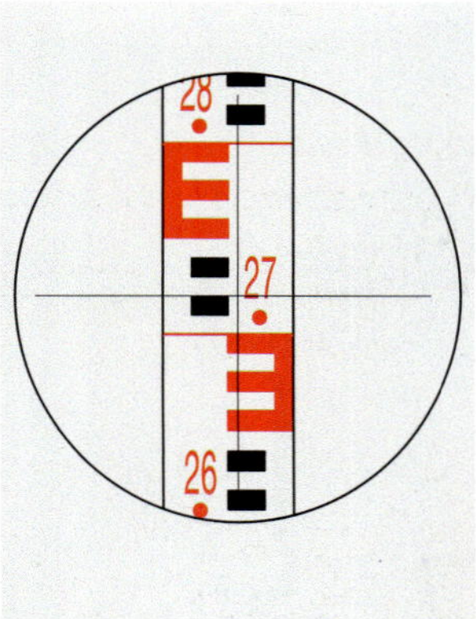

Ablesebeispiel, die Höhe h beträgt 2,720

Bau-Nivellier

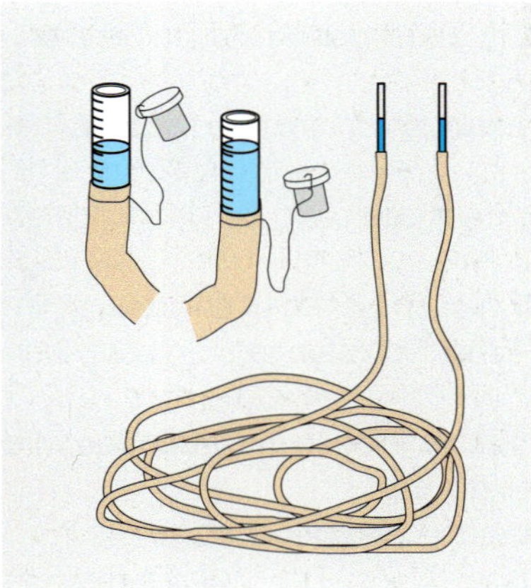
Schlauchwaage

Um Mess- und Rechenfehler zu vermeiden, ist es erforderlich, das Messgerät exakt an den abgeloteten Punkt anzulegen. Die Nullmarke des Bandmaßes wird genau an die Längsachse des Fluchtstabes oder neben dem Messpunkt der Messungslinie angehalten.

Reicht eine Bandmaßlänge für die zu messende Strecke nicht aus, wird der Endpunkt mit einer Messnadel markiert und das Bandmaß erneut angelegt. Das Bandmaß wird unter leichtem Zug straff gehalten. Auf das Einhalten der Geraden ist zu achten.

Staffelmessung – bei Messungen in geneigtem Gelände ist es nicht möglich, das ganze Bandmaß ausgerollt horizontal zu halten. Deshalb werden nur einige Meter ausgegrollt und der jeweilige Endpunkt wird abgelotet. Dieser Vorgang ist über die gesamte Strecke zu wiederholen.

Zur Kontrolle der Messergebnisse ist jede Strecke zweimal zu messen.

2.2 Höhenmessung – Nivellement

Mit dem Nivellement werden
- Höhenunterschiede zwischen zwei Punkten bestimmt,
- Höhen von einem Punkt auf einen anderen übertragen.

In den verschiedenen Bauphasen ist es erforderlich, Geländeneigungen festzustellen, Höhen von Bauteilen zu ermitteln, Gefälle von Rohrleitungen u. Ä. einzumessen.

! Höhenmessungen werden auf Normalnull (NN) – den Pegel des Mittelwassers von Amsterdam – bezogen.

Messungsverfahren

Für Höhenmessungen **über kurze Strecken** wird die **Wasserwaage**, auch in Verbindung mit der Setzlatte, verwendet.

- ❑ Setzlatte in Punkt *A* anlegen und mit der Wasserwaage einwiegen
- ❑ Messlatte in Punkt *B* aufhalten, um den Höhenunterschied abzulesen

Auf diese Art lassen sich auch Höhen über kleinere Hindernisse hinweg (z. B. Erdaufschüttungen, Gräben) übertragen.

Zum Einmessen von gleichen **Höhen in Gebäuden** wird die **Schlauchwaage** eingesetzt.

- ❑ Anlegen an einen bestehenden Höhenpunkt
- ❑ Einspielen des Wasserstands. Der Wasserstand im 1. Röhrchen ist gleich dem im 2. Röhrchen.

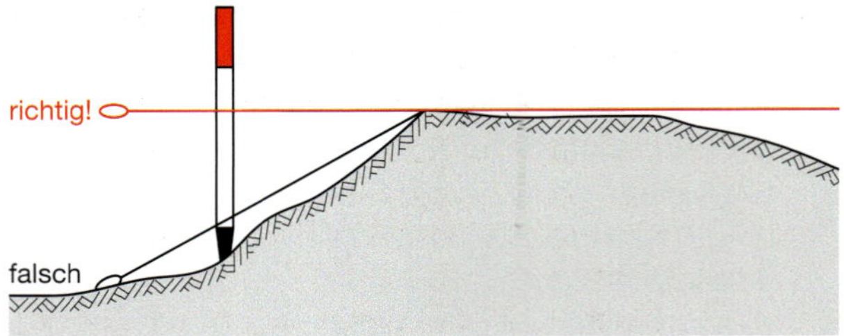

Messband bei auftretenden Hindernissen

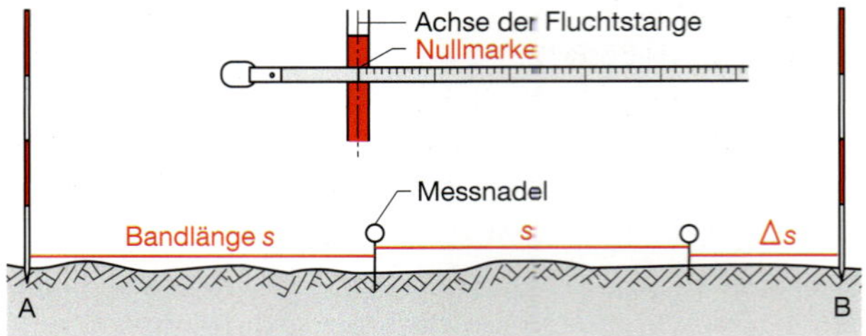

Richtiges Anlegen des Messbandes

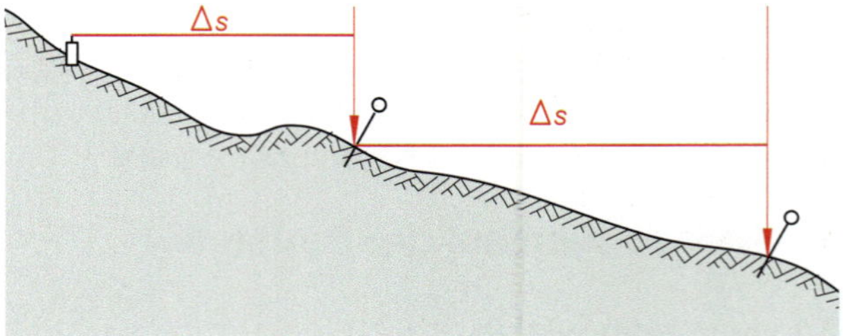

Prinzip der Staffelmessung – Teilstrecken werden einzeln abgelotet und gemessen.

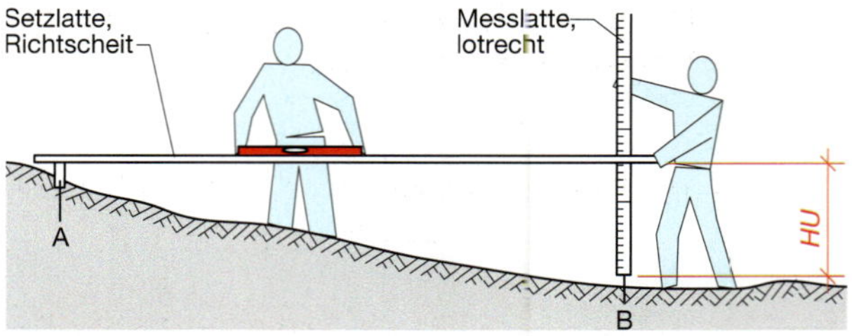

Höhenmessung mit Wasserwaage, Setzlatte

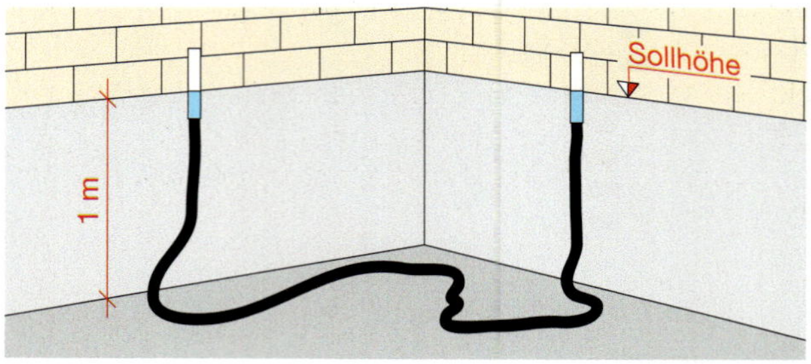

Übertragen eines Meterrisses mit der Schlauchwaage

Zum Kontrollieren und Einmessen von **Gefälle** bzw. gleichmäßigen Höhenunterschieden können bei Straßen, Wegen oder Rohrleitungen **Visiertafeln** verwendet werden. Zum **Tafeln** werden drei Personen und ein Satz Tafeln benötigt.

- ❑ Aufstellen je einer Krücke oder Tafel auf dem markierten Ausgangspunkt
- ❑ Ausrichten der dritten Tafel, bis beim Visieren über die Tafeln die Halbierungslinien der Visiergeräte genau übereinstimmen
- ❑ Höhenlage des Fußpunktes der mittleren Tafel an einem Beipfahl markieren.

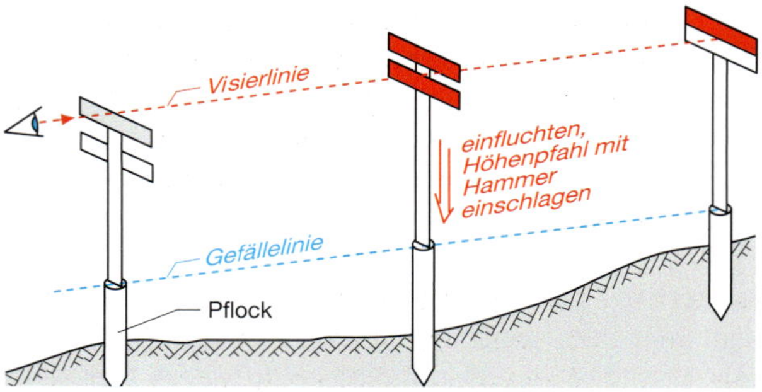

Einfluchten eines Gefälles mit Visiertafeln

Die Visiertafeln müssen während des Tafelns unbedingt lotrecht stehen. Bei Entfernungen > 50,0 m ist dieses Verfahren zu ungenau.

Für umfangreiche Höhenübertragungen über größere Strecken mit größtmöglicher Genauigkeit werden **Nivellierinstrumente** eingesetzt. Der Höhenunterschied wird zwischen zwei Punkten bestimmt.

- ❑ Beginn der Messung auf einer bekannten Höhe (Höhenbolzen), Nivellierlatte lotrecht aufhalten
- ❑ Aufhalten einer weiteren Nivellierlatte in dem einzumessenden Punkt
- ❑ Aufstellen des Messgerätes in der Mitte der beiden Punkte
- ❑ Durch Anzielen des Punkts *A* (Vorblick) und des Punkts *B* (Rückblick) und Ablesen der jeweiligen Messwertes kann der Höhenunterschied berechnet werden.

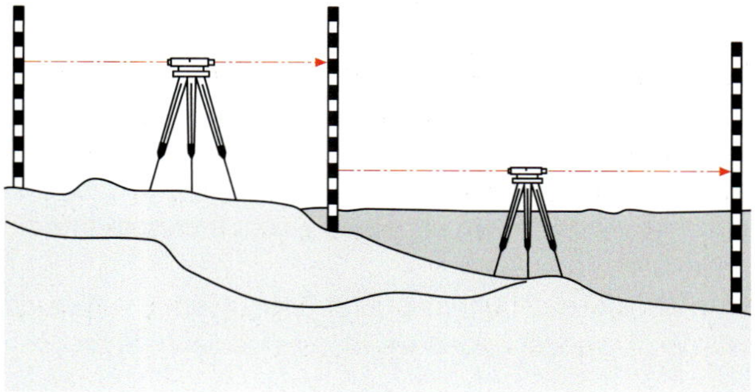
Nivellement

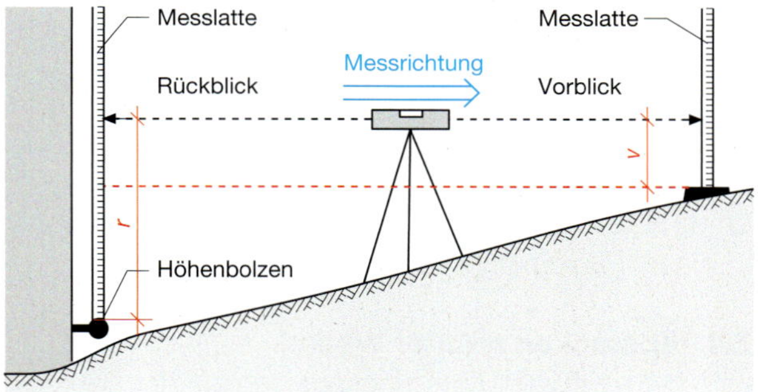

Arbeiten mit dem Nivellierinstrument – Prinzip

! Der Höhenunterschied zweier Punkte ergibt sich aus Rückblick *r* minus Vorblick *v*.

Vor jeder Messung ist das Nivelliergerät sorgfältig mit Hilfe der Libellen zu justieren.

Zunehmend werden **Baulaser** für Messungsarbeiten eingesetzt. Achsen, Fluchten und Neigungen werden mit dem **Baurichtungslaser** mit einem fest stehenden Richtungsstrahl festgelegt. Sie sind z. B. für Kanal- und Tunnelarbeiten geeignet.

Rotierende Laser mit einem rotierenden Strahl dienen dem Übertragen von Höhen. Durch die Rotation ergibt sich eine scheibenförmige Lichtebene von etwa 100 m Reichweite.

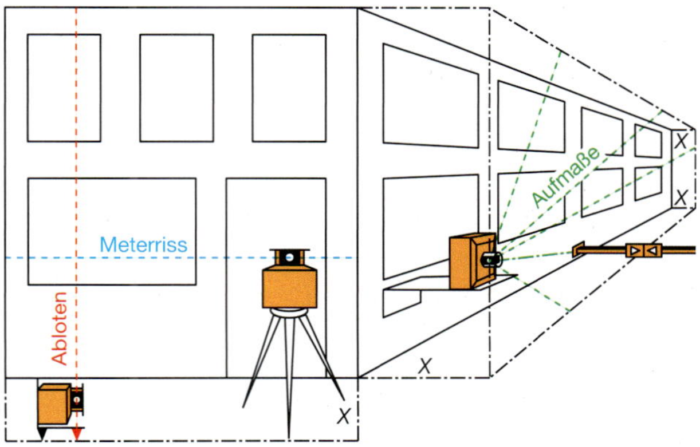

Einsatzmöglichkeiten von Baulasern

2.3 Fluchten

Das Fluchten ist ein Messungsverfahren, um Linien zwischen zwei Punkten in der Örtlichkeit sichtbar zu machen, z. B. die Linienführung von Straßen und Wegen oder die Bauflucht. Je nach Baustellensituation werden unterschiedliche Verfahren angewendet.

Fluchten vom Endpunkt aus – bei längeren Strecken reichen die Fluchtstäbe am Anfangs- und Endpunkt nicht aus. Es werden Zwischenpunkte eingefluchtet, um eine möglichst genaue Gerade festlegen zu können. Für diese Aufgabe werden zwei Personen benötigt.

Fluchten aus der Mitte – wird angewendet, wenn die Fluchtstäbe an den Endpunkten der Strecke nicht sichtbar sind. Durch gegenseitiges Einfluchten zum jeweiligen Endpunkt der Linie können zwei Personen in unübersichtlichem Gelände eine Linie sichtbar machen.

Verlängern einer Strecke – von festgelegten Punkten aus wird eine Strecke auf einen weiter entfernten Punkt gefluchtet.

Eine Strecke darf nur um ⅓ ihrer Gesamtlänge verlängert werden, da sonst ungenaue Messungen entstehen.

Arbeitsschritte (Regeln) beim Fluchten

- ❑ Begonnen wird an markierten Fest- bzw. Ausgangspunkten, den Messpunkten. Sie werden durch einen Fluchtstab markiert.
- ❑ Der Fluchtstab ist unbedingt senkrecht im Messungspunkt einzurichten. Als Hilfsmittel werden ein Lot oder ein Lattenrichter benutzt.
- ❑ Mit Hilfe eines Fluchtstabstativs werden Fluchtstäbe in einem Punkt aufgestellt (z. B. Grenzpunkte).

2.4 Abstecken rechter Winkel

Eine der häufigsten Messungsarbeiten auf der Baustelle ist das Abstecken rechter Winkel (90°).

Mit dem **Bauwinkel** werden oftmals wegen der einfachen Handhabung Mauerecken abgesteckt bzw. wird beim Hochmauern der Wände ihre Rechtwinkligkeit kontrolliert.

Ein **Messband** und eine **Fluchtstange** reichen aus, um mit Hilfe des Satzes des Pythagoras einen rechtwinkligen Grundriss abzustecken.

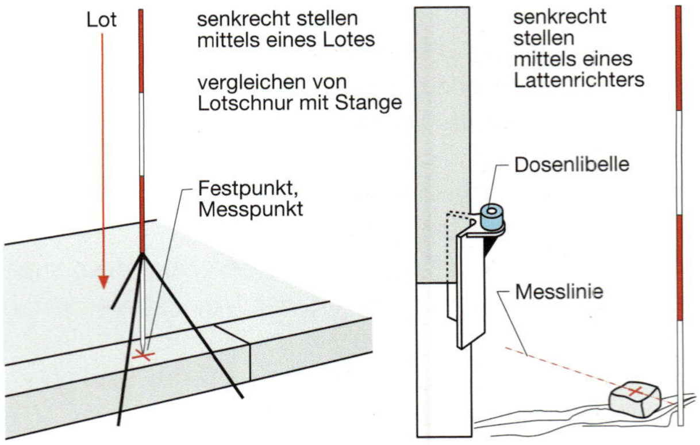

Aufstellmöglichkeiten für Fluchtstangen

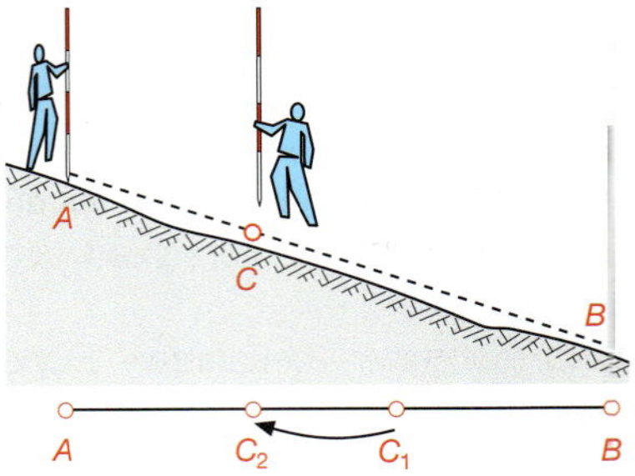

Fluchten vom Endpunkt aus

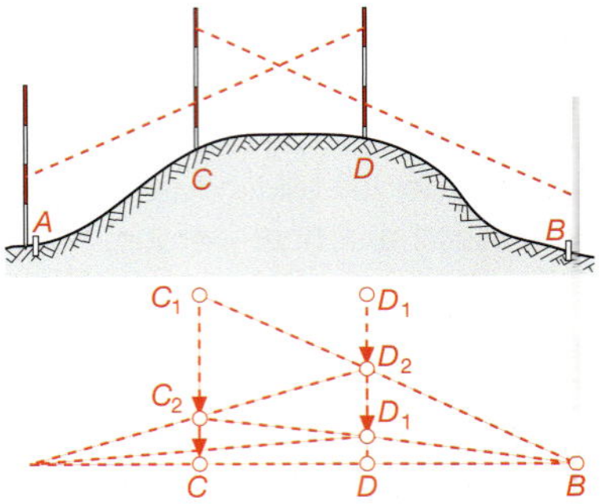

Fluchten aus der Mitte

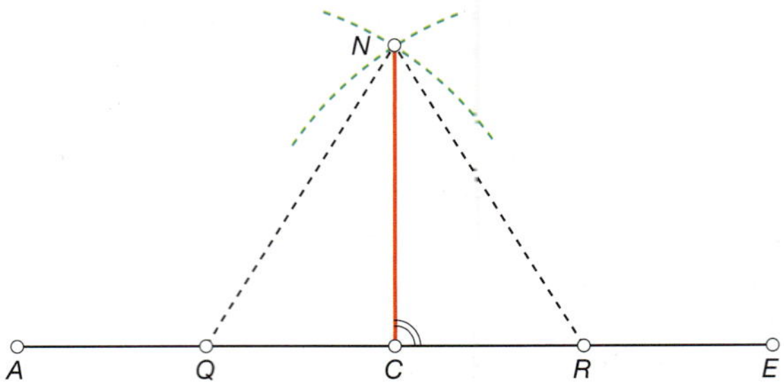

Errichten einer Senkrechten durch Bogenschlag mit Messband oder Schnur

Beispiel

Auf einer Geraden $\overline{AE}$ soll im Punkt *C* eine Senkrechte errichtet werden.

- ❑ Man fluchtet in gleichen Abständen von Punkt *C* aus zwei Hilfspunkte *Q* und *R* ein.
- ❑ Von diesen Punkten aus werden mit dem Messband Bogen geschlagen.
- ❑ Die Verbindung des Schnittpunktes der Bogen (Punkt *N*) mit dem Punkt *C* ist die Senkrechte.

Ist eine Verlängerung der Flucht nur nach einer Seite möglich, werden die Bogen entsprechend dem Seitenverhältnis 3 : 4 : 5 mit einem Bandmaß geschlagen. Es lassen sich auch beliebige Einheiten dieses Verhältnisses verwenden, z. B.
6 : 8 : 10, 4,5 : 6 : 7,5.

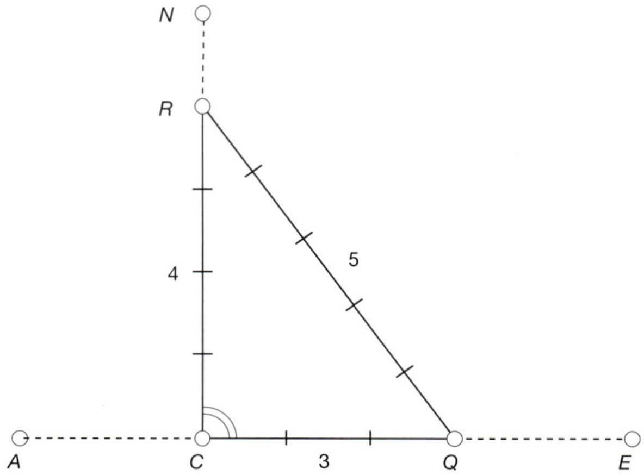

Errichten einer Senkrechten über ein Dreieck mit den Seitenverhältnissen 3 : 4 : 5

Auf Baustellen werden häufig Prismengeräte, z. B. das **Doppelwinkelprisma**, zum Errichten eines Lotes auf einer Geraden angewendet.

- ❑ Das Prisma wird mit Hilfe des Schnur- oder Stablotes über dem Punkt *C* aufgehalten.
- ❑ Fluchtstäbe links und rechts vom Punkt *C* markieren die Gerade.
- ❑ Beim Hineinblicken in das Prisma müssen beide Stäbe übereinander sichtbar sein. Das Prisma befindet sich dann genau in der Geraden.
- ❑ Das Lot ist errichtet, wenn ein dritter Fluchtstab so eingerichtet wurde, dass er sich beim Anzielen (Peilen) unter oder über den Fluchtstabbildern, die in den Prismen erscheinen, befindet.

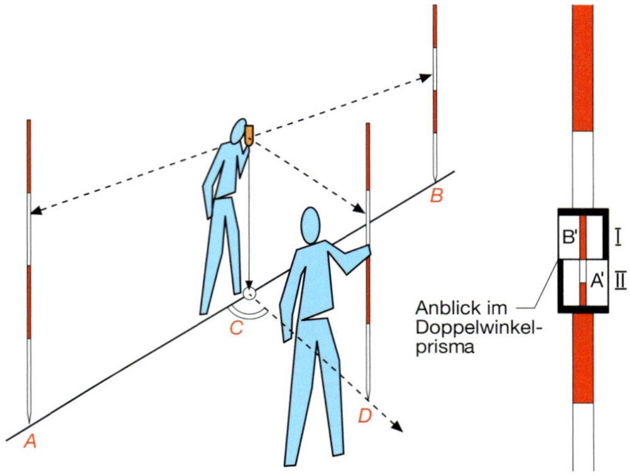

Abstecken eines Winkels mit einem Doppelwinkelprisma, richtiges Bild im Winkelprisma

Bilden die beiden Stangenbilder im Doppelwinkelprisma keine Gerade, befindet sich das Prisma nicht in der Geraden.
Bei schräg verlaufenden Linien wird das Gerät schief bzw. verkantet gehalten. Es muss unbedingt ausgerichtet werden.

Ein weiteres Gerät zum Absetzen von Winkeln auf einer Baustelle ist der **Theodolit**. Er bietet den Vorteil, Winkel in jeder beliebigen Größe abtragen zu können.

Der Theodolit ist ein geodätisches Instrument

- zum Bestimmen von Horizontal- und Vertikalwinkeln,
- für Profilaufnahmen,
- zum Bestimmen von Höhen (in bestimmten Messungsanordnungen),
- zum Ausrichten von Stützen, Gerüsten und Fertigbauelementen.

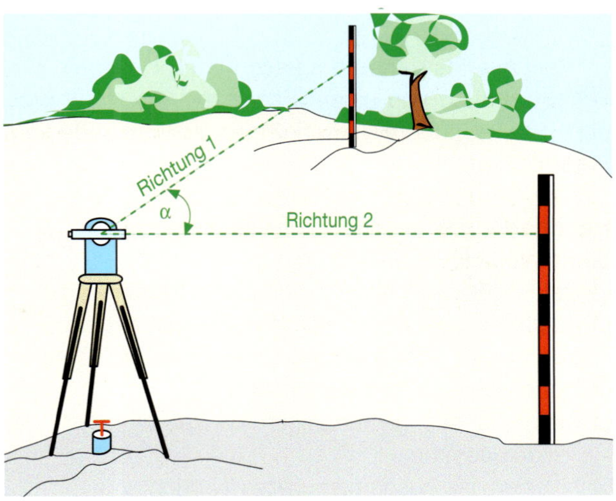

Winkelmessung mit dem Theodoliten
α = Richtung 2 – Richtung 1

Aufbau und Funktionsweise

Es werden folgende Baugruppen unterschieden:

- Der **Dreifuß** verbindet das Instrument und das Stativ. Er nimmt sowohl die Anzugschraube des Stativs als auch den Steckzapfen des Instruments auf.
- Das **Unterteil** besteht aus Steckzapfen und Lager. Es nimmt Mittelteil und Oberteil auf.
- Das **Mittelteil** besteht aus der Kreisbuchse und dem Horizontalkreis (Hz-Kreis).
- Das **Oberteil** umfasst das Gehäuse mit dem Fernrohrträger, Fernrohr, Vertikalkreis (V-Kreis), Ableseeinrichtungen und Libellen.

Das Oberteil ist über Mittel- und Unterteil drehbar, da sich die Vertikalachse im Lager dreht.

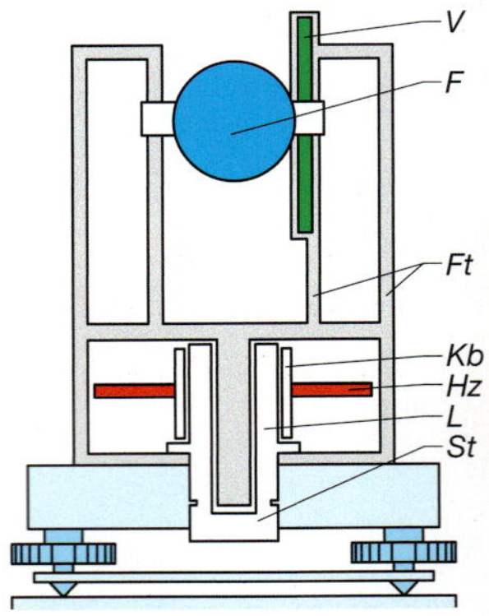

Aufbau eines Theodolits
St Steckzapfen; *L* Lager; *Hz* Horizontalkreis; *Kb* Kreisbuchse; *Ft* Fernrohrträger; *V* Vertikalkreis; *F* Fernrohr

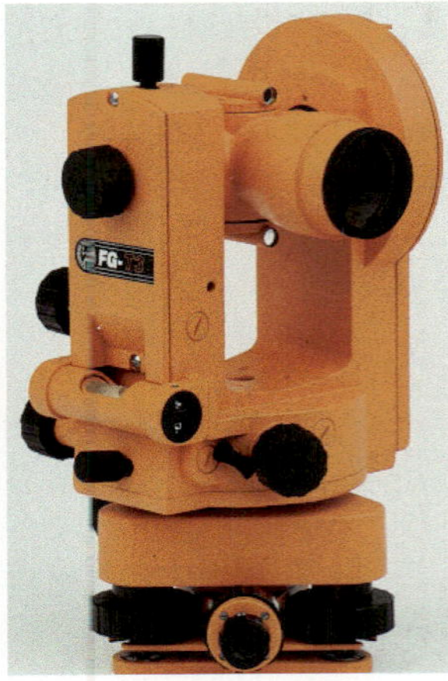

Bautheodolit

Teilkreisteilung – Alle heute gebräuchlichen Instrumente haben eine Gon-Teilung, z. B.
100 gon = 90°
50 gon = 45°
Diese Dezimalteilung ist sehr vorteilhaft.

Horizontalkreis und Kreisklemme – Beim Drehen des Instruments dreht sich das Oberteil mit der Ableseeinrichtung über dem fest in der Horizontalebene liegenden Horizontalkreis. Mit der Kreisklemme kann am Teilkreis jede gewünschte Richtung (meist 0,000 gon) eingestellt werden.

Vertikalkreis und Höhenindex – Der Vertikalkreis liegt in der Vertikalebene und ist fest mit dem Fernrohr verbunden. Der Höhenindex liegt unter der Kippachse. Die dadurchlaufende Gerade muss eine Lotrechte ergeben. Das ist die Voraussetzung, dass für die Zenitrichtung der Wert 0,000 gon festgelegt werden kann.

Ableseeinrichtungen – Bei einfachen Theodoliten werden Strich- bzw. Skalenmikroskope verwendet.

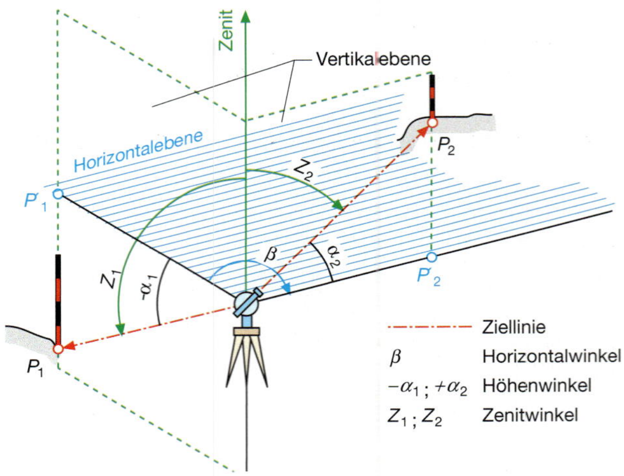

Horizontal- und Vertikalwinkel

Alle Instrumente müssen nach häufigem Gebrauch von einem Fachmann überprüft werden. Starke äußere Einwirkungen sollten unbedingt unterbleiben.

Handhabung eines Theodolits zum Abtragen eines Winkels

- ❑ Befestigen des Instruments auf dem Stativkopf
- ❑ Aufstellen über einem bekannten Punkt mittels eines Schnurlotes oder des integrierten optischen Lotes
- ❑ Horizontieren mittels der Libellen
- ❑ Klemmen des gewünschten Winkelwertes mit der Teilkreisklemme
- ❑ Anzielen des Ausgangspunktes (Nullrichtung)
- ❑ Lösen der Teilkreisklemme
- ❑ Abdrehen (Einstellen) des gewünschten Winkelwertes

Zieltafel

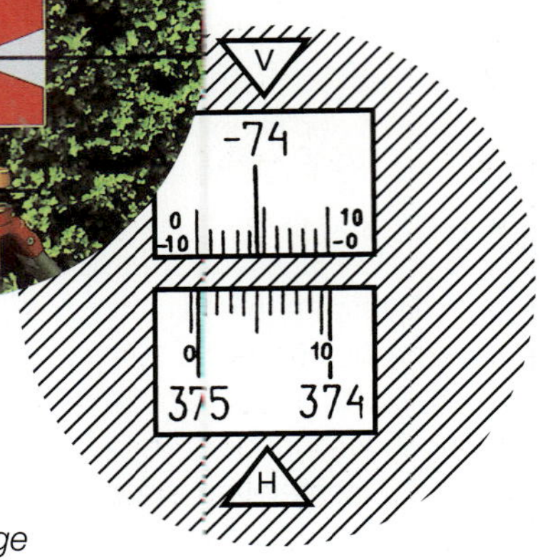

Strichmikroskopanzeige

1 Rechnen mit Maßeinheiten

	Umrechnung der Maßeinheiten
Angabe von **Längen**: Meter — Kurzzeichen: m Dezimeter — Kurzzeichen: dm Zentimeter — Kurzzeichen: cm Millimeter — Kurzzeichen: mm	1 m = 10 dm 1 dm = 10 cm 1 cm = 10 mm **1 m = 10 dm = 100 cm = 1000 mm** **1 mm = 0,1 cm = 0,01 dm = 0,001 m** Hauslänge: 6,99 m = 699 cm Wandstärke: 36,5 cm = 0,365 m = 365 mm
Angabe von **Flächeninhalten**: Quadratmeter — Kurzzeichen: m^2 Quadratdezimeter — Kurzzeichen: dm^2 Quadratzentimeter — Kurzzeichen: cm^2	$1\ m^2 = 100\ dm^2$ $1\ dm^2 = 100\ cm^2$ $\mathbf{1\ m^2 = 100\ dm^2 = 10\,000\ cm^2}$ $\mathbf{1\ cm^2 = 0{,}01\ dm^2 = 0{,}0001\ m^2}$ Fußbodenfläche: $13{,}20\ m^2 = 1320\ dm^2$ Putzfläche: $0{,}42\ m^2 = 42\ dm^2 = 4200\ cm^2$
Angabe von **Rauminhalten (Volumen)**: Kubikmeter — Kurzzeichen: m^3 Kubikdezimeter — Kurzzeichen: dm^3 Kubikzentimeter — Kurzzeichen: cm^3	$1\ m^3 = 1000\ dm^3$ $1\ dm^3 = 1000\ cm^3$ $\mathbf{1\ m^3 = 1000\ dm^3 = 1 \cdot 10^6\ cm^3}$ $\mathbf{1\ cm^3 = 0{,}001\ dm^3 = 1 \cdot 10^{-6}\ m^3}$ Mauerwerk: $0{,}036\ m^3 = 36\ dm^3 = 36\,000\ cm^3$
Angabe des **Gewichtes** (Baustoffmenge) entspricht der physikalischen Größe **Masse**: Tonne — Kurzzeichen: t Kilogramm — Kurzzeichen: kg	1 t = 1000 kg 1 kg = 0,001 t Fertigteilgewicht: 7,9 t = 7900 kg Zementgewicht: 25 kg = 0,025 t
Rohdichte gibt das Gewicht pro Volumeneinheit an: Kilogramm je Kubikdezimeter — Kurzzeichen: kg/dm^3 Tonne je Kubikmeter — Kurzzeichen: t/m^3	$1\frac{t}{m^3} = \frac{1000\ kg}{1000\ dm^3} = 1\frac{kg}{dm^3}$ Betonrohdichte: $2{,}4\ t/m^3 = \frac{2400\ kg}{1000\ dm^3} = 2{,}4\ kg/dm^3$

2 Maßstäbe für Bauzeichnungen

Maßstab = Verhältnis der Verkleinerung

M 1 : *n*

gezeichnete Länge : wirkliche Länge = 1 : *n*

- $\text{gezeichnete Länge} = \frac{\text{wirkliche Länge}}{n}$
- $\text{wirkliche Länge} = n \cdot \text{gezeichnete Länge}$
- $n = \frac{\text{wirkliche Länge}}{\text{gezeichnete Länge}}$

Beispiele: Berechnung von zu zeichnenden Längen

Maßstab	*n*	wirkliche Länge	gezeichnete Länge
1 : 100	100	10 m = 1000 cm	1000 cm/100 = 10 cm
1 : 50	50	1 m = 100 cm	100 cm/50 = 2 cm
1 : 50	50	6,99 m = 699 cm	699 cm/50 = 13,98 cm
1 : 20	20	1 m = 100 cm	100 cm/20 = 5 cm
1 : 20	20	36,5	36,5 cm/20 = 1,82 cm
1 : 10	10	10 cm	10 cm/10 = 1 cm
1 : 5	5	10 cm	10 cm/5 = 2 cm
1 : 5	5	11,5 cm	11,5 cm/5 = 2,3 cm

3 Prozentrechnung

$$\frac{\text{Prozentsatz}}{100\,\%} = \frac{\text{Prozentwert}}{\text{Grundwert}}$$

$$\frac{p\,\%}{100\,\%} = \frac{P}{G}$$

- Prozentwert $P = \frac{p\,\% \cdot G}{100\,\%}$
- Grundwert $G = \frac{P \cdot 100\,\%}{p\,\%}$
- Prozentsatz $p\,\% = \frac{P \cdot 100\,\%}{G}$

Beispiel 1:
Lieferung von 3000 Kalksandsteinen auf die Baustelle. 60 Steine sind zerbrochen bzw. haben starke Kantenabplatzungen.
Sie sind nicht mehr verwertbar. Wie viel Prozent Verlust sind das?

gegeben: $G = 3000$ Stück
$P = 60$ Stück
gesucht: $p\,\%$

Lösung: $$p\,\% = \frac{P \cdot 100\,\%}{G} = \frac{60\ \text{Stück} \cdot 100\,\%}{3000\ \text{Stück}} = \mathbf{2\,\%}$$

Bei der Lieferung waren 2 % Verlust.

Beispiel 2:
Für Dachdeckerarbeiten werden 75 m Dachlatten benötigt.
Der Verschnitt beträgt 4 %. Wie viel m Dachlatten sind zu bestellen?

gegeben: $p\,\% = 4\,\%$
$G = 75$ m
gesucht: Gesamtbedarf

Lösung: $$P = \frac{p\,\% \cdot G}{100\,\%} = \frac{4\,\% \cdot 75\,\text{m}}{100\,\%} = 3\,\text{m}$$

Der Verschnitt beträgt 3 m.

Gesamtbedarf = 75 m + 3 m **= 78 m**

Es sind 78 m Dachlatten zu bestellen.

4 Dreisatzrechnung

Werte werden in ein Verhältnis zueinander gesetzt.

1. Satz: bekanntes Zahlenverhältnis festlegen
2. Satz: Verhältnis aus Satz 1 auf eine Einheit beziehen
3. Satz: Berechnung des gesuchten Verhältnisses

Bei der **Proportionalität** nehmen beide Werte zu oder ab.

Bei der **umgekehrten Proportionalität** nimmt ein Wert zu und der andere ab.

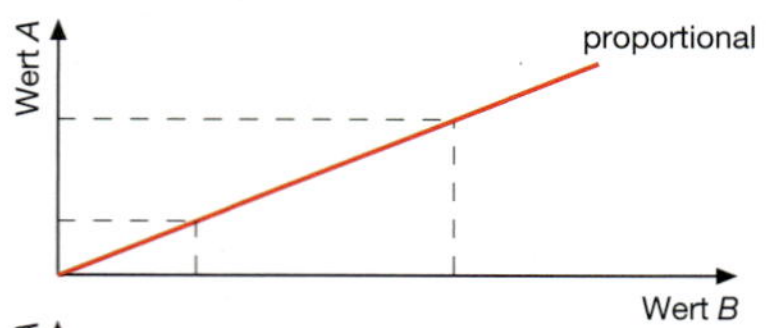

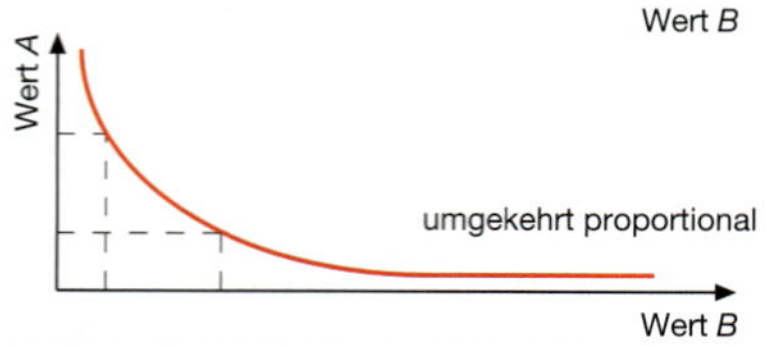

Beispiel 1:
Für das Mauern einer 4 m² großen Wandfläche werden 68 ℓ Mörtel benötigt.
Wie viel ℓ Mörtel werden für eine 7 m² große Wand gebraucht?

Je größer die Fläche, umso mehr Mörtel wird benötigt.
1. Satz: 68 ℓ reichen für 4 m²
2. Satz: 1 m² benötigt 68 ℓ : 4 = 17 ℓ
3. Satz: **7 m²** benötigen 7 · 17 ℓ **= 119 ℓ**

Für 7 m² werden 119 ℓ Mörtel benötigt.

Beispiel 2:
4 Arbeiter benötigen zum Pflastern eines Gehweges 29 Stunden.
Wie viel Arbeitsstunden sind zu planen beim Einsatz von 3 Arbeitskräften?

Je weniger Arbeitskräfte eingesetzt werden, umso mehr Zeit wird benötigt (umgekehrt proportional).
1. Satz: 4 Arbeiter benötigen 23 h
2. Satz: 1 Arbeiter benötigt 4 · 23 h = 92 h
3. Satz: **3 Arbeiter** brauchen 92 h : 3 **= 30,7 h**

3 Arbeiter brauchen 30,7 h für das Pflastern des Gehweges.

5 Berechnung Gefälle/Neigung/Steigung

$$\text{Gefälle} = \frac{\text{senkrechte Höhe}}{\text{waagerechte Länge}} = \frac{h}{l}$$

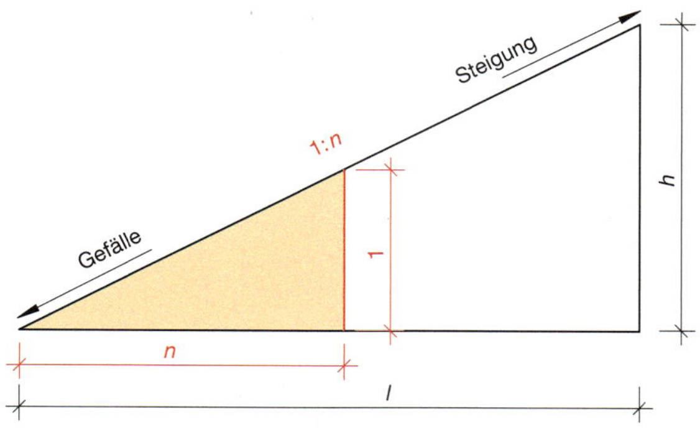

Angabe des **Gefälles als Verhältniszahl *n*** – ist bezogen auf die Höhe 1 (z. B. 1 m) und hat keine Maßeinheit

$$\frac{h}{l} = \frac{1}{n} = 1 : n$$

- Höhe $h = \frac{l}{n}$
- Länge $l = n \cdot h$
- Verhältniszahl $n = \frac{l}{h}$

Angabe des **Gefälles in Prozent (%)**

$$\frac{\text{senkrechte Höhe}}{\text{waagerechte Länge}} = \frac{\text{Prozentsatz}}{100\,\%}$$

$$\frac{h}{l} = \frac{p\,\%}{100\,\%}$$

- Höhe $h = \frac{p\,\% \cdot l}{100\,\%}$
- Länge $l = \frac{h \cdot 100\,\%}{p\,\%}$
- Prozentsatz $p\,\% = \frac{h \cdot 100\,\%}{l}$

Beispiel 1:
Abwasserkanal

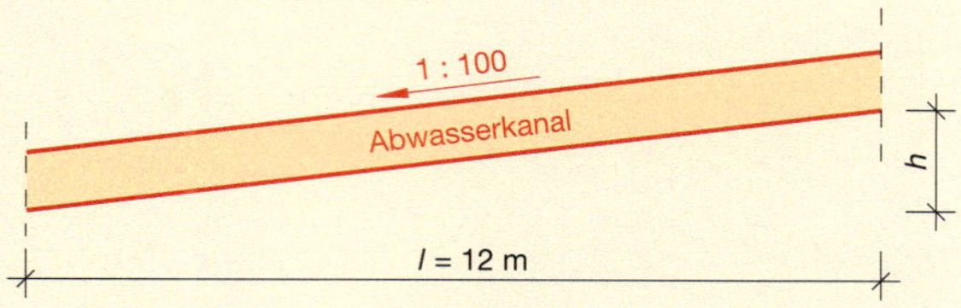

gegeben: $l = 12\,\text{m} = 1200\,\text{cm}$
$n = 100$
gesucht: Höhenunterschied h des Kanals
Lösung:

$$h = \frac{l}{n} = \frac{1200\,\text{cm}}{100} = \mathbf{12\,cm}$$

Der Abwasserkanal muss auf der Länge von 12 m einen Höhenunterschied von 12 cm aufweisen.

Beispiel 2:
Gehweg als Hauszugang

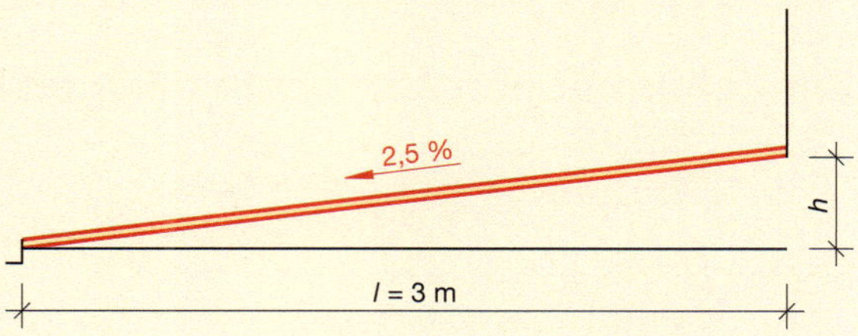

gegeben: $l = 3\,\text{m} = 300\,\text{cm}$
Gefälle $p\,\% = 2{,}5\,\%$
gesucht: Höhe h
Lösung:

$$h = \frac{p\,\% \cdot l}{100\,\%} = \frac{2{,}5\,\% \cdot 300\,\text{cm}}{100\,\%}$$

$$\mathbf{h = 7{,}5\,cm}$$

Der Belag muss einen Höhenunterschied von 7,5 cm aufweisen.

6 Lehrsatz des Pythagoras

In jedem rechtwinkligen Dreieck ist die Summe der Flächeninhalte der Quadrate über den Katheten (*a*, *b*) gleich dem Flächeninhalt des Quadrates über der Hypotenuse (*c*).

$$a^2 + b^2 = c^2$$

- Hypotenuse $c = \sqrt{a^2 + b^2}$
- Kathete $a = \sqrt{c^2 - b^2}$
- Kathete $b = \sqrt{c^2 - a^2}$

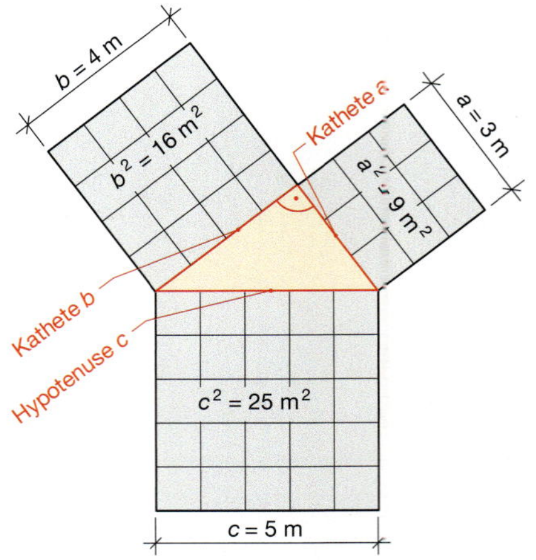

Beispiel: Berechnung der Sparrenlänge

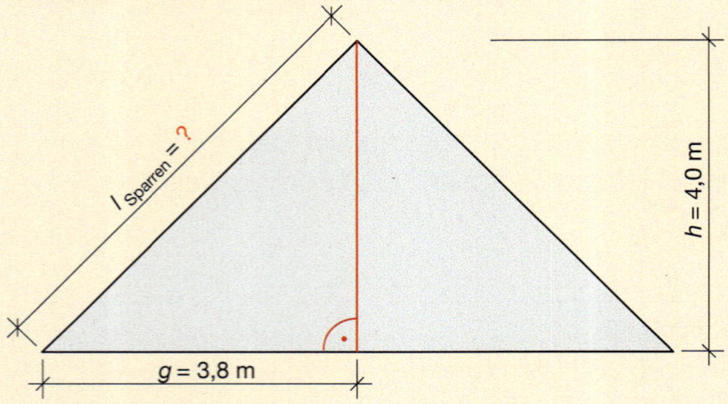

gegeben: $g = 3{,}8\,\text{m}$
$h = 4{,}0\,\text{m}$

gesucht: $l_{\text{Sparren}} = l$

Lösung:

$l = \sqrt{g^2 + h^2} = \sqrt{3{,}8^2 + 4{,}0^2}$

$\mathbf{l = l_{Sparren} = 5{,}52\,m}$

Die Sparrenlänge beträgt 5,52 m.

7 Winkelfunktionen am rechtwinkligen Dreieck

$\alpha + \beta + \gamma = 180°$ $\quad\gamma = 90°$ (rechter Winkel)

$\alpha + \beta = 90°$ $\quad\alpha = 90° - \beta$ $\quad\beta = 90° - \alpha$

Sonderfall: $\alpha = \beta = 45° \rightarrow a = b$
(gleichschenkliges Dreieck)

$$\text{Sinus des Winkels} = \frac{\text{Gegenkathete}}{\text{Hypotenuse}}$$

$$\text{Cosinus des Winkels} = \frac{\text{Ankathete}}{\text{Hypotenuse}}$$

$$\text{Tangens des Winkels} = \frac{\text{Gegenkathete}}{\text{Ankathete}}$$

$$\sin\alpha = \frac{a}{c} \qquad \cos\alpha = \frac{b}{c} \qquad \tan\alpha = \frac{a}{b}$$

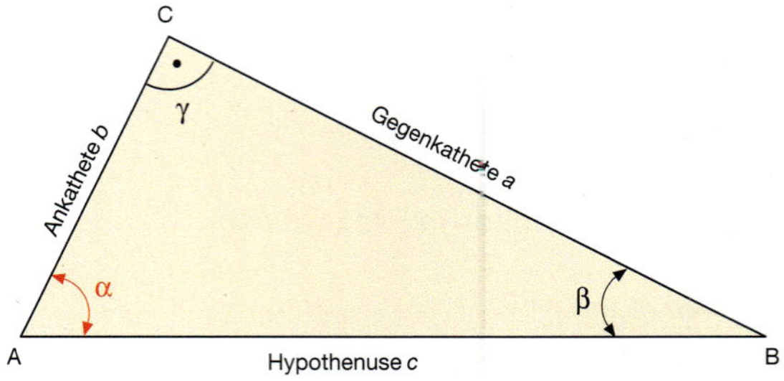

Beispiel:
Länge der Dachschräge berechnen
gegeben: $\alpha = 30°$ $\quad g = 5{,}20\,\text{m}$
gesucht: $l_{\text{Dach}} = l$

Lösung: $\cos\alpha = \dfrac{g}{l}$ Umstellen nach *l*

$$l = \frac{g}{\cos\alpha} = \frac{5{,}20\,\text{m}}{\cos 30°}$$

$\mathbf{l = 6{,}0\,m}$ Die Dachlänge beträgt 6 m.

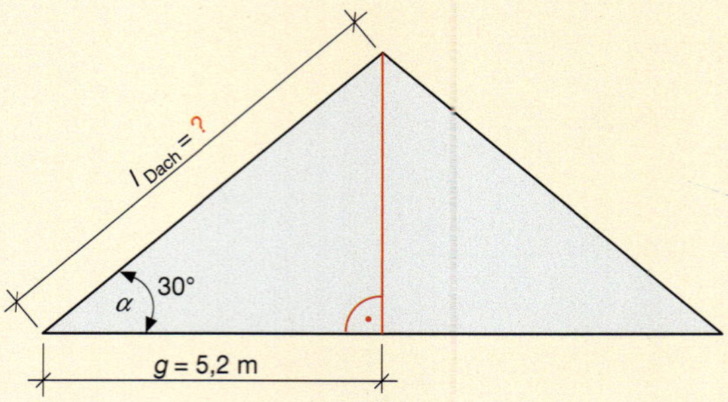

8 Flächenberechnung

Rechteck

$A = l \cdot b$

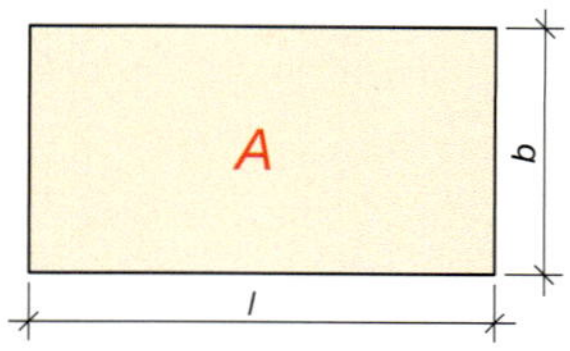

Quadrat

$A = l^2$

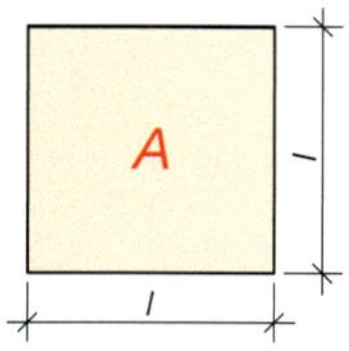

Dreieck

$A = \frac{l \cdot h}{2}$

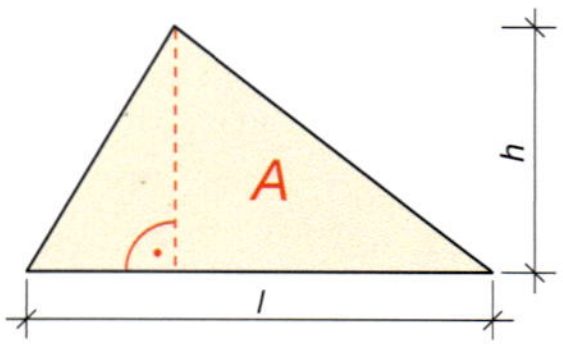

Trapez

$A = \frac{l_1 + l_2}{2} \cdot h$

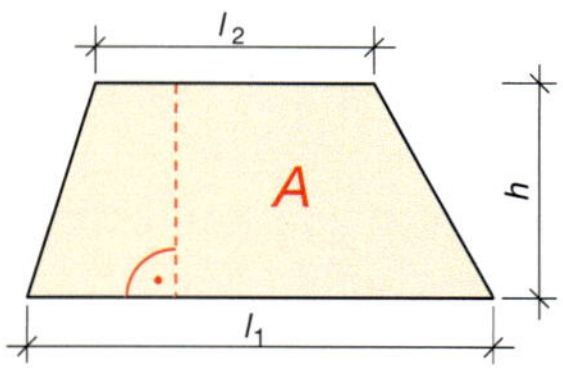

Kreis

$A = \pi \cdot r^2$

$d = 2 \cdot r$

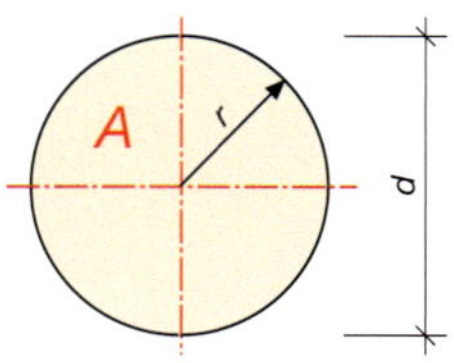

Beispiel 1: Die zu putzende Fläche des Giebels des Ferienhauses ist zu ermitteln.

gegeben:
Maße siehe Skizze

gesucht: A_{Wand}

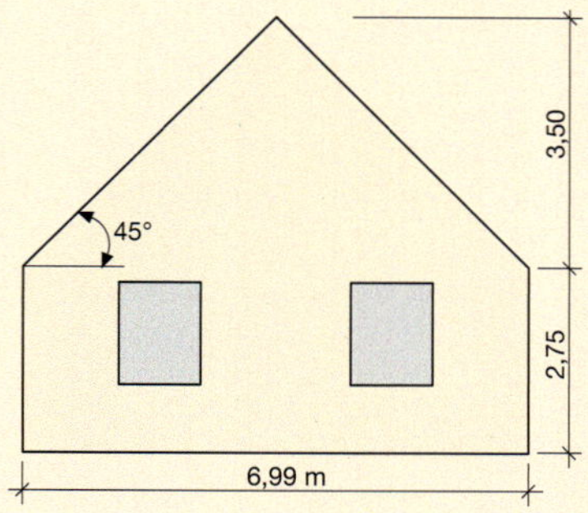

Lösung:

$A_{Wand} = A_1 + A_2 - A_3 - A_4$

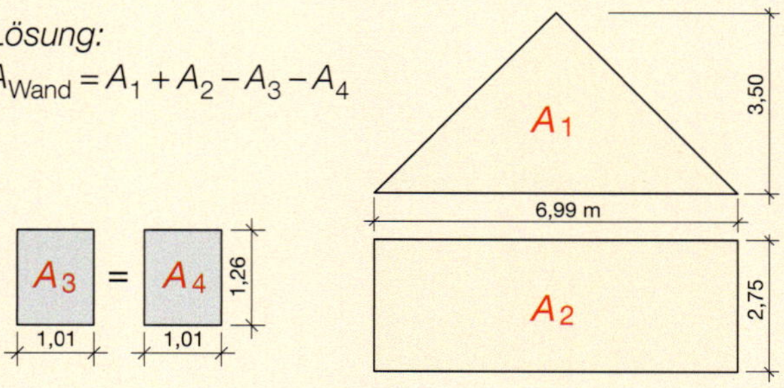

$$A_1 = \frac{l \cdot h}{2} = \frac{6{,}99\,\text{m} \cdot 3{,}50\,\text{m}}{2} = 12{,}23\,\text{m}^2$$

$$A_2 = l \cdot b = 6{,}99\,\text{m} \cdot 2{,}75\,\text{m} = 19{,}22\,\text{m}^2$$

$$A_3 = A_4 = l \cdot b = 1{,}01\,\text{m} \cdot 1{,}26\,\text{m} = 1{,}27\,\text{m}^2$$

$$A_{Wand} = 12{,}23\,\text{m}^2 + 19{,}22\,\text{m}^2 - 1{,}27\,\text{m}^2 - 1{,}27\,\text{m}^2$$

$$\mathbf{A_{Wand} = 28{,}91\,m^2}$$

Die zu putzende Fläche der Giebelwand beträgt 28,91 m².

Beispiel 2: Zur Mengenberechnung des Erdaushubs ist der Querschnitt des Leitungsgrabens zu berechnen.

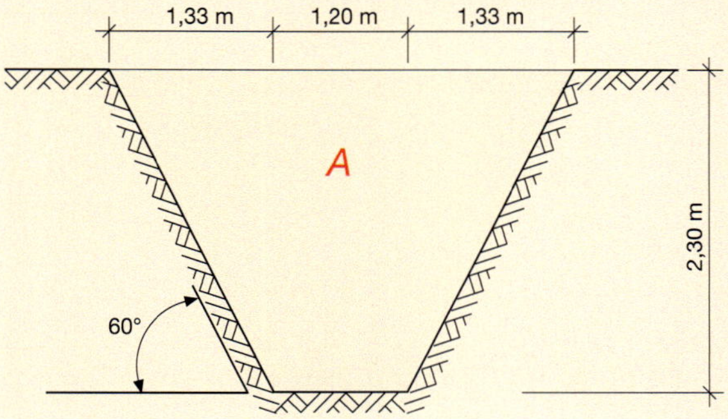

gegeben: $h = 2{,}30\,\text{m}$
$l_1 = 1{,}33\,\text{m} + 1{,}20\,\text{m} + 1{,}33\,\text{m} = 3{,}86\,\text{m}$
$l_2 = 1{,}20\,\text{m}$

gesucht: A_{Trapez}

Lösung:

$$A = \frac{l_1 + l_2}{2} \cdot h = \frac{3{,}86\,\text{m} + 1{,}20\,\text{m}}{2} \cdot 2{,}30\,\text{m}$$

$$\mathbf{A = 5{,}82\,m^2}$$

Der Querschnitt des Leitungsgrabens beträgt 5,82 m².

9 Volumenberechnung

Quader

$V = l \cdot b \cdot h$

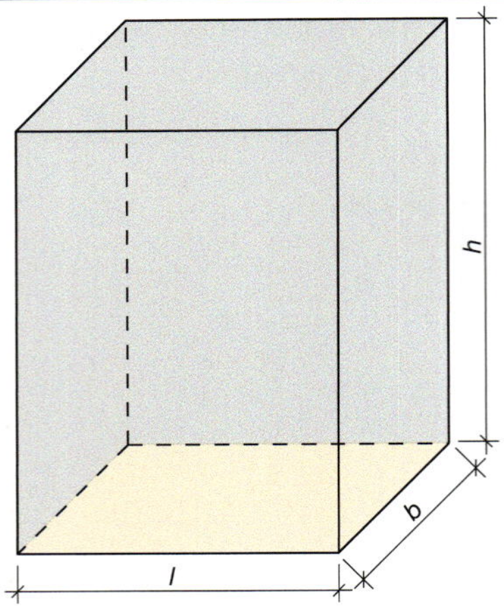

Würfel

$V = l^3$

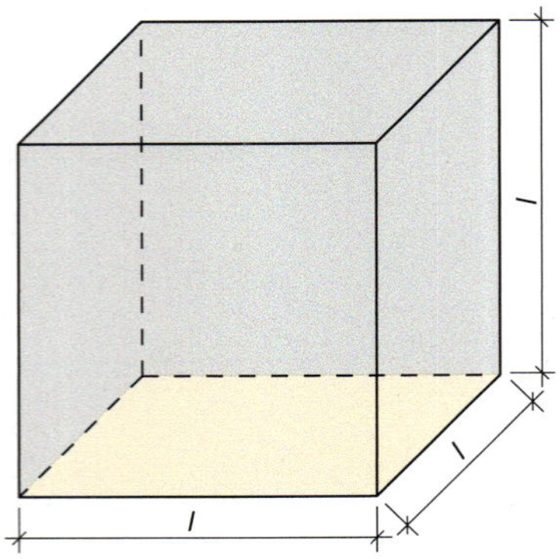

Prisma

$V = A_G \cdot h$

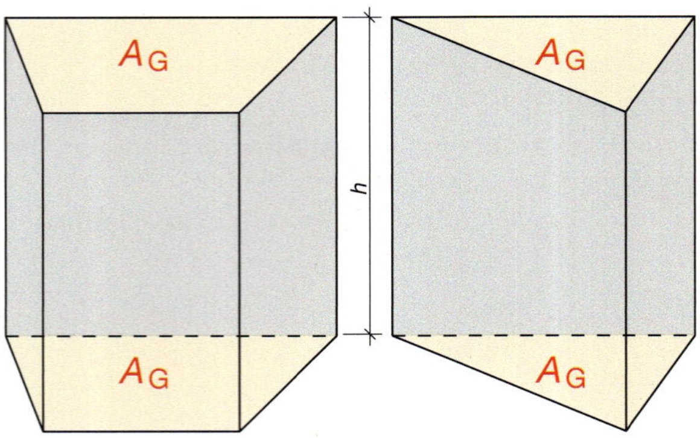

A_G Grundfläche

Beispiel 1: Für den Stahlbetonbalken ist das Volumen zu berechnen:

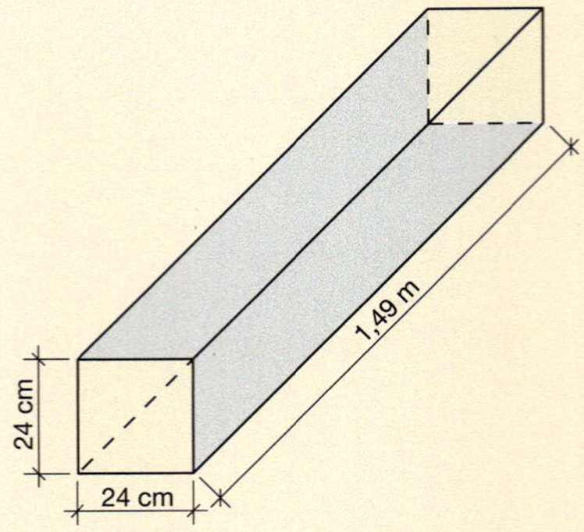

gegeben: $b = 24\,\text{cm} = 0{,}24\,\text{m}$
$h = 24\,\text{cm} = 0{,}24\,\text{m}$
$l = 1{,}49\,\text{m}$
gesucht: V_{Balken}

Lösung:
$V_{\text{Balken}} = l \cdot b \cdot h = 1{,}49\,\text{m} \cdot 0{,}24\,\text{m} \cdot 0{,}24\,\text{m}$
$\mathbf{V_{Balken} = 0{,}086\,m^3 = 86\,dm^3}$
Das Volumen des Stahlbetonbalkens beträgt $0{,}086\,\text{m}^3$.

Beispiel 2: Für den Leitungsgraben ist das Volumen des Erdaushubs zu berechnen.

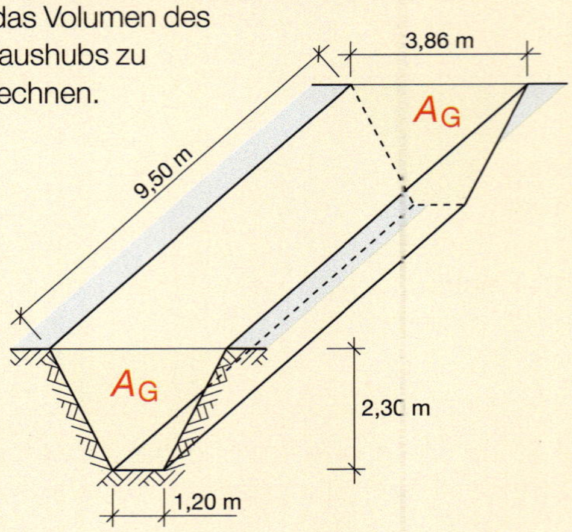

gegeben: $h = 9{,}50\,\text{m}$
$A_G = 5{,}82\,\text{m}^2$ (→ G 5.8 Beispiel 2)
gesucht: V_{Graben}

Lösung:
$V_{\text{Graben}} = A_G \cdot h = 5{,}82\,\text{m}^2 \cdot 9{,}50\,\text{m}$
$\mathbf{V_{Graben} = 55{,}29\,m^3}$
Es müssen $55{,}29\,\text{m}^3$ Boden ausgehoben werden.

Berufsunfälle und Berufskrankheiten kosten dem Staat jährlich Milliarden Euro, die letztlich wieder vom Arbeitnehmer und Arbeitgeber bezahlt werden müssen. Noch schlimmer ist das persönliche Schicksal des Geschädigten, das oft durch Nachlässigkeit oder Unkenntnis eingetreten ist. Doch wer trägt die Verantwortung für **Arbeitssicherheit** und **Gesundheitsschutz** im Betrieb und auf der Baustelle?

Jeder im Betrieb und auf der Baustelle trägt Verantwortung. Dies gilt für den **Unternehmer**, den **Aufsichtsführenden** und den **Beschäftigten**. Auch der Mitarbeiter ohne Weisungsbefugnis ist für seinen Aufgabenbereich verantwortlich.
Der Arbeitnehmer muss
- die Sicherheitsvorschriften einhalten,
- andere vor Schaden bewahren,
- die zur Verfügung gestellte Schutzausrüstung tragen.

Wer im Rahmen seiner Verantwortung durch falsches Handeln oder Unterlassen einen Arbeitsunfall verursacht, muss mit **strafrechtlichen** und **zivilrechtlichen** Folgen rechnen.
Die Arbeitssicherheit ist bei allen Baumaßnahmen zu gewährleisten. Das betrifft sowohl das Vorbereiten und Einrichten als auch das Betreiben einer Baustelle.

> **!** Arbeitssicherheit wird nicht losgelöst von der Bautätigkeit gesehen, sondern wird als ständige Aufgabe beim Bauen verstanden.

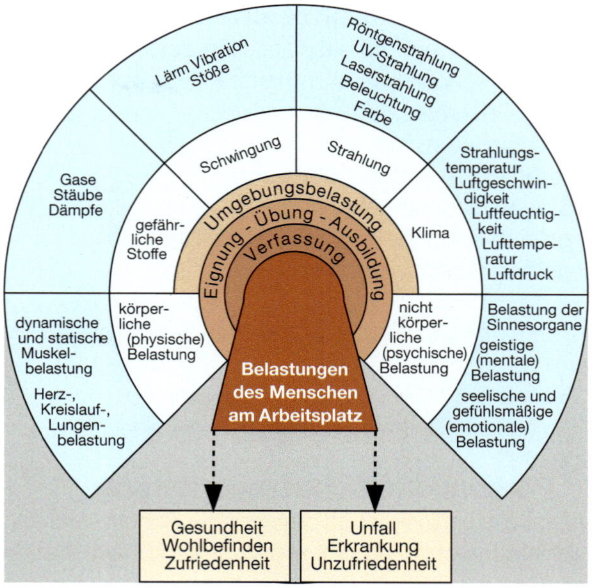

Arbeitssicherheit liegt in der Verantwortung von Arbeitgeber und Arbeitnehmer.

Bereiche der Arbeitssicherheit
- **Technische Sicherheit** – bei Geräten, Werkzeugen, Maschinen und Fahrzeugen. Dies wird meist durch das **GS-Zeichen** (geprüfte Sicherheit) ausgewiesen und durch ständige Überwachung von Fachleuten (z. B. TÜV) überprüft.
- **Sicherheitsvorschriften und Richtlinien** – für den Unfallschutz existieren allgemeine Bestimmungen. Sie werden durch spezielle oder zusätzliche Regeln und Forderungen für einzelne Arbeiten oder Arbeitsabläufe ergänzt:
  - **Unfallverhütungsvorschriften (UVV)** der Bau-Berufsgenossenschaft, der Tiefbau-Berufsgenossenschaft sowie
  - Richtlinien, Merkblättern und Bedienungsanleitungen der Hersteller.

> **!** Alle Unfallschutzbestimmungen sind unbedingt einzuhalten.

GS-Prüfzeichen
Prüfstelle: VDE Prüf- und Zertifizierungsinstitut

TÜV-Prüfzeichen

1 Sicherheitskennzeichen

Wir benutzen am Arbeitsplatz Kennzeichnungen, die möglichst schnell und leicht verständlich auf Gefahren oder Maßnahmen aufmerksam machen sollen. Es wird unterschieden zwischen

- **roten** Warn- und Verbotszeichen,
- **blauen** Gebotszeichen,
- **grünen** Rettungs- und Gefahrenzeichen und
- **gelben** Vorsichtszeichen.

Weiterhin gibt es Sicherheitszeichen (→ Lernfeld 1) in Form von

- Bändern (z. B. Absperrbegrenzungen),
- Aufstellern für Umwehrungen und Warnleuchten.

2 Persönliche Schutzausrüstung

Trotz aller technischer und organisierter Schutz- und Vorsichtsmaßnahmen an der Arbeitsstelle können Unfälle und Gesundheitsschädigungen nicht ausgeschlossen werden.

Daher müssen auch persönliche Schutzausrüstungen getragen werden. Hierzu zählt man

- **Kopfschutz** – der Schutzhelm (DIN EN 397) muss bei allen Bauarbeiten getragen werden.
- **Augenschutz** – Schutzbrillen, Schutzschirme, Schutzhelm oder Schutzhauben sind besonders bei Stemm-, Schleif-, Bohr-, Säge- und maschinellen Putzarbeiten zu tragen. Weiterhin sollte der Augenschutz beim Einsatz von Betontrennmitteln (Sprühen und Spritzen), Spritzbeton- und Mineralwollearbeiten benutzt werden.
- **Gehörschutz** – Kapseln (Dämpfung ca. 30 dB), Stöpsel (ca. 25 dB) oder Pfropfen (ca. 20 dB) werden bei lärmintensiven Arbeiten mit Presslufthämmern, bei Schleifarbeiten, beim Bohren und Sägen getragen.
- **Atemschutz** – Atemschutzgeräte mit verschiedenen Partikelfiltern als filtrierende Halbmasken, Vollmasken sowie Atemschutzhauben sind bei staub- oder faserintensiven Arbeiten (z. B. Mineralwoll-Dämmstoffe, Holzstaub, Abbruch) zu tragen. Die Schutzklasse (P1, P2, P3) des Filters hängt dabei von der Art der Arbeit ab.
  Bei Sauerstoffmangel oder unbekannten Schadstoffkonzentrationen sind Schlauch- oder Behältergerät zu benutzen.
- **Handschutz** – Fausthandschuhe bei handwerklichen Arbeiten je nach Beweglichkeit (grobe Arbeit, Wärme, Kälte), Drei- bzw. Fünffingerhandschuhe sichern eine hohe Beweglichkeit. Bei Gefahrenstoffen sind flüssigkeitsdichte Schutzhandschuhe, je nach chemischer Belastung, aus Naturlatex, Polychloropren, Nitril, Butylkautschuk oder Viton zu tragen.

Verbotszeichen – Auswahl

Für Flurförderzeuge verboten

Nichts abstellen oder lagern

Zutritt für Unbefugte verboten

Warnzeichen – Auswahl

Warnung vor giftigen Stoffen

Warnung vor schwebender Last

Warnung vor Laserstrahl

Gebotszeichen – Auswahl

Atemschutz tragen

Schutzschuhe tragen

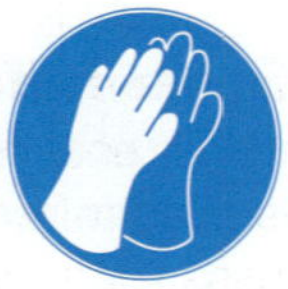
Schutzhandschuhe tragen

Augenschutz

Gehörschutz

Atemschutz

Handschutz

- **Fußschutz** – auf Baustellen sind Schuhe mit durchtrittsicherem Unterbau und Zehenschutzkappe zu tragen. Sie bieten Schutz vor Quetschungen und herumliegenden Nägeln.
- **Körperschutz** – er besteht aus fluoreszierender Warn- oder Schutzkleidung gegen Kälte und bietet Schutz vor Regen, Stäuben, Chemikalien, Schneidverletzungen oder Kontaminierung.
- **Absturzschutz** – lassen sich aus arbeitstechnischen oder technologischen Gründen Absturzsicherungen nicht verwenden (z. B. Fanggerüste), müssen je nach Einsatzgrund Haltegurte oder Auffanggurte unterschiedlichster Art verwendet werden.
- **Hautschutz** – zum Reinigen der Haut rückfettende Seifen und Hautschutzsalben verwenden! Keinesfalls Verdünnungsmittel, Benzin, Kaltreiniger oder Sandwaschmittel zur Reinigung verwenden.

3 Erste-Hilfe-Einrichtungen

Schnelles und richtiges Handeln bei Arbeitsunfällen sowie eine ausreichende Erste-Hilfe-Einrichtung sind Voraussetzung einer wirksamen, oft lebensrettenden Maßnahme für den Verletzten.

Die **Rettungskette**, bestehend aus fünf aufeinander abgestimmten Rettungsmaßnahmen, muss unverzüglich beim Unfall ausgelöst werden.

Art und Weise des Notrufes

1. **Wer** ruft an (Name, Firma)?
2. **Wo** ist der Unfall (Ort, Straße, Hausnummer)?
3. **Was** ist geschehen (Absturz, Brand usw.)?
4. **Wie** viel Verletzte?
5. **Welche** Verletzungen (starke Blutung, Ohnmacht usw.)?
6. **Wodurch** wird die Rettung evtl. erschwert?
7. **Warten** auf Rückfragen (Notruf nicht von sich aus beenden)!

4 Umgang mit Strom

Beim Umgang mit elektrischem Strom, z. B. beim Gebrauch von elektrischen Geräten, Verlegen von Leitungen und Anschlüssen, ist darauf zu achten, dass die Schutzvorrichtungen nicht durch Beschädigungen oder Unkenntnis unwirksam sind (z. B. geflickte Sicherungen).

Ein **elektrischer Stromschlag** kann, je nach Energiestärke, von Kribbeln, Schock, Verkrampfung bis hin zum Tode führen.

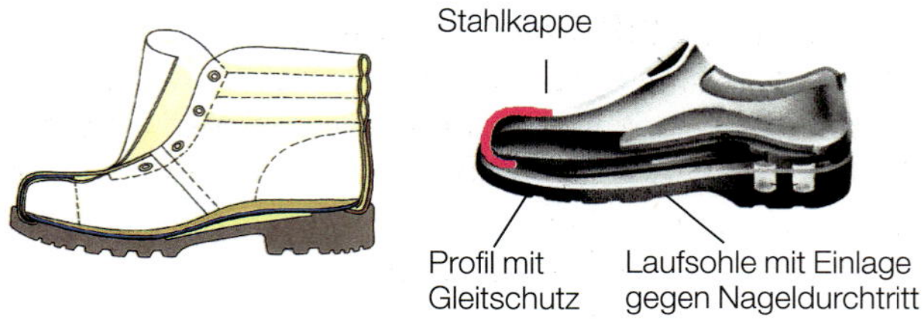

Fußschutz

Körperschutz

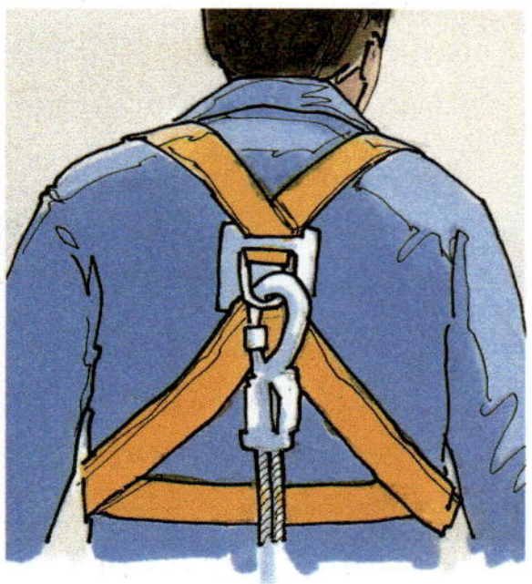

Absturzschutz

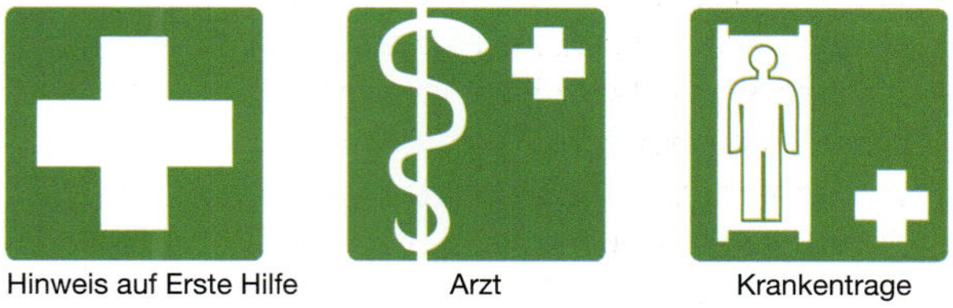

Rettungszeichen für Erste-Hilfe-Einrichtungen

Rettungszeichen Rettungswege und Notausgänge

! Allen Arbeitnehmern muss der Standort der Erste-Hilfe-Einrichtungen bekannt sein. Er ist auf jeder Baustelle deutlich und gut sichtbar zu kennzeichnen bzw. Hinweisschilder sind anzubringen.

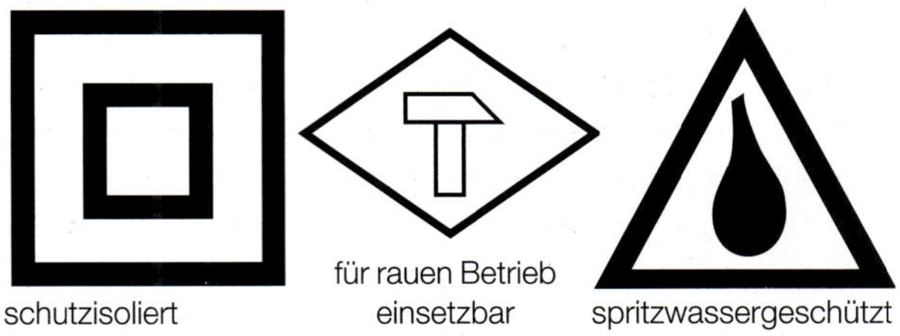

Prüfzeichen an elektrischen Anlagen – Auswahl

- ❏ Bei Stromunfällen ist der Verunglückte durch Abschalten des Stromkreises sofort von der Anlage zu trennen! Ist dies nicht möglich, müssen die Helfer auf einer isolierenden Unterlage stehend, den Verletzten so vom Strom entfernen, dass sie selbst nicht unter Stromeinwirkung geraten.
- ❏ Elektrische Anlagen und Betriebsmittel müssen den **VDE-Bestimmungen** entsprechen. Sie dürfen nur von Elektrofachkräften errichtet, verändert, in Stand gesetzt oder geprüft werden.
- ❏ Elektrische Betriebsmittel müssen von besonderen **Speisepunkten** aus mit Strom versorgt werden. Das sind z. B. Baustromverteiler, der Baustelle zugeordnete Abzweige ortsfester elektrischer Anlagen, Transformatoren, Ersatzstromversorgungsanlagen.
- ❏ Bei Arbeiten in der Nähe spannungsführender **elektrischer Freileitungen** sind in Abhängigkeit von der Nennspannung **Sicherheitsabstände** einzuhalten!

Baustromverteiler

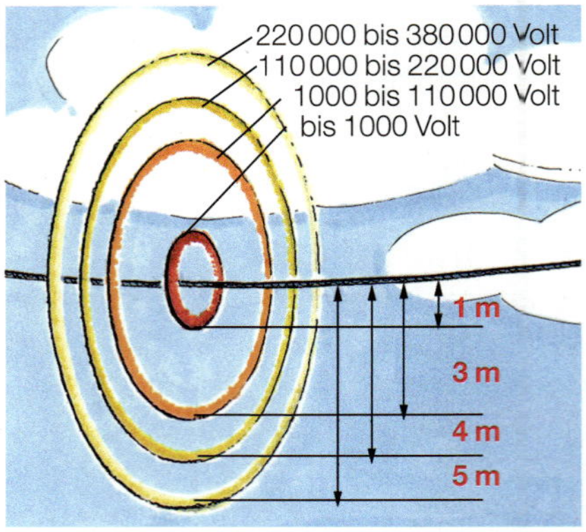

Sicherheitsabstände bei elektrischen Freileitungen

Sind diese Sicherheitsabstände aus betriebstechnischen Gründen nicht einzuhalten, müssen

- ein spannungsfreier Zustand hergestellt werden,
- die spannungsführenden Teile durch Abdecken oder Abschranken geschützt werden.

Diese Sicherheitsmaßnahmen dürfen nur in Abstimmung mit dem Betreiber durchgeführt werden.

5 Brandschutz

Vorbeugender Brandschutz – am Arbeitsplatz oder in dessen Nähe sind nur so viel leicht entzündliche, brandfördernde oder selbst entzündliche Stoffe zu lagern, wie es der Fortgang der Arbeiten erfordert. Weiterhin sind

- Feuerlöscheinrichtungen bereitzuhalten,
- ein Alarmplan aufzustellen, Fluchtwege zu kennzeichnen und Hinweisschilder für Feuerlöschanlagen anzubringen,
- Zufahrten für die Feuerwehr freizuhalten.

Der **Brandfall**! Unverzüglich ist die Feuerwehr mit möglichst genauen Angaben über die Brandstelle zu benachrichtigen.

- ❏ Sind **Menschen in Gefahr**, erst diese retten, danach löschen!
- ❏ Menschen mit brennenden Kleidern dürfen nicht rennen und die Flammen sind mit Decken zu ersticken.
- ❏ **Zugluft** vermeiden!
- ❏ Fenster und Türen schließen, Rückweg sichern!
- ❏ Richtigen Feuerlöscher benutzen!
- ❏ Sicherheitsabstände zu elektrischen Anlagen einhalten!

Richtig löschen

Feuer in Windrichtung angreifen

Flächenbrände vorn beginnend ablöschen

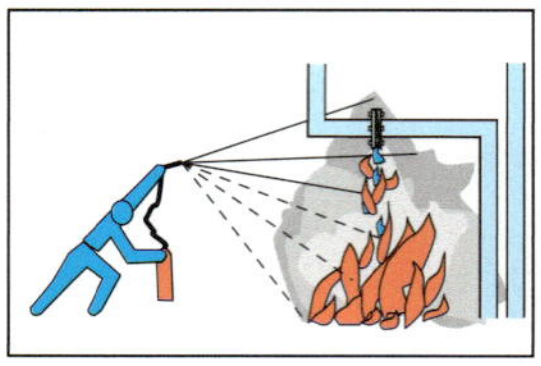

Aber: Tropf- und Fließbrände von oben nach unten löschen

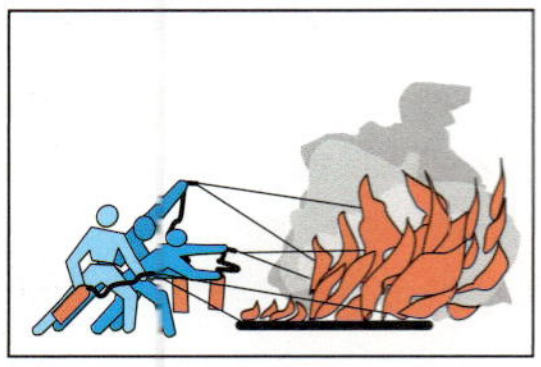

Genügend Löscher auf einmal einsetzen – nicht nacheinander

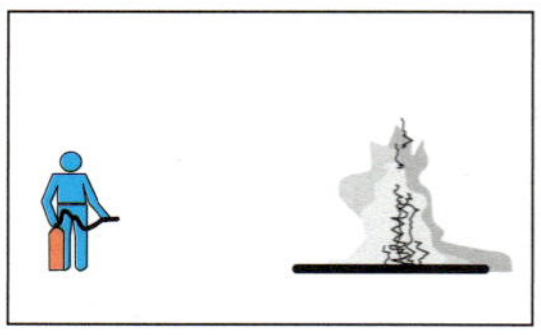

Vorsicht vor Wiederentzündung

Eingesetzte Feuerlöscher nicht mehr aufhängen. Feuerlöscher neu füllen lassen.

6 Ergonomie

Ergonomie ist eine Wissenschaft, die sich mit der Belastbarkeit des menschlichen Organismus beschäftigt.

Ziel der Ergonomie ist es,

- Arbeiten und Arbeitsabläufe so zu gestalten, dass Gesundheit, Wohlbefinden und Zufriedenheit des Menschen am Arbeitsplatz erreicht werden,
- Unfälle, Erkrankungen und Unzufriedenheit zu vermeiden,
- die Auslöser für Fehlbelastungen und Überforderungen zu vermeiden.

Allerdings reagiert nicht jeder Mensch in gleicher Weise auf Belastungen. Alter, Geschlecht, Körpergröße, Konstitution, geistige und körperliche Leistungsfähigkeit bilden unterschiedliche Belastungsgrenzen.

Die **Gestaltung von Handwerkszeugen und Maschinen** werden auf die Körpermaße und -kräfte des Menschen abgestimmt.

- Die Maurerkelle kann mit einer Griffmulde für Daumen hergestellt werden. Dadurch erhöht sich die Beweglichkeit des Handgelenkes.
- Arbeitstische werden in Arbeitshöhe angeordnet.

Ständige körperliche Belastungen, besonders Zwangshaltungen, z. B. beim Knien, Bücken, Hocken oder Arbeiten über Schulterhöhe, können zu gesundheitlichen Schäden an Muskeln, Gelenken und der Wirbelsäule führen.

Technische Hilfsmittel wie Kran, Schubkarre, Transportzangen, Saugheber, Arbeitstische oder Maurerversetzhilfen sollen eingesetzt werden. Ganz wichtig ist natürlich der Einsatz von Körperschutzmitteln wie z. B. Knieschutz sowie persönlicher Schutzkleidung.

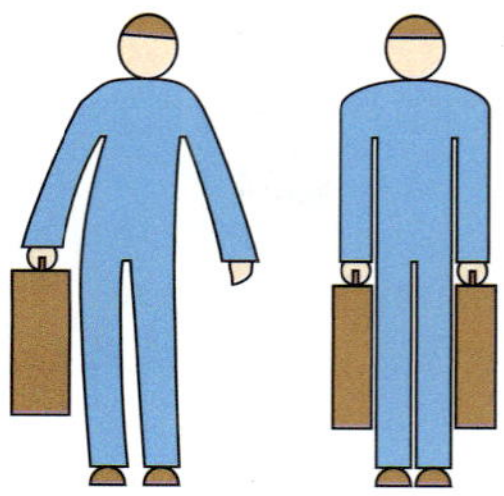

Lasten verteilen – nicht einseitig tragen.

Lasten dicht am Körper behalten.

Lasten nicht in verdrehter Haltung weiterreichen.

Durch das Einhalten der Richtwerte für häufiges Heben und Tragen von Lasten werden Fehlbelastungen und Überforderungen in der Arbeitspraxis vermieden und menschen- und körpergerechtes Arbeiten gefördert.

Hilfsmittel beim Umgang mit Lasten

7 Umgang mit Geräten und Baumaschinen

Hand- und Trennschleifmaschinen – werden für Trenn- und Schleifarbeiten an Stein, Beton oder Stahl eingesetzt. Es dürfen nur gekennzeichnete Schleif- und Trennscheiben verwendet werden. Es ist darauf zu achten, dass die angegebene Drehzahl der Schleifmaschine nicht höher ist als die zulässige Umdrehungszahl der Schleifscheibe.

Schlagbohr- und Stemmgeräte – für Bohr- und Stemmarbeiten an Mauerwerk und Beton.

- Beim Bohren oder Stemmen ist ein fester Standplatz einzunehmen.
- Wegspringende Bruchstücke von Bauteilen können zu schweren Verletzungen führen, daher ist ein Augenschutz zu tragen.
- Wichtig! Gehörschutz bei länger andauernden Arbeiten anlegen!

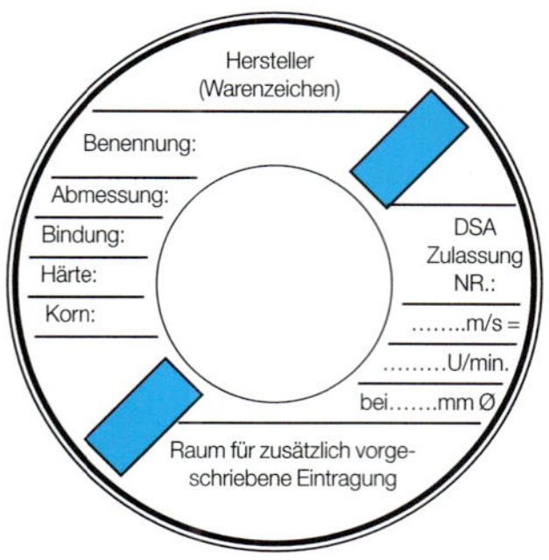

Kennzeichnung einer Schleif- oder Trennscheibe

Arbeitshöchst-geschwindig-keit	Farb-streifen
50	blau
63	gelb
80	rot
100	grün
125	blau + gelb
140	blau + rot
160	blau + grün
180	gelb + rot
200	gelb + grün
225	rot + grün
250	2 × blau
280	2 × gelb
320	2 × rot
360	2 × grün

Baustellen- und Hand-Kreissägemaschine – werden für Holzzuschneidearbeiten z. B. beim Schalungsbau und bei Zimmererarbeiten eingesetzt.

- Der Abstand des Spaltkeils (1) zum Zahnkreuz des Sägeblattes darf nicht mehr als 10 mm betragen.
- Generell keine rissigen oder verformten Sägeblätter (2) benutzen!
- Vor Werkzeugwechsel Stecker (3) ziehen!
- Erforderliche Hilfseinrichtungen verwenden, z. B. Parallelanschlag (4), Winkelanschlag (5), Keilschneideeinrichtung (6), Schiebestock (7).
- Vorschriftsmäßigen Sitz der Schutzhaube (8) gewährleisten.

Jugendliche über 16 Jahre dürfen nur unter Aufsicht eines Fachkundigen und wenn es die Berufsausbildung erfordert, an Tischkreissägemaschinen arbeiten.

Baustellen-Tischkreissäge

Turmdrehkräne – Kräne nur von unterwiesenen, mindestens 18 Jahre alten, körperlich und geistig geeigneten und vom Unternehmen schriftlich beauftragten Kranführern bedienen lassen.

- Sicherheitsabstand zur Baugrubenböschung oder Kante einhalten.
- Mindestens 50 cm Sicherheitsabstand zwischen beweglichen Kranteilen und festen Teilen der Umgebung einhalten oder mit Schutzgeländer/Zaun abtrennen.
- Kranprüfbuch führen.

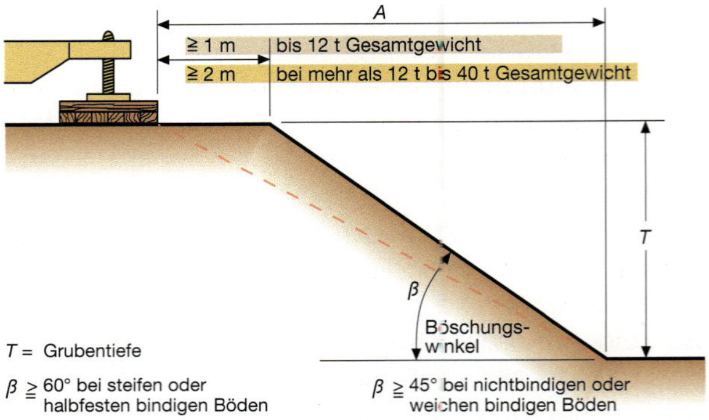

Sicherheitsabstand von Kränen zum Baugrubenrand

8 Sicherheitsabstände auf der Baustelle

❏ Kräne, Straßen- und Baufahrzeuge müssen je nach Gesamtgewicht und Böschungswinkel mindestens 1,00 m (bis 12 t) bzw. 2,00 m (über 12 t) Sicherheitsabstand zur Baugrube haben.

❏ **Mindestarbeitsraumbreite** in der Baugrube ≥ 0,50 m

❏ **Lastfreier Schutzstreifen** (≥ 0,60 m am Baugrubenrand ist freizuhalten!

❏ Zugang zur Baugrube mit mehr als 1,25 m Tiefe nur über Leitern, Treppen oder Rampen.

❏ Bis 1,25 m Tiefe ist es zulässig, Baugruben in standsicherem Boden senkrecht abzuschachten.

❏ Baugrubenwände über 1,25 m Höhe sind der Bodenart und den örtlichen Verhältnissen entsprechend abzuböschen oder zu verbauen.

❏ Bei steifen und bindigen Böden bis 1,75 m Tiefe kann senkrecht abgeschachtet werden, wenn die oberen 0,50 m unter 45° abgeböscht werden (Berme → Lernfeld 2).

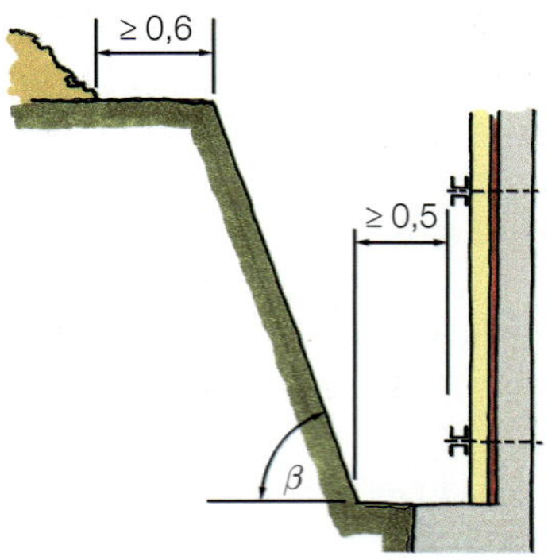

Sicherheitsabstände in nicht verbauten Baugruben (in m)

1 Gerüstarten, Einsatzbereiche, Anforderungen

Das Wort Gerüst ist von dem Wort Rüstung abgeleitet und bedeutet so viel wie Schutz und Verstärkung.

> **!** **Gerüste sind Hilfskonstruktionen, die nicht am Bauwerk verbleiben und nur während der Bauzeit genutzt werden.**

Gerüste erfüllen unterschiedliche **Funktionen**, wie
- Standort (Arbeitsort) für Arbeitskräfte,
- Aufnahme von abgelegtem Baumaterial,
- Ablage von Werkzeug,
- Schutz vor Absturz von Menschen und Material,
- Schutz von Passanten, Baubeteiligten und Objekten an der Baustelle,
- Aufnahme von großen statischen Lasten in der Bauphase (Traggerüst).

Gerüste müssen
- nach jeder Montage (z. B. Baustelle)
- nach schädlichen Einflüssen,
- vor erster Inbetriebnahme

von einer befähigten Person inspiziert und geprüft werden, inklusive einer Dokumentation. Gerüste dürfen nur unter Aufsicht einer geeigneten Person aufgestellt werden. Eine befähigte Person kann sein, wer
- eine abgeschlossene Berufsausbildung im Gerüstbauhandwerk und mindestens 2 Jahre praktische Berufserfahrung im Gerüstbau hat oder
- geprüfter Gerüstbau-Obermonteur, geprüfter Gerüstbau-Kolonnenführer, geprüfter Polier ist oder eine mindestens gleichwertige Prüfung abgelegt hat.

> **!** **Für den betriebssicheren Zustand ist neben der Gerüstbaufirma auch der Unternehmer verantwortlich, dessen Beschäftigte auf dem Gerüst arbeiten. Die Betriebssicherheitsverordnung von Gerüstbenutzern ist strikt zu beachten.**

Mangelhaft oder unvollständig errichtete Gerüste, z. B. ein fehlender Seitenschutz oder ein mangelhafter Belag, können zu Absturzunfällen führen.

Gerüste werden eingeteilt in:
- **Schutzgerüst** – sichert als Fanggerüst oder **Dachfanggerüst** Personen gegen tieferen Absturz, schützt als **Schutzdach** Personen, Maschinen, Geräte und Objekte vor herabfallenden Gegenständen.

Kennzeichnung Sperrung

Bei Auf-, Ab- und Umbauarbeiten sind:
- nicht benutzbare Gerüstbereiche zu kennzeichnen

und
- zusätzlich der Zugang abzusperren oder angemessen abzugrenzen

Zutritt für Unbefugte verboten

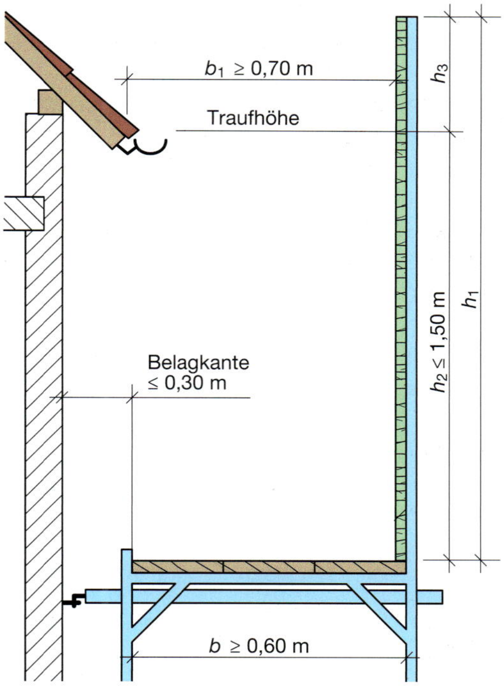

Mindestabmessungen von Dachfanggerüsten

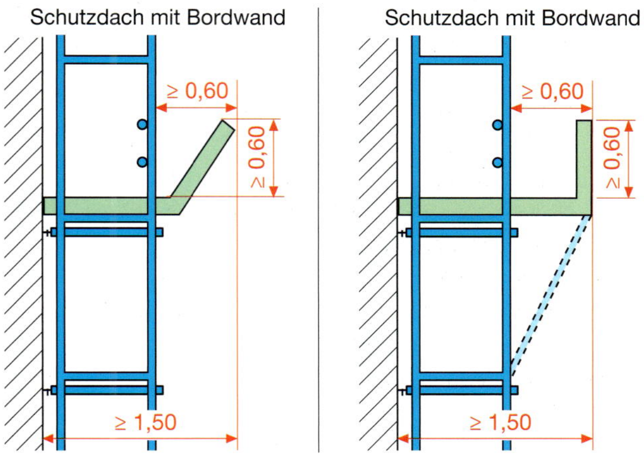

Schutzdächer – Mindestabmessungen

- **Arbeitsgerüst** – von ihm aus werden Arbeiten durchgeführt. Es hat in der Regel außer den beschäftigten Personen und ihren Werkzeugen auch das jeweils für die Arbeiten erforderliche Material zu tragen.

Gerüstbauteile sind alle Einzelteile, aus denen ein Gerüst errichtet wird:

- Der **Belag** (z. B. Gerüstbohlen) auf den Belagteilen ist dicht aneinander zu verlegen, sodass er nicht wippen und nicht wegrutschen kann. Die **Mindestbelagbreite** ist abhängig von der jeweiligen Lastklasse.
- Der **Seitenschutz** besteht im Regelfall aus:
  - **Geländerholm** – Oberkante 100 ± 5 cm über Belagfläche
  - **Zwischenholm** – Zwischenräume zwischen Unterkante Geländerholm und Oberkante Bordbrett < 47 cm
  - **Bordbrett** am Boden, um zu verhindern, dass Gegenstände von der Belagfläche herabrollen oder herabgestoßen werden; Oberkante > 10 cm über Belagfläche

Zu Gerüstzusammenstürzen kann es wegen Überbelastung, fehlender oder unzulänglicher Verankerung und Verstrebung sowie nicht fachgerechter Ableitung der Lasten kommen.

2 Arbeitsgerüste – Auswahl

Die Arbeitsgerüste werden in sechs verschiedene **Lastklassen** unterteilt.

Bockgerüste

Auf kleineren Baustellen und bei Arbeiten in geringerer Höhe wird häufig das einfach zu errichtende **Bockgerüst** eingesetzt. Seine wichtigsten Elemente sind

- die Gerüstböcke,
- der Gerüstbelag,
- der Gerüstzugang,
- der Seitenschutz (ab 2,00 m Gerüstbelaghöhe).

! Ein Bockgerüst ist ein Arbeitsgerüst mit einer Belaghöhe von höchstens 4,00 m, bei dem der Belag auf Gerüstböcken aus Holz oder Metall liegt.

Aufbau und Konstruktionsregeln

❑ Es sind stählerne oder zimmermannsmäßig abgebundene Gerüstböcke zu verwenden, die auf einer sicheren Unterlage aufgestellt werden.

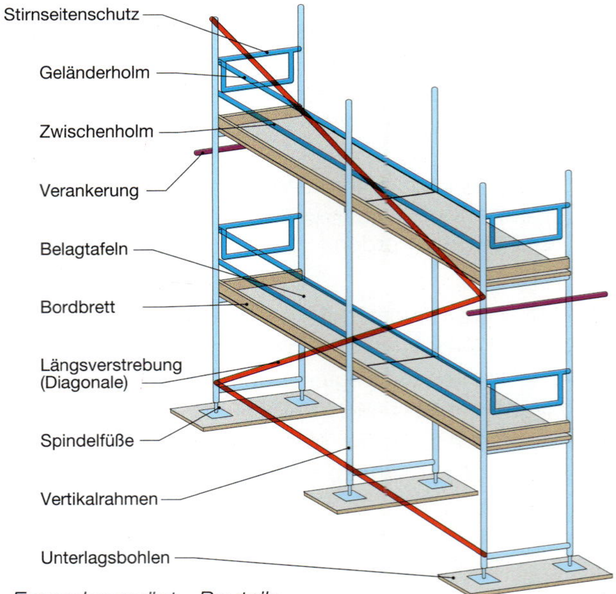

Fassadengerüst – Bauteile

Erforderliche Tragfähigkeit der Gerüstböcke (in kg) in Abhängigkeit von der Lastklasse, der Belagbreite und dem Abstand der Gerüstböcke (Auswahl)

Lastklasse	Belagbreite in m	Abstand der Gerüstböcke			
		1,0 m	1,5 m	2,0 m	2,5 m
1–3 4 5 6	0,90	259 371 540 709	388 557 810 1063	518 743 1080 1418	647 928 1350 1772
1–3 4 5 6	1,00	288 413 600 788	431 619 900 1181	575 825 1200 1575	719 1031 1500 1969
1–3 4 5 6	1,50	431 619 900 1181	647 929 1350 1772	863 1238 1800 2363	1078 1548 2250 2953

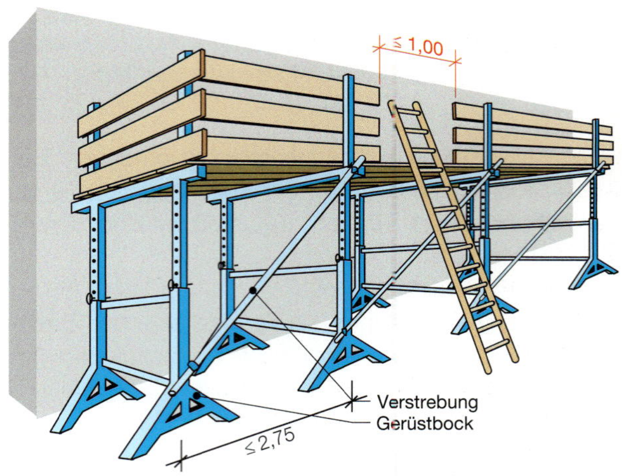

Bockgerüst – Bauteile und Mindestabmessungen (in m)

- Der **Bockabstand bei unmittelbarer Auflagerung** der Gerüstbohlen muss entsprechend der Tabelle hergestellt werden. Er darf jedoch nicht mehr als 2,75 m betragen.
- Belastung und Aussteifung von Gerüstböcken dürfen nur nach den Herstellervorgaben erfolgen.
- Es dürfen höchstens **zwei Böcke übereinander** aufgestellt werden. Die Gesamthöhe soll nicht mehr als 4,00 m betragen.
- Der **Belag** darf nicht wippen oder seitlich ausweichen. Er darf nicht mehr als 0,20 m über das letzte Auflager hinausragen.
- Als **Seitenschutz** sind Geländerholm, Zwischenholm und Bordbrett vorzusehen, wenn der Gerüstbelag höher als 2,00 m über dem Boden liegt.

Arbeitsgerüste werden in drei Gerüstklassen eingeteilt:

- Breitenklasse
- Höhenklasse
- Lastklasse.

Vom Hersteller darf eine beliebige Kombination dieser Klassen gewählt werden.

Die Höhenklasse ist in Deutschland praktisch immer
H1 = Schulterhöhe ≥ 1,60 m; wahlweise
H2 = Schulterhöhe ≥ 1,75 m.

Bezeichnung eines Gerüstsystems (Beispiel)

Gerüst EN 12811–4D–SW 09/250–H2–B–LS

- H2: Klasse der Durchgangshöhe, Schulterhöhe ≥ 1,75 m
- SW 09/250: Breitenklasse 09/ Feldlänge 2,50 m
- D: Fallversuche auf Belagfläche
- 4: Lastklasse 4
- EN 12811: Rahmengerüst (Systemgerüst) nach DIN EN 12811

Regeln beim Arbeiten auf Gerüsten

- Arbeitsplätze auf Gerüsten dürfen nur über geeignete Zugänge betreten und verlassen werden.
- Niemals auf Gerüstbeläge aufspringen oder etwas auf sie werfen!
- Konstruktive Veränderungen am Gerüst dürfen nur durch den Gerüsthersteller vorgenommen werden.
- Gerüste sind nur dann zu betreten, wenn diese fertig montiert und abgenommen sind. Sie müssen den vorschriftsmäßigen Seitenschutz (ab Gerüstbelaghöhe über Geländeoberkante ≥ 2 m) aufweisen.
- Gerüste dürfen nur von absolut schwindelfreien und gesunden Personen betreten werden.

Lastklassen der Arbeitsgerüste

Lastklasse	Gleichmäßig verteilte Lasten in kN/m^2	Auf eine Fläche von 50 cm x 50 cm konzentrierte Last in kN
1	0,75	1,50
2	1,50	1,50
3	2,00	1,50
4	3,00	3,00
5	4,50	3,00
6	6,00	3,00

Breitenklasse und dazugehörige Breiten

Breitenklasse	Breite *w* des Gerüstbelags in m
W06	$0{,}6 \leq w < 0{,}9$
W09	$0{,}9 \leq w < 1{,}2$
W12	$1{,}2 \leq w < 1{,}5$
W15	$1{,}5 \leq w < 1{,}8$
W18	$1{,}8 \leq w < 2{,}1$
W21	$2{,}1 \leq w < 2{,}4$
W24	$2{,}4 \leq w$

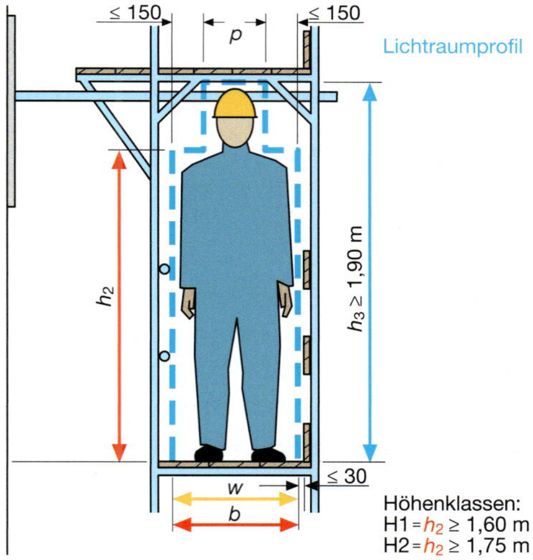

Höhenklassen

Mindestabmessungen von Gerüstbrettern/-bohlen bei Arbeitsgerüsten

Gerüstgruppe	Brett- oder Bohlenbreite in cm	Brett- oder Bohlendicke in cm 3,0	3,5	4,0	4,5	5,0
		zulässige Stützweite in m				
1, 2, 3	20	1,25	1,50	1,75	2,25	2,50
	24 und 28	1,25	1,75	2,25	2,50	2,75
4	20	1,25	1,50	1,75	2,25	2,50
	24 und 28	1,25	1,75	2,00	2,25	2,50
5	20, 24, 28	1,25	1,25	1,50	1,75	2,00
6	20, 24, 28	1,00	1,25	1,25	1,50	1,75

- Bei extremen Witterungsbedingungen wie Sturm, Schlagregen, Eisglätte ist das Gerüst zu verlassen.
- Zum Aufstieg sind nur die vorgeschriebenen Leitern zu benutzen, keine Provisorien.
- Vor jedem Betreten ist die Standsicherheit zu überprüfen.

3 Schutzgerüste

Sie dienen entweder als Fanggerüste oder Dachfanggerüste gegen tieferes Abstürzen oder als Schutzdächer gegen herabfallende Gegenstände.

Fanggerüste sind notwendig, wenn die Absturzhöhe mehr als 2,00 m über dem Gelände liegt bzw. bei Dacharbeiten ab 3,00 m Traufhöhe. Die Gerüstbreite ist abhängig von der Absturzhöhe über dem Gerüstboden.

Fanggerüste bzw. **Fangnetze** dürfen als Absturzsicherung nur verwendet werden, wenn sich aus arbeitstechnischen Gründen ein Seitenschutz nicht verwenden lässt.

Bei Arbeiten auf Dächern mit mehr als 20° Neigung sind besondere Dachfanggerüste oder Dachschutzwände anzubringen. Der Gerüstbelag darf nicht tiefer als 1,50 m unter der Traufkante liegen.

! Fanggerüste sind erforderlich bei Absturzhöhen über 2,0 m (Standgerüste) sowie über 3,0 m (sonstige Gerüste).

Wenn aus arbeitstechnischen Gründen kein Seitenschutz verwendet werden kann, müssen stattdessen Fanggerüste, Dachfanggerüste, Schutzwände oder Auffangnetze angebracht werden, die ein Auffangen abstürzender Personen gewährleisten.

Größte zulässige Stützweite von Gerüstbrettern oder -bohlen aus Holz als Belagteile in Fanggerüsten (Auswahl)

Bohlenbreite in cm	Absturzhöhe in m	Größte zulässige Stützweite in m Für Bretter oder Bohlen mit einer Dicke von					
		doppelt gelegt			einfach gelegt		
		4,0 cm	4,5 cm	5,0 cm	3,5 cm	4,0 cm	4,5 cm
20	1,0	1,8	2,1	2,6	–	1,1	1,2
	2,0	1,5	1,7	2,0	–	–	1,0
	3,0	1,3	1,5	1,7	–	–	–
24	1,0	2,1	2,5	2,7	1,0	1,2	1,4
	2,0	1,6	2,0	2,2	–	1,0	1,2
	3,0	1,4	1,8	1,9	–	–	1,0
28	1,0	1,9	2,7	2,7	1,1	1,1	1,5
	2,0	1,8	2,2	2,5	1,0	1,1	1,3
	3,0	1,6	2,0	2,1	–	1,0	1,1

Arbeitsgerüst nach DIN EN 12811-1
Breitenklasse W 09
Lastklasse 3
Gleichmäßig verteilte Last 2,00 KN/m²

Gerüstbaubetrieb Mustermann
12345 Irgendwo Tel. 1234 123456

Empfohlene Kennzeichnung

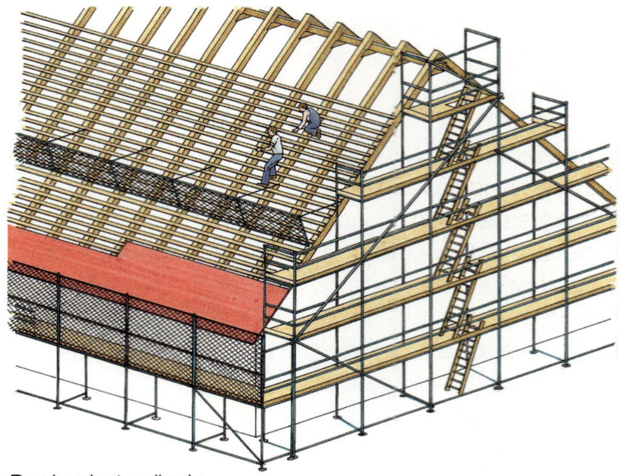

Dachschutzwände – Einsatz bei Dachneigungen ≥ 20° bis ≤ 60°

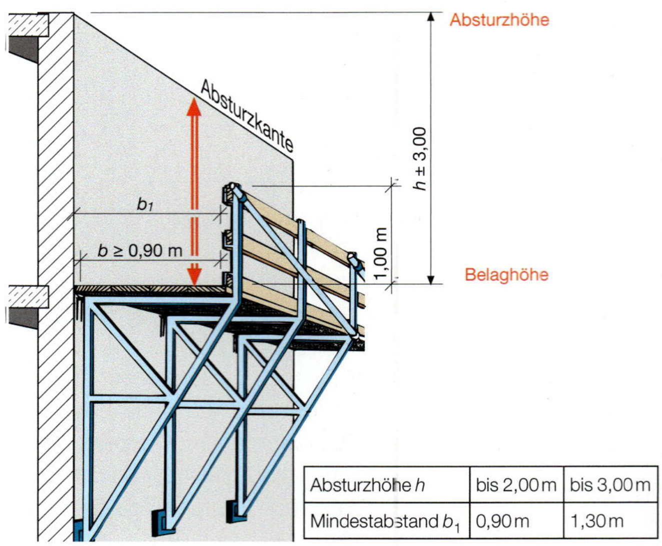

Bei einer Absturzkante in der Höhe von max. 3,00 m ist ein Fanggerüst erforderlich.

4 Leitern

Leitern als Gerüstzugang – Arbeitsplätze auf Gerüsten werden über Treppen, Laufstege oder vergleichbare Zugänge erreicht. Abweichend davon dürfen **Leitern als Aufstieg** verwendet werden, wenn z. B.

- der zu überbrückende Höhenunterschied nicht mehr als 5,00 m beträgt,
- der Aufstieg nur für kurzzeitige Arbeiten benötigt wird,
- sie an Gerüsten als Gerüstaußenleitern angebaut sind und die Gerüstlagen nicht höher als 5,00 m über einer ausreichend breiten und tragfähigen Fläche liegen.

Leitern als Gerüstzugang sind als Gerüstinnenleitern unter einem Anstellwinkel von 65° bis 75° einzubauen. Sie müssen über jeweils einer Gerüstlage (Gerüstlagenabstand 2,00 m) reichen.

Anlegeleitern dürfen bei Bauarbeiten nicht als Arbeitsplatz verwendet werden. Abweichungen von dieser Vorschrift sind zulässig, wenn

- bei einem Standplatz von mehr als 2,00 m Höhe die von der Leiter auszuführenden Arbeiten nicht mehr als 2 Stunden umfassen,
- das Gewicht des mitzuführenden Werkzeuges und Materials 10 kg nicht überschreitet,
- keine Gegenstände mit einer Windangriffsfläche über 1,0 m² mitgeführt werden,
- keine Stoffe oder Geräte benutzt werden, von denen für den Beschäftigten zusätzliche Gefahren ausgehen,
- Arbeiten ausgeführt werden, die keinen größeren Kraftaufwand erfordern als den, der zum Kippen der Leiter ausreicht,
- der Beschäftigte mit beiden Füßen auf einer Sprosse steht.

Hinweise zur Arbeitssicherheit

- ❑ Stufen oder Sprossen müssen zuverlässig und dauerhaft mit Wangen und Holmen verbunden sein und gleiche Abstände haben.
- ❑ Schadhafte Leitern sind auszusondern.
- ❑ Anlegeleitern sind gegen Ausgleiten, Umfallen, Umkanten, Abrutschen und Einsinken zu sichern, z. B. durch Fußverbreiterungen, dem Untergrund angepasste Leiterfüße, Einhängevorrichtungen.
- ❑ Leitern sind im Verkehrsbereich durch Absperrungen zu sichern.

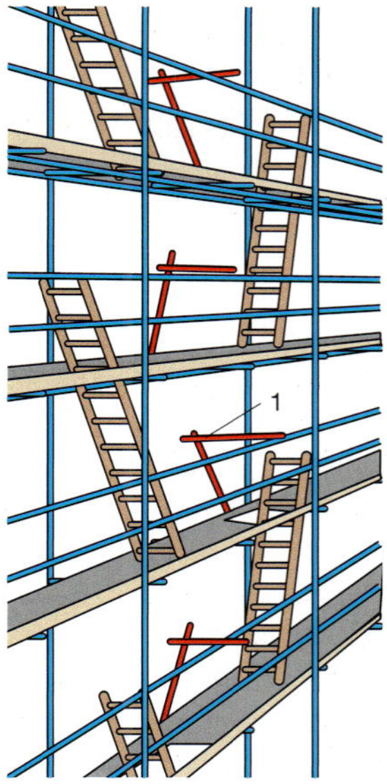

Leitergang mit versetzt angeordneten Leitern. Die Leitern sind gegen Abrutschen zu sichern.
1 Sicherung der Durchstiegsöffnung gegen Hineinstürzen

Anlegeleitern müssen mindestens 1 m über den Austritt hinausragen. Der Anstellwinkel α beträgt 65° bis75°.

Fußverbreiterung und dem Untergrund angepasste Leiterfüße

Schiebeleiter

Hinweise für **mehrteilige Anlegeleitern**:

- Leitern nur bis zu der vom Hersteller angegebenen Länge zusammenstecken oder ausziehen, gegen Durchbiegen z. B. durch Stützstangen sichern.
- Bei Schiebeleitern ist auf freie Beweglichkeit der Abweiser sowie auf das Einrasten der Feststelleinrichtungen zu achten.

Stehleitern sind frei stehende zweischenklige Leitern, die während der Bauablaufs vielseitig einsetzbar sind.

Hinweise zur Arbeitssicherheit

- ❑ Stehleitern müssen fest angebrachte Spreizsicherungen haben.
- ❑ Schadhafte Leitern, z. B. angebrochene Holme und Sprossen von Holzleitern, verbogene und angeknickte Metallleitern, dürfen nicht benutzt werden!
- ❑ Stehleitern sind standsicher aufzustellen, gegen Einsinken, Wegrutschen und Umfallen zu sichern.
- ❑ Auf Treppen und schiefen Ebenen dürfen nur Stehleitern mit Holmverlängerungen eingesetzt werden.
- ❑ Jede Holmverlängerung ist mit mindestens zwei Leiterklammern bzw. Klemmlaschen zu befestigen. Der Befestigungsabstand ist entsprechend der Montageanleitung einzuhalten.
- ❑ Stehleitern sind nicht wie Anlegeleitern zu benutzen, d. h., es darf nicht auf andere Arbeitsplätze oder Verkehrswege übergestiegen werden.
- ❑ Oberste Sprosse bzw. Stufe nicht besteigen! Nur bei Leitern mit Sicherheitsbrücke und Haltevorrichtung ist das Betreten der obersten Stufe zulässig.

DIN EN 12811	Temporäre Konstruktionen für Bauwerke
DIN 4420	Arbeits- und Schutzgerüste
DIN EN 131	Leitern
BGV D 36	Leitern und Tritte – Unfallverhütungsvorschrift
BGV C 22	Bauarbeiten – Unfallverhütungsvorschrift

Stehleiter mit Spreizsicherung

Holmverlängerung

Sicherheitsbrücke und Haltevorrichtung

Spreizsicherung zug- und druckfest

Stichwortverzeichnis

Abbruchgenehmigung 16
Abbruchmethoden 16
Abdeckung 224
Abdichtung 88, 100, 232, **305 ff.**
Ablängen 138
Abriebklasse 229
Abstandhalter 120, 139
abstecken 25, 318 f.
Absteckplan 53
Absturzsicherung 16, 229, 336
Abwasser 34 ff.
Abwasserleitung 36 f., 39, 40
Abwicklung 282
Achtelmeter 60
Anhydrit 210, 212
Anhydritestrich 239
Ankerelement 120
Anmachwasser 149, 154, 222
Anreißwerkzeug 198
Anschlussdichtung 253 f., 255
Ansicht 278, 284
Arbeitsablauf
  Abwasserleitung 40
  Balkenschalung 124 f.
  Baugrube 33
  Betonieren 141
  Bewehren 138
  Dachdeckung 260
  Estrich 224
  Fliesenverlegung 233
  Holzkonstruktion 200
  Kehlbalkendach 200
  Leitungsgraben 33
  Mauern 99
  Putz 215
  Schalung 124
  Skizzieren 272
  Streifenfundament 45
  Trockenbau 255
  Zeichnen 273
Arbeitsgerüst 334 f.
Arbeitsraum 28, 332
Arbeitssicherheit 17, 327
Asphaltplatte 230
Aufbiegung 135
Auflagerkraft 291 f.
Ausbreitmaß 150 f.
Ausführungszeichnung 96 f., 284
Ausfugen 238, 240
Aushubmenge 31 f.
Ausschalen 161
Außenklima 295
Außenmaß 60 f.
Außenputz 208 f., 212 f., 218
Aussteifung 29

Balken 115, 129, 136
Balkenschalung 120 ff.
Balkenschuh 186
Bau-Berufsgenossenschaft 9, 327
Bauflucht 25
Baugesetz 10
Baugips 210
Baugrube
  Aushub 31, 33
  nicht verbaut 27 f.
  Sicherung 27, 332
  verbaut 28
Baugrund 22 ff.
  Druckspannung im 24
  Eislinsenbildung 24
  Frostempfindlichkeit 24
  -untersuchung 22
  Wasserhaltung 30
  Wasser im 24, **30**
Bauhandwerk 9
Bauholz 192
Bauindustrie 9
Baukalk 82 f.
Baunennmaß 60 f.
Bauordnung 10
Bauplanung 12 f., 283
Baurichtmaß 60
Bauschnittholz 178 f.
Baustellenbeton 141
Baustelleneinrichtung 15
Baustellenestrich 221
Baustellenmörtel 85, 213, 223
Baustellensicherung 16
Bautechnik 8 ff.
Bauzeichnung
  Arten 283 f.
  Bemaßung 270 f., 276
  Maßstab 268
Bauzeitenplan 14
Bebauungsplan 13
Belagseinteilung 233 f.
Belagsuntergrund 235
Bemaßung 270, 276
Beplankung 247, 249, 253
Beräumung 16
Berme 28
Beton 141 ff.
  Arten 171
  Bestandteile 142 ff.
  Eigenschaft 149
  Expositionsklasse 134, 141, **153 ff.**
  Festigkeitsklasse 141, 148 f., **153 f.**, 155
  Gesteinskörnung **142 ff.**
  Gruppen 153 f.
  Herstellung 157 ff.
  Konsistenz 141, **150**, 155, 159 f.
  Materialbedarf 154
  Oberfläche 116
  Prüfkörper 152
  Standardbeton 154
  Tragverhalten 127
  Zusammensetzung 149
Betondeckung 128, **134**
Betonfertigteil 141
Betonmischer 158
Betonrohr 36
Betonstabstahl 131 f., 133 ff.
Betonstahl 128, 131 f.
  Arten 131
  Bezeichnung 132
  Biegeform 133 f.
  Durchmesser 131, 134
  einbringen 159
  Festigkeit 131
  Gewicht 137
  Haken 133
Betonstahlmatte 131 f.
Betonstein 48, 81
Betonsteinpflaster 48
Betonwerkstein 230
Bewehrung 126 ff.
  Herstellen 138 f.
  Planen 133 ff.
  Stahlbetonbalken 129 ff.
Bewehrungsdraht 131 f.
Bewehrungseinbau 139
Bewehrungskorb 130, 139
Bewehrungsplan 133, 136
Bewehrungszeichnung 133, 136
Biberschwanz 259, 264
Biegebeanspruchung 126 ff., 290
Biegeform 133 f.
Biegen 138
Biegerollendurchmesser 135 ff.
Biegezugbewehrung 129, 133
Biegezugfestigkeit 126
Biegung 126 f., 289 f.
Binderschicht 63
Binderverband 63 f., 70, 72
Blättling 191
Blatt 182 f.
Blattformat 267
Blattgröße 267
Blaufäule 192
Blockverband 63, **65**, 68, 73
Bockgerüst 91, 334
Bodenart 23
Bodenaushub 31 f.
Bodenbelag 227, 238 ff.
Bodenfeuchtigkeit 305 f.
Bodenfliesen 228, 238 ff.
Bodenklasse 22 f., 332
Bodenpressung 41, 43
Böschungswinkel 27
Bohle 178
Bohrung 22
Bolzenverbindung 187
Bordstein 50
Brandschutz 248 f., **312**, 330
Brandwand 59
Branntkalk 82
Brennbarkeitsklassen 312
Brett 117 f., **178**
Brettschichtholz 179
Bruchlast 152
Bruchspannung 152, 289
Bügel 130, **133**, 136
Butteringverfahren 238

Calciumsulfat 210
Calciumsulfatestrich 239

Dach 172 ff.
-binder 173
-form 172
-tragwerk 172 f.
Dachdeckung 258 ff.
Dachdeckungsarbeiten 262
Dachflächenausmittlung 282
Dachlatte 261, 263,
Dachneigung 258, 260
Dachsteine 259
Dachziegel **258 f.**, 262 f.
Dämmstoff 251, 253, 256, 297, **301 ff.**
Deckhöhe 260
Deckwerkstoff 258 f.
Dehnung 131
Detailzeichnung 38, 100 f., 285
Diagonalverband 51
Dichtungsband 252 f.
Dickbettmörtel 231
Dickbettverfahren 233, 235 f., 240
dimetrische Projektion 276
Doppeldeckung 262, 264
Doppelständerwand 247
Dränleitung 38
Drahtstift 119, **185**, 263
Dreieck 324 f.
Dreisatzrechnung 322
Dreitafelprojektion 278
Druck 126 f., 129, 289 ff., 293
Druckfestigkeit 148, 153 ff., 299
drückendes Wasser 307
Dübelverbindung 188
Dünnbettmörtel 84, 231
Dünnbettverfahren 233, 235f., 240

Echter Hausschwamm 191 f.
Eckschlag 139
Eiche 175
Eigenfeuchtigkeit 143
Eigenlast 286 f.
Einbringen 159
Einfachständerwand 247, 253 ff.
Einzelfundament 42
Einzellast 288
Einzelverlegung 240
Eislinsenbildung 24
Energieverbrauch 296, 300
Entwässerung 34 f.
Entwässerungsplan 36
Entwurfszeichnung 13, **284**
Erdarbeiten 27
Ergonomie 331
Erhärtung 160, 162
Erstarren 148
Erste Hilfe 17, 329
Estrich 220 ff.
Estrich auf Trennschicht 221
Estrichanforderungen 220
Estricharbeiten 223 ff.
Estrichdicke 221
Estrichtrocknung 225
Expositionsklasse 134, 141, **153 ff.**

Fachverbände 9
Felsklasse 23
Fensteröffnung 101
Fertigholzmenge 196 f.
Fertigteilestrich 220
Festbeton 141, **152 ff.**
Feuchteschutz 304 ff.
Fichte 175
First 186, 200
Fischgrätverband 51
Flachgründung 42
Flächenberechnung 325
Flächengründung 42
Flächenlast 288
Flechten 139
Fliesen 227 ff.
Fliesenformate 229
Fliesenkleber 231
Fliesenmörtel 231
Fliesenverlegearbeiten 233
Fließestrich 221, 225
Fließmittel 222
Floating-Verfahren 237
Fluchten 318
Fluchtschnur 26
Fördergeräte 159
Fördern 158
Formänderung 126 ff., 130, 289
Frischbeton 141, **150 f.**
Frischmörtel 87
Frühholz 174
Fugenspachtel 252, 256
Fundament 42 ff., 286
Fundamentplan 44
Fundamentschalung 117
Fußboden, erdanliegend 220
Fußbodenaufbau 220
Fußpfette 173

Gartenweg 50
Gebäudeabsteckung 25
Gebotszeichen 17, 328
Gefälle 39, 323
Gehwegplatten 49
geometrische Grund-
konstruktion 274 f.
gerader Stahl 134, 136
Geräte 90, 198 f., 314 f, 331
Gerüst 333 f.
Gesteinskörnungen **142 ff.**
Gewerkschaft 9
Gips 210 f.
Gipsfaserplatte 250, 255
Gipsplatte **246 ff.**, 257
Gipsmörtel 211
Gipsputz 213
Gipsspachtel 252, 254, 256
Glattputz 216 f.
Gleiten 294
Grabenbreite 29
Grabenverbau 28 f.
Grenadierschicht 63
grobkeramische Platten 230
Gründung 41 ff.
Anforderungen 41
Arten 42 ff.
frostfreie 42
~ platte 42
Setzungen 41
Grüner Beton 141
Grünmaß 176
Grundleitung 35, **37**, 40
Grundriss 96, 111, **279**, 284
Grundwasserabsenkung 30

Haken 133, 135 ff.
Hausbockkäfer 190
Hausschwamm 191 f.
Hauszugang 48 ff
Hartholz 175
Hirnholz 174
Hochlochziegel 76, 98
Hochofenzement 147
Höhenangaben 271
Höhenmessung 316
Hohlraumfüllung 251
Holz
Arten 175
Aufbau 174
Auswahl 174
Bearbeitung 197
Fäule 191 f.
Festigkeit 177
Feuchte 177, 193
Konstruktion 195 ff.
Liste 122 f., 196 f.
Materialbedarf 195 ff.
Quellen 176
Schwinden 176
Sortierklasse 179
Verarbeitung 177
Verbindung 182 ff., 200 f.
Werfen 176
Holzfaserplatte 181, 248, 250
Holzschaden 190 ff.
Holzschrauben 188
Holzschutz 192 ff.
baulicher 193
chemischer 193 f.
-mittel 193 f.
Holzständerwand 246, 251
Holzstützen 119, 121
Holzträger 118
Holzwerkstoff 118, 180 f., 192, 250
Horizontalschnitt 96, 111, **279**,
Hydratation 149

Ingenieurmäßige Holz-
verbindung 185 ff., 201
Innenputz 208f., 212f., 218
Isometrie 103, 111, **276 f.**

Jahresring 174

Kabinettprojektion 276 f.
Kalk 82 f.
Kalkkreislauf 82
Kalkputz 213
Kalksandstein 77 f., 98
Kalkzementputz 213
Kamm 184
Kantholz 118 f., **178**
Kehlbalken 173, 196
Kehlbalkendach **173**, 186, 195, 196, 200
Kellenstrichputz 217
Kellenwurfputz 217
Kellerschwamm 192
Keperverband 51
keramische Platten 228 ff.
Kernholz 174 f.
Kernseite 176
Kiefer 175
Kies 23, 142 f.
Kippen 293
Klammer 187, 252
Klinker 77
Klinkerplatte 230
Klopfkäfer 190
Knicken 293
Körnungsziffer 146
Körperschall 309
Kompositzement 147
Konsistenz 141, 150, 155, **159 f.**
Konsistenzprüfung 150 f.
Konstruktion, geometr. 274 f.
Konstruktionsvollholz 179
Konterlatte 261, 263
Kopfmaß 60
Kornform 143 f.
Korngröße 143 f.
Korngruppe 144
Kornklasse 144
Kornverteilung 155
Kornzusammensetzung 144 f.
Kraft 288 ff.
Kratzputz 216 f.
Kreis 325
Kreuzschlag 139
Kreuzverband 63, **65**, 69
Kunstharzputz 212 f.
Kunststoffrohr 36

Längenmessung 315
Längsfuge 62, 99
Längsschnitt 279
Längsverbindung 183
Lärche 175
Läuferschicht 63
Läuferverband 51, **63 f.**, 66, 67, 70, 71
Lageplan 13, 20, **283**
Lagerfuge 62, 98
Lagermatte 132
Lasten 286 ff.
Latte 178, 261
Lattweite 261
Laubholz 175
Lehm 23
Leichtbeton 141
Leichtbetonstein 80
Leichthochlochziegel 76
Leichtmörtel 84
Leichtputz 213
Leimverbindung 189
Leistungsverzeichnis **11**, 91, 93
Leiter 336 ff.
Leitergerüst 335 f.
Leitungsgraben 29, 31
Lignin 174
Linien 268
Lot fällen 274
Luftfeuchtigkeit 295, 308
Luftschall 309 f.

Maschinen 27, 138, 158, 215, 331
Maschinenputz 216
Materialbedarf
  Beton 154, 156
  Dachdeckung 263
  Estrich 223
  Fliesenarbeiten 241 f.
  Holz 195 ff.
  Mauern 94 f.
  Putz 214
  Schalung 122 f.
  Trockenbau 253 f.
  Zement 149, 154 f.
  Zuschlag 154
Maßangaben 271
Maßeinheiten
Maßeintragung 270 f.
Maßlinie 270
Maßordnung 60 f.
Maßstab 268, 321
Mauermörtel 84 ff.
Mauersteine 75 ff.
Mauerverbände 62 ff.
Mauerwerk
  11,5 cm dick 66
  17,5 cm dick 67
  24,0 cm dick 67 ff.
  30,0 cm dick 71 f.
  36,5 cm dick 72 f.
  Wärmeleitfähigkeit 297
Maurerarbeiten 90 ff.
  Arbeitsablauf 99
  Materialbedarf 94 f.
  Witterungsschutz 102
Maurerkelle 90
Messgeräte 314
Messstab 266
Messung 315 ff.
Metallständer **251**, 253 ff., 254 ff.
Metallständerwand 246 ff.
Mindestgefälle
  Berechnung 39, 323
  Dränleitung 38
  Grundleitung 37
Mineralfaser 251, 253, 256
Mineralischer Putz 212 f.
Mischen 157, 223
Mischer 158
Mischsystem 35
Mischungsanzahl 156
Mischungsverhältnis
  Dickbettmörtel 231
  Estrich 223
  Putz 213
Mischzeiten 157 f.
Mittelpfette 173
Mörtel 84 ff.
  Mischungsverhältnis 86, 213, 223
Mörtelausbeute 86
Mörtelbedarf 94 f., 214, 223
Mörtelgruppen 86, 212 ff.
Montagearbeiten 253 ff., 255 ff.
Montagestäbe 130, 133, 136

Nachbehandeln 162
Nackenschlag 139
Nadelholz 175
Nagekäfer 190
Nagel **185 f.**, 252
Nagelbild 186
Nagelplatte 187
Nagelverbindung 185 f.
Naturstein 227
Neigung 323
Nennfestigkeit 153
Nennweite 35
Nivelliergerät 317
Normalbeton 141
Normalmörtel 84, 86
normal saugend 215
Normen 11
Normschrift 269

Oberputz 209, 212, 214, 216
Öffnungsmaß 60 f.
Ortbeton 141

Parallelprojektion 278
Parallelschaubilder 276
Parallelverschiebung 273
Plätze 47
Planung 12 f.
Pfettendach 173
Pflaster 47 ff.
  -arbeiten 52
  Diagonalverband 51
  Fischgrätverband 51
  Keperverband 51
  Läuferverband 51
  Materialbedarf 51
  Mengenberechnung 51
Pflasterklinker 49
Porenbeton 79
Portlandkompositzement 147
Portlandzement 147
Prisma 326

Projekt
- Dachdeckung 264
- Erschließung 53 f.
- Estrich 226
- Fliesenverlegung 243 ff.
- Geräteschuppen 202 ff.
- Gründung 55
- Mauerwerk 103 ff.
- Pflaster 56
- Putz 218 f.
- Stahlbetonbalken 164 ff.
- Trockenbau 257 ff.

Prozentrechnung 322
Prüfkörper 152
Prüfzeichen 327
Pultdach 172
Pumpensumpf 30
Putz 208 ff.
Putzarbeiten 215 f.
Putzbewehrung 215
Putzdicke 216
Putzgrund **214 ff.**
Putzlage 209, 212, 214, 216
Putzmörtel 210, 212, 214
Putzmörtelgruppen 212 ff.
Putzprofil 215
Putzweise 216 f.
Pythagoras 324

Quader 326
Quadrat 325
Quellen 176
Querkraft 130
Querschnitt 279, 285
Querverbindung 183

Radweg 50
Rahmenprofil 253 f., 255 f.
Randbefestigung 50
Randdämmstreifen 224
Raumklima 295, 308
Raummaß 92
Rechteck 325
Regelkonsistenz 150
Regelsieblinie 145 f.
Reibeputz 216 f.
Rettungszeichen 17
Rohholzmenge 196 f.
Rohre 35 f.
Rollschicht 63
Rostschutz 128
Rotbuche 175
Rütteln 160
Rutschhemmung 229

Sand 23, 142 f.
Satteldach 172, 263
Saugfähigkeit 215
Schacht 38
Schachterlaubnis 22
Schalbretter 117 f., 122
Schalhaut 117 f., 120, 122
Schallschutz 248, **308 ff.**
Schalplan 120 ff.
Schaltafeln 118
Schalung 116 ff.
Schalungsanker 120
Schalungsarbeiten 120 ff.
Schalungsdruck 116
Schalungsplatten 118
Schalungsstützen 119 f., 122
Schalungsträger 118, 120, 122
Schalungszeichnung 121
Scherkraft 291
Schichtenpaket 47
Schiefer 258 f.
Schlagregen 209
Schluff 23
Schmutzwasserleitung 34, 39 f.
Schnittdarstellung 279 f.
Schnittebenen 279
Schnittlänge 134 ff.
Schnürboden 200
Schnurgerüst 26
Schrägverbindung 184
Schraffur 280
Schrauben **188 f.**, 252, 254
Schriftfeld 267
Schriftgröße 269
Schub 291
Schubbewehrung 130, 133
Schürfgrube 22
Schutzausrüstung 328
Schutzgerüst 336
Schutzstreifen 28
schwach saugend 215
Schwerbeton 141
Schwimmender Estrich 221
Schwinden 176
senkrechter Schnitt 97, **279**
Serienfestigkeit 153
Setzungen 41
Sicherheitsabstand 332
Sickerschicht 38
Sieblinie 145 f., 154
Siebversuch 145 f.
Skizzieren 272
Sockel 100, 209, 305
Sortierklasse 179
Spätholz 174
Spaltplatte 230
Spannbeton 141
Spanndraht 120
Spannschloss 120
Spannung 288 ff.
Sparren 172 f., 195
Sparrendach 172
Sparrenfuß 186, 195, 200, 201
Sparrenhalter 186
Sparrennagel 185
Splintholz 174 f.
Splintseite 176
Spritzbewurf 214 f.
Spritzputz 217
Stabilität 293 f.
Ständer 247, 251, 253 f.
Stahlauszug 133, 136
Stahlbeton 128, 141
Stahlbetonbalken 115, 126
- Betonieren 141 ff.
- Bewehren 129 ff., 136
- Biegebeanspruchung 127
- Biegezugbewehrung 129 f.

Stahlbetonbauteile 114 ff.
Stahlblechformteil 186, 201
Stahlgewicht 137
Stahlliste 133, 137
Stahlrohrstütze 119
Standardbeton 155
stark saugend 215
Statiker 115, 133, 286
statisches System 291 f.
Stauchung 290
Steinbedarf 51, 94 f.
Steinformat 75 f., 78, 80
Steingewicht 98
Steingutfliesen 228 f.
Steinzeugfliesen 228 f.
Steinzeugrohr 35
Stoßfuge 62, 99
Streckenlast 288
Streckenteilung 274
Streckgrenze 131
Streifenfundament 42 ff.
- Arbeitsablauf 45
- Fundamentplan 44
- Herstellung 45
- Planung 43 f.

Stromschlag 329 f.
Stuckgips 210
Stütze 286
Stützkonstruktion 120, 124
Stützweite 292
Stumpfstoß 70
Sturz 77 ff., 101, 115, 126, 129, 136, **286**, 292
symmetrische Einteilung 233 f.
Systemschalung 116 f.

Teilsteine 63
Terrazzo 230
Theodolit 25, **319**
Tiefgründung 43
Ton 23
Traglatte 261, 262, 263
Tragstäbe 130, **133**, 136
Tragwerksplaner 115, 133, 286
Transportbeton 141, 170
Trennmittel 120
Trennsystem 34
Trennwand 246 ff.
Trittschall 309, 311
Trockenbauarbeiten 253 ff.
Trockenbauwand 246 ff.
Trockenmaß 176
Trockenmörtel 85, 87

Überbindemaß 62
Überdeckung 260, 262
Umweltschutz 18

Unfallverhütungsvorschriften 9, **17**, 327
Unterkonstruktion 247f., **250f.**, 253f., 255
Unterputz 209, 212, 214, 216
Unterspannbahn 260, 263

Verband 63ff.
  Binderverband **63f.**, 70, 72
  Blockverband 63, **65**, 68, 73
  Kreuzverband 63, **65**, 69
  Läuferverband **63f.**, 66, 67, 70, 71
  mittiger 66
  schleppender 66
  umgeworfener 68
Verbandsregeln 62f.
Verbau 28
Verbindungsmittel 119f., **185f.**, 252
Verbotszeichen 17, 328
Verbundbaustoff 128
Verbundestrich 221
Verbundstein 48
Verdichten 160
Verdichtungsmaß 150f.
Verformung 126ff.
Verfugen 238
Verkämmung 184
Verkehrsfläche 47ff.
Verkehrslast 287
Verlegearten 48f., 51
Vermessung 314
Versatz 182, 184, 200
Verschwertung 119f.
Vertikalschnitt 279, 285
Vollwandträger 118
Vollziegel 76, 98
Volumenberechnung 326
Vorsprungsmaß 60f.

Waagerechter Schnitt 279
Wärmeausdehnung 128
Wärmebrücken 300f.
Wärmedurchgangskoeffizient 298f.
Wärmeleitfähigkeit 297
Wärmeschutz 296ff.
Wärmeschutzverordnung 301f.
Wärmeverlust 296
wahre Größe 281
Walmdach
Wand 58ff., 286
  Anforderungen 58f., 246
  aussteifend 58f.
  einschalig 62ff.
  nicht tragend 59
  tragend 58
Wandbelag 227, 236f.
Wanddicke 63
Wandfliesen 228, 236f.
Wandprofil **251**, 253ff.
Wandschalung
Wandstärke 63
Warnzeichen 17, 328
Waschputz 217
Wasser
  abweisend 209
  hemmend 209
Wasseraufnahmefähigkeit 228
Wasserbedarf 146, 149, 154
Wasserhaltung 30
Wasserwaage 90, 198, 255, 314
Wasser-Zement-Wert 149, 155
Wege 47ff.
Weichholz 175
Werkmörtel 85, 213f., 223
Werkzeichnung 96f., 284
Werkzeug
  Biegen 138
  Holzbearbeitung 198ff.
  Mauern 90f.
  Messen 314f.
  Mischen 158
  Putz 215f.
Windrispe 173, 196
Winkelhaken 135f.
Winkelhalbierung 274
Winkelmessung 318
Würfel 326
Würfeldruckfestigkeit 153

Zapfen 182, 183, 184, 200
Zahlenverhältnis 322
Zeichenblatt 267
Zeichenmessstab 266
Zeichenplatte 266
Zeichnen 273
Zellulose 174, 251
Zement 147ff.
Zementarten 147
Zementestrich 222, 225, 239
Zementfestigkeit 148, 152, 155
Zementgehalt 149
Zementlagerung 155
Zementleim 149
Zementmenge 149, 154f.
Zementputz 213
Ziegel 76f., 98
Ziegeldeckung 262
Ziegeltonplatte 230
zimmermannsmäßige Holzverbindung 182ff., 200f.
Zug 126f., 129, 290
Zugabewasser 149, 154
Zugbewehrung 129, 133
Zugfestigkeit 131
Zuschlag 84, 122, 212
Zuschlagmenge 154
Zwingen 119
Zylinderfestigkeit 153

Bildnachweis

Arbeitsgemeinschaft Pflasterklinker e. V., Bonn: Seite 48/1; 49/1, 3
Artz, J., Berlin: Seite 114/1
ATLAS WEYHAUSEN GMBH, Delmenhorst: Seite 27/2–4
Bau-Berufsgenossenschaft, Frankfurt/M.: Seite 9/2; 17/2
Billigen, G., Kaiserlautern: Seite 21/1–4; 33/1–3; 41/1; 42/2; 43/1; 45/3; 50/3, 5
Büchner, G.; Dresden: Seite 227/1–2
DASAG GmbH & Co. KG, Eschershausen: Seite 230/6, 7
Deutsche Doka Schalungstechnik GmbH, Maisach: Seite 118/1; 120/2; 161/2
Fels-Werke GmbH, Goslar: Seite 207/4; 211/1–2; 220/2; 248/1–3; 252/2, 3; 255/1–2
FPM Holding GmbH, Freiberg: Seite 320/2, 4, 5
Fränkische Rohrwerke Gebr. Kirchner GmbH & Co. KG, Königsberg/Bayern: Seite 40/1–2
Glania, M., Berlin: Seite 37/2
Hebel AG, Emmering-Fürstenfeldbruck: Seite 90/3; 100/1
Hollatz, B., Niendorf: Seite 21/5; 42/1; 57/2–3, 5; 58/1; 59/1–2; 62/1; 74/1–2; 75/1; 77/2; 79/2; 81/2; 83/1; 84/1; 85/1, 3; 88/1–2; 91/3; 92/3; 98/1–3; 100/2; 101/1–2; 123/1; 126/1; 128/1–2; 139/2; 144/3; 162/2; 171/1, 2, 4; 177/1; 181/3; 182/1; 187/5; 200/1; 207/5; 209/1–2; 216/4; 222/1; 224/1–2; 230/1–5; 258/3; 259; 289/3; 292/2; 293/1, 295/2; 301/1; 302/1–4; 303/1, 3; 305/2; 307/2; 308/2; 312/1–2
Gebr. Knauf Westdeutsche Gipswerke, Iphofen: Seite 210/1; 212/1; 214/1; 217/2; 246/1; 247/3; 249/1–3; 250/2; 253/1; 256/1–2
Lescha Maschinenfabrik, Gersthofen: Seite 158/1; 213/1
Liebherr-Hydraulikbagger GmbH, Kirchdorf: Seite 27/1
Lindner-Focke, A., Berlin: Titelfoto; Seite 7/4; 18/1–3; 27/5; 29/2; 30/3; 36/1; 42/3; 45/1; 47/1; 50/6; 52/2; 89/1–2; 115/1; 116/1; 117/1–2; 157/2; 158/2; 159/3; 201/1; 258/1; 336/3
Marmorit GmbH, Bollschweil: Seite 208/1; 215/1; 217/3, 4
Maxit Holding GmbH, Merdingen: Seite 99/1; 216/1
Megalith Baustoffwerke Verkauf GmbH, Erlangen: Seite 76/1
Mett, H.-H., Lübeck: Seite 113/1–3; 118/4; 119/1; 120/1; 123/2; 124/1–5; 125/1–3; 157/1
Nedo Nestle & Fischer GmbH & Co. KG, Dornstetten: Seite 314/2; 315/2, 4, 5, 7, 8
PCI Augsburg GmbH, Augsburg: Seite 207/2–3; 216/3; 222/2; 225/2; 232/1; 235/1–3; 236/2; 237/1–3; 238/1–3; 239/1; 240/2–4
Peddinghaus, Paul Ferd., Gevelsberg: Seite 138/1–3
Putzmeister Mörtelmaschinen GmbH, Aichtal: Seite 223/1
Readymix Beton AG, Ratingen: Seite 57/4; 84/2; 85/2; 91/2; 102/1; 133/1; 143/1; 159/1–2; 161/1
Remmers Bauchemie GmbH, Löningen: Seite 171/3; 190/2, 4; 191/1–4
TÜV Rheinland-Berlin-Brandenburg, Berlin: Seite 327/4
VDE VERBAND DER ELEKTROTECHNIK ELEKTRONIK INFORMATIONSTECHNIK e. V., Offenbach: Seite 327/3
Verlagsarchiv: Seite 22; 37/1; 77/1; 79/1; 80/1; 81/1; 90/1–2; 114/2–3; 117/3; 119/2–3; 126/2; 127/2; 139/3–5; 142/1–2; 143/2–3; 145/2; 147/1–2; 150/1–2; 151/1–2; 152/1–2; 173/3; 179 (unten); 180 (unten); 181/1–2; 207/1; 215/2; 216/2; 217/1; 220/1; 225/1, 3; 236/1; 251/1; 266; 290; 314/1
Werth-Holz, Finnentrop: Seite 171/5, 202/1
Wienerberger Ziegelindustrie GmbH, Hannover: Seite 59/3
Wünsche, A., Klipphausen: Seite 262
Zentralverband des Deutschen Baugewerbes, Berlin: Seite 7/1
Zimmer, Uwe P., Welver: Seite 13

Weiterführende Informationsquellen aus denen Abbildungen entnommen wurden:

Formeln und Tabellen für das Bauhandwerk, Tribbensee, Cornelsen Verlag Berlin
Taschenbuch Bauberufe – Hochbau, Krause, Cornelsen Verlag Berlin
Taschenbuch Bauberufe – Tiefbau, Krause, Cornelsen Verlag Berlin
Taschenbuch Bauberufe – Bauphysik Bauausführung, Hollatz, Cornelsen Verlag Berlin
Taschenbuch Bauberufe – Baustellenorganisation, Nagel, Cornelsen Verlag Berlin
Baustoffprüfungen – Arbeitsbuch, Zimmer, Cornelsen Verlag Berlin
Technologie Hochbau – Fachstufen, Cornelsen Verlag Berlin
Bausteine – Bau-Berufsgenossenschaft, Frankfurt (Main)